学习 HTML5

(第7版)

Terry Felke-Morris 著

潘玉琪 译

清华大学出版社

北京

内 容 简 介

本书广泛适用于各种教程与学习需求，读者可自行灵活掌握使用方法。全书共 14 章，主要涉及以下重要主题：HTML 和 CSS 编码；网页设计最佳实践；链接、布局、移动性；网页开发；网页多媒体与交互性；电子商务概览；网页提升；JavaScript 和 jQuery 简介。

本书适合所有对网页设计感兴趣的读者阅读，是一本理想的入门参考。

图书在版编目(CIP)数据

学习 HTML5 / (美)特丽·菲尔克-莫里斯(Terry Felke-Morris.)著；潘玉琪译. —第 7 版
—北京：清华大学出版社，2017
　　书名原文：Web Development and Design Foundations with HTML5, 7th Edition
　　ISBN 978-7-302-47808-9

　　Ⅰ. ①学…　Ⅱ. ①特…　②潘…　Ⅲ. ①超文本标记语言—程序设计　Ⅳ. ①TP312.8

中国版本图书馆 CIP 数据核字(2017)第 170437 号

责任编辑：文开琪
封面设计：杨玉兰
责任校对：周剑云
责任印制：王静怡

出版发行：清华大学出版社
　　　　　网　　　址：http://www.tup.com.cn, http://www.wqbook.com
　　　　　地　　　址：北京清华大学学研大厦 A 座　　　邮　　编：100084
　　　　　社 总 机：010-62770175　　　　　　　　　邮　　购：010-62786544
　　　　　投稿与读者服务：010-62776969, c-service@tup.tsinghua.edu.cn
　　　　　质量反馈：010-62772015, zhiliang@tup.tsinghua.edu.cn
印 装 者：三河市铭诚印务有限公司
经　销：全国新华书店
开　　本：185mm×260mm　　　印　张：43　　　字　数：1038 千字
版　　次：2017 年 8 月第 7 版　　　　　　　印　次：2017 年 8 月第 1 次印刷
定　　价：99.00 元

产品编号：060889-01

译者序：技术的美与温度

我喜欢美食、摄影、种花、旅行……一切美好的东西。我想这也是大多数人的共性或者是人的天性吧。

说到天性，在今天，上网已经如同呼吸、喝水一般成为人类的"第二天性"了。我也不例外，平时最喜欢逛的还是那些赏心悦目的网站。想起十年前自己曾用HTML+ASP 搭过小网站，现在又借助"非专业人士专用"的工具维护着公众号和社交网络上的若干账户。所以，当良师益友开琪姐联系我翻译这本网页制作新技术的书籍时，我没有犹豫，甚至还有些小小的兴奋。我很好奇，十年间 HTML 的进步该有多么翻天覆地？用最前沿最专业的工具来建自己的一亩三分田能让它们有怎样脱胎换骨的变化？我急切的想阅读、想学习，如果答案确实让我满意，我更想将它广为传播！

事实证明，我的直觉是正确的。在翻译的过程中，我屡屡对号入座："啊哈！原来我既是博主，还是播客、维客、创客……"一系列属于 Web 2.0 时代的头衔让我有一种勇立潮头的骄傲！在激动的同时，我还感受到了技术的美丽与温度。

网页制作与开发，这七个字简简单单，它的背后其实有着广袤的宇宙。打开源代码，一对对尖括号里的字母符号，看似平平淡淡，却在浏览器里华丽变身：内容的事情交给 HTML、颜色搭配页面布局交给 CSS，更有 JavaScript、JQuery 等让页面更聪明，更通人性，术业有专攻的它们密切合作着，仅仅几行代码就能点石成金让网页彻底改观。在我眼里，网页岂止是一对对尖括号里的标签，它们有名有姓、内涵丰富、懂我懂你，它们明明是会呼吸、有温度的生命啊！

说实话，这书并不高深，但在初译、核对、再校的过程中，每一遍我都体会到了技术带给我的震撼。这并不是矫情！因为几乎每一章中，作者都提醒着每一位网页开发人员，要时时刻刻方方面面考虑到特殊人群的需求，要保障他们能像普通人一样流畅地上网，顺利地获取所需。这在美国是有法律明文规定的，国内有无类似法案我不清楚，但我内心深处期待得到肯定答案。毕竟，技术不能只带领我们快跑，还要带着我们走稳、走好。而它泽被的不该只是部分人，应当是苍生。书中还提供了丰富的素材与资源。其中我最喜欢的是第 5 章中推荐的若干平面设计风格网站，极简单，极美丽。

最后，虽然有些例行公事，但我还是要感谢志同道合的小伙伴们。在此方寸间，格外要对我先生说几句："在这几个月里，你不仅主动承担了大量家务，让我业余能有更多时间来'啃'这书，更难为可贵的是，你认真通读了全文，帮我找出了诸多bug，虽然这与你的土木专业距离着实很远，但你告诉我你感受到了跨界学习的乐趣！让我们一家人一起 Keep learning，Keep moving！"

前　　言

这是一本网页开发的入门教程，内容涵盖了网页开发人员需要掌握的基础技术，具体如下所述：

- 互联网概念
- 用 HTML5 创建网页
- 用层叠样式表(CSS)配置文本、颜色、页面布局
- 网页设计最佳实践
- 无障碍访问标准
- 网页开发流程
- 在页面上添加多媒体与交互式元素
- CSS3 新特性
- 网站性能提升与搜索引擎优化
- 电子商务与万维网
- JavaScript

本书特别为读者提供了支持特性，即"网页开发者手册"，这是一系列附录资源的集合，包括 HTML5 参考、XHTML 参考、HTML5 和 XHTML 的比较、特殊实体字符列表、CSS 属性参考、WCAG2.0 快速参考以及 FTP 教程。

本书第 7 版主要关注 HTML5，这种聚焦重点的做法对网页开发初学者来说是有益的。本书综合讲解 HTML 与 CSS 主题，例如文本配置、颜色配置、页面布局，同时重点突出设计、无障碍访问、万维网标准等方面的内容。第 7 版中的新特性主要有以下几项：

- 增加了页面布局设计方面的内容
- 增加了针对移动设备进行设计的内容
- 增加了响应式网页设计技术与 CSS 媒体查询
- 介绍了新的 CSS3 弹性盒(Flexbox)——可变布局容器模块
- 更新了 JavaScript 相关内容，增加了针对 jQuery 的介绍
- 更新了 XHTML、HTML5 和 CSS 参考部分的内容
- 增加了供读者动手实践的练习
- 更新了学习案例
- 更新了代码示例、案例学习和网页资源

书中的学生文件可以到本书支持网站下载，网址为 http://www.pearsonhighered.com/felke-morris。这些文件包括了动手练习的解答和网站案例学习的入门文件。

认真完成本书学习之后，你就能够利用现有技术来设计网页了。此外，本书也为

你将来运用新的 HTML5 与 CSS3 代码技术打下了基础。

本书的组织结构

本书的组织结构如下图所示。

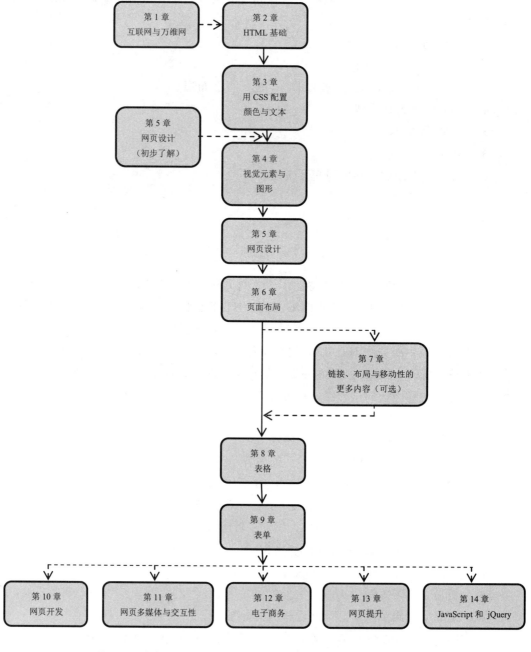

图 P.1   本书的组织比较灵活，读者可根据自己的需求选择阅读

本书广泛适用于各种教程与学习需求，读者可自行灵活掌握使用方法。第 1 章提供了一些介绍性的材料，视读者自身背景的不同可选择阅读或跳过。第 2 章至第 4 章介绍了 HTML 和 CSS 编码。第 5 章讨论了网页设计的最佳实践，可以在学习完第 3 章之后马上跳转至此(或者与第 3 章配合起来学习)。第 6 章至第 9 章继续介绍 HTML 与 CSS。

后续章节各自为独立的学习体系，均可以视学习时间与学习需求的不同选择阅读：第 7 章(更多有关链接、布局、移动性)、第 10 章(网页开发)、第 11 章(网页多媒体与交互性)、第 12 章(电子商务概览)、第 13 章(网页提升)、第 14 章(对 JavaScript 和 jQuery 的简单介绍)。

各章概览如下所示。

- 第 1 章"互联网与万维网介绍"，本章简单介绍了一些与互联网和万维网有关的术语与概念，这些知识是网页开发人员需要了解的。对许多读者来说，可将某些内容视作回顾。第 1 章为本书其余章节的基础。

- 第 2 章"HTML 基础"，在介绍 HTML5 的同时，我们还提供了一些示例与练习，以鼓励读者动手创建网页，从中获取有益经验。在学生文件中提供了动手实践环节的参考答案。

- 第 3 章"用 CSS 配置颜色和文本"，本章介绍用层叠样式表(Cascading Style Sheets t，CSS)配置网页颜色与文本的技术。我们建议读者在阅读的过程中动手练习实践。相关的参考答案在学生文件的动手实践部分可以找到。

- 第 4 章"视觉元素与图形"，本章讨论如何在网页上应用图形与视觉效果，包括图像优化、CSS 边框、CSS 图像背景、新的 CSS3 视觉效果以及新的 HTML5 元素等内容。我们建议读者在学习的过程中动手练习实践。相关的参考答案在学生文件的动手实践部分可以找到。

- 第 5 章"网页设计"，本章主要关注推荐的网页设计实践与无障碍访问，并对部分内容加以强化，因为某些推荐的网站设计实践需要与其他章节相结合。

- 第 6 章"页面布局"，本章继续之前已经开始的 CSS 学习，介绍了有关布放与浮动网页元素有关的技术，其中包括双栏式的 CSS 页面布局。新的 HTML5 语义元素与技术使得较早版本的浏览器也能兼容 HTML5，我们将介绍相有关知识。学生文件的动手实践部分中提供了示例方案。

- 第 7 章"链接、布局与移动性的更多内容"，本章回顾之前的一些主题，然后介绍了超链接、CSS 精灵(CSS sprites)的使用、三栏式页面布局、配置与打印有关的 CSS、设计移动互联网网页、用 CSS 多媒体查询设计自适应网页、新的 CSS3 弹性盒布局模块等知识。读者在阅读的过程中可以动手练习实践。相关的参考答案在学生文件的动手实践部分可以找到。

- 第 8 章"表格"，本章主要关注用 HTML 元素创建表格。介绍了利用 CSS 来配置表格的方法。我们建议读者在阅读的过程中可以动手练习实践。相关的参考答案在学生文件的动手实践部分可以找到。

- 第 9 章"表单"，本章主要讲解如何用 HTML 元素创建表单。介绍了利用 CSS 来配置表单的方法，以及新的 HTML5 表单控制元素与属性。我们建议读者在阅读的过程中动手练习实践。相关的参考答案在学生文件的动手实践部分可以找到。

- 第 10 章"网页开发"，本章关注于网站开发过程，包括大规模项目的作业角色需求、网页设计过程以及网页寄存等内容。本章还介绍了网页主机检查表的有关知识。

- 第 11 章"网页多媒体与交互性"，我们可以在网页上添加多媒体、交互性等元素，本章简单介绍了相关内容。这些主题包括新的 HTML5 视频和音频、Flash 动画、Javaapplets、CSS 图片库(CSS Image Gallery)、新的 CSS3 变形与渐变属性、JavaScript、jQuery、Ajax 以及新的 HTML5 API 等。我们建议读者在阅读的过程中动手练习实践。相关的参考答案在学生文件的动手实践部分可以找到。

- 第 12 章"电子商务概览"，本章介绍电子商务、安全性、网页上的订单处理流程等内容。

- 第 13 章"网页提升"，本章从网页开发人员的角度讨论网站性能的提升问题，并介绍搜索引擎的优化知识。

- 第 14 章"JavaScript 和 jQuery 简介"，本章介绍利用 JavaScript 和 jQuery 写客户端脚本的技术。相关的示例方案在学生文件的动手实践部分可以找到。

- 附录"网页开发者手册"，该附录包含读者在学习过程中需要的资源与教程，例如 HTML5 快速参考、特殊实体字符、CSS 属性参考、HTML5 与 XHTML 比较、WCAG 2.0 快速参考、网页安全色彩调色板以及 FTP 教程。

本书具有如下特点。

- 题材选择广泛：本书既包含 HTML5、CSS、JavaScript 等"硬技术"(第 2、3、4、6、7、8、9 章)，也包含网页设计(第 5 章)、网站提升(第 13 章)、电子商务(第 12 章)等软技能。这就能为读者打下扎实而全面的基础，从而为从事网页设计相关工作助一臂之力。老师和学生在教学中会发现这是个十分有趣的过程，因为大家可以在学习创建网页与网站时一边讨论、一边融会贯通地综合使用"硬技术"和"软技能"。

- 动手实践：网页开发是一项技能，任何技能都需要经过实践才能提升。本书强调了章节内部的动手实践环节，每一章结束还有练习，同时学习实际运行着的真实互联网网站案例。多种多样的练习内容便于老师根据课程或学期的需要灵活选择。

- 网站案例学习：从第 2 章起贯穿全书我们提供了针对四个网站的案例研究。另一个案例从第 5 章开始。案例研究有助于巩固每一章学习的内容。教师可以学期为周期循环安排案例，学生们也可以根据自己的兴趣来选择。案例学习的参考答案可以从本书的教师资源中心下载，地址是 http://www.pearsonhighered.com/irc。

- 网页研究我们在每一章中都安排了网页研究环节，从而激励学生们进一步钻研该章主题。
- 关注网页设计本书中大多数章节里都设计了配套的活动，以深入探索与该章主题相关的网页设计技巧。这些活动将帮助学生巩固、拓展和提升课程中所学主题。
- FAQ：在作者的网页开发课程中，学生们经常会问一些类似的问题。作者对此加以整理，在本书中增加了这一环节，并添加了 FAQ 标识。
- 自测题：每一章有两至三篇自测题，汇聚了若干问题，便于学生们在学习过程中及时总结自我评估。每组问题上都有特殊的自测题图标。
- 关注无障碍访问：开发易于访问的网站的重要性日益彰显，因此本书将对无障碍访问的关注贯穿始终。在有关无障碍访问的内容处我们设置了特殊图标以便于查找。
- 关注道德标准：本书中与网页开发有关的道德标准内容以高亮显示，并设置了特殊的图标。
- 参考材料：本书附录中提供了网页开发人员手册，内容包含 HTML5 快速参考、特殊实体字符、HTML5 与 XHTML 比较、CSS 属性参考、WCAG 2.0 快速参考、FTP 教程、网页安全色调色板等。

补 充 材 料

学生资源

编写网页练习中的学生文件、网站实例研究以及相关 VideoNotes 资源，都可以在本书的配套网站上获取，网址是 http://www.pearsonhighered.com/felke-morris。如果书籍推出新版本，相应的资源仍能提供免费的访问。

教师资源

我们为教师提供了下列教学辅助资源。请访问 Pearson 的教学资源中心 (http://www.pearsonhighered.com/irc)。我们提供的内容如下：

- 每章课后练习的答案
- 实例研究练习的答案
- 测试题
- PPT 展示资源

- 示例教学大纲

作者的个人网站

除了出版社的支持网站外，本书作者建有个人网站，网址为 http://www.webdevfoundations.net。在这个站点上为读者提供了另外一些有用的资源，包括复习练习以及展示各章示例、链接、更新信息的页面。出版社不负责该网站的维护。

致　　谢

非常感谢 Pearson 的工作人员，特别是 Michael Hirsch，Matt Goldstein、Jenah Blitz-Stoehr、Camille Trentacoste 以及 Scott Disanno。

同时也要感谢为本书第 7 版提出宝贵意见及建议的以下朋友：

James Bell—Central Virginia Community College 中弗吉尼亚州社区学院

Carolyn Z. Gillay—Saddleback College 鞍峰学院

Tom Gutnick—Northern Virginia Community College 北弗吉尼亚州社区学院

Jean Kent—Seattle Community College 西雅图社区学院

Mary Keramidas—Sante Fe College 圣达菲学院

Bob McPherson—Surry Community College 萨里社区学院

Teresa Nickerson—University of Dubuque 迪比克大学

Anita Philipp—Oklahoma City Community College 俄克拉荷马城社区学院

下列朋友对本书之前的版本作了审阅，并提供建议，感谢你们：

Carolyn Andres—Richland College 里奇兰德学院

James Bell—Central Virginia Community College 中弗吉尼亚州社区学院

Ross Beveridge—Colorado State University 科罗拉多州立大学

Karmen Blake—Spokane Community College 斯波坎社区学院

Jim Buchan—College of the Ozarks 欧扎克斯学院

Dan Dao—Richland College 里奇兰德学院

Joyce M. Dick—Northeast Iowa Community College 东北爱荷华社区学院

Elizabeth Drake—Santa Fe Community College 圣达菲社区学院

Mark DuBois—Illinois Central College 伊利诺斯中央学院

Genny Espinoza—Richland College 里奇兰德学院

Carolyn Z. Gillay—Saddleback College 鞍峰学院

Sharon Gray—Augustana College 奥古斯塔纳社区学院

Jason Hebert—Pearl River Community College 珍珠河社区学院

Lisa Hopkins—Tulsa Community College 塔尔萨社区学院

Barbara James—Richland Community College 里奇兰德社区学院

Nilofar Kadivi—Richland Community College 里奇兰德社区学院

Jean Kent—Seattle Community College 西雅图社区学院

Karen Kowal Wiggins—Wisconsin Indianhead Technical College 威斯康辛印第安海德

Manasseh Lee—Richland Community College 里奇兰德社区学院

Nancy Lee—College of Southern Nevada 南内华达学院

Kyle Loewenhagen—Chippewa Valley Technical College 契皮瓦谷技术学院

Michael J. Losacco—College of DuPage 杜佩奇学院

Les Lusk—Seminole Community College 塞米诺尔社区学院

Mary A. McKenzie—Central New Mexico Community College 中新墨西哥社区学院

Bob McPherson—Surry Community College 萨里社区学院

Cindy Mortensen—Truckee Meadows Community College 特拉基草原社区学院

John Nadzam—Community College of Allegheny County 阿勒格尼县社区学院

Teresa Nickerson—University of Dubuque 杜比克大学

Brita E. Penttila—Wake Technical Community College 维克技术社区学院

Anita Philipp—Oklahoma City Community College 俄克拉荷马城社区学院

Jerry Ross—Lane Community College 雷恩社区学院

Noah Singer—Tulsa Community College 塔尔萨社区学院

Alan Strozer—Canyons College 峡谷学院

Lo-An Tabar-Gaul—Mesa Community College 梅萨社区学院

Tebring Wrigley—Community College of Allegheny County 阿勒格尼县社区学院

Michelle Youngblood-Petty—Richland College 里奇兰德学院

Jean Kent(北西雅图社区学院)和 TeresaNickerson(杜比克大学)花费了宝贵时间给我反馈并分享了学生们对此书的评述，向你们致以我诚挚的谢意。

感谢威廉雷尼哈珀学院同事给予的支持与激励，特别是 Ken Perkins、Enrique D'Amico 和 Dave Braunschweig。

在这里，我最想感谢我的家人，感谢你们的宽容与鼓励。Greg Morris，我亲爱的丈夫，你是无穷无尽的爱之源，更是善解人意的动力之源。谢谢你，Greg、James 和 Karen，我亲爱的孩子，你们都长大了，认为每个妈妈都会有自己的网站。你们跟爸爸一样理解我、支持我，还及时提出建议。我要大声对你们说一句："谢谢你们！"

关 于 作 者

Terry Felke-Morris 是一名计算机信息系统教授，来自伊利诺斯州帕拉廷市的威廉雷尼哈珀学院。她拥有教育博士学位、信息系统理科硕士学位，以及包括 Adobe Certified Dreamweaver 8 Developer、WOW Certified Associate Webmaster、MicrosoftCertified Professional、Master CIW Designer，和 CIW Certified Instructor 在内的众多认证证书。

Felke-Morris 博士获得过威廉雷尼哈珀学院颁发的教学技术 Glenn A. Reich 纪念奖，以表彰她在学院的网页开发程序与课程中的设计工作。2006 年，她因为在教学中出色地运用互联网技术而荣获 Blackboard Greenhouse 的在线教学示范将。Felke-Morris 博士在 2008 年收获了两个国际奖项：教学技术委员会的电子教学杰出能力奖以及 MERLOT 的在线教学资源示范奖。

因其在商务与工业领域超过 25 年的信息技术经验，Felke-Morris 博士于 1996 年开通了她的第一个个人网站，并且维护至今。她长期致力于万维网标准的提升，已经成为万维网标准项目教育任务项目组的成员。Felke-Morris 博士是威廉雷尼哈珀学院网页开发认证与学位认定项目组的资深成员。更多有关 Felke-Morris 博士的信息，请访问 http://terrymorris.net。

目　　录

互联网与万维网介绍

本章学习目标

- 互联网与万维网的发展历程
- 制定网页标准的目的
- 如何描述通用设计
- 网页无障碍访问设计带来的便利
- 识别万维网上可信赖的资讯来源
- 判断使用万维网的方式是否合乎道德规范
- 描述网页浏览器与网页服务器的用途
- 了解网络协议
- 了解 URL(统一资源定位器)与域名的定义
- 万维网使用的发展趋势

今天，互联网与万维网已经成为我们日常生活中不可或缺的部分。这一切是怎样开始的？展现在我们面前的网页背后，网络协议与编程语言默默地做出了哪些奉献？本章将介绍相关的一些主题，对于网页开发人员来说这也是必须要掌握的基础知识。您还将了解创建网页的超文本标记语言(Hypertext Markup Language，HTML)。

1.1　互联网与万维网

互联网

互联网，顾名思义是由计算机网络互相连接组成的网络，目前已扩展到全球，似乎无处不在。它已经成了我们日常生活中较为重要的一部分。似乎上不了网，连电视也看不成，广播也听不到，甚至报纸和杂志也都在互联网上拼命争夺一席之地。

互联网的诞生

互联网发端于研究机构和大学，最初是用来连接计算机的。网络里的信息可以经由多条路径或路由到达目的地。这样的配置使得即使有部分功能瘫痪或损毁，网络仍然能发挥作用，信息还可以通过有效的网络部分进行传输。该网络由美国国防部高级研究计划局(ARPA)开发，ARPAnet 由此诞生。到了 1969 年年底，分别位于加利福尼亚大学洛杉矶分校(UCLA)、斯坦福研究院(SRI)、加州大学圣芭芭拉分校以及犹他州大学的四台计算机间的互联实现了。

互联网的发展

随着时间的推移，美国国家科学基金会的 NSFnet 等其他网络，也逐渐创建，并且与 ARPAnet 实现了互联。一开始这类互联网络主要用于政府、研究以及教育目的。但每年个人对互联网的访问在持续不断地增长。根据互联网世界统计(Internet World Stats，IWS，网址为 http://www.internetworldstats.com/emarketing.htm)的数据，全球使用互联网的人口占比在 1995 年的时候为 0.4%，2000 年为 5.8%，2005 年为 15.7%，2010 年为 28.8%，而到了 2013 年则达到了 38.8%。我们可以访问 http://www.internetworldstats.com，了解更多有关互联网使用和增长情况的数据。

到 1991 年的时候，对互联网的使用突破了原先的限制，开始用于商业目的，这为后来电子商务领域的发展奠定了基础：放眼如今的互联网世界，商务应用炙手可热。不过当时互联网仍然基于文本界面，也不太好用。下一阶段的发展即将解决这个问题。

万维网的诞生

在欧洲核子研究中心(CERN，位于瑞士的一个研究机构)工作时，蒂姆·伯纳斯·李(Tim Berners-Lee)提出设想：开发一种通信工具，使得科学家能够方便地"超链接"到需要的研究论文或文章，并且能够立即查看。于是，他创建了 World Wide

Web，也就是所谓的万维网，来实现这个目的。1991 年，伯纳斯·李在一个新闻组里发布了网页的代码，供人们免费使用。当时这个万维网的版本基于文本，使用了超文本传输协议(Hypertext Transfer Protocol，HTTP)来连接客户端计算机与网页服务器，使用超文本标记语言(Hypertext Markup Language，HTML)来格式化文件。

第一个图形化浏览器

到了 1993 年，第一个图形化网页浏览器 Mosaic(如图 1.1 所示)，成功投入应用。

马克·安德森(Marc Andreessen)和伊利诺伊厄巴纳-香槟大学国家超级计算机应用中心(NCSA)工作的几个研究生研发了 Mosaic。后来这个小组的一些成员创建了另一款著名的网页浏览器 Netscape Navigator——也就是今天 Mozilla Firefox (火狐)浏览器的雏形。

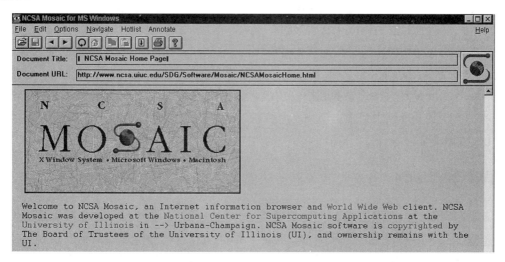

图 1.1　Mosaic，第一款图形化浏览器(© NCSA/University of Illinois)

技术融合

到上世纪 90 年代的早期，如雨后春笋般出现了许多使用图形化操作系统(例如微软的 Windows，IBM 的 OS/2 以及苹果公司的 Macintosh OS)的个人计算机，这些操作系统简单易用。CompuServe、AOL、Prodigy 等在线服务提供商推出了低成本接入互联网的服务。可靠的计算机硬件，简单好用的操作系统，低成本的互联网接入服务，HTTP 协议和 HTML 语言以及图形化的浏览器，这一系列技术的结合使得互联网上的信息变得唾手可得。万维网(World Wide Web)诞生了！用户通过这种图形化的界面可访问连接到互联网上的网页服务器，获取上面存储的信息。

谁在运行互联网？

你也许会感到奇怪，对全球互联的这个网络(也就是互联网)，怎么没有某个人牵头

"负总责"？实际情况是一些组织在完成这项任务，例如互联网工程任务组 IETF(Internet Engineering Task Force)、互联网架构委员会 IAB(Internet Architecture Board)，它们对互联网设施的标准遵循情况进行着监督。IETF 是致力于新一代互联网协议标准制定的主体组织，是一个开放的国际性社区，由网络设计人员、运维人员、销售商以及研究人员组成，他们的兴趣点在于互联网架构的发展以及柔性运营。IETF 的实际技术工作是由一个个工作小组来完成的，这些小组的工作对象划分为安全和路由等不同的主题。

IAB 是 IETF 的委员会，为后者提供指导与详细说明。因此 IAB 还要负责 RFC(Request for Comments，请求评议)系列文件的发布。RFC 是来自 IETF 的正式文件，最初由某个委员会起草，然后由一些感兴趣的团队加以修改。我们可以在线查看系列 RFC 文件，地址为 http://www.ietf.org/rfc.html。某些 RFC 文件实质上只提供信息或新闻，而有一些则成为互联网标准。在后一种情形中，最终版的 RFC 文件将成为新标准。之后对于标准的修改也必需通过后续数个 RFC 文件来实现。

互联网名称与数字地址分配机构(The Internet Corporation for Assigned Names and Numbers，ICANN)创建于 1998 年，是一家非营利性组织。它的主要功能是协调分配互联网域名、IP 地址、协议参数和协议端口号等。在 1998 年之前，互联网数字分配机构(IANA)承担这些职能。目前，IANA 仍然在 ICANN 的指导下发挥着一定的作用并维护着 http://www.iana.org 这个网站。

内联网和外部网

我们曾说过，互联网是一个互相联接的计算机网络，全球可用。当某个机构希望既有接入互联网的能力，但又不希望其他人都能访问自己的信息，就可以根据具体情况选择采用内联网(Intranet)或外联网(Extranet)架构。

内联网是机构或企业内部的一张私有网络，意在员工之间共享组织内的信息。当内部网联接到外部的互联网时，通常用网关或防火墙来保护内部信息，防止未授权的访问。

外联网也是私有网络，但可以实现公司与供应商、开发商以及用户等外部合作伙伴部分共享组织内信息的功能.

外联网可以有选择地与商业伙伴交换数据、共享信息外部组织，实现与其他机构的合作。在外联网应用中要格外重视保密性与安全性问题。数字证书、加密信息和虚拟专用网络(VPN)等都是为外联网提供保密措施和安全保障的技术。我们将在第 12 章讨论电子商务中所使用的数字证书和加密技术。

1.2　万维网标准与无障碍访问

就像互联网一样，任何人或组织都不可能仅凭一己之力来经营万维网。不过万维网联盟(World Wide Web Consortium，http://www.w3.org，简称 W3C)一直积极致力于与万维网相关建议的制定并不断推出原型技术。W3C 所关注的主题包括万维网体系结构、万维网设计标准和无障碍访问。为了规范 Web 技术，W3C(图 1.2 所示为其标志)制定了所谓的推荐标准。

图 1.2　W3C 标志(© W3C(World Wide Web Consortium))

W3C 推荐标准

W3C 推荐标准(W3C Recommendations)主题为构建 web 的技术，它是由不同工作组研究并创建的，多家重量级公司参与其中。这些标准不是规则，而是指导方针。浏览器的主要生产厂商如 Microsoft，并不总是遵循 W3C 的推荐标准。这使得 Web 开发者的工作生涯充满挑战，因为并非所有浏览器都会以同样的方式显示网页。好消息是，目前各家主流浏览器的新版本对 W3C 建议的支持已呈现趋同的态势。在本书的学习过程中，你所编写的网页都将遵从。

万维网标准与无障碍访问

Web 无障碍倡议(Web Accessibility Initiative，WAI，http://www.w3.org/WAI)是 W3C 工作的重要领域。万维网已经成为我们日常生活的有机组成部分，因此有必要保障大家都能正常访问。

无障碍访问

万维网可能对视觉、听觉、身体和神经系统有缺陷的人造成障碍。一个可以无障碍访问的网站将能够帮助这些用户跨越这道障碍。WAI 向网页内容的开发者、网页制作工具的开发者、网页浏览器的开发者以及其他各种用户代理的开发者们提出了建议，要让有特殊需求的人也能很好地使用网络。请访问 WAI 的"Web 内容无障碍访问指南"(Web Content Accessibility Guidelines，WCAG) 快速了解，网址为 http://www.w3.org/WAI/WCAG20/glance/WCAG2-at-a-Glance.pdf。

无障碍访问与法律

1990 年颁的《美国残疾人保护法案》(Americans with Disabilities Act，ADA)是一部禁止歧视残疾人的联邦民权法案，其中要求商业、联邦和各州均应提供无障碍服务。1996 年美国司法部的一项规定(http://www.justice.gov/crt/foia/readingroom/frequent_requests/ada_coreletter/cltr204.txt)指出，ADA 无障碍服务要求同样适用于互联网资源。

无障碍访问

1998 年对《联邦康复法案》进行增补的第 508 节(Section 508)条款规定，美国政府机构要保障残疾人士与其他人士得到相同的访问信息技术设施的服务。该法律要求，为联邦政府所使用的信息技术(包括网页)在开发过程中必须提供无障碍访问功能。美 国 联 邦 信 息 技 术 无 障 碍 推 动 组 (Federal IT Accessibility Initiative，http://www.section508.gov)为 IT 开发人员提供了无障碍设计所要求的资源。

近年来，美国各州政府也已经开始鼓励和推广网络无障碍访问。伊利诺斯州网络无障碍法案(Illinois Information Technology Accessibility Act，IITAA)是这种发展趋势的代表之一：http://www.dhs.state.il.us/IITAA/IITAAWebImplementationGuidelines.html。

万维网通用设计

雷诺德·梅斯(Ronald Mace)是通用设计中心(Center for Universal Design)的缔造者，他将通用设计描述为"一种在设计产品、构建环境时的理念，要使得作品在美学和可用性方面能够最大程度地被人们所认可，而不管他们的年龄、能力或在生活中的状态如何"(http://www.ncsu.edu/ncsu/design/cud/about_us/usronmace.htm)。通用设计的例子在我们周围比比皆是。减速带让坐轮椅的人能顺利过街，同样推着婴儿车或骑电动平衡车(Segway)(图 1.3)的人也能从中受益。自动门既帮助了行动不便者，也大大方便了携带包裹的人。坡道则为坐在轮椅上的、拖着滚轮行李箱或包裹的人提供了便利。

图 1.3　通用设计使骑行更顺畅

网页开发人员对通用设计重要性的认识稳步提高。具有前瞻性眼光的业界人士在设计时谨记无障碍访问原则，因为这是一件正确的事，值得去做。为有视觉、听觉障碍或其他不便的人提供访问应该是网页设计的组成部分，不能到了事后再去修补。

视力不佳的人或许无法使用图形导航按钮，他们可能需要用屏幕阅读器来"听"

网页描述。通过做一些简单的更改，例如为图像设置文本描述，或者在页面底部提供文本导航区域，网页的无障碍访问性能得到了极大保障。一般来说无障碍访问功能的加入能够提升网站的可用性，对所有访问者而言。

带有替换文字的图像、有序的标题、添加了标题或文字副本的多媒体元素，这一切都是为了建设一个可以无障碍访问的网站，让身有疾患、或是使用手机或平板电脑等移动设备的访客使用网站功能更容易。最后，可以无障碍访问的网站被搜索引擎索引的可能性会大大提高，这将有助于为网站带来新的访问量。在本书中，我们要介绍网页开发和设计技术，相应的无障碍访问和可用性问题也将是格外关注的主题。

1.3　万维网上的信息

如今，谁都可以在万维网上推送信息，并且想推什么就推什么。在本节中，我们将深入探讨如何判断从网上获取的信息是否可靠以及如何使用这些信息。

网络信息与可靠性

网站多如繁星，究竟哪里才是可靠的信息之源？在访问网站以获取信息时，重要的一点是不能仅凭表象来判断一切(图 1.4)。

图 1.4　究竟是谁在更新你正在查看的网页？

关于网络资源，我们要想清楚下面几个问题再下定论。

● 该组织可靠吗？
任何人都可以在网上发布任何东西！要明智地选择信息来源。首先请评估网站本身的可信度。它是否有 http://mywebsite.com 这样的域名？是否为免费的网站，文件全都寄存在免费 Web 服务器的一个文件夹里？一个托管在免费 Web 服务器的网站，它的 URL 中通常包含 Web 服务器名称的一部分，可能这样开头：http://mysite.tripod.com 或 http://www.angelfire.com/foldername/

mysite。从一个拥有自己域名的网站获取的信息通常(但并不总是)比从一个免费网站获得的信息更可靠。

评估域名类型，是非营利性组织(.org)、公司(.com 或.biz)，还是教育机构(.edu)？商业机构提供的消息可能有失偏颇，所以要注意甄别。而非营利性组织或科研机构相对来说会更客观。

- 信息新吗？

  另一项需要观察的内容是网页的创建日期或最近一次更新的日期。虽然有些信息与时间无关，但如果网页不经常更新，甚至最近一次更新已经是几年前的事了，这样的网页基本已经过时了，应该不是最佳的信息来源。

- 有没有指向其他资源的链接？

  超链接表示网站具有支持或附加信息，当你研究某一主题时检索相关的超链接可能有所帮助。可以寻找这些类型的超链接。

- 是维基百科(Wikipedia)吗？

  维基百科作为检索信息的起点确实不错，但不要把你在那里找到的东西都当成是事实，并且要避免将维基百科作为学术研究的参考资料。为什么？这样说吧，除了一些受保护的主题，谁都可以更新维基百科，想改啥就改啥！通常，这些东西最终都会被清除出去，但是请注意，你读到的东西并不一定就是真实的。

  当然可以从维基百科开始探索一个主题，但请向下滚动到网页的底部，找找参考资料(References)部分，然后去看看那些网站和其他你可能发现的东西。在收集这些网站信息时，也要考虑其他标准：可靠性、域名、及时性以及指向外部资源的链接。

有道德地使用网上的信息

互联网道德

被称为 World Wide Web 的技术实在太奇妙了，它为我们提供了信息、图片、音乐——基本上都是免费的(当然你还是要支付上网费用的——给互联网服务提供商)。让我们来聊一聊与信息使用道德相关的下面这些话题。

- 能不能将别人的图片复制到自己的网站上？
- 能不能克隆别人的网站设计应用于自己的网站或客户的网站？
- 能不能从网页上拷贝别人的文章，然后把它当作或部分当作自己的作品？
- 能不能在自己的网站上发表攻击别人的言论或以一种故意贬低的方式链接到他们的网站？

所有这些问题的答案都是否定的。在未经他人许可的情况下使用其图片，这种行为无异于剽窃。事实上，如果链接这些图片，你还占用了他人网站的部分带宽，并且他们很有可能正在为此付费。正确的做法是：使用图片以前先征得所有者的同意。得到授权后，要将图片保存在自己的网站上，并且在网页上显示这些图片时要指向自己的资源。无论哪种情况，用别人的东西之前都要先请求许可，这是关键。复制别人或别家公司的网站设计也是偷窃。在美国，网站上的任何文本或图片都是自动受版权保护的，无论网页上是否显示版权符号。而在网站上攻击他人或别的公司，或者以贬损的方式链接到他们的网站，都会被视作诽谤。

诸如此类与知识产权、版权和言论自由相关的事件常被诉诸公堂。得体的网络礼节要求你在使用他人的作品之前先获得许可，注明所使用材料的出处(在美国法律中，这被称作"正当使用"，fair use)，并以一种不伤害他人的方式来表达自己的言论自由。世界知识产权组织(World Intellectual Property Organization，WIPO)是致力于保护国际知识产权的组织，其网址为 http://wipo.int。

如果你想保留所有权，同时又想给他人使用或改编你的作品提供方便，此时可以考虑注册一种名为"知识共享"(Creative Commons)的版权许可协议。这是由非营利性组织 Creative Commons(网址为 http://creativecommons.org)为作家和艺术家提供的免费注册服务。该协议有多种类型，可具体根据自己打算授予他人的权利进行选择。"知识共享"许可协议告之他人，可以对作品做什么和不能做什么。请访问 http://meyerweb.com/eric/tools/color-blend，该网页就是基于署名-相同方式共享许可协议(Creative Commons Attribution-ShareAlike 1.0 License)的，它保留了部分权利(Some Rights Reserved.)。

自测题 1.1

1. 请说明互联网与万维网的区别。
2. 请解释是哪三大事件促使互联网商业化并呈几何级数增长？
3. 通用设计的理念对网页设计人员来说是否重要？请说明原因。

1.4 网 络 概 述

网络是由两台或多台彼此连接的计算机构成的，它们以通信和资源共享为目的。图 1.5 展示了网络中的组件，具体包括：
- 服务器计算机
- 客户端工作站计算机
- 打印机等共享设备
- 路由器和交换机等网络设备以及将它们连接起来的媒介

客户端(client)是个人使用的计算机工作站，如桌面台式机(PC)。服务器(server)接收来自客户端对文件等资源的请求。用作服务器的计算机通常放置在受保护的安全区域，只有网络管理员才可以访问。集线器(hub)和交换机(switch)等网络设备用于为计算机提供网络连接，路由器(router)将信息从一个网络发送至另一个网络。连接客户端、服务器、外设和网络设备的媒介(media)包括铜质电缆、光纤和无线技术等。

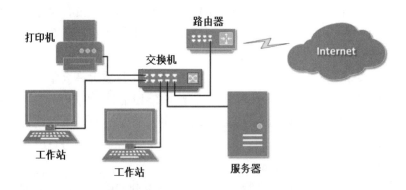

图 1.5　常见的网络组件

网络规模有大有小。局域网(Local Area Network，LAN)通常被局限在单幢建筑物或几幢相连的建筑物内，学校计算机实验室可能用的就是局域网。如果你在办公室工作，可能使用的也是连接到局域网的计算机。广域网(Wide Area Network，WAN)则用于连接地理上相距遥远的网络，通常要使用某种形式的公用或商用通信网络。例如某家美国公司，在东西岸均有分支机构，他们就可以使用 WAN 来连接各机构的局域网。

主干网(backbone)是一种大容量的通信链接，承载着来自于小型通信链路上的数据，这些小型链路接入主干网。在互联网中，主干网是一组连接本地或区域网络以实现长距离传输的路由。互联网本身就是由一系列高速主干网相互连接而构成的。

1.5　客户端/服务器模型

客户端/服务器(client/server)这个术语可以追溯到上个世纪 80 年代，表示通过网络连接起来的个人计算机。客户端/服务器也可以描述两个计算机程序间的关系——客户端程序和服务器程序。客户端向服务器发起对某种服务的请求(比如一个文件或数据库访问)。服务器完成请求并通过网络将结果发送给客户端。虽然客户端和服务器的程序可以部署在同一台计算机上，但它们通常都是运行在不同计算机上的，参见图 1.6。一台服务器处理多个客户端请求的这种情况也很普遍。

图 1.6　客户端和服务器

　　互联网就是客户端/服务器架构的典型实例。请考虑以下场景：某个人在计算机上用 WEB 浏览器客户端访问互联网。他用浏览器访问 http://www.yahoo.com 之类的某个网站，此时所谓服务器就是在 IP 地址与域名 yahoo.com 相对应的计算机上运行的一个 WEB 服务器程序。完成连接后，它就会定位到被请求的网页和相关资源，然后做出响应，将这些内容发送给客户端。

　　我们可以从以下几个方面来区分客户端与服务器：

- 客户端
  - 需要时才连接到互联网
  - 通常会运行浏览器(客户端)软件，如 Internet Explorer 或 Firefox
  - 使用 HTTP 协议
  - 向服务器请求网页
  - 接收来自服务器的网页和文件
- 服务器
  - 一直保持和互联网的连接
  - 运行服务器软件(如 Apache 或 Internet Information Server)
  - 使用 HTTP
  - 接收对网页的请求
  - 响应请求并发送状态码、网页和相关文件

　　客户端和服务器交换文件时，往往需要了解所传送文件的类型，这是利用 MIME 类型来实现的。多用途互联网邮件扩展(Multipurpose Internet Mail Extensions，MIME)是一组规则，使得多媒体文档能在许多不同计算机系统之间传送。MIME 最初专为扩展原始的互联网电子邮件协议而设，但也可用于 HTTP。现在有七种不同类型的多媒体文件在通过 MIME 进行交换：音频、视频、图像、应用程序、消息、多部分消息体和文本。MIME 中还设有用于进一步描述数据的子类型。网页的 MIME 类型是 text/html，GIF 和 JPEG 图片的 MIME 类型分别是 image/gif 和 image/jpeg。

　　服务器在将一个文件传送给浏览器之前会先确定的它的 MIME 类型，并将它与文件一起传送。浏览器根据获知的 MIME 类型决定如何显示文件。

　　那么信息是如何从服务器传送到浏览器的呢？客户端(如浏览器)和服务器(如服务器)之间利用 HTTP、TCP、IP 等通信协议来交换信息。接下来将介绍这些协议。

1.6　互联网协议

　　协议(protocol)是描述客户端和服务器之间如何在网络上进行通信的规则。光凭一个协议是无法令互联网和万维网运转的。因此必须要设置多种不同的协议，各自发挥特定功能。

文件传输协议(FTP)

文件传输协议(File Transfer Protocol，FTP)是一组实现互联网上不同计算机间文件交换的规则。HTTP 应浏览器请求提供网页及其相关文件进行显示。FTP 与之不同，它只是实现不同计算机间文件的简单传递。网页开发人员通常用 FTP 将他们本地的网页文件发送到服务器上。该协议也经常用于将程序和文件从服务器上下载到个人计算机上。

电子邮件协议

大多数人对电子邮件已经习以为常，但许多人不知道的是，它的顺利运行要牵涉到两台服务器：收件服务器和发件服务器。当你给他人发送邮件时，用到的是简单邮件传输协议(Simple Mail Transfer Protocol，SMTP)；而你在接收邮件时，则用到了邮局协议(Post Office Protocol，POP，现在是 POP3)和互联网消息访问协议(Internet Message Access Protocol，IMAP)。

超文本传输协议(HTTP)

超文本传输协议(Hypertext Transfer Protocol，HTTP)是一组在万维网上交换文本、图像、音频、视频和其他多媒体文件的规则。浏览器和服务器通常使用该协议。当浏览器的用户通过输入网址或点击超链接的方式来请求一个文件时，浏览器便生成了一个 HTTP 请求，并把它发送给服务器。目标机器上的服务器收到请求后进行必要的处理，再将被请求的文件和相关媒体文件发送出去。

传输控制协议/互联网协议(TCP/IP)

传输控制协议/互联网协议(Transmission Control Protocol/Internet Protocol，TCP/IP)被采纳为互联网的官方通信协议。TCP 和 IP 的功能不同，但它们通过协同工作来保证互联网通信的可靠性。

TCP

TCP 协议的目的是保证网络通信的完整性。它首先将文件和消息分解成一些独立的单元，称为数据包(参见图 1.7)，其中包含目标地址、来源、序列号以及用于验证数据完整的校验和等许多信息。

图 1.7　TCP 数据包

我们一般同时使用 TCP 与 IP，以实现文件在互联网上的高效传输。IP 在 TCP 完成数据包创建后开始工作，通过 IP 寻址(IP addressing)将每个数据包以特定时刻的最佳路径发送到目标地址。到达目标地址后，TCP 使用校验和来验证每个数据包的完整性，如果发现有损坏就请求重发，最后将这些数据包重组为文件或消息。

IP

IP 与 TCP 协同工作，是一组控制数据如何在互联网上计算机间进行传输的规则。IP 将数据包按某条路由发送到正确的目标地址。一旦发送成功，数据包便转发到下一个最近的路由器(用于控制网络传输的硬件设备)，直到它到达最后的目标地址。

每一台连接到互联网上的设备都有唯一的数字 IP 地址。这些地址由 4 组数字组成，每组称为一个八位位组(octet)。现行的 IP 版本 IPv4(Internet Protocol Version 4)使用 32 位(二进制)地址，用十进制数字表示就是 xxx.xxx.xxx.xxx，此处的每一个 xxx 代表一个 0~255 之间的十进制数。从理论上讲，该版本能提供至多 40 亿个可用的 IP 地址(虽然许多地址被留作特殊用途)。然而，预计在未来几年，即使这么多地址也将无法满足所有的设备都要连接到互联网的需求。

IPv6(IP Version 6)是下一个标准 IP 协议，在可用地址上提供了巨大增量，必将引发许多技术进步。IPv6 的设计目的在于改进当前的 IPv4，并实现向后兼容。服务提供商和互联网用户可以独立地更新到 IPv6，无需相互协调。IPv6 提供了更多的互联网地址，因为地址长度从 32 位扩展到了 128 位。这意味着可能有 2 的 128 次方个独立的 IP 地址，或 340,282,366,920,938,463,463,347,607,431,768, 211,456 个地址。(现在有足够的 IP 地址，每一台个人电脑、笔记本、手机、平板电脑甚至烤面包机等等设备都能分到一个！)

设备的 IP 地址可以对应一个域名。在浏览器的地址栏里输入 URL 或域名后，域名系统(Domain Name System，DNS)会查找与之对应的 IP 地址。例如，在我写作本书时，74.125.225.78 是 Google 众多 IP 地址的其中之一。你可以在浏览器的地址栏里输入它(如图 1.8 所示)，然后敲回车，Google 主页就显示出来了。当然，直接输入"google.com"会更方便，这也正是人们创建 google.com 之类域名的初衷了。由于一长串数字记起来比较麻烦，人们就引入了域名系统，从而提供了一种将文本名称和数字 IP 地址联系起来的方法。

图 1.8　在浏览器的地址栏中输入 IP 地址

1.7　统一资源定位符和域名

URI 和 URL

　　统一资源标识符(Uniform Resource Identifier，URI)代表了互联网上的一个资源。统一资源定位器(Uniform Resource Locator，URL)是一种 URI，它代表了某种资源的网络地址，这些资源包括网页、图像文件或 MP3 文件等。URL 由协议、域名以及文件在服务器上的层级位置构成。

　　如图 1.9 中的 http://www.webdevfoundations.net 这个 URL，它表示要使用 HTTP 协议和名为 WWW 的服务器，服务器位于 webdevfoundations.net (域名)上。在本例中，chapter1 目录的根文件(通常是 index.html 或 index.htm)将会显示。

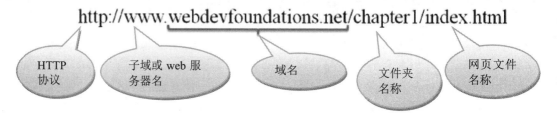

图 1.9　URL 描述了文件夹中的某个文件

域名

　　域名(domain name)用于在互联网上定位某个组织或实体。域名系统(Domain Name System，DNS)的作用是通过标识确切的地址和组织类型，将互联网划分成众多逻辑组，并为其取一个容易理解的名称。DNS 将基于文本的域名和分配给设备的唯一 IP 地址关联起来。

　　让我们来看一下 www.google.com 这个域名。"google.com"部分是 Google 注册的域名，".com"是顶级域名，"google"是第二层域名，"www"是位于 google.com 域中的一台 web 服务器(有时被称作主机)的名称。

　　我们可以通过子域名配置同一个域内的不同网站。例如 Google 的 Gmail 邮箱可以通过在域名中加入子域名"gmail"进行访问(gmail.google.com)。同理，Google Maps 的地址为 maps.google.com，Google News Search 的地址为 news.google.com。如需进一步了解，请访问 http://www.labnol.org/internet/popular-google-subdomains/5888/，上面列出了排名前 40 的 Google 子域名。主机/子域名、二级域名与顶级域名的结合(如 www.google.com 或 mail.google.com)被称为完全限定域名(Fully Qualified Domain Name，FQDN)。

顶级域名

顶级域名(top-level domain，TLD)是域名中最右边的部分，从最后一个英文句号开始。TLD 要么是一个国际顶级域名，如.com 代表商业公司；要么是国家码顶级域名，如.fr 代表法国。ICANN 管理的国际顶级域名如表 1.1 所示。

表 1.1　顶级域名

国际顶级域名	代表行业
. aero	航空运输业
. asia	泛亚及亚太共同体
. biz	商业机构
. cat	加泰罗尼亚语言文化社区
. com	商业实体
. coop	合作组织
. edu	仅限于获认可的有学历授予资格的高等教育机构使用
. gov	仅限政府使用
.info	无使用限制
.int	国际组织(很少使用)
.jobs	人力资源管理社区
.mil	仅限于军事用途
.mobi	对应于某个.com 网站——是专为方便移动设备访问而设计的网站
.museum	博物馆
.name	个人
.net	与互联网的网络支持相关的团体，通常是互联网服务提供商或电信公司
.org	非营利性组织
.post	万国邮政联盟，是联合国的一个机构
.pro	会计师、物理学家和律师等专业人员
.tel	个人或公司的联系信息
.travel	旅游业
.xxx	成人娱乐

.com、.org 和.net 这三个顶级域名的使用目前基于诚信系统，也就是说假如某人开了一家鞋店(与网络无关)，就可以注册 shoes.net 这个域名。

希望能在未来看到更多的顶级域名。2012 年，ICANN 接受了新顶级域名的建议。最流行的新顶级域名有.app、.art 和.music 等。如需查看完整的新域名列表，请访问 http://newgtlds.icann.org/en/program-status/application-results/strings-1200utc-13jun12-en 。另请关注 http://icann.org 官网，了解所建议域名的最新动态。

国家码顶级域名(Country-Code Top-Level Domain Names)

两个字符的国家代码也已被用作顶级域名。这些代码最初是用来与注册这些域名的个人或组织所在的地理位置联系起来，从而赋予域名更丰富的含义。不过在实践中，注册者想要获得一个包含国家代码的他国顶级域名是一件非常容易的事情。http://register.com、http://godaddy.com 以及许多域名注册公司都提供了这种服务。表 1.2 中列举了互联网上常用的一些国家代码。

表 1.2　国家代码

国家代码	国家名称
.au	澳大利亚
.de	德国
.in	印度
.jp	日本
.nl	荷兰
.us	美国
.eu	欧盟(多个国家，而不是一个国家)

IANA 网站(http://www.iana.org/cctld/cctld-whois.htm)上提供了一份完整的国家代码清单。在美国，地方性组织、学校和社区学院通常使用含有国家代码的域名。以域名 www.harper.cc.il.us 为例，从右至左依次为美国 us、伊利诺斯州 il、哈珀 harper 和 web 服务器 www，组合在一起便表示这是伊利诺斯州哈珀学院的网站。

域名系统(DNS)

域名系统(Domain Name System，DNS)将域名与 IP 地址关联起来。在浏览器地址栏中输入一个新的 URL，下列事项就会依次发生。

1. 访问 DNS。
2. 获取相应的 IP 地址并将地址返回给浏览器。
3. 浏览器发送 HTTP 请求到对应于该 IP 地址的目标计算机。
4. 服务器收到 HTTP 请求。
5. 找到必要的文件并通过 HTTP 应答传回给浏览器。
6. 浏览器渲染并显示网页与相关的文件。

下次如果你对于网页显示为何要花这么长时间感到疑惑，就想想幕后经历着的、如此繁多的步骤吧。

1.8　标 记 语 言

标记语言(markup languages)是由指示浏览器软件(以及移动电话等其他的用户代理)显示和管理一个网页文档的指令集所组成的。这些指令通常被称为标签(tag)，它们执行诸如显示图片、格式化文本和引用超链接等功能。

标准通用标记语言(SGML)

标准通用标记语言(Standard Generalized Markup Language，SGML)是一种用于指定标记语言或标签集的标准语言。它本身并不是一种网页语言，而是一种对于如何规定和创建文档类型定义(DTD)的描述。蒂姆·伯纳斯·李在创建 HTML 时，就是使用 SGML 来创建规范的。

超文本标记语言(HTML)

超文本标记语言(Hypertext Markup Language，HTML)是一组特殊的标记符号或代码，它们被放置在文件中，意在得到浏览器的显示。浏览器呈现 HTML 文件中的代码，并显示网页文档和相关文件。W3C(http://www.w3.org)负责设置 HTML 标准。

可扩展标记语言(XML)

可扩展标记语言(Extensible Markup Language，XML)是由 W3C 开发的，用于在万维网上灵活地创建和共享标准信息格式和信息内容。它的语法格式基于文本，可描述、传递和交换信息结构。它并不是用来替代 HTML 的，但它能够通过将数据与展现分离来达到扩展 HTML 功能的目的。使用 XML，开发人员可创建描述信息所需的任何标签。

可扩展超文本标记语言(XHMTL)

可扩展超文本标记语言(Extensible Hypertext Markup Language，XHMTL)也是由 W3C 开发的，它将 HTML4.01 重新定义为 XML 的一种应用。XHTML 结合了 HTML4.01 在格式化文本方面的优势和 XML 的数据结构与可扩展性优势。它在万维网上的应用已超过十个年头，在未来你仍将发现还有许多网页是用这种语言写的。

HTML5-HTML 语言的最新版本

HTML5(标志如图 1.10 所示)，意在延续和发展 HTML4，并取代 XHTML。HTML5 融合了 HTML 和 XHTML 的功能，增加了新的元素，提供了表单编辑和本地视频等新功能，并打算实现向下兼容。W3C 在 2012 年底通过批准，目前 HTML5 为候选推荐状态。在本书中，你将学习使用 HTML5 语法。虽然还没有达到最终通过状态，但 HTML5 已得到了现代主流浏览器的支持。W3C 将不断努力发展 HTML，增加新的元素、属性和功能，当前版本为 html5.1，尚处于草案阶段。

 **自测题 1.2**

1. 请描述一下互联网客户端/服务器模型的组成部分。
2. 请指出只能用于互联网而不能用于万维网的两种协议。
3. 请说明 URL 和域名间的异同。

1.9　万维网上的流行应用

电子商务

电子商务(E-Commerce)有望持续增长，它指的是在网上进行商品和服务的交易。2014 年 Forrester 进行的一项研究表明，在线零售业的资金流将超过 2480 亿美元 (http://techcrunch.com/2010/03/08/forrester-forecast-onlineretail-sales-will-grow-to-250-billion-by-2014/)。互联网世界统计(Internet World Stats)的报告称，这是一个有超过 20 亿人在线的世界(http://www.internetworldstats .com/emarketing.htm)。其中该有多少是潜在的消费者啊？！随着移动网络接入变得越来越普遍，电子商务将不再仅仅发生于固定计算机上，用移动设备交易的人会越来越多，平板电脑、上网本、智能手机以及那些我们甚至还无法想象的东西！

移动接入

用标准桌面计算机、上网本、笔记本等以外的设备接入万维网的势头与日俱增。摩根士丹利(Morgan Stanley)的分析师早就如此预测：“基于目前的变化和应用势头，移动互联网的规模将在 2015 超过桌面互联网”(http://mashable.com/2010/04/13/mobile-web-stats/)。《彭博商业周刊》报道，电子产品制造商早就预计市场对 Apple iPad、Amazon Kindle Fire 和 Microsoft Surface 等平板设备的需求巨大，预期到 2015 年将有 490 亿的销售额(http://buswk.co/fK2Q9e)。皮尤研究中心(Pew Research Center)的一项研究((http://stateofthemedia.org/2012/mobile-devices-and-news-consumption-some-good-signs-for-journalism/)表明许多人拥有不止一台无线上网设备：超过一半的人既有笔记本电脑又有智能手机，23%的笔记本电脑用户还有一台平板，13%的人三种设备全有。网页设计人员在开发网页时，不能仅针对个人计算机，同时还要考虑在智能手机、平板电脑和其他移动设备上的显示与功能。

博客

写网络日志或博客(Blog)的趋势是由个人推动的，人们把它当作个人表达的论坛。

博客是万维网上的日记，它的网页频繁更新，按时间顺序列出创意与链接。博客主题从政治到技术信息、再到个人日记，无所不包，可以聚焦唯一对象，也可以跨界多样，这取决于创建和维护博客的那个人，即所谓的博主(blogger)。勤快的博主每天都会更新博客内容，他们用简单易用的软件来维护博客，这类软件专为缺乏相应技术背景的人而设计。许多博客都寄存在博客社区网站，如 http://www.blogger.com、http://www.wordpress.com 以及 http://www.tumblr.com 等。也有专门为此建立个人网站的，如网页设计师埃里克·梅耶(Eric Meyer)的博客 http://meyerweb.com。商界也已意识到了博客作为客户关系沟通工具的价值，Adobe、IBM 等公司纷纷建立了自己的公司博客，网址分别是 http://feeds.adobe.com 和 https://www.ibm .com/developerworks/mydeveloperworks/blogs。

维基

维基(wiki)是由访问者利用网页表单实现即时更新的网站。有的是成员组织等小型团队中的人。最强大的维基是维基百科(http://wikipedia.org)，任何人在任何时间都可以对它进行更新，它已经成为一本互联网上的百科全书。这是社交软件的一种应用实例，访问者共享他们的知识以创建可供所有人免费使用的资源。虽然维基百科的某些条目纯属娱乐，偶尔还有不准确的信息，但在需要探索一个主题时，利用上面的信息和资源链接作为起点还是很不错的。

社交网络

博客和维客为网站访客提供了与网站以及他人进行互动的新方式，就是所谓的社交计算或社交网络。目前参加社交网络上的活动已成为一种潮流，著名的社交网站有脸谱网 Facebook(http://www.facebook.com)、领英 LinkedIn(http://www.linkedin.com)等。当年有研究公司 eMarketer 预测，到 2014 年，接近三分之二的互联网用户经常性地访问社交网络站点 (http://www.public.site2.mirror2.phi.emarketer.com/Article.aspx?R=1007712)。你是不是觉得自己所有的朋友都在 Facebook 上？确实是这样，在 2012 年，Facebook 有超过 8 亿 4500 万的月度活跃用户 (http://www.searchenginejournal.com/stats-on-facebook-2012-infographic/40301/)。虽然 LinkedIn 是面向专业和商业网络而建立的，但许多商家发现在 Facebook 上建立帐户推广他们的产品和服务似乎更管用。

推特 Twitter(http://www.twitter.com)是一个著名的微博社交网络，用户使用所谓推文(tweet)的简短消息(每条不能超过 140 个字符)进行通信。推特用户(称为 twitterer)通过发送推文来更新好友圈，每个用户的关注者(follower)都能及时知晓该用户的日常活动和言论。推特并不仅限于个人使用，商界已经发现了其中蕴藏的巨大市场潜力。《信息周刊》(Information Week，http://www.informationweek.com/news/hardware/

desktop/217801030)的一份报告称，戴尔 Dell 公司用推特实现的销售额高达 300 万美元。

云计算

Google Drive 和 Microsoft 365 等文档协作网站、博客、维客以及各大社交网站的用户都是通过互联网("云")来访问的，这些网站是云计算的应用范例。美国国家标准与技术研究所(National Institute of Standards and Technology，NIST)将云计算定义为按需使用的软件和其他计算资源，这些资源托管在互联网上的远程数据中心(包括服务器、存储、服务和应用程序)上。未来云计算将更广泛地应用于公共和私人领域。

RSS

RSS 代表简易信息聚合(Really Simple Syndication)或富站点摘要(Rich Site Summary)，指创建来自博客和其他网站的新闻源。RSS 源(feed)包含站点所发布新闻的摘要，RSS 源的 URL 通常用橙底白字的"XML"或"RSS"来标示。需要使用新闻阅读器才能访问这些信息。有一些浏览器可以显示 RSS 源，如 Firefox、Safari 和 Internet Explorer(IE7 或更高版本)。此外还可使用一些商业化的或免费的新闻阅读软件。新闻阅读器会定时检查源 URL，并显示所请求的新头条。RSS 为网页开发人员提供了一种方法，可将新内容推送给感兴趣的人，从而(希望如此)生成对网站的回访。

播客

播客(podcast)是网上的音频文件，通常采取音频博客、电台节目、或访谈的形式。播客一般以 RSS 源的方式推送，但也可以录制 MP3 文件并提供页面链接。这些文件保存在你的计算机上或 MP3 播放器(如 iPod)上，供以后收听。

Web 2.0

Flickr(http://www.flickr.com)和 Swipp(http://swipp.com)是两大社交网站，大家在上面共享信息。Flickr 主要提供照片分享，自称为每个用户提供了"最好的存储、搜索、排序和分享照片的方式"。Swipp 自述为"有关一切社会生活的百科全书"。Swipp 用户可以选择一个主题进行投票、发表评论等，并通过查看实时意见流来了解他人的想法。维基百科、Flickr、推特、Swipp 等网站就是所谓 Web 2.0 技术的应用范例。虽然对 Web 2.0 的定义业界尚未达成共识，但普遍认为它作为万维网发展的下一步，将使网站从孤立、静止的状态过渡为一个平台，可在上面利用各种技术为用户提供丰富的交互界面和在线社交机会。可以阅读 Tim O'Reilly 有关 Web 2.0 的文章，网址为 http://oreillynet.com/pub/a/oreilly/tim/news/2005/09/30/whatis-web-20.html，深入了解这一发展中的主题。

　　在可预见的将来，这种值得期待的变化趋势将一直持续。互联网和网络相关技术仍处于不断发展和完善的状态，如果你对此感兴趣并渴望学习一点新东西，网络开发无疑是一个迷人的主题。在本书的学习中所获得的知识和技能将为你今后深入研究奠定坚实的基础。

FAQ　万维网世界中即将发生什么大事件？

　　万维网日新月异。请访问本书的配套网站 http://www.webdevfoundations.net，关注博客，把握万维网的发展潮流和动向。

本 章 小 结

　　本章简要介绍互联网、万维网以及基本的网络概念。可能你之前就已经非常熟悉其中的许多内容了。请访问本书配套网站，网址为 http://www.webdevfoundations.net，获取本章中所列的链接和更新信息。

关键术语

无障碍访问	新闻阅读器
主干网	数据包
博客	播客
客户端/服务器	邮局协议(POP3)
客户端	协议
云计算	简易信息聚合或富站点摘要(RSS)
域名	请求评议(RFC)
域名系统(DNS)	服务器
外部网	简单邮件传输协议(SMTP)
文件传输协议(FTP)	社交计算
完全限定域名(FQDN)	社交网络
HTML5	标准通用标记语言(SGML)
超文本标记语言(HTML)	子域
超文本传输协议(HTTP)	平板
互联网	TCP
互联网架构委员会(IAB)	顶级域名(TLD)
互联网数字分配机构(IANA)	传输控制协议/互联网协议(TCP/IP)
互联网名称与数字地址分配机构(ICANN)	推文
互联网工程任务组(IETF)	统一资源定位符(URI)
互联网消息访问协议(IMAP)	统一资源定位器(URL)
内联网	Web 2.0
IP	Web 无障碍倡议(WAI)
IP 地址	Web 内容无障碍访问指南(WCAG)
IPv4	主机服务器
IPv6	广域网(WAN)
局域网(LAN)	维客
标记语言	世界知识产权组织(WIPO)

媒介	万维网
微博	万维网联盟(W3C)
多用途互联网邮件扩展(MIME)	XHTML
网络	XML

复习题

选择题

1. 以下哪种网络可覆盖一个小型区域，如几幢建筑物或校园？
   a. LAN　　　　　　　b. WAN　　　　　　　c. Internet　　　　　　d. WWW

2. 以下哪一项是 http://www.mozilla.com 这个 URL 中的顶级域名？
   a. mozilla　　　　　　b. com　　　　　　　c. http　　　　　　　d. www

3. 下列哪个组织负责协调新顶级域名的应用？
   a. 互联网数字分配机构 IANA
   b. 互联网工程任务小组 IETF
   c. 互联网名称与数字地址分配机构 ICANN
   d. 万维网联盟 W3C

4. 以下哪一项是基本文本的互联网唯一地址，它对应于计算机的唯一数字 IP 地址？
   a. IP 地址　　　　　　b. 域名　　　　　　　c. URL　　　　　　　d. 用户名

5. 下列哪个机构负责与 web 相关的推荐标准、原型技术的先行开发工作？
   a. 万维网联盟 W3C
   b. Web 专业标准机构 WPO
   c. 互联网工程任务小组 IETF
   d. 互联网名称与数字地址分配机构 ICANN

判断题

6. _____ URL 是 URI 的一种。
7. _____ 标记语言包含一组指令，以指示浏览器软件如何显示与管理网页文档。
8. _____ 我们发展万维网是为了让公司能够在互联网上开展电子商务。
9. _____ 以.net 结尾的域名表示该网站是一家网络公司。

填空题

10. 用于指定标记语言或标签组的标准语言是_____。
11. _____结合了 HTML4.01 在格式化方面的优势与 XML 在数据结构和可扩展性方面的优势。
12. _____是一组放置在文件里的标记符号或代码，用于在 web 浏览器上的显示。
13. 最新版本的 HTML 是_____。
14. 通过在社交网站频繁发布短消息来通信，被称为_____。
15. _____的目的是确保网络通信的完整性。

动手练习

1. 推特(Twitter，http://www.twitter.com)是一家社交网络网站，可用来发微博，用户使用所谓推文(tweet)的简短消息(每条不能超过 140 个字符)进行通信。推特用户(称为 twitterer)通过发送推文来更新好友圈，每个用户的关注者(follower)可及时了解该用户的日常活动和言论以及与兴趣相关的信息。井号标签(＃)可放在推文中的某个词或术语之前，对主题进行分类，如在与网页设计行业的 SXSW 交互大会有关的所有推文中输入标签#SXSWi。标签的使用使得在推特上更容易检查有关某一种类或某一事件的推文。

如果你还没有使用推特，可在 http://www.twitter.com 上免费注册一个帐户。使用推特帐户分享你觉得有用或有趣的网站信息。至少发布三条推文。可以推一些包含有用的网页设计资源的网站，也可以描述一些功能很有趣的网站，上面的图片特别引人注目、导航特别好用。自己动手开发网站后，你也可以推自己的作品！

你的指导老师可能会要求你加上指定的标签(例如#CIS110)，表明这是与网页设计学习相关的推文。请在推特上检索特定标签，这样更容易收集班上同学所发布的推文。

2. 创建一个博客用于记录自己学习网页开发的经历。请访问提供免费博客服务的网站，从中选择一个，如 http://www.blogger.com 、 http://www.wordpress.com 或 http://www.tumblr.com，按网站说明进行创建。可用博客记录自己觉得有用或有趣的网站。在这些网站上你会发现一些不错的网页设计资源，也可能上面的功能挺有趣，图片特别引人注目、导航特别好用。为每个网站写上一段简介。自己动手开发网站后，你可以在博客上张贴作品的 URL 或写写自己的设计理念。在浏览器中打开博客页面并打印出来，将打印稿交给老师。

网站实例研究

1. 万维网联盟(W3C)负责为万维网制定各种标准。请访问其官方网 http://www.w3c.org，回答下列问题。

a. W3C 的起源。

b. 谁能加入 W3C？费用是多少？

c. W3C 的主页上列出了许多技术，请从中挑选一个，点击其链接并阅读相关页面。列出你找到的三种资料或问题。

2. 国际互联网协会(Internet Society)在与互联网相关的问题领域扮演着领导者的角色。请访问其官网 http://www.isoc.org，回答下列问题。

a. 为什么要建立国际互联网协会？

b. 找到离你最近的那个分会，访问其主页，列出网站 URL 和该分会所组织的一项活动或提供的一项服务。

c. 怎样才能加入国际互联网协会？收费如何？你会推荐初学网页开发的人加入该协会吗？为什么？

3. 世界网站管理员组织(World Organization of Webmasters，WOW)是为创建和管理网站的个人与组织提供支持的专业协会。请访问其官网 http://www.webprofessionals.org，回答下列问题。

a. 怎样才能加入 WOW？收费如何？

b. 列举 WOW 参与的一项活动。你会参加这项活动吗？为什么？

c. 请列举 WOW 为网页开发人员职业规划提供帮助的三种方式。

关注网页设计

1. 请访问你感兴趣的网站。打印出主页或其他相关页面。写一页关于该网站的总结，要说明以下主题。

a. 网站的 URL。

b. 网站的目的是什么？

c. 目标受众是谁？

d. 你认为该网站对其目标受众是否有吸引力？为什么？

e. 你认为这个网站有用吗？为什么？

f. 这个网站吸引你吗？为什么？从颜色、图片、多媒体等元素的使用及组织架构和导航易用性等方面加以阐述。

g. 你会向其他人推荐这个网站吗？为什么？

h. 该网站还可以如何改进？

第 2 章

HTML 基础

本章学习目标

- 什么是 HTML、XHTML 以及 HTML5
- 识别网页文档中的标记语言
- 用 html、head、body、title 和 meta 元素来写网页模板
- 配置页面，主体中的元素包括多个标题(heading)、段落(paragraph)、换行(line break)、分区(div)、列表(list)以及块引用(blockquote)。
- 用段落元素配置文本
- 配置特殊字符
- 使用 HTML5 的页眉(header)、导航链接(nav)、主体(main)和页脚(footer)元素
- 使用锚(anchor)元素从一张页面跳转到另一张页面
- 创建绝对、相对和电子邮件三种类型的超链接
- 编码、保存并显示一张网页文档
- 验证网页文档的语法是否正确

　　本章将带你开始写第一个专属网页。我们将介绍超文本标记语言 (Hypertext Markup Language，HTML)，也就是用来创建网页的语言；可扩展超文本标记语言(eXtensible Hypertext Markup Language，XHTML)，这是最近的标准化 HTML 版本；HTML5，最新版本的 HTML。本章开头将介绍 HTML5 的语法，然后举一些网页示例，接下来是 HTML 的结构、段落与超链接元素，并带你编写更多示例网页。如果认真跟随教程完成作业，还将学到更多内容。写 HTML 代码是一项技术，每一项技术都需要不断实践才能日益精进。

2.1　HTML 概览

标记语言是由成组的说明构成的，它们告诉浏览器软件(以及其他用户代理，例如移动电话)怎样显示以及如何管理网页文档。这些说明通常被称作标签，可完成显示图形、格式化文本以及引用超链接等功能。

万维网是由许多包含超文本标记语言 HTML 以及其他标记语言的文件组成的，这些文件描述了一张张网页。蒂姆·伯纳斯-李是借助于标准通用标记语言(Standard Generalized Markup Language，SGML)来设计 HTML 的。SGML 为文档中嵌入的描述性标记与文档的结构描述预先定下了标准格式。SGML 就其自身而言并不是一种文档语言，而是对于如何规定以及创建文档类型定义(Document Type Definition，DTD)的一种描述。W3C(http://www.w3c.org)设立了 HTML 的标准以及相应的语言。就像万维网一样，HTML 也是在不断发展变化中。

HTML

HTML 是标记符号或代码的集合，这些符号或代码被放置在文件里，最终显示在网页上。它们指定了结构性的元素，例如段落、标题、列表等等。HTML 还可以将多媒体(例如图形、视频、音频等)组件放置在网页中或者描述填充表单。浏览器负责解释这些标记代码，将网页呈现出来。HTML 实现了网络中的信息显示与平台无关，也就是说不管网页是在哪种类型的计算机上创建出来的，任何操作系统中的任意一种浏览器都能将它显示出来。

我们将每一个独立的标记代码称作元素或标签。不同标签的作用也各不相同。标签由一对尖括号括起来，即“<”和“>”符号。绝大多数标签都成对出现：一个开始标签与一个结束标签。这些标签充当了容器的作用，因此有时也被称作容器标签。例如网页里<title> 和 </title>之间的文本将显示在浏览器的标题栏位置上。有些标签单独使用并不成对。例如
标签意味着换行，它就是单独使用的，或者说它是自包含的，并没有与之成对的结束标签。大部分标签都自带属性，可以修改，用来进一步描述其目的。

XML

可扩展标记语言 XML 是由 W3C 发布的，用于创建通用的信息格式，并在万维网上共享格式与信息。它的语法是基于文本的，用于描述、传递与交换结构化信息，如RSS 源等。XML 并不是为了取代 HTML，而是着意于把数据与表达区分开以提升HTML 的能力。有了 XML，开发人员可以创建任何标签来描述信息。

XHTML

现在使用的最近一个标准化 HTML 版本是可扩展超文本标签语言 XHTML。XHTML 使用了 HTML4 的标签与属性以及 XML 的语法。XHTML 已经在万维网上使用了十多年，你会发现许多网页都是用这种标记语言来写的。W3C 曾一度打算推出新版本的 XHTML，即 XHTML2.0，但后来又停止了这个版本的开发，因为它不能向下兼容 HTML4。于是 W3C 开始将目标转向了 HTML5。

HTML5

HTML5 意在作为 HTML4 的继承者来取代 XHTML。HTML5 兼有 HTML 和 XHTML 的功能，并增加了其独有的新元素，提供了诸如表单编辑与本地视频等新特性，并准备实现向下兼容。因此完全可以马上就使用 HTML5！当下流行的浏览器，如 Internet Explorer、Firefox、Safar、Google Chrome 以及 Opera 都支持 HTML5 的许多新特性。随着浏览器版本的不断推陈出新，我们可以期待它们对 HTML5 的支持越来越全面。就在我写作这本书时，HTML5 正处于候选推荐标准阶段，即将成为官方推荐。如需了解 HTML5 的最新元素列表，请访问 http://www.w3.org/TR/html5。

FAQ　我需要哪种软件？

创建网页文档并不需要什么特殊软件，有文本编辑器即可。如 Microsoft Windows 自带的记事本文本编辑器、Mac OS X 操作系统打包推出的 TextEdit(请参见 http://support.apple.com/kb/TA20406，了解配置信息)。除操作系统的基本文本编辑器外，许多免费的编辑器软件也好用，例如 Windows 的 Notepad++(下载地址为 http://notepad-plus-plus.org/download)、Macs 的 TextWrangler(下载地址为 http://www.barebones.com/products/textwrangler/download.html) 等。还有一些商用的网页制作工具也很靠谱，像 Adobe Dreamweaver。不管使用何种软件或程序，学好 HTML 基础知识总错不了。

需要在大多数流行的浏览器上测试网页，因此事先必须安装好。下面列出这些浏览器以及免费下载地址：

- Internet Explorer(http://windows.microsoft.com/en-US/internet- explorer/download-ie)
- Mozilla Firefox(http://www.mozilla.com/en-US/products/download.html)
- Apple Safari(http://www.apple.com/safari/download/)
- Google Chrome(http://www.google.com/chrome)

还可以安装 Firefox 浏览器的网页开发者扩展插件 Web Developer Extension for Firefox(https://addons.mozilla.org/en-us/firefox/addon/web-developer)

2.2　文档类型定义

由于存在多个版本与类型的 HTML 和 XHTML，因此 W3C 建议在网页文档里指定标记语言的类型，这时就要用到文档类型定义(Document Type Definition，DTD)。DTD 指明了文档中所包含的 HTML 版本。浏览器与 HTML 代码校验器在处理网页时就可以使用 DTD 里的信息。网页文档里的第一行就是 DTD 语句，通常称作文档类型语句 (doctype)。HTML5 的 DTD 如下：

```
<!DOCTYPE html>
```

2.3　网 页 模 板

我们所创建的每一张页面都会包含 DTD、html、head、title、meta 和 body 元素。接下来，我们将按照样式，用小写的字母写代码，并用双引号将属性值括起来。一个基本的 HTML5 网页模板如下所示(参见学生文件中的 chapter2/template.html)：

```
<!DOCTYPE html>
<html lang="en">
<head>
<title>Page Title Goes Here</title>
<meta charset="utf-8">
</head>
<body>
... body text and more HTML tags go here ...
</body>
</html>
```

除了特定的页面标题有所不同外，通常我们所创建的每张页面的开头 7 行都是一样的。再回过头看看刚才这段代码，你会注意到文档类型定义语句的格式稍有差异，而其他的 HTML 标签使用的都是小写字母。接下来，让我们来探索一下 html、head、title、meta 和 body 元素的“奥秘”。

2.4　HTML 元素

html 元素的目的是指明该文档是 HTML 格式。该元素告诉浏览器怎样解释这个文档。开始的<html>标签放置在 DTD 的下一行。结束的</html>指明网页的结束位置，它放置在文档中所有的 HTML 元素之后。html 元素还被用来指定文档所含文本中所使用的语言，如 English。这一额外的信息以属性的形式加在<html>标签中，属性可以修改或进一步描述某个元素的功能。lang 属性规定了文档的语言代码。例如 lang="en"表示英语(English)。搜索引擎与屏幕阅读器可以获取该属性。

2.5　四大元素 head、title、meta 和 body

网页有两部分：标题和主体。标题部分包含描述网页文档的信息。主体部分包含实际标签、文本、图像以及其他被浏览器显示为网页的对象。

头部(Head)

头部(head section)的元素包含网页的标题 title、描述文档(例如所使用的字符集以及可能被搜索引擎所使用到的一些信息等)的元信息 meta 标签以及对脚本和样式的引用等。这部分的许多特性并不直接显示在网页上。

head 元素包含标题，以<head>标签开头，以</head>标签结尾。在标题部分里面，至少要包含两个其他的元素：title 元素和 meta 元素。

头部第一个元素是 title，它配置了在浏览器窗口标题栏里显示的文本。文本包含在<title> 和 </title>标签之间，称为网页标题，在此页面上添加书签或打印网页时即可访问这一元素。网页标题应该是具有描述性质的。如果是公司或组织的网页，那么网页标题应该包含公司名称。

meta 元素描述网页的特性，例如字符集。字符集是网页文档或其他文件中字母、数字和符号的内部表述，它们储存在计算机上，可以在网上传输。存在许多不同的字符集。当然，我们一般建议使用那些受到较广泛支持的字符集，例如 utf-8，该字符集是 Unicode 的一种形式。meta 标签并不成对使用。它是独立存在的或被认为是自包含的标签(在 html5 里称为空元素)。meta 标签使用 charset 属性来指定字符集。下面是一个 meta 标签的示例：

```
<meta charset="utf-8">
```

主体(Body)

主体(body section)包含的文本和元素直接显示在浏览器所展现的网页上，所以也称作浏览器视窗(viewport)。使用主体部分的目的在于配置网页的内容。

主体元素包含网页的实体部分，以<body>标签开头，以</body>标签结尾。在写网页时，绝大部分的时间都用在写主体部分的代码上。如果在主体部分里面输入文本，它将直接显示在浏览器视窗里的网页上。

```
Your First Web Page
```

2.6　你的第一张网页

动手实践 2.1

现在你应该对每张网页上的基本元素有所了解了吧？是时候创建首张专属网页了！

新建一个文件夹

在制作网页和创建网站时，事先建立一个文件夹，并将文件存放在其中，这种做法将有助于管理。在操作系统的某个硬盘驱动器或移动存储上新建一个文件夹，取名为 mychapter2。

在 Mac 系统中创建文件夹

1. 打开 Finder，选择将要创建文件夹的位置。

2. 选择"文件"＞"新建文件夹"以生成一个尚未命名的文件夹。

3. 选择该文件夹，单击当前文件名即可重命名文件夹。输入相应的名称，然后回车。

在 Windows 中创建文件夹(Windows 7 及以下版本)

1. 打开 Windows 资源管理器(或者按下 Windows 键，或者单击"开始"＞"所有程序"＞"附件"＞"Windows 资源管理器")，进入将要创建文件夹的位置，例如"我的文档"或硬盘 C：。

2. 选择"组织"＞"新建文件夹"。

3. 右键单击新建的文件夹，从快捷菜单里选择"重命名"，输入相应文本，按回车。

在 Windows 8 创建文件夹

1. 打开文件资源管理器(之前称为 Windows 资源管理器)：

a. 鼠标移到屏幕右上角后将显示 Charms 边栏。

b. 选择"搜索"。

c. 在搜索框里输入"文件资源管理器"。

d. 从显示出来的诸个应用中选择"文件资源管理器"磁贴(tile)。

2. 桌面模式中将出现"文件资源管理器"窗口。进入即将创建文件夹的位置，例如"文档"或是硬盘 C:，或者外部的 USB 驱动器。

3. 选择 Home 标签，选择"新建文件夹"。

4. 右键单击文件夹，从弹出的快捷菜单里选择"新建文件夹"，输入相应文件名再回车，即完成重命名。

FAQ　为什么要新建一个文件夹而不是直接放在桌面上呢？

　　文件夹有助于更好地管理工作。如果只是放在桌面上，那里很快就会变得乱七八槽。并且更重要的一点是，服务器上的网站也是按文件夹来管理的。所以一开始就要养成使用文件夹来管理有关网页的习惯，因为你正朝着成为一名成功网页设计师的方向大步前进呢！

你的第一张网页

现在可以开始创建首张 HTML5 网页了。打开记事本程序或别的文本编辑器。输入下列代码：

```
<!DOCTYPE html>
<html lang="en">
<head>
<title>My First HTML5 Web Page</title>
<meta charset="utf-8">
</head>
<body>
Hello World
</body>
</html>
```

请注意，文件的第一行包含文档类型信息 doctype。相应的代码包含在<html>与</html>标签之间。这些标签意在指出其中的内容是一张网页。头部从<head>标签开始，到</head>标签结束，其中用一对网页标题标签显示了文本"My First HTML5 Web Page"，并用<meta>标签指定字符集。

<body> 和 </body>标签之间的是主体部分。在一行上输入了两个单词"Hello World"。请参见图 2.1，这是记事本里输入代码后的截屏。这就是你刚刚创建好的网页文档的源代码。

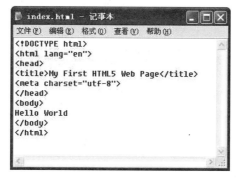

图 2.1　记事本中首张网页的源代码

FAQ　我必须得将每个标签放在单独的一行上吗？

不是的，并不需要如此。即使你把所有的标签放在一行上，并且其间不加空格，浏览器也能显示页面。但是朋友，合理换行，合理使用缩进，无疑将使代码的写与读都容易得多，是不是？

保存文件

请保存文件并将其命名为 index.html。我们通常将某个网站的首页命名为 index.html 或 index.htm。网页的文件扩展名可以是.html 或.htm。在本书中，我们统一使用.html。在记事本或别的文本编辑器中显示该文件，然后从菜单栏点选择"文件"，再选择"另存为"。随之弹出"另存为"对话框。找到 mychapter2 文件夹。参考图 2.2 输入相应文件名。然后单击"保存"按钮。在学生文件中我们提供了参考答案。在测试页面之前，可以比较一下自己建的文件与答案的异同。

图 2.2　"另存为"对话框

FAQ　为何我的文件扩展名是.txt？

在某些版本比较老的 Windows 里，记事本程序会自动添加.txt 扩展名。如果发生这种情况，可以用双引号将文件名括起来（"index.html"），然后再保存文件。

测试网页

有两种测试网页的方法。

1. 打开 Windows 资源管理器(Windows 7 及以下版本)，文件资源管理器(Windows 8)，或 Finder(Mac)。找到之前所创建的 index.html 文件。双击该文件。默认的浏览器将被打开并显示 index.html 页面。你的网页看上去应该与图 2.3 差不多。

2. 打开一个浏览器。(如果你使用的是 IE9 或以上的版本，请在浏览器窗口顶部区域右键单击，然后选择菜单栏。)选择"文件"＞"打开"＞"浏览"。找到 index.html 文件并双击，然后单击"确定"。如果使用的是 Internet Explorer，显示出来的页面将跟图 2.3 类似。如果使用的是 Firefox 浏览器，那就如图 2.4 所示。

图 2.3　在 Internet Explorer 中显示的网页　　　图 2.4　在 Firefox 中显示的网页

请检查页面。仔细观察一下浏览器窗口，你会注意到浏览器的标题栏或浏览器的标签部分显示的是网页的标题文本："My First HTML5 Web Page"。这个元素在为页面添加书签或将页面加入收藏时也会用到。搜索引擎以及描述性的网页标题可以引导访问者再次浏览该页面。如果是公司或组织的网页，那么这一标题元素应该包含公司或组织的名称。

FAQ　我在用浏览器观察网页时，发现文件名是 index.html.html。为什么会这样？

当操作系统被设置为隐藏文件扩展名时往往会出现这种情况。可以通过以下两种方法来修改文件名。

- 使用操作系统命令将文件名由"index.html.html"修改为"index.html"。
- 用文本编辑器打开 index.html.html 文件，然后将其另存为"index.html"。

将操作系统设置为显示文件扩展名是个不错的主意。可以访问如下网址，寻求如何修改设置以显示扩展名的帮助：

- Windows: http://support.microsoft.com/kb/865219 和 http://lifehacker.com.au/2012/03/windows-8-simplifies-extensions-and-hidden-files/
- Mac: http://www.fileinfo.com/help/mac_show_extensions

 自测题 2.1

1. 请描述 HTML 的起源、作用与特性。

2. 请描述创建与测试网页的软件需求。

3. 请描述一张网页的头部 head 和主体 body 部分的作用。

2.7　标题元素

有六种级别的标题元素，从 h1 到 h6。包含在标题元素里的文本被浏览器视作一"块"文本(称作块显示)，其上与其下均显示空白区域(有时称作"白色空格" white space)。<h1>(称作标题 1 标签)级别的文本最大，<h6>(称作标题 6 标签)级别的文本最小。根据所使用的字体不同(第 3 章将介绍字体大小的有关内容)，包含在<h4>、<h5>和<h6>标签之内的文本显示时比默认尺寸略小。所有包含在标题标签里的文本都将被加粗显示。图 2.5 显示了包含六种级别的标题元素的网页文档。

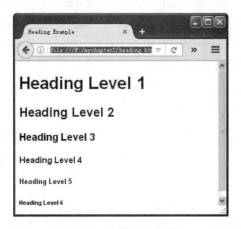

图 2.5　标题元素示例

 FAQ　为什么标题标签不算在头部中？

学生们在写网页代码时，常常会试图在文档的头部中添加标题标签，但这么做是无效的，并且在浏览器显示该网页时还会出问题。虽然标题(heading)标签和头部(head)听起来差不多，但请注意，标题标签得写在网页文档的主体部分里。

动手实践 2.2

打开记事本或其他文本编辑器，接下来，我们要创建如图 2.5 所示的网页。选择"文件">"打开"，找到学生文件中的模板文件，路径与文件名为 chapter2/template.html。修改网页标题元素，并在主体部分中增加标题标签，代码如下所示：

```
<!DOCTYPE html>
<html lang="en">
<head>
```

```
<title>Heading Example</title>
<meta charset="utf-8">
</head>
<body>
<h1>Heading Level 1</h1>
<h2>Heading Level 2</h2>
<h3>Heading Level 3</h3>
<h4>Heading Level 4</h4>
<h5>Heading Level 5</h5>
<h6>Heading Level 6</h6>
</body>
</html>
```

将文件以 heading2.html 为文件名另存到硬盘或可移动存储上。打开 Internet Explorer 或 Firefox 浏览器来测试该网页。它看起来应当与图 2.5 所示差不多。你可以比较一下自己的作业与学生文件里的参考答案(chapter2/heading.html)。

无障碍访问与标题

合理设置标题标签，可以让你的网页更易被访问，也更好用。利用标题标签来突出网页内容结构是一种优秀的编码实践。通过恰当地添加不同级别的标题标签(h1、h2、h3 等)将页面划分为不同层次的区域，然后添加段落、列表等成块显示的网页内容。在图 2.6 中，<h1>标签包含网站名称，显示在网页顶端，即页眉的标识区域；<h2>标签在内容区域显示网页的主题或名称；别的标题元素根据需要添加在内容区域里，以识别重要的主题与子主题。

无障碍访问

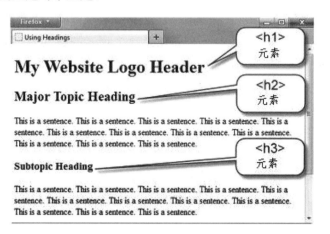

图 2.6　标题标签突出了页面内容

使用屏幕阅读器的视觉障碍人士可以让软件只"读取"页面上的标题列表，以便于关注自己感兴趣的主题。如果页面组织良好，就能让访问网站的用户有更佳的使用体验，包括那些有视觉障碍的人士。

2.8　段　落　元　素

段落元素用来将文本的句子和章节组合在一起。包含在<p> 和 </p>标签之间的文本会被显示在一"块"儿(称作块显示)，其上和其下均显示为空白区域。图 2.7 显示的网页文档在第一个标题之后即是一个段落。

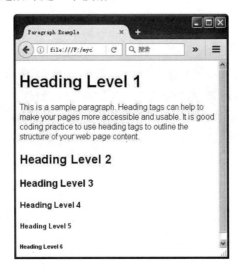

图 2.7　使用标题与段落的网页

动手实践 2.3

打开文本编辑器，接下来我们要创建如图 2.7 所示的网页。选择"文件" >"打开"，找到学生文件中的 chapter2/heading.html。修改网页标题元素，并在<h1>标签对与<h2>标签对之间的行中增加段落文本，代码如下所示：

```
<!DOCTYPE html>
<html lang="en">
<head>
<title>Paragraph Example</title>
<meta charset="utf-8">
</head>
<body>
<h1>Heading Level 1</h1>
<p>This is a sample paragraph. Heading tags can help to make your
pages more accessible and usable. It is good coding practice to use
heading tags to outline the structure of your web page content.
</p>
<h2>Heading Level 2</h2>
<h3>Heading Level 3</h3>
<h4>Heading Level 4</h4>
<h5>Heading Level 5</h5>
```

```
<h6>Heading Level 6</h6>
</body>
</html>
```

将文件以 paragraph2.html 为文件名另存到硬盘或可移动存储上。打开浏览器来测试该网页。它看起来应当与图 2.7 所示差不多。你可以比较一下自己的作品与学生文件里的参考答案(chapter2/paragraph.html)。请注意，更改浏览器窗口大小时，段落里的文本也会自动变大或变小。

对齐

在测试页面时，你可能已经发现标题与文本总是从左边框附近开始。这种布局称作左对齐，这是网页默认的对齐方式。不过有时候我们可能需要段落或标题居中或右对齐。这时就可以设置对齐属性来达到这一目的。我们用属性来修改某个 HTML 元素的特点。现在，我们用对齐属性来修改网页上某个元素的水平对齐方式(左对齐、居中，或右对齐)。如果打算居中，我们可以用 align="center"。要让某个元素里的文本右对齐，可以用 align="right"属性。在 XHTML 语法中，对齐属性可以用在许多块显示元素里，包括段落(<p>)和标题(<h1> 到 <h6>)标签。而在 HTML5 中，对齐属性已经弃之不用了，也就意味着虽然在 XHTML 中可以使用，但在 W3C HTML5 说明中已不再包含该属性，这种设置无效。我们将在第 6 章中讲述如何用更新颖的方法，即层叠样式表 CSS 来配置对齐。

2.9　换　行　元　素

添加换行元素后，浏览器会先换行再显示页面上的下一个元素或文本部分。换行不像别的标签那样由开始与结束标签组成，它是独立使用的，或者称为空元素，代码为
。图 2.8 显示的网页文档，在第一段第一个句子之后有一换行。

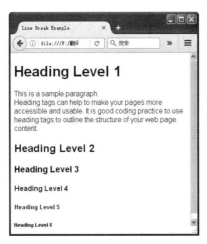

图 2.8　请注意第一个句子之后的换行

动手实践 2.4

打开文本编辑器，接下来我们要创建如图 2.8 所示的网页。选择"文件"＞"打开"，找到学生文件中的 chapter2/paragraph.html。将网页标题标签对里的内容修改为"Line Break Example"。然后将光标定位到第一段的第一个句子之后(也就是"This is a sample paragraph."之后)。换下回车键。保存文件。打开浏览器测试该页面。你将会注意到，浏览器显示的内容并不像源代码里那样要在"This is a sample paragraph."之后换行。如果要达到换行效果，需添加换行标签，从而使第二个句子另起一行。再次用文本编辑器修改此文件，在第一段第一个句子之后添加
标签，代码如下：

```
<body>
<h1>Heading Level 1</h1>
<p>This is a sample paragraph. <br> Heading tags can help to make your
pages more accessible and usable. It is good coding practice to use
heading tags to outline the structure of your web page content.
</p>
<h2>Heading Level 2</h2>
<h3>Heading Level 3</h3>
<h4>Heading Level 4</h4>
<h5>Heading Level 5</h5>
<h6>Heading Level 6</h6>
</body>
```

将文件另存为 linebreak2.html。打开一个浏览器测试该网页。现在看上去应该与图 2.8 所示差不多。你可以将自己的作业与参考答案 chapter2/linebreak.html 进行比较。

FAQ　为什么我的网页看上去还是老样子？

　　学生们常会遇到这种情况：虽然已经修改了网页文档，可是在浏览器中显示出来的还是之前的版本。下面给出一些查找原因并解决问题的方法。
　　1. 请确保修改文档后已经保存。
　　2. 请确认是否将文件另存到了硬盘或是可移动存储的特定文件夹位置。
　　3. 请确认浏览器是否打开了正确位置上的文档，即硬盘或可移动存储上的特定文件夹。
　　4. 是否已经单击过浏览器的刷新或重载按钮。

2.10　块引用元素

除了组织段落文本与标题外，有时候我们需要在页面上添加引用。块引用元素就是用来以特殊的方式显示被引用的文本块的，与左、右边界之间均有缩进。一块缩进的文本从<blockquote>标签开始，至</blockquote>标签为止。图 2.9 显示了一个包含标题、段落与块引用的页面。

图 2.9　块引用标签之内的文本以缩进方式显示

动手实践 2.5

打开文本编辑器，接下来我们要创建如图 2.9 所示的网页。选择"文件">"打开"，找到学生文件中的 chapter2/ template.html。修改网页标题元素。在文档的主体部分添加标题、段落、块引用标签，代码如下，相关元素代码突出显示。

```
<!DOCTYPE html>
<html lang="en">
<head>
<title>Blockquote Example</title>
<meta charset="utf-8">
</head>
<body>
<h1>The Power of the Web</h1>
<p>According to Tim Berners-Lee, the inventor of the World Wide Web,
at http://www.w3.org/WAI/:</p>
<blockquote>
The power of the Web is in its universality. Access by everyone
regardless of disability is an essential aspect.
</blockquote>
</body>
</html>
```

将文档以 blockquote2.html 为文件名另存到硬盘或移动存储上。打开浏览器测试该网页。现在看上去应该与图 2.9 所示差不多。你可以将自己的作业与参考答案 chapter2/ blockquote.html 进行比较。

你也许已经注意到，如果要将网页上某个区域的文本缩进显示，用<blockquote>标签来实现十分方便。不过这也会给你带来疑惑：是否只要打算缩进显示文本就随时可用<blockquote>标签来实现呢？并且块引用元素是否只适用于较长篇幅的引用呢？从语义上讲，块引用元素的正确用法的确只针对大段的文本。为什么我们要关注语义？那就来展望一下未来的语义网页(Semantic Web)，《科学美国人》网站上对此有描述，网址为 http://www.scientificamerican.com/article.cfm?id=the-semantic-web。在那里，将语义网页描述为："一种新形式的万维网内容，对于计算机而言意义非凡，将引发变革，开启无限可能。"因此以符合语义的、结构合理的方式来编写 HTML 网页，无疑朝着语义网页的方向迈进了一步。因此，不要只是为了缩进而使用块引用元素。稍后在本书中将讲述如何利用更时新的技术来配置元素内外边距。

2.11 短语元素

短语元素有时候也称为逻辑样式元素，指出某个容器标签内文本的上下文与意义。根据每个浏览器的不同，它们所解析的样式也有所不同。短语元素与文本一起成行显示(称为内联显示)，可适用于文本的一部分，甚至是单个字符。例如，<strong>元素指明与之关联的文本特别重要，因此需要加粗显示。表 2.1 列出了常见的一些短语元素以及它们的使用范例。请注意有些标签，如<cite> 和 <dfn>，它们的效果在今天的浏览器中与<em>标签是一样的，都会让文本显示为斜体(italics)。这些标签从语义上描述了它们所设置的文本是引文(<cite>)或定义(<dfn>)，但不管哪种情形，实际显示的效果都是斜体。

表 2.1　短语元素

元素	示例	用法
<abbr>	WIPO	指出文本为缩写；用全名配置网页标题(title)属性
<b>	bold text	根据使用惯例将文本设置为加粗显示，并未强调额外的重要性
<cite>	cite text	指出文本为引用或参考；以斜体显示
<code>	code te	指出为程序代码示例；通常为固定空格的字体
<dfn>	dfn text	指出某个单词或术语的定义；通常以斜体显示
<em>	emphasiz	强调文本与另一文本间的关系；通常以斜体显示
<i>	italicized	根据使用惯例将文本设置为斜体显示，并未强调额外的重要性
<kbd>	kbd text	指出需要用户输入文本；通常为固定空格的字体
<mark>	mark tex	突出显示文本以便于引用
<samp>	samp tex	显示程序示例输出；通常为固定空格的字体
<small>	small text	法律上的免责声明与注意事项，呈现小号字体效果
<strong>	strong tex	特别重要；使文本从上下文中脱颖而出；通常以加粗显示
<sub>	sub text	小段文本，在基线以下以下标方式呈现
<sup>	sup text	小段文本，在基线以上以上标方式呈现
<var>	var text	指定并显示变量或程序输出；通常以斜体显示

每个短语元素都是一个容器，所以必须既要有开始标签，又要有结束标签，配合成对使用。如表 2.1 所示，<strong>元素表明受其影响的文本具有格外重要的意义。通常浏览器(或别的用户代理)会将<strong>后面的文本加粗显示。对于 JAWS 或Window-Eyes 之类的屏幕阅读器软件而言，可以将<strong>后的文本念得更重以凸现其重要性。下面所显示的文本中有一串电话号码，由于重要，故需要加粗显示。

```
Call for a free quote for your web development needs: 888.555.5555
```

相应的代码如下：

```
<p>Call for a free quote for your web development needs:
<strong>888.555.5555</strong></p>
```

请注意，<strong> 和 </strong>这对标签是包含在段落标签对<p> 和 </p>之内的。该代码嵌套正确，形式合理。如果 p> 和 <strong>标签对交叉放置的话嵌套就不正确了。此时，代码就无法通过验证测试(详见 2.18 节"HTML 验证")，可能会导致显示出问题。

图 2.10　使用了<em>标签的网页

图 2.10 显示了一张网页文档(学生文件为 chapter2/em.html)，里面使用了<em>标签以强调短语"Access by everyone"，这部分内容以斜体方式显示。

代码片段如下所示：

```
<blockquote>
The power of the Web is in its universality.
<em>Access by everyone</em>
regardless of disability is an essential aspect.
</blockquote>
```

2.12　有　序　列　表

我们可以在网页上用列表来组织信息。在写网页时，使用标题、短段落和列表可使页面更简洁易读。HTML 中可以创建三种类型的列表：描述性列表、有序列表以及无序列表。所有的列表都成块显示，上下均有空行。
本节我们关注有序列表。这种列表按数字或字母排序
的方式条目化地罗列出表中所包含的信息。有序列表
的组织可以使用数字(默认)、大写字母、小写字母、
大写罗马数字以及小写罗马数字。图 2.11 即为一个有
序列表示例。

My Favorite Colors

1. Blue
2. Teal
3. Red

图 2.11　有序列表示例

有序列表包含在<ol>和</ol>标签对之间。每一个列表项又包含在<li>和</li>标签对
之内。要创建如图 2.11 所示的包含标题与有序列表元素的网页，代码如下所示：

```
<h1>My Favorite Colors</h1>
<ol>
    <li>Blue</li>
    <li>Teal</li>
    <li>Red</li>
</ol>
```

类型(Type)、起始值(Start)和倒序*(Reversed)属性

类型属性用于指定列表排序的符号。例如，我们要创建一个按大写字母排序的列
表，就可以使用<ol type="A">。表 2.2 列出了有序列表中的属性类型和值。

表 2.2　有序列表的类型属性

属性值	符号
1	数字
A	大写字母
a	小写字母
I	罗马数字
i	小写的罗马数字

起始值属性用于以整数排序的列表，但该列表不从 1 开始计数(例如 start="10")。
倒序属性是 HTML5 中的新属性(使用方法为 reversed="reversed")，用来配置降序排列
的列表。

动手实践 2.6

请通过练习在同一张页面上使用标题与有序列表元素。打开文本编辑器，接下来
我们要创建如图 2.12 所示的网页。选择"文件">"打开"，找到学生文件中的
chapter2/template.html。修改这个模板中的网页标题元素，并在主体部分增加 h1、ol 和
li 元素。代码如下，相关元素代码突出显示：

```
<!DOCTYPE html>
<html lang="en">
```

```
<head>
<title>Heading and List</title>
<meta charset="utf-8">
</head>
<body>
<h1>My Favorite Colors</h1>
<ol>
  <li>Blue</li>
  <li>Teal</li>
  <li>Red</li>
</ol>
</body>
</html>
```

将文档以 ol2.html 为文件名另存到硬盘或移动存储上。打开浏览器测试该网页。现在看上去应该与图 2.12 差不多。你可以将自己的作业与参考答案 chapter2/ol.html 进行比较。

图 2.12　有序列表

请花几分钟来做个关于类型属性的实验。将有序列表配置成按照大写字母排序，而不是数字。文档另存为 ol3.html。打开浏览器测试该网页。你可以比较一下自己的作品与参考答案 chapter2/ola.html。

2.13　无　序　列　表

在无序列表中，每个清单条目前会显示一个着重号或别的列表标识。此处的着重号有几种类型：圆盘形(默认)、方形、环形。图 2.13 即为一个无序列表的示例。

无序列表以<ul>标签开头，至</ul>标签结束。每个列表条目以<li>标签开头，至</li>标签结束。配置如图 2.13 所示的包含标题与无序列表元素的网页代码如下：

```
<h1>My Favorite Colors</h1>
<ul>
  <li>Blue</li>
  <li>Teal</li>
```

```
    <li>Red</li>
  </ul>
```

My Favorite Colors

- Blue
- Teal
- Red

图 2.13　无序列表示例

动手实践 2.7

请练习在同一张页面上使用标题与无序列表元素。打开文本编辑器，接下来我们要创建如图 2.14 所示的网页。选择"文件">"打开"，找到学生文件中的 chapter2/template.html。修改这个模板中的网页标题元素，并在主体部分增加 h1、ul 和 li 元素。代码如下，相关元素突出显示：

```html
<!DOCTYPE html>
<html lang="en">
<head>
<title>Heading and List</title>
<meta charset="utf-8">
</head>
<body>
<h1>My Favorite Colors</h1>
<ul>
  <li>Blue</li>
  <li>Teal</li>
  <li>Red</li>
</ul>
</body>
</html>
```

将文档以 ul2.html 为文件名另存到硬盘或移动存储上。打开浏览器测试该网页。现在看上去应该与图 2.14 差不多。你可以将自己的作品与参考答案 chapter2/ul.html 进行比较。

图 2.14　无序列表

FAQ　我可以改变无序列表中的项目符号吗？

在 HTML5 之前的版本中，可以在<ul>标签中添加类型属性来改变默认的项目符号类型，比如用 type="square"将符号修改为方形或用 type="circle"将符号修改为环形。但请注意，在 HTML5 中已经摒弃了为无序列表设置类型属性的做法，类似的装饰性设置已不再承载意义。别担心，我们将在第 6 章中介绍新的技巧，用不同的图形和形状来配置列表项目符号。

2.14　描　述　列　表

描述列表(description list)是在 HTML5 中引入的新元素名，用于取代之前的名称定义列表(definition list，用于 XHTML 以及之前的 HTML 版本)。描述列表对于组织术语及其解释等内容相当有用。先将术语名称突出显示，之后描述性内容可长可短，根据需要承载的信息而定。每个术语名称单独占据一行且无缩进。其描述则另起一行，并且缩进显示。描述列表也适用于组织常见问题与解答(FAQ)类内容。问题与答案的缩进各不相同。任意类型的由数个术语及较长的描述所组成的内容都可以组织成描述列表。图 2.15 即是一个使用了描述列表的网页示例。

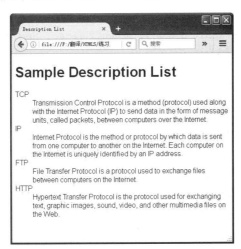

图 2.15　描述列表

描述列表自<dl>标签开始，至</dl>标签结束。每个术语或名称包含在<dt> 和</dt>标签对中。对术语的定义描述则包含在<dd> 和</dd>标签对中。

动手实践 2.8

请练习在同一张页面上使用标题与描述列表元素。打开文本编辑器，接下来我们要创建如图 2.15 所示的网页。选择"文件" >"打开"，找到学生文件中的 chapter2/template.html。修改这个模板中的网页标题元素，并在主体部分增加 h1、dl、dd 和 dt 元素。代码如下，相关元素突出显示：

```
<!DOCTYPE html>
<html lang="en">
<head>
<title>Description List</title>
<meta charset="utf-8">
</head>
<body>
<h1>Sample Description List</h1>
<dl>
    <dt>TCP</dt>
        <dd>Transmission Control Protocol is a method (protocol) used
along with the Internet Protocol (IP) to send data in the form of
message units, called packets, between computers over the Internet.</dd>
    <dt>IP</dt>
        <dd>Internet Protocol is the method or protocol by which data
is sent from one computer to another on the Internet. Each computer on
the Internet is uniquely identified by an IP address.</dd>
    <dt>FTP</dt>
        <dd>File Transfer Protocol is a protocol used to exchange
files between computers on the Internet.</dd>
    <dt>HTTP</dt>
        <dd>Hypertext Transfer Protocol is the protocol used for
exchanging text, graphic images, sound, video, and other multimedia
files on the Web.</dd>
</dl>
</body>
</html>
```

将文档另存为 description2.html。打开浏览器测试该网页。现在看上去应该与图 2.15 差不多。如果换行不太一样也不用担心。重要的是每个<dt>术语应该单独占据一行，而相应的<dd>描述应该在其下一行且缩进显示。试着改变浏览器窗口的大小，你将发现每一段描述的换行情况会发生变化。你可以比较自己的作品与参考答案 chapter2/description.html 间的异同。

 自测题 2.2

1. 请描述标题(heading)元素的功能以及它配置文本的方式。
2. 请描述有序列表与无序列表的区别。
3. 请描述块引用元素的作用。

2.15　特　殊　字　符

为了在网页中使用引号、大于号(>)、小于号(<)、版权符号(©)等特殊符号，我们需要使用特殊字符，有时候也称作实体字体。举例来说，假如你打算在网页中添加如下所示的版权说明：

```
© Copyright 2015 My Company. All rights reserved.
```

此时可以使用特殊字符©来显示版权符号，代码如下：

```
&copy; Copyright 2015 My Company. All rights reserved.
```

另一个很有用的特殊字符是 ，它代表不间断空格。你可能已经注意到浏览器会将多个空格处理为单个空格。如果需要在文本中添加少量空格，就可以使用多个 来腾出空白位置。这一实践在你仅需要稍微调整某个元素的定位时是可行的。不过假如页面上包含太多 ，就应当使用别的方法，例如用层叠样式表(CSS，详见第 4 章与第 6 章)来配置间距与边距。表 2.3 与附录 C 为我们描述了常见特殊字符的定义与相应的代码。

表 2.3　常见的特殊字符

字符	实体名称	代码
"	双引号	&quot;
'	右单引号	&rsquo;
©	版权符号	&copy;
&	&符号	&amp;
Empty space	不间断空格	
—	长的短划线	&mdash;
|	竖条	|

动手实践 2.9

请练习创建如图 2.16 所示的网页。打开文本编辑器，选择"文件">"打开"，找到学生文件中的 chapter2/ template.html。将这个模板中的位于<title> 和</title>标签对之间的网页标题元素文本修改为"Web Design Steps"。如图 2.16 所示的网页中包含标题、无序列表与版权信息。将标题"Web Design Steps"设置为一级标题(<h1>)，代码如下：

```
<h1>Web Design Steps</h1>
```

图 2.16　design.html 页面

接下来创建无序列表。该列表中，每个带符号条目的行即代表网页设计的一个步骤，所以应当加粗或突出显示，与其余文本区别开来。无序列表第一个条目的代码如下所示：

```
<ul>
  <li><strong>Determine the Intended Audience</strong><br>
The colors, images, fonts, and layout should be tailored to the
<em>preferences of your audience.</em> The type of site content
(reading level, amount of animation, etc.) should be appropriate for
your chosen audience.</li>
```

现在把 design.html 文档中的无序列表编写完整。请记得在列表末尾添加</ul>标签。如果换行位置有差异并不需要担心；你的显示器或浏览器窗口的大小可能与图 2.16 所示不同。最后，用 small 元素设置版权信息。此处使用特殊字符©以显示版权符号。版权信息行的代码如下所示：

```
<p><small>Copyright    &copy;    2014    Your    name.    All    Rights
Reserved.</small></p>
```

完成得怎么样？你可以比较一下自己的作业与参考答案 chapter2/design.html，看看有什么差异。

2.16　结构元素

分区元素(Div)

div 是一个已经使用多年的分区元素，用于在网页上设置一般的结构区域，或所谓的"分区"(division)，用于块显示，其上与其下均会换行。分区元素由<div>标签开始，至</div>标签结束。当我们需要对包含其他块显示元素(如标题、段落、无序列表甚至分区等)的网页区域设置格式时，就可以使用该元素。本书后续的章节里会讲述如何利用层叠样式表(CSS)来设置 HTML 元素的样式，如设置颜色、字体、布局等。

HTML 结构性元素

除了常见的分区元素外，HTML5 中还引入了一系列语义上的结构性元素，用来配置网页中的特殊区域。这些 HTML5 新元素旨在结合分区与其他元素，从而以更富意义的方式来生成网页的有机架构，让页面上每一个结构区域的目的更加明确。本节中我们将讨论其中三个新元素：页眉(header)、导航链接(nav)和页脚(footer)。图 2.17 展示的页面的示意图称作线框图(wireframe)，说明了如何用页眉、导航链接(nav)、主体(main)、分区和页脚等结构元素来配置网页。

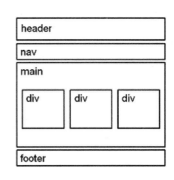

图 2.17　结构元素

页眉元素(Header)

HTML5 中引入页眉元素的目的在于为网页文档或者文档内的区域(如节或文章)添加页眉。页眉元素从<header>标签开始，到</header>标签结束。页眉是块显示元素，通常包括一个或多个不同级别的标题元素(h1 到 h2)。

导航链接元素(Nav)

HTML5 中引入导航链接元素的目的在于定义导航链接部分。它也是块显示元素，从<nav>标签到</nav>标签。

主体元素(Main)

HTML5 中引入主体元素的目的在于规定网页文档的主要内容。每张网页上应当只包括一个主体元素。它也是块显示元素，从<main>标签到</main>标签。

页脚元素(Footer)

HTML5 中引入页脚元素的目的在于定义网页文档或节的页脚。它也是块显示元素，从< footer >标签到</ footer >标签。

动手实践 2.10

请练习使用结构元素创建如图 2.18 所示的 "Trillium Media Design" 公司主页。打开文本编辑器，选择"文件">"打开"，找到学生文件中的 chapter2/ template.html。编写如下代码。

1. 修改网页标题元素，将这个模板中的位于<title> 和</title>标签对之间的文本修改为 "Trillium Media Design"。

2. 将鼠标定位到主体部分，键入标题元素代码，文本为 " Trillium Media Design"，级别为 h1：

```
<header>
  <h1> Trillium Media Design</h1>
</header>
```

3. 键入导航链接元素代码，文本包含网站的主链接。设置为加粗字体(使用 b 元素)，并用 特殊字符增加空格：

```
<nav>
  <b>Home   Services   Contact</b>
</nav>
```

4. 键入包含 h2 与段落元素的主体元素代码：

```
<main>
  <h2>New Media and Web Design</h2>
  <p>Trillium Media Design will bring your company&rsquo;s Web
presence to the next level. We offer a comprehensive range of
services.</p>
  <h2>Meeting Your Business Needs</h2>
  <p>Our expert designers are creative and eager to work with
you.</p>
</main>
```

5. 设置页脚元素，使其包含版权信息，以小号字体(用 small 元素)、斜体(用 i 元素)显示。要注意嵌套顺序。代码如下：

```
<footer>
  <small><i>Copyright &copy; 2014 Your Name Here</i></small>
</footer>
```

将文件另存为 structure2.html。打开浏览器测试网页。它看上去应该与图 2.18 类似。你可以比较一下自己的作业与参考答案 chapter2/structure.html，看看有什么异同。

图 2.18　Trillium 主页

旧版浏览器(如 IE 8 以及之前的版本)不支持 HTML5 中的新元素。在第六章中，我们将教给大家如何使旧版本浏览器正确显示 HTML 结构标签的编码技术。现在，我们得使用当下流行的浏览器来测试自己编写的网页。

FAQ　在 HTML5 中是否还有新的结构元素可以配置网页区域？

有。强调语义是 HTML5 的特点之一。分区元素很有用，但它较普通。HTML5 提供了许多满足特殊目的的结构元素，包括节(section)、文章(article)、页眉、导航链接、主体、侧栏(aside)、页脚等。在第 7 章中将讲述有关节、文章、侧栏等元素的内容。

2.17　锚　元　素

使用该元素可以定义超链接，一般来说是指向你希望展示的其他网页或文件的链接。锚元素从<a>标签开始，到</a>标签结束。点击这对标签所包围的文本，即可实现跳转。使用 href 属性来设置超链接的内容，也就是跳转到的文件的名称与位置。图 2.19 显示的是带有超链接元素的网页文档，该链接指向本书的配套网站，http://webdevfoundations.net。

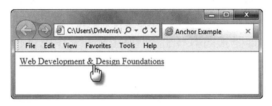

图 2.19　超链接示例

如图 2.19 所示网页中的锚代码如下：

```
<a href="http://webdevfoundations.net">Web Development &amp; Design
Foundations</a>
```

想必你已经注意到超链接的值就是网站的 URL。锚标签对之间的文本以超链接的形式显示在网页上，大多数浏览器都会将其处理成带下划线的格式。当我们将光标移动超链接上时，光标的形状会变成手形指针，如图 2.19 所示。

动手实践 2.11

请练习创建如图 2.19 所示的网页。打开文本编辑器，选择"文件">"打开"，找到学生文件中的 chapter2/template.html。修改网页标题元素，并在主体部分增加锚标签，代码如下，相关元素代码突出显示：

```
<!DOCTYPE html>
<html lang="en">
<head>
<title>Anchor Example</title>
<meta charset="utf-8">
</head>
<body>
<a  href="http://webdevfoundations.net">Web  Development  &amp;  Design
Foundations</a>
</body>
</html>
```

将文件以 anchor2.html 为文件名另存到硬盘或可移动存储上。打开浏览器测试网页。它看起来应当同图 2.19 差不多。你可以比较一下自己的作业与学生文件里的参考答案(chapter2/ anchor.html)，看看有什么异同。

FAQ   可以将图像设置为超链接吗？

可以。虽然在本章中我们主要关注文本超链接，但将图像设置为超链接是完全可行的。相关知识与练习请参见第 4 章。

绝对超链接

网页上的绝对超链接指向的是资源的绝对位置。当我们要跳转到其他网站上时，就可以使用这种类型的超链接。此时的 href 值指向某个网站的主页，包括 http://协议和域名。下列代码所示的即是指向本书配套网站主页的一个绝对超链接。

```
<a href="http://webdevfoundations.net">Web Development &amp; Design
Foundations</a>
```

请注意，如果我们需要访问的网页并非本书配套网站的主页，那么 href 的值还应该包括特定的文件夹和文件的名称。例如，下面所列示的锚标签所配置的绝对超链接即指向本书配套网站上名为 6e 的文件夹下面的 chapter1.html 文件。

```
<a href="http://webdevfoundations.net/6e/chapter1.html">Web Development &amp;
Design Foundations Chapter 1</a>
```

相对超链接

如果打算访问自己网站内部的网页，就可以使用相对超链接。这种类型超链接的 href 值并不以 http://开头，也不包括域名，而仅仅只包含想要显示的文件名或文件夹与文件的名称即可。该超链接指向的位置是相对于当前所显示的页面而言的。例如，假设你当前正在写某网站主页((index.html)，该网站结构如图 2.20 所示，此时需要链接到名为 contact.html 的页面，该页面与 index.html 位于同一个文件夹下，这时只需要键入如下代码：

```
<a href="contact.html">Contact Us</a>
```

网站地图

网站地图以图示的方式展现了某个网站内网页的结构或组织。地图里的一个方框代表网站内的某张页面。图 2.20 展示的某网站地图包含一个主页与两个内容页，即 Services 页面与 Contact 页面。网站地图中的第二层表示站内的其他主页。在这个非常袖珍的三页面网站中，另外两张页面(Services 和 Contact)组成了第二层。一个网站中主要的导航通常包括指向该站内开始两层页面的超链接。

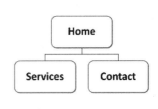

图 2.20　网站地图

动手实践 2.12

学习写网页的最佳方法就是亲自动手！让我们马上开始实践，创建如图 2.20 所示的小网站，只包含主页(index.html)、服务页面(services.html)、联系方式(contact.html)三张页面哦。

1. 创建一个文件夹。如果手头有一些打印好的论文需要整理，你会将它们存放在一个文件夹里。同样，网页设计人员会将计算机文件存放在一个硬盘(或 SD、U 盘之类的可移动存储)上的文件夹里，以方便管理。这样当需要处理许多不同网站时，工作效率会提高。因此现在也请先为每个网站创建一个新的文件夹，然后将相应的文件存放起来。在操作系统中为你的新网站创建一个名为 mypractice 的新文件夹。

2. 创建主页(Home Page)。我们在动手实践 2.10 中创建了 Trillium Media Design 网页(图 2.18 所示)，现在用它作为新网站的起点。复制这个文件(chapter2/structure.html)

到 mypractice 文件夹中。将文件名改为 index.html。把网站主页文件命名为 index.html
是常见的做法。

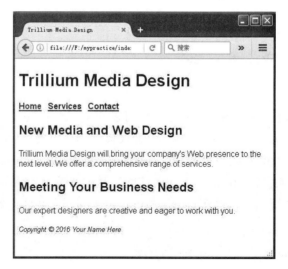

图 2.21　新的 index.html 页面

启动文本编辑器，然后打开 index.html 文件。

a. 导航超链接位于导航链接元素中。请编辑导航链接元素，配置三个超链接：

● 　Home 设置为指向 index.html 的超链接

● 　Services 设置为指向 services.html 的超链接

● 　Contact 设置为指向 contact.html 的超链接

修改代码如下所示：

```
<nav>
    <b><a href="index.html">Home</a>  
      <a href="services.html">Services</a>  
      <a href="contact.html">Contact</a>
    </b>
</nav>
```

b. 保存这个位于 mypractice 文件夹下的 index.html 文件。打开浏览器来测试该网
页。它看起来应当同图 2.21 差不多。可以比较一下自己的网页文档与学生文件里的参
考答案(chapter2/ practice/index.html)。

3. 创建 Services 页面。通常我们会基于当前网页来创建新页面。因此现在我们可
以将 index.html 文件作为这一步的起点。该步骤的成果如图 2.22 所示。

用文本编辑器打开 index.html 文件，将其另存为 services.html。相关的代码编辑工
作如下。

a. 把 <title> 和 </title> 标 签 之 间 的 文 本 修 改 为 " Trillium Media Design -
Services""。为了在相同网站内不同网页间保持页眉、导航、页脚等元素风格统一，
因此这些元素内的代码不用修改。

图 2.22　services.html 页面

b. 将光标置于主体部分中，删除 main 标签对之间的内容。键入如下代码，以编辑主页内容(2 级标题与描述列表)：

```
<h2>Our Services Meet Your Business Needs</h2>
  <dl>
    <dt><strong>Website Design</strong></dt>
      <dd>Whether your needs are large or small, Trillium can
get you on the Web!</dd>
    <dt><strong>E-Commerce Solutions</strong></dt>
      <dd>Trillium offers quick entry into the e-commerce
marketplace.</dd>
    <dt><strong>Search Engine Optimization</strong></dt>
    <dd>Most people find new sites using search engines.
    Trillium can get your website noticed.</dd>
  </dl>
```

c. 保存这个位于 mypractice 文件夹下的 services.html 文件。打开浏览器来测试该网页。它看起来应当同图 2.22 差不多。你可以比较一下自己的网页文档与学生文件里的参考答案(chapter2/ practice/ services.html)。

图 2.23　contact.html 页面

4. 创建 Contact 页面。使用 index.html 作为这一步的起点。该步骤的成果将如图 2.23 所示。用文本编辑器打开 index.html 文件，将其另存为 contact.html。相关的代码编辑工作如下。

a. 把 <title>和</title>标签之间的文本修改为"Trillium Media Design -Contact""。为了在相同网站内不同网页间保持页眉、导航、页脚等元素风格统一，因此这些元素内的代码不用修改。

b. 将光标置于主体部分中，删除 main 标签对之间的内容后键入如下代码，以编辑主页内容：

```
<h2>Contact Trillium Media Design Today</h2>
  <ul>
   <li>E-mail: contact@trilliummediadesign.com</li>
   <li>Phone: 555-555-5555</li>
  </ul>
```

c. 保存这个位于 mypractice 文件夹下的 contact.html 文件。打开浏览器来测试该网页。它看起来应当同图 2.23 差不多。单击每个超链接进行测试。当单击"Home"时，会显示 index.html 页面。单击"Services"时，会打开 services.html 页面。而单击"Contact"时，contact.html 页面会出现 。你可以比较一下自己的网页文档与学生文件里的参考答案(chapter2/ practice/ contact.html)。

FAQ　为什么我的相对超链接不起作用？

请进行如下检查。

- 是否将这些文件保存在了一个指定的文件夹中？
- 保存文件时名称设置是否正确？用 Windows 资源管理器、我的电脑，或是 Finder(Mac 用户)找到这些文件进行确认。
- 在页面文档中，锚标签中输入的 href 属性值是否正确(相应的文件名)？请排除拼写错误。
- 当我们将鼠标旋转在超链接上时，相对超链接的文件名会显示在状态栏(位于浏览器窗口的下边缘处)。此时可以验证文件名是否正确。在许多操作系统中(如 UNIX 或 Linux)，文件名中的大小写字母是敏感的，因此请确保文件名以及对它的引用使用的大小写也一致。在网页中用到的文件名均使用小写字母是一种最佳实践。

电子邮件超链接(E-Mail)

锚标签还可以用于创建指向电子邮件的链接。点击这种类型的链接会自动打开为浏览器配置的默认邮件程序。在下面两个例子中，电子邮件超链接与外部链接类似但略有区别。

- 用 mailto:来代替 http://。
- 自动打开访问者浏览器中的默认电子邮件应用，并且已经填写了邮件接收者的地址。

举例来说，我们可以用如下代码来创建指向 help@terrymorris.net 的超链接：

```
<a href="mailto:help@terrymorris.net">help@terrymorris.net</a>
```

将电子邮件地址既放置在网页上，又放置在锚标签里，这是一种最佳实践。并不是所有人的浏览器都配置了电子邮件程序。因此，将邮件地址同时放在这两处可以提升易用性。

动手实践 2.13

接下来我们将动手修改之前的动手实践 2.12 中所创建的联系方式页面 (contact.html)，加入电子邮件链接。启动文本编辑器，然后打开 mypractice 文件夹中的 contact.html 文件。此处的示例使用了 chapter2/practice 文件夹中的学生文件 contact.html。

图 2.24 联系方式页面中加入了电子邮件链接

在页面的主体内容区域中加入电子邮件地址，并设置为超链接，代码如下：

```
<li>E-mail:
<a href="mailto:contact@trilliummediadesign.com">contact@
trilliummediadesign.com</a>
</li>
```

保存文件并在浏览器中进行测试。你所看到的页面应该与图 2.24 所示类似。你可以比较一下自己的作业与参考答案 chapter2/practice2/contact.html，看看有什么异同。

FAQ　在网页上显示自己的实际电子邮件地址会不会带来垃圾邮件？

会，也不会。确实有一些不法分子会扒取网页上的电子邮件地址，不过我们也并不是束手无策的，电邮应用中内置的垃圾邮件过滤功能会保护我们的收件箱免遭垃圾邮件的狂轰滥炸。如果在网页上合理设置了易于理解记忆的电子邮件超链接，无疑可以增加网站访问者的易用性，这样的情形包括但不仅限于以下几种。

- 访问者可能使用了一台公用电脑，但上面没装电子邮件应用。此时，当他(她)点击了电子邮件超链接时会弹出错误提示，这样访问者就很难通过电子邮件与你联系。
- 访问者虽然使用私人电脑，但却不喜欢用浏览器默认的电邮应用(或地址)。也许他(她)是与他人共用这台电脑，或者他(她)不希望透露默认的电子邮件地址。

假如你以醒目的方式显示了自己的实际电子邮件地址，上述两种情况下，访问者就依然可以访问你的电子邮件地址，并用该地址与你取得联系(不管通过电子邮件应用还是通过基于网页的电子邮件系统，如 Google 的 Gmail)。这样做肯定给访问网站的人带来了极大的方便。

无障碍访问与超链接

使用屏幕朗读器的视觉障碍人士可以对软件进行设置，列出文档中的超链接。当然只在文本能描述每个链接时，超链接列表才具有提示作用从而有所帮助。例如，在学院网站上，显示为"检索课程表"的链接无疑比仅仅只说"更多信息"的链接好用

无障碍访问 得多。

块级锚

一般用锚标签来配置短语，有时仅仅只是一个单词，将它们设置为超链接。在 HTML5 中，为我们提供了一种导航链接元素的新功能，即块级链接。一个块级链接可以配置一个或多个元素(甚至可以是显示成块的元素，如分区 div、一级标题 h1 或者段落)。在学生文件 chapter2/block.html 中有相关示例。

FAQ　在使用超链接时，还有哪些需要关注的？

- 尽量使链接名称言简意赅，尽可能减少歧义。
- 避免使用诸如"单击此处"之类的短语作为超链接文本。虽然在万维网诞生初期这样做是有需要的，因为当时单击链接对网页用户来说是一种新体验。现在万维网已经成为日常生活的一部分，再这样提示无

疑很多余，甚至很落伍。

- 不要让链接淹没在大块文本中；使用超链接列表来取而代之。要知道阅读网页比阅读纸质材料困难得多。
- 在链接到外部站点时得小心。万维网是动态的，因此外部网站可能会更改网页名称，甚至有可能删除页面。这样的话，你的链接就失效了。

自测题 2.3

1. 请说出使用特殊字符的目的。
2. 请说明何时使用绝对超链接。此时在 href 值中是否要用 http 协议？
3. 请说明何时使用相对超链接。此时在 href 值中是否要用 http 协议？

2.18　HTML 验证

W3C 提供了免费的标记验证服务 (Markup Validation Service)，网址为 http://validator.w3.org，可用来帮助我们验证 HTML 代码，并检测语法错误。通过验证，能帮助同学们进行快速自我评价，证明自己的代码语法正确。在工作环境中，HTML 验证服务可作为品质的保证。无效代码会拖慢浏览器的渲染速度。

动手实践 2.14

在本练习中，我们将使用 W3C 提供的标记验证服务来验证一张网页文件。我们使用在练习 2.9 中所创建的网页(学生文件为 chapter2/design.html)。在文本编辑器中打开 design.html。删除第一个</strong>标签，这样就人为制造了一个错误。接下来，你将发现这一修改会引发多处错误提示。下一步是验证文件。先启动浏览器，然后访问 W3C 标记验证服务网页，在 http://validator.w3.org/#validate_by_upload 这张页面上传自己的文件。单击"浏览"，然后选择本地计算机中的 chapter2/design.html 文件。单击 Check 按钮，将文件上传到 W3C 网站(如图 2.25 所示)。

将会显示一个错误信息页面。请注意错误提示信息。滚动到页面下方，就可以查看具体的错误，如图 2.26 所示。先来看这条消息"End tag for li seen, but there were open elements,"。它指出了错误位于第 10 行，这也即是被删除的</strong>标签后的第一行。报错信息告诉我们页面上存在着错误。有待于你自己去找出究竟错在哪里。通常我们会从检查容器标签开始，确保它们都成对使用了。由于单个错误发生时往往会引发多条报错信息，因此我们最好修改一次后马上再验证一次。

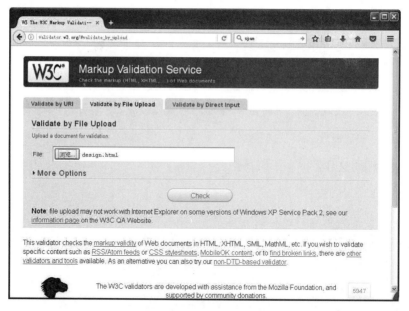

图 2.25　使用 W3C 标记验证服务来验证网页

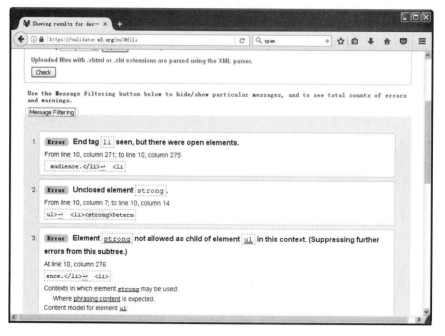

图 2.26　验证服务指出在第 10 行代码中存在错误。

在文本编辑器中再次编辑 design.html 文件，加上之前删去的</strong>标签。保存文件。

打开浏览器，访问 http://validator.w3.org/#validate_by_upload。选择文件上传，再选择 More Options，然后勾选 Show Source 和 Verbose Output 选框。单击 Check 以启动验证。

接下来显示的页面会与图 2.27 类似。注意，提示信息为"Document checking

completed. No errors or warnings to show.”这就意味着你的网页通过了验证测试。祝贺你，design.html 是有效的。不过，你可能还注意到了另外的提示信息，那没什么，只不过提醒我们，目前的 HTML 检测尚处于实验阶段。

验证页面是一种最佳实践。当然在验证代码时也要考虑常识。由于浏览器并未完全遵循 W3C 的推荐，因而有时(例如在页面上添加多媒体元素)虽然我们编写的 HTML 代码在许多浏览器中显示正常，但仍然可能通不过验证。

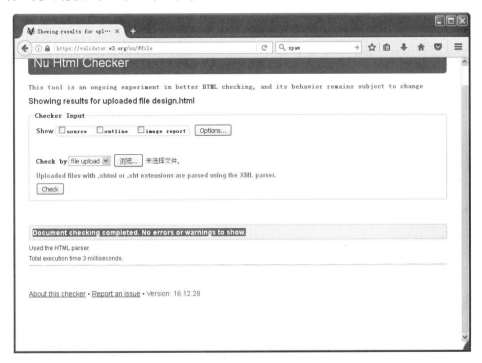

图 2.27　页面通过了验证测试

FAQ　是否还有别的途径可以验证我的 HTML 代码？

　　除了 W3C 的验证服务外，我们还可以使用别的一些工具来检查代码语法。如 Explore the HTML5 网站上的校验器，网址为 http://html5.validator.nu。另外还有 HTML5 的 Lint 工具，网址为 http://lint.brihten.com/html。

本 章 小 结

　　本章对 HTML、XHTML 和 HTML5 进行了介绍，列举了几乎每张网页上都包含的一些基本元素，展示了分区、段落、块引用等结构性的 HTML 元素。另外还介绍了包括配置列表、使用特殊字符、短语元素、超链接等主题。我们一起学习了如何测试 HTML5 代码以验证语法。如果你已经按照本章中的那些示例写了代码，必定积累了一些网页成果。本章中的动手实践与网页实例研究为读者提供了练习机会。请访问本书配套网站，网址为 http://www.webdevfoundations.net，上面有本章中所提到的一些材料链接以及更新信息。

关键术语

&copy;	绝对超链接
	锚元素
\<a\>	属性
\<abbr\>	块显示
\<b\>	主体元素
\<blockquote\>	主体部分
\<body\>	字符编码
\<br\>	描述列表
\<cite\>	分区元素
\<code\>	文档类型
\<dd\>	文档类型定义
\<dfn\>	元素
\<div\>	电子邮件链接
\<dl\>	可扩展超文本标记语言
\<dt\>	页脚元素
\<em\>	头部元素
\<footer\>	头部部分
\<h1\>	页眉元素
\<h6\>	标题元素
\<head\>	属性
\<header\>	HTML5
\<html\>	超链接
\<i\>	超文本标记语言
\<kbd\>	内联显示
\<li\>	左对齐
\<main\>	导航链接元素
\<mark\>	废弃

<meta>	有序列表
<nav>	段落元素
<ol>	短语元素
<p>	相对超链接
<samp>	特殊字符
<small>	标签
<strong>	无序列表
<sub>	验证
<sup>	格式良好的文档
<title>	XHTML 1.0 过渡
<ul>	可扩展标记语言
<var>	

复习题

选择题

1. 哪对标签用于创建最大的标题？
   a. <h1> </h1>　　　　　　　　　　　b.
   c. <h type="largest"> </h>　　　　　　d. <h6> </h6>

2. 用哪个标签可使接下来要显示的元素另起一行？
   a. <line>　　　　b. <nl>　　　　c.
　　　　d. <new>

3. 在网页上用哪个标签来配置一个结构性的区域？
   a. <area> </area>　　　　　　　　　b. <div> </div>
   c. <cite> </cite>　　　　　　　　　 d. <strong> </strong>

4. 用哪个标签可以将网页彼此链接起来？
   a. <link> 标签　　　　　　　　　　b. <hyperlink> 标签
   c. <a> 标签　　　　　　　　d. <body> 标签

5. 网页元素的默认对齐方式是什么？
   a. 居中　　　　　　　　　　b. 左对齐
   c. 右对齐　　　　　　　　　d. 在源代码中输入的位置

6. 哪种 HTML 列表会自动对列表项按数值排序？
   a. 编号列表　　　b. 有序列表　　　c. 无序列表　　　d. 描述列表

7. 为什么网页标题文本应当具有描述性且包含公司或组织的名称？
   a. 当访问者为网页添加书签时默认会自动保存网页标题。
   b. 访问者打印页面时网页标题也会被打印出来。
   c. 搜索结果中会列出网页标题。
   d. 以上都是原因。

8. 什么时候在超链接中要使用完全限定的 URL？
   a. 一直都需要
   b. 当链接指向同一个网站内部的网页时
   c. 当链接指向外部网站的网页时

　　　　d. 永远都不需要

9. 下列哪个 HTML5 元素被用来配置导航链接内容？

　　　　a. 主体元素　　　　　　　　　　b. 导航链接元素

　　　　c. 页眉元素　　　　　　　　　　d. 超链接元素(a)

10. 电子邮件链接的作用是什么？

　　　　a. 自动向填写在"回复"字段中的访问者邮箱地址发送电子邮件

　　　　b. 在访问者的浏览器上启动默认的电子邮件应用，收件人填写你的邮箱地址

　　　　c. 显示你的邮箱地址，这样访问者以后就可以给你发信息了

　　　　d. 链接到你的邮件服务器

填空题

11. <meta> 标签可用来_____。

12. _____可以用来显示诸如版权符号之类的字符。

13. 使用_____元素，可以突出被设置的文本，令其加粗显示。

14. _____被用来在页面上放置一个不间断的空格。

15. 使用_____元素可以突出被设置的文本，令其显示为斜体样式。

简答题

16. 为什么我们在网页上创建电子邮件链接时，最好在超链接元素里放上邮箱地址？

学以致用

1. 阅读下列代码，指出其显示结果。勾画并简要描述一下该页面。

```
<!DOCTYPE html>
<html lang="en">
<head>
  <title>Predict the Result</title>
  <meta charset="utf-8">
</head>
<body>
  <header><h1><i>Favorite Sites</i></h1></header>
  <main>
    <ol>
      <li><a href="http://facebook.com">Facebook</a></li>
      <li><a href="http://google.com">Google</a></li>
    <ol>
  </main>
  <footer>
    <small>Copyright &copy; 2014 Your name here</small>
  </footer>
</body>
</html>
```

2. 在空缺处填入所需代码。下列代码应该显示一个包含标题与描述列表的网页，<_>
表示缺少的 HTML 标签。

```
<!DOCTYPE html>
<html lang="en">
<head>
  <title>Door County Wildflowers</title>
  <meta charset="utf-8">
</head>
<body>
  <header><_>Door County Wild Flowers<_></header>
  <main>
  <dl>
   <dt>Trillium<_>
    <_>This white flower blooms from April through June in
    wooded areas.<_>
   <_>Lady Slipper<_>
    <_>This yellow orchid blooms in June in wooded areas.</dd>
  <_>
  </main>
</body>
</html>
```

3. 找出错误。下列代码所展现的页面中全部字符均放大加粗显示。为什么会这样？

```
<!DOCTYPE html>
<html lang="en">
<head>
  <title>Find the Error</title>
  <meta charset="utf-8">
</head>
<body>
  <h1>My Web Page<h1>
  <p>This is a sentence on my web page.</p>
</body>
</html>
```

动手练习

1. 写一段 HTML 代码，用最大的标题元素显示你的姓名。

2. 写一段 HTML 代码，创建一个指向 google.com 的绝对超链接。

3. 写一段 HTML 代码，创建展示一周七天的无序列表。

4. 写一段 HTML 代码，创建一个按大写字母排序的有序列表，内容为以下项目：HTML、XML 和 XHTML。

5. 想一句你喜欢的人所说的话。写一段 HTML 代码，用标题元素来展示这个人的名字，用块引用元素来展示这句话。

6. 修改下列代码片段，以突出显示术语 site map 和 storyboard：

```
<p>A diagram of the organization of a website is called a site
map, or storyboard. Creating the site map is one of the initial
steps in developing a website.</p>
```

7. 修改你在动手实践 2.5 中所创建的 blockquote.html 网页。设置指向 http://www.w3.org/WAI/这个 URL 的超链接。将文件另存为 blockquote2.html。

8. 创建一张页面，用描述列表来展示三种网络协议(详见第 1 章)以及它们的定义。配置超链接，指向有关这些协议信息的网页。在页面上添加合适的标题。将文件保存为 network.html。

9. 创建一张页面，介绍你最喜欢的乐队组合。元素包括该组合的名称、每个成员、指向该组合主页的超链接、你最喜欢的三张 CD 专辑(如果是新，数量可以少一些)以及每张 CD 的简介。

- 用无序列表来展示成员名字。
- 用描述列表来展示 CD 的名称与简介。

将网页保存为 band.html。

10. 创建一张网页来介绍你所喜欢的菜谱。使用无序列表列出食材，使用有序列表来描述每个制作步骤。添加指向免费菜谱网站的超链接。将网页保存为 recipe.html。

万维网探秘

在互联网上有许多 HTML5 教程。用自己喜欢的搜索引擎把它们找出来，从中挑选两个。打印出主页或其他有关的页面。然后创建一张页面，内容包含下列问题的答案。

a. 网站的 URL 是什么？

b. 该教程针对的是初学者、中等水平的人，还是都适合？

c. 你是否会向别人推荐这个网站？为什么？

d. 请列举一两个从该教程中学习到的概念。

关注网页设计

你正在学习 HTML5 的语法。不过，光靠代码可撑不起一张页面噢，设计同样非常重要。到网上找两张页面，其一非常吸引你，其二则让你提不起半点兴趣。把它们打印出来。然后创建一张页面，内容包含下列问题的答案，这些问题与你所找的网页有关。

a. 网站的 URL 是什么？

b. 页面是否吸引你？请列出三条理由。

c. 假如不喜欢这张页面，那么你打算如何来改进它呢？

网站实例研究

以下所有案例将贯穿全书。本章介绍的是网站梗概，给出网站地图，并指导大家为每个网站各创建两张页面。

JavaJam 咖啡屋

Julio Perez 是 JavaJam Coffee House 的主人，这间咖啡屋供应小吃、咖啡、茶和软饮料。每周有几个晚上会举办当地的民间音乐表演和诗歌朗诵会。JavaJam 的客人主要是大学生和年轻的专业人士。Julio 想为他的咖啡屋建一个网站，展示小店的服务项目和提供表演的时间表。他想要一个主页、菜单页面、表演时间表页面和招聘页面。

JavaJam 咖啡屋网站的网站地图如图 2.28 所示。该网站地图描述了网站架构，包含一个主页和三个内容页面：菜单、音乐和"招聘"。

图 2.29 为网页架构布局的线框图，包括页眉区、导航区、主要内容区和用于显示版权信息的页脚区域。

图 2.28　JavaJam 网站地图　　　　　　图 2.29　JavaJam 页面布局线框图

在本实例研究中，你需要完成以下三个任务。

1. 为 JavaJam 网站创建一个文件。

2. 创建主页：index.html。

3. 创建菜单页：menu.html。

实例研究之动手练习

任务 1：在本地硬盘或可移动存储(U 盘或 SD 卡)上创建一个文件夹，命名为 javajam，用来保存 JavaJam 网站的文件。

任务 2：主页。用文本编辑器创建 JavaJam 咖啡屋网站的主页，如图 2.30 所示。

图 2.30　JavaJam 网站的 index.html 页面

打开文本编辑器，创建符合下列要求的网页。

1. 网页标题。使用描述性的网页标题。使用公司名称对商业网站来说是个不错的选择。

2. 线框图中的页眉区。 使用一级标题显示"JavaJam Coffee House"。

3. 线框图中的导航区。 将下面的文本放到导航链接元素中：

```
Home | Menu | Music | Jobs
```

使用锚标签，使" Home "链接到 index.html；" Menu "链接到 menu.html；" Music "链接到 music.html，" Jobs "链接到 jobs.html。

4. 线框图中的主要内容区。在主体元素中输入主要内容的代码。可以参考动手实践 2.10 的练习成果。

    a. 利用下列内容组成一个无序列表：

        Specialty Coffee and Tea

        Bagels, Muffins, and Organic Snacks

        Music and Poetry Readings

        Open Mic Night

    b. 新建一个分区元素，在其中输入下列地址和电话号码信息。可用换行标记帮助配置这个区域，在电话号码和页脚区域间增加空行。

        12312 Main Street

        Mountain Home, CA 93923

        1-888-555-5555

5. 线框图中的页脚区。在页脚元素中输入下列版权信息与电子邮件链接。使用小号字体(<small>标签)和斜体样式(<i>标签)

```
Copyright © 2014 JavaJam Coffee House
```

把你的姓名放到版权信息下面的一个电子邮件链接中。

图 2.30 显示的页面可能看上去有些单薄，不过请别担心，随着学习与实践的深入，你将掌握更多先进的技巧，制作的页面也将越来越专业。页面中的空白区域可以通过在需要的地方添加
标签获得。当然我们并不要求你所编的网页与图 2.30 所示一模一样。当前的目标是不断练习从而能够顺畅地运用 HTML。

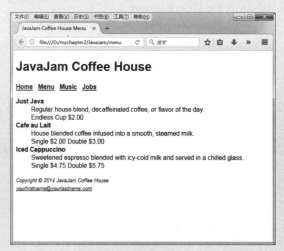

图 2.31　JavaJam 网站的 menu.html 页面

将网页保存在 javajam 文件夹中，命名为 index.html。

任务 3：菜单页。创建如图 2.31 所示的菜单页。一个提高效率的窍门是在现有页面的基础上创建新页面--这样可以从以前的工作中获益。菜单页将使用 index.html 作为起点。

用文本编辑器打开 JavaJam 网站的 index.html 页面。选择"文件"→"另存为"，将文件以 menu.html 这个新文件名保存在 javajam 文件夹中。现在可以动手编辑网页了。

1. 网页标题。修改页面标题。将<title> 和 </title>这对标签之间的文本修改为：

```
JavaJam Coffee House Menu
```

2. 线框图中的主要内容部分。

a. 删除主页中的无序列表与联系信息。

b. 用描述列表将菜单项目添加到页面上。用<dt>标签来设置每个菜单项的名称，并且为了使其看上去更加醒目，用<strong>标签使之加粗显示。**用<dd>标签来设置针对菜单项目的描述部分内容**。具体的菜单项目与描述如下：

```
Regular house blend, decaffeinated coffee, or flavor of the day.
Endless Cup $2.00
Cafe au Lait
House blended coffee infused into a smooth, steamed milk.
Single $2.00 Double $3.00
Iced Cappuccino
Sweetened espresso blended with icy-cold milk and served in a chilled
glass.
Single $4.75 Double $5.75
```

保存网页并打开浏览器进行测试。测试 menu.html 页面中指向 index.html 的链接以及 index.html 中指向 menu.html 的链接。如果链接不起作用，重新检查你的作业，特别要注意下面这些细节。

● 检查是否将网页以正确的名字保存在正确的文件夹中。

● 检查锚标签中网页文件名的拼写。

修改好之后要重新进行测试。

Fish Creek 宠物医院

Magda Patel 是一名兽医，经营着 Fish Creek 宠物医院，她的客户包括当地饲养宠物的老人和孩子们。Magda 想建一个网站，为她现在和潜在的客户提供信息。她要求网站包括一个主页、一个服务页面、一个咨询兽医页面和一个联系方式页面。

图 2.32 是一张展示 Fish Creek 宠物医院网站的网站地图。该图描述了网站的基本架构，即由一个主页和三个内容页面(服务、咨询兽医和联系方式)组成。

图 2.33 为展示网站示例布局的线框图，包括页眉区、导航区、内容区和用于显示版权信息的页脚区域。

在这次实例研究中，你需要完成以下三个任务。

1. 为 Fish Creek 网站创建一个文件夹

2. 创建主页：index.html。

3. 创建服务页：services.html。

图 2.32　Fish Creek 网站地图

图 2.33　Fish Creek 页面布局线框图

实例研究之动手练习

任务 1：在本地硬盘或可移动存储(U 盘或 SD 卡)上创建一个文件夹，命名为 fishcreek，用来保存 fishcreek 网站的文件。

任务 2：主页。用文本编辑器创建 Fish Creek 宠物医院的主页，如图 2.34 所示。

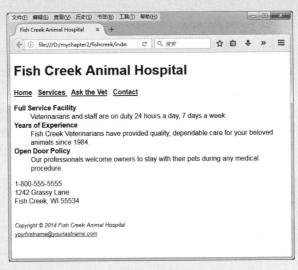

图 2.34　Fish Creek 网站的 index.html 页面

打开文本编辑器，创建符合下列要求的网页。

1. 网页标题。使用描述性的网页标题。使用公司名称对商业网站是个不错的选择。

2. 线框图中的页眉区。使用一级标题显示" Fish Creek Animal Hospital "。

3. 线框图中的导航区。将下面的文本放到导航链接元素中并加粗显示(用<b>元素)：

```
Home Services Ask the Vet Contact
```

使用锚标签，使" Home "链接到 index.html；" Services "链接到 services.html；" Ask the Vet "链接到 askvet.html，" Contact "链接到 contact.html。根据需要用 特殊符号在超链接之间增加空格。

4. 线框图中的主要内容区。在主体元素中输入主要内容的代码。可参考动手实践 2.10 的练习成果。

a. 用下列内容组成一个描述列表。将每个条目的文本用 dt 元素加以修饰，加粗显示，以突显其重要性。

　　b. 在描述列表下新建一个分区元素，在其中输入下列地址和电话号码信息。可用换行标记来设置该区域格式。

```
1-800-555-5555
1242 Grassy Lane
Fish Creek, WI 55534
```

　　5. 线框图中的页脚区。在页脚元素中输入下列版权信息与电子邮件链接。使用小号字体(<small>标签)和斜体样式(<i>标签)

```
Copyright © 2014 Fish Creek Animal Hospital
```

把你的姓名放到版权信息下面的一个电子邮件链接中。

　　图 2.34 显示的页面可能看上去有些单薄，不过请别担心，随着学习与实践的深入，你将掌握更多先进的技巧，制作的页面也将越来越专业。页面中的空白区域可以通过在需要的地方添加
标签获得。当然我们并不要求你所编的网页与图 2.34 所示一模一样。当前的目标是不断练习从而能够顺畅地运用 HTML。

　　将网页保存在 fishcreek 文件夹中，命名为 index.html。

　　任务 3：服务页。创建如图 2.35 所示的服务页面。一个提高效率的窍门是在现有页面的基础上创建新页面，这样可以从以前的工作中获益。菜单页将使用 index.html 作为起点。

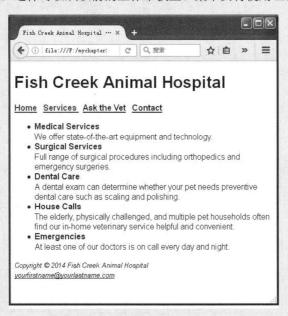

图 2.35　Fish Creek 网站的 services.html 页面

　　用文本编辑器打开 Fish Creek 网站的 index.html 页面。选择"文件"→"另存为"，将文件以 services.html 新文件名保存在 fishcreek 文件夹中。现在可以动手编辑网页了。

　　1. 网页标题。修改页面标题。将<title>和</title>这对标签之间的文本修改为：

```
Fish Creek Animal Hospital Services
```

　　2. 线框图中的主要内容部分。

a. 删除主页中的描述列表与联系信息。

b. 新建一个无序列表来说明服务内容。将每类服务的名称加粗显示，以强调其重要性(使用<strong>标签)。在配置该区域时可使用换行符。服务种类及描述如下所示：

Medical Services
We offer state-of-the-art equipment and technology.
Surgical Services
Full range of surgical procedures including orthopedics and emergency surgeries.
Dental Care
A dental exam can determine whether your pet needs preventive dental care such as scaling and polishing.
House Calls
The elderly, physically challenged, and multiple pet households often find our in-home veterinary service helpful and convenient.
Emergencies
At least one of our doctors is on call every day and night.

保存网页并打开浏览器进行测试。测试 services.html 页面中指向 index.html 的链接以及 index.html 中指向 services.html 的链接。如果链接不起作用，重新检查你的作品，特别要注意下面这些细节。

● 检查是否将网页以正确的名字保存在正确的文件夹中。
● 检查锚标签中网页文件名的拼写。

修改好之后要重新进行测试。

Pacific Trails 度假村

Melanie Bowie 是 Pacific Trails 度假村的主人，这个度假村位于加利福尼亚北海岸。度假村为前来用餐和度假的客人提供了安静的休憩场所以及奢华的帐篷露营与高档的旅馆。它的目标顾客群体是喜爱大自然与徒步旅行的夫妇。Melanie 打算建一个网站，用来宣传度假村独特而优越的地理位置与住宿条件。网站的架构会包含主页、介绍特殊帐篷住宿的页面、包含联系方式表格的预订页面以及展示度假村活动的页面。

图 2.36 是一张展示 Pacific Trails 度假村网站的网站地图。该图描述了网站的基本架构，由一个主页和三个内容页面(庭院帐篷、活动和"预订")组成。

图 2.37 为网页架构布局的线框图，包括页眉区、导航区、主要内容区和用于显示版权信息的页脚区域。

图 2.36 Pacific Trails 度假村网站地图

图 2.37 Pacific Trails 度假村页面布局线框图

在这次实例研究中，你需要完成以下三个任务。

1. 为 Pacific Trails 网站创建一个文件夹。

2. 创建主页：index.html。

3. 创建介绍帐篷的页面：yurts.html。

实例研究之动手练习

任务 1：在本地硬盘或可移动存储(U 盘或 SD 卡)上创建一个文件夹，命名为 pacific，用来保存 Pacific Trails 度假村网站的文件。

任务 2：主页。用文本编辑器创建 Pacific Trails 度假村的主页，如图 2.38 所示。

图 2.38　Pacific Trails 度假村网站的 index.html 页面

打开文本编辑器，创建符合下列要求的网页。

1. 网页标题。使用描述性的网页标题。使用公司名称对商业网站是个不错的选择。

2. 线框图中的页眉区。使用一级标题显示" Pacific Trails Resort "。

3. 线框图中的导航区。将下面的文本放到导航链接元素中并加粗显示(用<b>元素)：

```
Home Yurts Activities Reservations
```

使用锚标签，使" Home "链接到 index.html；" Yurts "链接到 yurts.html；" Activities "链接到 activities.html，" Reservations "链接到 reservations.html。

4. 线框图中的主要内容区。在主体元素中输入主要内容的代码。可参考动手实践 2.10 的练习成果。

a. 在 h2 元素中输入下列文本：Enjoy Nature in Luxury。

b. 将下列语句组成一个段落：

Pacific Trails Resort offers a special lodging experience on the California North Coast. Relax in serenity with panoramic views of the Pacific Ocean.

　　c. 将下列内容组成一个无序列表：

Private yurts with decks overlooking the ocean

Activities lodge with fireplace and gift shop

Nightly fine dining at the Overlook Café

Heated outdoor pool and whirlpool

Guided hiking tours of the redwoods

　　d. 在无序列表下新建一个分区元素，在其中输入下列地址和电话号码信息。可用换行标记来设置该区域格式。

Pacific Trails Resort

12010 Pacific Trails Road

Zephyr, CA 95555

888-555-5555

5. 线框图中的页脚区。在页脚元素中输入下列版权信息与电子邮件链接。使用小号字体(<small>标签)和斜体样式(<i>标签)

Copyright © 2014 Pacific Trails Resort

把你的姓名放到版权信息下面的一个电子邮件链接中。

　　图 2.38 显示的页面可能看上去有些单薄，不过请别担心，随着学习与实践的深入，你将掌握更多先进的技巧，制作的页面也将越来越专业。页面中的空白区域可以通过在需要的地方添加
标签获得。当然我们并不要求你所编的网页与图 2.30 所示一模一样。当前的目标是不断练习从而能够顺畅地运用 HTML。

　　将网页保存在 pacific 文件夹中，命名为 index.html。

　　任务 3：庭院帐篷页。创建如图 2.39 所示的介绍庭院帐篷的页面。一个提高效率的窍门是在现有页面的基础上创建新页面，这样可以从以前的工作中获益。新建的庭院帐篷页将使用 index.html 作为起点。

图 2.39　Pacific Trails 度假村网站的 yurts.html 页面

用文本编辑器打开 Pacific Trails 度假村网站的 index.html 页面。选择"文件"→"另存为"，将文件以 yurts.html 这个新文件名保存在 fishcreek 文件夹中。现在可以动手编辑网页了。

1. 网页标题。修改页面标题。将<title> 和 </title>这对标签之间的文本修改为：

```
Pacific Trails Resort :: Yurts
```

2. 线框图中的主要内容部分。

a. 用下列文本替换原有 h2 元素中的内容。

```
The Yurts at Pacific Trails Resort
```

b. 删除主页中的段落、无序列表与联系信息。

c. 新增一个 FAQ 列表(常见问题)，使用描述列表元素。在 dt 元素中使用<strong>标签以强调每个问题并使之加粗显示。问题的回答设置为 dd 元素。相应的文本如下所示：

What is a yurt?
Our luxury yurts are permanent structures four feet off the ground. Each yurt has canvas walls, a wooden floor, and a roof dome that can be opened.
How are the yurts furnished?
Each yurt is furnished with a queen-size bed with down quilt and gas-fired stove. The luxury camping experience also includes electricity and a sink with hot and cold running water. Shower and restroom facilities are located in the lodge.
What should I bring?
Bring a sense of adventure and some time to relax! Most guests also pack comfortable walking shoes and plan to dress for changing weather with layers of clothing.

保存网页并打开浏览器进行测试。测试 yurts.html 页面中指向 index.html 的链接以及 index.html 中指向 yurts.html 的链接。如果链接不起作用，重新检查你的作品，特别要注意下面这些细节。

- 检查是否将网页以正确的名字保存在正确的文件夹中。
- 检查锚标签中网页文件名的拼写。

修改好之后要重新进行测试。

Prime 房产

Prime 房产是一个小型房地产公司，专门从事住宅业务。业主 Maria Valdez 想创建一个网站来展示她的房屋信息清单和为客户提供联系方式，她的主要客户是想在芝加哥西北郊安家的、有工作的中产阶级家庭。Maria 希望网站拥有一个主页面、一个包含她的房地产销售信息的页面、一个理财页面和一个联系方式页面。

Prime Properties 网站的站点地图如图 2.40 所示。该图描述了网站的基本架构，由一个主页和三个内容页面(房地产信息、理财和联系方式)组成。

图 2.41 为网页架构布局的线框图，包括页眉区、导航区、主要内容区和用于显示版权信息的页脚区域。

图 2.40　Prime 房产网站地图　　　　　图 2.41　Prime 房产网站页面布局线框图

在这次实例研究中，你需要完成以下三个任务。

1. 为 Prime 房产网站创建一个文件夹。

2. 创建主页：index.html。

3. 创建理财页：financing.html。

实例研究之动手练习

任务 1：在本地硬盘或可移动存储(U 盘或 SD 卡)上创建一个文件夹，命名为 prime，用来保存 Prime 房产网站的文件。

任务 2：主页。用文本编辑器创建 Prime 房产网站的主页，如图 2.42 所示。

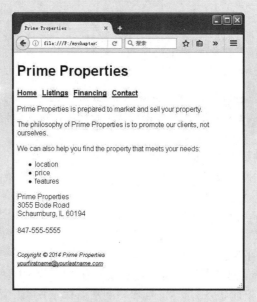

图 2.42　Prime 房产网站的 index.html 页面

打开文本编辑器，创建符合下列要求的网页。

1. 网页标题。使用描述性的网页标题。使用公司名称对商业网站是个不错的选择。

2. 线框图中的页眉区。使用一级标题显示" Prime 房产 "。

3. 线框图中的导航区。将下面的文本放到导航链接元素中并加粗显示(用<b>元素)：

Home Listings Financing Contact

使用锚标签，使"Home"链接到 index.html；"Listings"链接到 listings.html；"Financing"链接到 financing.html，"Contact"链接到 contact.html。

4. 线框图中的主要内容区。在主体元素中输入主要内容的代码。可参考动手实践 2.10 的练习成果。

a. 下列文本每一行自成段落：

```
Prime Property is prepared to market and sell your property.
The philosophy of Prime Property is to promote our clients, not ourselves.
We can also help you find the property that meets your needs:
```

b. 将下列内容组成一个无序列表：

```
location
price
features
```

c. 在无序列表下新建一个分区元素，在其中输入下列地址和电话号码信息。可用换行标记来设置该区域格式，并在电话号码与页脚区域之间留出空白。

```
Prime Property
3055 Bode Road
Schaumburg, IL 60194
847-555-5555
```

5. 线框图中的页脚区。在页脚元素中输入下列版权信息与电子邮件链接。使用小号字体(<small>标签)和斜体样式(<i>标签)。

```
Copyright © 2014 Prime Property
```

把你的姓名放到版权信息下面的一个电子邮件链接中。

图 2.42 显示的页面可能看上去有些单薄，不过请别担心，随着学习与实践的深入，你将掌握更多先进的技巧，制作的页面也将越来越专业。页面中的空白区域可以通过在需要的地方添加
标签获得。当然我们并不要求你所编的网页与图 2.30 所示一模一样。当前的目标是通过不断练习从而能够顺畅地运用 HTML。

图 2.43　Prime 房产网站的 financing.html 页面

将网页保存在 prime 文件夹中，命名为 index.html。

任务 3：理财页。创建如图 2.43 所示的理财页面。一个提高效率的窍门是在现有页面的基础上创建新页面，这样可以从以前的工作中获益。新建的理财页将使用 index.html 作为起点。

用文本编辑器打开 Prime 房产网站的 index.html 页面。选择"文件"→"另存为"，将文件以 financing.html 这个新文件名保存在 prime 文件夹中。现在可以动手编辑网页了。

1. 网页标题。修改页面标题。将<title> 和 </title>这对标签之间的文本修改为：

```
Prime 房产 :: Financing
```

2. 线框图中的主要内容部分。

a. 删除主页中内容区的段落、无序列表与联系信息。

b. 用下列文本替换原有 h2 元素中的内容。

```
Financing
```

c. 添加一个段落，内容如下所示：

```
We work with many area mortgage and finance companies.
```

d. 新增一个 h3 标题，内容为：

```
Mortgage FAQs
```

e. 使用描述列表来生成 FAQ。问题为<dt>元素，而答案为<dd>元素。FAQ 中的问题与答案分别如下所示：

```
What amount of mortgage do I qualify for?
The total basic monthly housing cost is normally based on 29% to 41% of
your gross monthly income.
Which percentage is most often used?
The percentage used depends on the lending institution and type of
financing.
How do I get started?
Contact us today to help you arrange financing for your home.
```

保存网页并打开浏览器进行测试。测试 financing.html 页面中指向 index.html 的链接以及 index.html 中指向 financing.html 的链接。如果链接不起作用，重新检查你的作业，特别要注意下面这些细节。

● 　检查是否将网页以正确的名字保存在正确的文件夹中。

● 　检查锚标签中网页文件名的拼写。

修改好之后要重新进行测试。

第 **3** 章

用层叠样式表 CSS 配置颜色与文本

本章学习目标

- 从打印媒介到万维网，样式表的发展历程
- 层叠样式表(Cascading Style Sheets，CSS)的优点
- 在网页上配置背景与文本颜色
- 创建用于配置通常颜色与文本属性的样式表
- 应用内联样式
- 使用内嵌的样式表
- 使用外部样式表
- 配置元素、类、id 和派生选择器
- 在 CSS 中实现层叠(cascade)效果
- 验证 CSS

现在你对 HTML 已经有所了解，是时候开始探索层叠样式表 (Cascading Style Sheets，CSS)的奥秘了。网页设计师使用 CSS，目的是将 网页的样子与它所呈现的内容分离开来。CSS 可用于文本、颜色以及网页 布局的配置。它并不是新生事物——早在 1996 年，W3C 就已经发布了首 个 CSS 版本，并建议作为标准。到了 1998 年，另外一些有关如何放置网 页元素的属性添加了进来，由此诞生了 CSS2，这个版本用了十多年，直 到 2011 年才被官方正式"推荐" (recommendation)。CSS 继续向前发展， 陆续增加了支持诸如嵌入字体、圆角、透明等效果的属性，也即 CSS3 的 新特性。本章将介绍在写网页时如何使用 CSS 来配置颜色与文本。

3.1　层叠样式表概览

样式表已经在桌面发布上应用了多年，作用在于向印刷媒体说明字符样式与字符间距。CSS 则为网页开发人员提供了这些功能(甚至更多)。我们可以利用 CSS 来进行网页显示样式排版(字体、字号等等)与页面布局说明。CSS Zen Garden(禅意花园)(http://www.csszengarden.com)向我们展示了 CSS 强大的功能与灵活性。可以访问这个网站，看看那些鲜活的 CSS 应用实例。请注意，访客选择的设计(CSS 的作用)不同，网页所呈现的效果差别巨大。虽然 CSS 禅意花园里的作品都是由 CSS 高手完成的，但他们都曾经跟你一样，也是从基础学起的。

CSS 是一种灵活的、交互式的、基于标准的语言，由 W3C 发布。我们可以访问 http://www.w3.org/Style，了解官网上的 CSS 说明。请注意，虽然 CSS 已经使用多年，但它仍然被认为是一种新兴技术，并且不同浏览器对它的支持程度各不相同。在本书中我们主要关注于那些通用浏览器都能有较好支持的内容。

层叠样式表的优点

使用 CSS 有如下优点(图 3.1)。

- 能更好地控制字体和页面布局。这些特性包括字号、行间距、字符间距、缩进、边距和元素排列等。
- 样式与结构分离。页面上的文本与颜色的格式可以单独配置与存储，从而使 body 部分独立开来，
- 样式可以存储。我们可以将样式单独保存为一个文件，然后在网页上引用即可。修改样式时，HTML 保持不变。这就意味着，如果你的客户打算将若干网页的背景颜色从红色改为白色，你只需要修改包含样式的一个文件即可，而不用挨个去改每一张网页文档了。
- 文档可以变得更小。格式部分从文档中剥离出来了，因而实际的文档应该能变小。
- 维护更方便。同样的道理，如果要修改样式，只需单独修改样式表。

图 3.1　单个 CSS 文件的强大功能

配置层叠样式表

使用 CSS 技术的方法有四种：内联、嵌入、外部以及导入。

- 内联样式：代码写在网页的 body 部分，作为 HTML 标签的属性。因此样式的作用范围仅限于包含该属性的特定元素。
- 嵌入样式(也称作内部样式)：在网页的 head 部分定义样式。这些样式说明对整张网页文档起作用。
- 外部样式：样式写在独立的一个文本文件中。在写网页时，通过在 head 部分配置链接元素与外部样式文本文件产生关联。
- 导入样式：与外部样式类似，样式也是写在外部文本文件中，网页中进行引用。通过使用@import 指令将外部样式导入为嵌入样式，也可以导入到其他的外部样式表中。

样式选择器与声明

样式表由样式规则组成，这些规则说明了所应用的样式。每一个规则由两部分组成：选择器与声明。

- CSS 样式规则选择器。选择器可以是一个 HTML 元素的名称、一个类名或一个 id 名称。稍后我们将讨论有关类选择器与 id 选择器的内容。
- CSS 样式规则声明。声明指出你所设置的 CSS 属性(例如颜色)以及分配给该属性的值。

例如，如图 3.2 所示的 CSS 将某张网页上文本的颜色设置为蓝色。选择器是 body 标签，而声明将颜色属性的值设置为 blue。

图 3.2　使用样式将文本颜色设置为蓝色

背景颜色属性

CSS 中的 background-color 属性用于设置某个元素的背景颜色。下面的样式规则将会把某网页的背景色设置为黄色。请注意，声明是用大括号括起来的，而声明属性与声明值之间则用冒号分隔。

```
body { background-color: yellow }
```

颜色属性

CSS 中的颜色属性(color)用于设置某个元素的文本颜色(前景)。下面的样式规则将把某网页的文本颜色设置为蓝色。

```
body { color: blue }
```

配置背景颜色与文本颜色

图 3.3 显示了文本为蓝色、背景为黄色的网页。如果要用一个选择器来配置多个属性，我们可以使用分号(;)将各项属性分隔开来：

```
body { color: blue; background-color: yellow; }
```

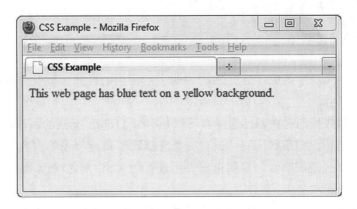

图 3.3　文本为蓝色、背景为黄色的网页

各属性项之间的空格是可选的。结尾处的分号也是可选的，但如果之后还需要增加另外的样式规则，保留末尾的分号还是有必要的。下面的示例代码同样有效：

```
body {color:blue;background-color:yellow}
body { color: blue;
      background-color: yellow; }
body {
    color: blue;
    background-color: yellow;
}
```

你可能会问：怎么才能知道哪些属性、哪些值可以用？本书的附录 E 即收录了 CSS 属性参考，为大家提供了详细的 CSS 属性清单。本章也将介绍一些常用的配置颜色与文本的 CSS 属性，如表 3.1 所示。接下来我们要学习如何在网页上使用颜色。

表 3-1　本章中介绍的 CSS 属性

属性名称	说明	属性值
background-color	某个元素的背景色	任意有效的颜色
color	某个元素的前景(文本)色	任意有效的颜色
font-family	某个字体或字体系列的名称	任意有效的字体或字体系列，如 serif、sansserif、fantasy、monospace 或 cursive
font-size	字符大小	有多种变化： 数字值，以 pt 为单位(磅)，或者以 px 为单位(像素)，或者以 em 为单位(对应于当前字体中大写的 M 所占的宽度)； 百分比数值； 文本值，xx-small、x-small、small、medium、large、x-large 以及 xx-large
font-style	字符样式	Normal、italic 或 oblique
font-weight	规定字体的粗细	有多种变化： 文本值：normal、bold、bolder 以及 lighter； 数值：100、200、300、400、500、600、700、800 以及 900
line-height	设置行高	通常也以百分比数值来呈现，例如 200%对应的是两倍的间距。
margin	简写属性，用于配置某个元素的外边距属性。	一个数值(以 px 或 em 为单位)，例如 body {margin: 10px}将页面边距设置为 10 像素。在消除边距时不要加上 px 或 em 单位，body {margin:0}即为正确的写法
margin-left	配置元素左外边距值	一个数值(以 px 或 em 为单位)，auto 或 0
margin-right	配置元素右外边距值	一个数值(以 px 或 em 为单位)，auto 或 0
text-align	规定文本的水平对齐方式	Center(居中)、justify(两端对齐)、left(左对齐)或 right(右对齐)
text- decoration	确定文本是否需要加下划线；通常应用于超链接。	如果设置为"none"，那么浏览器显示的有超链接的文本就不像通常所做的那样带下划线了
text-indent	配置文本首行的缩进方式	一个数值(以 px 或 em 为单位)、auto 或百分比
text-shadow	规定添加到文本的阴影效果。这是 CSS3 中的属性，目前所有的浏览器均不提供支撑	二到四个数值(以 px 或 em 为单位)，用于指定水平偏移、纵向偏移、模糊半径、扩散距离，再标一个颜色值
text-transform	控制文本的大小写	none(无，默认)、capitalize(首字母大写)、uppercase(全部大写)或 lowercase(全部小写)
white-space	规定如何处理元素中的空白	normal(默认)、nowrap、pre、pre-line 和 pre-wrap
width	元素内容的宽度	一个数值(以 px 或 em 为单位)，auto(默认)或百分比

3.2　为网页配色

显示器显示出来的颜色是红、绿、蓝三色不同强度的各种组合，也即 RGB 色彩的概念。RGB 强度是从 0 到 255 的数值。每种 RGB 色彩有三个值，分别代表红色、绿色、蓝色。这些值通常以相同的顺序(红、绿、蓝)列出，为每一种颜色设定一个数值(参见图 3.4 的示例)，一般用十六进制数来表示网页上的 RGB 颜色值。

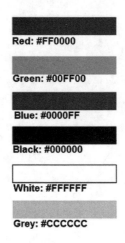

图 3.4　色卡与十六进制的颜色码值

十六进制的颜色码

Hexadecimal(十六进制)是一种满 16 进位的计数系统，它使用 0、1、2、3、4、5、6、7、8、9、A、B、C、D、E 和 F 来表示数值。十六进制颜色码用从 00 到 FF 的十六进制数(在十进制里是从 0 到 255)来对应 RGB 值。每个颜色码与所显示的红色、绿色、蓝色的强度相关。在这一体系里，红色表示为#FF0000，而#0000FF 代表蓝色。#符号指出数值是十六进制的。颜色码对字母的大小写不敏感，也就是说#FF0000 和#ff0000 意思相同，都代表红色。别担心，我们不需要自己动手计算网页配色的数值，熟悉编号的方法就可以了。图 3.5 摘录了 http://webdevfoundations.net/color 上的部分配色表。

#FFFFFF	#FFFFCC	#FFFF99	#FFFF66	#FFFF33	#FFFF00
#FFCCFF	#FFCCCC	#FFCC99	#FFCC66	#FFCC33	#FFCC00
#FF99FF	#FF99CC	#FF9999	#FF9966	#FF9933	#FF9900
#FF66FF	#FF66CC	#FF6699	#FF6666	#FF6633	#FF6600
#FF33FF	#FF33CC	#FF3399	#FF3366	#FF3333	#FF3300
#FF00FF	#FF00CC	#FF0099	#FF0066	#FF0033	#FF0000

图 3.5　配色表局部

网页安全色

在 8 位色彩显示器时代，网页的配色有点麻烦，因而确保使用的是网页安全色这点很重要(安全色一共有 216 种)，这样在 Mac 和 PC 上显示的颜色是相类似的。网页安全色用十六进制来表示分别为 00、33、66、99、CC 和 FF。在附录 H 中，我们提供了 216 种网页安全色的调色板(也可访问 http://webdevfoundations.net/color)。现在的显示器已经能显示数百万种颜色了，因此不用过于强调安全色概念。网页安全色调色板中的颜色数量相当有限，对于今天的设计师来说，选择有创意的颜色而不局限于调色板已经是司空见惯的做法了。

配色的 CSS 语法

在 CSS 中有多种配置颜色的方法，语法如下：
- 颜色名称
- 十六进制颜色码
- 简写的十六进制颜色码
- 十进制颜色码(RGB 三原色)
- CSS3 中新引入的 HSL 颜色码(色相、饱和度、明度)。详见 http://www.w3.org/TR/css3-color/#hsl-color

请访问 http://meyerweb.com/eric/css/colors/，该网页上有一张表，举例说明了如何使用不同标记法来配置颜色。在本书中，我们一般使用十六进制码。表 3.2 展示了在图像上使用红色文本的 CSS 语法示例。

表 3.2　CSS 配色语法示例

CSS 语法	颜色类型
p{ color: red; }	颜色名称
p{ color: #FF0000; }	十六进制颜色码
p{ color: #F00; }	简写的十六进制颜色码(一个字符代表一种原色)
p { color: rgb(255,0,0); }	十进制颜色码(RGB 三原色)
p { color: hsl(0, 100%, 50%); }	HSL 颜色码

FAQ　是否可用别的 CSS 方法来配置颜色？

确实有。CSS3 的颜色模块(CSS3 Color Module)不仅可以用来配置颜色，还能配置 RGBA(红色、绿色、蓝色、Alpha 透明度)和 HSLA(色相、饱和度、明度、Alpha 透明度)颜色的透明度。CSS3 中引入了不透明度的属性以及 CSS 渐变背景。我们将在第 4 章中讲述相关内容。

FAQ　怎样选择网页配色方案？

在选择网站的配色方案时需要考虑多种因素。选定了颜色，也就定下了基调，契合公司或组织特质的网页配色有助于吸引目标群体。为了提高可读性，文本与背景的颜色需要有较鲜明的对比。在第 5 章中，我们将一起探索配色方案的选择技巧。

3.3　带样式属性的内联 CSS

我们讲过有四种配置 CSS 的方法：内联、嵌入、外部以及导入。在这一节中，我们要重点介绍带样式属性的内联 CSS。

样式属性(Style)

内联样式的使用方法是在相关标签中添加样式属性代码。样式属性的值写在样式规则声明中，根据需要配置。回忆一下，我们说过声明是由属性和值组成的。每个属性与值之间用冒号(:)分隔。下列代码使用内联样式将 h1 标题的文本设置成红色：

```
<h1 style="color:#cc0000">This is displayed as a red heading</h1>
```

如果有多个属性，那么彼此之间用分号(;)隔开。下列代码将标题文本设置为红色字体、灰色背景。

```
<h1 style="color:#cc0000;background-color:#cccccc">
This is displayed as a red heading on a gray background</h1>
```

动手实践 3.1

在本小节中，将运用内联样式来设置一张网页，以达到如下效果。

- 全局主体标签样式为背景米黄色，文本蓝绿色。其余元素默认采用这种样式。示例为：

```
<body style="background-color:#F5F5F5;color:#008080;">
```

- h1 标题的样式为蓝绿色背景，米黄色文本。这一设置将忽略主体元素中指定的全局样式。示例如下：

```
<h1 style="background-color:#008080;color:#F5F5F5;">
```

完成的示例如图 3.6 所示。启动文本编辑器，选择"文件"|"打开"，编辑学生文件中的 chapter2/template.html 模板。修改网页标题元素，在 body 节中增加标题与段落标签、样式属性和文本。代码如下，新增内容高亮显示：

```
<!DOCTYPE html>
<html lang="en">
<head>
<title>Inline CSS Example</title>
<meta charset="utf-8">
</head>
<body style="background-color:#F5F5F5;color:#008080;">
<h1 style="background-color:#008080;color:#F5F5F5;">Inline CSS</h1>
<p>This paragraph inherits the styles applied to the body tag.</p>
</body>
</html>
```

图 3.6　运用了内联样式的页面

将文件以 inline2.html 为名保存到硬盘或可移动存储上。启动浏览器进行测试。页面看起来应该与图 3.6 所示类似。请注意，用于设置主体标签的内联样式自动被页面上其他元素继承了(如段落)，除非另外有显式指定(如 h1 标签中的代码)。你可以将自己的作业与学生文件中的参考答案(chapter3/inline.html)进行比较。

让我们继续添加另一个段落，文本颜色设置为深灰色：

```
<p style="color:#333333">This paragraph overrides the text color style
applied to the body tag.</p>
```

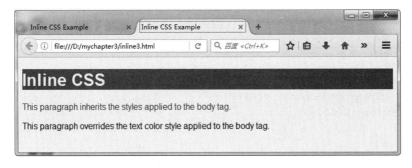

图 3.7　第二个段落中的内联样式忽略了主体标签中的全局样式设置

将文件另存为 inline3.html。现在的页面看上去应该与图 3.7 所示类似。你可以将自己的作品与学生文件中的参考答案(chapter3/inlinep.html)进行比较。请注意，第二个段落中的内联样式已忽略了主体标签中的全局样式设置。

FAQ 是否推荐使用内联样式？

　　虽然内联样式在有些时候确实有用，但你会发现实际上它用得并不多，因为这样做效率不高，还会在页面文档中添加额外的代码，并且维护起来也不方便。当然，在某些场景中，内联样式还是挺趁手的，比如在将文章发布到内容管理系统或博客上时，需要稍稍调整网站的风格以恰如其分地表达自己的观点。

3.4　带样式元素的内嵌 CSS

　　在之前的动手实践练习中，我们添加了样式属性代码，在段落元素上使用了内联样式。但是如果设置的是 10 个或 20 个段落而不是 1 个呢？用内联样式的话，得做许许多多重复的劳动！可以这么说：内联样式适用于 HTML 元素级，而嵌入样式则适用于页面级。

样式(Style)元素

　　嵌入样式是在页面的 head 节中设置的，写在<style>元素中。在起始的<style>标签和结束的</style>标签之间，包含了一系列嵌入样式规则。使用 XHMTL 语法时，要为<style>标签设定一个类型属性，值是 "text" 或 "css"，以指明 MIME 类型。在 HTML5 中就不需要这个属性了。

　　如图 3.8 所示的网页就使用了嵌入样式来设置文本颜色与网页背景，用到了 body 元素选择器(the body element selector)。请参考学生文件中的 chapter3/embed.html。具体代码如下：

```
<!DOCTYPE html>
<html lang="en">
<head>
<title>Embedded Styles</title>
<meta charset="utf-8">
<style>
body { background-color: #CCFFFF;
       color: #000033;
}
</style>
</head>
<body>
<h1>Embedded CSS</h1>
<p>This page uses embedded styles.</p>
</body>
</html>
```

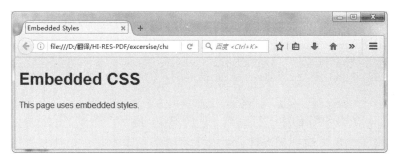

图 3.8　使用嵌入样式的网页

请注意书写样式规则的方法，每一条规则自成一行。这种格式虽然并不是必须的，但与长长的一行文本相比，分行的写法让代码更易读，也更易于维护。此处的样式设置对整个页面有效，因为通过使用主体样式选择器，它被应用到<body>元素。

动手实践 3.2

启动文本编辑器，打开学生文件中的 chapter3/starter.html 文件，另存为 embedded.html。在浏览器中测试该网页，它看起来应当与图 3.9 类似。

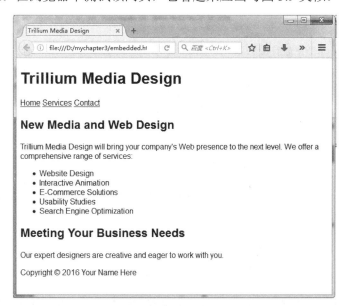

图 3.9　不带任何样式设置的网页

在文本编辑器中再次打开该文件查看源码。请注意，网页代码中有<header>、<nav>、<main>、<footer>、<h1>、<h2>、<p>、<ul>以及<li>元素。在此次练习中，我们要用嵌入样式来配置背景与文本颜色。将用到 body 元素选择器，把整张网页默认的背景色设置为#e6e6fa、默认的文本颜色设置为#191970。同时用 h1 和 h2 元素选择器将标题区域的背景与文本设置成非默认的颜色。现在开始动手编辑，在文档 head 节的<title>元素下中添加如下代码：

```
<style>
body { background-color: #e6e6fa; color: #191970; }
h1 { background-color: #191970; color: #e6e6fa; }
h2 { background-color: #aeaed4; color: #191970; }
</style>
```

　　保存文件，并在浏览器中进行测试。如图 3.10 所示，网页中的色彩已经发生了变化。我们选择了单色方案。需要注意的是数种颜色的重复使用，使整个页面的设计趋于统一。观察源代码，复习 CSS 与 HTML 的知识。可参考学生文件中的 chapter3/embedded.html 示例。你将发现所有的样式都集中在页面中的一处地方。由于嵌入样式代码放置的地方特殊，因此维护起来比内联样式更方便。同时，你也会看到我们仅为 h2 元素做了一次样式设置(在 head 节)，但在页面上所有的<h2>元素处都生效了。毫无疑问，这比逐个在<h2>元素中键入代码进行内联样式设置要高效得多。当然，只有一张页面的网站并不常见。因而在每张页面的 head 节中重复 CSS 样式不仅效率不高，维护起来也麻烦。在下一节中，我们将讨论另一种更高效的方法，配置外部样式表。

图 3.10　应用了嵌入样式后的网页

FAQ　我设置了 CSS，可它不起作用。我该怎么做？

　　写 CSS 代码时要格外注重细节。有几种常见错误会导致浏览器不能正确显示 CSS 样式。仔细检查代码，并遵循下列提示，应该能使 CSS "起死回生"。
- 请确认冒号与分号用对了地方——它们很容易被搞混。冒号用来分隔属性与值，而分号则用来分隔属性与值的组合。
- 检查一下，是否在属性与值之间错误地用了等号(=)，而不是正确的冒号。
- 请确认是否用大括号({})括起了每个选择器的样式规则。

- 检查选择器、选择器属性、属性值的语法是否正确。
- 如果只有部分 CSS 起了作用，请通读 CSS 以找到第一条失效的规则。通常错误发生在第一条失效规则之前。
- 使用验证程序来检查 CSS 代码。W3C 提供了免费的 CSS 代码校验器，网址是 http://jigsaw.w3.org/css-validator。该校验器能帮助你发现语法错误。先了解一下如何使用该工具。

 自测题 3.1

1. 列出在网页中使用 CSS 的三条理由。
2. 如果网页使用了不同于文本与背景默认值的颜色时，为什么最好同时配置文本颜色与背景颜色？
3. 请描述嵌入样式相对于内联样式的优越之处。

3.5 用 CSS 配置文本

在第 2 章中，我们已经介绍了如何用 HTML 配置文本中的某些字符，包括使用 <strong> 之类的短语元素；还介绍了如何使用 CSS 颜色属性来设置文本的颜色。在这一节中，我们将讲述用 CSS 配置字体的方法。与 HTML 元素相比，用 CSS 能更灵活地设置文本(特别用外部样式表时。稍后将会介绍)。今天已经有越来越多的网页开发者选择 CSS。

字体系列属性(font-family)

font-family 属性用于指定字体系列。浏览器使用已经安装在用户本地计算机中的字库来显示文本。如果本地没有安装相应的字体，此时就会显示默认字体。绝大多数浏览器的默认显示字体是 Times New Roman。图 3.11 展示了字体种类。

各台计算机安装的字库不尽相同。请访问 http://www.ampsoft.net/webdesign-l/WindowsMacFonts.html，了解一下网页安全字体。列出字体属性值的各个字体与种类，就创建了内置的备份计划。浏览器会根据这份清单的顺序依次尝试使用各字体。下面的 CSS 配置了某个段落元素选择器，依照 Arial(如果已安装)、Helvetica(如果已安装)、sans-serif(默认安装)字体的顺序来显示文本。

```
p { font-family: Arial, Helvetica, sans-serif; }
```

字体名称	描述	示例
serif	有衬线字体。在字的笔画开始、结束的地方有额外的装饰；通常用作标题	Times New Roman； Georgia； Palatino
sans- serif	无衬线字体，通常用作网页文本	Arial； Tahoma； Helvetica； Verdana；
monospace	等宽字体；通常用作代码示例	Courier New； Lucida Console
cursive	手写字体；使用时须谨慎；在网页上可能难以辨识	*Lucida handwriting*； Comic Sans MS
fantasy	较夸张的样式；使用时须谨慎；有时用作标题；在网页上可能难以辨识	Jokerman， **Impact**， Papyrus

图 3.11　常见字体

FAQ　我听人提起，为了在网页上显示特殊字体，要用到"内置"字体，这是什么意思呢？

　　网页设计师只能在一组常见字体中选择，这种情况持续了很多年。CSS3 引入了@font-face，这一规则使得设计师可以随心所欲地使用他们喜欢的任意字体，只需要提供字体的位置，浏览器在显示时会自动先下载到本地。例如，如果你有权免费发布名为 MyAwesomeFont 的字体，该字体存放在与网页相同文件夹下的 myawesomefont.woff 文件中，下面的 CSS 设置可使网页的访客看到显示为该字体的文本：

```
font-face { font-family: MyAwesomeFont;
        src: url(myawesomefont.woff) format("woff"); }
```

　　只要运用@font-face 规则，为某个选择器设置非内置字体就没有啥特殊的，下述示例即以这种方法配置了 h1 元素：

```
h1 { font-family: MyAwesomeFont, Georgia, serif; }
```

　　当前的浏览器支持@font-face 规则，但可能会有版权问题。如果你购买某种字体只用于自己的计算机，就无需购买免费发布权。请访问 http://www.fontsquirrel.com，该网站有免费商用字体可供下载。

　　Google Web Fonts 提供了一系列免费托管的内嵌网页字体。请访问 http://www.google.com/webfonts，挑选可用的字体。选定之后，接下来执行以下步骤。

> 1. 复制 Google 上提供的链接，粘贴到网页文档中。(链接标签在 CSS 文件与你的网页间建立了联系，当然这个 CSS 文件需要使用 @font-face 规则)。
>
> 2. 使用 Google 网页字体配置 CSS 中的字体属性。
>
> 如需了解更多入门知识，请访问 https://developers.google.com/webfonts/docs/getting_started。恰当选用合适的字体，不仅可以节约带宽，也可以减少网页上的字体数量。一个页面上只使用一种网页字体、再加上自己特有的字体，这是种不错的做法。这就为我们提供了在页面的标题以及(或者)导航区使用非常见字体的一种方法，不用专门创建图形。

更多的 CSS 字体属性

CSS 提供了许多选项用于配置文本。在本节中，你将了解有关字符大小(font-size)、字符粗细(font-weight)、字符样式(font-style)、行高(line-height)、文本水平对齐方式(text-align)、文本的装饰效果(text-decoration)、文本的首行缩进(text-indent)以及文本的大小写(text-transform)等属性。

字符大小(font-size)属性

font-size 属性用于设置字符的尺寸。表 3.3 列出了许多文本与数值，至可以说选择太多了，因此在提示列中我们给出了使用建议。

表 3.3　配置字符大小

font-size 值的类别	属性值	提示
文本值	xx-small、x-small、small、medium(默认)、large、x-large、xx-large	当浏览器里的文本大小发生变化时，能较好地缩放；为文本尺寸提供的选项有限
像素单位(px)	带单位的数值，如 10px	相对于显示器屏幕分辨率而言；并不是每种浏览器都能随文本大小变化而很好地缩放
磅单位(pt)	带单位的数值，如 10pt	用于配置网页的打印版本(参见第七章)；并不是每种浏览器都能随文本大小变化而很好地缩放
Em 单位(em)	带单位的数值，如.75em	W3C 推荐；当文本在浏览器里大小发生变化时，能较好地缩放；为文本尺寸提供的选项较多
百分比值	百分比数值，如 75%	W3C 推荐；当文本在浏览器里大小发生变化时，能较好地缩放；为文本尺寸提供的选项较多

em 是一种相对的字体单位，起源于印刷工业，可追溯到印刷工人手动排版设置字符块的年代。一 em 单位是某种特定字体与字号的方块字母(通常是大写的 M)的宽度。

在网页上，一 em 单位对应于父级元素(通常是主体元素)中字体与字号的宽度。因此，一 em 的大小取决于字体与默认尺寸。百分比值类似于 em 单位。例如，font-size: 100%和 font-size: 1em 在浏览器中代表的是相同的意思。你可以启动浏览器，打开学生文件中的 chapter3/fonts.html 页面来比较字体的大小。

字符粗细属性

font-weight 属性用于设置文本字体的粗细。在 CSS 中配置规则 font-weight: bold;的效果与使用<strong> 或 <b> HTML 元素类似。

字符样式属性

font-style 属性通常用来将文本配置为斜体显示。有效的 font-style 值包括 normal (默认值)、italic 和 oblique。CSS 规则 font-style: italic;在浏览器中的显示效果与使用<i> 或<em> HTML 元素相同。

行高属性

line-height 属性用于指定文本中一行的高度，常用百分比值来设置。例如，代码 line-height: 200%;表示文本行间距为当前字符尺寸的两倍。

文本水平对齐方式属性

默认状态下，HTML 元素按左对齐方式排列，即从左边界处开始显示。CSS text-align 属性配置了文本以及块显示元素中内联元素(如标题、段落、分区 div 等)的对齐方式。该属性的值包括 left (左对齐，默认)、right(右对齐)和 center(居中)三种。下面的 CSS 代码示例将一个 h1 元素设置成居中显示:

```
h1 { text-align: center; }
```

虽然这一规则在设置页面上的标题元素时非常有效，但用它来设置段落中的文本居中时得注意。根据 WebAIM (http://www.webaim.org/techniques/textlayout)的研究，文本在居中对齐时可读性不如左对齐。

文本的首行缩进属性

CSS text-indent 属性用于设置元素中文本首行的缩进方式。它的值可以是数值(单位可以是 px、pt 或 em 等)或者百分比。下面的 CSS 代码示例将所有段落的首行设置为缩进 5em:

```
p { text-indent: 5em; }
```

文本的装饰效果属性

CSS text-decoration 被用来修改文本的显示。该属性的常见值包括：none(无)、underline(下划线)、overline(上划线)以及 line-through(穿过文本的线)。你是否想过为何有些超链接不带下划线？虽然超链接的默认显示方式是带下划线的，我们仍然可以通过设置 text-decoration 令其不显示下划线。下面的代码示例即实现了这一目标:

```
a { text-decoration: none; }
```

文本大小写属性

text-transform 属性用于设置文本的大小写方式。有效值包括：none (无，默认)、capitalize(首字母大写)、uppercase(全部大写)或 lowercase(全部小写)。下面的代码示例使某个 h3 元素中的文本全部显示为大写：

```
h3 { text-transform: uppercase; }
```

空白属性

white-space 属性指定了浏览器显示空白(如空格字符、代码里的换行等)的方式。默认状态下，浏览器会将相邻的空白合并，从而显示为单个空格字符。该属性的常见值包括 normal(忽略空白，默认)、nowrap(文本不换行)以及 pre(空白会被浏览器保留)。

CSS3 文本阴影属性

CSS3 的 text-shadow 属性为网页上的文本添加了不同深度、多种维度的阴影显示效果。现在的常规浏览器，包括 Internet Explorer (IE10 及以上)支持这一属性。在设置文本阴影属性时，需要指定阴影的水平偏移、垂直偏移、模糊半径(可选)和颜色等值。

- 水平偏移：是一个像素值。正值时阴影在右，负值时阴影在左。
- 垂直偏移：是一个像素值。正值时阴影在下，负值时阴影在上。
- 模糊半径(可选)：是一个像素值。忽略时默认为 0，表示一个尖锐的阴影。数值越大，阴影越模糊。
- 颜色值：有效的颜色值。

下面的代码效果为水平偏移 3 像素，垂直偏移 3 像素，模糊半径 5 像素的深灰色阴影：

```
text-shadow: 3px 3px 5px #666;
```

> **FAQ　为什么在 IE9 中文本阴影属性无效？**
>
> 　　并非所有的浏览器或者所有的浏览器版本都支持 text-shadow 等 CSS3 新属性。随着新版本的推出，浏览器的支持度也会发生变化。除了全面测试网页外，别无他法。当然，在网上还是能找到列示 CSS 与支持的浏览器清单的资源：http://www.findmebyip.com/litmus、http://www.quirksmode.org/css/contents.html 以及 http://www.browsersupport.net/CSS。

 动手实践 3.3

现在你已经了解了一些 CSS 中字体与文本配置的新属性，让我们动手实践一把，先从修改 embedded.html 开始。启动文本编辑器，打开 embedded.html 文件。要增加一些 CSS 样式规则代码，以配置页面上的文本。

设置网页默认的字体属性

就像你已经看到的那样，为主体(body)选择器设置的 CSS 规则将对整个页面生效。修改主体选择器的 CSS，让文本显示为一种 sans-serif 字体。新的字符样式规则由下列代码来设置，除非另外为某个选择器(如 h1 或 p)、一个类、或一个 id(后续章节将详细介绍类与 id)专门指定了特殊样式规则，否则整个页面都遵循该规则：

```
body { background-color: #E6E6FA;
       color: #191970;
       font-family: Arial, Verdana, sans-serif; }
```

将文件另存为 embedded1.html，打开浏览器进行测试。你的页面看上去应当与图 3.12 所示类似。其实页面上所有的文本中只有一行改变了字体，你注意到了吗？

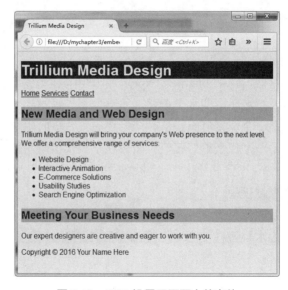

图 3.12　CSS 设置了页面上的字体

配置 h1 选择器

接下来将配置 line-height、font-family、text-shadow 等 CSS 属性。将 line-height 设置为 200%；效果是标题文本上下的空白高度将增大。(在第 4 章和第 6 章中，我们还将讨论其他 CSS 属性，例如边距、边框、间距等，一般会用这些属性来设置元素周围环绕情况。)然后修改 h1 选择器，令其使用某种 serif 字体。当字体名称中包含空格时，要加上引号，如同下列代码中高亮显示部分那样。通常我们建议文本块使用 sans-serif 字体以提高可读性，而页面或节的标题则建议用 serif 字体。再设置水平偏移、垂直偏移均为 3 像素、模糊半径 5 像素的灰色(#CCCCCC)文本阴影。

```
h1 { background-color: #191970;
     color: #E6E6FA;
```

```
line-height: 200%;
font-family: Georgia, "Times New Roman", serif;
text-shadow: 3px 3px 5px #CCCCCC; }
```

保存文件。打开浏览器进行测试。如果发现"Trillium Media Design"距离左边界过近，可以在页面的主体元素中的<h1>标签后增加一个 不换行空格。

配置 h2 选择器

将 h2 选择器设置为与 h1 相同的字体，并居中显示。

```
h2 { background-color: #AEAED4;
    color: #191970;
    font-family: Georgia, "Times New Roman", serif;
    text-align: center; }
```

配置段落

编辑 HTML，去除每段第一行后的换行标签；因为用换行标签不够灵活。接着，将段落文本设置为比默认字号小一些的尺寸。将 font-size 属性设置为.90em。各段首行均缩进显示，将 text-indent 属性设置为 3em。

```
p { font-size: .90em;
    text-indent: 3em; }
```

配置无序列表

将无序列表设置为加粗显示。

```
ul { font-weight: bold; }
```

将文件另存为 embedded2.html，打开浏览器进行测试。你的页面看起来应当与图 3.13 所示类似。可参考学生文件中的答案 chapter3/embedded2.html。

图 3.13　CSS 配置了网页上的颜色与文本属性

　　CSS 的功能相当强大，仅仅几行代码就能让网页彻底改观。你可能在考虑是否可以用它来实现更多的定制功能，例如让各段落显示不同的样式。虽然可以运用内联样式来达到这个目的，但无疑这不是最好的方法。下一节将介绍 CSS 类与 id 选择器，它们广泛应用于页面指定元素的配置。

FAQ　我想为多个 HTML 标签或类设置相同的样式，是否有捷径？

　　确实有。只要在样式规则前列出多个选择器(如 HTML 元素、类、id 等)，就能实现这一目标。每个选择器之间用逗号分隔。下面的代码完成了将段落与列表项元素的字号均设置为 1em 的功能：

```
p, li { font-size: 1em; }
```

3.6　CSS 类、id 与派生选择器

类选择器

　　当我们需要将某个 CSS 声明赋予多个指定的页面元素时，可以使用 CSS 类选择器，这样就不需要把样式与每一个 HTML 元素一一对应了。观察一下图 3.14，你会发现无序列表的最后两项颜色不同于其他项；这就是使用类的示例。为某个类设置样式时，类名就是选择器。在样式表的类名前，请放置一个点(也即英文的句号："."）。下面的代码在样式表中配置了一个名为 feature 的类，它的背景(文本)色为中红：

```
.feature { color: #C70000; }
```

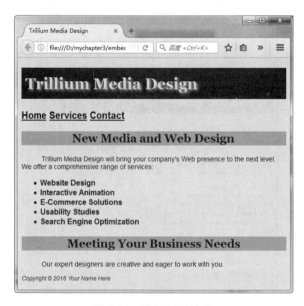

图 3.14　类与 id 的应用

新类中的样式设置可以应用于你想设置的任意元素。只需要使用类属性，如 class="feature"，就可实现这一效果。请注意，在应用类时，起始标签中类的属性值前不要加点。下面的代码展示了如何将<li>元素设置为 feature 类的样式：

```
<li class="feature">Usability Studies</li>
```

id 选择器

使用 CSS 中的 id 选择器，我们可以设定一个 CSS 规则并将其统一应用到页面上的某个区域中。在相同页面上，类选择器可以使用多次，但 id 选择器与之不同，它在每个页面上只能使用一次。在设置 id 的样式时，请在样式表的 id 名称前加上井号(#)。id 名称可以包括字母、数字、连字符、下划线等，但不能有空格。下面的代码为样式表的一部分，为一个名为 main 的 id 设置了样式：

```
#main { color: #333333; }
```

我们可以将名为 main 的 id 样式设置应用于任意元素，只要加上 id 属性 id="main" 即可。起始标签中的 id 值前不要加井号。下面的代码展示了如何将某个 div 元素设置为 main 的样式：

```
<div id="main">This sentence will be displayed using styles configured in
the main id.</div>
```

动手实践 3.4

在本小节中，你将修改 Trillium Technologies 页面上的 CSS 与 HTML 代码，重新设置导航区与页脚区。启动文本编辑器，打开 embedded2.html 文件。

配置导航区

将字号放大并加粗显示，能够让导航链接更加醒目。请为 nav 元素设置一个选择器，指定属性 font-size 与 font-weight。

```
nav { font-weight: bold;
      font-size: 1.25em; }
```

配置内容区域

如果能让网页的可用性与搜索引擎的性能得到提升与优化，Trillium Technologies 公司肯定很欢迎。让我们来创建一个名为 feature 的类，将该类的文本颜色设置为中深红(#C70000)。

```
.feature { color: #C70000; }
```

修改无序列表中最后两项。在<li>标签中添加一个类属性，使列表项与 feature 类关联起来。代码如下所示：

```
<li class="feature">Usability Studies</li>
<li class="feature">Search Engine Optimization</li>
```

配置页脚区

为页脚元素建一个选择器，对文本颜色、font-size 与 font-style 等属性进行设置。

```
footer { color: #333333;
        font-size: .75em;
        font-style: italic; }
```

将文件另存为 embedded3.html，并在浏览器中进行测试。你的页面看上去应当与图 3.14 所示类似。可与学生文件中的参考答案 chapter3/embedded3.html 进行比较。请注意导航、页脚元素与类样式的使用方法。

FAQ　如何为类与 id 命名？

CSS 类与 id 名称可以任意选择。不过，如果 CSS 类名注重对结构的描述而不是与特定格式有关的话，会更加灵活且更易于维护。例如，有一个名为 largeBold 的类，当改变设计使显示的样式变化时，它的名称就会失去意义；而如果是 nav、header、footer、content 或者 subheading 之类与结构有关的名称时，不管相应的区域设置发生何种变化，类名仍然有意义。下面我们给出一些命名的小建议。

- 使用简短但有描述性的名称。
- 以字母开头。
- 类名里避免出现空格。
- 除了字母以外，数字、连字符、下划线等字符也可用。

尽量避免出现过度使用类(Classitis)的情况，也即只是稍微修改文本样式也要创建一个新类。事先考虑好如何配置页面区域，然后再编辑类并应用它们。这样做的结果会令你的页面更紧凑、结构更优化。

下面两个网站上有常见的类与 id 名称：

- http://code.google.com/webstats/2005-12/classes.html
- http://dev.opera.com/articles/view/mama-common-attributes

派生选择器

为某个容器元素(父元素)里的元素设置样式时，可以使用 CSS 派生选择器。这样做的好处在于减少各种类与 id 的数量，但仍能为页面上的特定区域配置样式。先列出容器选择器(可以是元素选择器、类选择器或是 id 选择器)，再指定需要添加样式的特定选择器，即可实现派生选择器的配置。例如，如果打算将 main 元素里的段落文本设置为绿色，可键入下列样式规则：

```
main p { color: #00ff00; }
```

我们将在第 4 章与第 6 章中与你一起练习派生选择器的使用。下一节将介绍一种新的 HTML 元素，它在配置网页区域时特别有用。

3.7 Span 元素

请回忆一下，第 2 章中讲过，页面上配置了一个分区元素 div 时，其上与其下都会有空行。在为页面上某个独立于其他内容的部分设置格式时，分区元素很有用，它被称为块显示元素。与之相对的 span 元素在页面上定义了一个区域，它与其他内容并没有物理分离；这种方式称为内联显示。如果要设置某个包含在其他元素(如<p>、<blockquote>、<li>或<div>)之中的子元素的样式，可以使用<span>标签。

动手实践 3.5

在这一环节中，你将练习如何使用 span 元素：为了设置页面上某段文本内的公司名称，先配置一个新类，然后使用 span 元素使类生效。启动文本编辑器，打开 embedded3.html。完成练习后的页面应当与图 3.15 类似。

图 3.15 使用了 span 元素的页面

配置公司名称

观察一下图 3.15，第一段中的公司名称 Trillium Technologies 显示的是加粗的 serif

字体。需要同时添加 CSS 与 HTML 代码。首先，新建一项 CSS 规则，将名为company 的类设置为加粗的 serif 字体，尺寸为 1.25em。代码如下：

```
.company { font-weight: bold;
          font-family: Georgia, "Times New Roman", serif;
          font-size: 1.25em; }
```

接下来，修改第一段的 HTML 代码，通过 span 元素来应用 company 类：

```
<p><span class="company">Trillium Media Design</span> will bring
```

保存文件，并在浏览器中进行测试。你的页面看起来应当与图 3.15 类似。学生文件中有参考答案 chapter3/embedded4.html。观察所完成网页的源代码，复习 CSS 与HTML 知识。请注意，该文件中所有的样式都放置在页面上一个特定区域中。由于嵌入样式的位置要求固定，因此随着时间的推移，它比内联样式更易维护的优点就显现出来了。此外请注意，只需要为 h2 元素设置一次样式(在页面的 head 节)，就能对整页中所有的<h2>元素生效。无疑这种方法比为每个<h2>单独键入内联样式要高效得多。当然，一个网站只有一个页面的情形并不多见。在每个页面的 head 节中重复 CSS 设置不仅低效也给维护带来困难。下一节，你将学习一种更能干的"武器"：外部样式表。

3.8 使用外部样式表

当 CSS 与网页分别保存在不同文件中时，它的灵活与强大被发挥得淋漓尽致。外部样式表是一个扩展名为.css 的文本文件，里面包含了 CSS 样式规则。通过链接元素将外部样式表文件与网页联系起来。这种方法使得多张网页可以共享相同的外部样式表文件。这类文件中并不包含 HTML 标签，只有 CSS 样式规则。

这类 CSS 的优点在于把样式配置在单个文件中。也就意味着需要修改样式时，只要维护一个文件就可以，而不是逐个去更改受影响的网页。对于大型网站来说，这一技术为网页开发人员节约了大量时间，从而生产效率得以提高。让我们亲自来试试这个"利器"吧。

链接元素

链接元素将某个外部样式表文件与网页关联起来。它被放置在网页的 head 节中。链接元素是一个单独使用的空标签，有三个属性，分别是 rel、href 和 type。

- rel 属性的值是"stylesheet"。
- href 属性的值是样式表文件的名称。
- type 属性的值是"text/css"，也即 CSS 的 MIME 类型。在 HTML5 中，type 属性是可选的，但在 XHTML 中，必须要设置。

下面的代码位于网页 head 节中，作用在于将网页文档与名为 color.css 的外部样式表关联起来：

```
<link rel="stylesheet" href="color.css">
```

 动手实践 3.6

让我们动手体验一下外部样式的使用方法。首先得创建一张外部样式表。然后再在网页上进行配置，使之与外部样式表相关联。

创建外部样式表

启动文本编辑器，输入下列代码，将页面背景设为蓝色，文本设为白色。文件保存为 color.css。

```
body { background-color: #0000FF;
       color: #FFFFFF; }
```

图 3.16 显示了在记事本中打开的 color.css 文件。请注意，其中并没有 HTML 代码。HTML 标签不在外部样式表中编辑。此处只写 CSS 样式规则(选择器、属性、值)。

图 3.16　外部样式表文件 color.css

配置网页

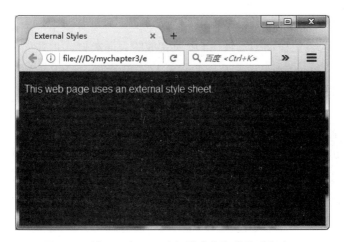

图 3.17　该页面与一张外部样式表文件关联起来了

我们要创建如图 3.17 所示的网页。启动文本编辑器，打开学生文件中的 chapter2/template.html。修改网页标题元素，在 head 节中添加链接标签，再在 body 节中增加一个段落。相关代码如下，请注意高亮部分：

```
<!DOCTYPE html>
<html lang="en">
<head>
<title>External Styles</title>
<meta charset="utf-8">
<link rel="stylesheet" href="color.css">
</head>
<body>
<p>This web page uses an external style sheet.</p>
</body>
</html>
```

将文件另存为 external.html，启动浏览器进行测试。你的网页看上去应当与图 3.17
类似。可与学生文件中的参考答案(chapter3/external.html)进行比较。外部样式表文件
color.css 可应用于任意多的网页。如要改变样式，只需修改一个文件(color.css)即可，
而不用逐个(所有的网页文档)进行操作。正如之前我们曾提及的，这项技术在大型网站
上的应用优势更加明显。

只需要维护单个文件的优点不论对于小型还是大型网站而言都是极其重要的。在
接下来的动手实践中，要请你修改 Trillium Technologies 公司主页，把它与一张外部样
式表关联起来。

动手实践 3.7

在本环节中，你将继续探索以不断增加使用外部样式表的经验。先创建名为
trillium.css 的外部样式表，然后修改 Trillium Technologies 公司主页，将两者关联起
来，取代原有的嵌入样式，再将 trillium.css 与第二个页面进行关联。

学生文件中有 Trillium Technologies 公司主页。在浏览器中打开 embedded4.html，
显示的结果应当同我们在动手实践 3.5 中所完成的页面类似，也即如图 3.15 所示。

现在你已经看到了操作对象是什么，就从这里开始。启动文本编辑器，将文件以
index.html 为文件名另存在 trillium 文件夹中。接下来要把嵌入 CSS 转化为外部 CSS。
选择 CSS 规则(被<style>与</style>标签对所包围部分的代码，不包含两标签)。单击
"编辑"|"复制"，或者按快捷键 Ctrl + C(在 Mac 中为 Cmd + C 键)，复制 CSS 样式
规则代码到粘贴板。接下来得把这些内容保存在一个新文件中。启动文本编辑器并新
建一个文件。单击"编辑"|"粘贴"，或者按快捷键 Ctrl + V(在 Mac 中为 Cmd + V
键)，将 CSS 样式规则粘贴进来。将文件保存为 trillium.css。参见图 3.18，这是在记事
本中新建的 trillium.css 文件的截屏。请注意，此处并无任何 HTML 元素，连<style>也
没有。该文件中仅包含 CSS 样式规则。

接着在文本编辑器中修改 index.html。将上一步复制的 CSS 代码删除。再删除
</style>标签。用链接元素取代<style>标签，从而将该页面与名为 trillium.css 的外部样

式表关联起来。<link>标签的代码为：

```
<link href="trillium.css" rel="stylesheet">
```

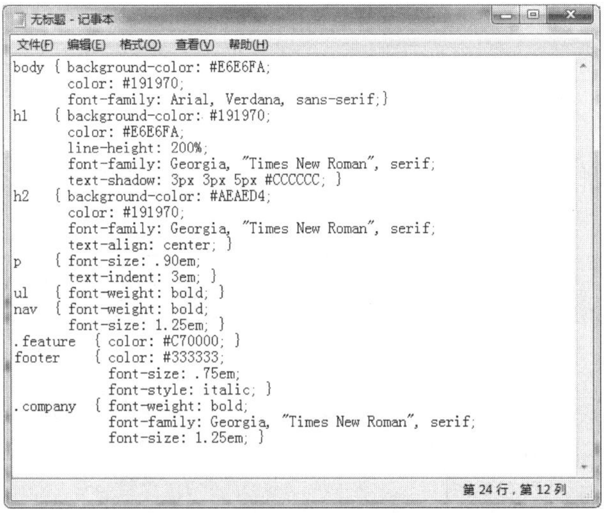


```
body { background-color: #E6E6FA;
       color: #191970;
       font-family: Arial, Verdana, sans-serif;}
h1   { background-color: #191970;
       color: #E6E6FA;
       line-height: 200%;
       font-family: Georgia, "Times New Roman", serif;
       text-shadow: 3px 3px 5px #CCCCCC; }
h2   { background-color: #AEAED4;
       color: #191970;
       font-family: Georgia, "Times New Roman", serif;
       text-align: center; }
p    { font-size: .90em;
       text-indent: 3em; }
ul   { font-weight: bold; }
nav  { font-weight: bold;
       font-size: 1.25em; }
.feature  { color: #C70000; }
footer    { color: #333333;
            font-size: .75em;
            font-style: italic; }
.company  { font-weight: bold;
            font-family: Georgia, "Times New Roman", serif;
            font-size: 1.25em; }
```

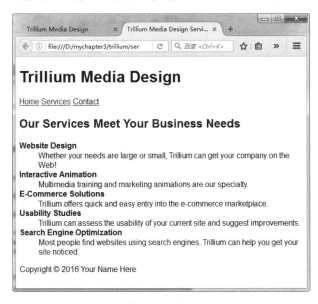

图 3.18　名为 trillium.css 的外部样式表

保存文件，并启动浏览器进行测试。页面看上去应当与图 3.15 类似。虽然它们外观相同，但代码是不一样的：现在的网页文档使用了外部样式表，而非之前的嵌入 CSS。

到有意思的环节了，请再把外部样式表与第二张网页相关联。学生文件中有一个 Trillium 公司的服务页面，即 chapter3/services.html。在浏览器中打开该网页，它的样子与图 3.19 类似。虽然页面结构与主页所示类似，但文本与颜色的样式设置并未生效。

图 3.19　未与外部样式表关联的 services.html 页面

启动文本编辑器来修改 services.html 文件。键入<link>元素，从而将该页面与外部样式表 trillium.css 关联起来。在 head 节中的</head>标签之前输入下列代码：

```
<link href="trillium.css" rel="stylesheet">
```

保存文件，并在浏览器中进行测试。你的页面看起来应当与图 3.20 类似，CSS 规则已经起作用啦！

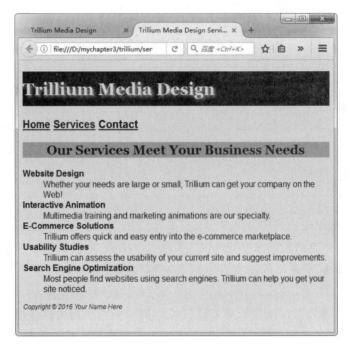

图 3.20　与 trillium.css 相关联的 services.html 页面

单击超链接 Home 和 Services，就可以在浏览器中的两个页面(index.html 和 services.html)间来回切换。学生文件中有参考答案，位于 chapter3/3.7 文件夹中。

请注意，当我们在使用外部样式表时，如果要修改网页上的颜色或字体时，只需修改外部样式表即可。所以对于有着大量网页的网站来说，这项技术无疑能提高生产率，你要改的只有一个文件，CSS 外部样式表。熟练掌握 CSS 是一项重要的技能，能够极大地提升网页制作水平。

 自测题 3.2

1. 请描述使用嵌入样式的理由，并说明嵌入样式应该放在网页中的哪个位置。

2. 请描述使用外部样式表的理由，并说明外部样式表应当保存在哪里以及怎样使网页与外部样式表文件关联起来。

3. 写一段代码，将网页与名为 mystyles.css 的外部样式表关联起来。

FAQ 在设置新的网页或网站时，我该怎样着手使用 CSS 呢？

在用 CSS 配置网页时，请记住以下准则。

- 回顾页面设计。检查是否使用了常见的字体。为 body 元素选择器定义字体与颜色等全局属性(整个页面的默认设置)。

- 识别用于组织页面的典型元素(如<h1>和<h2>等)，如果它们与默认的样式不同，请单独为它们声明样式规则。

- 识别各种页面区域，如带网页标志的页眉区、导航区、页脚区等。列出这些区域所需要的特殊设置。在 CSS 中设置这些区域时可能需要确定使用类还是使用 id。

- 创建一个原型页面，包含大部分打算使用的元素，然后进行测试。修正所需要的 CSS。

- 计划与测试。在设计网站时，这两点至关重要。

3.9 用 CSS 实现 HTML 元素居中

之前我们介绍过如何将页面上的文本居中，但是如果要居中的是整张网页呢？答案是只需要区区几行 CSS 代码，可以轻松实现常见的页面布局设置，包括将网页的全部内容展现在浏览器可见区域内这种效果。这么做的要点在于配置一个分区元素(div)以包含或者说“囊括”(wraps)所有内容。HTML 代码如下：

```
<body>
<div id="wrapper">
... page content goes here ...
</div>
</body>
```

接下来为这一窗口设置 CSS 样式规则吧。所谓外边距(margin)指的是围绕在某个元素四周的空白区域(对此我们还将在第 6 章中进一步讨论)。在 body 元素的例子中，外边距是页面内容与浏览器边界之间的空白区域。顾名思义，margin-left 和 margin-right 这两个属性分别配置了左外边距与右外边距。外边距可设为 0，单位可以是像素、em 或百分比，或者“auto” (自动)。如果将 margin-left 和 margin-right 均设置为 auto，浏览器将计算可用空间，然后平均分配给左边距与右边距。width 属性配置的是块显示元素的宽度。下面的 CSS 代码示例将 id 名为 wrapper 的元素宽度设置为 700 像素并令其居中显示：

```
#wrapper { width: 700px;
        margin-left: auto;
        margin-right: auto; }
```

接下来，我们将动手实践这一技巧。

　动手实践 3.8

在本环节中，你将编写 CSS 代码，将页面布局设置为居中显示。就让我们从动手实践 3.7 的成果文件入手吧。创建一个名为 trillium2 的文件夹。相关的学生文件位于 chapter3/3.8 文件夹中。将 index.html，services.html 与 trillium.css 这三个文件复制到刚才创建的 trillium2 文件夹中。在文本编辑器中打开 trillium.css。创建一个名为 wrapper 的 id。在样式规则中增加 margin-left、margin-right 与 width 三个样式属性，代码如下：

```
#wrapper { margin-left: auto;
          margin-right: auto;
          width: 80%; }
```

保存文件。

在文本编辑器中打开 index.html 文件。在其中添加 HTML 代码，配置一个 id 为 wrapper 的分区元素，以"囊括"或包含主体部分中的代码。保存文件。打开浏览器进行测试，它看上去应当与图 3.21 类似。学生文件中的参考答案位于 chapter3/3.8 文件夹。

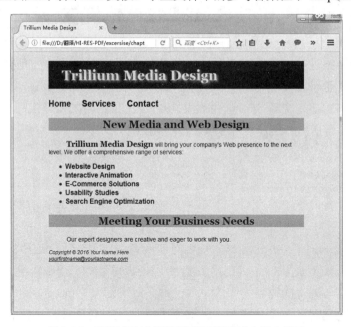

图 3.21　页面内容在浏览器的可视区域内居中显示

FAQ　CSS 中是否有添加注释的简便方法？

有。我们只需在注释前输入"/*"符号，结束注释后输入"*/"符号就可以了。示例如下：

```
/* Configure Footer */
footer { font-size: .80em; font-style: italic; text-align: center; }
```

3.10　层　　叠

图 3.22 说明了在样式中由外(外部样式)及里(在页面上输入的 HTML 属性代码)应用“层叠”(优先级规则)的概念。这一组规则配置了全站范围的样式,但当特定页面需要更细粒度的样式设置(如嵌入或内联样式)时,也可以忽略全局规则。

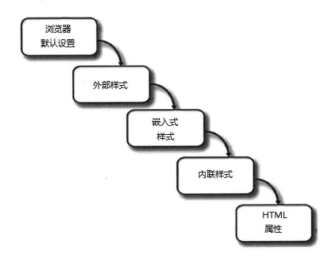

图 3.22　层叠样式表的“层叠”概念

外部样式可以应用于多个页面。如果网页既包含指向外部样式表的链接,又包含嵌入样式,则首先生效的是外部样式,然后再应用嵌入样式。这一顺序使网页开发人员能够在有特殊需要的页面上忽略全局的外部样式设置。

如果网页既包含嵌入样式,又包含内联样式,则内嵌先生效,然后再是内联样式。这一顺序使网页开发人员能够忽略全页范围的样式从而为特定的 HTML 标签或类设置特殊样式。

任意一个 HTML 标签或属性都能使样式失效。例如,设置了<strong>标签后,该元素上相应的与字体相关的样式就会失效。如果某个元素没有设置属性或样式,则浏览器的默认设置将生效。当然,不同浏览器所呈现的默认效果也不尽相同,有可能不如人意。因此尽可能用 CSS 来指定文本与网页元素的特征,避免受限于浏览器的默认设置。

让我们来看一个层叠的例子。注意观察下面的 CSS 代码:

```
.special { font-family: Arial, sans-serif; }
p { font-family: "Times New Roman", serif; }
```

这段 CSS 中有两个样式规则:其一创建了名为 special 的类,并将其文本设置为 Arial(或常见的 sans-serif))字体系统;其二将所有的段落设置为使用 Times New Roman (或常见的 serif)字体系列。HTML 网页中有一个<div>分区,其中包括标题与段落等元素，如下列代码所示：

```
<div class="special">
<h2>Heading</h2>
<p>This is a paragraph. Notice how the paragraph is contained in the
div.</p>
</div>
```

浏览器是这样呈现这段 HTML 代码的。

1. 标题中的文本将被显示为 Arial 字体，因为它是指定了特殊类的<div>中的一部分。它继承了其父类(<div>)的属性。这就是继承的应用范例，指某个容器元素(如<div>或<body>等)将 CSS 样式传递给了置身其中的元素。与文本相关的属性(如字体、颜色等)通常会继承，但与容器相关的属性(如边距、间距和宽度等)则不会。参见 http://www.w3.org/TR/CSS21/propidx.html，上面有清单，详细描述了 CSS 属性与相应的继承状态。

2. 包含在段落里的文本将被显示为 Times New Roman 字体，因为浏览器应用了与该元素最接近的样式(段落)。虽然段落包含在特殊的类(被认为是该类的子样式元素)中，但本地段落样式规则优先级更高，它在浏览器中发挥了作用。

如果尚未完全理解 CSS 与规则的优先级，请不用担心，熟能生巧，只要勤加练习，即可掌握。接下来的动手实践环节就是一个很好地体验"层叠"原理的机会。

动手实践 3.9

在本环节中，你将做一个有关"层叠"的实验，实验对象是一张同时使用了外部、嵌入和内联样式的网页。

1. 创建一个名为 mycascade 的新文件夹。

2. 启动文本编辑器。新建一个文档并以 site.css 为文件名保存在 mycascade 文件夹中。在这一文件中建立外部样式表，将网页背景色设置为淡黄色(#FFFFCC)，将文本设置为黑色(#000000)。代码如下：

```
body { background-color: #FFFFCC;
       color: #000000; }
```

保存并关闭该文件。

3. 在文本编辑器里再新建一文档，以 mypage1.html 为文件名保存在 mycascade 文件夹中。该网页将与外部样式表 site.css 实现关联，并且使用嵌入样式将全局的文本颜色设置为蓝色、使用内联样式设置第二个段落的文本颜色。mypage1.html 网页将包含两段文本。代码如下：

```
<!DOCTYPE html>
<html lang="en">
<head>
<title>The Cascade in Action</title>
```

```
<meta charset="utf-8">
<link rel="stylesheet" href="site.css">
<style>
  body { color: #0000FF; }
</style>
</head>
<body>
<p>This paragraph applies the external and embedded styles &mdash;
note how the blue text color that is configured in the embedded
styles takes precedence over the black text color configured in
the external stylesheet.</p>
<p style="color: #FF0000">Inline styles configure this paragraph
to have red text and take precedence over the embedded and
external styles.</p>
</body>
</html>
```

保存文件并在浏览器中进行测试。页面看上去应当与图 3.23 所示类似。学生文件中有参考答案 chapter3/3.9/mypage1.html。

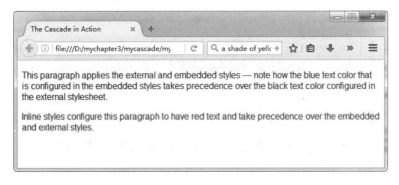

图 3.23　混合应用了外部、嵌入和内联样式的网页

花点时间来检查一下 mypage1.html 网页，并将它与源码进行比较。网页应用了外部样式表中的黄色背景设置。而嵌入样式使第一段文本显示为蓝色，忽略了外部样式表中"文本显示为黑色"的设置。这个段落中没有包含任何内联样式，所以它继承了来自于外部以及嵌入样式表的规则。第二个段落受到内联样式的制约，文本显示为红色，该设置使来自外部与嵌入样式的规则失效。

3.12　CSS 验证

W3C 提供了免费的标记验证服务(http://jigsaw.w3.org/css-validator)，可用来验证你的 CSS 代码，并检测语法错误。通过验证，能帮助同学们进行快速自我评价，证明自己的代码语法正确。在工作环境中，CSS 验证服务可作为品质的保证。无效代码会拖慢浏览器的展示速度。

动手实践 3.10

在本环节中，你将使用 W3C CSS 验证服务来验证一张外部 CSS 样式表。验证的对象为我们在动手实践 3.6 中所创建的 color.css 文件(或者学生文件中的 chapter3/color.css)。找到该文件，将它用文本编辑器打开。找到 body 元素选择器样式规则，删除 background-color 属性中的第一个"r"，再把 color 属性值前的#删除，人为地增加一些错误。保存文件。

接下来开始验证 color.css 文件。打开浏览器访问 W3C 的 CSS 验证服务页面，网址为 http://jigsaw.w3.org/css-validator/，然后选择"通过文件上传"标签。单击"浏览"按钮，选择本地计算机中的 color.css 文件。单击 Check 按钮。验证结果页面与图 3.24 类似。我们注意到两处错误已被发现。页面上列出了选择器，并标出了错误原因。

图 3.24　验证结果列出了错误

图 3.24 中的第一条信息指出"backgound-color"属性不存在。该线索提示我们检查属性名称的语法。编辑 color.css 并纠正第一条错误。重新验证该文件。这次的检测结果应当与图 3.25 类似，仅报告了一条错误。

错误消息给出了提示，指出 FFFFFF 不是一个颜色值；我们知道有效的颜色值前面需要加上"#"字符，如#FFFFFF。请注意，错误信息之下还列出了已通过验证的 CSS 规则。改正颜色值，保存文件，并再次验证。

这次的结果应当与图 3.26 类似。没有发现错误。"你已经校验的层叠样式表："信息中列出了 color.css 文件中所有的 CSS 样式规则，也就意味着已经通过了 CSS 验证测试。祝贺你，color.css 完全符合 CSS 语法！验证 CSS 样式规则是一种很好的实践。CSS 校验器能帮助你快速识别需要纠正的代码，并展示了被认为是有效的样式规则在浏览器中的大致效果。验证 CSS 代码是网页开发人员的常规"武器"，是提高生产效率的手段之一。

图 3.25　错误提示之下列出了有效的 CSS 代码(如有警告也会列出)

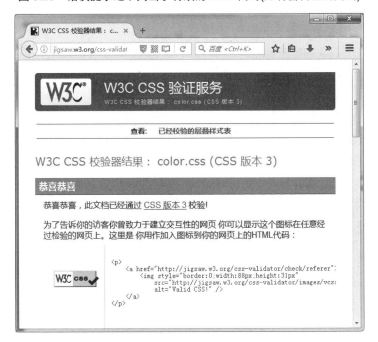

图 3.26　CSS 文件通过了验证！

本 章 小 结

本章介绍了与网页上的颜色与文本有关的层叠样式表规则。当然我们用 CSS 还能完成许多任务，包括位置排布、隐藏与展示页面区域、设置边界、格式化边框等。随着学习的不断深入，你将了解更多相关的应用。请访问本书配套网站，网址为 http://www.webdevfoundations.net，上面有许多示例、本章中所提到的一些材料链接以及更新信息。

关键术语

<link>	继承
<span>	内联样式
<style>	line-height 属性
background-color 属性	margin-left 属性
层叠样式表	margin-right 属性
类属性	像素
类选择器	磅
color 属性	属性
CSS 验证	rel 属性
继承选择器	RGB 色彩
声明	规则
em 单位	父级规则
嵌入样式	选择器
外部样式	样式特性
font-family 属性	text-align 属性
font-size 属性	text-indent 属性
font-style 属性	text-shadow 属性
font-weight 属性	text-transform 属性
十六进制颜色值	类型特性
id 属性	网页安全调色板
id 选择器	width 属性
导入的样式	

复习题

选择题

1. 下列哪个 CSS 属性用于设置网页背景色？
       a. bgcolor   b. background-color

　　　c. color 　　　　　　　　　　　　　d. 以上都不是

2. 下列哪种类型的 CSS 代码写在网页的 body 节中，并且是 HTML 标签中的特性？

　　　a. 内嵌 　　　　　　b. 内联 　　　　　　c. 外部 　　　　　　d. 导入

3. 下列哪一项描述了 CSS 规则的两个组成部分？

　　　a. 选择器与声明 　　　　　　　　　　b. 属性与声明

　　　c. 选择器与特性 　　　　　　　　　　d. 以上都不是

4. 下列哪组代码关联了某张网页与外部样式表？

　　　a. <style rel="external" 　　　　　　b. <style src="style.css">
　　　　　href="style.css">

　　　c. <link rel="stylesheet" 　　　　　　d. <link rel="stylesheet"
　　　　　href="style.css"> 　　　　　　　　src="style.css">

5. 下列哪一项声明属性可用来设置页面上某个区域的字体？

　　　a. font-face 　　　b. face 　　　　　c. font-family 　　　d. size

6. 下列哪一项可作为 CSS 选择器？

　　　a. 一个 HTML 元素称 　　　　　　　b. 一个类名

　　　c. 一个 id 名 　　　　　　　　　　　d. 以上都是

7. 下列哪项配置仅能应用于网页上的一个区域？

　　　a. 组 　　　　　　b. 类 　　　　　　c. id 　　　　　　d. 以上都不是

8. 关联网页与外部样式表的代码放在哪里？

　　　a. 外部样式表中 　　　　　　　　　　b. 网页文档的 DOCTYPE

　　　c. 网页文档的 body 节中 　　　　　　d. 网页文档的 head 节中

9. 下列哪组代码用 CSS 为网页设置了#FFF8DC 色的背景？

　　　a. body { background-color: #FFF8DC; }

　　　b. document { background: #FFF8DC; }

　　　c. body { bgcolor: #FFF8DC;}

　　　d. document { bgcolor: #FFF8DC; }

10. 下列哪组代码用 CSS 配置了一个名为 news 的类，其文本为 red，字号为 large，字体为 Arial 或 sans-serif？

　　　a. news { color: red; 　　　　　　b. .news { color: red;
　　　　　　font-size: large; 　　　　　　　　font-size: large;
　　　　　　font-family: Arial, 　　　　　　　font-family: Arial,
　　　　　　sans-serif; } 　　　　　　　　　sans-serif; }

　　　c. .news { text: red; 　　　　　　　d. #news { text: red;
　　　　　　font-size: large; 　　　　　　　　font-size: large;
　　　　　　font-family: Arial, 　　　　　　　font-family: Arial,
　　　　　　sans-serif; } 　　　　　　　　　sans-serif;}

11. 如果某网页中既有指向外部样式表的链接，又有嵌入样式，下列哪种说法正确？

　　　a. 首先应用嵌入样式，然后再是外部样式表。

　　　b. 将使用内联样式。

　　　c. 首先应用外部样式表，然后再是嵌入样式。

　　　d. 网页不显示。

填空题

12. ＿＿＿＿＿＿元素可用来创建页面上的区域，该区域嵌入在段落或其他块显示元素中。

13. ＿＿＿＿＿＿ CSS 属性可实现块显示元素中的文本居中。

14. ＿＿＿＿＿＿ CSS 属性可实现文本首行缩进。

15. 在＿＿＿＿＿＿时，W3C 首次提出了 CSS 标准。

学以致用

1. 预测结果。画出下列 HTML 代码所创建的页面并进行简要描述。

```
<!DOCTYPE html>
<html lang="en">
<head>
<title>Trillium Media Design</title>
<meta charset="utf-8">
<style>
  body { background-color: #000066;
         color: #CCCCCC;
         font-family: Arial,sans-serif; }
  header { background-color: #FFFFFF;
           color: #000066; }
  footer { font-size: 80%;
           font-style: italic; }
</style>
</head>
<body>
<header><h1>Trillium Media Design</h1></header>
<nav>Home <a href="about.html">About</a> <a href="services.html">
Services</a>
</nav>
<p>Our professional staff takes pride in its working relationship
with our clients by offering personalized services that listen
to their needs, develop their target areas, and incorporate these
items into a website that works.</p>
<br><br>
<footer>
Copyright &copy; 2014 Trillium Media Design
</footer>
</body>
</html>
```

2. 代码填空。观察下列代码，其中缺失的部分 CSS 属性与值由"_"指代，缺失的 HTML 标签由<_>指代：

```
<!DOCTYPE html>
<html lang="en">
<head>
<title>Trillium Media Design</title>
<meta charset="utf-8">
<style>
```

```
body { background-color: #0066CC;
       color: "_"; }
header { "_": "_" }
<_>
<_>
<body>
<header><h1>Trillium Media Design</h1></header>
  <p>Our professional staff takes pride in its working
relationship with our clients by offering personalized services
that listen to their needs, develop their target areas, and
incorporate these items into a website that works.</p>
</body>
</html>
```

上述代码所对应的网页其背景与文本的颜色对比很鲜明。标题区域用 Arial 字体。

3. 代码纠错。为何下列代码所对应的网页在浏览器中无法正常显示？

```
<!DOCTYPE html>
<html lang="en">
<head>
<title>Trillium Media Design</title>
<meta charset="utf-8">
<style>
  body { background-color: #000066;
         color: #CCCCCC;
         font-family: Arial,sans-serif;
         font-size: 1.2em; }
<style>
</head>
<body>
<header><h1>Trillium Media Design</h1></header>
  <main><p>Our professional staff takes pride in its working
relationship with our clients by offering personalized services
that listen to their needs, develop their target areas, and
incorporate these items into a website that works.</p></main>
</body>
</html>
```

动手练习

1. 编写 HTML 代码创建一个段落，该段落使用内联样式，背景为红色(red)，文本为白色(white)。

2. 编写 HTML 与 CSS 代码，使用嵌入样式表将背景色配置为#eaeaea、文本色为 #000033。

3. 编写 CSS 代码创建一张外部样式表，配置：文本色为棕色 brown、字号为 1.2em、字体系列为 Arial、Verdana 或某种 sans-serif 字体。

4. 编写 HTML 与 CSS 代码，用嵌入样式表配置一个名为 new 的类，加粗、斜体。

5. 编写 HTML 与 CSS 代码，使用嵌入样式表配置一个超链接：无下划线；背景为白色(white)；文本为黑色(black)；字体为 Arial、Helvetica 或一种 sans-serif 字体；并且包含一个名为 new 的类，加粗、斜体。

6. 编写 CSS 代码，创建一张外部样式表，配置：页面背景色为#FFF8DC；字体色为#000099；字体系列为 Arial、Helvetica 或一种 sans-serif 字体；并且包含一个名为 new 的 id，加粗、斜体。

7. 练习使用外部样式表。在本环节中，你将创建两个外部样式表文件和一个页面。要在页面上使用链接来关联外部样式表，观察网页的变化效果。

a. 创建一个名为 format1.css 的外部样式表文件，完成如下设置：文档背景为白色(white)，文档文本色为#000099，文档字体为 Arial、Helvetica 或 sans-serif。超链接的背景色为灰色(#CCCCCC)。配置 h1 选择器，使用 Times New Roman 字体，文本为红色(red)。

b. 创建名为 format2.css 的外部样式表，设置：文档背景为黄色(yellow)，文档文本为绿色(green)。超链接的背景为白色(white)。h1 选择器的配置为使用 Times New Roman 字体、白色(white)背景、绿色(green)文本。

c. 创建一张网页用于展示你所喜欢的电影：用<h1>标签列出电影名称，用段落对电影进行描述，用无序列表(带项目符号)列出男、女主角。页面中还应包含指向该电影网站的链接以及你本人的电子邮件链接。网页要与外部样式表 format1.css 关联。将该网页保存为 moviecss1.html。用多个浏览器测试网页。然后将网页改为与外部样式表 format2.css 关联，再另存为 moviecss2.html，并在浏览器中测试。注意观察两者的区别。

8. 练习"层叠"的应用。在本环节中，你将创建两张网页，并将它们与同一张外部样式表关联起来。修改外部样式表的配置后，再次测试网页，观察自动生效的新样式配置。最后在其中一张网页中添加内联样式后观察效果，体会内联样式与外部样式表的优先级差异。

a. 创建包含一张无序列表的网页，该列表至少列出三项使用 CSS 的好处。标题"CSS Advantages"用<h1>元素来展现。页面中要包含指向 W3C 网站的超链接。其中一项优点要配置成一个类，名称为 news，写出相关的 HTML 代码。添加你本人的电子邮件链接。将网页与名为 ex8.css 的外部样式表关联。将网页文档保存为 advantage.html。

b. 创建名为 ex8.css 的外部样式表，设置如下：文档背景为白色(white)；文档文本色为#000099；字体为 Arial， Helvetica 或 sans-serif。超链接的背景为灰色(#CCCCCC)。h1 选择器的配置为使用 Times New Roman 字体、黑色 black 文本。News 类的文本为红色(red)、斜体。

c. 启动浏览器测试你的作品。观察 advantage.html 网页。它应当展现为 ex8.css 中所设置的样式。修改网页或 CSS 文件，直到显示效果满足要求。

d. 修改外部样式表 ex8.css 的配置，将文档背景改为黑色(black)，文本改为白色(white)，<h1>的文本颜色改为灰色(#CCCCCC)。保存文件。启动浏览器测试 advantage.html 网页。受改变后的外部样式表影响，网页呈现效果也有了变化。

e. 修改 advantage.html 文档，添加一些内联样式。内联样式应用于<h1>标签，配置为红色(red)文本。保存文件并在浏览器中进行测试。请注意，<h1>元素的文本已呈现为内联样式所指定的红色，而非外部样式表的设置。

9. 练习 CSS 验证。选择一个 CSS 外部样式表文件进行验证；如果你自己有个人网站，并应用了外部样式表，那就选择该文件；或者也可以使用在本章学习过程中所创建的文件。访问 http://jigsaw.w3.org/css-validator，利用 W3C CSS 验证服务进行练习。如果没有一次通过验证，请修改后再测试。如有必要请重复这一步骤直到通过验证。请针对验证过程总结一两段话，用于回答下列问题：CSS 的验证服务使用方便性如何？其中有否令你感到惊奇的地方？验证出来的错误多吗？根据错误提示修改 CSS 文件是否方便？你有否向别的同学推荐使用 CSS 验证服务？为什么？

万维网探秘

1. 在这一章中，我们介绍了如何用 CSS 来配置页面。现在请用搜索引擎上网收集一些 CSS 资源。可以从以下三个网站开始：

- http://www.w3.org/Style/CSS
- http://css-tricks.com
- http://reference.sitepoint.com/css

创建网页，内容包含一张清单，至少列出五种有关 CSS 的网络资源。列出每一种资源的 URL、网站名称以及简要介绍。文本与背景颜色对比应当鲜明。在页面底部添加你本人的电子邮件链接。

2. 关于 CSS，我们要学习的内容还很多。网络本身就是学习相关技术的好地方。利用搜索引擎来找找 CSS 教程吧。可以从下列资源入手：

- http://www.echoecho.com/css.htm
- http://www.w3schools.com/css
- http://www.noupe.com/css/css-typography-contrast-techniques-tutorials-and-best-practices.html

选择一个深入浅出的教程，找一项我们在本章中没有讲过的 CSS 知识认真学习，然后利用该技术来创建一张网页。网页内容要包含指向所选教程的 URL、网站名称以及对该技术的简介。在页面底部添加你本人的电子邮件链接。

关注网页设计

在这一章中，你已经学习了如何用 CSS 来配置颜色与文本。接下来的环节，将请你设计一个配色方案，并根据该方案的设置写出外部样式表文件，然后编写应用这些样式的的网页示例。可以先浏览以下网站，寻找有关色彩与网页设计的灵感：

色彩心理学

- http://www.infoplease.com/spot/colors1.html
- http://www.sensationalcolor.com/meanings.html
- http://designfestival.com/the-psychology-of-color
- http://www.designzzz.com/infographic-psychology-color-web-designers

配色方案生成器

- http://meyerweb.com/eric/tools/color-blend
- http://colorschemer.com/schemes
- http://www.colr.org

- http://colorsontheweb.com/colorwizard.asp
- http://kuler.adobe.com
- http://colorschemedesigner.com

完成下列任务。

a. 设计一个配色方案。选择除三原色之外的三种颜色，在方案中列出它们的十六进制颜色值，如白色 (#FFFFFF)、黑色 (#000000)。

b. 描述你研究所选颜色的过程。为什么要选择它们？哪种类型的网站适合这一方案？列出你所用资源的 URL。

c. 创建名为 color1.css 的外部样式表，配置文档、h1 元素选择器、p 元素选择器、页脚类的字体属性、文本颜色和背景颜色。使用之前所选择的颜色。

d. 创建展现这些 CSS 样式规则的页面，文件名为 color1.html。

网站实例研究

CSS 实施

这部分继续研究前一章的案例(贯穿全书)。本章主要完成网站上的 CSS 应用。

JavaJam 咖啡屋

回顾一下第 2 章中关于 JavaJam 咖啡屋的案例研究内容。图 2.28 为该网站的站点地图。之前我们已经创建了 JavaJam 网站的主页与菜单页面。接下来要请你为该网站增加一张新的网页，该网页应用外部样式来配置文本与颜色。图 2.29 描述了页面布局。你需要完成以下任务。

1. 为本实例研究新建一个文件夹。
2. 创建名为 javajam.css 的外部样式表，用于配置 JavaJam 网站的颜色与文本。
3. 修改主页，使之利用外部样式表来配置颜色与字体。新的主页与色卡如图 3.27 所示。

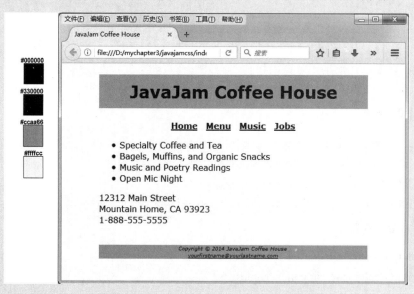

图 3.27　JavaJam 网站中新的 index.html 页面

4. 修改菜单页，使它与新主页风格保持一致。

5. 将网页设置为居中布局。

实例研究之动手练习

任务 1：在本地硬盘或可移动存储(U 盘或 SD 卡)上新建一个文件夹，命名为 javajamcss，将第 2 章中创建的 javajam 文件夹中的全部文件复制到新文件夹中。

任务 2：**外部样式表**。用文本编辑器创建名为 javajam.css 的外部样式表。编写满足下列要求的 CSS 代码。

1. 文档的全局样式(使用 body 元素选择器)：背景色为# ffffcc；文本色为#330000；字体系列为 Verdana，Arial 或任意一种 sans-serif 字体。

2. 为页眉元素选择器设置样式规则：背景色#ccaa66，文本色#000000，文本居中。

3. 为 h1 元素选择器设置样式规则：行高 200%。

4. 为导航元素选择器设置样式规则：文本居中。提示：使用 CSS 的 text-align 属性。

5. 为页脚元素选择器设置样式规则：背景色#ccaa66，文本色#000000，小号字体(.60em)，斜体，文本居中。

将文件命名为 javajam.css，并保存在 javajamcss 文件夹中。访问 http://jigsaw.w3.org/css-validator，利用 CSS 验证服务验证该文件的语法。如有必要，请修改文件。

任务 3：**主页**。启动文本编辑器，打开 index.html 文件。接下来要修改这一文件，使之应用外部样式表 javajam.css：

添加<link>元素，将网页与外部样式表 javajam.css 关联。

配置页脚区。去除<small> 与 <i>元素，现在我们要利用 CSS 进行配置，因而不再需要这两个元素了。

保存文件，在浏览器中打开进行测试。现在页面看上去应当与图 3.27 类似，不过页面内容仍然为左对齐而非居中。请别担心——在本实例研究的任务五中，我们将要完成页面布局居中的设置。

任务 4：**菜单页**。启动文本编辑器，打开 menu.html 文件。接下来要修改这一文件，方式与修改主页时类似：添加<link>元素并设置页脚区域。保存并测试新的 menu.html 页面。它看上去应当与图 3.28 类似，不过页面内容仍然为左对齐而非居中。

任务 5：**利用 CSS 实现页面布局居中**。分别修改 javajam.css、index.html 与 menu.html 文件，使页面内容居中显示，占据 80%宽度(如有需要，请参考动手实践 3.8)：

启动文本编辑器，打开 javajam.css 文件。创建名为 wrapper 的 id 并设置如下样式规则：宽度为 80%，margin-left 与 margin-right 均设为 auto。

启动文本编辑器，打开 index.html 文件。添加分区元素的 HTML 代码，为其分配名为"wraps"的 id，该分区包含主体部分的代码。保存文件并在浏览器中测试网页。你将发现页面内容已经居中显示，浏览器可见区域的展现效果与图 3.27 类似。

启动文本编辑器，打开 menu.html 文件。添加分区元素的 HTML 代码，为其分配名为"wraps"的 id，该分区包含 body 节中的代码。保存并在浏览器中测试网页。你将发现页面内容已经居中显示，浏览器可见区域的展现效果与图 3.28 类似。

继续我们的实验，修改 javajam.css。改变页面背景色、字体等等。在浏览器中测试页面。体会牵一发而动全身(修改一个文件可以影响许多页面)的效果，是不是很神奇？

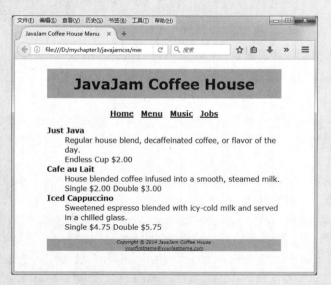

图 3.28 新的 menu.html 页面

Fish Creek 宠物医院

回顾一下第 2 章中关于 Fish Creek 宠物医院的案例研究内容。图 2.32 为该网站的站点地图。之前我们已经创建了网站的主页与服务页面。接下来，更新这些网页，应用外部样式来配置文本与颜色。图 2.33 描述了页面布局。你需要完成以下任务。

1. 为本实例研究新建一个文件夹。
2. 创建名为 fishcreek.css 的外部样式表，用于配置 Fish Creek 网站的颜色与文本。
3. 修改主页，使之利用外部样式表来配置颜色与字体。新的主页与色卡如图 3.29 所示。
4. 修改服务页，使它与新主页风格保持一致。
5. 将网页设置为居中布局。

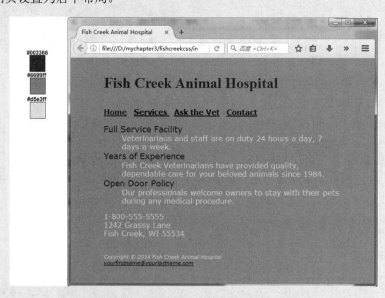

图 3.29 Fish Creek 网站中新的 index.html 页面

实例研究之动手练习

任务 1：在本地硬盘或可移动存储(U 盘或 SD 卡)上新建一个文件夹，命名为 fishcreekcss，将第 2 章中创建的 fishcreek 文件夹中的全部文件复制到新文件夹中。

任务 2：外部样式表。用文本编辑器创建名为 fishcreek.css 的外部样式表。编写满足下列要求的 CSS 代码。

1. 文档的全局样式(使用 body 元素选择器)：背景色为# 6699ff；文本色为# d5e3ff；字体为 Verdana，Arial 或任意一种 sans-serif 字体。

2. 为页眉元素选择器设置样式规则：背景色#6699ff，文本色#003366，字体 serif。

3. 为 h1 元素选择器设置样式规则：行高为 200%。

4. 为导航元素选择器设置样式规则：文本加粗。

5. 配置名为 category 的类：字体加粗，背景色#6699ff，文本色#003366，大号字体(1.1em)。

6. 为页脚元素选择器设置样式规则：小号字体(.70em)，斜体。

将文件命名为 fishcreek.css，并保存在 fishcreekcss 文件夹中。访问 http://jigsaw.w3.org/css-validator，利用 CSS 验证服务验证该文件的语法。如有必要，请修改文件。

任务 3：主页。启动文本编辑器，打开 index.html 文件。接下来要修改这一文件，使之应用外部样式表 fishcreek.css。

1. 添加<link>元素，将网页与外部样式表 fishcreek.css 关联。

2. 配置导航区。去除其中的<b>元素，因为 CSS 会完成这一设置。

3. 将每一个<dt>元素修改为应用 category 类的样式。

提示<dt class="category">。去除<strong>，因为 CSS 会完成这一设置。

4. 配置页脚区。去除<small> 与 <i>元素，因为 CSS 会完成这一设置。

保存文件，在浏览器中打开进行测试。现在页面看上去应当与图 3.29 类似，不过页面内容仍然为左对齐而非居中。请别担心，在本实例研究的任务 5 中，我们将要完成页面布局居中的设置。

任务 4：服务页。启动文本编辑器，打开 services.html 文件。接下来要修改这一文件，方式与修改主页时类似：添加<link>元素，配置 category 类(提示：使用<span>元素以包含每个业务项的名称)，设置页脚区域。保存并测试新的 services.html 页面。它看上去应当与图 3.30 类似，不过页面内容仍然为左对齐而非居中。

任务 5：利用 CSS 实现页面布局居中。分别修改 fishcreek.css、index.html 与 services.html 文件，使页面内容居中显示，占据 80%宽度(如有需要，请参考动手实践 3.8)。

1. 启动文本编辑器，打开 fishcreek.css 文件。创建名为 wrapper 的 id 并设置如下样式规则：宽度为 80%，margin-left 与 margin-right 均设为 auto。

2. 启动文本编辑器，打开 index.html 文件。添加分区元素的 HTML 代码，为其分配名为"wraps"的 id，该分区包含 body 节中的代码。保存文件并在浏览器中测试网页。你将发现页面内容已经居中显示，浏览器可见区域的展现效果与图 3.29 类似。

3. 启动文本编辑器，打开 services.html 文件。添加分区元素的 HTML 代码，为其分配名为"wraps"的 id，该分区包含 body 节中的代码。保存并在浏览器中测试网页。你将发现页面内容已经居中显示，浏览器可见区域的展现效果与图 3.30 类似。

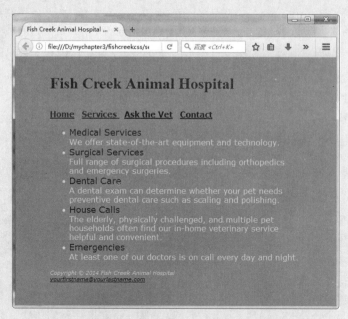

图 3.30　新的 services.html 页面

继续我们的实验，修改 fishcreek.css。改变页面背景色、字体等等。在浏览器中测试页面。体会牵一发而动全身(修改一个文件可以影响许多页面)的效果，是不是很神奇？

Pacific Trails 度假村

回顾一下第 2 章中关于 Pacific Trails 度假村的案例研究内容。图 2.36 为该网站的站点地图。之前我们已经创建了网站的主页与介绍庭院帐篷的页面。接下来你将更新这些网页，应用外部样式来配置文本与颜色。图 2.37 描述了页面布局。你需要完成以下任务。

1. 为本实例研究新建一个文件夹。
2. 创建 pacific.css 外部样式表，用于配置 Pacific Trails 度假村网站的颜色与文本。
3. 修改主页，利用外部样式表来配置颜色与字体。新的主页与色卡如图 3.31 所示。
4. 修改介绍帐篷的页面，使它与新主页风格保持一致。
5. 将网页设置为居中布局。

实例研究之动手练习

任务 1：在本地硬盘或可移动存储(U 盘或 SD 卡)上新建一个文件夹，命名为 pacificcss，将第 2 章中创建的 pacific 文件夹中的全部文件复制到新建文件夹中。

任务 2：外部样式表。用文本编辑器创建名为 pacific.css 的外部样式表。编写满足下列要求的 CSS 代码。

1. 文档的全局样式(使用 body 元素选择器)：背景色#FFFFFF；文本色#666666；字体系列 Verdana，Arial 或任意一种 sans-serif 字体。

2. 为页眉元素选择器设置样式规则：背景色#000033，文本色#FFFFFF，字体系列为 Georgia 或任意 serif 字体。

3. 为 h1 元素选择器设置样式规则：行高 200%。

4. 为导航元素选择器设置样式规则：文本加粗，背景天蓝色(#90C7E3)。

5. 为 h2 元素选择器设置样式规则：文本为中蓝色 (#3399CC)，字体系列 Georgia 或任意 serif 字体。

6. 为 dt 元素选择器设置样式规则：文本深蓝色(#000033)，加粗字体。

7. 配置名为 resort 的类，文本深蓝色为(#000033)，字号为 1.2em。

8. 为页脚元素选择器设置样式规则：小号字体(.70em)，斜体，文本居中显示。

将文件命名为 pacific.css，并保存在 pacificcss 文件夹中。访问 http://jigsaw.w3.org/css-validator，利用 CSS 验证服务验证该文件的语法。如有必要请修改文件。

图 3.31　Pacific Trails 网站中新的 index.html 页面

任务 3：主页。启动文本编辑器，打开 index.html 文件。接下来要修改这一文件，使之应用外部样式表 pacific.css。

1. 添加<link>元素，将网页与外部样式表 pacific.css 关联。

2. 配置导航区。去除其中的<b>元素，因为 CSS 会完成这一设置。

3. 找到第一段中的公司名称("Pacific Trails Resort")，将其嵌入<span>元素中并应用 resort 类的样式。该段落位于 h2 元素之下。

4. 配置页脚区。去除<small> 与 <i>元素，因为 CSS 会完成这一设置。

保存文件，在浏览器中打开进行测试。现在页面看上去应当与图 3.31 类似，不过页面内容仍然为左对齐而非居中。请别担心，在本实例研究的任务五中，我们将要完成页面布局居中的设置。

任务 4：介绍帐篷的页面。启动文本编辑器，打开 yurts.html 文件。接下来要修改这一文件，方式与修改主页时类似：添加<link>元素，配置导航区，设置页脚区域。删除每个 dt 元素里的 strong 标签。保存并测试新的 yurts.html 页面。它看上去应当与图 3.32 类似，不过页面内容仍然为左对齐而非居中。

任务 5：利用 CSS 实现页面布局居中。分别修改 pacific.css、index.html 与 yurts.html 文件，使页面内容居中显示，占据 80%宽度(如有需要，请参考动手实践 3.8)。

1. 启动文本编辑器，打开 pacific.css 文件。创建名为 wrapper 的 id 并设置如下样式规则：宽度为 80%，margin-left 与 margin-right 均设为 auto。

2. 启动文本编辑器，打开 index.html 文件。添加分区元素的 HTML 代码，为其分配名为"wraps"的 id，该分区包含 body 节中的代码。保存并在浏览器中测试网页。你将发现页面内容已经居中显示，浏览器可见区域的展现效果与图 3.31 类似。

3. 启动文本编辑器，打开 yurts.html 文件。添加分区元素的 HTML 代码，为其分配名为"wraps"的 id，该分区包含 body 节中的代码。保存并在浏览器中测试网页。你将发现页面内容已经居中显示，浏览器可见区域的展现效果与图 3.32 类似。

继续我们的实验，修改 pacific.css。改变页面背景色、字体等。在浏览器中测试页面。体会牵一发而动全身(修改一个文件可以影响许多页面)的效果，是不是很神奇？

图 3.32　新的 yurts.html 页面

Prime 房产

回顾一下第 2 章中关于 Prime 房产公司的案例研究内容。图 2.40 为该网站的站点地图。之前我们已经创建了网站的主页与理财页面。接下来你要更新网站，应用外部样式来配置文本与颜色。图 2.41 描述了页面布局。你需要完成以下任务。

1. 为本实例研究新建一个文件夹。
2. 创建名为 prime.css 的外部样式表，用于配置 Prime 房产公司网站的颜色与文本。
3. 修改主页，使之利用外部样式表来配置颜色与字体。新的主页与色卡如图 3.33 所示。
4. 修改理财页面，使它与新主页风格保持一致。
5. 将网页设置为居中布局。

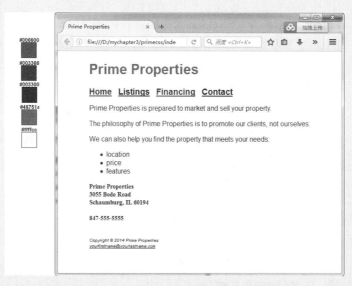

图 3.33　Prime 房产网站新的 index.html 页面

实例研究之动手练习

任务 1：在本地硬盘或可移动存储(U 盘或 SD 卡)上新建一个文件夹，命名为 primecss，将第 2 章中创建的 prime 文件夹内全部文件复制到新建文件夹中。

任务 2：外部样式表。用文本编辑器创建名为 prime.css 的外部样式表。编写满足下列要求的 CSS 代码：

1. 文档的全局样式(使用 body 元素选择器)：背景色为# ffffcc；文本色为# 003300；字体为 Arial，Helvetica 或任意一种 sans-serif 字体。

2. 为页眉元素选择器设置样式规则：背景色为# ffffcc，文本色为# 48751A。

3. 为 h2 元素选择器设置样式规则：背景色为# ffffcc，文本色为# 003366。

4. 为 h3 元素选择器设置样式规则：背景色为# ffffcc，文本色为# 006600。

5. 为导航元素选择器设置样式规则：文本加粗，大号字体(1.2em)。

6. 为 dd 元素选择器设置样式规则：比默认尺寸小的字体(.90em)，斜体，行高为200%。

7. 配置名为 contact 的类，加粗黑体(boldface)，字体比默认尺寸要小(.90em)，字体为 Times New Roman 或任意 serif 字体。。

8. 为页脚元素选择器设置样式规则：小号字体(.60em)，斜体。

将文件命名为 prime.css，并保存在 primecss 文件夹中。访问 http://jigsaw.w3.org/css-validator，利用 CSS 验证服务验证该文件的语法。如有必要请修改文件。

任务 3：主页。启动文本编辑器，打开 index.html 文件。接下来要修改这一文件，使之应用外部样式表 prime.css。

1. 添加<link>元素，将网页与外部样式表 prime.css 关联。

2. 配置导航区。去除其中的<b>元素，因为 CSS 会完成这一设置。

3. 为地址与电话信息设置一个分区(div)，名为 contact。

4. 配置页脚区。去除<small> 与 <i>元素，因为 CSS 会完成这一设置。

保存文件，在浏览器中打开进行测试。现在页面看上去应当与图 3.33 类似。

任务 4：理财页面。启动文本编辑器，打开 financing.html 文件。接下来要修改这一文件，方式与修改主页时类似：添加<link>元素，配置导航区，设置页脚区域。保存并测试新的 financing.html 页面。它看上去应当与图 3.34 类似。

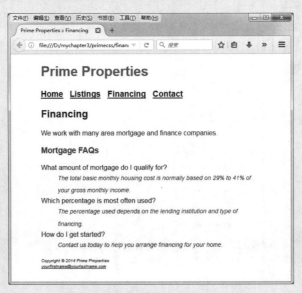

图 3.34 新的 financing.html 页面

任务 5：利用 CSS 实现页面布局居中。 分别修改 prime.css、index.html 与 financing.html 文件，使页面内容居中显示，占 80%宽度(如有需要，请参考动手实践 3.8)。

1. 启动文本编辑器，打开 prime.css 文件。创建名为 wrapper 的 id 并设置如下样式规则：宽度为 80%，margin-left 与 margin-right 均设为 auto。

2. 启动文本编辑器，打开 index.html 文件。添加分区元素的 HTML 代码，为其分配名为"wraps"的 id，该分区包含 body 节中的代码。保存并在浏览器中测试网页。你将发现页面内容已经居中显示，浏览器可见区域的展现效果与图 3.33 类似。

3. 启动文本编辑器，打开 financing.html 文件。添加分区元素的 HTML 代码，为其分配名为"wraps"的 id，该分区包含 body 节中的代码。保存并在浏览器中测试网页。你将发现页面内容已经居中显示，浏览器可见区域的展现效果与图 3.34 类似。

继续我们的实验，修改 prime.css。改变页面背景色、字体等等。在浏览器中测试页面。留意观察修改一个样式表文件影响多个页面的效果。

第 **4** 章

视觉元素与图像

本章学习目标

- 在页面上创建线条与边框，并完成格式设置
- 确定什么时候应当使用图像并选择合适的素材
- 在页面上使用图像元素
- 优化网页上的图像显示
- 将图像设置为网页背景
- 将图像设置为超链接
- 用 CSS3 设置圆角、盒元素阴影、文本阴影、透明度、渐变
- 用 CSS3 设置 RGBA 色彩
- 用 CSS3 设置 HSLA 色彩
- 用 HTML5 元素来描述一张图
- 使用 HTML5 计量条与进度条元素
- 寻找免费的图片资源与收费的图片资源
- 在网页上应用图形时需要遵循的设计建议

网站能否吸引眼球，有没有使用有趣且合适的图形至关重要。本章将介绍如何在页面上运用视觉元素。

当我们在页面上添加图像时，有一点必须牢记：并非所有的用户都能看到它们。某些人可能因视觉障碍而需要使用诸如屏幕阅读器之类的辅助技术手段才能获悉页面内容。此外，搜索引擎所依赖的搜索蜘蛛与机器人是根据引擎与数据库来遍历网络分类页面的；这些程序不会访问图像。移动设备的用户可能遇到图像失效的问题。因此，作为一名网页开发人员，应当致力于使用图像元素来提升网页效果，又要确保没有图像时网页依然可用。

4.1　配置线条与边框

网页设计人员通常使用线条与边框之类的视觉元素来区分或定义网页的组成区域。在本节中，你将学习两种在网页上配置线条的编码技巧：THML 水平分隔线元素、CSS 边框与边距属性。

水平分隔线元素

水平分隔线元素<hr>用页面上的水平线条将不同的区域分隔开来。由于该元素不包含任何文本，因此它的代码是一个空标签，并不需要成对使用。在 HTML5 中，水平分隔线元素有了新的语义含义，它可被用来指示文中主题的中断或更换。

动手实践 4.1

启动文本编辑器，打开学生文件中的 chapter4/starter1.html 文件。你应该已经很熟悉这个文件了；就跟我们在第 3 章中所完成的页面(参见图 3.14)差不多。在页脚元素的起始标签后面添加一个<hr>标签，然后将文件另存为 hr.html，打开浏览器进行测试。网页的下方看起来有点类似于图 4.1 所示的部分截屏。请将自己的作业与学生文件里的参考答案(chapter4/hr.html)进行比较。虽然用 HTML 可以很方便地创建一条水平分隔线，不过更时兴的做法是用 CSS 来设置边框。

图 4.1　用<hr>标签设置了水平分隔线

边框属性与间距属性

可能你已经注意到了，我们在第 3 章中练习为标题元素设置背景色时，网页上的 HTML 块显示元素是长方形的。这就是一个 CSS 盒模型的实例，我们将在第 6 章中详细讲述。现在让我们关注于可用来配置"盒"元素的两个 CSS 属性：边框与间距。

边框属性

边框属性(border)用于配置某个元素的边框或边界。默认的边框宽度为 0，也即不显示。我们可以在边框属性中设置边框宽度(border-width)、边框颜色(border-color)、边框样式(border-style)。此外你甚至还能单独设置边框的顶边(border-top)、右边(border-right)、底边(border-bottom)、左边(border-left)。

边框样式属性

border-style 属性用于设置边框线条的类型。格式化选项包括：3D inset 边框(inset)、3D outset 边框(outset)、双线边框(double)、3D 凹槽边框(groove)、3D 垄状边框(ridge)、实线边框(solid)、虚线边框(dashed)以及点状边框(dotted)等。请注意，不同的浏览器对这些属性值的解读可能不一样。图 4.2 即列示了 Firefox 和 Internet Explorer 对各种边框样式值的展现情况。

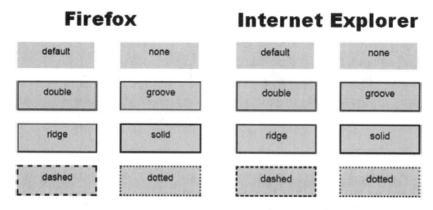

图 4.2　一些常见的浏览器可能在呈现各种边框值时有所不同

图 4.2 中的边框由 CSS 指定，border-width 为 3 像素、border-color：为#000000，并设置了相应的 border-style 值。以配置虚线边框样式规则为例，代码如下：

```
.dashedborder{ border-width: 3px;
               border-style: dashed;
               border-color: #000033; }
```

有一种简化写法，我们可以将所有的边框属性在一条样式规则中分别列出，即一次性指明 border-width,、border-style 和 border-color 等属性的值，示例如下：

```
.dashedborder{ border: 3px dashed #000033; }
```

内边距属性

padding 属性配置了 HTML 元素的内容(通常为文本)与边框之间的距离。默认状态下，padding 为 0。如果你为某个元素设置了背景色，那么内边距与内容区域均显示为这一颜色。在接下来的动手实践中，你将练习如何设置内边距与边框属性。可以参考表 4.1，该表列出并描述了本章中介绍的 CSS 属性，我们将练习使用。

表 4.1 本章中介绍的 CSS 新属性

属性名称	描述	值
background-attachment	设置背景图像是固定还是随着页面的其余部分滚动	Fixed(固定)，scroll(可滚动，默认)
background-clip	规定背景的绘制区域。该 CSS3 属性并未得到所有浏览器的支持	padding-box，border-box 或者 content-box
background-image	为元素设置背景图像	指向图像的路径 URL 以显示图像(可以是 gif、jpg、png) none：默认值。不显示背景图像
background-origin	规定背景图片的定位区域。该 CSS3 属性并未得到所有浏览器的支持	padding-box，border-box 或者 content-box
background-position	设置背景图像的开始位置	两个百分比值或者像素数值。第一个值是水平位置，第二个值是垂直位置，从容器元素的左上角开始。也可以用文本值：left，top，center，bottom 或者 right
background-repeat	设置是否重复以及如何重复背景图像	T 文本值 repeat(默认)，repeat-y(垂直方向重复)，repeat-x(水平方向重复)，no-repeat(不重复)。新的 CSS3 值(space，round)并未得到所有浏览器的支持
background-size	规定背景图片的尺寸。该 CSS3 属性并未得到所有浏览器的支持	两个百分比值、像素数值、auto、contain 或者 cover。第一个值指定宽度，第二个值指定高度。如果只提供了一个值，则另一个默认为 auto。contain 会使图像扩展至最大尺寸，以使其宽度和高度完全适应内容区域，纵横比不变
border	简化写法，在一个声明中设置某个元素所有边框属性(border-width，border-style 和 bordercolor)	分别指定 border-width，border-style 和 border-color 的值，以空格分开。例如 border: 1px solid #000000;
border-bottom	简化写法，在一个声明中设置所有的下边框属性	分别指定 border-width，border-style 和 border-color 的值，以空格分开。例如，border-bottom: 1px solid #000000;
border-bottom-left-radius	定义边框左下角的形状。该 CSS3 属性并未得到所有浏览器的支持	一个数值(px 或 em)或百分比，指定角的半径

续表

属性名称	描述	值
border-bottom -right-radius	定义边框右下角的形状。该 CSS3 属性并未得到所有浏览器的支持	一个数值(px 或 em)或百分比，指定角的半径
border-color	设置某元素边框的颜色	任意有效的颜色值
border-left	简化写法，在一个声明中设置所有的左边框属性	分别指定 border-width、border-style 和 border-color 的值，以空格分开。例如，border-bottom: 1px solid #000000;
border-radius	为某元素添加圆角边框。该 CSS3 属性并未得到所有浏览器的支持	一至四个数值(px 或 em)或者百分比，用于指定各个角的半径。如果只提供了单个值，那么四个角的设置相同。各角顺序依次为左上、右上、右下、左下
border-right	简化写法，在一个声明中设置所有的右边框属性	分别指定 border-width、border-style 和 border-color 的值，以空格分开。例如，border-bottom: 1px solid #000000;
border-style	设置四条边框的样式	文本值：double, groove, inset, none (默认), outset, ridge, solid, dashed, dotted 以及 hidden
border-top	简化写法，在一个声明中设置所有的上边框属性	分别指定 border-width、border-style 和 border-color 的值，以空格分开。例如，border-bottom: 1px solid #000000;
border-top-left-radius	定义边框左上角的形状。该 CSS3 属性并未得到所有浏览器的支持	一个数值(px 或 em)或百分比，指定角的半径
border-top-right-radius	定义边框右上角的形状。该 CSS3 属性并未得到所有浏览器的支持	一个数值(px 或 em)或百分比，指定角的半径
border-width	设置某元素四个边框的宽度	一个数值或百分比
box-shadow	向方框添加一个或多个阴影。该 CSS3 属性并未得到所有浏览器的支持	二至四个数值(px 或 em)以指定水平偏移、垂直偏移、模糊半径(可选)、扩展距离(可选)以及一个有效的颜色值。如果使用关键字 insect，则配置一个内部阴影
height	设置元素高度	一个像素数值或百分比
linear-gradient	设置从一种颜色到另一种颜色的线性混合阴影。该 CSS3 属性并未得到所有浏览器的支持	用于设置渐变起始点和颜色值的语法选项众多。下面的代码配置了一种双色线性渐变：linear-gradient(#FFFFFF, #8FA5CE);
max-width	设置元素的最大宽度	一个像素数值或百分比

续表

属性名称	描述	值
min-width	设置元素的最小宽度	一个像素数值或百分比
opacity	定义元素的不透明级别。该 CSS3 属性并未得到所有浏览器的支持	介于 1(完全不透明)到 0(完全透明)之间的一个数值。所有子元素都会继承该属性值
padding	简化写法，在一个声明中设置所有内边距属性——元素与其边框间的空白宽度	1. 单个数值 (px 或 em)或百分比；元素所有边的内边距均为该值。 2. 两个数值 (px 或 em)或百分比；第一个值设置上内边距和下内边距;第二个值设置左内边距和右内边距，例如，padding: 20px 10px; 3. 三个数值(px 或 em)或百分比；第一个值设置上内边距；第二个值设置左内边距和右内边距；第三个值设置下内边距，例如，padding: 5px 30px 10px; 4. 四个数值 (px 或 em)或百分比；依次设置上、右、下、左四个内边距值
padding-bottom	设置元素与其底部边框之间的空白宽度	一个数值(px 或 em)或百分比
padding-left	设置元素与其左侧边框之间的空白宽度	一个数值(px 或 em)或百分比
padding-right	设置元素与其右侧边框之间的空白宽度	一个数值(px 或 em)或百分比
padding-top	设置元素与其顶部边框之间的空白宽度	一个数值(px 或 em)或百分比
radial-gradient	设置从一种颜色到另一种颜色的径向混合阴影。该 CSS3 属性并未得到所有浏览器的支持	用于设置渐变起始点和颜色值的语法选项众多。下面的代码配置了一种双色径向渐变：linear-gradient(#FFFFFF, #8FA5CE);

动手实践 4.2

在本环节中，你将练习设置边框与内边距属性。启动文本编辑器打开学生文件中的 chapter4/starter1.html。接下来要修改 h1、h2 两个元素选择器以及页脚 id 的 CSS 样式规则。完成相关操作后，你的页面看上去应当与图 4.3 类似。

根据下列要求编辑 CSS 样式规则。

1. 输入 h1 元素选择器代码，内边距设置为 15 像素。代码如下所示：

```
h1 {padding: 15px;}
```

2. 在 h2 元素选择器中添加一条样式规则：为 h2 设置一个粗为 2 像素、样式为虚线、颜色为#191970 的底部边框。代码为：

```
border-bottom: 2px dashed #191970;
```

3. 在页脚元素选择器中添加样式，配置一个细实线(thin, solid)的顶部边框，颜色 #aeaed4，距离底部边框 10 像素，使用灰色(grey)文本。新的样式声明如下：

```
border-top: thin solid #aeaed4;
padding-top: 10px;
color: #333333;
```

将文件保存为 border.html。

用不同的浏览器分别测试该网页，可能显示效果会略有不同。图 4.3 是 Firefox 打开该网页时的屏幕快照。图 4.4 是在 Internet Explorer 中的展示效果。学生文件中有参考答案(chapter4/border.html)。

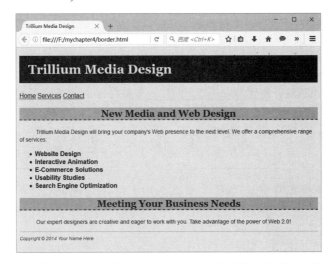

图 4.3　利用 CSS 设置边框与内边距，为网页增添了视觉上的趣味性

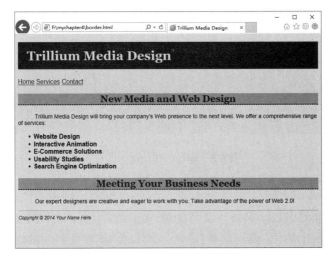

图 4.4　Internet Explorer 中所呈现的虚线边框与 Firefox 中的有所不同

FAQ　为什么在某些浏览器中，我的网页看起来不太一样。对此我能做些什么？

不要指望你的网页在每个浏览器或者每个浏览器版本中有一模一样的展现效果。对于网页开发者来说，浏览器不同、展现效果也不同是司空见惯的事。

自测题 4.1

1. 要编出一张在任何浏览器中的展现效果都完全一样的网页，这种想法是否合理？请解释原因。

2. 包含下列 CSS 代码的网页并未在浏览器中呈现预期的边框效果，请指出代码中的错误之处：

```
h2 { background-color: #ff0000
     border-top: thin solid #000000 }
```

3. 判断对错：CSS 可用于配置视觉元素，例如页面上的长方形和线条。

4.2　图　像　类　型

图像能让网页变得更光彩夺目、引人入胜。本节讨论网页上常用的各类图像文件：GIF、JPEG、PNG。我们还将介绍一种新的 Web 图像格式 WepP。

图像互换格式(GIF)图片

GIF 图片最适合保存绝大多数纯色和简单几何形状的图片，如剪贴画。GIF 文件中的色彩不能超过 256 种。它的文件扩展名为.gif。图 4.5 所示为 GIF 格式的标识图片。

图 4.5　GIF 格式的标识图片

透明度

GIF 图片使用 GIF89A 格式，支持图像的透明度设置。在图像处理软件(如开源的 GIMP)中，可以将图片中的某种颜色(通常是背景色)设置成透明的。网页背景颜色(或背景图)是通过图片中的透明区域显示的。图 4.6 为蓝色纹理背景上的两张 GIF 图片。

图 4.6 透明 GIF 与不透明 GIF 的比较

动画

动画 GIF 由几张或几帧图片组成,每张图片略有不同。当这些帧在屏幕上依次显示时,图片就动了起来。动画 GIF 可以用图像处理软件(如 Adobe Fireworks)来制作。

压缩

保存 GIF 图片时采取的是无损压缩(Lossless compression)方式。这就意味着原始图片不会丢失任何信息,并且在浏览器中打开时,它所呈现的像素与原始图片一样。

优化

为了避免使网页下载速度过慢,图片文件应进行优化。图片优化指的是在权衡了图像质量和文件大小后以尽可能小的文件保证图片高质量显示的过程。GIF 图片优化通常是在 Adobe Photoshop、Adobe Fireworks 或 GIMP 等图像处理软件中通过减少图片中的颜色数量来实现的。

交错

浏览器在渲染或显示网页文档时,是从顶部开始,依次、逐行进行的。就像读取文件一样,浏览器按照从上到下的顺序显示标准图片,并且只有当 50%的文件被下载到服务器之后才开始显示。GIF 图片文件在创建时可以配置为交错模式。交错的图片是逐渐显示的,在下载时有一种"淡入"的效果。一开始图片看上去很模糊,渐渐变得清晰锐利起来,这使得访客有种网页加载并不慢的感觉。

联合照片专家小组(JPEG)图像

"联合照片专家小组"(Joint Photographic Experts Group,JPEG)格式最适用于照片。与 GIF 图片不同,JPEG 图片可以包含 1670 种颜色。不过,JPEG 图片不能设置透明度,也无法实现动画效果。JPEG 图片文件的扩展名为.jpg 或.jpeg。

压缩

JPEG 是以有损方式来压缩的。这意味着在压缩过程中,部分原始图像中的像素被丢弃了。浏览器渲染压缩图片时,显示结果只是与原图近似而非完全一致的图片。

优化

图片质量与压缩率之间往往要做出一些妥协。压缩率较小的图片质量高,但文件更大。反之压缩率较大的图片质量差，但文件相对小一些。Adobe Photoshop、Adobe Fireworks、Adobe Lightroom 以及 GIMP 等图像处理软件可允许用户选择不同的压缩比例，通过预览效果找到最满足需求的图片。

　　如果将用数码相机拍摄的照片文件直接放在网页上显示，尺寸无疑太大了。图 4.7 所示即为一张经过优化的数码照片，原始大小为 205 KB。用图像处理软件选择 80%质量的压缩处理后，图片大小变为 55 KB，但在网页上的显示效果并未下降太多。

图 4.7　以 80%质量保存的 JPEG(文件大小为 55 KB)

　　图 4.8 所示的图片经过了 20%的质量的压缩处理，文件大小只剩 19 KB，但效果已经让人不能接受了。我们肉眼都能看到图中那些小方块，这叫"像素效果 (pixelation)"，应当避免。

图 4.8　以 20%保存的 JPEG(文件大小为 19 KB)

　　网页开发人员经常用 Adobe Photoshop 和 Adobe Fireworks 这两个软件来优化用于 Web 的图像。GIMP(http://www.gimp.org)是一个开源的图像编辑软件，它可支持多种平台。Pixlr 则是一款免费易用的在线图片编辑器，网址为 http://pixlr.com/editor。

　　另一种优化网页图片的方法是显示图片的缩小版本，也就是所谓的缩略图

(thumbnail)。通常缩略图被做成图片超链接，访客点击它时会显示较大的图像。图 4.9
即为一张缩略图。

图 4.9　这个小图片只有 5 KB

渐进式 JPEG

创建 JPEG 图片时，可将它设置为渐进式(progressive)。渐进式 JPEG 类似于交错
GIF，图片是逐渐显示的，在下载时也有淡入效果。

可移植网络图形格式(PNG)图像

PNG 图像综合利用了 GIF 和 JPEG 图像的优点，将在未来替代 GIF。PNG(读作"
ping")图片能支持数百万种颜色，支持不同的透明度，使用的是无损压缩。PNG 图片
也支持交错效果。表 4.2 总结了 GIF、JPEG、PNG 三者的特点。

表 4.2　常见网页图像文件类型概览

图片类型	文件后扩展名	压缩	透明	动画	支持颜色数量	渐进式显示
GIF	.gif	无损	支持	支持	256	交错
JPEG	.jpg 或 .jpeg	有损	不支持	不支持	数百万	渐进
PNG	.png	无损	支持	不支持	数百万	交错

新型的 WebP 图像格式

WebP 是 google 开发的一种图片格式，改进了图片有损压缩方式，但尚未用于商
业网站。WebP(读作"weppy")目前仅得到了 Google Chrome 浏览器的支持。请访问
http://code.google.com/speed/webp，了解更多信息。

4.3　图 像 元 素

图像元素用于在网页上插入图片。这些图片可以是照片、横幅、公司商标、导航
按钮等等，无所不包，只要你能想得到。

它是一个空元素，不需要成对的开始与结束标签。下面的代码示例配置了一张名
为 logo.gif 的图片，图片文件所在文件夹与网页文件相同：

```
<img src="logo.gif" height="200" width="500" alt="公司名称">
```

src 属性用于指定图片文件名。alt 属性为图片提供了替代文本，通常为图片的文字说明。如果使用 height 和 width 属性设置了与图片相同或近似的尺寸，浏览器就能为图片预留大小准确的空间。表 4.3 列出了<img>标签的属性及取值。常用属性加粗显示。

表 4.3   <img>标签的属性

属性名称	取值
align	right, left (默认), top, middle, bottom；已废弃，现在用 CSS float 或 position 属性来代替(参见第 6 章)
alt	对图片进行描述的文字
border	以像素为单位的图片边框粗细，border="0"表示不显示边框；已废弃，现在用 CSS 的 border 属性来代替
height	以像素为单位的图片高度
hspace	以像素为单位的图片左右两侧的空白间距；已废弃，现在用 CSS 的 padding 属性来代替
id	文本名称，由字母和数字组成，以字母开头，不能有空格；这个值在同一个网页文档内必须唯一，不能与别的 id 共用
name	文本名称，由字母和数字组成，以字母开头，不能有空格；用该属性为图片命名，方便客户端脚本语言(如 JavaScript)访问；已废弃，改用 id 属性
src	图片的 URL 或文件名
title	包含图片信息的文本；通常比 alt 文本更具描述性
vspace	以像素为单位的图片上下两边的空白间距；已废弃，现在用 CSS 的 padding 属性来代替
width	以像素为单位的图片宽度

请注意，表 4.3 中有若干元素被标识为“已废弃”。虽然在 HTML5 中弃用了这些元素，但它们在 XHML 中仍然是有效的，所以在现有部分网页中还能看到。在本书的学习过程中，你将用 CSS 来重建这些已弃用的元素功能。

FAQ   不知道图片的高度和宽度怎么办？

大部分图像处理软件能够显示图片的高度与宽度。如果电脑上安装了 Adobe Photoshop、Adobe Fireworks 或 GIMP，请启动并打开图片。这些应用中都有显示图像属性的功能，比如高度和宽度。

如果手头没有可用的图像处理软件，还可以用浏览器来确定图片大小。首先在网页中显示该图片。鼠标右键单击图片，在随之弹出的上下文菜单里选择“属性”或“查看图像信息”就可以看到图片的维度(高度与宽度)。(注意：如果在网页中指定了图片的高度和宽度，浏览器将显示这些指定值，即使图片真实的高度和宽度有所不同。)

无障碍访问和图像

无障碍访问

可用 alt 属性来提供无障碍访问。在第 1 章中，我们介绍了《联邦康复法案》的 Section 508，其中的条款规定所有与联邦政府有关的新建信息产业(包括网站)必须提供无障碍访问。alt 属性用于设置图片的描述文本，浏览器以两种方式使用这些文本。在图片下载和显示之前，浏览器会先将 alt 文本显示在图片区域。当访客把鼠标移动到图片区域时，某些浏览器还会将这些文本以提示工具的形式显示出来。屏幕阅读器之类的应用会大声读出 alt 属性中的文本。移动设备浏览器则不显示图像，只显示 alt 文本。

标准浏览器(如 Internet Explorer 和 Safari)并不是唯一访问你网站的应用或用户代理。大量搜索引擎在运行一些蜘蛛或机器人程序，它们也会访问网站，并对网站进行分类、建索引。虽然无法处理图像内的文本，但有些能够处理图片标记的 alt 属性值。

W3C 建议不要设置超过 100 个字符的 alt 文本。避免用文件名或诸如 picture、image 和 graphic 之类的单词，而应该用简短、可描述图像的语句。如果使用公司商标之类的图像，而其目的又在于显示文本，就将文本值作为 alt 属性值。

图像超链接

实现图片超链接功能的代码非常简单，只需要在图像元素两边加上锚标签即可。例如，要将名为 home.gif 的图像做成超链接，相应的 HTML 代码为：

```
<a href="index.html"><img src="home.gif" height="19" width="85"
alt="Home"></a>
```

图片用作超链接时，在某些浏览器中默认会在图片周围显示一圈蓝色的轮廓(边框)。如果不想要这种效果，可以在图像标签中使用 border="0"这一设置，例如：

```
<a href="index.html"><img src="home.gif" height="19" width="85"
alt="Home" border="0"></a>
```

现在更流行的做法是在 img 选择器中利用 CSS 来设置边框的特性。接下来的动手实践环节中，我们要在网页上插入图像并添加图像超链接，借此演示 CSS 设置技术。

动手实践 4.3

在本环节中，你要为某网页添加图形标识横幅与图片导航按钮，然后将图片按钮设置为图像超链接。创建名为 trilliumch4 的文件夹。本练习所使用的图片位于学生文件的 chapter4/starters 文件夹中。我们就从学生文件中已经准备好的 Trillium Media Design 网站主页着手。把 chapter4/starter2.html 复制到新的 trilliumch4 文件夹中，启动浏览器显示该页面。注意，目前用 CSS 配置了绿色方案。完成后，你的作业应该类似于图 4.10 所示。

图 4.10   新的 Trillium 主页有标志横幅

启动文本编辑器，打开 trilliumch4 文件夹中的 starter2.html。

1. 配置标识横幅图像。

● 把<h1>和</h1>之间的文本删除。输入图像元素的代码，使该区域显示图片 trilliumbanner.jpg。不要忘记设置 src、alt、height 和 width 属性。示例代码如下：

```
<img src="trilliumbanner.jpg" alt="Trillium Media Design" width="700"
height="86">
```

● 编辑嵌入 CSS 代码，设置 h1 元素样式，使它的高度与图像一致。添加下列样式规则：

```
h1 { height: 86px;}
```

2. 配置图像超链接。请注意，锚标签的代码已经写好了，你只需要将文本链接转换成图像链接即可。但在更改代码之前，先让我们讨论一下无障碍访问问题。如果主导航区包含图像之类的多媒体内容，有部分访客可能看不到它们(或许他们的浏览器关闭了图像显示)。为了让所有人都能无障碍地访问导航区的内容，请按照以下步骤在页面的页脚区域设置一组纯文本的导航链接。

● 将包含导航区的<nav>元素复制到网页下方，main 元素的结束标签之上。

● 修改 nav 元素选择器中的样式规则：把字号改为 0.75em。

3. 现在让我们关注顶部的导航区。将每一对锚标签之间的文本替换成一个图像元素。使 home.gif 链接到 index.html，services.gif 链接到 services.html，contact.gif 链接到 contact.html。代码示例如下：

```
<a href="index.html"><img src="home.gif" alt="Home" width="120"
height="40"></a>
```

4. 编辑嵌入 CSS，在 img 元素选择器中创建一条新的样式规则将图像设置为不显示边框。代码如下：

```
img { border-style: none; }
```

保存文件。启动浏览器测试网页。它看上去应当与图 4.10 所示差不多。请注意，如果测试时页面上并示显示图片，请确认 trilliumbanner.jpg、home.gif、services.gif 和 contact.gif 这几张图是否复制到 trilliumch4 文件夹中，并且在<img>标签中是否正确写了图片的文件名。

在测试时，请缩小浏览器窗口，这时你会注意到图像链接发生了移动。为防止出现这种情况，可以在 body 元素选择器中添加一条新的样式规则来指定网页的最小宽度。这将使浏览器在自身窗口大小被用户改变、小于设定值时，自动显示水平滚动条。示例代码如下：

```
min-width: 700px;
```

保存并再次测试网页。学生文件中有参考答案，位于 chapter4/4.3 文件夹中。添加几张图片就可增加网页视觉吸引力，挺有意思的吧？

FAQ　我的图片不显示，该怎么办？

网页图片无法显示的常见原因有以下几种。

- 图片是否的确位于网站文件夹中？用 Windows 资源管理器、文件浏览器，或者 MAC Finder 再检查一下。
- 编写的 HTML 和 CSS 代码是否正确？检查以排除一些常见错误，如将 src 输成 scr、缺少引号等。
- 图片文件名称是否与 HTML 代码中的 background 或 src 属性值一致？注意细节与一致性会让你受益匪浅。

FAQ　怎样为图片文件命名？

下面给出一些图片文件的命名技巧。

- 全部使用小写字母。
- 不要使用标点符号和空格。
- 不要修改文件扩展名(应该是.gif、.jpg、.jpeg 或.png)
- 文件名要简短但不失描述性。看看这几个示例：i1.gif 也许太短了；myimagewithmydogonmybirthday.gif 可能太长了；dogbday.gif 就比较合适。

优化 Web 图像

数码相机拍摄的照片无论是维度(高度和宽度)还是文件都太大了，以至于在网页上的显示效果并不理想。之前我们讲过图片优化时要权衡质量与大小。也就是用尽可能低的文件大小保证图片被渲染时仍能有较好的质量。网页制作的专业人员常用 Adobe Photoshop 和 Adobe Fireworks 这两种工具来优化 Web 图像。GIMP(http://gimp.org)是常用的开源、且支撑多平台的图像编辑软件，Pixlr 则是一款免费易用的在线图片编辑器，网址为 http://pixlr.com/editor。

动手实践 4.4

在本环节中，你将在网页上添加并配置一张带标题的图片。练习中用到的图片位于学生文件的 chapter4/starters 文件夹下，把其中的 myisland.jpg 复制到一个名为 mycaption 的新建文件夹中。

步骤 1：启动文本编辑器。单击菜单"文件"|"打开"，选择学生文件中的 chapter2/template.html。修改 title 元素。添加图像标签到 body 节，以显示 myisland.jpg 图片，代码如下所示：

```
<img src="myisland.jpg" alt="Tropical Island" height="480" width="640">
```

将文件以 index.html 为名另存到 mycaption 文件夹中。启动浏览器进行测试，效果应当如图 4.11 所示。

图 4.11   显示在网页上的图像

步骤 2：设置图像的标题与说明文字。先启动文本编辑器，打开网页文档。在 head 节中嵌入 CSS，配置一个名为 figure 的 id，宽度为 640 像素，带边框，内边距为 5 像素，有居中的文本，字体为 Papyrus(或者用默认的 fantasy)。代码如下：

```
<style>
#figure { width: 640px;
     border: 1px solid #000000;
     padding: 5px;
     text-align: center;
     font-family: Papyrus, fantasy; }
</style>
```

编辑 body 节，添加包含图像的 div。在图片下方仍位于 div 元素内的地方，写上文本 "Tropical Island Getaway"。将 figure id 分配给这个 div。保存文件。启动浏览器测试页面。现在它将呈现为图 4.12 所示的样子。学生文件中有参考答案，位于 chapter4/caption 文件夹中。

图 4.12 用 CSS 设置了图片的边框与说明文字

4.4 HTML5 视觉元素

在上一个动手实践练习中，你已经在网页上添加了一张图片，并设置了它的说明文字，两者包含在 div 元素中。新的 HTML5 元素需要新型浏览器的支持，如 Safari、Firefox,、Chrome、Opera 或者 Internet Explorer(IE9 及以上版本)等。下一节我们将探索新元素的使用方法，要用到 figure 和 figcaption，它们都是 HTML5 中的新元素。

HTML5 Figure 元素

块显示 figure 元素容纳一个自包含的内容单位，如一张图片以及可选的 figcaption 元素。

HTML5 Figcaption 元素

块显示 figcaption 元素用于设置图片的说明文字。

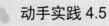 动手实践 4.5

在本环节中，你将配置网页上的某个区域，该区域中包含一张带说明文字的图片，用 HTML5 的 figure 和 figcaption 元素来实现。练习中用到的图片位于学生文件的 chapter4/starters 文件夹下，把其中的 myisland.jpg 复制到一个名为 mycaption2 的新建文件夹中。

步骤 1：启动文本编辑器。单击菜单"文件"|"打开"，选择学生文件中的 chapter2/template.html。修改 title 元素。添加图像标签到 body 节，以显示 myisland.jpg 图片，如下所示：

```
<img src="myisland.jpg" alt="Tropical Island" height="480"
width="640">
```

将文件以 index.html 为名另存到 mycaption2 文件夹中。启动浏览器进行测试，效果应当如图 4.11 所示。

步骤 2：设置图像的标题与说明文字。启动文本编辑器，打开网页文档。在 head 节中嵌入 CSS，配置一个 figure 元素选择器，样式规则是：宽度为 640 像素，带边框，内边距为 5 像素。配置 figcaption 元素选择器，样式规则为：文本居中，字体为 Papyrus(或者用默认的 fantasy)。代码如下：

```
<style>
figure { width: 640px;
    border: 1px solid #000000;
    padding: 5px; }
figcaption { text-align: center;
    font-family: Papyrus, fantasy; }
</style>
```

编辑 body 节。在图片下方添加一个 figcaption 元素，包含文本："Tropical Island Getaway"。再添加一个 figure 元素用于容纳图片与 figcaption 元素。代码如下：

```
<figure>
<img src="myisland.jpg" width="640" height="480" alt="Tropical Island">
<figcaption>
Tropical Island Getaway
</figcaption>
</figure>
```

保存文件。启动浏览器测试页面。现在它将呈现为如图 4.13 所示的样子。学生文件中有参考答案，位于 chapter4/caption2 文件夹中。

图 4.13　该网页上应用了 HTML5 中的新元素：figure 和 figcaption

你可能会感到疑惑：既然可以用 div 元素作为容器来配置图片，为什么还要引入这些新的 HMTL5 元素呢？答案是后者具有语义性。div 元素很有用，但就其本质而言过于通用了。而我们用 figure 和 figcaption 元素时，其内容结构就已经定义好了。

HTML5 Meter 元素

度量衡(meter)元素用来在已知范围内显示带数值的可视化尺度，通常为柱状图的一部分。在我写作这部分内容时，这个新的 HTML5 元素尚未得到 Internet Explorer 的支持。meter 元素具有若干属性，包括 value(显示的数值)、min(范围内可能的最小值)、max(范围内可能的最大值)。下列代码片段(来自于学生文件中的 chapter4/meter.html 文件)用于配置一份月度浏览器使用量报告，显示总访问量与各种浏览器的用户访问量：

```
<h1>Monthly Browser Report</h1>
<meter value="14417" min="0" max="14417">14417</meter>14,417 Total
Visits<br>
<meter value="7000" min="0" max="14417">7000</meter> 7,000 Firefox<br>
<meter value="3800" min="0" max="14417">3800</meter> 3,800 Internet
Explorer<br>
<meter value="2062" min="0" max="14417">2062</meter> 2,062 Chrome<br>
<meter value="1043" min="0" max="14417">1043</meter> 1,043 Safari<br>
<meter value="312" min="0" max="14417">312</meter>   
312 Opera<br>
<meter value="200" min="0" max="14417">200</meter>   
200 other<br>
```

如图 4.14 所示，利用 meter 元素可很方便地在网页上添加柱状图。请访问 http://caniuse.com，了解当前各种浏览器对该元素的支持情况。

图 4.14　meter 元素

HTML5 Progress 元素

进度(Progress)元素用于显示特定范围内带数值的进度条。在我写作这部分内容时，这个新的 HTML5 元素已经得到新型浏览器的支持，包括 Internet Explorer 10。progress 元素有两个属性，即 value(显示的数值)和 max(范围内可能的最大值)。将说明信息放置在 progress 元素的起始与结束标签之间，供不支持此元素的浏览器所用。下列代码片段(来自于学生文件的 chapter4/progress.html 文件中)生成了进度条，表明此项工作已完成 50%：

```
<h1>Progress Report</h1>
<progress value="5" max="10">50%</progress>
Progress Toward Our Goal
```

图 4.15 为该页面在 Firefox 浏览器中的显示效果。请访问 http://caniuse.com，了解当前对于该元素的浏览器支持情况。

图 4.15　progress 元素

4.5　背　景　图　像

我们在第 3 章中曾介绍了用 CSS background-color 属性配置背景色的做法。例如，下面的代码将页面的背景色设置为柔和的黄色：

```
body { background-color: #ffff99; }
```

background-image 属性

使用 CSS background-image 属性可以配置网页的背景图片。下面的 CSS 代码配置了 HTML body 元素选择器，将网页背景设置为 background1.gif，该图像文件位于网页文件所在的文件夹中：

```
body { background-image: url(texture1.png); }
```

同时配置背景色和背景图

我们可以同时配置背景色和背景图。背景色(特指由 background-color 所指定的)会先显示。当浏览器将设为背景的图片加载完毕后，该图片就成为网页背景。

同时指定背景色与背景图像，能为浏览者提供更愉悦的视觉感受。即使由于某种原因背景图片无法载入，网页背景仍然能够提供预期的背景文本对比效果。如果背景图比浏览器窗口小，而且 CSS 又设置成不自动平铺(图重复)，在背景图没有覆盖到的地方就会显示背景色。在网页中同时指定背景色和背景图的 CSS 代码如下：

```
body { background-color: #99cccc;
       background-image: url(background.jpg); }
```

浏览器显示背景图

你可能会认为，用作网页背景的图片应该与浏览器窗口的尺寸差不多。但是实际上背景图片通常比常规浏览器窗口小一些。一般来说，背景图的形状不是又细又长的矩形，就是小的矩形块。除非在样式规则中专门指定，否则浏览器会重复(或者称为平铺)这些图片来覆盖整个网页背景，如图 4.16 和图 4.17 所示。图像小，浏览器的下载速度才会快。

background-repeat 属性

刚才我们提到，浏览器默认会重复(或者称为平铺)图片来覆盖整个网页背景。该特性同样适用于标题、段落等其他元素的背景。你可以利用 CSS background-repeat 属性来修改这一自动平铺的做法。background-repeat 属性值包括 repeat(默认)、repeat-y (纵向重复)、repeat-x(横向平铺)以及 no-repeat(不重复)。图 4.18 列出了相同背景图像在不同 background-repeat 属性值时的应用结果。

图 4.16　细长的背景图向下平铺　　　　图 4.17　小方块图片不断重复直至填满整个网页窗口

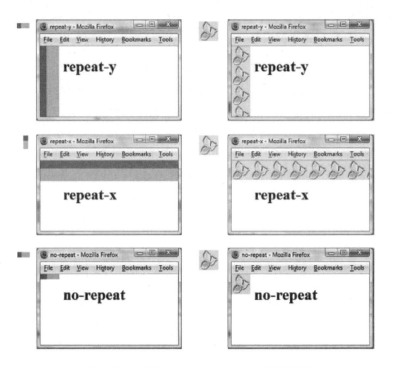

图 4.18　CSS background-repeat 属性示例

CSS3 中还有另外几种 background-repeat 属性值，但浏览器的支持度还不是很好：

● `background-repeat: space;`
图片会重复，并通过调整周围的空白使图片不被裁剪或改变大小。

● `background-repeat: round;`
图片会重复，并通过缩放(调整)图片的维度使图片不被裁剪或改变大小。

background-position 属性

用 background-position 属性可指定背景图片的起始位置，而不是默认的置顶和靠左显示。有效的 background-position 属性值包括百分比值、像素值、left(靠左)、top(置顶)、center(居中)、bottom(置底)、right(靠右)。第一个值指定水平起始位置，第二个值指定垂直起始位置。如果只设置了一个值，则另一个默认为 center。图 4.19 中，充当背景的小花图片被置于元素右边界处，样式规则设置如下：

```
h2 { background-image: url(trilliumbg.gif);
     background-position: right;
     background-repeat: no-repeat; }
```

图 4.19　用 CSS 将花朵背景图设置为靠右显示

动手实践 4.6

让我们来练习背景图像的设置吧。你将更新动手实践 4.3 中所完成的 index.html 网页(如图 4.10 所示)。在本环节中，需要设置 h2 元素选择器，添加背景图像，不重复显示。将 trilliumbullet.gif 图片从学生文件的 chapter4/starters 文件夹下复制到你之前所建的 trilliumch4 文件夹中。完成练习后，新的 index.html 页面将如图 4.20 所示。

图 4.20　h2 区域中的背景图片设置为 background-repeat: no-repeat

启动文本编辑器，打开 index.html。

1. 修改 h2 元素的样式规则，添加 background-image 和 background-repeat 属性。将背景图片设置为 trilliumbullet.gif，且不重复。相应的样式规则如下：

```
h2 { background-color: #d5edb3;
     color: #5c743d;
     font-family: Georgia, "Times New Roman", serif;
     background-image: url(trilliumbullet.gif);
     background-repeat: no-repeat; }
```

2. 保存文件。启动浏览器测试页面。你将发现 h2 元素中的文本显示在背景图像之上。在这种情况下，如果 h2 文本之前有较多空间或内边距，页面看上去会比较吸引人。让我们用 CSS padding-left 属性在元素左侧腾出空间。在 h2 元素选择器中添加下列声明，先留出空白再显示文本：

```
padding-left: 30px;
```

3. 保存并再次测试页面。现在它的效果应如图 4.20 所示。学生文件的 chapter4/4.6 文件夹中有参考答案。

FAQ　如果图片存储在它们各自的文件夹中该如何处理？

在架构网站时，把所有的图片都保存在单独的一个文件夹里是一种很好的做法。请注意，图 4.21 所示的 CircleSoft 网站文件结构就包含一个名为 images 的文件夹，里面包含了 GIF 和 JPEG 文件。在代码中引用这些文件时，你还需要同时引用 images 文件夹。下面给出一些示例：

- 将 images 文件夹中的 backgroud.gif 文件设为网页背景，CSS 代码为：

  ```
  body { background-image:
      url(images/background.gif); }
  ```

- 将 images 文件夹中的 logo.jpg 显示在网页上， HTML 代码为：

  ```
  <img src="images/logo.jpg" alt="CircleSoft" width="588" height="120">
  ```

图 4.21　用于存放图片文件的 images 文件夹

background-attachment 属性

background-attachment 属性可用来指定背景图片的位置是保持不变还是会伴随着浏览器视窗中的网页一起滚动。有效的 background-attachment 属性值包括 fixed 和 scroll(默认值)两种。

自测题 4.2

1. 写一段 CSS 代码，将 circle.jpg 图片设为所有 h1 元素的背景，图片只显示一次。
2. 写一段 CSS 代码，将 bg.gif 图片以垂直重复方式填充为网页背景。
3. 如果在 CSS 中同时配置了背景图片和背景颜色，浏览器会如何呈现？

4.6 更多有关图像的知识

本节还会介绍另外几种配置网页图像的技术，包括图像映射、收藏图标、图像切割以及 CSS 精灵等。

图像映射

图像映射(image map)是可以作为一个或多个超链接使用的图片。图像映射中通常有多个可点击区域或可选择区域，用来链接到其他网页或网站。可选择区域被为热点(hotspots)。用该技术可创建三种形状的可选择区域，分别为矩形、圆形和多边形。图像映射要用到图像元素、映射元素以及一个或多个区域元素。

映射元素

映射元素(map element)是一种容器标签，它指定了图像映射的开始和结束位置。name 属性用于将<map>标签与对应的图像关联起来。id 属性必须与 name 属性的取值相同。要将映射元素与图像关联起来，需要配置图像标签的 usemap 属性以指定究竟用哪个<map>。

区域元素

区域元素(area element)用于定义可点击区域的坐标或边界。它是一个空标签，有 href、alt、title、shape 和 coords 等属性。href 属性指定点击该区域后将跳转到的网页。alt 属性为屏幕阅读器提供了描述文本。title 属性用于配置文本，在某些浏览器中可能会呈现为鼠标悬停时出现的提示信息。coords 属性指定了可点击区域的坐标位置。表 4.4 描述了指定各种形状的可点击区域所要求的坐标值。

表 4.4　不同形状所要求的坐标

形状	坐标	含义
矩形(rect)	"x1,y1, x2,y2"	点(x1,y1) 的坐标代表矩形左上角的位置，点(x2,y2)的坐标代表矩形右下角的位置
圆形(circle)	"x,y,r"	点 (x,y) 的坐标代表圆心位置。r 是以像素为单位的半径
多边形(polygon)	"x1,y1, x2,y2, x3,y3"等	每一对 (x,y)的坐标代表多边形一个顶点的位置

探索矩形图像映射

我们主要关注矩形图像映射。对于这种类型的图像映射而言，它的 shape 属性值为 rect，坐标指出的像素位置分别为：

- 从图像左边界到左上角的距离
- 从图像顶部到左上角的距离
- 从图像左边界到右下角的距离
- 从图像顶部到右下角的距离

图 4.22　图像映射示例

图 4.22 展示了一张渔船照片。渔船周围的虚线矩形框指定了热点的范围。(24, 188) 这对坐标表示这个点(左上角)到图像左边界的距离为 24 像素，到图像顶部的距离为 188 像素。(339, 283)这对坐标则表示这个点(右下角)到图像左边界的距离为 339 像素，到图像顶部的距离为 283 像素。学生文件的 chapter4/map.html 即是该示例。创建这一图像映射的 HTML 代码为：

```
<map name="boat" id="boat">
    <area href="http://www.fishingdoorcounty.com" shape="rect"
        coords="24, 188, 339, 283" alt="Door County Fishing Charter">
</map>
<img src="fishingboat.jpg" usemap="#boat" alt="Door County" width="416"
height="350">
```

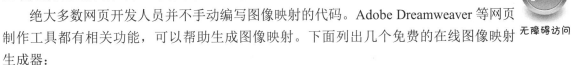

你应该已经注意到了这段代码中区域元素里的 alt 属性。为每个关联到图像映射的区域元素配置描述性的 alt 属性为网站提供了无障碍访问。

绝大多数网页开发人员并不手动编写图像映射的代码。Adobe Dreamweaver 等网页制作工具都有相关功能，可以帮助生成图像映射。下面列出几个免费的在线图像映射生成器：

- http://www.maschek.hu/imagemap/imgmap
- http://image-maps.com
- http://mobilefish.com/services/image_map/image_map.php

收藏图标

不知你有否想过地址栏或网页标签上的小图标是怎么来的？这就是收藏图标(favorite icon)，英语中简写为 favicon，它通常是和网页联系在一起的一张正方形图片，大小为 16×16 像素或 32×32 像素。如图 4.23 中所示的 favicon 可能会出现在浏览器的地址栏、标签页或收藏夹和书签列表中。

图 4.23　浏览器地址栏和标签上都显示了收藏图标

配置收藏图标

虽然较早的 Internet Explorer 版本(IE6 及更早的)要求必须将文件命名为 favicon.ico 且必须存放在网页服务器的根目录下才能使用收藏图标，如今更先进的方法则是用 link 元素将 favicon.ico 文件与网页关联起来。在第 3 章中，我们介绍了在网页的 head 节中用<link>标签将网页文档与某个外部样式表关联起来的做法。你同样可以用这种方法来关联收藏图标。为此要指定三个属性值：rel、href 和 type。rel 属性的值是 icon。href 属性的值是图像文件名。type 属性的值则描述了图像的 MIME 类型，默认为 image/x-icon，即扩展名为.ico 的文件。将网页与名为 favicon.ico 的收藏图标关联起来的代码为：

```
<link rel="icon" href="favicon.ico" type="image/x-icon">
```

注意，为了保持与 Internet Explorer 浏览器的兼容，并遵循 Microsoft 特有的语法，你还需要编写第二个 link 标签：

```
<link rel="shortcut icon" href="favicon.ico" type="image/x-icon">
```

Internet Explorer 对于收藏图标的支持似乎有些小问题，得注意这一点。因此需要将文件发布到网络上(详见附录中的 FTP 教程)，才能在 Internet Explorer 中正常显示收藏图标(即使最新版本仍有这问题)。Firefox、Safari、Google Chrome 和 Opera 等浏览器在显示收藏图标时更加稳定，并且支持 GIF 和 PNG 格式。

动手实践 4.7

让我们来练习一下收藏图标的应用，所需的 favicon.ico 文件位于学生文件的 chapter4/starters 文件夹中。就从动手实践 4.6 所完成的文件(trilliumch4 文件夹和学生文件的 chapter4/4.6 文件夹中均可以找到)开始吧。

1. 启动文本编辑器，打开 index.html。在网页的 head 节中添加 link 标签：

```
<link rel="icon" href="favicon.ico" type="image/x-icon">
<link rel="shortcut icon" href="favicon.ico" type="image/x-icon">
```

2. 保存文件。启动 Firefox 浏览器测试页面。你会看到浏览器标签上出现了小小的延龄草图案，如图 4.24 所示。学生文件的 chapter4/4.7 文件夹中有参考答案。

图 4.24   收藏图标出现在了 Firefox 浏览器的标签处

FAQ   怎样创建自己的收藏图标

可以用 GIMP、Adobe Fireworks 等图像处理软件创建自己的收藏图标，也可以利用下列在线工具：

- http://favicon.cc
- http://www.favicongenerator.com
- http://www.freefavicon.com
- http://www.xiconeditor.com

图像切割

艺术家和设计师能创建复杂的网页图片。有时候我们希望这些图片中的一部分能优化为 GIF 而不是 JPEG，另外的部分能优化为 JPEG 而不是 GIF。通过把单张复杂的图片分成多张较小的图片，就能分别优化各个部分，从而获得最高的显示效率。还有的时候，你可能想把一幅很大的复杂图片中的部分内容设计成特殊的鼠标移过效果。在这种情况下，脚本语言得单独访问图片中的这些部分，因此需要对图片进行切割。图片被切割之后变成多个小的图片文件。绝大多数图像处理软件(如 Adobe Fireworks、Adobe Photoshop)都支持图片切割，并且能自动生成相应的 HTML 代码。

CSS 精灵

CSS 精灵(CSS Sprite)是一项优化网页图像使用的新技术。所谓"精灵"(sprite)指的是一个图像文件，它由多个小图形组成，可作为各种网页元素的背景图。我们用 CSS background-image、background-repeat 和 background-position 等属性来设置这种图片的插入与显示效果。只加载一张图片而不是多张小图片能节省时间，因为浏览器只需要发起一次 http 请求。你将在第 7 章中学习有关 CSS 精灵的内容。

4.7　图片来源与使用原则

图片来源

获取图片的途径有多种：用图像处理软件自行创建、从免费网站上下载、从网站上购买并下载、购买相册 DVD、拍摄数码相片、扫描照片、扫描绘画作品或者请设计师帮你创作等。大众化的图像处理软件包括 Adobe Photoshop 和 Adobe Fireworks。还有一些流行的免费软件，如 GIMP (网址为 http://gimp.org)、Google 的 Picasa(网址为 http://picasa.google.com)、Pixlr(网址为 http://pixlr.com/editor)。它们一般都会提供教程和示例图片，以帮助用户掌握使用方法。请访问本书配套网站上的 http://webdevfoundations.net/7e/chapter4.html，上面有用 Adobe Fireworks 和 Adobe Photoshop 创建标志横幅图片的教程。

有时候你可能会右键单击网页上的某张图片，下载以后用到自己的网站上。请注意，网站上的资料是受版权保护的(即使没有明确显示版权符号或注意事项)，所以不能免费使用，除非得到网站所有者的许可。因此当你想要得到某张图片时，请先与所有者取得联系，获得许可，绝不可不问自取。如果你在用 Flickr(http://flickr.com)搜索图片，请选择 advanced-search 页，然后勾选"Only search within Creative Commons licensed content."(仅搜索创作共享许可内容)，务必遵循页面上列出的所有权条款。

许多网站提供了免费或者低价的图片。随便找个搜索引擎并搜索"免费图片"或"free graphics"，会得到大量结果，根本看不过来。下面这些网站也许能帮你找到心仪的图片：

- Microsoft Clip Art: http://office.microsoft.com/en-us/images/
- Free Stock Photo Search Engine: http://www.everystockphoto.com
- Free Images: http://www.freeimages.co.uk

- The Stock Solution: http://www.tssphoto.com
- SuperStock: http://www.superstock.com
- iStockphoto: http://www.istockphoto.com

你还可以在线创建横幅或按钮图片。很多网站提供了这个功能。有的会在免费图片里插入广告，有些需要付费以获取会员资格，还有些完全免费。搜索"免费创建横幅"或者"create free online banner"来查找提供该服务的网站。下面列出了一些能帮我们创建横幅或按钮图片的有用网站：

- Web 2.0 LogoCreator: http://creatr.cc/creatr
- Cooltext.com: http://www.cooltext.com
- Ad Designer.com: http://www.addesigner.com

图像使用指导原则

使用图像能增强用户体验，提升网页吸引力。但它同时也会造成网页加载速度过慢，降低网页性能，给访问者带来不好的体验。这一节我们将讲述在网页上使用图片的指导原则。

图片重用

一旦某张网页请求了网站的一张图片，就会被存储在访问者硬盘的缓存中。下次再请求该图片时，浏览器就会使用硬盘上的文件，不需要重新下载，这样就能加快使用该图片所有页面的加载速度。因此建议在多个页面上重复使用通用图片，比如商标和导航按钮，避免使用内容相同、文件不同的多个版本。

权衡图片大小与图片质量

使用图像处理软件创建或优化图片时，可以选择不同级别的图像质量。质量和文件大小成正比：质量越高，文件也就越大。因此请选择能够满足质量要求的最小文件。可能需要进行多次试验直到找到最佳平衡点。

考虑图片下载时间

在网页上使用图片时要格外注意，下载它们需要时间。请优化文件的大小与图像的维度，兼顾网页显示的效率与效果。

使用合适的分辨率

网页浏览器以相对较低的分辨率来显示图片，72 ppi(每英寸像素数，pixels per inch)或者 96 ppi。许多数码相机和扫描仪生成的图片分辨率大得多。当然，分辨率越高也就意味着文件越大。即使浏览器无法显示如此高的分辨率，过大的文件仍然会占用额外的带宽资源。因此在处理数码相片和扫描图片时要格外注意，应该把它们转换成适合网页显示的分辨率。一张以 150 ppi 分辨率保存的一英寸大小的图片在 72 ppi 分辨率的显示器上看起来大约为两英寸。

指定维度

坚持在图片标签中指定精确的 height 和 width 值，这将使浏览器为图像在网页上留出恰当的空间，也能加快页面载入速度。不要试图通过修改 height 和 width 属性值来改变图片的维度。就算这样能起作用，网页的加载速度却会变慢，图片质量也会受损。正确的做法是使用图像处理软件为该图片创建更小或更大的版本，以满足不同的需求。

注意亮度和对比度

Gamma 指显示器的亮度和对比度。计算机使用 Macintosh 和 Windows 操作系统时，显示器的 Gamma 值设置是不同的(Macintosh 为 1.8，Windows 为 2.2)。在 Windows 操作系统中对比度显示良好的图片在 Macintosh 上看起来可能有点淡，对比度更低。注意，就算是使用相同操作系统，不同显示器的 Gamma 值也可能和平台默认值稍有不同。网页开发人员无法控制 Gamma 值，但应知道这是图片在不同平台上看起来会有所不同的原因之一。

无障碍访问和视觉元素

无障碍访问

虽然图片能让网站变得更吸引人，但并不是所有访问者都可以看到图片。网络无障碍访问协议的 WCAG 2.0 版本为网页开发人员列出了在选择颜色和使用图片时的一些指导原则。

- 不要只依赖于颜色。有些访客可能是色盲，因此请确保背景和文本颜色有足够高的对比度。
- 为所有非文本元素提供文本说明。在图片标签中使用 alt 属性。
  - 如果图片显示了文本内容，请另外将文本值设置在 alt 属性中。
  - 在纯装饰用图片中使用 alt=""设置。
- 如果网站导航使用了图片超链接，请同时在页面底部提供简单的文本链接。

温顿·瑟夫(Vinton Cerf)是 TCP/IP 的创始人之一，同时也是互联网协会前主席——曾经说过："因特网是属于每一个人的。"因此请遵循网络无障碍访问协议的指导原则，确保这一目标能够实现。

自测题 4.3

1. 找出一个使用图像超链接提供导航功能的网站。在纸上列出该网站的 URL。该网站的图片链接使用了什么颜色？如果图片链接包含文本，它上面的背景和文字之间的对比度是否足够？视觉有障碍的人士是否可以很顺利地访问该页面？是怎样保证无障碍访问性能的？图片链接中是否应用了 alt 属性？页脚是否有一行文本链接？请回答上述问题并对你的发现展开讨论。

2. 在配置图像映射时，要用到图像、映射和区域标签，请描述三者之间的关系。

3. 判断对错：我们应该用尽可能小的文件来保存图片。

4.8　CSS3 视觉效果

本节将介绍几种用于提升网页视觉效果的 CSS3 新属性，包括背景绘制和缩放、多个背景图像、圆角、盒容器阴影、文本阴影、不透明度的效果、RGBA 颜色透明度、HSLA 颜色透明度以及颜色渐变等。

CSS3 background-clip 属性

background-clip 是 CSS3 中的新属性，定义了背景图像的绘制区域，有下列取值：

- content-box(在内容后面绘制背景)
- padding-box(在内容和内边距的后面绘制背景)
- border-box(默认值，在内容、内边距和边框的后面绘制背景；类似于 padding-box，只是它仍会显示在透明边框后面)

background-clip 属性得到了包括 Internet Explorer(IE9 及以上版本)在内的一些新型浏览器的支持。图 4.25 展示了在不同的 background-clip 属性值之下，div 元素的背景显示情况。请注意，在这些例子中，虚线边框是故意放大了的。该示例页面位于学生文件中的 chapter4/clip 文件夹下。

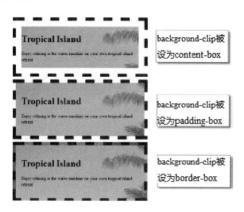

图 4.25　CSS3 background-clip 属性

第一个 div 元素的 CSS 代码如下：

```
.test { background-image: url(myislandback.jpg);
    background-clip: content-box;
    width: 400px;
    padding: 20px;
    margin-bottom: 10px;
    border: 1px dashed #000; }
```

CSS3 background-origin 属性

background-origin 是 CSS3 中的新属性，它指定了背景图像的位置，有下列取值：

- content-box(相对于内容区域的位置)
- padding-box(默认值，相对于内边距区域的位置)
- border-box(相对于边框区域的位置)

background-origin 属性得到了包括 Internet Explorer(IE9 及以上版本)在内的一些新型浏览器的支持。图 4.26 展示了在不同的 background-origin 属性值之下，div 元素的背景显示情况。该示例页面位于学生文件中的 chapter4/clip 文件夹下。

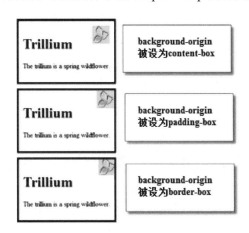

图 4.26　CSS3 background-origin 属性

第一个 div 元素的 CSS 代码如下：

```
.test { background-image: url(trilliumsolo.jpg);
        background-origin: content-box;
        background-repeat: no-repeat;
        background-position: right top;
        width: 200px;
        padding: 20px;
        margin-bottom: 10px;
        border: 1px solid #000; }
```

你可能已经发现，在配置背景图像时，使用多个 CSS 属性是很普遍的做法。这些属性通常能够共同发挥作用。不过请注意，如果将 background-attachment 属性设置为"fixed"，background-origin 属性就不起作用了。

CSS3 background-size 属性

CSS3 中的 background-size 属性被用来重新定义或缩放背景图像的尺寸，它得到了包括 Internet Explorer(IE9 及以上版本)在内的一些新型浏览器的支持。有效值如下：

- 一对百分比值(宽度，高度)

  如果仅设置了一个值，另一个默认为 auto，由浏览器确定其大小。
- 一对像素值(宽度，高度)

  如果仅设置了一个值，另一个默认为 auto，由浏览器确定其大小。
- cover

  把背景图像扩展至高度与宽度均能完全覆盖背景区域的最小尺寸，会保持图像的宽高比。
- contain

  把背景图像扩展至高度与宽度均能完全适应内容区域的最大尺寸，会保持图像的宽高比。

图 4.27 展示了两个 div 元素，它们配置了相同的背景图像，都不重复显示，但 background-size 属性值不同。

图 4.27　不同的 background-size 属性值

第一个 div 元素中的背景图像未设置 background-size 属性值，因此只填充了部分背景区域。第二个 div 则利用 CSS 将 background-size 设置为 100%，因此浏览器放大并改变了背景图像的尺寸使它充满了整个空间。该示例页面位于学生文件中的 chapter4/clip 文件夹下。第二个 div 元素的 CSS 代码如下：

```
#test1 { background-image: url(sedonabackground.jpg);
         background-repeat: no-repeat;
         background-size: 100% 100%; }
```

图 4.28 演示了将一个 500×500 背景图像用于 200 像素宽的区域时，background-size 值分别设置为 cover 和 contain 的情况下，浏览器所呈现的不同效果。左边的页面所使用的样式规则为 background-size: cover;，浏览器缩放并改变了图像的大小，使之能完全覆盖整个区域，同时保持着原始图像的高宽比。右边的页面所使用的样式规则为 background-size: contain;，浏览器缩放并改变了图像的大小，使之完全适应内容区域，同时保持着原始图像的高宽比。请参考学生文件中的示例页面(chapter4/size/cover.html 和 chapter4/size/contain.html)。

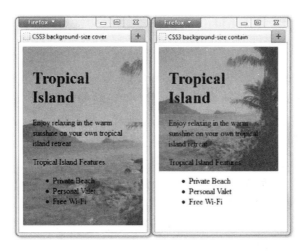

图 4.28　background-size 分别被设置为 cover 和 contain

CSS3 中对多张背景图像的处理

让我们试着为页面指定多张背景图片。虽然 CSS3 的背景与边框模块仍处于候选推荐状态(candidate recommendation status)，绝大多数浏览器的当前版本已经支持多个背景图像的使用了。

图 4.29 展示的网页有两张背景图像，在 body 元素选择器中进行设置：绿色的渐变图片不断重复直至铺满了整个浏览器视窗，而花朵图片则在页脚区域的右侧显示了一次。使用 CSS3 的 background 属性可配置多张背景图像。每张图像的声明由逗号分隔。你可以选择添加属性值以指定图像的位置以及图像是否重复。背景属性使用简化写法：只列出相关属性所需的值，如 background-position、background-repeat 等。

图 4.29　在 Firefox 浏览器中多张背景图片的显示效果

渐进式提升

多张背景图像的效果已得到了当前多种浏览器版本的支持，包括 Firefox、Chrome、Safari、Opera 以及 Internet Explorer(IE9 及以上版本)。但是请注意，仍然有一些较早版本的 Internet Explorer 浏览器并不支持该技术。你可以运用渐进式提升的理念，这是由网页开发者兼 HTML5 推广者克里斯汀·黑尔曼(Christian Heilmann)提出来的，即"从可用的功能基线出发，先进行新技术的支持性测试，通过后再应用，以逐步提高用户体验的丰富性。"换句话说，从一张能在大多数浏览器中正常显示的网页出发，然后再逐步添加如多个背景图像之类的设计新技术。这些技术能增强显示效果，那些使用可支持浏览器进行访问的用户就能体会到。

在使用多张背景图像时，如要实现渐进式提升，先要配置单独的 background-image 属性(即单张背景图片，在绝大多数浏览器中可正常显示)，然后再用 background 属性配置多张图片(支持该技术的浏览器能正常呈现，不支持的浏览器则会忽略该设置)。

动手实践 4.8

在本环节中，你将练习实现多张背景图像的效果。要配置 body 元素选择器，使网页上显示多张背景图像。先找到学生文件 chapter4/starters 文件夹中的 trilliumgradient.png 和 trilliumfoot.gif 这两张图片，将它们保存在之前建好的 trilliumch4 文件夹中。更新上个动手实践环节所完成的 index.html 页面。启动文本编辑器，打开 index.html。

1. 修改 body 元素选择器中的样式规则：设置 background-image 属性，显示 trilliumgradient.png 图片。这一规则即使在不支持多张背景图像的浏览器中也能生效。设置 background 属性，以同时显示 trilliumgradient.png 和 trilliumfoot.gif 图片。前者不重复，显示在右下角。body 元素选择器的样式规则如下：

```
body { background-color: #f4ffe4; color: #333333;
    font-family: Arial; Verdana, sans-serif;
    min-width: 700px;
    background-image: url(trilliumgradient.png);
    background: url(trilliumfoot.gif) no-repeat bottom right,
        url(trilliumgradient.png); }
```

2. 保存文件。启动浏览器测试页面。学生文件的 chapter4/4.8 文件夹中有参考答案。W3C 的 CSS 验证服务默认针对 CSS 版本 2.1，但 background 是 CSS 版本 3(CSS3) 中的新属性，因此在验证时请手动选择合适的 CSS 版本：打开 http://jigsaw.w3.org/css-validator，点开"更多选项"，在"配置"中选择 CSS 版本 3。

CSS3 圆角效果

目前为止，你已经同不少元素的边框和盒模型打过交道了，可能注意到网页上居然有那么多矩形！CSS3 中引入了 border-radius 属性，我们可以用它来创建圆角效果，

让那些矩形柔和起来。border-radius 属性得到了当前许多主流浏览器的支持，包括
Internet Explorer(IE9 及以上版本)。

border-radius 属性的有效值为一至四个数字值(以像素或 em 为单位)或百分比值，
用于指定角的弧度半径。如果只指定了一个值，则所有角都按此配置。如果指定了四
个值，则顺序为左上角、右上角、右下角、左下角。也可以用 border-bottom-left-
radius，border-bottom-right-radius，border-top-left-radius 以及 border-top-right-radius 分
别指定。

CSS 声明建立圆角边框的方法参见下列代码片段。如果你喜欢边框可见的效果，
请配置 border 属性。然后设置 border-radius 属性值，低于 20 像素时效果最佳。例如：

```
border: 3px ridge #330000;
border-radius: 15px;
```

图 4.30(学生文件中的 chapter4/box.html)
是应用该代码的示例。请记住渐进式提升的
信条，使用老版本 Internet Explorer 访问的
用户看到的是直角边，而不是圆角。当然，
网页的功能性和可用性并未受影响。此外也
不要忘了，还有另外一条可实现圆角效果的
途径，就是用图像处理软件专门制作一张圆角的矩形背景图。

图 4.30　用 CSS 配置了圆角边框效果

动手实践 4.9

在本环节中，你将利用背景图像和圆角边框来配置标识页眉区域。完成练习后，
网页看上去应当与图 4.31 所示差不多。

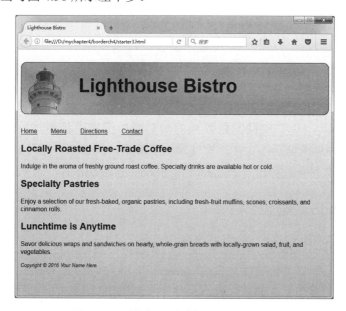

图 4.31　对标识区域进行设置后的网页

1. 创建名为 borderch4 的新文件夹。将学生文件 chapter4/starters 文件夹下的 lighthouselogo.jpg、background.jpg 以及 chapter4/starter3.html 复制到 borderch4 中。启动浏览器显示 starter3.html，应当如图 4.32 所示。

图 4.32　starter3.html

2. 启动文本编辑器，打开 starter3.html。将文件另存为 index.html。编辑嵌入 CSS，在 header 元素选择器中添加下列样式声明：将 lighthouselogo.jpg 设置为背景图片，不重复显示；高度为 100px，宽度为 650px，字号为 3em，左内边距为 150px，顶内边距为 30px，深蓝色(#000033)实线边框，圆角弧度半径为 15px。代码为：

```
h1 { background-image: url(lighthouselogo.jpg);
    background-repeat: no-repeat;
    height: 100px; width: 650px; font-size: 3em;
    padding-left: 150px; padding-top: 30px;
    border: 1px solid #000033;
    border-radius: 15px; }
```

3. 保存文件。当你在支持圆角效果的浏览器中测试该页面时，它看起来应当如图 4.31 所示。如果浏览器不支持该属性，则呈现直角图边框，但网页仍然有效。请与学生文件中的参考答案进行比较(chapter4/lighthouse/index.html)。

CSS3 box-shadow 属性

CSS3 中的 box-shadow 属性能够为 div 和段落等块显示元素制造阴影效果。当前主流版本的浏览器均支持该属性，包括 Internet Explorer(IE9 及以上版本)。需要设置的值包括水平偏移位置、垂直偏移位置、模糊半径(可选)、阴影尺寸(可选)及颜色等。

- 水平偏移位置(Horizontal offset)：数字像素值。正值配置的阴影位于元素右侧，负值配置的阴影位于元素左侧。

- 垂直偏移位置(Vertical offset)：数字像素值。正值配置的阴影位于元素下方，负值配置的阴影位于元素上方。
- 模糊半径(Blur radius，可选)：数字像素值。如果缺省，则默认为 0，即配置了一个尖锐的阴影。数值越大阴影越模糊。
- 阴影尺寸(Spread distance，可选)：数字像素值。如果缺省，则默认为 0。正值配置一个扩展的阴影，负值配置一个收缩的阴影。
- 颜色值(Color)：有效的颜色值。

下面的代码配置了一个深灰色阴影，水平与垂直偏移位置以及模糊半径均为 5px：

```
box-shadow:px 5px 5px #828282;
```

内侧阴影效果。如果在样式规则里写上 inset(可选)，就可制造出元素内侧阴影的效果。例如：

```
box-shadow: inset 5px 5px 5px #828282;
```

动手实践 4.10

接下来要请你配置一个居中显示的内容区域，并设置 box-shadow 和 text-shadow 属性。完成练习后，页面效果将如图 4.33 所示。

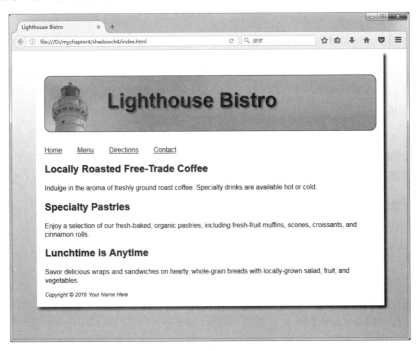

图 4.33　内容在背景之上居中显示，又添加了阴影效果，增加了立体感

新建一个名为 shadowch4 的文件夹。将学生文件 chapter4/starters 文件夹下的

lighthouselogo.jpg 和 background.jpg 两张图片复制到新文件夹中。启动文本编辑器，打开 chapter4/lighthouse/index.html，另存到 shadowch4 中。

1. 将页面内容设置为居中，宽度为 800 像素，白色背景，有一定的内边距。

a. 编辑 HTML。配置一个 div 元素，将它的 id 指定为 container。该 div 元素用于容纳 body 节中的全部代码。在起始的 body 标签下另起一行，键入<div>标签。类似的，在结束的 body 标签上另起一行，键入</div>标签。

b. 编辑嵌入 CSS，为名为 container 的 id 配置一个新的选择器：背景为白色，内边距为 20 像素。请回忆一下我们在第三章中曾经做过将页面内容居中的练习。分别指定 width、min-width、max-width、margin-left 和 margin-right 属性值。代码如下：

```
#container { background-color: #ffffff;
             padding: 20px;
             width: 80%; min-width: 800px; max-width: 960px;
             margin-right: auto;
             margin-left: auto; }
```

2. 编辑嵌入 CSS，在#container 选择器中添加下列样式声明以配置盒阴影效果：

```
box-shadow: 5px 5px 5px #1e1e1e;
```

3. 在 h1 元素选择器中添加下列样式声明以配置深灰色的文本阴影：

```
text-shadow: 3px 3px 3px #666;
```

4. 在 h2 元素选择器中添加下列样式声明以配置浅灰色的文本阴影：

```
text-shadow: 1px 1px 0 #ccc;
```

5. 保存文件。当你启动支持 box-shadow 和 text-shadow 属性的浏览器测试页面时，其效果应当类似于图 4.33 所示。在不支持的浏览器中就不会显示阴影，但网页仍然有效。学生文件中有参考答案(chapter4/lighthouse/shadow.html)。

随着版本的不断推陈出新，浏览器的支持度也在发生着变化。因此除了彻底地测试网页外，想要确保显示效果别无他法。

当然，确实有些资源帮我们总结了支持情况。下列网站上就有这些信息：

- http://www.findmebyip.com/litmus
- http://www.quirksmode.org/css/contents.html
- http://www.impressivewebs.com/css3-click-chart

CSS3 的 opacity 属性

CSS3 的 opacity 属性用于设置元素的透明度。当前主流版本的浏览器均支持该属性，包括 Internet Explorer(IE9 及以上版本)。opacity 的取值范围从 0(表示完全透明)到 1(表示完全不透明，没有透明度)。需要格外注意的一点是：该属性会对文本与背景同时生效。如果你将该属性设置为半透明，则背景与文本均显示半透明状态。图 4.34 是一个示例，该页面上的白色背景设置为 60%的透明度。当我们非常仔细地观察这张图时，或者查看实际页面(学生文件中的 chapter4/4.13/index.html)，就会发现，其实无论是白色背景、还是 h1 元素的黑色文本，都是半透明的。也就是说，opacity 属性同时对文本和背景产生了效果。

图 4.34 h1 元素区域的背景是透明的

动手实践 4.11

在本环节中，你将练习设置 opacity 属性。完成作业后，页面将如图 4.34 所示。

1. 创建名为 opacitych4 的新文件夹。从 chapter4/starters 中将 fall.jpg 文件复制到新文件夹中。启动文本编辑器，打开 chapter2/template.html，以 index.html 为名另存到 opacitych4 中。将页面标题修改为"Fall Nature Hikes"。

2. 在页面上添加一个 div，用于包含 h1 元素。在 body 节中添加下列代码：

```
<div id="content">
 <h1>Fall Nature Hikes</h1>
</div>
```

3. 现在，可以在 head 部分中添加样式标签以动手编辑嵌入 CSS 了。将创建一个名为 content 的 id，用于将 fall.jpg 显示为背景，且不重复。该 id 的其他样式包括：宽度为 640 像素，高度为 480 像素，左右外边距均为自动(auto，使得对象在浏览器视窗中居中显示)，顶内边距为 20 像素。代码为：

```
#content { background-image: url(fall.jpg);
          background-repeat: no-repeat;
          margin-left: auto;
          margin-right: auto;
```

```
    width: 640px;
    height: 480px;
    padding-top: 20px;}
```

4. 现在为 h1 元素选择器设置样式：背景色为白色，透明度为 0.6，字号为 4em，内边距为 10 像素。代码如下：

```
h1 { background-color: #FFFFFF;
    opacity: 0.6;
    font-size: 4em;
    padding: 10px; }
```

5. 保存文件。当你用支持透明度属性的浏览器测试该页面时，它看上去应当类似于图 4.34 所示。学生文件中有参考答案(chapter4/4.13/index.html)。

图 4.35 所示是网页在 Internet Explorer 8 中的显示效果，该浏览器不支持 opacity 属性。请注意，虽然视觉效果不完全相同，但网页仍然有效。Internet Explorer 9 已经支持透明度设置，不过早期版本的 IE 可支持专有的过滤器(filter)属性，但它的级别配置是从 1(透明) 到 100(不 透 明) 。 学 生 文 件 中 也 有 示 例 页 面 (chapter4/4.13/opacityie.html)。filter 属性的 CSS 代码为：

```
filter: alpha(opacity=60);
```

图 4.35　Internet Explorer 8 不支持 opacity 属性，它呈现了不透明的背景

CS3 RGBA 颜色

CSS3 支持 color 属性的新语法格式，可配置出透明的颜色，也即所谓的 RGBA 色。当前主流版本的浏览器均支持 RGBA 颜色，包括 Internet Explorer(IE9 及以上版本)。需要指定四个值：红色，绿色，蓝色以及 alpha 值(透明度)。RGBA 用十进制而不

是十六进制数值来表示。图 4.36 给出了部分颜色图表，另外在附录中我们也提供了网页安全色调色板(Web-Safe Color Palette)。

#FFFFFF
rgb (255, 255, 255)
	#FFFFCC
	rgb(255, 255, 204)
		#FFFF99
		rgb(255,255,153)
			#FFFF66
			rgb(255,255,102)

#FFFF33
rgb(255,255,51)
	#FFFF00
	rgb(255,255,0)
		#FFCCFF
		rgb(255, 204, 255)
			#FFCCCC
			rgb(255,204,204)

#FFCC99
rgb(255,204,153)
	#FFCC66
	rgb(255,204,102)
		#FFCC33
		rgb(255,204,51)
			#FFCC00
			rgb(255,204,0)

#FF99FF
rgb(255,153,255)
	#FF99CC
	rgb(255,153,204)
		#FF9999
		rgb(255,153,153)
			#FF9966
			rgb(255,153,102)

图 4.36 十六进制与 RGB 十进制颜色值

红色、绿色和蓝色的值必须是从 0 到 255 之间的一个十进制数字。alpha 值是从 0(透明)到 1(不透明)之间的某个数字。图 4.37 所示页面的文本略带透明效果。

图 4.37 用 CSS3 RGBA 色配置了透明文本

FAQ 在设置透明效果时，用 RGBA 颜色与用 opacity 属性这两种方法有何不同？

opacity 属性对背景和元素内的文本都会生效。如果你只是希望背景颜色呈半透明状态，那就将 background-color 属性设置成 RGBA 或 HSLA(接下来讲述)颜色值。如果只是希望把文本配置成半透明效果，那就将 color 属性设置成 RGBA 或 HSLA 颜色值。

动手实践 4.12

在本环节中，你将修改页面，为其配置透明文本，最终效果将如图 4.37 所示。

1. 启动文本编辑器，打开上一个动手实践环节中生成的文件(或者是学生文件中的 chapter4/opacity/index.html)。将文件另存为 rgba.html。

2. 删除 h1 元素选择器中的当前样式规则，再新建规则：右内边距为 10 像素，右对齐、sans-serif 字体、不透明度为 70%的白色文本，字号为 5em。因为并非所有的浏览器都支持 RGBA 颜色，所以你需要两次指定 color 属性值。第一次为标准颜色值，当前所有的浏览器都支持；第二次为 RGBA 颜色。较早的浏览器不理解 RGBA 颜色因而会忽略相关设置。而较新的浏览器则能"看见"颜色样式声明，并按照代码顺序显示出来，因此就有透明色彩的效果。相应的 CSS 代码如下：

```
h1 { color: #ffffff;
     color: rgba(255, 255, 255, 0.7);
     font-family: Verdana, Helvetica, sans-serif;
     font-size: 5em;
     padding-right: 10px;
     text-align: right; }
```

3. 保存文件。当你用支持 RGBA 颜色的浏览器来测试 rgba.html 网页时，它看上去应当类似于图 4.37 所示的效果。学生文件中有参考答案(chapter4/4.13/rgba.html)。如果你使用的是不支持这类颜色的浏览器，例如 Internet Explorer 8(甚至更早的)，你将看到白色文本，没有透明效果。虽然 Internet Explorer 9 已经支持 RGBA，不过早期版本的 IE 可支持专有的过滤器 (filter) 属性。学生文件中有示例网页 (chapter4/4.14/rbgaie.html)。

CSS3 HSLA 颜色

RGB 颜色已被网页设计者们使用了许多年，它们在网页上的值为十六进制或十进制。这类颜色是基于硬件的，红色、绿色和蓝色的光是由计算机显示器发射的。CSS3 中引入了一种新的颜色概念系统，即所谓的 HSLA 颜色，它基于色轮模型，是用色调 (hue)、饱和度(saturation)、亮度(lightness)、透明度(alpha)来表示的。当前主流版本的浏览器均支持 HSLA 颜色，包括 Internet Explorer(IE9 及以上版本)。

色调、饱和度、亮度和透明度

当我们在操作 HSLA 颜色时，请想像一个色轮(一个色彩的圆环)红色在上，如图 4.38 所示。色调(hue)是实际的颜色，由数字来表征，范围从 0 到 360(就像圆中的 360 度)。例如红色要用 0 和 360 来表示，绿色表示为 120，而蓝色则表示为 240。我们在配置黑色、灰色或白色时，要将 hue 设置为 0。饱和度(saturation)表示颜色的强度，以百分比值来表示(全饱和 100%，灰色为 0%)。亮度(lightness)决定了颜色是亮还是

暗，也是由百分比值来表示的(正常为 50%，白色为 100%，黑色为 0%)。透明度(alpha)
颜色的透明程度，取值范围从 0(透明)到 1(不透明)。请注意，alpha 值可以省略，也可
以用 hsl 关键字来替代 hsla。

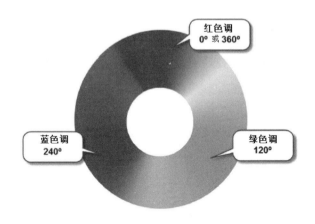

图 4.38　色轮

HSLA 颜色示例

我们可以按下列语法格式来配置 HSLA 颜色：

```
hsla(hue 值, saturation 值, lightness 值, alpha 值);
```

- 红色: hsla(360, 100%, 50%, 1.0);
- 绿色: hsla(120, 100%, 50%, 1.0);
- 蓝色: hsla(240, 100%, 50%, 1.0);
- 黑色: hsla(0, 0%, 0%, 1.0);
- 灰色: hsla(0, 0%, 50%, 1.0);
- 白色: hsla(0, 0%, 100%, 1.0);

W3C 的资料表明，使用 HSLA 颜色的好处在于它比面向硬件的 RGB 颜色更直
观。你可以使用色轮模型来挑选颜色，其色调值也可由圆环中的度数得出。如果你打
算往某种色调中添加一点灰色，只需要改变饱和度值就行。要给颜色添加点阴影或亮
度，hue 保持不变，改变亮度值就可以。图 4.40 显示了三种青蓝色的阴影，它们的亮
度值分别为：25%(深青蓝色)、50%(青蓝色)、75%(浅青蓝色)。

- 深青蓝色:
  hsla(210, 100%, 25%, 1.0);
- 青蓝色
  hsla(210, 100%, 50%, 1.0);
- 浅青蓝色:
  hsla(210, 100%, 75%, 1.0);

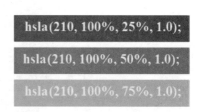

图 4.39　HSLA 颜色示例　　　　　　　　图 4.40　青蓝色阴影

动手实践 4.13

在本环节中，你将配置浅黄色的透明文本，完成练习后，你的作业将如图 4.41 所示。

图 4.41　HSLA 颜色

1. 启动文本编辑器，打开上一个动手实践环节中完成的页面 (或者学生文件中的 chapter4/4.14/rgba.html)。将文件另存为 hsla.html。

2. 删除 h1 选择器中的样式声明。你将为 h1 选择器添加新的样式规则：内边距为 20 像素，serif 字体、浅黄色、alpha 值为 0.8 的文本，字号为 6em。因为并非所有的浏览器都支持 HSLA 颜色，所以你需要两次指定 color 属性值。第一次为标准颜色值，当前所有的浏览器都支持；第二次为 HSLA 颜色。较早的浏览器不理解 RGBA 颜色因而会忽略相关设置。而较新的浏览器则能"看见"颜色样式声明，并按照代码顺序显示出来，因此就有透明色彩的效果。相应的 CSS 代码如下：

```
h1 { color: #ffcccc;
     color: hsla(60, 100%, 90%, 0.8);
     font-family: Georgia, "Times New Roman", serif;
     font-size: 6em;
     padding: 20px; }
```

3. 保存文件。当你用支持 HSLA 颜色的浏览器来测试 hsla.html 网页时，它看上去应当类似于图 4.41 所示的效果。学生文件中有参考答案(chapter4/4.14/hsla.html)。如果你使用的是不支持这类颜色的浏览器，例如 Internet Explorer 8(甚至更早的)，你将看到白色文本，没有透明效果。

CSS3 渐变

CSS3 中增加了了实现颜色渐变效果的方法，也即从一种颜色到另一种颜色的平滑过渡。CSS3 定义渐变背景色只需要纯 CSS 代码——不需要图像文件！

W3C 已经在 CSS Image Value 和 Replaced Content 模块中增加了对渐变的支持(尚处于草稿状态)，但在我写作此书时，该语法尚未被浏览器采用。本节将提供一个 CSS3 渐变的示例以及一些供深入研究的资源链接。

图 4.33 显示了一张网页，其背景图为有渐变效果的 JPG 文件，该效果是在图像处理软件中实现的。但图 4.42 所示(学生文件中 chapter4/ gradient /index.html)的页面并没有使用 JPG 图片作背景，而是通过 CSS3 的 gradient 属性实现了线性渐变图像的显示效果。

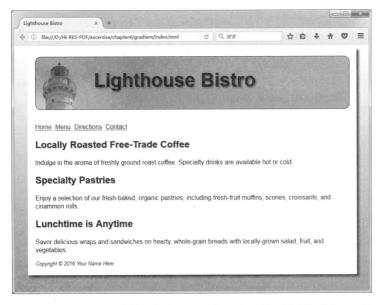

图 4.42　背景中的渐变效果是由 CSS3 代码实现的，并未配置背景图片

W3C 线性渐变语法

要实现一个基础的线性渐变效果，只需为 background-image 属性指定一个 linear-gradient 函数即可。先用关键词短语“to bottom”、“to top”、“to left”或“to right”来指明渐变方向，然后分别列出起始与结束的颜色。从白色到绿色的两色线性渐变的基本语法格式为：

```
background-image: linear-gradient(to bottom, #FFFFFF, #00FF00);
```

CSS3 渐变与渐进式提升

在应用 CSS3 渐变效果时，确保渐进式提升这一点很重要。要为不支持 CSS3 渐变的浏览器设置可“回滚”的 background-color 和 background-image 属性值，让那些浏览器里的网页也能够正常呈现。在图 4.42 中，背景色被设置成与渐变结束的颜色相同。

配置 CSS3 渐变

通常，当 W3C 提出新的 CSS 编码技术时，浏览器厂商会先在这些属性或功能前添加特定浏览器的前缀(如-webKit)，之后才会实现对这些 W3C 新属性或功能的支持。

处于草稿状态时，CSS3 渐变的语法格式是在变化的，但绝大多数浏览器很快就采纳了新的 W3C 语法格式。在我写这一段时，主流的浏览器(除 Safari 外)已支持当前的 W3C 语法。Safari 支持较早的语法版本，仍需要加上浏览器厂商前缀-webkit。在浏览器支持度完全满足之前，我们都要在 background-image 属性中写多个样式声明以及 IE 专有的过滤器(filter)属性，确保渐变效果背景的正常呈现：

- -webkit-linear-gradient (Safari Webkit 浏览器)
- filter (Internet Explorer 9 及之前的版本，它们使用专有的过滤器(filter)属性，而不是 linear-gradient 函数)
- linear-gradient (W3C 语法)

将线性渐变函数设为 background-image 属性值。下列 CSS 代码首先配置了背景色(针对不支持渐变的浏览器)，然后配置了从白色((#FFFFFF)到普蓝(#8FA5CE)的线性渐变背景：

```
body { background-color: #8FA5CE;
       background-image: -webkit-linear-gradient(#FFFFFF, #8FA5CE);
       filter: progid:DXImageTransform.Microsoft.gradient
           (startColorstr=#FFFFFFFF, endColorstr=#FF8FA5CE);
       background-image: linear-gradient(to bottom, #FFFFFF, #8FA5CE); }
```

因为最终所有的浏览器都会去掉浏览器前缀，实现对 W3C 语法的支持，所以线性渐变声明写在最后。在本节中，浏览器专用的 CSS 语法是非标准的。你的 CSS 代码中如果有这些专用语法，是通不过 W3C 的验证服务的。如需了解更多上述语法方面的知识，请访问下列相应的网站：

- Webkit (Safari): http://webkit.org/blog/175/introducing-css-gradients

● W3C: http://dev.w3.org/csswg/css3-images/#gradients

深入探索

请访问下列资源，以进一步探索其中有关于 CSS3 渐变的知识：

● http://caniuse.com/css-gradients

● http://css-tricks.com/css3-gradients

● https://developer.mozilla.org/en/Using_gradientsy

● http://net.tutsplus.com/tutorials/html-css-techniques/quick-tip-understanding-css3-gradients

另外还有 http://www.colorzilla.com/gradient-editor， http://gradients.glrzad.com，http://www.westciv.com/tools/gradients 等都是不错的在线 CSS3 渐变代码生成器，试试吧。

本 章 小 结

本章介绍了网页上所使用的视觉元素与图形。过长的下载时间是访问者离开网页的首要原因。应当针对 Web 进行图片优化(包括文件大小与图像维度)，然后再将它们应用到网页上，从而达到加快页面载入速度的目的。

在本章中，你学习了一些新的 HTML5 元素以及许多 CSS 特性。在使用这些新的 CSS3 属性和 HTML5 元素时，必须考虑渐进式提升与无障碍访问的原则。要确保即使用不支持这些新特性的浏览器打开时，网页也能以可接受的方式呈现出来。利用 alt 属性为图片添加文字说明。

请访问本书配套网站，网址为 http://www.webdevfoundations.net，上面有许多示例、本章中所提到的一些材料链接以及更新信息。

关键术语

<area>	热点
<figcaption>	HSLA color
<figure>	hspace 属性
<hr>	图像链接
<img>	图像映射
<map>	图片优化
<meter>	图像切割
<progress>	交错图像
alt 属性	JPEG
动画 GIF	longdesc 属性
background-attachment 属性	无损压缩
background-clip 属性	有损压缩
background-image 属性	min-width 属性
background-origin 属性	opacity 属性
background-position 属性	padding 属性
background-repeat 属性	PNG
background-size 属性	渐进式提升
border 属性	渐进式 JPEG
border-color 属性	RGBA 颜色
border-radius 属性	分辨率
border-style 属性	src 属性
border-width 属性	缩略图
box-shadow 属性	透明
收藏图标(favicon)	usemap 属性
filter 属性	vspace 属性
gamma	Webkit
GIF	WebP
渐变	width 属性
height 属性	

复习题

选择题

1. 下列哪个 CSS 属性用于配置背景颜色？

    a. bgcolor   b. background-color

    c. color   d. none of the above

2. 下列哪个 HTML 标签用于在页面 上生成一条水平线？

    a. \<line>   b. \
            c. \<hr>   d. \<border>

3. 我们要创建一个指向 index.html 页面的图像链接，单击 home.gif 图实现跳转，以下哪一行代码可完成此功能？

    a. `<a href="index.html" src="home.gif" alt="Home"></a>`

    b. `<a href="index.html"><img src="home.gif" alt="Home"></a>`

    c. `<img src="home.gif" href="index.html" alt="Home">`

    d. `<a href="index.html"><img href="home.gif" alt="Home"></a>`

4. 为什么要在\<img>标签中设置 height 和 width 属性？

    a. 它们都是必不可少的属性，必须包含。

    b. 它们帮助浏览器事先为图像保留了适当的空间，能更快地呈现网页。

    c. 它们帮助浏览器在图像自己的窗口中显示出来。

    d. 以上都不对。

5. 下列哪个属性用于设置供不支持图片的浏览器和用户代理访问的文本？

    a. alt   b. text   c. src   d. 以上都不对

6. 哪个术语用于指代和网页关联的、显示在地址栏或网页标签上的小方块图标？

    a. 背景   b. 书签图标   c. 收藏图标   d. 标识

7. 以下哪种图片格式最适合照片？

    a. GIF   b. JPG   c. BMP   d. PHOTO

8. 以下哪种图片格式可实现透明效果？

    a. GIF   b. JPG   c. BMP   d. PHOTO

9. 用于配置 HTML 元素(通常为文本)与其边框间空白间距的是哪个属性？

    a. vspace 属性   b. padding 属性   c. margin 属性   d. 以上都不对

10. 下列哪种设置可以实现图片沿着网页一侧垂直向下重复的效果？

    a. `hspace="10"`   b. `background-repeat:repeat;`

    c. `valign="left"`   d. `background-repeat: repeat-y;`

填空题

11. 在浏览器中，背景图像会自动重复或_____。

12. 如果网页上使用了图片链接，要在网页询问添加一行_____以保证无障碍访问。

13. _____是大图像的一个较小版本，通常链接到大图像。

14. _____这一 CSS3 属性可为 HTML 元素制造阴影效果。

15. _____元素用来在已知范围内显示带数值的可视化尺度。

学以致用

1. 指出代码的运行结果。画出下列 HTML 代码所生成的页面，并做简要描述。

```
<!DOCTYPE html>
<html lang="en">
<head>
<title>Predict the Result</title>
<meta charset="utf-8">
</head>
<body>
<header> <img src="logo.gif" alt="CircleSoft Design" height="150"
width="600">
</header>
<nav> Home <a href="about.html">About</a>
<a href="services.html">Services</a>
</nav>
<main><p><img src="people.jpg" alt="Professionals at CircleSoft
Design" height="300" width="300"> Our professional staff takes
pride in its working relationship with our clients by offering
personalized services that take their needs into account, develop
their target areas, and incorporate these items into a website that
works.</p>
</main>
</body>
</html>
```

2. 补全代码。该网页包含一个链接，背景和文本的颜色应当具有良好的对比。网页上使用的图像应该链接到 services.thml 网页。有一些 HTML 属性值和 CSS 样式规则缺失或不全，显示为"_"。请填入缺失的代码以纠正错误。

```
<!DOCTYPE html>
<html lang="en">
<head>
<title>CircleSoft Design</title>
<meta charset="utf-8">
<style>
body { "_": "_";
      color: "_";
}
</style>
</head>
<body>
```

```
<div>
<a href="_"><img src="logo.gif" alt="_" height="100"
width="600">
<br>Enter CircleSoft Design</a>
</div>
</body>
</html>
```

3. 查找错误。这个网页上显示了一张名为 trillium.jpg 的图片，其宽度为 100 像素，高度为 200 像素。页面显示时图片看上去不太正常。请找出错误，并说明在<img>标签中应添加哪些代码以实现无障碍访问。代码如下：

```
<!DOCTYPE html>
<html lang="en">
<head>
<title>Find the Error<title>
<meta charset="utf-8">
</head>
<body>
<img src="trillium.jpg" height="100" width="100" alt="Trillium
flower">
</body>
</html>
```

动手练习

1. 在网页中加入名为 primelogo.gif 的图片，图片高 100 像素，宽 650 像素。请写出相应的 HTML 代码。

2. 在页面上创建一张名为 schaumburgthumb.jpg 的图片，高 100 像素，宽 150 像素，无边框。它要链接到一张名为 schaumburg.jpg 的大图片。请写出相应的 HTML 代码。

3. 写出 HTML 代码创建一个导航元素，其中包含用作导航链接的三张图片。下表给出了图片和相应链接的信息。

图片名称	链接到的网页	图片高度	图片宽度
home.gif	index.html	50	200
products.gif	products.html	50	200
order.gif	order.html	50	200

4. 练习网页背景设置。找到学生文件中 chapter4/starters 文件夹下的 twocolor.gif 图片。设计一张网页，使用该文件作为背景，图片沿着浏览器窗口左侧向下重复。将网页存为 bg1.html。

5. 练习网页背景设置。找到学生文件中 chapter4/starters 文件夹下的 twocolor1.gif 图片。设计一张网页，使用该文件作为背景，图片沿着浏览器窗口顶部重复。将网页存为 bg2.html。

6. 访问你所喜爱的一个网站。记下它的背景、文本、标题、图像等元素所使用的颜色。写一段话描述该网站各元素的配色情况。编写一张网页，使用类似的配色方案，另存为 color.html。

7. CSS 实践

a. 我们要设置如下效果的页脚区域，请写出 footer 元素选择器中的 CSS 代码：背景色为浅蓝，Arial 字体，深蓝色文本，10 像素内间距，深蓝色的虚线窄边框。

b. 为名为 notice 的 id 写一段 CSS 代码，使其宽度为 80%，居中显示。

c. 写一段 CSS 代码，生成一个带虚线下划线的标题。将文本与下划线设置成你喜欢的颜色。

d. 写一段 CSS 代码，配置一个 h1 元素选择器，样式为：带阴影效果的文本，背景色的透明度为 50%，sans-serif 字体，字号为 4em。

e. 写一段 CSS 代码，为名为 feature 的 id 设置样式：小号、红色、Arial 字体的文本；白色背景；宽度为 80%；阴影效果。

8. 设计一张介绍你自己的新网页。用 CSS 配置背景色和文本色。包含下列内容：

- 你的名字
- 简要介绍自己的爱好与喜欢的活动
- 一张本人照片(要事先针对 Web 进行优化)

  文件保存为 freegraphics.html。

9. 设计一张网页，收集剪贴画与照片的免费资源。应当至少列出五个不同的网站。对象可以是自己喜欢的图片站点、本章中提供的资源、或是自己在上网时发现的网站。将网页保存为 freegraphics.html。

10. 访问本书配套网站中的这一页面：http://webdevfoundations.net/7e/chapter4.html，打开 Adobe Fireworks 或 Adobe Photoshop 教程的链接。跟随教程创建一张标识横幅图片。将教程内容打印出来交给指导老师。

万维网探秘

1. 让所有人都能无障碍地访问万维网是一件相当重要的事情。请访问 W3C 的"网络无访问倡议"(Web Accessibility Initiative)网站，了解 WCAG 2.0 快速参考(WCAG 2.0 Quick Reference)，网址是 www.w3.org/WAI/WCAG20/quickref。根据需要查看 W3C 的其他网页。探索有关网页颜色与图像使用的要点，并根据这些要点来创建一张颜色合适、图像得当的网页。

2. 本章介绍了一些 CSS3 中的新特性。请选择一部分作深入研究，并创建示例网页来展示这些特性的运用。请访问下列网站以了解自己所用浏览器对于新特性的支持情况。你的示例网页中要包括这些支持情况的总结，并给出所用资源的 URL。

- http://www.quirksmode.org/css/contents.html
- http://www.findmebyip.com/litmus
- http://www.impressivewebs.com/css3-click-chart

关注网页设计

访问你感兴趣的任何一个网站，将主页或其他相关网页打印出来。写出一页篇幅的总结，介绍你所访问的这个网站。总结要包含下列主题。

　　a. 该网站的目的是什么？

　　b. 目标受众是谁？

　　c. 你认为这个网站是否真的满足了目标受众的需求？

　　d. 这个网站对你是否有用？为什么？

　　e. 列出该网站首页中页面背景、页面各区域的背景、文本、标识、导航按钮等元素中所使用的颜色和/或图片。

　　f. 颜色和图片的使用令网站在哪些方面得到了提升？

网站实例研究

图片与视觉元素的使用

以下所有案例将贯穿全书。接下来请你在网站上添加图片、创建新网页，并修改已有的页面。

JavaJam 咖啡屋

回顾一下第 2 章中关于 JavaJam 咖啡屋的案例研究内容。图 2.28 为该网站的站点地图。之前我们已经为该网站创建了主页与菜单页。让我们从已有的网站出发，修改页面设计，并创建一张新的音乐页面。在本环节中，请你完成以下五项任务。

1. 为本实例研究创建一个新的文件夹，并获取相关的图片文件。

2. 修改主页，添加标识图片以及一张展现蜿蜒之路的图片，如图 4.43 所示。

3. 修改菜单页，使它的风格与主页保持一致。

4. 新建如图 4.44 所示的音乐页面。

5. 根据需要修改 javajam.css 文件中的样式规则。

实例研究之动手练习

任务 1：创建文件夹。 在硬盘或可移动存储上创建名为 javajam4 的新文件夹。将在第 3 章的练习中所建的 javajamcss 文件夹中的全部文件以及本练习中需要用到的图片文件(位于学生文件的 chapter4/casestudystarters/javajam 文件夹中)复制到 javajam4 中。这些图片文件包括 background.gif、greg.jpg、gregthumb.jpg、javalogo.gif、melanie.jpg、melaniethumb.jpg 以及 windingroad.jpg。

任务 2：修改主页。 用文本编辑器打开 javajam4 文件夹中的 index.html 文件，修改后的显示效果如图 4.43 所示。

1. 把 h1 元素中的"JavaJam Coffee House"文本替换成 javalogo.gif。不要忘记在该图片的<img>标签中设置 alt、height 和 width 这三个属性的值。

2. 将 windingroad.jpg 图片添加到页面的主要内容区。不要忘记设置 alt、height 和 width 这三个属性的值。此外还要在<img> tag 指定 align="right"，这样该图片就显示在无序列表的右侧了。请注意：W3C 的 HTML 校验器会指出这个 align 属性无效。在本实例研究中，我们可以忽略这一错误提示。我们将在第 6 章中介绍另一种布局设计技术，用 CSS float 属性(用于取代 align 属性)来指定对齐方式。

保存并测试新的 index.html 页面。它看起来应当与图 4.43 差不多，但还有一些细节差异(如背景图像)；我们将在任务 5 中完成相关 CSS 配置。

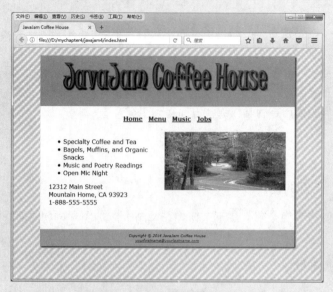

图 4.43　JavaJam 网站的新主页

任务 3：菜单页。用文本编辑器打开 javajam4 文件夹中的 menu.html 文件。将标题中的"JavaJam Coffee House"替换为 javalogo.gif。保存并测试新的 menu.html。

任务 4：音乐页。我们将在菜单页的基础上进行修改以创建新的音乐页。启动文本编辑器，打开 javajam4 文件夹中的 menu.html 文件并另存为 music.html。修改这个文件，令其如图 4.44 所示：

图 4.44　JavaJam 网站的 music.html 页面

1. 将页面标题改为合适的文字。

2. 删除描述列表。

3. 主要内容区域要由三部分组成：导航下的一个段落以及两个描述音乐表演的区域。

- 文本段落的内容：The first Friday night each month at JavaJam is a special night. Join us from 8pm to 11pm for some music you won't want to miss!

- 提示：遇到撇号请使用特殊字符"’"。

- 每个描述音乐表演的区域由以下内容组成：一个 h2 元素、一个类名为 details 的段落以及一个图像链接。

January Music Performance

- 添加一个内容为"January"的 h2 元素。

- 键入段落的起始标签。将它分配给 details 类。

- 将 melaniethumb.jpg 设置为指向 melanie.jpg 的图像链接。在<img>标签中键入合适的属性代码。

- 在图片后面的段落中添加下列文本：Melanie Morris entertains with her melodic folk style. Check out the podcast! CDs are now available.

February Music Performance

- 添加一个内容为"February"的 h2 元素。

- 键入段落的起始标签。将它分配给 details 类。

- 将 gregthumb.jpg 设置为指向 greg.jpg 的图像链接。在<img>标签中键入合适的属性代码。

在图片后面的段落中添加下列文本：Tahoe Greg's back from his tour. New songs. New stories. CDs are now available.

- 提示：遇到撇号请使用特殊字符"’"。

保存文件。如果此时用浏览器测试页面，你会发现与图 4.45 还是略有不同，让我们继续配置样式规则。

任务 5：CSS 设置。在文本编辑器中打开 javajam.css。编辑如下样式规则。

1. 修改 body 元素选择器中的样式规则：将 background.gif 指定为背景图像。

2. 修改名为 wrapper 的 id 的样式规则：将背景色设置为#ffffcc。最小宽度为 700 像素(使用 min-width)。最大宽度为 1024 像素(使用 max-width)。设置 box-shadow 属性以生成投影效果(box-shadow: 3px 3px 3px #333333;)。

3. 在 h2 元素选择器中添加新的样式规则，将背景色配置为#ccaa66，字号为 1.2em，左内边距为10px，底内边距为5px。样式规则如下：

```
background-color: #ccaa66;
font-size: 1.2em;
padding-left: 10px;
padding-bottom: 5px;
```

4. 修改 footer 元素选择器中的样式规则：内边距为 10 像素。

5. 在 main 元素选择器中添加新的样式规则：内边距为 25 像素。

6. 为 details 类设置新的样式规则：左右内边距增加 20%(使用 padding-left 和 padding-

right)。请注意，这一样式规则将扩大关于音乐演出的简介和图片区域两侧的空间。

7. 在 img 元素选择器中添加新的样式规则：不显示边框。

保存样式文件。在浏览器中测试各页面 (index.html、menu.html 和 music.html)。如果没有正确显示，或者图像链接无效，请认真检查。用资源管理器或 Mac Finder 确认相关图片是否确实保存在了 javajam4 文件夹中。检查<img>标签中的 src 属性，确认图片的名称有否拼写正确。另外还可以验证一下 HTML 和 CSS 代码，这也是故障定位的有效手段。详见第 2 章和第 3 章中关于这些验证服务的练习。

Fish Creek 宠物医院

回顾一下第 2 章中关于 Fish Creek 宠物医院的案例研究内容。图 2.32 为该网站的站点地图。之前我们已经为该网站创建了主页与服务页。让我们从已有的网站出发，修改页面设计，并创建一张新的咨询兽医页面。在本环节中，请你完成以下五项任务。

1. 为本实例研究创建一个新的文件夹，并获取相关的图片文件。
2. 修改主页，添加标识图片以及一些导航图片链接，如图 4.45 所示。
3. 修改服务页，使它的风格与主页保持一致。
4. 新建如图 4.46 所示的咨询兽医页面。
5. 根据需要修改 fishcreek.css 文件中的样式规则。

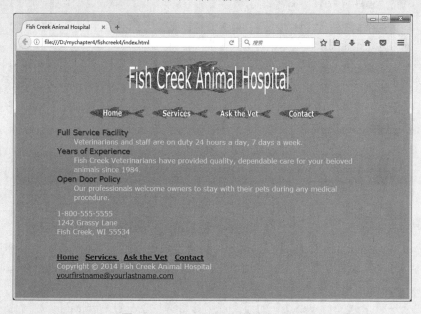

图 4.45　Fish Creek 网站的新主页

实例研究之动手练习

任务 1：创建文件夹。 在硬盘或可移动存储上创建名为 fishcreek4 的新文件夹。将在第三章的练习中所建的 fishcreekcss 文件夹中的全部文件以及本练习中需要用到的图片文件(位于学生文件的 chapter4/casestudystarters/ fishcreek 文件夹中)复制到 fishcreek4 中。这些图片文件包括 fishcreeklogo.gif、home.jpg、services.gif、askthevet.gif 与 contact.gif。

任务 2：修改主页。 用文本编辑器打开 fishcreek4 文件夹中的 index.html 文件，修改成如图 4.46 所示。

1. 把 h1 元素中的 "Fish Creek Animal Hospital" 文本替换成 jfishcreeklogo.gif。不要忘记在该图片的<img>标签中设置 alt、height 和 width 这三个属性的值。

2. 更新导航区域。

- 由于接下来要把顶部的导航替换成图片链接，因此为了保障网页的无障碍访问，最好在页脚区域添加一组文本链接。把 nav 元素复制到页脚区域内，位于版权信息上方。

- 参考图 4.45，把顶部的导航替换为图片链接。home.gif 链接到 index.html，services.gif 链接到 services.html，askthevet.gif 链接到 askvet.html，contact.gif 链接到 contact.html。

不要忘记设置 alt、height 和 width 这三个属性的值。

保存并测试新的 index.html 页面。它看起来应当与图 4.45 差不多，但还有一些细节差异(如分类中的文本阴影效果)；我们将在任务 5 中完成相关 CSS 配置。

任务 3：服务页。用文本编辑器打开 fishcreek4 文件夹中的 services.html 文件。将标题中的 "Fish Creek Animal Hospita" 替换为 fishcreeklogo.gif。将导航区域更新成与 index.html 页面一致。保存并测试新的 services.html。

任务 4：咨询兽医页。我们将在 "服务" 页的基础上进行修改以创建新的咨询兽医页。启动文本编辑器，打开 fishcreek4 文件夹中的 services.html 文件并另存为 askvet.html。修改这个文件，令其如图 4.46 所示。

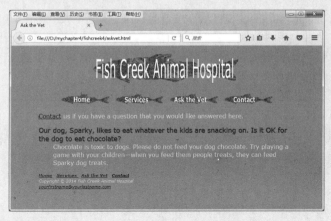

图 4.46 Fish Creek 网站的 askvet.html 页面

1. 将页面标题改为合适的文字。

2. 删除无序列表。

3. 主要内容区域要由文本段落以及包含常见问题与解答等内容的描述列表组成。

a. 文本段落的内容为：Contact us if you have a question that you would like answered here.

b. 单词 "Contact" 应当链接到 contact.html 页面。

c. 描述列表用于展示常见问题与解答。<dt>元素列出问题，将其分配给曾在服务页上用过的 category 类。<dd>元素列出解答。描述列表的内容如下：

d. 提示：参考附录 C "特殊字符"，找到用于显示破折号(—)的代码写法。

保存文件。如果此时用浏览器测试页面，你会发现与图 4.46 还是略有不同——让我们继续配置样式规则。

任务 5：CSS 设置。 在文本编辑器中打开 fishcreek.css。编辑如下样式规则。

1. 修改名为 wrapper 的 id 的样式规则：最小宽度为 700 像素(使用 min-width)。最大宽度为 1024 像素(使用 max-width)。

2. 修改 h1 元素选择器中的样式。删除已有的规则。添加新的声明将图像居中(使用 text-align:center)。

3. 修改 nav 元素选择器中的样式规则：添加新的声明将文本居中(使用 text-align:center)。

4. 修改 category 类中的样式规则，使文本显示投影效果(使用 text-shadow: 1px 1px 1px #666)。

5. 在 img 元素选择器中添加新的样式规则：不显示边框。

6. 为页脚区域中的导航元素添加新的样式规则(选择器为 footer nav)，删除之前的样式，将文本设置为左对齐(使用 text-align: left)。

保存样式文件。在浏览器中测试各页面 (index.html、services.html 和 askvet.html)。如果没有正确显示，或者图像链接无效，请认真检查。用资源管理器或 Mac Finder 确认相关图片是否确实保存在了 fishcreek4 文件夹中。检查<img>标签中的 src 属性，确认图片的名称有否拼写正确。另外还可以验证一下 HTML 和 CSS 代码，这也是故障定位的有效手段。详见第 2 章和第 3 章中关于这些验证服务的练习。

Pacific Trails 度假村

回顾一下第二章中关于 Pacific Trails 度假村的案例研究内容。图 2.36 为该网站的站点地图。之前我们已经为该网站创建了主页与庭院帐篷页。让我们从已有的网站出发，修改页面设计，并创建一张新的活动页面。在本环节中，请你完成以下五项任务。

1. 为本实例研究创建一个新的文件夹，并获取相关的图片文件。
2. 修改主页，添加标识图片以及风景照片，如图 4.47 所示。
3. 修改庭院帐篷页，使它的风格与主页保持一致。
4. 新建如图 4.48 所示的活动页面。
5. 根据需要修改 pacific.css 文件中的样式规则：

实例研究之动手练习

任务 1：创建文件夹。 在硬盘或可移动存储上创建名为 pacific4 的新文件夹。将在第三章的练习中所建的 pacificcss 文件夹中的全部文件以及本练习中需要用到的图片文件(位于学生文件的 chapter4/casestudystarters/pacific 文件夹中)复制到 pacific4 中。这些图片文件包括 sunset.gif、coast.jpg、yurt.gif、trail.gif 以及 background.gif

任务 2：修改主页。 用文本编辑器打开 pacific4 文件夹中的 index.html 文件，修改成如图 4.48 所示。在 h2 元素下方、段落元素之上添加 coast.jpg 图片。不要忘记设置图片的 alt、height 和 width 属性值。

保存并测试新的 index.html 页面。它看起来应当与图 4.47 差不多，但还有一些细节差异(如标识区域中的落日图片)；我们将在任务 5 中完成相关 CSS 配置。

任务 3：庭院帐篷页。 用文本编辑器打开 fishcreek4 文件夹中的 yurts.html 文件。在 h2 元素下方、描述列表元素之上添加 yurt.jpg 图片。不要忘记设置图片的 alt、height 和 width 属性值。保存并测试新的 yurt.html。

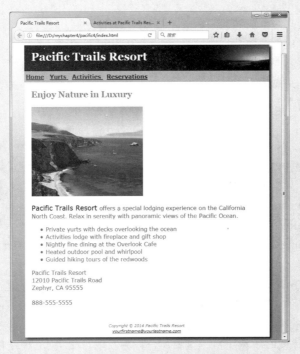

图 4.47 Pacific Trails 度假村网站的新主页

任务 4：活动页。我们将在庭院帐篷页的基础上进行修改以创建新的活动页。启动文本编辑器，打开 pacific4 文件夹中的 yurts.html 文件并另存为 activities.html。修改这个文件，令其如图 4.48 所示。

图 4.48 Pacific Trails 度假村网站的 activities.html 页面

1. 将页面标题改为合适的文字。

2. 将<h2>元素中的文本修改为 Activities at Pacific Trails Resort。

3. 将<img>标签内容修改为 trail.jpg，同时修改 alt 属性值。

4. 删除页面上的描述列表。

5. 添加下列文本，标题使用 h3 标签，语句使用段落标签：

Hiking

Pacific Trails Resort has 5 miles of hiking trails and is adjacent to a state park. Go it alone or join one of our guided hikes.

Kayaking

Ocean kayaks are available for guest use.

Bird Watching

While anytime is a good time for bird watching at Pacific Trails, we offer guided **birdwatching**

trips at sunrise several times a week.

6. 在第一个段落中添加一个 span 元素，使其包含文本"Pacific Trails Resort"，并为它分配名为 resort 的类。

保存文件。如果此时用浏览器测试页面，你会发现与图 4.48 还是略有不同——让我们继续配置样式规则。

任务 5：CSS 设置。在文本编辑器中打开 pacific.css。编辑如下样式规则。

1. 修改 body 元素选择器中的样式规则：把 background.jpg 设置为背景图像。

2. 修改名为 wrapper 的 id 的样式规则：背景色为#ffffff。最小宽度 700 像素(使用 min-width)。最大宽度 1024 像素(使用 max-width)。设置 box-shadow 属性以生成投影效果。

3. 修改 h1 元素选择器中的样式：把 sunset.jpg 设置为背景图像，靠右显示不重复。左内边距为 20 像素。高为 72 像素(与背景图像相同)。

4. 修改 nav 元素选择器中的样式规则：内边距设为 5 像素。

5. 修改 footer 元素选择器中的样式规则：内边距设为 10 像素。

6. 在 h3 元素选择器中添加新的样式规则，文本色设为#000033。

7. 在 main 元素选择器中添加新的样式规则，左右内边距设为 20 像素。

8. 你是否已经注意到标识区域和导航区域两侧有多余的空间？让我们来做些修改，将要用到 CSS margin(外边距)属性，它的相关内容将在第六章中详细介绍。修改 h1 元素选择器中的样式规则，将底部的外边距设为 0，代码为：

```
margin-bottom: 0;
```

保存样式文件。在浏览器中测试各页面(index.html、yurts.html 和 activities.html)。如果没有正确显示，或者图像链接无效，请认真检查。用资源管理器或 Mac Finder 确认相关图片是否确实保存在了 pacific4 文件夹中。检查<img>标签中的 src 属性，确认图片的名称有否拼写正确。另外还可以验证一下 HTML 和 CSS 代码，这也是故障定位的有效手段。详见第 2 章和第 3 章中关于这些验证服务的练习。

Prime 房产

回顾一下第 2 章中关于 Prime 房产公司的案例研究内容。图 2.40 为该网站的站点地

图。之前我们已经为该网站创建了主页与理财页。让我们从已有的网站出发，修改页面设计，并创建一张新的理财页面。在本环节中，请你完成以下五项任务。

1. 为本实例研究创建一个新的文件夹，并获取相关的图片文件。
2. 修改主页，添加标识图片以及导航按钮，如图 4.49 所示。

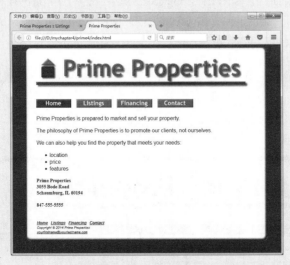

图 4.49　Prime 房产网站的新主页

3. 修改理财页，使它的风格与主页保持一致。
4. 新建如图 4.50 所示的房产信息页面。
5. 根据需要修改 prime.css 文件中的样式规则。

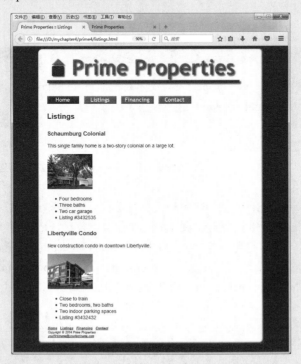

图 4.50　Prime 房产网站的 listings.html 页面

实例研究之动手练习

任务 1：创建文件夹。 在硬盘或可移动存储上创建名为 prime4 的新文件夹。将在第 3 章的练习中所建的 primecss 文件夹中的全部文件以及本练习中需要用到的图片文件(位于学生文件的 chapter4/casestudystarters/prime 文件夹中)复制到 prime4 中。图片文件包括 primelogo.gif、primehomenav.jpg、primefinancingbtn.gif、primecontactnav.gif、schaumburg.jpg、schaumburgthumb.jpg、libertyville.jpg、libertyvillethumb.jpg、primevertical.png、primehorizontal.png 以及 primediagonal.png。

任务 2：修改主页。 用文本编辑器打开 prime4 文件夹中的 index.html 文件，修改成图 4.49 那样，这里重新展示。

1. 把 h1 元素中的“Prime Properties”文本替换成 primelogo.gif。不要忘记在该图片的 <img>标签中设置 alt、height 和 width 这三个属性的值。

2. 更新导航区域。

- 由于接下来要把顶部的导航替换成图片链接，因此为了保障网页的无障碍访问，最好在页脚区域添加一组文本链接。把 nav 元素复制到页脚区域内，位于版权信息上方。

- 参考图 4.49，把顶部的导航替换为图片链接。导航按钮利用颜色的变化为访问者提供视觉线索，链接到当前页面的按钮用蓝色背景，链接到其他页面的按钮用绿色背景。为实现导航功能，我们用 primehomebtn.gif 链接到 index.html，primelistingsnav.gif 链接到 listings.html，primefinancingnav.gif 链接到 financing.html，primecontactnav.gif 链接到 contact.html。

不要忘记设置 alt、height 和 width 这三个属性的值。

保存并测试新的 index.html 页面。它看起来应当与图 4.49 差不多，但还有一些细节差异(如深蓝色的页面背景)；我们将在任务 5 中完成相关 CSS 配置。

任务 3：理财页。 用文本编辑器打开 prime4 文件夹中的 financing.html 文件。将标题中的"Prime Properties"替换为 primelogo.gif。将导航区域更新成与 index.html 页面一致。在顶部的导航区域中，用 primehomebtn.gif 链接到 index.html，primelistingsnav.gif 链接到 listings.html，primefinancingnav.gif 链接到 financing.html，primecontactnav.gif 链接到 contact.html。保存并测试新的 financing.html。

任务 4：房产信息页。我们将在理财页的基础上进行修改以创建新的房产信息页。启动文本编辑器，打开 prime4 文件夹中的 financing.html 文件并另存为 listings.html。修改这个文件，令其如图 4.49 所示。

1. 将页面标题改为合适的文字。

2. 配置页面顶部的导航区域，用 primehomebtn.gif 链接到 index.html，primelistingsnav.gif 链接到 listings.html，primefinancingnav.gif 链接到 financing.html，primecontactnav.gif 链接到 contact.html。

3. 将 h2 元素中的文本"Financing"替换为"Listings"。

4. 删除原来理财页面上的剩余内容：段落元素、h3 元素、描述列表。

5. 配置房产信息页面的内容。描述每一处房产信息的部分由一个 h3 元素、一个图像链接、一个段落以及一张无序列表组成。

Schaumbur Colonial　房产信息

- 添加一个 h3 元素，其文本内容为：Schaumburg Colonial。
- 添加一个段落元素，其文本内容为：This single family home is a two-story colonial on a large lot。
- 添加 schaumburgthumb.jpg 图片，并将其设置为跳转到 schaumburg.jpg 的图片链接。在<img>标签中设置合适的 src、alt、height 的 width 属性。
- 添加一张无序列表，其内容如下所示：

Four bedrooms

Three baths

Two car garage

Listing #3432535

Libertyville Condo　房产信息

- 添加一个 h3 元素，其文本内容为：Libertyville Condo。
- 添加一个段落元素，其文本内容为：New construction condo in downtown Libertyville。
- 添加 libertyvillethumb.jpg 图片，并将其设置为跳转到 libertyville.jpg 的图片链接。在<img>标签中设置合适的 src、alt、height 的 width 属性。
- 添加一张无序列表，其内容如下所示：

Close to train

Two bedrooms, two baths

Two indoor parking spaces

Listing #3432432

保存文件。如果此时用浏览器测试页面，你会发现与前面的图 4.50(下面重复展示)还是略有不同，让我们继续配置样式规则。

任务 5：**CSS 设置**。在文本编辑器中打开 prime.css。编辑如下样式规则。

1. 修改 body 元素选择器中的样式规则：设置一种很深的背景色(#000033)。在 primevertical.png、primehorizontal.png 或 primediagonal.png 中任选一张作为背景图片。

2. 修改名为 wrapper 的 id 的样式规则：背景色为# FFFFCC。最小宽度为 700 像素(使用 min-width)。最大宽度为 960 像素(使用 max-width)。顶与右内边距为 0。底内边距为 20 像素。左内边距为 30 像素，1 像素蓝色(#00332B)的圆角 3D 垄状边框。设置 box-shadow 属性以生成投影效果(box-shadow: inset -3px -3px 3px 3px #00332B;)。

3. 修改 h3 元素选择器中的样式，顶内边距为 10 像素。

4. header、h2、h3 等元素选择器中的背景色样式可能在某些浏览器中会影响盒阴影效果的展示。将这些选择器中的 background-color 样式规则删除。

5. 修改 img 元素选择器中的样式，无边框。

保存样式文件。在浏览器中测试各页面(index.html、financing.html 和 listing.html)。如果没有正确显示，或者图像链接无效，请认真检查。用资源管理器或 Mac Finder 确认相关图片是否确实保存在了 prim4 文件夹中。检查<img>标签中的 src 属性，确认图片的名称有否拼写正确。另外还可以验证一下 HTML 和 CSS 代码，这也是故障定位的有效手段。详见第 2 章和第 3 章中关于这些验证服务的练习。

第 5 章

网 页 设 计

本章学习目标

- 了解最常见的网站组织类型
- 了解视觉效果的设计原则
- 为目标受众而设计
- 设计简洁易用的导航
- 提升网页文本内容的可读性
- 在网页上恰当地应用图形
- 将无障碍设计理念应用于网页
- 了解页面布局设计技巧
- 应用网页设计最佳实践

在网络世界里遨游时，想必你既经历过极具吸引力且很好用的网站，也曾遭遇过使用不便甚至令人心生厌烦的网站。如何区分好与坏？本章就将讨论网页设计的推荐原则，主题包括网站组织、导航设计、页面布局设计、文本设计、图形设计、配色方案选择以及无障碍访问设计等等。

5.1　为目标受众群体而设计

不管个人喜好如何，设计网站的目的在于吸引目标群体，也即使用站点的人。理想中的目标受众一般都是特定的人群，比如孩子、年轻夫妇、老年人，当然也可以是所有人。造访网站的人们，其目的可能因人而异，或许是偶然的寻找信息，或许是检索学校或工作，或许是购物时货比三家，或者是求职就业……因此在设计网站时得记住这是要吸引特定群体并满足他们的需求。

图 5.1　NASA 主页上引人入胜的图片

以 NASA 网站为例(http://www.nasa.gov)，如图 5.1 所示的主页特点鲜明：图片引人入胜。因而它给人的观感不同于以文本为主、并提供了大量链接的"劳工统计局消费物价指数"页面(http://www.bls.gov/cpi)，后者如图 5.2 所示。

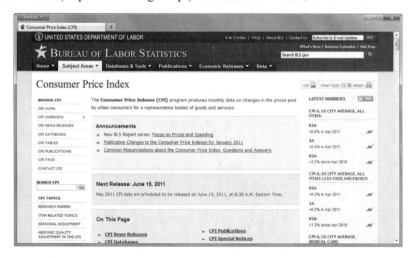

图 5.2　这种以文本为主的页面上有大量选项

第一个示例中的网站无疑在激发你的兴趣、吸引你深入、邀请你来一番探索。第二个示例中的网站则提供了大量的选项，让访客能够快速展开工作。页面布局、导航设计、甚至是色彩与文本的应用，这些要素齐心协力地要把目标观众牢牢吸引住。在本章学习与实践网页设计的过程中，务必找准自己网站的目标观众定位。

5.2　网站的组织结构

访客在网站上的活动轨迹是怎样的？他们如何才能找到自己需要的内容？这些在很大程度上取决于网站的组织结构。下面列出三种常见的网站组织类型：

- 分层结构
- 线性结构
- 随机结构(有时称为 Web 组织)

网站组织的示意图又叫站点地图。创建站点地图是开发网站的初始步骤之一(详见第 10 章)。

分层结构

绝大多数网站都采用分层式架构。图 5.3 所示为采用分层结构的网站站点地图。这一类型的特点在于有清晰定义的主页，主页上有指向网站各主要组成部分的链接。组成部分内的网页按需设置。主页与位于站点地图内第一层的页面通常会设有导航栏。

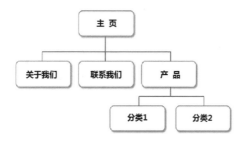

图 5.3　分层结构的网站

采用这种架构时得注意避开分层陷阱。图 5.4 所示的网站设计就存在过"浅"的毛病，网站的主要组成部分太多了！

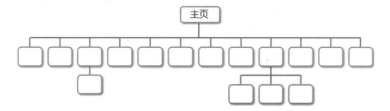

图 5.4　该网站设计的层次结构过于扁平化

应当精减这一网站的主题或信息单元数，令它们更加易于管理，这一过程称为组块化(chunking)。在这种情形中，每个信息单元就是一个页面。

内尔森·柯万(Nelson Cowan)，密苏里大学的记忆研究专家，发现成年人通常能在短时间内记住大约四种或四组物品(如分成三部分的电话号码 888-555-5555) ((http://web.missouri.edu/~cowann/research.html)。根据这一原则，请注意主要的导航链接数量要适当，并且尽量将它们在视觉上独立开来，每组不超过四个链接。

另一种陷阱则是将网站排布得过"深"。图 5.5 即是这种情形的示例。界面设计"三点击原则"告诉我们，一个网页访问者应当最多只需要点击三个超链接，就能够从网站内任意页面到达站内任意其他页面。换句话说，访客如果不能在三次点击以内到达目的地，就会开始感到沮丧，就有可能离开网站。对于一个大规模的网站来说也许这一原则很难满足，但总而言之，组织站点的目的在于采用合适的结构，从而让你的访客可以很容易地浏览网站内的页面。

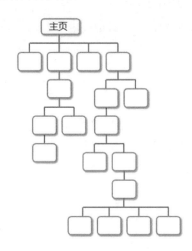

图 5.5　该网站结构纵向层次过多

线性结构

当网站或一组网页的目的是提供按顺序观看的教程、导览或演示时，采用线性组织就比较合适，如图 5.6 所示。

图 5.6　线性的站点结构

在线性组织中，网页按前后顺序逐一被浏览。某些网站总体而言是分层结构，但在一些小的区域采用了线性结构。

随机结构

随机结构(有时称为 Web 组织)没有提供清晰的网站遍历路径，如图 5.7 所示。通常既没有明确的首页，也没有明显的结构。随机结构不像分层或线性结构那样普遍，只有一些艺术类网站以及追求独特性或原创性的网站会采用。

商业网站一般不会采用这种类型的组织结构。

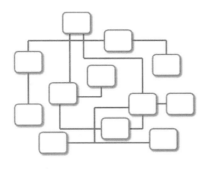

图 5.7　随机结构的站点

 FAQ 我想创建站点地图，请推荐一些好方法吧。

有时候很难在一开始就创建出网站的站点地图。某些设计团队在会议室里留出一块白墙并准备一大包便利贴。在便利帖上写下网站主题和子主题的名称，排列在墙上，然后进行讨论，直到架构逐渐变得清晰，小组内部达成一致。如果你目前还不是团队作战，也可以自己尝试这种方法，并与朋友或同学进行讨论。

5.3　视觉效果设计原则

有四条视效设计原则几乎适用于任何设计，即重复、对比、邻近、对齐。无论你设计的一张网页、一个按钮、一个标志、一张 DVD 封面、一本小册子或软件界面，重复、对比、邻近、对齐四原则都能帮你打造出"好看"的感觉(具有视觉美感)，并且将决定你的信息是否能得到有效传递。

重复：在整个设计中重复使用视觉组件

在应用重复这一原则时，网页设计师会在整张网页上重复使用一个或多个组件。重复出现的细节使作品更为紧凑。图 5.8 是某家经营家庭旅馆业务的公司主页。它的页面上重复使用了许多设计元素，例如颜色、形状、字体、图像等。

图 5.8　该网页应用了重复、对比、邻近和对齐这四项设计原则

- 网页中所展示的照片颜色较为接近(棕色、褐色、深绿色和米黄色)，并且这些颜色在网页上的其他区域也一再出现。棕色被用作导航区的背景色；行为召唤的"Search(检索)"和"Subscribe(订阅)"按钮以及中间和右边列的文本颜色也是棕色。米黄色用于标识文本、导航文本，并且也是中心列的背景色。暗绿用作导航区域的背景颜色，也用作中间列的主题标题颜色。

- 用作行为召唤的"Search(检索)"和"Subscribe(订阅)"区域的标题、内容和按钮有着近似的形状和格式。

- 页面上只用了两种字体，同样诠释了重复原则的应用，使视觉风格更趋一致。网站名称和页面标题都是 Trebuchet 字体。其他页面内容用 Arial 字体。

无论是颜色、形状、字体或图像，重复有助于设计的统一。

对比：提升视觉刺激效果，吸引注意力

运用对比原则，可以强调页面元素之间的差异，让作品看起来更有趣、对访客的吸引力更大。网页的背景颜色和文本颜色应该有良好的对比度。如果对比度不明显，文本将难以阅读。我们看到，图 5.8 中右上角的导航区域使用的文本颜色与较暗的背景颜色形成了鲜明的对比。左栏的背景色较暗，可以突出较亮的米黄色文本。中栏的特点是用中等亮度的背景烘托深色的文本，视觉效果合适，文字更易阅读。页脚区域中的深色文本与中等亮度的背景也形成了良好的对比。

邻近：组合相关的项目

当设计者采用邻近原则时，相关的项目在物理上被放置在一起。无关的项目之间

保持足够的分隔空间。例如若干预订表单控件通常放得比较接近，给人以视觉上的提示，帮助理解信息或功能的逻辑结构。在图 5.8 中，横向导航链接都挨得很近。这将在页面上创建一个可视化组，使导航功能更易使用。在这个页面上较好地体现了相关元素邻近放置这一原则。

对齐：将元素对齐形成视觉上的统一效果

另一个有助于提升网页凝聚力的原则是对齐。设计师在组织页面时会有意将每个元素与页面上的其他元素对齐(垂直或水平)，图 5.8 所示的页面即运用了这一原则。注意页面上的组件被垂直分隔，排列成了具有相同高度的栏目。

重复、对比、邻近和对齐是四个视效设计原则，合理利用可以大大提高网页设计水平。运用得当将使您的网页看起来更专业，将能够更清楚地传达您的信息。在设计和构建网页时，请牢记这些原则。

5.4　无障碍访问设计

在第一章中，我们已经介绍了通用设计的概念。接下来，要深入了解如何将这一概念应用于网页设计。

谁将从通用设计与无障碍访问设计中获益？

请设想以下场景。

- Maria，一位二十多岁的年轻女性，因为身体原因无法操纵鼠标，使用键盘也很费力：如果有不用鼠标也能访问的网页，将帮上 Maria 的忙。
- Leotis，失聪的大学生，想成为一名网站开发者：提供音频/视频内容的字幕与剧本将帮他获取所需内容。
- Jim，一位中年人，用拨号连接上网，正在上网冲浪：用文本取代图片、用剧本取代多媒体能让他有更好的访问体验。
- Nadine，一位中年妇女，患有老龄化黄斑变性，阅读小号字时有困难：对网页进行专门设计，使其中的文本在浏览器中能够放大，让她读起来更轻松。
- Karen，一个使用智能手机访问网络的大学生：将可访问内容用标题和列表组织起来，她在移动设备上浏览网页时就更方便了。
- Prakesh，一位三十多岁的男人，失明，需要访问网站以完成他的工作：将网页设计成可无障碍访问(合理组织标题和列表，显示描述性文本以取代超链接，为图片提供文字说明，不用鼠标也能操作)。

只要用心设计，提供网页无障碍访问功能必将使上述群体受益。不仅如此，一个在无障碍访问方面表现上佳的网页，无疑能为所有人提供便利，即使没有身体疾患困扰或者使用宽带连接，也都将从网页改进的展现方式和精心设计的组织方式中受益。

无障碍访问设计有利于被搜索引擎检索到

搜索引擎程序(通常被称作机器人或蜘蛛)遍历网络并跟踪网站上的超链接。一个可访问的网站，如果网页标题具有描述性，精心组织了标题、列表，超链接带有描述性文本，用文本代替图像，无疑更能得到搜索引擎机器人的关注，排名也会更靠前。

做正确的事：提供无障碍访问

互联网和万维网已经成为我们的文化中一个很普遍的组成部分，因而美国法律对无障碍访问也作出了规定。康复法案 Section 508 要求联邦机构使用的电子和信息技术，包括网页，必须要让残疾人士也能访问。我写这部分内容的时候，Section 508 的标准正在进行修订；请访问 http://www.access-board.gov 了解相关信息。本书中推荐的无障碍访问建议旨在满足 Section 508 标准和无障碍访问 Web 内容指南 2(WCAG 2)的要求，后者是在 W3C 的无障碍访问 Web 倡议(WAI)中所推荐的。以下四项原则是 WCAG 2 中的基本内容：可感知、可操作、可理解、稳健的，可简写为 POUR。

1. 内容必须是可感知的。可感知的内容也就是说容易被看到或者容易被听到。任何图形或多媒体内容应同时提供文本格式，诸如图像的描述、视频的字幕、音频的剧本等。

2. 内容中的接口组件必须是可操作的。可操作的内容具有导航形式，或其他的交互式功能，这些功能可以借由鼠标或键盘来实现或操作。设计多媒体内容时应避免闪烁，因为这可能会引发癫痫。

3. 内容和控件必须是可以理解的。易于理解的内容也易于阅读，按一致的方式组织，并在适当的时候提供有用的错误提醒。

4. 内容应当足够稳健，从而能够应对当前以及未来的用户代理使用，包括辅助技术。稳健性方面的内容也是对 W3C 建议的遵循，网页设计应当兼容多种操作系统、浏览器和辅助技术，如屏幕阅读器等。

附录 F 中的 WCAG 2 快速参考中列出了简化版的网页无障碍访问设计指南清单。如需详细了解该指南，请访问 http://www.w3.org/TR/WCAG20/Overview。本指南分为三个层次：A 级，AA 级和 AAA 级。除为了满足康复法案 Section 508 要求外，本书中讨论的无障碍访问建议也意图充分满足 WCAG 2.0 AA 级(包括 A 级)指南的要求，并部分满足 AAA 级要求。请访问 http://www.w3.org/WAI/WCAG20/quickref，该网站提供了有关这些指南的可交互清单。开发可无障碍访问的网页是网页设计的重要方面。WebAIM 创建了 WCAG 2.0 清单，给出了许多有用的建议，网址为 http://webaim.org/standards/wcag/checklist。多伦多大学网站((http://achecker.ca/checker/index.php)提供了免费的无障碍访问验证服务。

在通读本书之后，大家将学会如何在创建实际网页时设计无障碍访问功能。在第 2

章～第 4 章的学习中，我们已经对页面标题标签、标题标签、超链接描述文本以及图像的替换文本的重要性有所了解。让我们一起致力于开发可无障碍访问的网页吧！

5.5　适合于 Web 的写作风格

冗长的句子和解释常见于学术教科书和文艺作品，但它们真的不适合放在网页上。大块头的文本和超长的段落在网页上很难阅读。以下建议将有助于提升网页的可读性。

精心组织内容

根据网站可用性专家雅各布·尼尔森(Jakob Neilsen)的研究，人们其实不是在"看"网页，而是在扫描网页。因此要精心组织网页上的文本内容，以便访问者能快速扫描。要尽可能简洁。使用标题、副标题、简短的段落和无序列表来组织网页内容，使它们易于阅读，也让访客能够快速的找到所需要的信息。图 5.9 所示的网页就将内容通过标题、子标题和简短的段落合理地组织起来。

字体选择

请使用常见字体，如 Arial、Verdana、Georgia，或 Times New Roman 等。请记住，网页访问者必须在他(她)的计算机上安装好了相应字体，浏览器才能正确显示。也许你那张使用了 Gill Sans Ultra Bold Condensed 字体的网页效果非常棒，但如果访客的本地电脑上没有安装这种字体，浏览器还是只能显示默认字体。请访问 http://www.ampsoft.net/webdesign-l/WindowsMacFonts.html，上面列出了"浏览器安全字体"。

图 5.9　通过各种标题将网页内容合理地组织了起来

Serif 字体，如 Times New Roman，一开始是印刷在纸上的，并非专门设计来在电脑显示器上显示文本。研究表明，sans serif 字体，如 Arial 和 Verdana，显示在屏幕上时，要比 Serif 字体更易于阅读。如需了解详情，请访问 http://www.alexpoole.info/academic/literaturereview.html 或 http://wilsonweb.com/wmt6/html-email-fonts.htm)。

字体大小

请注意，相同的字号，在 Mac 中显示时要比在 PC 中显示时小。即便都在 PC 平台上，不同浏览器的默认字号也不尽相同。可以先建一张字号设置的原型页，以便测试在不同浏览器与显示器设置下的表现。

字体粗细

将重要的文本设置为加粗或强调(使用<strong>或<em>元素)。当然得注意别把所有的文字都加粗了，那样等于什么都没有加粗。

文字颜色对比

只要文本与背景间的颜色对比足够鲜明，阅读起来就会容易得多。如果你经常需要通过查看网页的方式才能确定对比度是否达标，那么可以访问以下网址，上面提供了一些很有用的工具：

- http://www.dasplankton.de/ContrastA
- http://juicystudio.com/services/luminositycontrastratio.php
- http://snook.ca/technical/colour_contrast/colour.html

文本行的长度

文本行的长度得合适，如果可能，注意留白与分栏。Baymard(http://baymard.com/blog/line-length-readability)的克里斯汀·霍尔斯特 Christian Holst 建议每行的字符数在 50 到 70 之间为宜，此时可读性较好。

对齐

一段居中的文本读起来肯定不如左对齐的舒适。

超链接中的文本

只需要将关键词或描述性的短语设置为超链接；不要把整个句子都囊括进去。避免使用诸如"点击这里"之类的词语作为超链接，因为用户不知道点了会发生什么情况。并且现在使用触摸屏的用户日益增多，而他们的动作是选择与轻触，而非点击，请记住这一点。

阅读级别

阅读级别与写作风格得与你的目标用户相适应。尽量使用让他们感到舒服的词汇。Juicy Studio 提供了免费的在线测试可读性的服务，网址为 http://juicystudio.com/services/readability.php。

拼写和语法

不可否认的是许多网站上都有拼写错误，这很糟糕。大多数网页制作工具，如 Adobe Dreamweaver，都提供了内置的拼写检查器，记得加以利用。最后，请确保已校对并全面检测了网站。如果能找到志同道合的小伙伴一起开发网页就更好了，你检查他们的网站，他们检查你的网站。旁观者清，说的没错！

5.6　颜色的使用

该怎样选择展示在网页上的颜色？你也许会感到困惑。良好的配色方案能吸引并留住网站的访客，而糟糕的方案效果肯定正好相反。这一节我们将介绍几种挑选配色方案的方法。

基于图像的配色方案

最简单的方法无疑就是从一张现有的图片开始，比方说网站的标志图、大自然的照片等等，如果组织已经有了标志图片，那么就从中选些颜色作为色彩方案的基础吧。另一种方案是使用照片来"捕捉网站的情绪"，这样就能用照片中的颜色来创建配色方案了。图 5.10 展示了从一张照片中挑选出来的两种可能的配色方案。如果你能熟练运用某种图片处理软件(如 Adobe Photoshop、GIMP 或 http://pixlr.com/editor)，那就用里面的拾色工具来挑选图片里的颜色吧。下面列出了几个网站，它们都能生成基于照片的配色方案：

- http://www.degraeve.com/color-palette/index.php
- http://bighugelabs.com/colors.php
- http://www.cssdrive.com/imagepalette
- http://www.pictaculous.com

即使你基于现有的图片生成配色方案，多了解色彩理论实操、色彩研究及其在设计中的应用也是不无裨益的。接下来，我们要学习有关色彩理论与色轮的知识。

配色方案A：

配色方案B：

图 5.10　从照片中挑选配色方案

色轮

　　色轮(参见图 5.11)是用于描绘原色(红、黄、蓝)、混合色(橙、紫、绿)、三次色(橙黄、橙红、红紫、蓝紫、蓝绿、黄绿)的圆环。其实没有必要将色彩的选择局限于网页安全色调色板之中。现代的显示器已经能够显示数以百万计的色彩。因此尽可以放心大胆地自由选择色彩的阴影、色温与色调。色彩的阴影指的是比原有颜色深的部分，是由色彩与黑色相混产生的。色温指的是比原有颜色浅的部分，是由色彩与白色相混产生的。色调的饱和度低于原有颜色，是由色彩与灰色相混产生的。接下来，我们将学习六种常见的配色方案：单色色系、类似色系、互补色系、分散的互补色系、三色系和四色系。

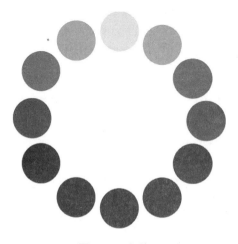

图 5.11　色轮

基于色轮的配色方案

单色色系

图 5.12 展示了一种单色色系配色方案，是对同一种色彩的阴影、色温和色调所进行的调节。你可以自行决定这些值或者利用在线工具来生成，下面给出几个提供这种工具的在线资源：

- http://meyerweb.com/eric/tools/color-blend
- http://www.colorsontheweb.com/colorwizard.asp (选择一种颜色，再选择单一色系 monochromatic)
- http://colorschemedesigner.com/(选 择 一 种 颜 色 ， 再 选 择 单 一 色 系 monochromatic)

图 5.12　单色色系配色方案

类似色系

先选择一种主色，再从色轮上挑选与之相邻的两种颜色，这样就创建了一种类似色系的配色方案。图 5.13 即展示了一种类似色系配色方案，是由橙色、橙红、橙黄三种颜色组成的。在设计采用类似色系的网页时，请注意，主色应当占据页面的主导部分，相邻的颜色通常用于突出重点。

图 5.13　类似色系配色方案

互补色系

互补色系配色方案由色轮上相对的两种颜色组成。图 5.14 展示了一种互补方案，即由黄色与紫色组成。在设计采用互补色系的网页时，要确定一种颜色作为主色或占主导地位，另一种作为补充。用互补色以及与主色相邻的颜色来突出重点。

图 5.14　互补色系配色方案

分散的互补色系

分散的互补色系是由一种主色、一种在色轮上与之相对的颜色(互补色)以及另外与基本色的互补色相邻的两种颜色构成。图 5.15 展示了一种分散的互补方案，由黄色(主色)、紫色(互补色)、红紫和蓝紫组成。

图 5.15   分散的互补色系配色方案

三色系

三色系是由三种在色轮中等距分布的色彩组成。图 5.16 展示了一种三色系的配色方案，三种颜色分别为草绿(青色)、黄橙、红紫。

图 5.16   三色系配色方案

四色系

图 5.17 展示了一种四色系的配色方案，是由两对互补色组成。图中所示的黄色、紫色对与黄绿、红紫对组合在一起，即为四色系方案。

图 5.17   四色系配色方案

对配色方案进行补充

在设计网页配色方案时，我们会挑选一种颜色作为主导色，其他颜色则用来强调，如标题、子标题、边框、列表项目符号、背景等元素。不管你选择哪种方案，通常都要用到一些中性色，如白色、米色、灰色、黑色、棕色等等。注意，文本与背景的颜色要形成良好的对比。为网站选择最佳配色方案的过程也是不断试错的过程。大胆地进行色温、阴影、色调的调节，无论是原色、混合色，还是三次色都可以，有那么多色彩可供我们挑选。请访问下列资源，它们能帮助设计出漂亮的网站配色方案：

- http://colorschemedesigner.com

- http://www.colorsontheweb.com/colorwizard.asp
- http://www.leestreet.com/QuickColor.swf
- http://kuler.adobe.com
- http://www.colorspire.com
- http://colrd.com
- http://hslpicker.com

无障碍访问与颜色

虽然漂亮的颜色能让我们的网页引人注目，但请时刻牢记，并非所有的访问者都能看到或能区分不同的色彩。有些访客使用的是屏幕阅读器，他们无法体验到你的色彩，所以要确保即便在这种情况下信息也能明白无误地传递给他们。

色彩的选择至关重要。例如红色文本搭配蓝色背景，如图 5.18 所示，可能很多人都会觉得读着很费劲。同样，请尽量避免红绿配或棕紫配，因为一些色盲症患者可能无法区分它们。请访问 http://www.vischeck.com/vischeck/vischeckURL.php，该网站能让我们模拟体验色盲症患者浏览网页的感觉。白色、黑色、带阴影的蓝色与黄色之类的颜色更容易为大多数人辨别。

图 5.18　某些色彩组合让人看着很累

在选择背景色与文本色时，注意对比度要高。WCAG2.0 指南中建议标准文本的对比度值为 4.5:1。如果文本字体较大，对比度可以降低到 3:1。乔纳森·斯努克(Jonathan Snook)设计了在线色彩对比度检测，网址为 http://snook.ca/technical/colour_contrast/colour.html，能够帮助我们确认网页文本与背景色之间的对比度是否足够。

灯塔国际(Lighthouse International)网站(网址为 http://lighthouse.org/accessibility/design/accessible-print-design/effective-color-contrast)上有许多有关如何有效利用色彩的信息。在选择色彩时，重要的一点是要考虑到网站目标受众的喜好。接下来，我们将聚焦于此。

颜色与目标受众

我们要挑选能吸引目标受众的颜色。较年轻的群体，如少年儿童，往往喜欢明亮生动的颜色。如图 5.19 所示的网页，有着明艳的图片、丰富的色彩与极强的互动性。http://www.sesamestreet.org/games 、 http://www.nick.com 和 http://www.usmint.gov/kids 就是专为儿童设计的网站。

图 5.19　旨在吸引儿童的网页

　　一二十岁的青少年喜欢的网页，往往用深色背景搭配少量亮色比对，包含音乐元素与动态导航。图 5.20 展示的网页就是面向这一年龄层次的。请注意，它的外观与给人的感觉较之前专为低龄儿童设计的网站完全不同。http://us.battle.net/wow，http://www.nin.com 和 http://www.thresholdrpg.com 都是这种类型的网站。

图 5.20　许多青少年更青睐深色网站

　　如果你的目标是吸引"所有人"，那就不妨学学流行网站的色彩运用，就像 Amazon.com 和 eBay.com。这些站点往往会使用中性的白色背景，并使用一些分散的颜色来强调网页的重要部分，并增加趣味性。雅各布·尼尔森(Jakob Nielsen)和马里·塔希尔(Marie Tahir)研究了 50 个顶级网站，在《专业主页设计技术》一书中指出，白色被广泛用作背景色，其中 72%使用了黑色文本。这种最大化背景与文本间对比度的做法实现了最佳的可读性。

目标群体为"所有人"的网站还常常会用一些引人入胜的视觉元素。图 5.21 所示的国家公园服务(National　Park Service)网站主页 (http://www.nps.gov)，就利用色彩与图片将主要内容展现在白色背景上，形成强烈对比，以吸引访客。

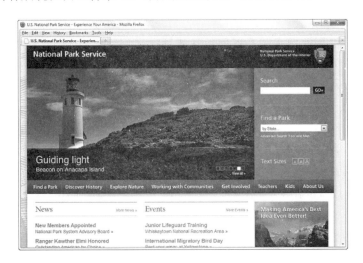

图 5.21　内容区搭配了吸引人的图片与白色背景

年纪较大的受众一般喜欢亮色的背景、清晰的图片与大号的字体。老年医疗保健(Medicare) 网 站 (网 址 为 http://http://medicare.gov/your-medicare-costs/help-paying-costs/get-help-paying-costs.html)即是一个专为 60 岁以上老人设计的网址。请访问http://www.aarp.org，http://www.theseniornews.com 和 http://senior.org，多看看这一类型的网站范例。

图 5.22　专为 60 岁以上老年人群体设计的网站

 自测题 5.1

1. 请列举四条基本设计原则。浏览学校主页，并以此为例描述它是如何应用每一条原则的。

2. 请列举三则编写网页文本时的最佳实践。下面的文本来自一个真实的网站。公司名称与所在城市已经修改了。请应用最佳实践重新编写下列内容:

Acme，Inc 是一家从事实验室仪器维修等服务的新公司。迄今为止，我们的员工已经有了 30 年以上从事标本修复、仪器维修等服务的经验。

我们的技术人员拥有 EPA 制冷认证。公司全面投保，所有员工均享有工人补助金。我们可根据您的要求提供保险证明。

公司位于伊利诺斯州芝加哥市，维修设施与办公室一应俱全。Acme,Inc.的技术人员拥有行业培训经历，同时配备了最先进的诊断与维修设备。

每一台接受我公司服务的设备均有独立的文档留存。技术人员上门维护时，他能提供相关文件，列出了设备的全部维护记录。这些文件也能帮助我们回答您有关设备维护经历的任何问题。

我们的服务费标准是劳务费和差旅费每小时 100 美元，2 小时里程以内最低每英里 0.4 美元加所有相关的费用，不含零配件价格。

3. 浏览以下三个网站沃尔玛（http://www.walmart.com）、麻瓜网（http://www.mugglenet.com)和芝麻街(http://www.sesamestreet.org/muppet)。请描述每个网站的受众群体。它们的设计有何不同? 这些网站是否满足其目标受众的需求?

5.7　图片与多媒体的应用

如图 5.1 所示，一张具有吸引力的图片能够成为网页上受人喜欢的元素。当然也不能只依赖于图片来传递信息。有些人可能无法看到图片与多媒体，也许他们是在移动设备上访问你的网页，也有人可能得借助于诸如屏幕阅读器等辅助设备才能"浏览"。因此，当你用图片或多媒体文件承载信息时，请记得同时为重要的概念或关键要点配上文本描述。在本节中，你将学习在网页上运用图片与多媒体时的推荐技术。

图像的文件大小和尺寸

图像的文件大小与尺寸要尽可能小。只要将能够确切表达要点的那部分显示出来就可以了。如果手头上的图片过大，就用图像处理软件对其进行裁剪或创建缩略图再将它链接到大图像。

多媒体中的抗锯齿或锯齿文字

抗锯齿功能通过引入中间色使数字图像的边缘看似更平滑。Adobe Photoshop 和 Adobe Fireworks 等图像处理软件都具备创建抗锯齿文本图像的功能。图 5.23 所示的图像就使用了抗锯齿功能。图 5.24 所示图像未进行抗锯齿处理，请留意其锯齿状的边缘。

图 5.23   抗锯齿处理后的文本

图 5.24   未经抗锯齿处理后的文本：字母 A 有锯齿状边缘

仅使用必要的多媒体

只有当动画与多媒体元素能提升网站价值时才使用它们。不要只是因为你有 GIF 或 Flash 动画(详见第 11 章)就不管三七二十一地用上去。要限制动画元素的使用，用就要用出效果。同时得限制动画的播放长度。

无障碍访问

一般来说，与年长者相比，较年轻的受众群体会更喜欢动画。如图 5.19 所示的网页是为儿童制作的，因此用了大量动画元素。如果用于旨在吸引成年消费者的网站上就不那么合适了。当然，制作精良的导航动画或描述产品服务的动画还是能够吸引几乎任何目标群体的。用于 Web 的 Adobe Flash 能够为网页增添视觉趣味性，提升互动性。在第 11 章中，你将学习如何利用   Flash 动画和全新的 CSS3 属性为网页增加动画元素与交互功能。

提供替代文本

正如我们在第 4 章中所讨论的那样，要为网页上的每一张图片配备替代文本。替代文本可以显示在移动设备上，当图像载入较慢时先让浏览者看到简介，即使浏览器被设置为不显示图像时也能够显示替代文本。如果访客使用的是屏幕阅读器，有了替代文本的帮助，他也能了解图片所承载的信息了。

为满足无障碍访问需求，我们同样要为视频、音频等多媒体元素设置替代文本。音频的文字剧本不仅帮助了有听力障碍的人士，同时对于喜欢"读"新信息的人来说也能投其所好。并且文字说明能够被搜索引擎访问到，方便它为网站分类、建立索引。有关无障碍访问与多媒体的知识，详见第 11 章。

5.8　更多设计方面的注意事项

加载时间

访客在网页还未完全载入时就离开了，我猜你一定不希望看到这一幕！因此得让网页加载的速度尽可能地快。网页可用性专家雅各布·尼尔森(Jakob Nielsen)发现网页浏览者通常在等待 10 秒之后会离开。在浏览器的加载速度是 56 Kbps 时，一张文档大小为 60 KB 的网页恰好在不到 9 秒的时间内加载完。所以将一个网页和相关图片、媒体文件的总大小限制在 60 KB 以内是一种不错的做法。当然，如果确信访问者会有足够的兴趣等待你的网站呈现，网页大小突破推荐限制也是很常见的。

根据近来 PEW 研究中心的成果(互联网和美国生活项目)，美国的互联网用户，无论在家还是工作中使用宽带(电缆，DSL 等)的比例都在逐年上升。66%的美国成年用户在家利用宽带上网。虽然借助宽带的访问者数量在稳步攀升，但要知道仍有 34%的家庭是没有宽带的。请访问 PWE Internet 官方网站(http://www.pewinternet.org)了解最新统计数据。如图 5.25 所示的图表展示了在不同的连接速度下，各种大小的文件所需的下载时间。

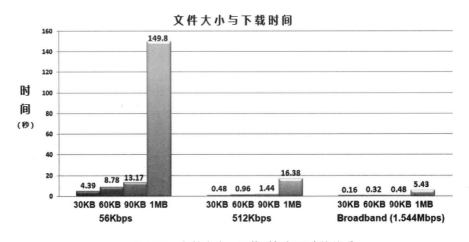

图 5.25　文件大小、下载时间与网速的关系

判断网页下载时间是否可接受的方法之一是在 Windows 资源管理器或 Mac Finder 中查看网站文件的大小。计算网页及其相关图片和媒体文件的总大小。如果这个和超出了 60 KB，由于部分访客可能用的不是宽带，因此请仔细检查一下设计是否还可改进。考虑一下是否真的需要所有图片才能完整表达你的信息。可感知的加载时间是指浏览网页的人在页面载入时等待的时间长度。如果一个页面需要太长的时间才能加载

完，浏览者往往中途就离开了，因此缩短他们意识到的等待时长这点很重要。通常的做法是通过优化图像、使用 CSS 精灵(CSS Sprites，详见第 7 章)、将很长的网页分成多个较小的页面等方法来缩短被感知到的加载时间。Adobe Dreamweaver 等流行的网页制作软件可以计算不同传输速度下的网页加载时长。

首屏

将重要信息放在首屏(Above the Fold)是从报刊业学习来的技术。报纸放在柜台或自动贩卖机上等待出售时，折线之上(Above the Fold)的部分是可见的。出版商注意到如果把最重要的、最吸引人的信息放在这个位置，报纸的销量会更好。因此可以将这一技术应用于网页制作，以吸引访问者并将他们留住。流行的显示器屏幕分辨率为1024×768，首屏可见部分(除去浏览器菜单与控件)大约为 600 像素。请不要将重要的信息与导航内容放在最右边，在某些屏幕分辨率下的浏览器可能刚开始不会显示这一区域。

充分留白

空白这个术语也是从出版行业借鉴来的。在文本块周围留出"空"与"白"(报纸通常是白色的)可以增加页面的可读性。在图片周围留白能凸显它们。另外文本块与图像之间也要有一点间隙。究竟留出多少才合适？那得视情况而定，做些尝试吧，直到页面看起来能够对目标受众产生足够吸引力为止。

避免水平滚动

为了方便浏览者查看与使用网页，不要将页面设置得过宽而以至于在浏览器窗口中显示不下。否则浏览者得水平滚动窗口才能看到全貌。当前主流显示器的分辨率为1024×768。卡麦伦·莫尔(Cameron Moll)(http://www.cameronmoll.com/archives/001220.html)建议在此分辨率下，网页的最佳宽度为 960 像素。请注意，在访问网页时并非所有的浏览者都会将浏览器最大化。

浏览器

除非设计的是公司的内部网站，否则得准备好应对各种浏览器。网页在你喜欢的浏览器中看起来效果不错，并不意味着所有的浏览器都会自动将它呈现得如你所愿。"网络市场共享"公司(Net Market Share，网址为 http://www.netmarketshare.com/)最近的一项调查表明，虽然微软的 Internet Explorer 在市场上占据着主导地位，但 Firefox 和Google Chrome 大有后来者居上之势。据统计，大约 56%的用户使用 Internet Explorer(版本从 IE6 到 IE10)，20%使用 Firefox，16%使用 Google Chrome，5%使用 Safari，2%使用 Opera，还有 1%的用户使用其他类型的浏览器，如 Flock 和 Konqueror 等。

注意应用渐进提升原理。在设计网站时，先确保它在目标受众常用的浏览器中有不错的效果，然后逐步利用 CSS3 和/或 HTML5 对网站设计作提升，使它们在新型浏览器中也能有出色表现。要分别在 PC 和 Mac 操作系统平台上针对最流行的多个浏览器版本进行网页测试，这一点要贯穿始终。许多网页组件，包括默认文本大小和默认边距大小，在不同的浏览器、不同的浏览器版本以及不同的操作系统中其表现也是不尽相同的。同时还要在其他类型的设备上进行测试，如平板电脑和智能手机。

屏幕分辨率

访问网站的用户所使用的屏幕分辨率林林总总。NetMarket Share 最近的一项调查显示目前分辨率的种类超过 90 种，前四位分别是 1366×768(16%)、1024×768(13%)、1280×800(10%)以及 1280×1024(7%)。大约有 4%的智能手机用户其屏幕的分辨率为 320×480。移动类应用中，网站目的不同，其分辨率也有所不同，但预计随着智能手机和平板电脑的使用增加，分辨率也会增加。得注意移动设备的屏幕分辨率也不一致，从 240×320、320×480、480×800 到 1024×768、1136×640、1280×720，五花八门。在第 7 章中，你将了解 CSS 多媒体查询的内容，这是一种在各种屏幕分辨率中配置 Web 页面的技术。

5.9 导 航 设 计

易于导航

有时候，由于网页开发人员与网站的关系过于密切，往往会陷入只见树木、不见森林的误区。而初来乍到的访问者可能在网站中迷失方向，不知道该点啥，也不清楚哪里才找得到自己所需的信息。在每个页面上都提供明确标识的导航将为访客提供极大便利。为保证最大的可用性，每个页面上的导航位置应当相同。

导航栏

清晰的导航栏，不管是基于文本的还是基于图像的，都能够让用户明确知晓自己身处何方以及接下来要去哪里。全站范围的导航往往以水平导航栏的形式放置在网站标识之下(见图 5.20)，或者以垂直放置在页面左侧(见图 5.25)。垂直放置在页面右侧的导航栏不多见，因为当屏幕分辨率较低时，这部分区域在初始显示时往往不可见。

面包屑导航

知名的网页可用性与设计专家雅各布·尼尔森(Jakob Nielsen)建议大型网站采用面包屑路径(breadcrumb trail)形式导航，也就是在页面上展示用户在当前会话过程中的访问轨迹。图 5.26 所示画面就采用了组织良好的导航区域，位于页面标志区域之下，此外在主内容区之上设有面包屑路径导航以提醒访客此次浏览过程中查看的页面路径：Home > News and Features > News Topics > Solar System。浏览者可以借由该路径轻松返回之前所访问的页面。页面的左侧还提供了垂直的导航条，指向 News Topics 部分。NASA 的这一页面很好地诠释了网站常用的导航类型。

图 5.26　访问者可以沿着"面包屑路径"返回之前在 http://www.nasa.gov 网站中去过的地方

利用图形实现导航

有时候我们用图形代替文本来提供导航，图 5.19 所示的页面中那些粉色的导航按钮即是一例。导航文本其实存放在了图像文件中。不过请注意，用图形导航的技术已经过时了。用文本导航的网站无障碍访问度高，也更容易被搜索引擎检索到。即使站点的主要导航采用了图像而非文本，我们仍然可以通过以下方法来提供其无障碍访问特性。

- 为图像设置替代文本。
- 在页脚部分配置文本超链接。

跳过重复导航链接

要提供跳过重复导航链接的方法。无视觉与运动障碍困扰的浏览者能够扫描网页并快速定位于有用的内容。但对于使用屏幕阅读器或键盘访问的人来说，冗长重复的导航栏很快就会让他们感到厌烦。因此可以考虑在主导航栏的前面加上"跳过导航"或"跳转到内容"的超链接，指向页面主内容节开始处的一个命名区段(详见第七章)。图 5.27 展示了另一种实现跳过导航功能的方法。虽然使用屏幕阅读器或键盘访问 http://terrymorris.net 的人并不是马上就"看"到"跳转到内容"，但只需要按 Tab 键就

无障碍访问

很快能遇上页面左上角的这一超链接。

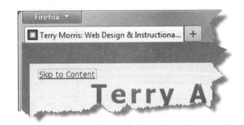

图 5.27　按 Tab 键找到"跳转到内容"超链接

动态导航

在访问网站时，你应该遇到过将鼠标移动到菜单某个条目上悬停时出现附加选项的情形。这就是动态导航，它为访客同时提供多种选项又不至于显得杂乱无章。采用这种技术时，菜单不是一股脑儿地把所有链接全部展现出来的，而是根据所需灵活动态地展现菜单条目(一般结合 HTML 和 CSS 来实现)。当上一级的菜单项处于焦点位置或被选中时，相关的附加条目就被激活。在图 5.28 中，Publications 菜单被选中，引发了垂直菜单项的显示。

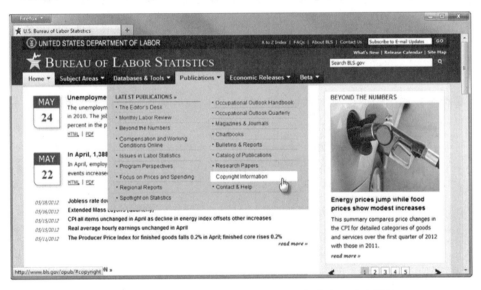

图 5.28　结合 HTML、CSS 和 JavaScript 技术实现动态导航

站点地图

在访问大型网站时，就算有清晰而连贯的导航，我们仍可能迷失其中。此时如果有站点地图(也称为网站索引)，就能以网站组织大纲的形式为访客提供指向每个主要页面的超链接，从而帮助访问者找到另一条路线以获得他们寻求的信息，正如"国家公园服务"网站所示，参见图 5.29。

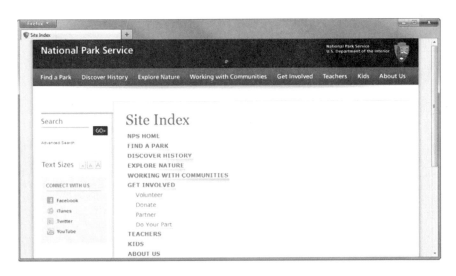

图 5.29 大型网站为访问者提供的站内检索与站点地图功能

站内检索功能

再来看一下图 5.29，页面左侧有站内检索功能，能够帮助访客找到导航栏或站点地图里不明显的信息。

5.10 页面布局设计

线框和页面布局

线框(wireframe)是网页设计的草图或蓝图，展示了页眉、导航、内容区域和页脚等基本页面元素的结构(不包括具体设计)。作为设计过程的一部分，线框可用来试验各种页面布局，开发网站结构和导航等功能，并为项目成员提供了沟通基础。请注意，不要在描绘线框时往图中添加具体内容(如文本、图片、网站标识和导航等)，我们要做的仅仅是描绘出页面的整体结构即可。图 5.30、图 5.31 和图 5.32 所示的三种线框图即展示了带水平导航栏页面的不同设计。图 5.30 差强人意，但它也许适合于强调文本信息的页面，不太有趣。

图 5.31 所展现的网页内容类似，但分成三栏，并且还配了图。这表明已经有所提升，但仍缺失了一些东西。

图 5.32 所展现的网页内容仍然类似，并且也分成了三栏，但各栏宽度有所变化，还配置了页眉区、导航区、内容区(包含标题、子标题、段落和无序列表)和页脚区。这是三者中最吸引人的一种布局。图 5.31 与图 5.32 中随着分栏和图像的应用，页面的吸引力也随之上升。

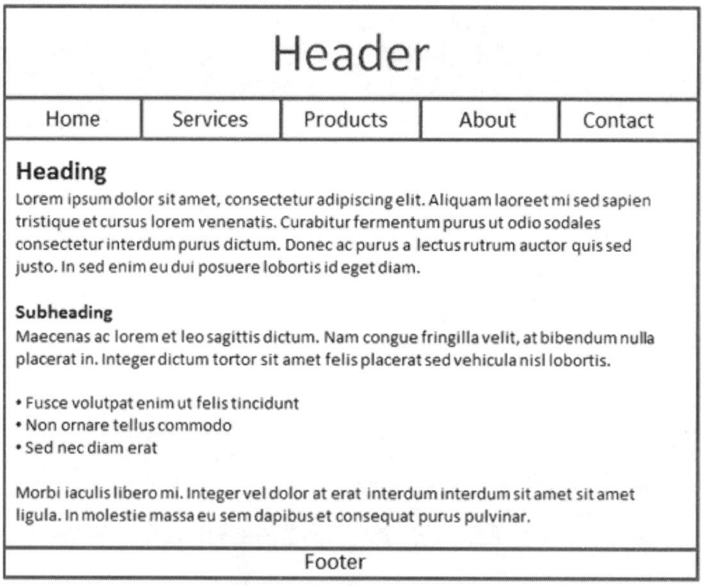

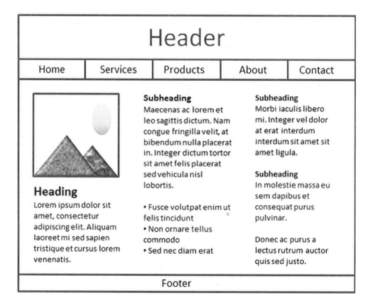

图 5.30　一种差强人意的页面布局

图 5.31　运用分栏与图像，使页面变得更有趣

　　图 5.33 所展示的页面具备了页眉区、垂直导航区、内容区(包含标题、子标题、图像、段落和无序列表)和页脚区。

　　通常主页的页面布局与其他内容页不尽相同。即便如此，我们仍然建议使用风格一致的网站标识、导航以及本色方案，以使网站具备更强的内聚力。在本书的学习过程中，你还将学会使用层叠样式表(CSS)与 HTML 技术来配置颜色、文本与页面布局。下一节，我们将介绍两种常用的布局设计技术：固定布局与流式布局。

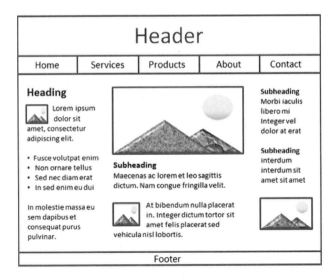

图 5.32　该种布局运用了图像与宽度不同的分栏

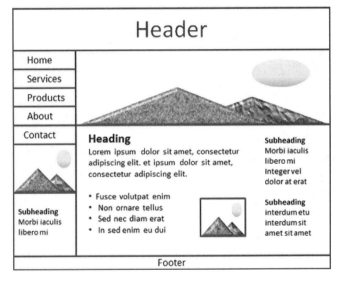

图 5.33　带垂直导航栏的线框图

页面布局设计技术

我们已经介绍了用线框来建立页面布局框架的技术，接下来开始学习两种常用的设计技术以实现线框：固定(fixed)布局和流式(fluid)布局。

固定布局

固定布局技术有时也被称为固体或"结冰"(ice)设计。在此种设计中，页面内容的宽度是固定的，还可能如图 5.34 所示紧挨着左外边框。

我们看到，图中所示浏览器窗口的右半部分留了较多的空白区域。为了避免出现这种失衡的外观，常见的解决之道是将页面宽度设置为固定的像素值(如 960px)，然后令其居中展示在浏览器视窗中，如图 5.35 所示。当浏览器大小发生变化时，页面也能随之同时向左右两侧扩展或收缩，以保持居中。

图 5.34　使用固定布局技术设计的网页

图 5.35　该页面被配置为固定宽度、居中显示，从而实现了与左右外边框距离一致的效果。

流式布局

流式(fluid)布局技术，有时候也称为“流体”布局，主要使用百分比来设置各个部分的宽，从而生成了能“流动”的页面，通常占据 100%的浏览器窗口。不管浏览器的大小如何变化，网页内容都会自动“流动”以填满整个浏览器视窗，如图 5.36 所示。请访问 http://amazon.com 和 http://sears.com，这两个网站都采用了流式布局。这种布局技术的缺点之一是当屏幕分辨率较高，而浏览器窗口又最大化时，文本行会变得非常宽，给扫描与阅读带来困难。

图 5.37 所示的页面也采用了流式布局，其页眉与导航区的宽度被设置为 100%，内容区宽度 80%、居中显示。将其与图 5.36 比较。你会发现居中的内容区域可随着浏览器窗口大小变化而自动拉伸或收缩。用 CSS 来配置此区域的最大宽度值，从而保证页面的可读性。

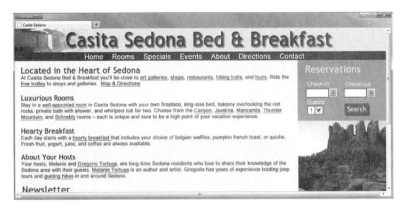

图 5.36　流式布局的页面会自动扩展直至充满整个浏览器社区

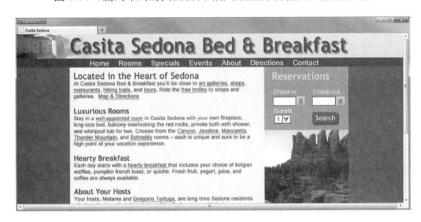

图 5.37　该页面也采用了流式布局，但为其居中的内容区设置了最大宽度

采用固定和流式设计技术的网页在万维网上随处可见。固定宽度布局的设计为开发人员提供了更多的页面控制选项，但也造成了页面在高分辨率的情况下留下大片空白的情况。流式设计也有可能因为开发人员将页面配置为填充整个浏览器窗口，从而在高分辨率的显示器中随着页面拉伸而引起可读性下降。为文本内容区域设置最大宽度就可以缓解文本可读性不足的问题。即使整体都使用了流式布局，部分设计也可配置为固定宽度(例如图 5.36 与图 5.37 中，右侧的 Reservations 栏)。不管采用的是固定布局还是流式布局，也不管访问者用的是何种分辨率的显示器，网页内容区居中显示都不失为取悦目标受众的好方法。

5.11　设计适应于移动设备的 Web

桌面浏览器并不是人们访问网站的唯一途径。利用蜂窝手机、智能手机、平板电脑都可以上网。摩根斯坦利的互联网分析师玛丽·米克尔(Mary Meeker)预计，到 2015 年，将有更多的用户使用移动设备访问网站，数量超过使用桌面电脑的用户(http://www.scribd.com/ doc/69353603/Mary-Meekers-annual-Internet-Trends-report)。请访问 http://mashable.com/ 2012/08/22/mobile-trends-ecommerce，该网站上有关于移动设备使用趋势的信息图。请重视这种增长情况，吸引移动端的用户并为他们提供高效可用的网站将变得越来越重要。

三种方法

为提升移动用户的访问体验，可供选择的方法有以下三种。

1. 单独开发一个移动版的网站，顶级域名为.mobi(参见第 1 章关于 TLD 的内容)。请分别访问 http://jcp.com 和 http://jcp.mobi，这是现实中的 JCPenney 网站，请体会两个版本间的差异。

2. 在当前托管的域名内创建一个单独的网站，专门服务于移动用户。

3. 利用响应式网页设计技术(见下一节)，使用 CSS 来配置网站，使其适合于在移动设备上显示。

设计移动设备端网站时需要考虑的因素

不管选择上述途径中的哪一种来设计移动网站，都得记住以下几个要点。

- **屏幕尺寸小**。常见的移动电话屏幕尺寸有 320×240、320×480、480×800、640×960(Apple iPhone 4)以及 1136×640(Apple iPhone 5)等。就算手机屏幕再大，也没有足够多的像素！

- **带宽小(连接速度低)**。虽然更快的 3G 或 4G 网络应用越来越广泛，仍有许多移动用户还在"忍受"低速连接。采用某些资费套餐的用户需要为每 kb 流量付费。请注意这一点，尽量减少不必要的图片。

- **字体、颜色与媒体问题**。移动设备上安装的字体数量可能很有限，因此请用 em 单位或百分比来设置字号，选择常见字体。部分早期的移动设备支持的颜色数量不多，在选择颜色时也要注意尽量提高对比度。此外还有许多移动设备并不支持 Adobe Flash 媒体。

- **难以控制**。处理器与内存不如电脑。虽然带触摸屏的智能手机越来越流行，还是有许多移动用户无法像使用鼠标那样自如地控制。因此，请为这些用户提供键盘访问的功能。虽然移动设备的处理速度与可用的内容都在提高，但仍然无法与桌面电脑可用的资源相提并论。虽然这并不是你在完成本书中的练习时需要考虑的问题，但未来当你继续提升技术或是创建网页应用时，这一点仍需牢记在心。

- **功能**。设置明显的超链接或突出的搜索按钮，为用户提供易于访问的功能。

桌面网站与移动网站示例

白宫的官网运用了第二种方法：在相同域名内分别设计桌面版与移动版网站。

白宫网站的桌面版(http://www.whitehouse.gov)如图 5.38 所示，其特点是图形较大，并且有交互式的幻灯片。

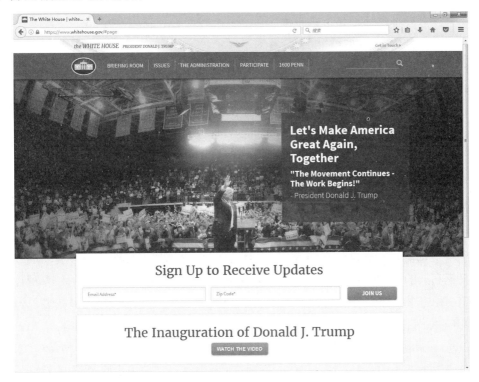

图 5.38　桌面浏览器中的白宫网站 http://www.whitehouse.gov

　　白宫的移动站点(http://m.whitehouse.gov)如图 5.39 所示，文本密集，带有可跳转到不同功能区块的链接，集成了搜索功能，并且有醒目的链接指向常规(桌面版)网站。

图 5.39　文本密集型移动网站，以指向经常访问的信息链接为主要内容

　　移动设计速查清单

- 注意屏幕尺寸小和带宽问题。
- 将工具条等非必需的内容设置为不显示。
- 考虑更换桌面背景图像，使用优化后的小尺寸图形以适应小屏幕显示。
- 为图像提供描述性替换文本。
- 使用单列布局以适应移动显示。
- 选择具有最大化对比度的颜色。

响应式网页设计

　　之前我们曾在本章中提及，Net Market Share 最近的一项调查表明，目前市场上不同的屏幕分辨率数量超过 90 种，网站要确保在桌面浏览器、平板电脑、智能手机等不同的终端上都能显示正常、功能良好。当然你可以分别建立桌面端与移动端的独立网站，但更高效的方法无疑是让所有设备访问相同网站。W3C 的"一网同仁"倡议指的是这样一种理念：即为各种类型的设备提供相同资源，优化配置以发挥最佳显示效果。

　　响应式网页设计是一个术语，由 Web 开发者伊森·马柯特(Ethan Marcotte)(http://www.alistapart.com/articles/responsive-webdesign)提出，指的是通过编码技术的使用，达到根据不同的观看环境逐步提高网页(如智能手机和平板电脑)性能的目标，包括流式布局、灵活的图像和多媒体查询等。在第 8 章中，你将学习如何配置灵活的图像、编写 CSS 多媒体查询代码等内容，这是一项用于配置 Web 页面以实现在各种屏幕分辨率下正常显示的技术。

　　请访问多媒体查询(Media Queries)网站(http://mediaqueri.es)，该网站以画廊的形式集成了多个采用响应式网页设计技术的网页，并说明了该方法的使用。画廊中的各页面展示了屏幕捕捉不同屏宽以正常显示的效果，屏宽包括：320px(手机显示)，768px(平板电脑竖屏显示)，1024px(笔记本显示，平板电脑横屏显示)以及 1600px(大桌面显示)。

　　你可能会惊讶地发现图 5.40、图 5.41、图 5.42 以及图 5.43 实际上显示的是相同的.html 文件，只不过因为设置了 CSS，不同的显示效果取决于多媒体查询所检测到的视窗大小。图 5.40 展现的是标准的桌面浏览器显示情况。

　　在笔记本和横屏显示的平板电脑中显示的网页如图 5.41 所示。图 5.42 演示了网页在竖屏显示的平板电脑上的效果。图 5.43 展示了在智能手机等移动设备上显示的网页，请注意，在这种情况下，标识区域收缩了，图像被删除，并突出显示了电话号码。

　　你将在第 7 章中学习运用 CSS 多媒体查询技术来配置网页。

图 5.40 在桌面浏览器中显示的网页

图 5.41 在笔记本中显示的网页

图 5.42 竖屏模式的平板电脑中显示的网页

图 5.43 智能手机上显示的网页

5.12　网页设计最佳实践核对清单

表 5.1 是推荐的网页设计实践核对清单。请将此表作为指南，帮助创建易于阅读、可用性高且可以无障碍访问的网页。

表 5.1　网页设计最佳实践核对清单

注意事项：该清单版权归教育学博士 Terry Ann Morris(http://terrymorris.net/bestpractices)所有。使用已获许可

页面布局
1.能够吸引目标受众
2.具有统一的网站页眉/标识
3.具有统一的导航区域
4.信息量大的页面标题，包括/组织/网站的名称
5.页脚区域中包含版权、最近一次更新时间、联系人的邮件地址等信息
6.合理使用基本设计原则：重复、对比、邻近和对齐
7.在 1024×768 及更高分辨率下显示时不需要水平滚动
8.页面中文本/图形/空白分布均衡
9.文本和背景的对比度良好
10.在 1024×768 分辨率下，重复信息(页眉/标识和导航区域)占的区域不超过浏览器窗口的 1/4 至 1/3
11.在 1024×768 分辨率下，主页首屏(需要向下滚动之前)的内容要吸引眼球、精彩有趣
12.使用拨号连接时，主页能在 10 秒以内加载完毕
13.用 viewport meta 标签来提升智能手机上的显示效果(详见第 7 章)
14.用多媒体查询技术为配置页面布局实现在智能手机与平板电脑上的响应式显示(详见第 7 章)
浏览器兼容性
1.在当前版本的 Internet Explorer 浏览器中显示正常
2.在当前版本的 Firefox 浏览器中显示正常
3.在当前版本的 Google Chrome 浏览器中显示正常
4.在当前版本的 Safari 浏览器(Mac 和 Windows)中显示正常
5.在当前版本的 Opera 浏览器中显示正常
6.在移动设备上显示正常(包括平板电脑与智能手机)
导航
1.主要导航链接标签清晰且统一
2.导航功能的设置便于目标受众使用
3.当主导航区域使用图片时，网页的页脚部分要提供清晰的文本链接
4. 当主导航区域使用 Flash 动画时，网页的页脚区中要提供清晰的文本链接
5.以无序列表的方式组织导航

6.提供导航协助，如站点地图、"跳转至内容"链接以及/或者面包屑路径

7.所有的导航链接都能正常使用

颜色和图片

1.配色方案中最多包含三到四种颜色，中性色除外

2.颜色的使用要统一

3.背景与文本颜色对比度要足够高

4.不要单独依靠颜色来传递信息

5.颜色与图片的应用能够提升网站性能，而不是分散访问者的注意力

6.图片经过优化，不会明显降低网页载入速度

7.使用的每张图片都要有明确的目的

8.图像标签中设置 alt 属性，为图片提供替代文本

9.动画图像不要分散访问者的注意力，且不要无休止地播放

多媒体(详见第 11 章)

1.所使用的每个音频/视频/Flash 文件都要有明确的目的

2.所使用的每个音频/视频/Flash 文件都能够提升网站性能，而不是分散访问者的注意力

3.为使用的每个音频或视频文件提供文字字幕或剧本

4.下载音频或视频文件时提示文件大小

5.提供多媒体插件的下载地址

内容展示

1.使用常见字体，如 Arial, Verdana, Georgia 或 Times New Roman。

2.应用网页写作技巧：列出标题、使用项目符号、简短的段落等

3.字体、字号和文字颜色的使用要统一

4.配置网页字体后，不要使用多种字体

5.页面内容提供有意义且有用的信息

6.内容组织方式要统一

7.信息易于查找(最小化点击量)

8.要提示时间：上一次修订和/或版权信息要准确

9.页面内容不要使用过时的材料

10.页面内容中不要有排版或语法错误

11.避免用"点击此处"之类的文字作为超链接的说明

12.用颜色区分超链接已访问/未访问的状态时要统一

13.如果使用了图片和多媒体，要同时提供足以说明其内容的替代文字

功能性

1.所有的内部超链接都能正常使用

2.所有的外部超链接都能正常使用

3.所有的表单(详见第 9 章)功能达到预期

4.页面上没有 JavaScript(详见第 11 章和第 14 章)错误

无障碍设计
1.如果主导航区域由图片和/或多媒体组成，请在页脚区域提供文本超链接
2.以无序列表的方式组织导航
3.提供导航协助，如站点地图、"跳转至内容"链接以及/或者面包屑路径
4.不要单独依靠颜色来传递信息
5.背景与文本颜色对比度要足够高
6.图像标签中设置 alt 属性，从而为图片提供替代文本
7.如果使用了图片来传达信息，要同时提供足以说明其内容的替代文字
8.如果使用了多媒体来传达信息，要同时提供足以说明其内容的替代文字
9.要为每个或视频文件配备足以说明其内容的字幕或剧本
10.在恰当的地方使用可提升无障碍访问性能的属性，如 alt、title 等
11.使用 id 或页眉等属性以提升表格数据的无障碍访问性能(详见第 8 章)
12.如果网站使用了框架，请使用框架标题，并在框架外的区域中添加有意义的内容
13. html 元素的 lang 属性要指明网页的朗读语言，以帮助屏幕阅读器使用者
14.用 role 属性指明元素所扮演的角色(详见第 10 章)

 自测题 5.2

1. 浏览学校主页。根据网页设计最佳实践核对清单(表 5.1)来评估该页面。描述评估结果。

2. 浏览你所喜欢的网站(或是指导老师所给出的网址)。将浏览器窗口最大化，再改变其大小。确定该网站使用的是固定布局还是流式布局。将显示器的分辨率调整为多种不同的值。该网站的显示效果有没有发生变化？请为该网站提供两项改进措施。

3. 列出三种用于在页面上使用图片的最佳实践原则。浏览学校主页。描述该页面应用了哪些图片设计的最佳实践。

本 章 小 结

本章介绍了得到推荐的网页设计最佳实践。应当根据特定的目标受众来选择合适的页面布局、配色、图形、文本以及媒体文件。开发无障碍网站应当成为每个网页开发人员的目标。请访问本书配套网站，网址为 http://www.webdevfoundations.net，上面有许多示例、本章中所提到的一些材料链接以及更新信息。

关键术语

首屏	渐进提升
对齐	邻近
类似色系	随机结构
抗锯齿文本	重复
面包屑路径	响应式网页设计
组块化	屏幕分辨率
色彩理论	阴影
色轮	站点地图
互补	站内搜索
互补色系	跳转至内容
对比	分散的互补色系
固定布局	方案
流式布局	目标受众
分层结构	四色系
水平滚动	色温
线性结构	色调
加载时间	三色系
单色色系	WAI (无障碍访问 Web 倡议，Web Accessibility
导航栏	Initiative)
一网同仁	WCAG 2.0 (无障碍访问 Web 内容指南，Web
页面布局	Content Accessibility Guidelines 2.0)
可感知的加载时间	空白
POUR(可感知、可操作、可理解、稳健)四原则	线框

复习题

选择题

1. 以下哪一项不符合一致性的网站设计要求？
   - a. 每张内容页面上均有类似的导航区域
   - b. 每张内容页面均使用相同的字体
   - c. 不同的网页使用的背景色各不相同
   - d. 每张内容页面上的相同位置处有相同的网站标识

2. 以下哪一项列出了三种最常用的网站组织方式？
   - a. 水平、垂直和对角
   - b. 分层、线性和随机
   - c. 无障碍访问、易读和可维护
   - d. 以上都不是

3. 以下哪一项不是受推荐的网页设计最佳实践？
   - a. 设计一个易于导航的网站
   - b. 用色彩丰富的页面来吸引每一位访客
   - c. 设计载入迅速的页面
   - d. 限制动画内容的使用

4. WCAG 的四大原则是什么？
   - a. 重复、对比、邻近、对齐
   - b. 可感知、可操作、可理解、稳健
   - c. 无障碍访问、易读、可维护、可靠
   - d. 分级、线性、随机、顺序

5. 以下哪项是网页设计草图或蓝图，展示了基本网页元素的结构(但不包括具体设计)？
   - a. 绘画
   - b. HTML 代码
   - c. 站点地图
   - d. 线框

6. 下列哪些选项的内容会受网站目标受众的影响？
   - a. 网站所使用的颜色数量
   - b. 网站所使用的字体大小与样式
   - c. 网站的总体感观
   - d. 以上都是

7. 下列受推荐的设计实践中，哪一项用于主导航栏使用了图片的网站？
   - a. 为图片提供替代文本
   - b. 在页面底部放置链接
   - c. a 与 b 都对
   - d. 无需特别对待

8. 下列哪一项被称作"空白"？
   - a. 围绕文本块和图像的空白屏幕区域
   - b. 网页上所使用的白色背景
   - c. 将文本的颜色设置为白色
   - d. 以上都不是

9. 创建文本超链接时，应该采取以下哪种操作？
   - a. 将整句话设计为超链接
   - b. 在文本中加入"点击此处"
   - c. 使用关键词作为超链接
   - d. 以上都不是

10. 下列哪种配色方案由色轮上相对的两种颜色组成？
    - a. 单一色系
    - b. 互补色系
    - c. 分散的互补色系
    - d. 对比

填空题

11. 商业网站最常用的网站组织结构是　　　　　　　　结构。

12. 所有浏览器及其各种版本　　　　　　　　以完全相同的方式显示网页。(填是否可能)

13. 　　　　　　　　是一个组织，其任务是为无障碍的网页访问创建指导原则和标准。

简答题

14. 在设计移动网页时需要考虑多个因素，请选择其中一个进行描述。

15. WCAG 2.0 有四大原则，请选择其中一项进行描述。

动手练习

1. 网页设计评估。本章主要讨论了网页的设计，包括导航设计技术与对比、重复、邻近、对齐等设计原则。现在请选择一些网站，观察后指出下列信息。

a. 指出导航条的类型。

b. 具体描述一下这些网站是如何应用对比、重复、邻近、对齐四大设计原则的。

c. 根据表 5.1，核对这些网站在应用网页设计最佳实践方面的遵循情况。

2. 根据下列要求创建站点地图。

a. Doug Kowalski 是一名专门从事自然风光摄影的自由摄影师。他经常应邀为教材和杂志拍摄商业照片。Doug 想要建立一个网站来展示他的作品，也便于出版商与他取得联系。他设想的网站要包括一个主页、若干包含其自然摄影作品示例的页面和一个联系方式页面。请根据这些要求设计一张站点地图。

b. Mary Ruarez 开了一家名为 Just Throw Me 的公司，专门从事手工艺枕头的制作。目前产品主要在手工艺集市与当地的礼品商店进行销售，但她还打算拓展线上的业务。于是她提出要建立一个网站，包括一个主页、一个用于介绍产品的页面、一个展示七种枕头样式的页面以及一个订购页面。有专业人士提议，由于 Mary 需要获取他人的信息，所以最好再加上一个描述隐私条款的页面。请根据这些要求设计一张站点地图。

c. Prakesh Khan 拥有一家专为小狗做美容的公司，叫 A Dog's Life。他也打算将业务扩展到网上，他心目中的网站要有一个主页、一个关于美容服务的页面、一个说明公司地址及到达路线的地图页面、一个联系方式页面以及介绍如何挑选好宠物的栏目。网站中关于挑选宠物指南部分内容将采取逐步讲解的展现方式。请根据这些要求设计一张站点地图。

3. 根据下列要求设计页面布局线框图。请使用图 5.30～图 5.33 中所示的页面布局样式，标出网站标识、导航栏、文本和图片的位置。不必纠结于具体内容或图片。

a. 根据 2a 所描述的情况，为 Doug Kowalski 的摄影业务创建页面布局线框图示例，具体包括主页与内容页面两类。

b. 根据 2b 所描述的情况，为 Just Throw Me 网站创建页面布局线框图示例，具体包括主页与内容页面两类。

c. 根据 2c 所描述的情况，为 A Dog's Life 网站创建页面布局线框图示例，具体包括主页、常规内容页、讲解页三类。

4. 请自行挑选两个性质类似或有着相似目标受众的网站，例如：

- Amazon.com (http://www.amazon.com) 和 Barnes & Noble (http://www.bn.com)
- Kohl's (http://www.kohls.com) 和 JCPenney (http://www.jcpenney.com)
- CNN (http://www.cnn.com) 和 MSNBC (http://www.msnbc.com)

描述你所选择的这两个网站是如何运用网页设计四原则(重复、对比、邻近、对齐)的。

5. 请自行挑选两个性质类似或有着相似目标受众的网站，例如：

- Crate & Barrel (http://www.crateandbarrel.com) 和 Pottery Barn (http://www.potterybarn.com)
- Harper College (http://goforward.harpercollege.edu) 和 College of Lake County (http://www.clcillinois.edu)
- Chicago Bears (http://www.chicagobears.com) 和 Green Bay Packers (http://www.packers.com)

描述你所选择的这两个网站是如何运用网页设计最佳实践的。你会如何改进这些网站？请为它们各推荐三种方法。

6. 请考虑如何采用固定布局技术设计下列网站。并画一张展示主页布局的线框图。

a. 2a 中所描述的 Doug Kowalski 的摄影公司。

b. 2b 中所描述的 Just Throw Me 网站。

c. 2c 中所描述的 A Dog's Life 网站。

7. 请考虑如何采用流式布局技术设计下列网站。并画一张展示主页布局的线框图。

a. 2a 中所描述的 Doug Kowalski 的摄影公司。

b. 2b 中所描述的 Just Throw Me 网站。

c. 2c 中所描述的 A Dog's Life 网站。

8. 访问 Media Queries 网站，网址为 http://mediaqueri.es，体会上面所展示的一系列网站对于响应式页面设计的应用。选择其中之一进行深入探索。在纸上列出以下信息。

- 网站地址。
- 网站名称。
- 三张截屏图像 (电脑桌面显示、平板电脑显示、智能手机显示)。
- 描述上述三张截屏间的异同。
- 列举两种使网页适合在智能手机上显示的修改办法。
- 在三种显示模式下，网站是否均满足了目标受众的需求？请说明理由。证明你的答案。

万维网探秘

1. 本章介绍了一些如何写网页文本的建议。请以下列网站为起点，深入探究这一主题。

- Writing for the Web，网址为 http://www.useit.com/papers/webwriting
- Writing Well for the Web，网址为 http://www.webreference.com/content/writing
- Web Writing that Works!:http://www.webwritingthatworks.com/CGuideJOBAID.htm
- A List Apart: 10 Tips on Writing the Living Web，网址为 http://www.alistapart.com/articles/writeliving
- The Yahoo! Style Guide: http://styleguide.yahoo.com/writing

如果这些资源已经无效，请在网上搜索 "writing for the Web" 的相关信息。多读一些相关的文章。选取五项技巧与他人分享。根据你的收获写出不大于一页篇幅的总结，包括资源的网址等信息。

2. 探讨平面网页设计的趋势，这是一种简约的设计风格，避免了诸如阴影和渐变 3D 效果的使用，取而代之以成块的颜色和独特的版式。进一步探讨这个话题，就从访问下面列出的资源开始吧。

- http://designmodo.com/flat-design-principles
- http://designmodo.com/flat-design-examples
- http://psd.fanextra.com/articles/flat-design-trend
- http://smashinghub.com/flat-designs-color-trends.htm
- http://www.designyourway.net/drb/the-new-hot-trent-of-flat-web-design-with-examples

如果这些资源已经无效，请在网上搜索"flat Web design"的相关信息。多读一些相关的文章并访问文章中所列举的示例网站。找出使用平面设计风格的网站和网页。根据你的收获写一段总结，包括示例网站的网址以及该网站如何使用平面设计风格的说明等信息。

关注网页设计

1. 本章讨论了受推荐的一些网页设计实践。有时候，查看一些反面教材(失败的设计)更有助于我们深入理解何为成功的设计。请访问 Web Pages that Suck 网站 (http://www.webpagesthatsuck.com)，看一看上面所举的设计较差的例子。回想一下自己所访问过的网站，它们之中是否也存在类似问题。找出两个设计不佳的网站。写出不大于一页篇幅的报告，描述这些网站没有遵循的最佳设计实践，列出网址并指出这些网站的不足之处。

2. 访问本章中所提到的任何一个你感兴趣的网站。针对该网站写出不大于一页篇幅的总结，说明下列主题：

- 该网站的目的是什么？
- 目标受众是谁？
- 你认为该网站能吸引目标受众吗？
- 指出三处该网站成功运用网页设计推荐指南的例子。
- 你认为该网站还能如何改进？

3. 接下来设计一个配色方案，写方案的外部 CSS 文件，并编写应用该样式的网页。首先，挑选网页的主题。可访问下列网站，了解一些色彩心理学方面的知识。

- http://www.infoplease.com/spot/colors1.html
- http://www.sensationalcolor.com/meanings.html
- http://designfestival.com/the-psychology-of-color
- http://www.designzzz.com/infographic-psychology-color-webdesigners

完成下列任务。

a. 设计一个配色方案。列出三种颜色的十六进制值，并运用一些中性色(如白色(#FFFFFF，黑色#000000，灰色#EAEAEA 或 #CCCCCC 和深棕色#471717 等)。

b. 描述你选择颜色的考虑过程，为什么选择这些颜色，为什么你认为这些颜色适合你的网站主题。列出你所使用资源的全部网址。

c. 创建一个名为 colors.css 的外部 CSS 文件，使用你选择的颜色配置字体属性、文本颜色和背景颜色，用来设置网页文档、h1 元素选择器、p 元素选择器和页脚。

d. 创建一个名为 color1.html 的网页，以显示配置在 CSS 样式规则中的颜色。

网站实例研究

网页设计最佳实践

以下所有案例将贯穿全书。接下来要请你进行网站设计分析。

JavaJam 咖啡屋

回顾一下第 2 章中关于 JavaJam 咖啡屋的案例研究内容。图 2.28 为该网站的站点地图。之前我们已经为该网站创建了三张页面。在本节中，请你评估网站遵循受推荐的网页设计最佳实践的程度。

实例研究之动手练习

1. 检查图 2.28 所示的站点地图。JavaJam 网站采用了哪种类型的组织方式？是否为网站最合适的组织方式？请说明你的理由。

2. 对照本章所推荐的网页设计最佳实践检查该网站。用表 5.1 来评估在之前章节的学习过程中所创建的 JavaJam 网站。列举三条运用较好的最佳实践。列举三条还可以做得更好的设计实践。你将如何改进这一网站？

Fish Creek 宠物医院

回顾一下第 2 章中关于 Fish Creek 宠物医院的案例研究内容。图 2.32 为该网站的站点地图。之前我们已经为该网站创建了三张页面。在本节中，请你评估网站遵循受推荐的网页设计最佳实践的程度。

实例研究之动手练习

1. 检查图 2.32 所示的站点地图。Fish Creek 宠物医院网站采用了哪种类型的组织方式？是否为网站最合适的组织方式？请说明你的理由。

2. 对照本章所推荐的网页设计最佳实践检查该网站。用表 5.1 来评估在之前章节的学习过程中所创建的 Fish Creek 宠物医院网站。列举三条运用较好的最佳实践。列举三条还可以做得更好的设计实践。你将如何改进这一网站？

Pacific Trails 度假村

回顾一下第 2 章中关于 Pacific Trails 度假村的案例研究内容。图 2.36 为该网站的站点地图。之前我们已经为该网站创建了三张页面。在本节中，请你评估网站遵循受推荐的网页设计最佳实践的程度。

实例研究之动手练习

1. 检查图 2.36 所示的站点地图。Pacific Trails 度假村网站采用了哪种类型的组织方式？是否为网站最合适的组织方式？请说明你的理由。

2. 对照本章所推荐的网页设计最佳实践检查该网站。用表 5.1 来评估在之前章节的学习过程中所创建的 Pacific Trails 度假村网站。列举三条运用较好的最佳实践。列举三条还可以做得更好的设计实践。你将如何改进这一网站？

Prime 房产

回顾一下第 2 章中关于 Prime 房产公司的案例研究内容。图 2.40 为该网站的站点地图。之前我们已经为该网站创建了三张页面。在本节中，请你评估网站遵循受推荐的网页设计最佳实践的程度。

实例研究之动手练习

1. 检查图 2.40 所示的站点地图。Prime 房产公司网站采用了哪种类型的组织方式？是否为网站最合适的组织方式？请说明你的理由。

2. 对照本章所推荐的网页设计最佳实践检查该网站。用表 5.1 来评估在之前章节的学习过程中所创建的 Prime 房产公司网站。列举三条运用较好的最佳实践。列举三条还可以做得更好的设计实践。你将如何改进这一网站？

Web 项目

本节的目的在于运用受推荐的设计实践指南开发一个网站。可以从这些内容中挑选网站主题：你的爱好或喜欢的项目、你的家庭、你所参加的教会或俱乐部、朋友开的一家公司或者你所在的公司。网站由一个主页和六个以上(不多于十个)的内容页组成。完成任务的过程中要编写以下文档：主题审批、站点地图和页面布局设计。本章不要求开发任何具体的网页，这将是以后各章节中的案例分析所要完成的任务。

实训案例

1. Web 项目主题审批。选择的网站主题须经过指导老师的审批。请提供下列信息。

● 网站的目的是什么？说明你创建该网站的原因。

● 通过网站可以实现什么？列举网站要达到的目标。描述网站想要取得成功必须满足的需求。

● 网站的目标受众是谁？描述目标受众的年龄、性别、社会地位、经济状况等信息。

● 你的网站致力于提供什么机会或专注于什么问题？例如，你的网站可能为别人提供了了解某个主题的信息，或者让某家公司得以在网上崭露头角。

● 网站上将包含哪些类型的内容？描述网站所需的文本、图片和媒体的类型。

● 至少列举两个在网上找到的相关或类似网站的地址。

2. Web 项目站点地图。用某个文字处理软件的绘图功能、图像处理软件或是纸和笔，画出网站的站点地图，以展示网页的层次结构与相互关系。

3. Web 项目页面布局设计。用某个文字处理软件的绘图功能、图像处理软件或是纸和笔，画出网站主页与内容页的线框图，以展现它们的页面布局。除非指导老师另有要求，否则请使用图 5.30-5.33 所示的布局样式。标出网站标识、导航栏、文本和图像的位置。无需考虑具体的措辞或图片。

第 **6** 章

页面布局

本章学习目标

- CSS 盒模型的介绍与应用
- 用 CSS 配置外边距
- 用 CSS 配置浮动效果
- 用 CSS 设定位置
- 用 CSS 生成双栏页面布局
- 用 CSS 设置无序列表导航样式
- 用 CSS 伪类增加超链接的互动性
- 用分节、文章、留白等 HTML5 结构元素来配置网页
- 使较早版本的浏览器能兼容 HTML5

你已经学会如何用 CSS 来居中页面布局。在本章中，我们将学习更多 CSS 页面布局技术，就从模型开始吧。要探索如何用 CSS 实现元素的浮动与定位，了解用 CSS 伪类为超链接增添交互性的方法以及使用 CSS 设置无序列表里的导航样式。通过动手实践，你将练习用新的 HTML5 元素构建页面内容的方法。

6.1　盒　模　型

文档中的每一元素都被认为是一个矩形盒子。如图 6.1 所示，盒子是由内容区以及围绕着内容区的内边距、边框以及外边距组成。这就是所谓的盒模型。

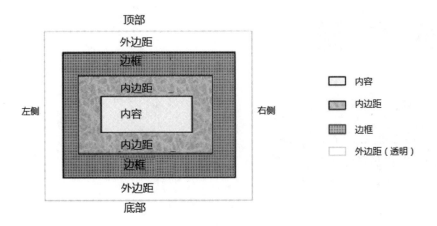

图 6.1　CSS 盒模型

内容

内容区由文本和其他诸如图像、段落、标题、列表之类的网页元素组成。页面上元素的可见宽度为内容、内边距与边框三者宽度的总和。当然，width 属性仅设置了内容的实际宽度；它并不包括内边距、边框或外边框。

内边距

内边距(Padding)指内容与边框之间的区域。默认的内边距值为 0。某个元素的背景属性对内边距与内容区域而言是一致的。我们使用 padding 属性来设置元素的内边距(详见第四章)。

边框

边框是位于内边距与外边距之间的区域。默认的边框值为 0，也即不显示边框。我们使用 border 属性来设置元素的边框(详见第四章)。

外边距

外边距(Margin)是指元素和相邻元素之间的空白区域。图 6.1 中的实线包含外边距，但并未显示在页面上。

Margin 属性

我们用 margin 属性来设置某个元素各个方向上的外边距。这一处区域总是透明的，显示的是网页或父元素的背景色。对于网页文档以及特定的如段落、标题、表单等元素，浏览器自带默认的外边距值。指定 margin 属性就能覆盖默认值。

外边距的值是数值类型，单位为 px 或 em。将其设置为 0(无单位)，外边距就消失了。设置为 auto，将由浏览器计算决定外边距值。在第三章与第四章中，你已经练习过用 margin-left: auto; 和 margin-right: auto 来配置居中的页面布局。表 6.1 中列出了配置外边距的各种 CSS 属性。

表 6.1 用 CSS 配置外边距

属性	简介与常用值
margin	配置元素周围外边距的简化写法 数字值(单位为 px 或 em)或百分比；例如 margin: 10px; 值为 auto 时浏览器自动计算元素的外边距 两个数字值(单位为 px 或 em)或百分比：第一个值指定顶底外边距，第二个值指定左右外边距。例如 margin: 20px 10px; 三个数字值(单位为 px 或 em)或百分比：第一个值指定顶部外边距，第二个值指定左右外边距，第三个值指定底部外边距。例如 margin: 10px 20px 5px; 四个数字值(单位为 px 或 em)或百分比时按以下顺序设置各外边距：顶部、右侧、底部、左侧。例如 margin: 10px 30px 20px 5px;
margin-bottom	底部外边距，数字值(单位为 px 或 em)、百分比或 auto
margin-left	左侧外边距，数字值(单位为 px 或 em)、百分比或 auto
margin-right	右侧外边距，数字值(单位为 px 或 em)、百分比或 auto
margin-top	顶部外边距，数字值(单位为 px 或 em)、百分比或 auto

盒模型的作用

如图 6.2 所示的网页(学生文件中的 chapter6/box.html)描绘了 h1 元素盒模型和 div 元素盒模型的作用。

- h1 元素的相关设置为：淡蓝色背景，20 像素的内边距(内容与边框之间的空间)，1 像素的黑色边框。
- 网页中的白色背景所占的空间是外边距。当两个外边距相遇时(例如图中的 h1 元素和 div 元素)，浏览器会将两者折叠，取其中较大的值，而不是将两者的值相加。
- div 元素的相关设置为：普蓝背景，默认的浏览器外边距(即没有外边距)，5 像素边框。

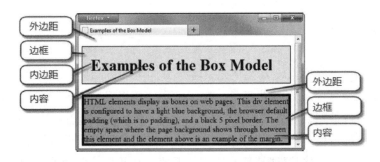

图 6.2　盒模型示例

在本章的学习过程中，你还将有更多的实践机会练习盒模型的应用。随时可以拿上图这个文件(学生文件中的 chapter6/box.html)练练手。

6.2　正　常　流

浏览器根据.html 文档中的顺序逐行呈现网页代码。该过程称为正常流(normal flow)。正常流根据元素在网页源代码中的顺序进行显示。

图 6.3 和图 6.4 各自展示了两个包含文本内容的 div 元素。让我们来仔细观察一下。图 6.3 的网页屏幕快照中有两个依次显示的 div 元素。而在图 6.4 中，两个盒模型间是嵌套关系。两种情形下，浏览器都使用了正常流(默认值)，也就是根据元素在代码中出现的顺序来显示它们。因此，你在之前章节的学习过程中所创建的页面，浏览器都是按正常流来呈现它们的。

在接下来的动手实践环节，我们将深入研究这个问题。然后你还将尝试用 CSS 中的定位与浮动特性来配置页面元素的流或是位置。

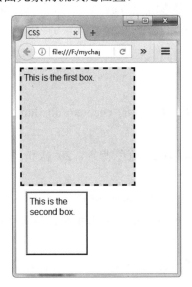

图 6.3　两个 div 元素

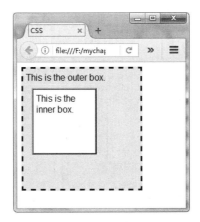

图 6.4　嵌套的 div 元素

动手实践 6.1

在本环节中，你将修改图 6.3 与图 6.4 中的两张网页(分别如下所示)，练习盒模型与正常流的应用。

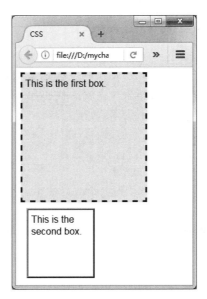

使用正常流

启动文本编辑器，打开学生文件中的 chapter6/starter1.html。将文件另存为 box1.html。编辑网页的 body 部分，添加下列代码以配置两个 div 元素：

```
<div class="div1">
This is the first box.
</div>
<div class="div2">
This is the second box.
</div>
```

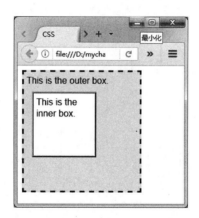

再在 head 节中添加嵌入式 CSS，对"盒子"们进行设置。为名为 div1 的类写一条新的样式规则，设置淡蓝色背景，虚线边框，宽度为 200 像素，高度为 200 像素，内边距为 5 像素。代码如下：

```
.div1 { width: 200px;
        height: 200px;
        background-color: #D1ECFF;
        border: 3px dashed #000000;
        padding: 5px; }
```

为名为 div2 的类写一条新的样式规则，高度与宽度均为 200 像素，白色背景，凸起的边框，外边距为 10 像素，内边距为 5 像素。代码如下：

```
.div2 { width: 100px;
        height: 100px;
        background-color: #ffffff;
        border: 3px ridge #000000;
        margin: 10px;
        padding: 5px; }
```

保存文件。启动浏览器进行测试。它看上去应当如图 6.3 所示。学生文件中有参考答案(chapter6 /box1.html)。

使用正常流和嵌套元素

启动文本编辑器，打开刚才的 box1.html 文件。另存为 box2.html。编辑代码。将 body 节中的内容删除。添加下列代码以配置两个 div 元素，其中一个寄存在另一个之中。

```
<div class="div1">
This is the outer box.
    <div class="div2">
    This is the inner box.
    </div>
</div>
```

保存文件。启动浏览器测试网页。它看上去应当如图 6.4 所示。请留意浏览器呈现嵌套 div 元素的方式：第二个矩形框寄存在第一个矩形框里，因为在网页源代码中它的代码是写在第一个 div 元素之中的。这就是正常流的一个示例。请参考学生文件中答案(chapter6/box2.html)。本环节中的示例恰巧使用了两个 div 元素。当然，盒模型通常也适用于块显示的 HTML 模型，并不仅限于 div 元素。在本章后续部分中，你还将有更多的机会来练习盒模型的使用。

6.3　CSS 浮动

元素在浏览器窗口或另一个元素的左右侧浮动的效果通常是利用 float 属性来实现的。浏览器先使用正常流来呈现这些元素，然后将它们尽可能移动到容器(通常是浏览器窗口或一个 div 元素)的最左侧或最右侧。

- 使用 float: right;将元素浮动到容器的右侧。
- 使用 float: left;将元素浮动到容器的左侧。
- 指定一个被浮动元素的宽度，除非该元素已经有了隐式的宽度，如 img 元素。
- 其他元素和网页内容将围绕被浮动元素流动。

图 6.5 显示了一张带图片的网页，通过 float: right;这一设置把图片定位到了浏览器视窗的右侧(学生文件中的 chapter6/float.html)。在浮动一张图片时，外边距属性(margin)可用来配置页面上的图像与文本间的空白距离。

图 6.5　该图片设置了浮动样式

查看图 6.5，我们发现图片停留在浏览器视窗的右侧。有一个名为 yls 的 id，被指定了 float、margin、border 等属性。图像标签中设置了属性 id="yls"。CSS 如下：

```
h1 { background-color: #A8C682;
padding: 5px;
color: #000000; }
p { font-family: Arial, sans-serif; }
#yls { float: right;
margin: 0 0 5px 5px;
border: 1px solid #000000; }
```

HTML 代码如下：

```
<h1>Wildflowers</h1>
<img id="yls" src="yls.jpg" alt="Yellow Lady Slipper" height="100"
width="100">
<p>The heading and paragraph follow normal flow. The Yellow Lady
Slipper pictured on the right is a wildflower. It grows in wooded
areas and blooms in June each year. The Yellow Lady Slipper is a
member of the orchid family.</p>
```

动手实践 6.2

在本环节中，你将利用 CSS float 属性来配置一张如图 6.5 所示的网页。

创建一个名为 ch6float 的文件夹。将学生文件中 chapter6 文件夹下的 starteryls.html 和 yls.jpg 文件复制到新文件夹中。启动文本编辑器并打开 starteryls.html。请观察图片与段落的顺序，现在尚未使用 CSS 来设置图像的浮动。在浏览器中打开 starteryls.thml。浏览器以正常流来呈现网页，即按代码顺序显示 HTML 元素。

让我们来添加一些 CSS 规则使图片实现浮动效果。将文件以 index.html 为名另存到 ch6float 文件夹中。在文本编辑器中打开它并按下列要求修改代码：

1. 在名为 float 的类中添加样式规则，设置 float、margin 和 border 属性。

```
.float { float: left;
         margin-right: 10px;
         border: 3px ridge #000000; }
```

2. 为图像元素分配 float 类(class="float")。

保存文件，启动浏览器测试网页。它看上去应当如图 6.6 所示。学生文件中有参考答案(chapter6/floatyls.html)。

图 6.6　利用 CSS 中的 float 属性实现了将图片左对齐的效果

浮动元素和正常流

花点功夫察看浏览器中的网页(如图 6.6)，然后思考一下浏览器是如何来呈现网页的。浅色背景的 div 元素演示了被浮动元素是如何突破正常流的限制并得到呈现的。请观察一下 div 元素中的图片和第一段。div 之后是 h2 元素。如果所有的元素都按正常流来呈现，那么浅色背景的区域将包含 div 的两个子元素：图片和第一段。此外，h2 元素也会在 div 元素之下另起一行显示。

但是，一旦图片纵向放置在了页面上，它就将溢出正常流，这也就是浅色背景只显示在第一段后、而 h2 元素的文本紧接着第一段显示并挨着浮动图片的原因。

在下一节中，我们将介绍用于"清除"浮动的属性，并看看它们是如何改进显示效果的。

6.4 CSS：清除浮动

clear 属性

clear 属性通常用来中止或清除浮动效果。你可以将该属性的值设置为 left、right 或 both，具体使用则取决于你需要清除的浮动类型。

回顾一下图 6.6 以及代码示例(学生文件中的 chapter6/floatyls.html)。我们看到虽然 div 元素包含了图片与第一段，但 div 的浅色背景仍然只显示在第一段文本之后，它比我们期望的效果"早"结束了那么一点点。清除浮动效果会帮助我们解决这个问题。

用换行来清除浮动

通常我们会添加一个设置了 clear 属性的换行元素，以此来清除容器元素内的浮动。学生文件中的 chapter6/floatylsclear1.html 即是该技术的示例。观察 CSS 中用于清除向左浮动的类：

```
.clearleft { clear: left; }
```

此外，一个换行标签被分配为 clearleft 类，该标签的代码位于 div 结束标签之前。div 元素的代码如下：

```
<div>
<img class="float" src="yls.jpg" alt="Yellow Lady Slipper"
height="100" width="100">
<p>The Yellow Lady Slipper grows in wooded areas and blooms in June
each year. The flower is a member of the orchid family.</p>
<br class="clearleft">
</div>
```

图 6.7 显示了该页面的截屏。与图 6.6 比较，我们会发现有两处不同：div 元素的浅色背景在页面上向下延伸，h2 元素的文本在图像下方另起一行开始显示。

清除浮动的另一种方法

如果你不介意浅色背景的显示效果，另一种不用换行标签的方法是将 clearleft 类分配给

h2 元素，因为它是 div 元素之后的第一个块显示元素。这样做并未改变浅色背景，但它的确让 h2 元素另起一行开始显示，如图 6.8 所示(学生文件中的 chapter6/floatylsclear2.html)。

图 6.7　为换行标签设置 clear 属性

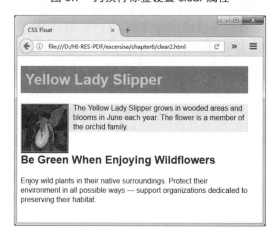

图 6.8　为 h2 元素设置了 clear 属性

overflow 属性

overflow 属性常用于去除浮动效果，虽然设计它的预期目的是为了指定内容比所分配的区域大很多时的显示方式。表 6.2 列出了该属性的一些常用值。

表 6.2　overflow 属性

取值	用途
visible	默认值。内容被显示，如果过大就会呈现在元素框之外
hidden	内容会被修剪，并且其余内容是不可见的
auto	内容会充满预分配给它的区域。如果被修剪，则浏览器会显示滚动条以便查看其余的内容
scroll	内容会被修剪，但是浏览器会显示滚动条以便查看其余的内容

清除浮动

回顾一下图 6.6 与代码示例(学生文件中的 chapter6/floatyls.html)。观察包含被浮动的图像与第一段文本的 div 元素。我们看到虽然 dive 元素包含了图片与第一段,但 div 的浅色背景并没有像我们希望的那样延伸得够"远",仍然只显示在第一段文本之后。你可以为容器元素指定 overflow 属性来解决这个问题,并去除浮动。在接下来的例子中,我们将在 div 选择器中设置 overflow 和 width 属性,CSS 代码如下:

```
div { background-color: #F3F1BF;
      overflow: auto;
      width: 100%; }
```

这么做就能使浮动失效。网页将如图 6.9 所示(学生文件中的 chapter6/floatylsoverflow.html)。

图 6.9　在 div 选择器中设置 overflow 属性

我们会发现,用 overflow 属性(见图 6.9)与在换行标签中设置 clear 属性(见图 6.7)两者的网页显示效果是类似的。你可能想知道哪种方法更好。

虽然 clear 属性被广泛使用,但在这个例子里,更有效的方法是为容器元素(如本例中的 div)设置 overflow 属性。它能清除浮动,也不用添加额外的换行标签。在继续学习的过程中,你将练习 float、clear 以及 overflow 这些属性的使用。浮动元素是在运用 CSS 设计多栏式页面布局中一项重要的技术。

配置滚动条

图 6.10 所示的网页诠释了 overflow:auto;规则的使用,它能在内容超出其预设空间时自动显示滚动条。在本例中,包含段落与浮动图片的 div 被设置为 300 像素宽、100 像素高。

示例网页文件为学生文件中的 chapter6/ floatylsscroll.html。div 的 CSS 如下:

```
div { background-color: #F3F1BF;
      overflow: scroll;
      width: 300px;
      height: 100px; }
```

图 6.10　浏览器中显示滚动条

 自测题 6.1

1. 请按由内到外的顺序列出盒模型的组成元素。
2. 说明 CSS 中 float 属性的用途。
3. 哪两个 CSS 属性可用来清除浮动效果？

6.5　CSS 双栏页面布局

双栏布局是一种常见的网页设计。通过用 CSS 将其中一栏浮动到网页的某个位置就可实现这种布局。本节将介绍两种双栏页面布局的形式。

左栏为导航的双栏布局

图 6.11 是某双栏网页的线框图。左栏的内容为导航链接。

该页面布局的 HTML 模板为：

```
<div id="wrapper">
    <nav>
    </nav>
    <div id="rightcol">
        <header>
        </header>
        <main>
        </main>
        <footer>
        </footer>
    </div>
</div>
```

图 6.12 所示即为一张左栏为导航的双栏布局网页(学生文件中的 chapter6/
twocolumn1.html)。这种布局的关键在于左栏用 float 属性设置为浮动。浏览器按正常流
来呈现页面上的其余内容。

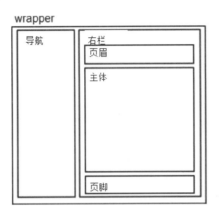

图 6.11　左栏为导航的双栏布局

- wrapper 居中，占据页面宽度 80%。该区域设置普蓝背景，显示在左栏之后：

```
#wrapper { width: 80%;
           margin-left: auto;
           margin-right: auto;
           background-color: #b3c7e6; }
```

图 6.12　双栏页面布局，左侧为导航

- 左栏中的 nav 元素被指定为固定宽度以及向左浮动。因为没有设置背景色，

所以显示了它的容器(wrapper div)的背景色：

```
nav { float: left;
      width: 150px; }
```

- 右栏容纳在一个 id 为 rightcol 的 div 元素之中。rightcol id 被设置为左侧外边
  距大于等于左栏宽度。这种外边距生成了两栏的外观(常被称为伪(faux)双
  栏)。右栏的背景被设置为白色，就覆盖了 wrapper 的背景色设置：

```
#rightcol { margin-left: 155px;
            background-color: #ffffff; }
```

双栏页面，顶部是页眉，左侧为导航

图 6.13 是一张网页的线框图，该页面顶部为标识横幅(页眉)，双栏布局中的左栏
为导航。

图 6.13 双栏布局、顶部为网页标识区域的页面线框图

该布局的 HTML 模板如下：

```
<div id="wrapper">
<header>
</header>
<nav>
</nav>
<div id="rightcol">
<main>
</main>
<footer>
</footer>
</div>
</div>
```

图 6.14 所展示的是双栏布局、顶部为页眉的网页 (学生文件中的
chapter6/twocolumn2.html)。配置该种布局的 CSS 与图 6.12 所示的页面相同。但是请注

意，两者页眉元素的位置是不同的。它现在成了 wrapper 中的第一个元素，显示在左右两栏之前。

图 6.14 双栏布局的页面，顶部为标识区域，左侧为导航

FAQ 必须要用壁纸(wrapper)吗？

不是的，壁纸或容器在设置页面布局时并不是必需的。当然，如果使用了该元素会使得设置双栏外观的操作更为简便，因为在子元素自身没有设置背景色的情况下，wrapper 这个 div 会显示在它们(子元素)的后面。这种方法还可用于在 body 元素选择器中为页面配置不同的背景色或背景图片(如图 6.14 所示)。

百尺竿头还需更进一步

目前我们还要考虑双栏布局网页设计的另一个方面，同志尚需努力！导航区域是一张超链接的列表。为了使导航区域能够具有更精准的语义描述，应该用一个无序列表来配置超链接。在下一节中，你将学习用无序列表配置水平和垂直导航超链接的技术。

6.6 无序列表中的超链接

使用 CSS 设置网页布局的优势之一是能够用语义正确的代码编写。编写语义正确的代码意味着可以选择最能准确反映内容目的的标记标签。使用不同层次的标题(heading)标签对内容进行分级或者在段落(paragraph)标签中放置数段文本(而不是用换行符)就是编写语义正确代码的范例。这种类型的编码技术是支持语义化 Web 的一个方向。Web 开发的领军人物如埃里克·梅耶(Eric Meyer)，马克·纽豪斯(Mark Newhouse)，杰弗里·泽尔德曼(Jeffrey Zeldman)以及其他一些专家都在提倡使用无序列表来组织导航菜单。毕竟，导航菜单就是超链接列表。

用列表来配置导航还能够提升无障碍访问性。屏幕阅读器等软件提供了简单的键盘访问和口头提示，可帮助用户获悉列表中的信息，如列表项目序号等。

用 CSS 配置列表标记

回忆一下，我们曾提到无序列表默认会在每个列表项目前显示圆点(常称为着重号)，而有序列表则默认会在项目前显示十进制数字。用无序列表来配置导航链接时，可能不希望看到这些项目符号，用 CSS 实现起来很方便。list-style-type 属性可用于配置无序或有序列表的标记。表 6.3 列出了这类属性的常见值。

表 6.3　有序列表和无序列表中项目符号的 CSS 属性

属性	描述	取值	项目符号显示
list-style-type	配置列表标记的样式	none	无
		disc	实心圆
		circle	空心圆
		square	实心方块
		decimal	数字
		upper-alpha	大写字母
		lower-alpha	小写字母
		lower-roman	小写罗马数字
list-style-image	用图片代替列表标记	url 关键词加上用括号包围的图片路径与文件名	每个列表项目前显示一张图片
list-style-position	指定列表标记的位置	inside	列表项目标记放置在文本以内，且环绕文本按标记对齐
		outside(默认)	标记位于默认位置

如图 6.15 所示，用 CSS 指定了实心方块作为无序列表的项目标记，代码如下：

```
ul { list-style-type: square; }
```

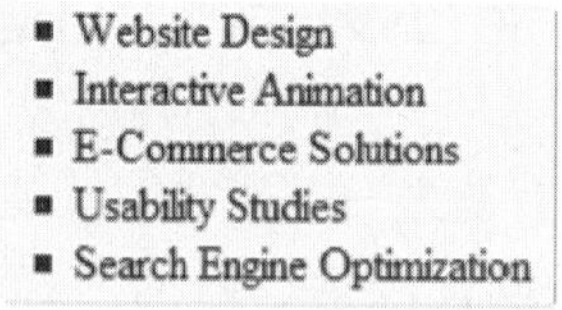

图 6.15　实心方块作为无序列表中项目的标记

如图 6.16 所示，用 CSS 设置了大写字母作为有序列表的项目标记，代码如下：

```
ol { list-style-type: upper-alpha; }
```

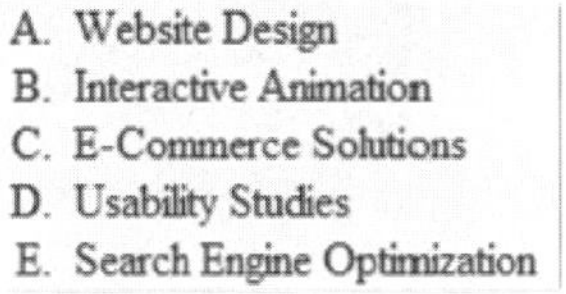

A. Website Design
B. Interactive Animation
C. E-Commerce Solutions
D. Usability Studies
E. Search Engine Optimization

图 6.16 大写字母作为有序列表中项目的标记

把图片设置为列表标记

利用 list-style-image 这一属性，我们把一张图片设置为无序或有序列表的项目标记。在图 6.17 中，名为 trillium.gif 的图片被用来取代列表中的项目标记，CSS 代码如下：

```
ul {list-style-image: url(trillium.gif); }
```

Website Design
Interactive Animation
E-Commerce Solutions
Usability Studies
Search Engine Optimization

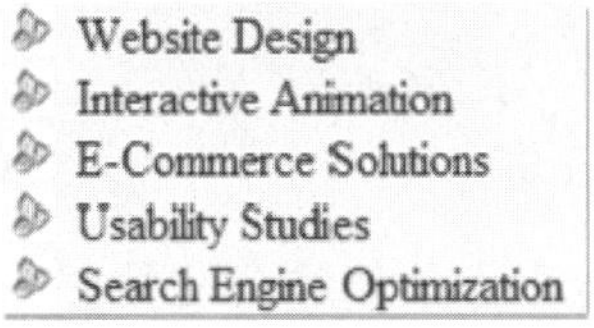

图 6.17 用图片代替列表项目标记

用无序列表组织垂直导航区域

图 6.18 所示为某网页(学生文件中的 chapter6/twocolumn3.html)中的导航区域，它用一张无序列表来组织导航链接。相关的 HTML 代码如下：

```
<ul>
<li><a href="index.html">Home</a></li>
<li><a href="menu.html">Menu</a></li>
<li><a href="directions.html">Directions</a></li>
<li><a href="contact.html">Contact</a></li>
</ul>
```

- Home
- Menu
- Directions
- Contact

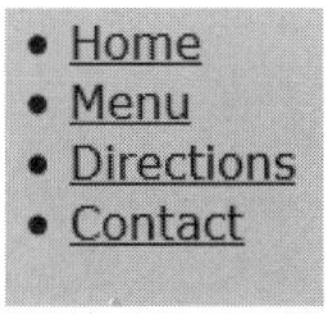

图 6.18 用无序列表组织导航

用 CSS 完成配置

好，现在我们已经做到了语义正确，接下来可以着手改进视觉效果了，利用 CSS 来去除列表标记。得确保这一特殊样式只适用于导航区域(nav 元素)中的无序列表，因此要用后代选择器(descendant selector)。配置如图 6.19 所示列表的 CSS 代码如下：

```
nav ul { list-style-type: none; }
```

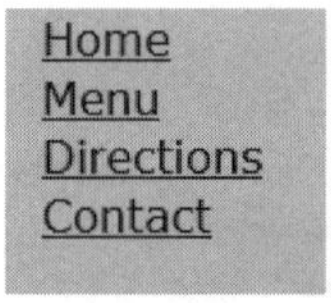

```
Home
Menu
Directions
Contact
```

图 6.19　用 CSS 去除了列表项目标记

用 CSS 去除下划线

text-decoration 属性可用来修改文本在浏览器中的显示效果。它最常用于去除导航超链接中的下划线，设置为 text-decoration: none;.

```
Home
Menu
Directions
Contact
```

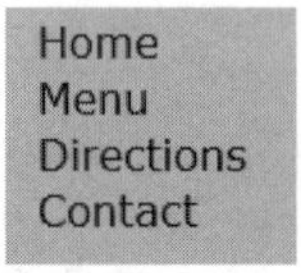

图 6.20　应用了 text-decoration 这一 CSS 属性

用 CSS 把导航区域(nav 元素)中的超链接设置成不带下划线的效果，如图 6.20(学生文件中的 chapter6/twocolumn4.html)所示，代码如下：

```
nav a { text-decoration: none; }
```

用无序列表组织水平导航区域

如果我们要求用无序列表来组织水平导航菜单，你可能会感到疑惑：这该如何实现呢？答案是：CSS！列表项目是块显示元素，要设置为内联显示元素后才能使它们显示在一行里。CSS 中的 display 属性就可用来配置网页上某个元素在浏览器中的呈现或显示效果。

表 6.4　中列出了该属性的常用值

取值	用途
none	元素不显示
inline	元素将与周围的文本和/或其他元素保持在同一行中，并且不会开始新行
inline-block	元素与相邻的内联元素保持在同一行中；但同时它也是块元素属性，并应用宽度、高度等属性
block	元素显示为块，上下均有外边距

图 6.21 展示了某网页(学生文件中的 chapter6/navigation.html)中的水平导航区域，它用一张无序列表来组织链接。相关的 HTML 代码如下：

```
<nav>
<ul>
    <li><a href="index.html">Home</a></li>
```

```
    <li><a href="menu.html">Menu</a></li>
    <li><a href="directions.html">Directions</a></li>
    <li><a href="contact.html">Contact</a></li>
</ul>
</nav>
```

Home   Menu   Directions   Contact

图 6.21 用无序列表组织导航

用 CSS 完成配置

该示例中用到了下列 CSS。

- 消除列表标记，为 ul 元素选择器添加 list-style-type: none;规则：

```
nav ul { list-style-type: none; }
```

- 水平呈现(而不是默认的垂直方式)列表项目，为 li 元素选择器添加 display: inline;规则：

```
nav li { display: inline; }
```

- 去除超链接中的下划线，为 a 元素选择器添加 text-decoration: none;规则。并且增大在超链接之间的距离，为 a 元素选择器添加 padding-right: 10px;规则：

```
nav a { text-decoration: none; padding-right: 10px; }
```

6.7 用 CSS 伪类增加交互效果

你是否曾经访问过这样的网站：当鼠标指针滑过超链接时，它的文本会变色？这常常是用 CSS 伪类来实现的，可为某个选择器添加特殊效果。应用于锚元素的五种伪类如表 6.5 所示。

表 6.5 常用的 CSS 伪类

伪类	应用场景
:link	未被点击(未查看)过的超链接的默认状态
:visited	已访问超链接的默认状态
:focus	超链接具有键盘焦点时激活伪类
:hover	超链接在鼠标指针滑过时激活伪类
:active	超链接被实际点击后激活伪类

请注意表 6.5 中所列伪类的顺序。锚元素伪类必须按此顺序来编写代码(忽略一个或多个当然是可以的)。如果不按此顺序，样式就无法正确应用。把:hover, :focus,以及:active 伪类配置成相同的样式是常见的做法。

把伪类写在选择器后面就可以应用了。下列代码示例把文本超链接的初始状态设置为红色，并应用了:hover 伪类实现了特殊效果：访客的鼠标指针滑过超链接时，下划线会消失，颜色也将发生变化。

```
a:link { color: #ff0000; }
a:hover { text-decoration: none;
          color: #000066; }
```

图 6.22 展示了某网页的部分区域，它也用到了类似的技术。请注意当鼠标指针滑过"Print This Page"超链接时，文本颜色发生了变化，下划线也消失了。绝大多数主流浏览器均支持 CSS 伪类。

图 6.22　hover 伪类的使用

动手实践 6.3

在本环节中，要请你用伪类来创建交互式的超链接。新建一个名为 ch6hover 的文件夹。将学生文件 chapter6 文件夹下的 lighthouseisland.jpg、lighthouselogo.jpg 和 starter.html 复制到新文件夹中。打开浏览器显示网页，它看起来应当如图 6.23 所示。我们要修改导航区域。

启动文本编辑器，打开 starter.html，另存为 index.html。

图 6.23　双栏布局中的导航区域需要修改

1. 观察页面源代码，它使用了双栏布局。检查 nav 元素，并修改代码，把导航区域配置为无序列表：

```
<ul>
    <li><a href="index.html">Home</a></li>
    <li><a href="menu.html">Menu</a></li>
    <li><a href="directions.html">Directions</a></li>
    <li><a href="contact.html">Contact</a></li>
</ul>
```

再在内嵌样式里添加一些 CSS，用于设置 nav 元素中的无序列表元素。去除列表标记，把左内边距设为 0，外边距设为 10 像素。

```
nav ul { list-style-type: none;
        margin-left: 0;
        padding: 10px; }
```

2. 接下来，用伪类实现一些基本的交互效果。

● 设置 nav 元素中的锚标签：内边距为 10 像素，文本加粗，不带下划线。

```
nav a { text-decoration: none;
        padding: 10px;
        font-weight: bold; }
```

● 使用伪类来配置 nav 元素中的锚标签：未点击的超链接显示白色(#ffffff)文本，已点击的超链接显示浅灰色(#eaeaea)文本，鼠标指针滑过超链接时显示深蓝色(#000066)文本：

```
nav a:link { color: #ffffff; }
nav a:visited { color: #eaeaea; }
nav a:hover { color: #000066; }
```

保存文件并在浏览器中测试页面 。移动鼠标指针，当它滑过导航区域时观察文本颜色的变化情况。你的页面应当有类似于图 6.24 所示的效果(学生文件中有参考答案 chapter6/hover/index.html)。

图 6.24　应用 CSS 伪类来增加导航区域的交互性

6.8　CSS 双栏布局实战

目前你已经对双栏布局有所了解，并练习了用无序列表组织导航链接、用 CSS 伪类配置样式。接下来让我们通过动手实践来进一步巩固所掌握的技术。

动手实践 6.4

在本环节中，要请你创建一个新版本的 Lighthouse Island Bistro 主页，顶部的标识区要跨越两栏的宽度，左栏为主要内容，右栏为导航，双栏之下为页脚。参考图 6.25，这是新主页的线框图。我们将用外部样式表来配置 CSS。请创建名为 ch6practice 的文件夹。将学生文件中 chapter6 文件夹下的 starter2.html、lighthouseisland.jpg 和 lighthouselogo.jpg 复制到新建文件夹中。

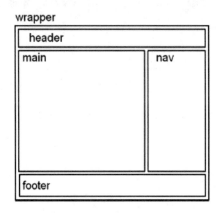

图 6.25　顶部标识、双栏布局的页面线框

1. 启动文本编辑器，打开 starter2.html，另存为 index.html。在 head 节中添加一个 link 元素，将该文件与名为 lighthout.css 的外部样式表文件相关联。代码示例如下：

```
<link href="lighthouse.css" rel="stylesheet">
```

2. 保存文件。启动文本编辑器并新建一个名为 lighthouse.css 的文件，保存在 ch6practice 文件夹中。参考线框图来配置 CSS。

- body 元素选择器：背景色为很深的蓝色((#00005D)，字体为 Verdana、Arial 或默认的 sans-serif：

```
body { background-color: #00005D;
       font-family: Verdana, Arial, sans-serif; }
```

- wrapper id：居中，宽度为浏览器视窗的 80%，最小宽度为 960 像素，最大宽度为 1200，文本为深蓝色(#000066)，背景色为普蓝(#B3C7E6)(它将显示在 nav 区域之下)：

```
#wrapper { margin: 0 auto;
           width: 80%;
           min-width: 960px; max-width: 1200px;
           background-color: #B3C7E6;
           color: #000066; }
```

- header 元素选择器：石蓝色(#869DC7)背景，极深蓝(#00005D)的文本色，字号为 150%，顶、右、底内边距为 10 像素，左内边距为 155 像素，背景图片为 lighthouselogo.jpg：

```
header { background-color: #869DC7;
         color: #00005D;
         font-size: 150%;
         padding: 10px 10px 10px 155px;
         background-repeat: no-repeat;
         background-image: url(lighthouselogo.jpg); }
```

- h1 元素选择器：底外边距为 20 像素，从而防止在 Internet Explorer 浏览器中显示时发生异常：

```
h1 { margin-bottom: 20px; }
```

- nav 元素选择器：浮动到右边，宽度 200 像素，粗体文本，字母间距为 0.1em：

```
nav { float: right;
      width: 200px;
      font-weight: bold;
      letter-spacing: 0.1em; }
```

- main 元素选择器：白色背景(#FFFFFF)，黑色文本(#000000)，顶与底内边距为 10 像素，左右内边距为 20 像素，display 属性设置为 block(防止在 Internet Explorer 浏览器中显示时发生异常)，overflow 设置为 auto：

```
main { background-color: #ffffff;
       color: #000000;
       padding: 10px 20px; display: block;
       overflow: auto; }
```

footer 元素选择器：字号为 70%，文本居中，内边距为 10 像素，背景色为石板蓝(#869DC7)，clear 设置为 both：

```
footer { font-size: 70%;
         text-align: center;
         padding: 10px;
         background-color: #869DC7;
         clear: both;}
```

保存文件，在浏览器中打开。页面看上去应当类似于图 6.26。

图 6.26　网页主体部分用 CSS 进行了样式设置

3. 继续编辑 lighthouse.css 文件，设置 h2 元素选择器与浮动图片。为 h2 元素选择器添加样式规则：文本色为石板蓝(#869DC7)，字体为 Arial 或 sans-serif。把 floatright 这个 id 设置为浮动到右边，外边距为 10 像素：

```
h2 { color: #869DC7;
     font-family: Arial, sans-serif; }
     #floatright { float: right;
     margin: 10px; }
```

4. 继续编辑 lighthouse.css 文件，设置导航条。

- ul 元素选择器：去除列表标记。内外边距均设为 0：

```
nav ul { list-style-type: none; margin: 0; padding: 0; }
```

- a 元素选择器：没有下划线，内边距为 20 像素，普蓝(#B3C7E6)背景，1 像素实线底边框。

  使用 display: block;使访问者单击锚元素"按钮"任意地方均能激活超链接：

```
nav a { text-decoration: none;
        padding: 20px;
        display: block;
        background-color: #B3C7E6;
        border-bottom: 1px solid #FFFFFF; }
```

配置:link、:visited 和 :hover 三个伪类，代码如下：

```
nav a:link { color: #FFFFFF; }
nav a:visited { color: #EAEAEA; }
nav a:hover { color: #869DC7;
              background-color: #EAEAEA; }
```

保存文件，并在浏览器中打开进行测试。移动鼠标指针，滑过导航区域，观察交互性变化，如图 6.27 所示(学生文件中有参考答案 chapter6/practice/index.html)。

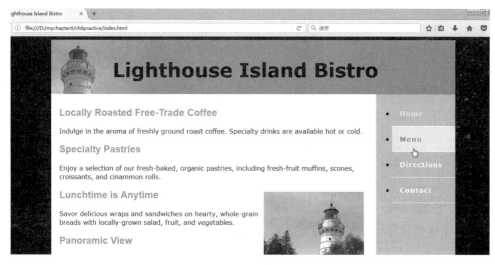

图 6.27 用 CSS 伪类增添了网页的交互性

6.9 页眉文本图像替换

有时候客户会提出，页眉标识部分的公司名称要使用一种特殊的字体，而这种字体并非常见的网页安全字体。在这种情况下，我们通常会请美工设计一张带有指定字体公司名称的页眉横幅图片，如图 6.28 所示。

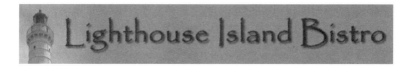

图 6.28 页眉横幅图片中的文字采用了 Papyrus 字体，它不是网页安全字体

用 image 标签来显示横幅或将横幅图片作为 header 元素内的背景，这都是可行的办法。但是图片中的文本对于屏幕阅读器等辅助设备来说是无法识别的，对搜索引擎也无法马上可见。

更流行的做法是所谓的页眉文本图像替换(Header Text Image Replacement)，这是由网页设计师 Chris Coyeir 提出的，具体可访问 http://css-tricks.com/header-text-image-replacement。运用该技术可同时配置一张显示文字的页眉横幅图像以及包含文本的 h1 元素。关键在于 h1 中的文本并不显示在浏览器视窗内，但对于辅助设备和搜索引擎却是可见的。这是两全其美的好办法，既满足了客户的特殊需求，又通过普通文本的使用提供了无障碍访问，并针对搜索引擎实现了优化。

页眉文本图像替换的实现。

1. 用 h1 元素添加公司或网站名称。

2. 配置 header 元素的样式；将页眉横幅图像设置为 header 或 h1 的背景。

3. 利用 text-indent 属性将 h1 的文本设置为显示在浏览器视窗之外，最常用的声明是 text-indent: -9999px;。

改进的页眉文本图像替换技术

页眉文本图像替换技术在台式机和笔记本电脑上非常有效。但当网页显示在移动设备上时，由于浏览器在试图画出 9999 像素宽(已经超出视窗宽度)的容器时会拖慢处理器速度，因而会出现性能问题。我们注意到网页开发工程师杰弗里·泽尔德曼(Jeffrey Zeldman) 在 http://www.zeldman.com/2012/03/01/replacing-the-9999pxhack-new-image-replacement/上分享了一种解决办法。将 h1 元素选择器的 text-indent 属性设置为 100%而不是-9999px，并且将 white-space 属性设置为 nowrap、overflow 属性设置为 hidden。在接下来的动手实践中，我们来练习这一自适应技术的使用。

动手实践 6.5

创建名为 replacech5 的文件夹。将 chapter6 文件夹下的 starter3.html 复制到新文件夹中并重命名为 index.html。同时复制 chapter6/starters 下的 background.jpg 和 lighthousebanner.jpg 两张图片。

启动文本编辑器打开 index.html。

1. 检查 HTML 代码。注意，h1 元素中现有文本"Lighthhouse Island Bistro"。

2. 编辑嵌入式 CSS，并在 header 元素选择器中配置样式规则：将高度设置为 150 像素，底外边距设为 0，lighthousebanner.jpg 设为背景图像、不重复显示：

```
header { height: 150px;
         margin-bottom: 10px;
         background-image: url(lighthousebanner.jpg);
         background-repeat: no-repeat; }
```

保存文件并在浏览器中打开进行测试。你将看到同时显示了 h1 中的文本和 lighthousebanner.jpg 图片中的文本，如图 6.29 所示。

图 6.29　h1 中的文本和图片中的文本暂时都显示了

3. 编辑内嵌样式，设置 h1 元素选择器中的 text-indent、white-space 和 overflow 属性：

```
h1 { text-indent: 100%;
     white-space: nowrap;
     overflow: hidden; }
```

启动浏览器查看网页，效果如图 6.30 所示。

图 6.30　网页上应用了页眉文本图像替换技术

　　虽然 h1 标签对中的文本不再显示在浏览器视窗之中，但它对于屏幕阅读器等辅助设备以及搜索引擎却是可见的。学生文件中有参考答案，位于 chapter6/replace 文件夹之中。

6.10　实战图片库

　　在之前的学习过程中，你用无序列表组织了若干导航超链接。因为一批超链接可以看作是一张清单，所以用无序列表来构建网页上的导航是一种语义正确的方法。接下来，让我们将这种编码方法应用于网页上的图片库(基本可以看作是一批图片)。

动手实践 6.6

　　在本环节中，你将创建如图 6.31 所示的网页，用于显示一组图片及图片说明。

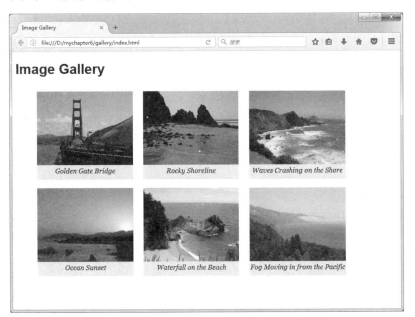

图 6.31　图片浮动在网页上

　　你需要把这些图片以及它们的说明文字填充到浏览器视窗中的可用空间内。具体的显示模式将随浏览器视窗大小的变化而变化。

图 6.32 所显示的是与图 6.31 相同的页面，所不同的是浏览器视窗变小了。

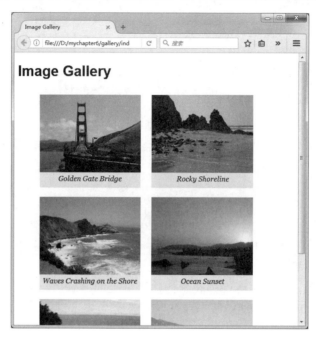

图 6.32　浮动的图片随着浏览器窗口大小的变化而移动

创 建 名 为 gallery 的 文 件 夹 。 将 学 生 文 件 中 chapter6/starters 文 件 夹 下 的 photo1.jpg、photo2.jpg、photo3.jpg、photo4.jpg、photo5.jpg 和 photo6.jpg 复制到新建文件夹中。

启动文本编辑器，打开学生文件中的 chapter2/template.html，并以 index.html 为名另存到 gallery 文件夹中。按下列要求修改文件。

1. 用 h1 和 title 元素来配置文本"Image Gallery"。

2. 创建一张无序列表。编写 6 个 li 元素，每一个对应一张图片及简要的文字说明。第一个 li 元素示例如下：

```
<li>
<img src="photo1.jpg"
alt="Golden Gate Bridge"
width="225" height="168">
Golden Gate Bridge
</li>
```

3. 以类似的方式完成 6 个 li 元素的配置。把模板中的 src 值用实际的图片文件名来代替，并为每张图片写出描述性的文字。photo2.jpg 用于第二个 image 元素，photo3.jpg 用于第三个 image 元素，photo4.jpg 用于第四个 image 元素，photo5.jpg 用于第五个 image 元素，photo6.jpg 用于第六个 image 元素。保存文件并在浏览器中打开。图 6.33 为网页的部分截屏。

图 6.33　设置 CSS 之前的页面

4. 现在让我们来添加嵌入式 CSS。在文本编辑器中打开 index.html，在 head 部分编写 style 元素的代码。在 ul 元素选择器中添加不显示列表标记的规则。将 li 元素选择器中的 display 属性设置为 inline-block。同时指定宽度为 225 像素，外边距为 10 像素，底内边距为 10 像素，浅灰色(#EAEAEA)背景，文本居中，斜体，Georgia 或别的 serif 字体。CSS 代码如下：

```
ul { list-style-type: none; }
li { display: inline-block;
     width: 225px;
     padding-bottom: 10px;
     margin: 10px;
     background-color: #EAEAEA;
     text-align: center;
     font-style: italic;
     font-family: Georgia, serif; }
```

保存文件并在浏览器中打开。试着改变浏览器窗口的大小，观察页面显示的变化。将你的作业与图 6.31 及图 6.32 进行比较。学生文件中有参考答案(位于 chapter6/gallery 文件夹中)。

6.11　利用 CSS 进行定位

之前我们介绍了"正常流"，在这种模式下，浏览器将按照元素在 HTML 代码中出现的顺序加以呈现。当我们使用 CSS 进行页面布局时，可以灵活地指定元素在页面中的位置。position(定位)属性指定了浏览器在呈现某个元素时的定位类型。表 6.6 中列出了 position 属性的各种取值和它们的用途。

表 6.6　position 属性

取值	用途
static	默认值。元素以"正常流"呈现
fixed	指定元素在浏览器视窗中的位置；页面滚动时元素不随之移动
relative	指定元素相对其按正常流呈现时所在位置而言应当出现的位置
absolute	指定某元素不按正常流呈现时的确切位置。

静态定位

静态定位(Static positioning)是 HTML 元素的默认值，即按正常流呈现。目前为止我们在练习中所创建的网页，在浏览器中都是正常流模式。

固定定位

固定定位(fixed positioning)使元素脱离正常流但又保持静止，或者说当浏览器视窗中的网页发生滚动时，它仍然"固定在某处"。图 6.34 中的网页(学生文件中的 chapter6/fixed.html)其导航区域即采用了固定定位。即使用户滚动页面，导航栏依旧不动。CSS 代码如下：

```
nav { position: fixed; }
```

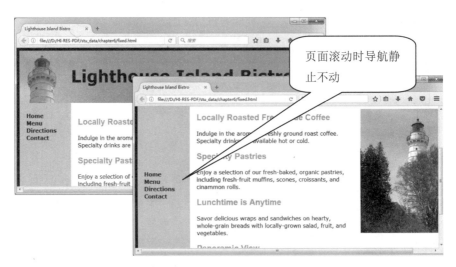

图 6.34　导航栏被设置为固定定位

相对定位

在使用相对定位(relative positioning)时，元素位置略有变化，这是相对于其在正常流模式下应当出现的位置而言。当然，在正常流中它的位置仍然保留着，其他元素围绕该保留位置进行流动。在指定相对定位时，要用 position:relative;属性以及其他一个或多个偏移属性：left、right、top、bottom。表 6.7 中列出了这些偏移属性。

表 6.7　位置偏移(position offset)属性

属性	取值	用途
left	数字值或百分比	元素距离其容器元素左侧的偏移位置
right	数字值或百分比	元素距离其容器元素右侧的偏移位置
top	数字值或百分比	元素距离其容器元素顶部的偏移位置
bottom	数字值或百分比	元素距离其容器元素底部的偏移位置

图 6.35 所示的页面(学生文件中的 chapter6/relative.html)用了相对定位及 left 属性来指定段落元素相对其正常流而言的位置。在这一示例中，容器是网页的 body 元素。相对定位的结果是 p 元素中的内容都从左往右缩进(移动)了 30 像素，它原本应当位于浏览器左侧。

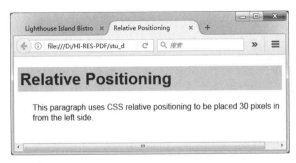

图 6.35　使用了相对定位和左齐之后的效果

留意 heading 元素中 padding 和 background-color 属性的配置。CSS 代码如下：

```
p { position: relative;
left: 30px;
font-family: Arial, sans-serif; }
h1 { background-color: #cccccc;
padding: 5px;
color: #000000; }
```

HTML 源代码如下：

```
<h1>Relative Positioning</h1>
<p>This paragraph uses CSS relative positioning to be placed 30 pixels
in from the left side.</p>
```

绝对定位

绝对定位(absolute positioning)被用来指定某元素的确切位置，即与其第一个非静态父元素的位置关系，它脱离了正常流。如果没有非静态父元素，绝对定位按相对于页面主体的位置来给出。配置绝对定位需要用 position: absolute;属性以及一个或多个偏移属性(left、right、top、bottom)，参见表 6.7。

图 6.36 所示页面中将 p 元素设置为绝对定位，令其显示在距离浏览器视窗左侧 200 像素、顶部 100 像素的地方。示例为学生文件中的 chapter6/absolute.html。

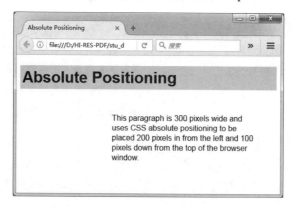

图 6.36　段落元素被设置为绝对定位

CSS 代码如下：

```
p { position: absolute;
    left: 200px;
    top: 100px;
    font-family: Arial, sans-serif;
    width: 300px; }
```

HTML 源代码如下：

```
<h1>Absolute Positioning</h1>
<p>This paragraph is 300 pixels wide and uses CSS absolute positioning
to be placed 200 pixels in from the left and 100 pixels down from the
top of the browser window.</p>
```

动手实践 6.7

图 6.37 显示了两张网页的屏幕截图，它们有着类似的 HTML 内容。上方的网页没有添加 CSS。下方的网页用 CSS 配置了段落元素的文本、颜色和绝对定位。启动文本编辑器并打开学生文件中的 chapter6/starter4.html。浏览器使用正常流呈现页面，按 <h1>、<div>、<p>和<ul>这四个元素在代码中的顺序进行显示。启动浏览器打开网页进行确认。

让我们添加一些 CSS，使网页变得更生动，效果如图 6.37 中下方的网页所示。将文件另存为 trillium.html，并用文本编辑器打开，按下列要求进行修改。

1. 页面使用内嵌样式。在 head 部分添加<style>标签对。

```
<style>
</style>
```

2. 为 h1 元素选择器创建样式规则。背景色为# B0C4DE，文本色为#000080，3 像素的实线底边框、颜色为#000080，5 像素的底与左内边距。

```
h1 { border-bottom: 3px solid #000080;
     color: #000080;
     background-color: #B0C4DE;
     padding: 0 0 5px 5px; }
```

3. 为 content 类创建样式规则。绝对定位，距离容器左侧为 200 像素，距离顶部为 75 像素，宽度为 300 像素，字体为 Arial 或 sans-serif。

```
.content { position: absolute;
           left: 200px;
           top: 75px;
           font-family: Arial, sans-serif;
           width: 300px; }
```

4. 将段落指定为 content 类。在网页主体部分的段落起始标签后添加 class="content"。

保存文件。启动浏览器测试网页。它看上去应当类似于图 6.37 中下方的网页。学生文件中有参考答案(chapter6/trillium.html)。请注意，虽然页面源代码中段落之后是无序列表，但在浏览器中显示时，列表是紧跟着标题的。这是因为段落被指定为绝对定位(position: absolute)。浏览器突破正常流限制根据绝对位置来呈现段落元素。

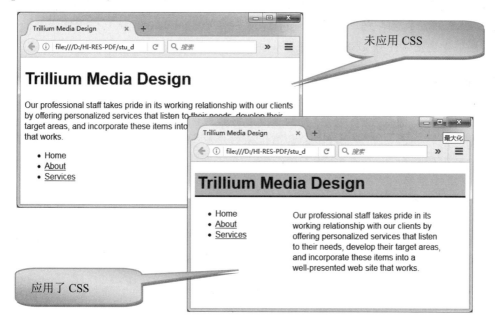

图 6.37　下方的页面使用了 CSS 绝对定位

6.12　CSS 调试技术

　　利用 CSS 进行页面布局需要一些耐心。要花一些时间才能熟练掌握。修正编码问题被称为调试(debugging)。这个术语可以追溯到编程时代的早期，当时由于一个小昆虫(臭虫，bug)“驻扎”在计算机内部，引起了故障。调试 CSS 很折磨人，耐心必不可少。最大的问题是，即使是最新的浏览器，它们对 CSS 的实现也可能有些许不同之处。随着浏览器版本的推陈出新，它们的支持度也在变化。测试是关键所在。不要指望页面在每种浏览器中的显示效果完全一样。虽然 Internet Explorer 对 CSS 标准的支持度在提升，但兼容性仍有差异。下面列举了一些有用技巧，用来改进 CSS 不如人意时的表现。

验证 HTML 语法是否正确

　　不正确的 HTML 代码可能造成 CSS 的问题。请使用 W3C 的标记验证服务(W3C Markup Validation Service)来确保 HTML 语法正确，网址为 http://validator.w3.org。

验证 CSS 语法是否正确

　　有时候 CSS 样式不起作用的原因在于语法错误。请使用 W3C 的 CSS 验证服务来确保 CSS 语法正确，网址为 http://jigsaw.w3.org/css-validator。认真检查代码，很多时候错误就出现在未生效 CSS 样式的上一行中。

设置临时背景颜色

　　有时候代码是有效的，但网页就是没能按照你的设想呈现出来。如果设置一些临时性的、醒目的背景色，如红色或黄色，然后重新测试，就可以比较容易地看出“盒子”的结束位置在哪里了。

设置临时边框

　　与临时背景色类似，你可以临时性地为某元素设置一个 3 像素的红色实线边框。它非常醒目，能帮你更快地确定问题究竟出在哪里。

使用注释查找意想不到的重叠

　　在页面底部设置的样式规则和 HTML 属性会覆盖之前的设定。如果样式未能正常生效，试着“注释掉”一些样式(参见下面的说明)，用较少的一组语句进行测试。然后再把样式一条一条地添加回去，从而确定问题出在哪里。请按这种方式耐心地处理并测试整个样式表。浏览器会忽略包含在注释符号中的代码与文本。CSS 注释由/*开始，到*/为止。下列代码中的注释说明了样式规则的用途。

```
/* Set Page Margins to Zero */
body { margin: 0; }
```

注释可以跨行。下个页面的注释从 nav 类的上一行开始，到 nav 类的下一行结束。这将会使浏览器在应用样式表时跳过 nav 类。当你需要测试大量属性或可能需要临时禁用一条样式规则时这一技术非常有用。

```
/* temporarily commented out during testing
.new { font-weight: bold; }
*/
```

注释错误往往出现在只有开始的标记/*，而忘了输入结束标记*/。后果是所有/*之后的代码都被浏览器当成注释忽略了。

FAQ　哪里可以找到更多有关 CSS 的资源？

提供 CSS 资源和教程的网站很多，例如：

- CSS 小窍门 http://css-tricks.com
- Max Design: 用颜色设计双栏页面

http://www.maxdesign.com.au/articles/two-columns/

- Listamatic: 用 CSS 实现垂直与水平列表

http://css.maxdesign.com.au/listamatic

- W3C 层叠样式表 http://www.w3.org/Style/CSS
- HTML5 和 CSS3 的浏览器支持图 http://www.findmebyip.com/litmus
- CSS 内容和浏览器兼容性: Peter-Paul Koch 的网站，致力于研究并消除浏览器对 CSS 和 JavaScript 的不兼容。

http://www.quirksmode.org/css/contents.html

- CSS3 点击图 http://www.impressivewebs.com/css3-click-chart
- SitePoint CSS 参考 http://reference.sitepoint.com/css

6.13　更多 HTML5 结构元素

到目前为止，我们已经学习了 header、nav、footer 等 HTML5 元素。它们与 div 及其他元素一起，组成了富有含义的网页结构，每个区域都有其特定用途。在这一节中，我们将了解更多 HTML5 中的元素。

section 元素

该元素的目的在于定义文档中的某个"节"，例如章节、主题等。它也是块显示元素，可以容纳页眉、页脚、节、文章、侧边栏、图像、div 以及其他可用来配置内容的元素。

article 元素

文章(article)元素意在呈现一个独立的部分，如博客文章、评论、电子杂志文章，都可以是该元素的来源。它也是块显示元素，可以容纳页眉、页脚、节、文章、侧边栏、图像、div 以及其他可用来配置内容的元素。

aside 元素

侧边栏(aside)元素指定了一个侧边栏或其他外围内容。它也是块显示元素，可以容纳页眉、页脚、节、文章、侧边栏、图像、div 以及其他可用来配置内容的元素。

time 元素

时间(time)元素用来展现日期或时间。它有一个可选的 datetime 属性，用于将日历日期和/或时间设置为机器可读的格式。用 YYYY-MM-DD 来指定日期。用 24 小时制时钟和 HH:MM 来指定时间。参见 http://www.w3.org/TR/html-markup/time.html。

动手实践 6.8

在本环节中，你将继续 Lighthouse Island Bistro 主页(如图 6.24 所示)开发之旅，在这个双栏页面上应用 section、article、aside 和 time 元素，将其改为带有博客文章的新页面，如图 6.38 所示。

创建一个名为 ch6blog 的文件夹。将下列文件从学生文件的 chapter6/hover 中复制到新文件夹中：index.html 和 lighthouselogo.jpg。启动文本编辑器，打开 index.html 文件。检查源代码，定位到 header 元素。

1. 在 header 元素中，用 div 来添加一个标签行"the best coffee on the coast"。为该 div 分配 id，名为 tagline。代码如下：

```
<header>
    <h1>Lighthouse Island Bistro</h1>
    <div id="tagline">the best coffee on
    the coast</div>
</header>
```

2. 将 main 元素中的内容替换为如下代码：

```
<h2>Bistro Blog</h2>
<aside>Watch for the March Madness Wrap next month!</aside>
<section>
  <article>
    <header><h1>Valentine Wrap</h1></header>
    <time datetime="2014-02-01">February 1, 2014</time>
```

```
<p>The February special sandwich is the Valentine Wrap &mdash;
heart healthy organic chicken with roasted red peppers on a
whole wheat wrap.</p>
</article>
<article>
  <header><h1>New Coffee of the Day Promotion</h1></header>
  <time datetime="2014-01-12">January 12, 2014</time>
  <p>Enjoy the best coffee on the coast in the comfort of your
  home. We will feature a different flavor of our gourmet,
  locally roasted coffee each day with free bistro tastings
  and a discount on one-pound bags.</p>
</article>
</section>
```

3. 设置 h1 元素选择器的 CSS：h1 的底外边距为 0。

4. 设置 h2 元素选择器的 CSS：字号为 200%。

5. 设置名为 tagline 的 id 选择器的 CSS：右内边距为 20，文本为.80em、斜体、右对齐、#00005D。

6. 使用后代 HTML 选择器设置包含每个 article 的 header 元素样式：背景色为 #FFFFFF，无背景图像，字号为 90%，左内边距为 0，高度为 auto(height: auto;)。

7. aside 元素包含了主体内容外围的内容。将该元素的样式设置为：浮动到右边(利用 float)，宽度为 200 像素，浅灰色背景，内边距为 20 像素，右外边距为 40 像素，字号为 80%，5 像素的框阴影，相对定位(position: relative; top: -40px;)。

保存文件，并在浏览器中打开。页面应当如图 6.38 所示。学生文件中有参考答案(chapter6/blog)。

图 6.38　该页面应用了新元素

FAQ　现在 W3C 已经批准 HTML5 为候选推荐状态，还会有更多的变化吗？

2012 年年底时 W3C 将 HTML5 置于候选推荐状态，当时它被认为已相当稳定。但请注意 HTML5 还需完成 W3C 批准过程。在审批过程的下一步是建议推荐(Proposed Recommendation)状态，最后一步是推荐(Recommendation)，到那时候 HTML5 规范才可被认为是最终状态。

当然，到达推荐状态并不是变化的终点。HTML5 是活跃的、不断变化的语言。W3C 已经开始致力于 HTML5.1，也即下一代 HTML5 的开发！你可以访问 http://www.w3.org/TR/html51，了解有关 HTML5.1 草案的信息。随着 html5.1 的继续发展，变化将不断呈现，包括新元素的加入以及老元素(甚至是新加入的 HTML5 元素)的废弃等。

HTML5.1 草案中增加了新的 main 元素，用于说明一个网页文档主体的主要内容。请注意，在完成本书的学习过程中，我们练习创建的网页里已经开始使用 main 元素了。写作这部分内容的时候，所有流行的浏览器，除了 Internet Explorer(IE10 及以下)外都已经支持 main 元素了。

随着 HTML5 进入候选推荐状态(http://www.w3.org/TR/2012/CRhtml5-20121217/)，包括 hgroup 在内的一些元素被标注为有废弃可能的"危险"状态。写作这部分内容时，HTML5.1 草案中已正式废弃 hgroup 元素了。

6.14　旧浏览器的 HTML5 兼容性

Internet Explorer(IE9 及以上)和当前版本的 Safari、Chrome、Firefox 和 Opera 均能支持绝大多数你曾使用过的 HTML5 元素。当然，并非所有人都在自己的电脑上安装了较新的浏览器。还有人由于种种原因仍在使用老版本浏览器。虽然这个问题随着人们对电脑的更新换代而有所缓解，但你的客户很可能坚持要求网页要尽可能满足各种用户的需求。

图 6.39 所示是你在动手实践 6.8 中所创建的网页在过时的 IE7 中的展现效果，与图 6.38 所示相去甚远，后者是在当前主流浏览器中呈现的。好消息是有两种简单的方法可以实现 HTML5 的向下兼容性，使得它在老版本的过时浏览器中仍能正常显示：用 CSS 配置块显示以及 HTML5 的 Shim 技术。

图 6.39　过时的浏览器不支持 HTML5

配置 CSS 块显示

在 CSS 中添加一条样式规则，告诉旧版浏览器以块显示模块呈现 HTML5 元素(如 header、main、nav、footer、section、article、figure、figcaption 以及 aside)。示例 CSS 为：

```
header, main, nav, footer, section, article, figure, figcaption, aside
{ display: block; }
```

这一技术在除了 IE8 及更早版本的 Internet Explorer 之外的浏览器中均能奏效。那么，遇上例外的 IE 版本该怎么办呢？这就是 HTML5 Shim(也称作 HTML5 Shiv)的用武之地了。

HTML5 Shim

Remy Sharp 提供了一个解决方案，用于提升 IE8 及更早版本的 Internet Explorer 对 HTML5 的支持度(请访问 http://remysharp.com/2009/01/07/html5-enabling-script 和 http://code.google.com/p/html5shim)。该技术使用了条件注释，只有 Internet Explorer 支持这种注释，在其余浏览器中会被忽略。条件注释迫使 Internet Explorer 解析 JavaScript 语句(参见第 11 章)，这些语句用于识别和处理新的 HTML5 元素选择器中的 CSS。Sharp 把他的脚本上传到了 Google 的代码项目中，让大家都可使用。

将下列代码添加到网页的 head 部分，让 IE8 及更早的 Internet Explorer 能正确呈现你的 HTML5 代码：

```
<!--[if lt IE 9]>
<script src="http://html5shim.googlecode.com/svn/trunk/html5.js">
</script>
<![endif]-->
```

那么这种方法的向下兼容性又如何呢？请注意，网页访客如果使用 IE8 及更早的 Internet Explorer 时可能会收到警告信息，必须启用 JavaScript 才能使这种方法生效。

动手实践 6.9

在本环节中，你将修改双栏的 Lighthouse Island Bistro 主页(如图 6.38 所示)，以确保其在老版本浏览器中的向下兼容。新建一个名为 ch6shim 的文件夹。将学生文件中 chapter6/blog 下的 index.html 和 lighthouselogo.jpg 文件复制到新建文件夹中。

1. 启动文本编辑器，打开 index.html 文件。检查源代码，定位到 head 元素和 style 元素。

2. 在内嵌样式中添加下列样式声明：

```
header, main, nav, footer, section, article, figure, figcaption, aside
{ display: block; }
```

3. 在</style>标签之下、</head>标签之上添加下列代码：

```
<!--[if lt IE 9]>
<script src="http://html5shim.googlecode.com/svn/trunk/html5.js">
</script>
<![endif]-->
```

4. 保存文件。用流行的浏览器显示页面。它看上去应当与图 6.38 所示类似。

5. 用过时的浏览器或在模拟环境中测试该页面。

如果你登录了一台装有老版本 Internet Explorer (如 IE7)的电脑，就用它来测试。

如果你安装了 IE9 及以上版本，可以启动浏览器打开页面，用模拟环境进行测试。方法是按下 F12 键打开开发者工具对话框，选择"浏览器模式"|"Internet Explorer 7"。也许会要求你点击通过一个提示消息以允许运行脚本(也就是 HTML5 Shim Javascript！)。

当你用老版本的浏览器或模拟环境来测试网页时，如果看到的效果如图 6.38 所示，你就知道 HTML5 Shim 已经奏效了！学生文件中有参考答案，位于 chapter6/shim 文件夹中。

请访问 Modernizr（网址为 http://www.modernizr.com)，那里有免费开源的 JavaScript 库，其中就有为 HTML5 和 CSS3 提供在旧版浏览器中向下兼容的脚本。

 自测题 6.2

1. 请说出在某些页面区域使用 HTML5 结构元素来代替 div 元素的原因。

2. 请说出一条你觉得很有用的 CSS 调试小技巧。

3. 在使用 CSS 时，如何决定应当配置一个 HTML 元素选择器、创建一个类，还是创建一个 id?

本 章 小 结

在本章中，我们介绍了利用 CSS 进行页面布局的一些技术，引入了几个新的 HTML5 结构元素，展示了对元素定位或设置浮动的技术以及配置双栏页面的相关内容。页面布局这一主题内涵很深远，还需要我们进一步探索。请访问本章中提供的资源从而获得更多有关布局的知识。

本书配套网站的网址为 http://www.webdevfoundations.net，上面有许多示例、本章中所提到的一些材料链接以及更新信息。

关键术语

:active	列表标记
:focus	list-style-image 属性
:hover	list-style-type 属性
:link	外边距
:visited	margin 属性
<article>	正常流
<aside>	overflow 属性
<section>	内边距
<time>	position 属性
绝对定位	伪类
边框	静态定位
盒模型	相对定位
clear 属性	right 属性
display 属性	top 属性
固定定位	可见宽度
float 属性	width 属性
left 属性	

复习题

选择题

1. 有时我们需要改变元素的位置，使其相对于正常情况下应当出现在的页面位置略作移动，应该使用以下哪种技术？
    a. 相对定位　　　　b. float 属性　　　c. 绝对定位　　　　d. 无法用 CSS 实现
2. 盒模型从外向内的构成部分为以下哪种组合？

       a. 外边距、边距、内边距、内容   b. 内容、内边距、边框、外边距

       c. 内容、外边距、内边距、边框   d. 外边距、内边距、边框、内容

3. 以下哪个 HTML5 元素用于组织外围的内容？

       a. article   b. aside   c. sidebar   d. section

4. 以下哪个语句可以将 side 类设置为浮动到左侧？

       a. `.side { left: float; }`   b. `.side { float: left; }`

       c. `.side { float-left: 200px; }`   d. `.side { position: left; }`

5. 浏览器默认的呈现方式是以下哪种流？

       a. 常规流   b. 正常显示   c. 浏览器流   d. 正常流

6. 以下哪种后代选择器的写法用于配置 nav 元素内的锚标签？

       a. nav. A   b. a nav   c. nav a   d. a#nav

7. 以下哪个语句用于为无序列表项目配置方形标记？

       a. `list-bullet: none;`   b. `list-style-type: square;`

       c. `list-style-image: square;`   d. `list-marker: square;`

8. 以下哪个语句用于将元素的内容设置为块显示，上下均有空白？

       a. `display: none;`   b. `block: display;`

       c. `display: block;`   d. `display: inline;`

9. 以下哪个伪类用于指定已被点击的超链接默认状态？

       a. :hover   b. :link   c. :onclick   d. :visited

10. 可用以下哪组属性来清除浮动效果？

       a. float 或 clear   b. clear 或 overflow

       c. position 或 clear   d. overflow 或 float

填空题

11. 如果样式只应用于网页上的一个元素，就将该样式设置为_____。

12. 如果将某元素设置为 float: right;，页面上的其他元素会出现在它的_____。

13. _____总是透明的。

14. _____伪类被用来修改超链接在鼠标滑过时的显示状态。

15. 使用 HTML5 中的_____元素配置网页的标题区域。

学以致用

1. 指出代码的运行结果。画出下列 HTML 代码所生成的页面，并做简要描述。

```
<!DOCTYPE html>
<html lang="en">
<head>
<title>CircleSoft Web Design</title>
<meta charset="utf-8">
<style>
    h1 { border-bottom: 1px groove #333333;
        color: #006600;
        background-color: #cccccc }
```

```
       #goal { position: absolute;
              left: 200px;
              top: 75px;
              font-family: Arial, sans-serif;
              width: 300px; }
       nav a { font-weight: bold; }
</style>
</head>
<body>
<h1>CircleSoft Web Design</h1>
<div id="goal">
<p>Our professional staff takes pride in its working relationship
with our clients by offering personalized services that listen
to their needs, develop their target areas, and incorporate these
items into a website that works.</p>
</div>
<nav>
<ul>
    <li>Home</li>
    <li><a href="about.html">About</a></li>
    <li><a href="services.html">Services</a></li>
</ul>
</nav>
</body>
</html>
```

2. 补全代码。该网页的应当为双栏布局。右栏(包含导航区域)的宽度为 150 像素，应当有 1 像素宽的边框。左栏主要内容区域的外边距要留出供右栏所用的空白区域。但目前缺失了一些 CSS 选择器、属性和值，用 "__" (下划线)标示。填入缺失代码以纠正错误。

```
<!DOCTYPE html>
<html lang="en">
<head>
<title>Trillium Media Design</title>
<meta charset="utf-8">
<style>
nav { "_":"_";
     width: "_";
     background-color: #cccccc;
     border: "_"; }
header { background-color: #cccccc;
        color: #663333;
        font-size: x-large;
        border-bottom: 1px solid #333333; }
main { margin-right: "_"; }
      footer { font-size: x-small;
      text-align: center;
      clear: "_"; }
"_" a { color: #000066;
        text-decoration: none; }
ul {list-style-type: "_"; }
```

```
</style>
</head>
<body>
<nav>
<ul>
    <li><a href="index.html">Home</a></li>
    <li><a href="products.html">Products</a></li>
    <li><a href="services.html">Services</a></li>
    <li><a href="about.html">About</a></li>
</ul>
</nav>
<main>
<header>
<h1>Trillium Media Design</h1>
</header>
<p>Our professional staff takes pride in its working relationship
with our clients by offering personalized services that listen
to their needs, develop their target areas, and incorporate these
items into a website that works.</p>
</main>
<footer>
Copyright &copy; 2014 Trillium Media Design<br>
Last Updated on 06/03/14
</footer>
</body>
</html>
```

3. 查找错误。页面在浏览器中显示时，标题信息档住了浮动的图片与段落文本。请纠正这个错误，并描述找错的过程。

```
<!DOCTYPE html>
<html lang="en">
<head>
<title>CSS Float</title>
<meta charset="utf-8">
<style>
body { width: 500px; }
h1 { background-color: #eeeeee;
    padding: 5px;
    color: #666633;
    position: absolute;
    left: 200px;
    top: 20px; }
p { font-family: Arial, sans-serif;
    position; absolute;
    left: 100px;
    top: 100px; }
#yls { float: right;
       margin: 0 0 5px 5px;
       border: solid; }
</style>
```

```
</head>
<body>
<h1>Floating an Image</h1>
<img id="yls" src="yls.jpg" alt="Yellow Lady Slipper" height="100"
width="100">
<p>The Yellow Lady Slipper pictured on the right is a wildflower.
It grows in wooded areas and blooms in June each year. The Yellow
Lady Slipper is a member of the orchid family.</p>
</body>
</html>
```

动手练习

1. 写一段 CSS 代码，设置某 id 的样式：浮动至网页左侧，浅米色背景，Verdana 或 sans-serif 的大号字体，20 像素的内边距。

2. 写一段 CSS 代码，设置某个类的样式：生成带虚线下划线的大号标题(headline)。为文本与虚线选择你所喜欢的颜色。

3. 写一段 CSS 代码，设置某 id 的样式：绝对定位，距离页面顶部 20 像素、右侧 40 像素。该区域有浅灰色背景与实线边框。

4. 写一段 CSS 代码，设置某个类的样式：相对定位，显示在距离左侧 15 像素处，浅绿色背景。

5. 写一段 CSS 代码，设置某 id 的样式：固定定位，浅灰色背景，加粗字体，10 像素的内边距。

6. 写一段 CSS 代码，将文件名为 myimage.gif 的图片设为某无序列表的列表标记。

7. 写一段 CSS 代码，为某无序列表的标记指定为方形图标。

8. 配置一张网页，添加一系列超链接，指向你所喜欢的网站。使用不带列表标记的无序列表来组织超链接。参考第五章中的配色方案资源。挑选网页背景色，并分别设置下列状态时的超链接文本色(原文有误)：未点击的超链接、鼠标滑过时的超链接、已访问的超链接。使用嵌入式 CSS 来配置背景与文本颜色。同时用 CSS 将超链接设置为鼠标指针滑过时不显示下划线。将文件保存为 mylinks.html。

9. 继续上一题。修改 mylinks.html 页面，令其使用外部样式表而非嵌入式样式。相关样式保存为 CSS 文件 links.css。

10. 创建一张 HTML5 网页来介绍你的兴趣爱好。选择一个爱好，使用相关的照片或从网上下载的免费照片(请参阅第 4 章)。为页面设置标题。写一两段有关爱好的简短介绍。页面必须使用有效的 HTML5 的语法，包括以下要素：header、article 和 footer。使用 figure、figcaption 和 img 元素来展示你所选择的照片。页面上要提供能跳转到与爱好相关网站的超链接。在页脚区域中列出电子邮件链接，文本为你的姓名。用嵌入式 CSS 来配置文本、颜色以及布局。参考"旧浏览器的 HTML5 兼容性"部分，修改 CSS 和 HTML 代码，应用相关技术使该 HTML5 页面在现代和旧版本的浏览器中均能正常显示。将文件保存为 myhobby.html。

万维网探秘

本章介绍了使用 CSS 来配置网页布局的技术。可将书中所列的资源作为学习的起点，也可以使用搜索引擎查找相关的 CSS 资源。创建一个网页，为大家提供不少于五种的互联网 CSS 资源，列出它们的 URL(设置为超链接)、网站名称、简要介绍，并对它们在帮助网页开发新手时的有用程度作出评价。

关注网页设计

关于 CSS，我们要学习的内容还很多。学习网络技术的最佳场所非网络自身莫属。用搜索引擎来找一找 CSS 页面布局的教程，从中选择一个易学的，并就其中在本书内未曾提到的 CSS 技术进行讨论。用你学到的新技术创建一张网页，不要忘记遵循我们所建议的页面布局设计准则，如对比、重复、对齐和邻近等(参见第 5 章)。在网页上列出你所选教程的 URL(设置成超链接、网站名称、新技术的简要介绍等，并就该技术是否以及如何遵循之前描述的设计准则展开讨论。

网站实例研究

用 CSS 完成双栏页面布局设计

以下所有案例将贯穿全书。接下来要请你配置适合显示在移动设备上的网站。本节将请你用 CSS 设计双栏页面。

JavaJam 咖啡屋

回顾一下第 2 章中关于 JavaJam 咖啡屋的案例研究内容。图 2.28 为该网站的站点地图。在本节中，将请你用 CSS 为该网站设计新的双栏网页。图 6.40 为双栏页面布局的线框图，包括壁纸(wrapper)、页眉、导航、主要内容、浮动和页脚等区域。

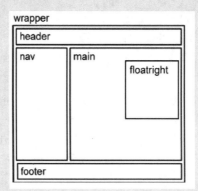

图 6.40　JavaJam 网站的双栏页面线框图

请你修改外部样式表及主页、菜单、音乐页面。以第 4 章中所完成的 JavaJam 网站作为本环节的起点，完成以下五项任务。

1. 为本实例研究创建一个新的文件夹。

2. 修改 javajam.css 文件，用于配置双栏页面布局，如图 6.40 所示。

3. 修改主页，实现双栏页面布局，如图 6.41 所示。

4. 修改菜单页，使它的风格与主页保持一致。

5. 修改音乐页(如图 6.42 所示)，使它的风格与主页保持一致。

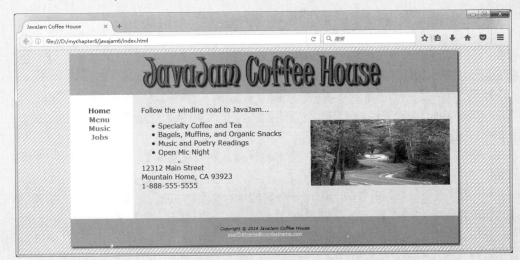

图 6.41　新的 JavaJam 网站双栏布局主页(index.html)

实例研究之动手练习

任务 1：创建文件夹。 创建名为 javajam6 的新文件夹。将在第四章的练习中所建的 javajam4 中的全部文件复制到 javajam6 中。要请你修改 javajam.css 和各网页文件 (index.html、menu.html 和 music.html)，将网页更改为如图 6.40 所示的双栏布局。新的 JavaJam 网站主页如图 6.41 所示。

任务 2：配置 CSS。 用文本编辑器打开 javajam.css，按下列要求编辑样式规则：

1. 修改 header 元素选择器。在任务 3、4、5 中，你将要删除 HTML 页面中的 javalogo.gif 图片，并将网页名称"JavaJam Coffee House"配置为 h1 文本。当前要做的是把 javalogo.gif 设置为背景图片，位置居中，不重复。同时去除 text-align 样式声明，将 height 设置为 100px，该值对应于背景图片的高度。

2. 配置 h1 元素选择器。去除 line-height 样式声明。将外边距设置为 0。将 text-indent 设置为 100%、white-space 设置为 nowrap、overflow 设置为 hidden，以应用 header 文本图像替换技术。

3. 配置左栏导航区域。在 nav 元素选择器中添加样式声明，将该区域设置为浮动到左侧，宽度为 100 像素，加粗字体，顶内边距为 10 像素。

4. 配置导航超链接。使用后代选择器添加针对 nav 元素中锚标签的样式。顶内边距为 15 像素，超链接不显示下划线。

```
nav a { text-decoration: none;
        padding-bottom: 15px; }
```

5. 设置导航超链接的:link、:visted 和:hover 三个伪类。分别设置不同的文本色：未访问的超链接为#996633，已访问的为#ccaa66，鼠标指针滑过的为#330000。例如：

```
nav a:link { color: #996633; }
```

6. 在稍后的任务中要用无序列表来组织导航超链接。图 6.40 中的导航区域未并显示列表标记。用后代选择器来配置导航区域中的无序列表，使其不显示列表标记。

```
nav ul { list-style-type: none; }
```

7. 修改 main 元素选择器中右栏的样式规则。将顶内边距改为 10 像素，底内边距为 30 像素，左内边距为 20 像素，右内边距为 20 像素。左外边距为 150 像素，背景色为 #f2eab7，文本色为#000000，overflow 属性为 auto。

8. 设置浮动到右侧的区域。请注意如图 6.40 中所示的蜿蜒道路照片浮动在页面右侧，这是用 floatright 类来实现的。图片与其他元素(如文本)间留出一定空间会显得更别致。添加 20 像素的左内边距。

9. 修改 footer 元素的样式规则。将顶和底的内边距均设置为 20 像素，去除所有的浮动效果。

10. 设置页脚区域超链接的:link、:visted 和:hover 三个伪类。分别设置不同的文本色：未访问的超链接为# ffffcc，已访问的为# f2eab7，鼠标指针滑过的为#330000。

11. 修改 h2 元素选择器中的样式规则。查看如图 6.42 所示的音乐页面，请注意<h2>元素中的样式与众不同，文本字母全部大写(利用 text-transform 实现)，背景色与文本色、字号、底部边框、内边距、外边距均有所不同。同时添加清除浮动到左侧的样式。用下列代码来替换原有 h2 选择器中的样式规则：

```
h2 { text-transform: uppercase;
    background-color: #ffffcc;
    color: #663300;
    font-size: 1.2em;
    border-bottom: 1px solid #000000;
    padding: 5px 0 0 5px;
    margin-right: 20px;
    clear: left; }
```

12. 参考图 6.42 所示的音乐页面，请注意图片是如何浮动到段落描述的左边的。配置一个名为 floatleft 的新类，样式是向左浮动，右与底内边距为 20 像素。

13. 修改 details 类的样式规则，添加 overflow: auto;样式声明。

14. 添加下列 CSS 代码，使文件能与绝大多数旧浏览器兼容：

```
header, nav, main, footer { display: block; }
```

保存 javajam.css 文件。

任务 3：修改主页。用文本编辑器打开 index.html 文件。根据下列要求编辑代码：

1. 在 head 部分添加下列 HTML5 shim 代码，位于 link 元素之后(从而使页面能在 IE8 及更早版本的 Internet Explorer 浏览器中正常显示)：

```
<!--[if lt IE 9]>
<script src="http://html5shim.googlecode.com/svn/trunk/html5.js">
</script>
<![endif]-->
```

2. 配置 h1 元素选择器。用文本 "JavaJam Coffee House" 来替换原有显示 javalogo.gif 图片的 img 标签。

3. 配置左栏导航区域，它包含在 nav 元素之中。去除所有可能出现的 字符。编写无序列表代码来组织导航超链接。每个链接都应当包含在一对<li>标签之内。

4. 在起始的 main 标签后另起一行，编写段落代码，内容为短语 "Follow the winding road to JavaJam …"。

5. 将图片设置为浮动到右侧。修改显示蜿蜒道路图片的元素。删除 align="right"属性，添加 class="floatright"声明。

保存文件。在浏览器中打开，它应当类似于图 6.41 所示。请记得验证你的 HTML 和 CSS 代码，这样能帮助发现语法错误。在继续下一步前测试并修改页面。

任务 4：修改菜单页。在文本编辑器中打开 menu.html 文件。用与主页相同的方式修改 h1 元素、左栏导航区域、导航超链接、HTML5 shim 等内容。保存页面并在浏览器中进行测试。使用 CSS 和 HTML 验证服务将帮助你发现语法错误。

图 6.42　新的 JavaJam 音乐页面

任务 5：修改音乐页。在文本编辑器中打开 music.html 文件。用与主页相同的方式修改 h1 元素、左栏导航区域、导航超链接、HTML5 shim 等内容。将缩略图设置为向左浮动的效果。在每张缩略图的图片标签中添加 class="floatleft"声明。保存页面并在浏览器中进行测试。使用 CSS 和 HTML 验证服务将帮助你发现语法错误。

在这一实例研究环节中，你完成了对 JavaJam 网站中若干页面的修改工作。大家一定注意到了，我们只是对 CSS 和 HTML 代码作了少量修改，就设计并实现了双栏页面布局。

Fish Creek 宠物医院

回顾一下第 2 章中关于 Fish Creek 宠物医院的案例研究内容。图 2.32 为该网站的站点地图。在本节中，将请你用 CSS 为该网站设计新的双栏网页。图 6.43 为双栏页面布局的线框图，包括壁纸、网站标识页眉、导航、主要内容、浮动和页脚等区域。

图 6.43　Fish Creek 网站的双栏页面线框图

　　请你修改外部样式表及主页、"服务"、咨询兽医页面。请以第四章中所完成的 Fish Creek 网站作为本环节的起点，完成以下五项任务。

　　1. 为本实例研究创建一个新的文件夹。

　　2. 修改 fishcreek.css 文件，用于配置双栏页面布局，如图 6.43 所示。

　　3. 修改主页，实现双栏页面布局，如图 6.44 所示。

　　4. 修改服务页，使它的风格与主页保持一致。

　　5. 修改咨询兽医页，使它的风格与主页保持一致。

实例研究之动手练习

　　任务 1：创建文件夹。创建名为 fishcreek6 的新文件夹。将在第四章的练习中所建的 fishcreek4 中的文件(除 fishcreeklogo.gif 图片以及导航用的 home.gif、services.gif、askvet.gif 和 contact.gif 外)复制到 fishcreek6 设置成如图 6.43 所示的双栏布局。新的 Fish Creek 网站主页如图 6.44 所示。

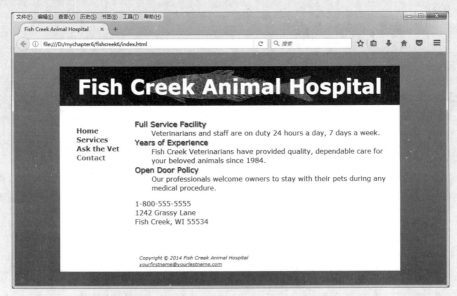

图 6.44　新的 Fish Creek 网站双栏布局主页(index.html)

任务 2：配置 CSS。用文本编辑器打开 fishcreek.css，按下列要求编辑样式规则。

1. 将 gradientblue.jpg 设置为 body 元素选择器的背景图片。

2. 修改 wrapper id 的样式。为该区域设置白色背景(#FFFFFF)与深蓝色(#000066)文本。

3. 修改 header 元素选择器：设置深蓝色背景(#000066)与白色(#FFFFFF)文本。删除 font-family 样式声明 。在任务 3、4、5 中，你将要把 fishcreeklogo.gif 图片替换为文本 "Fish Creek Animal Hospita"。当前要做的是把 bigfish.gif 设置为背景图片，位置居中，不重复。

4. 修改 h1 元素选择器。添加样式声明：字号为 3em，内边距为 10 像素，行高为 150%，灰色文本阴影(#CCCCCC)。

5. 设置左栏区域。在 nav 元素选择器中添加新的样式声明：将该区域设置为浮动到左侧，宽度为 150 像素，去除 text-align 属性的样式声明。

6. 在后面的任务中，用无序列表来组织导航超链接，图 6.44 中的导航区域并未显示列表标记。用后代选择器来配置导航区域中的无序列表，使其不显示列表标记。

```
nav ul { list-style-type: none;}
```

7. 将导航区域的锚标签设置为不显示下划线。

```
nav a { text-decoration: none; }
```

8. 设置导航超链接的:link、:visted 和:hover 三个伪类。分别设置不同的文本色：未访问的超链接为#3262A3，已访问的为#6699FF，鼠标指针滑过的为# CCCCCC。例如：

```
nav a:link { color: #3262A3; }
```

9. 配置右栏区域。在 main 元素选择器中添加新的样式规则：该区域的左外边距为 180 像素，右内边距为 20 像素，底内边距为 20 像素。

10. 将 category 类的背景色设置为#FFFFFF。

11. 配置页脚区域。添加新的样式声明，将内边距设为 10 像素，左外边距设为 180 像素。

12. 添加下列 CSS 代码，使文件能与绝大多数旧浏览器兼容：

```
header, nav, main, footer { display: block; }
```

保存 fishcreek.css 文件。

任务 3：修改主页。用文本编辑器打开 index.html 文件。根据下列要求编辑代码。

1. 在 head 部分添加下列 HTML5 shim 代码，位于 link 元素之后(从而使页面能在 IE8 及更早版本的 Internet Explorer 浏览器中正常显示)：

```
<!--[if lt IE 9]>
<script src="http://html5shim.googlecode.com/svn/trunk/html5.js">
</script>
<![endif]-->
```

2. 配置 h1 元素。用文本"Fish Creek Animal Hospital"来替换原有显示 fishcreeklogo.gif 图片的 img 标签。

3. 重新设置导航区域。去除所有可能出现的 字符。用文本图像链接代替原有的鱼类图片链接。然后编写无序列表代码来组织导航超链接。每个链接都应当包含在一对<li>标签之内。

4. 删除页脚区域中的 nav 元素和导航链接。

保存文件。在浏览器中打开，它应当类似于图 6.44 所示。请记得验证你的 HTML 和 CSS 代码，这样能帮助发现语法错误。在继续下一步前测试并修改页面。

任务 4：修改服务页。在文本编辑器中打开 services.html 文件。用与主页相同的方式修改 h1 元素、导航区域、导航超链接、页脚区域、HTML5 shim 等内容。保存页面并在浏览器中进行测试。使用 CSS 和 HTML 验证服务将帮助你发现语法错误。

任务 5：修改咨询兽医页。在文本编辑器中打开 askvet.html 文件。用与主页相同的方式修改 h1 元素、导航区域、导航超链接、页脚区域、HTML5 shim 等内容。保存页面并在浏览器中进行测试。使用 CSS 和 HTML 验证服务将帮助你发现语法错误。

在这一实例研究环节中，你完成了对 Fish Creek 网站中若干页面的修改工作。大家一定注意到了，我们只是对 CSS 和 HTML 代码作了少量修改，就设计并实现了双栏页面布局，获得了全新的视觉体验。

Pacific Trails 度假村

回顾一下第 2 章中关于 Pacific Trails 度假村的案例研究内容。图 2.36 为该网站的站点地图。在前几章的学习中，我们已经创建了一些页面。在本节中，将请你用 CSS 为该网站设计新的双栏网页。图 6.45 为双栏页面布局的线框图，包括壁纸、页眉、导航、内容和页脚等区域。

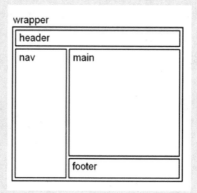

图 6.45   Pacific Trails 度假村网站的双栏页面线框图

请你修改外部样式表及主页、庭院帐篷、活动页面。请以第 4 章中所完成的 Pacific Trails 网站作为本环节的起点，完成以下五项任务。

1. 为本实例研究创建一个新的文件夹。
2. 修改 pacific.css 文件，用于配置双栏页面布局，如图 6.45 所示。
3. 修改主页，实现双栏页面布局，如图 6.46 所示。
4. 修改庭院帐篷页，使它的风格与主页保持一致。
5. 修改活动页，使它的风格与主页保持一致。

实例研究之动手练习

任务 1：创建文件夹。创建名为 pacific6 的新文件夹。将在第四章的练习中所建的 pacific4 中的文件复制到 pacific6 中。要请你修改 pacific.css 和各网页文件(index.html、 yurts.html 和 activities.html)，将网页更改为图 6.45 所示的双栏布局。新的 Pacific Trails 网站主页如图 6.46 所示。

图 6.46　新的 Pacific Trails 度假村网站双栏布局主页(index.html)

任务 2：配置 CSS。用文本编辑器打开 pacific.css，按下列要求编辑样式规则。

1. 修改 wrapper id 的样式。设置蓝色背景(#90C7E3)，它将成为导航区域的底色。

2. 配置左栏导航区域。修改 nav 元素选择器中的样式声明：保留粗体文本的设置，删除背景色的设置，nav 区域将继承 wrapper id 的背景色。添加样式声明将该区域设置为浮动到左侧，宽度为 160 像素。顶内边距为 20 像素，右内边距为 5 像素，无底内边距，左内边距为 20 像素。

3. 配置导航超链接。使用后代选择器为 nav 元素中的锚标签添加新样式，使其不显示超链接的下划线：

```
nav a { text-decoration: none; }
```

4. 设置导航超链接的:link、:visted 和:hover 三个伪类。分别设置不同的文本色：未访问的超链接为#000033，已访问的为#344873，鼠标指针滑过的为# FFFFFF。例如：

```
nav a:link { color: #000033; }
```

5. 在后面的任务中，你将用无序列表来组织导航超链接，图 6.46 中的导航区域并未显示列表标记。用后代选择器来配置导航区域中的无序列表，使其不显示列表标记。并将其设置为无外边距与左内边距。

```
nav ul { list-style-type: none;
margin: 0;
padding-left: 0; }
```

6. 配置右栏主要内容区域。在 main 元素选择器中添加新的样式规则：背景色为白色 (#FFFFFF)，左外边距为 170 像素，顶内边距为 1 像素，底内边距为 1 像素。

7. 创建新的样式规则令 main 元素中的图片浮动到左边，右内边距为 20 像素，底内边距为 20 像素。利用后代选择器来实现：

```
main img { float: left;
padding-right: 20px;
padding-bottom: 20px; }
```

8. 配置 main 元素中的无序列表，使标记显示在列表内部。

```
main ul {list-style-position: inside; }
```

9. 创建名为 clear 的新类，用于清除所有浮动效果。

10. 配置页脚区域。添加新的样式声明，将背景色设为白色(#FFFFFF)，左外边距设为 170 像素。

11. 添加下列 CSS 代码，使文件能与绝大多数旧浏览器兼容：

```
header, nav, main, footer { display: block; }
```

保存 pacific.css 文件。

任务 3：修改主页。用文本编辑器打开 index.html 文件。根据下列要求编辑代码：

1. 在 head 部分添加下列 HTML5 shim 代码，位于 link 元素之后(从而使页面能在 IE8 及更早版本的 Internet Explorer 浏览器中正常显示)：

```
<!--[if lt IE 9]>
<script src="http://html5shim.googlecode.com/svn/trunk/html5.js">
</script>
<![endif]-->
```

2. 设置左栏导航区域。去除所有可能出现的 字符。编写无序列表代码来组织导航超链接。每个链接都应当包含在一对<li>标签之内。

3. 定位于包含地址信息的 div 中。为该 div 分配 clear 类。

保存文件。在浏览器中打开，它应当类似于图 6.46。请记得验证你的 HTML 和 CSS 代码，这样能帮助发现语法错误。在继续下一步前测试并修改页面。

任务 4：修改庭院帐篷页。在文本编辑器中打开 yurts.html 文件。用与主页相同的方式修改左栏导航区域、导航超链接、HTML5 shim 等内容。保存页面并在浏览器中进行测试。使用 CSS 和 HTML 验证服务将帮助你发现语法错误。

任务 5：修改活动页。在文本编辑器中打开 activities.html 文件。用与主页相同的方式修改左栏导航区域、导航超链接、HTML5 shim 等内容。保存页面并在浏览器中进行测试。使用 CSS 和 HTML 验证服务将帮助你发现语法错误。

在这一实例研究环节中，你完成了对 Pacific Trails 度假村网站中若干页面的修改工作。大家一定注意到了，我们只是对 CSS 和 HTML 代码作了少量修改，就设计并实现了双栏页面布局。

Prime 房产

回顾一下第 2 章中关于 Prime 房产公司的案例研究内容。图 2.40 为该网站的站点地

图。在本节中，将请你用 CSS 为该网站设计新的双栏网页。6.47 为双栏页面布局的线框图，包括 wrapper、页眉、导航、主要内容和页脚等区域。

图 6.47 Prime 房产公司网站的双栏页面线框图

请你修改外部样式表及主页、理财页和房产信息页。请以第四章中所完成的 Prime 房产网站作为本环节的起点，完成以下五项任务。

1. 为本实例研究创建一个新的文件夹。
2. 修改 prime.css 文件，用于配置双栏页面布局，如图 6.47 所示。
3. 修改主页，实现双栏页面布局，如图 6.48 所示。
4. 修改房产信息页，使它的风格与主页保持一致。
5. 修改理财页，使它的风格与主页保持一致。

实例研究之动手练习

任务 1：创建文件夹。创建名为 prime6 的新文件夹。将在第四章的练习中所建的 prime4 中除导航按钮图片外 (primecontactbtn.gif、primecontactnav.gif、primefinancingbtn.gif、primefinancingnav.gif、primehomebtn.gif、primehomenav.gif、primelistingbtn.gif 和 primelistingsnav.gif) 的所有文件复制到 prime6 中。要请你修改 prime.css 和各网页文件(index.html、listings.html 和 financing.html)，将网页更改为如图 6.47 所示的双栏布局。新的 Prime 房产网站主页如图 6.48 所示。

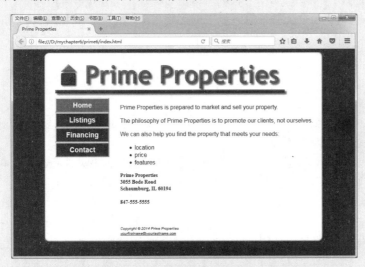

图 6.48 新的 Prime 房产公司网站双栏布局主页(index.html)

任务 2：配置 CSS。用文本编辑器打开 prime.css，按下列要求编辑样式规则：

1. 修改 header 元素选择器：在任务 3、4、5 中，删除 primelogo.gif 图片，用 h1 来组织文本 "Fish Prime Properties"。当前要做的是把 primelogo.gif 设置为背景图片，位置居中，不重复。并将 height 设置为 100px，该值对应于背景图片的高度。

2. 配置 h1 元素选择器。应用 header 文本图像替换技术，将 text-indent 设置为 100%、white-space 设置为 nowrap、overflow 设置为 hidden。

3. 配置左栏导航区域。修改 nav 元素选择器中的样式声明：添加样式声明将该区域设置为浮动到左侧，宽度为 150 像素。

4. 配置导航超链接，用 CSS 来指定背景色与边框，取代之前的图片超链接。按如下步骤写出 CSS 代码：

a. 使用后代选择器为 nav 元素中的锚标签添加新样式，使其不显示超链接的下划线，同时该锚标签使用块显示方式，文本居中，字体加粗，文本色为 #FFFFCC，灰色 (#CCCCCC)、向外延伸 3 像素的边框，内边距为 5 像素：

```
nav a { text-decoration: none;
        display: block;
        text-align: center;
        color: #FFFFCC;
        font-weight: bold;
        border: 3px outset #CCCCCC;
        padding: 5px;}
```

b. 设置导航超链接的:link、:visted 和:hover 三个伪类。分别设置不同的背景色：未访问的超链接为 #003366，已访问的为 #48751A，鼠标指针滑过时显示 #333333 颜色并向外延伸 3 像素的边框：

```
nav a:link { background-color: #003366; }
nav a:visited { background-color: #48751A; }
nav a:hover { border: 3px inset #333333; }
```

5. 在稍后的任务中要用无序列表来组织导航超链接。图 6.48 中的导航区域并未显示列表标记。用后代选择器来配置导航区域中的无序列表，使其不显示列表标记，并且无外边距与内边距：

```
nav ul { list-style-type: none;
         margin: 0;
         padding-left: 0; }
```

6. 配置右栏主要内容区域。在 main 元素选择器中添加新的样式规则：左外边距为 180 像素，右和底内边距为 20 像素。

7. 配置页脚区域。添加新的样式声明，清除浮动效果，左外边距设为 180 像素。

8. 参考图 6.49 所示的理财页面，页面上描述列表中的图片浮动到了左边。配置一个名为 floatleft 的新类，样式为浮动到左边，右和底内边距为 20 像素。

9. 创建名为 clear 的新类，用于清除向左的浮动效果。

10. 添加下列 CSS 代码，使文件能与绝大多数旧浏览器兼容：

```
header, nav, main, footer { display: block; }
```

保存 prime.css 文件。

任务 3：修改主页。用文本编辑器打开 index.html 文件。根据下列要求编辑代码：

1. 在 head 部分添加下列 HTML5 shim 代码，位于 link 元素之后(从而使页面能在 IE8 及更早版本的 Internet Explorer 浏览器中正常显示)：

```
<!--[if lt IE 9]>
<script src="http://html5shim.googlecode.com/svn/trunk/html5.js">
</script>
<![endif]-->
```

2. 重新设置导航区域。去除所有可能出现的 字符。用文本图片链接代替原有的图片超链接。编写无序列表代码来组织导航超链接。每个链接都应当包含在一对<li>标签之内。

3. 删除页脚区域中的 nav 元素和导航超链接。

保存文件。在浏览器中打开，它应当类似于图 6.48 所示。请记得验证你的 HTML 和 CSS 代码，这样能帮助发现语法错误。在继续下一步前测试并修改页面。

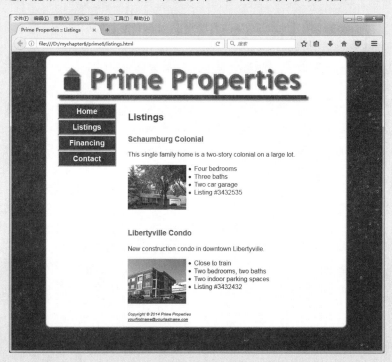

图 6.49 新的 Prime 房产公司网站双栏布局房产信息页面

任务 4：修改房产信息页。在文本编辑器中打开 listings.html 文件。

1. 用与主页相同的方式修改左栏导航区域、导航超链接、页脚区域、HTML5 等内容。

2. 将页面中的独幢房屋与公寓楼的照片设置为向左浮动。在这些图片元素中添加 class="floatleft"的声明。

3. 在第二个 h3 元素之上添加一个空白行。通过添加一个换行标签(分配了 clear 类)来清除第一个浮动缩略图的浮动效果。

保存页面并在浏览器中进行测试，它应当类似于图 6.49 所示。使用 CSS 和 HTML 验证服务将帮助你发现语法错误。

任务 5：修改理财页。在文本编辑器中打开 financing.html 文件。用与主页相同的方式修改左栏导航区域、导航超链接、页脚区域、HTML5 shim 等内容。

保存页面并在浏览器中进行测试。使用 CSS 和 HTML 验证服务将帮助你发现语法错误。

在这一实例研究环节中，你完成了对 Pacific Trails 度假村网站中若干页面的修改工作。大家一定注意到了，我们只是对 CSS 和 HTML 代码作了少量修改，就设计并实现了双栏页面布局。

Web 项目

参见第 5 章对于 Web 项目这一案例研究的介绍。在第 5 章中，你已经完成了网站主题审批、站点地图和页面布局设计。在本环节中，要请你根据这些设计文档开发具体的网页，并使用外部样式表中的 CSS 来设置样式以及进行页面布局。

实训案例

1. 创建名为 project 的文件夹。所有项目文件和图片都要根据需要用这个文件夹及其子文件夹来进行组织。

2. 参考所需创建网站的站点地图文档，了解需要创建的网页。列出文件名，将它们添加到站点地图中。

3. 参考页面布局设计文档。列出页面上主要的字体和颜色，它们可能会成为 body 元素的 CSS 样式规则。请注意在哪些地方会用到典型的组织元素(例如标题、列表、段落等)。可为这些元素配置相应的 CSS。标识各种页面区域，如页眉、导航、页脚等，列出它们需要的特殊设置。这些也将通过 CSS 来实现。创建一张外部样式表，名为 project.css，用于包含上述设置。

4. 以设计文档为指导，为网站编写一个具有代表性的页面，用 CSS 来设置文本、颜色和布局。在适当的地方应用类和 id。将网页与外部样式表相关联。保存并测试网页，根据需要修改网页和外部样式表。再次测试并修改，直到达到预期效果。

5. 尽量用已完成的页面为模板来创建网站中的其他网页。测试并根据需要进行修改。

6. 修改 project.css 进行试验。改变页面的背景色、字体等。在浏览器中进行测试。外部样式表的小改动将影响多个文件，请留心观察。

第 7 章

深入了解超链接、列表和移动端网页设计

本章学习目标

- 创建相对超链接，在网站内位于不同文件夹中的页面间跳转
- 为结构化的 HTML 元素配置 ARIA 标志角色(role 属性)，提供网页无障碍访问
- 用 CSS 精灵配置图像
- 用 CSS 配置三栏式页面布局
- 用 CSS 配置打印样式
- 描述移动网站设计最佳实践
- 用视窗 meta 标签配置适合移动设备显示的页面
- 应用 CSS3 多媒体查询和灵活的图像等响应式网页设计技术
- 应用新的 CSS3 弹性盒(Flexbox)布局模型

　　现在你已拥有了写 HTML 和 CSS 代码的经验，是时候拓宽视野去探索更多技术了。在本章中，你将学习这些技术：相对超链接与命名区段超链接、CSS 精灵、三栏式页面布局、设置用于打印输入的样式、设置适用于在移动设备浏览器上显示的样式、配置应用于移动设备的 CSS3 多媒体查询以及新的 CSS 弹性盒布局模型。

7.1 换个角度看看超链接

正是超链接让万维网成为了信息互联的"蜘蛛网"。在本节中我们将重新讨论超链接这一主题，并探讨如何编写相对链接的代码、利用 target 属性在新浏览器窗口中打开网页、编写页面内部链接的代码、用 ARIA 标志角色支持网页无障碍访问、配置块级锚点以及配置用于智能手机上的电话号码超链接等内容。

有关相对超链接的更多知识

我们曾在第 2 章中讨论过，相对超链接用来链接同一个网站内的网页。之前的练习中，你已经编写过相对超链接代码，以显示同一个文件夹中的网页。但有时候 还需要链接到同一个网站上其他文件夹里的文件。让我们来看一个提供住宿和早餐的网站，功能包括房间与活动。文件夹与文件如图 7.1 中所列示。该网站的主文件夹名为 casita，开发人员创建了 images,、rooms 和 events 三个单独的子文件夹，结构如图所示。

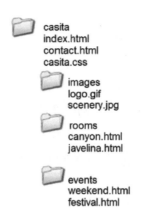

图 7.1　网页文件按此结构组织在相应文件夹中

相对链接示例

回忆一下，我们曾讲过要链接位于相同文件夹或目录下的文件，href 属性的值就是文件名称。例如，要从主页(index.html)跳转到 contact.html 页面，锚元素的代码为：

```
<a href="contact.html">Contact</a>
```

如果要链接到当前目录下的某个子文件夹内的文件时，相对链接中就要同时包括文件夹名和文件名。例如，要从主页(index.html)跳转到 canyon.html 页面(位于 rooms 文件夹内)，锚元素的代码为：

```
<a href="rooms/canyon.html">Canyon</a>
```

如图 7.1 所示，canyon.html 页面位于 casita 文件夹的子文件夹 rooms 之中。站点主页(index.html)位于 casita 文件夹中。如果要链接的文件位于当前页面所在文件夹的上一级文件夹时,可以使用 "../" 符号。实现从 canyon.html 跳转到网站主页的锚元素代码为:

```
<a href="../index.html">Home</a>
```

要链接的文件所在的文件夹处于与当前文件夹相同级别时,href 的值中也要用 "../" 符号,它表示先上移至父文件夹,然后再下移到目标文件夹。例如,要从位于 rooms 文件夹的 canyon.html 页面链接到 events 文件夹的 weekend.html 页面时,锚元素的代码为:

```
<a href="../events/weekend.html">Weekend Events</a>
```

如果觉得对使用 "../" 符号以及在不同文件夹的文件间跳转还不太熟悉,请别担心。在本书的大部分练习中我们要求编写的代码,不外乎指向其他网站的绝对链接与指向同一文件夹中其他文件的相对链接这两种。你可以研究一下学生文件中的关于住宿与早餐网站的示例(chapter7/CasitaExample),就会慢慢习惯这种不同文件夹间链接的代码写法了。

动手实践 7.1

本练习为你提供了动手写相对超链接代码的机会,将实现在不同文件夹内页面的跳转。即将操作的网站页面为原型形式:已经配置了页面的导航和布局,但具体内容尚未添加。在这一练习中我们主要关注页面的导航区域。图 7.2 展示了提供住宿和早餐服务的网站主页原型的部分屏幕快照,页面左侧有导航区域。

图 7.2 导航区域

请仔细观察图 7.3,将发现 rooms 文件夹中新增加了 juniper.html 文件。也就意味着你需要创建一个名为 juniper 的新页面(Juniper Room)。

这就开始吧。

1. 从学生文件中复制 casitaexample 文件夹 (chapter7/casitaexample)到你的练习目录中。重命名为 casita。

2. 在浏览器中显示 index.html 文件,单击上面所有的导航链接。查看页面的源代码,并留意观察锚标签 href 值所配置的链接指向了另一文件夹中的文件。

3. 启动一个文本编辑器,打开 canyon.html 文件。你将使用这个文件作为起点开始新建 Juniper Room 页面。文件保存在 rooms 文件夹下,命名为 juniper.html。

a. 编辑页面标题和 h2 文本。将 "Canyon" 修改为 "Juniper"。

b. 在导航区域中新增一个 li 元素,其中包含指向 juniper.html 的超链接。

```
<li><a href="juniper.html">Juniper Room</a></li>
```

按图 7.4 所示，新增链接放在 Javelina Room 和 Weekend Events 之间。保存文件。

4. 参考 Canyon 和 Javelina 超链接代码，将指向 Juniper Room 页面的链接添加到以下各页的导航区域中。

保存所有的 HTML 文件，并在浏览器中测试网页，保证所有其他页面上指向 Juniper Room 页面的链接都能正常工作。在新的 Juniper Room 页面上也要能够如期打开至其他页面的链接。学生文件中有参考答案(位于 chapter7/casitasolution 文件夹中)。

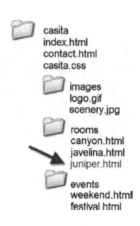

图 7.3　rooms 文件夹中新增了 juniper.html 文件

图 7.4　新的导航区域

区段标识符

浏览器是从文档顶部开始显示网页的。但是有时需要链接到网页的特定部分而不是顶部。你可以通过写超链接代码，跳转到一个区段标识符(有时称为命名的区段或区段 ID)，实现这一效果的前提是为某个 HTML 元素配置 id 属性。

使用区段标识符的代码有两个组成部分：。

1. 标识指定的网页区段的标签：标签必须有一个 id。例如，<div id="content">。

2. 链接到网页上命名区段的锚标签。

常见问题列表(FAQ)就经常使用区段标识符实现跳转到页面的特定部分以显示相关问题答案的效果。链接到命名区段的技术常用于较长的网页。你可能看到过"返回到顶部"的超链接，访问者可以通过点击它使浏览器快速回滚到页面顶部，这使得站点导航更加便捷。区段标识符的另一个用途在于提供无障碍访问。网页可能通过一个区段标识符来指示实际内容的开始。当访问者点击"跳转到内容"超链接时，浏览器将显示区段标识符处的位置并将焦点转移到页面的内容区域。这种"跳转到内容"或"跳过导航"链接为屏幕阅读器用户提供了跳过重复导航链接的便利(见图 7.5)。

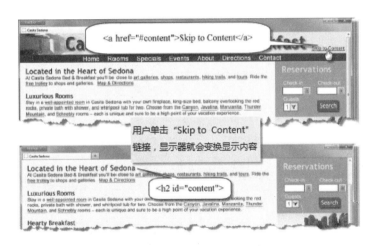

图 7.5　实际使用中的"Skip to Content"链接

这一功能的实现包括两个步骤。

1. 建立目标。通过配置网页内容开始处的某个元素，为它分配 id，从而创建"跳转到内容"区段标识，例如，<div id="content">。

2. 引用目标。在你打算放置"跳转到内容"超链接处，添加一个锚元素。使用 href 属性在将要跳转的区段标识符前插入井号(#)。跳转到名为"conten"的命名区段的超链接代码为：

```
<a href="#content">Skip to Content></a>
```

井号告诉浏览器要在当前页面内查找该 id。如果没有输入井号，浏览器就会放弃当前页面转而检索外部文件。

过时警告。较早的网页可能使用 name 属性而不是区段标识符来表示一个命名锚点。该项技术已被舍弃，在 html5 中不再有效。命名锚点 name 属性来标识或命名区段。例如<a name="content" id="content"></a>。

动手实践 7.2

你将通过本实践练习使用区段标识符。找到学生文件中的 chapter7/starter1.html 文件另存为 favorites.html。图 7.6 展示了该网页的部分截图。查看源代码，你会发现页面顶部包含一张无序列表，每一项都对应下面 h2 元素文本中显示的某种兴趣类别，如爱好、HTML5、CSS 等。每个 h2 元素后是一个定义列表，包括主题以及与该类别有关的网站 URL。如果单击一个类别名称即可直接跳转到对应的页面区域，可能有助于提升网页访问者的体验。这正是区段标识符的用处。

图 7.6　要在此页面上添加指向区段标识符的超链接

根据以下要求来修改网页。

1. 将定义列表中的每个 h2 元素都设置为命名区段，写出相应代码。例如，<h2 id="hobbies">Hobbies</h2>。

2. 将页面顶部无序列表中的每一项都修改为超链接，指向对应的 h2 元素。

3. 在接近网页顶部的地方添加一个命名区段。

4. 在接近页面底部的地方添加页面顶部的超链接。

保存文件并在浏览器中进行测试。请将你的作业与学生文件中的参考答案进行比较(chapter7/favorites.html)。

有时可能需要链接到其他网页中的命名区段。为此要在文件名之后、区段标识符 id 值之前加上一个井号。这样，如果要链接到其他页面上的"Hobbies"(假设已有名为"hobbies"的命名区段)，相应的 HTML 代码如下：

```
<a href="favorites.html#hobbies">Hobbies</a>
```

FAQ　为什么某些指向区段标识符的超链接不起作用？

　　网页浏览器将网页内容填充在浏览器视窗之中，会滚动以把命名区段显示在视察顶部。但是，如果命名区段之下没有足够的"页面"留下，那么该部分内容就无法显示在浏览器视窗的顶部。你可以尝试在网页下方添加一些空白行(使用
标签)或是增加间距。然后保存文件后再次测试超链接效果。

ARIA 的标志角色

正如你已经看到的那样，使用区段标识符来写超链接代码以跳转到网页的特定部分是多么容易。跳转到内容的超链接对于使用辅助技术(如屏幕阅读器)来"收听"网页的人会有很大帮助。W3C 的网页无障碍访问指南(WAI)不断发展，已提出了新的无障碍访问标准，称为无障碍富互联网访问应用(Accessible Rich Internet Applications，ARIA)。ARIA 提供了旨在提高 Web 页面和 Web 应用程序的无障碍访问性能的方法(http://www.w3.org/WAI/intro/aria)。本节我们也将重点关注 ARIA 标志角色(ARIA landmark role)。网页上的标志性内容指的是某些主要组成部分，如横幅、导航、主要内容等等。ARIA 标志角色使得网页开发人员能够使用角色属性来标识显示在 Web 页面上的 HTML 元素，从而为它们赋予语义描述。例如，用代码 role="main'就能标识某个主要元素的标志角色，说明该元素包含网页文档主要内容。

用屏幕阅读器或其他辅助技术访问网站的人可以通过标志角色迅速跳到页面特定区域 (请 观 看 http://www.youtube.com/watch?v=IhWMou12_Vk 上 的 示 范 视 频)。http://www.w3.org/TR/wai-aria/roles#landmark_roles 页面上列出了所有 ARIA 标志角色。常用的 ARIA 标志角色包括：

- banner (横幅，页眉或网站标识区域)
- navigation (导航,导航元素集合)
- (主体，文档主要内容)
- complementary (补充，页面文档的支持部分，作为主要内容的补充)
- contentinfo (内容区域，包含版权等信息的内容区域)
- form (表单，包含表单的区域)
- search (检索，提供检索功能的区域)

学生文件中的 chapter7/roles/index.html 是一个示例页面，展示了 banner、navigation、main 以及 contentinfo 等角色的配置方法。请注意，虽然角色属性并未改变页面显示方式，但它提供了便于辅助技术使用的补充信息。

target 属性

你可能已经注意到了，访客点击你所编写的超链接时，新的网页会自动在同一个浏览器窗口中打开。你可以在锚点标签中配置 target 属性，指定 target="_blank"，这样点击超链接时，就会打开新的浏览器窗口或浏览器标签页了。例如：<a href="http://yahoo.com" target="_blank">Yahoo!</a>，点击这个超链接，会在新窗口或标签页中打开雅虎主页。

但是我们无法控制页面是在新窗口中打开还是在新标签页中打开。这取决于访客的浏览器配置。不妨创建个测试页面体验一下。将 target 属性值设为"_blank"，就能让页面打开在新的浏览器窗口或标签页中。

动手实践 7.3

你将通过本实践环节练习 target 标签的配置。找到学生文件中的 chapter7/favorites.html 文件。启动一个文本编辑器，打开 favorites.html，另存为 target.html。让我们来设置 target 属性。选择一个外部超链接进行修改。添加 target="_blank"代码，这样就会在一个新窗口或标签页中打开超链接了。示例如下：

```
<a href="http://www.cooking.com" target="_blank">http://www.cooking.com"</a>
```

保存文件。启动浏览器打开页面进行测试。单击修改后的超链接，新页面将显示在另一个浏览器窗口或标签页中。你可以将自己的作业与学生文件中的参考答案(chapter7/target.html)进行比较。

块级锚点

使用锚点标签将某个短语甚至仅仅是一个单词配置为超链接的做法很典型。HTML5 中为锚标签引入了一种全新的功能，块级锚。一个块级锚可以将一个或多个元素(甚至是那些成块显示的元素，例如一个 div、h1 或段落)配置为超链接。在学生文件中有相关示例(chapter7/block.html)。

电话与短信超链接

网页上显示了一个电话号码，用智能手机访问该页面的人如果能够点击电话号码就可拨打电话或发送短信(短消息服务)，是否格外方便？其实这种配置非常容易实现。

根据 RFC 3966 文件说明，我们可以用电话模式来配置一个号码超链接：href 值以 tel:开头，然后跟上号码。例如我们可以键入以下代码，就能够为在移动设备浏览器中显示的网页配置号码超链接：

```
<a href="tel:888-555-5555">Call 888-555-5555</a>
```

RFC 5724 中则指出可以用 SMS 模式来配置一个能够发送文本短信的超链接，href 值以 sms:开头，再跟上电话号码，如下面的代码所示：

```
<a href="sms:888-555-5555">Text 888-555-5555</a>.
```

目前并不是所有移动浏览器和设备都支持电话与短信超链接，但在可预见的未来，将日益广泛。在本章的网站实例研究环节，你将用到这一技术。

7.2 CSS 精灵

浏览器显示网页时必须为页面上所使用的每个文件单独发起 HTTP 请求，这些文件包括 CSS 文件和 GIF、JPG、PNG 等图像文件。每个 HTTP 请求都要耗费时间和资源。如第四章所提到的，"精灵"(sprite)是一个包含多个小图形的图像文件。使用 CSS 将小图形组合在一个 sprite 中，作为各种网页元素背景图像的技术称为 CSS 精灵，加拿大网页设计师大卫·谢(David Shea)推广了这项技术(http://www.alistapart.com/articles/sprites)。

CSS 精灵技术用 CSS background-image、background-repeated 以及 background-position 等属性来控制背景图像的位置。单一的图形文件节省了下载时间，因为浏览器只需要发起一个 HTTP 请求来传输图像组合，而不用分散请求多个小的图像文件。图 7.7 所示的页面用一个 sprite 在透明背景上显示了两张灯塔图片。利用 CSS 将这些图像配置为 CSS 导航超链接的背景，如图 7.8 所示。在下一个练习中，你将体会这种技术的作用。

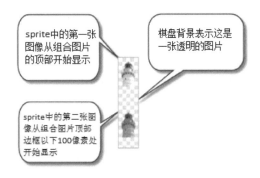

图 7.7　sprite 将两张图片拼接为一张图片

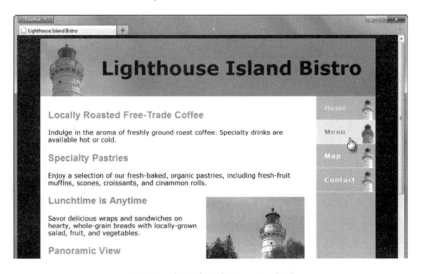

图 7.8　实际使用中的 sprite 技术

动手实践 7.4

在这个实践环节中，你将通过创建如图 7.8 所示的页面来学习 CSS 精灵技术。找到学生文件中的 chapter7/starter2.html，将它复制到 sprites 文件夹中。再将

chapter7/starters 文件夹中的文件也复制到 sprites 文件夹中，包括 lighthouseisland.jpg、lighthouselogo.jpg 和 sprites.gif。图 7.7 所示的 sprites.gif 由两张灯塔图拼接而成。第一张灯塔图居于组合顶部，第二张则从顶部边框以下 100 像素处开始显示。在设置第二张图像时我们将把值设为 100。

启动文本编辑器，打开 starter2.html，另存为 index.html。接下来要编辑嵌入样式，为导航超链接设置背景图片。

1. 配置导航超链接的背景图像。在 nav a 选择器中添加样式，将背景图像设置为 sprites.gif,不重复显示。background-position 属性值 right 规定了灯塔图像位于导航元素的右边。background-position 属性的值为 0 表示第一张灯塔图像距离顶部的偏移量为 0，即置顶显示。

```
nav a { text-decoration: none;
        display: block;
        padding: 20px;
        background-color: #b3c7e6;
        border-bottom: 1px solid #ffffff;
        background-image: url(sprites.gif);
        background-repeat: no-repeat;
        background-position: right 0; }
```

2. 将第二张灯塔图像配置为在鼠标指针移过超链接时显示。在 nav a:hover 选择器中添加下列代码来设置第二张图片的显示方式。background-position 属性中的 right 值指定了灯塔图像位于导航元素的右边。background-position 属性的值为 100 表示第二张灯塔图像距离顶部的偏移量为 100。

```
nav a:hover { background-color: #eaeaea;
              color: #869dc7;
              background-position: right -100px; }
```

保存文件。启动浏览器打开页面进行测试。你的网页看上去应当与图 7.8 所示类似。移动鼠标，让指针越过导航链接，这时你将发现图片发生了变化。你可以将自己的作业与学生文件中的参考答案(chapter7/sprites/index.html)进行比较。

FAQ 怎样创建 sprite 图像文件？

大多数网页开发人员使用 Adobe Photoshop、Adobe Fireworks 以及 GIMP 等软件来编辑图像，并将它们保存在一个图像文件中，就可以用作 sprite 了。或者，你也可以用基于 web 的 sprite 生成器，如：
- CSS Sprites Generator: http://csssprites.com
- CSS Sprite Generator: http://spritegen.website-performance.org
- SpriteMe: http://spriteme.org

如果你已经有了一张 sprite 图像，可用在线工具 Sprite Cow(http://www.spritecow.com)检查一下，它能生成合适的 background-position 属性像

素值，供我们在设置 sprite 时使用。

自测题 4.1

1. 为什么要用文件夹和子文件夹来组织网站内的文件？
2. 要实现在新浏览器窗口或标签页中打开超链接网页，需要设置哪个属性值？
3. 说明在网站中使用 CSS 精灵技术的优点。

7.3　三栏式 CSS 页面布局

常见的页面布局模式为：顶部有横跨全页的页眉，下方为三个栏目(导航、主要内容和侧边栏)。如果你将这种布局视作一系列矩形框，恭喜你，你已经正确理解了如何用 CSS 来设置页面！图 7.9 展示了这种页面布局的线框。图 7.10 则展示了采用这种设计的一个网页。在下一个动手实践环节中，你将创建这一页面。

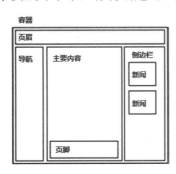

图 7.9　三栏式页面布局线框图

图 7.10　该页面的三栏样式由 CSS 设置完成

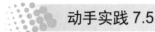

动手实践 7.5

在本环节中，你将利用 CSS 来创建第一个三栏式网页。用于设置两栏式页面的技术在这里同样奏效。请把页面想象成是由一系列元素或矩形框组成的。参考图 7.9 所示的线框，用 HTML 建立基本页面结构。然后编写 CSS 代码设置相应的区域；适当的时候可用 id 或类。请回想一下，之前我们曾讲过创建左侧栏为导航区的两栏式页面时，一个关键技术就是让左侧分栏悬浮在左边。类似的三栏式页面的关键技术是将左侧分栏设置为 float:left，右侧分栏设置为 float:right。中栏则占据浏览器窗口的中间部分。在完成这个练习的过程中，请参考图 7.9 与图 7.10.

准备开始

找到学生文件 chapter7/starters 文件夹下 showybg.jpg、plsthumb.jpg 和 trillium.jpg 这三个文件。新建一个名为 wildflowers3 的文件夹。将三个文件复制到新文件夹中。

第一部分：编写 HTML 代码

再观察一下图 7.9 与图 7.10，留意这些页面元素：带有背景图片的页眉区；带有导航区与图片的左边栏；中间栏，包括文本段落、标题以及一张靠右对齐的图片；包含两个新闻项的右边栏；一个页脚区。这些元素都要通过 id 和类与 CSS 对应起来，再用 CSS 配置一系列属性，包括浮动、内边距、外边距、字体等。导航菜单中的超链接以无序列表的形式展示。在写 HTML 文档时，先将这些元素放到页面上，再为它们分配 id 和类值，对应于图 7.9 所示线框中的各个部分。同时也要设置 ARIA 标志角色。启动文本编辑器，输入下列 HTML 代码：

```
<!DOCTYPE html>
<html lang="en">
<head>
<title>Door County Wildflowers</title>
<meta charset="utf-8">
</head>
<body>
<div id="container">
    <header role="banner">
        <span><a href="#content">Skip to Content</a></span>
        <h1>Door County Wildflowers</h1>
    </header>
<nav role="navigation">
    <ul>
        <li><a href="index.html">Home</a></li>
        <li><a href="spring.html">Spring</a></li>
        <li><a href="summer.html">Summer</a></li>
        <li><a href="fall.html">Fall</a></li>
        <li><a href="contact.html">Contact</a></li>
    </ul>
```

```
       <img src="plsthumb.jpg" width="100" height="100" alt="Showy Lady
Slipper">
</nav>
<aside role="complementary">
       <h3>The Ridges</h3>
       <p class="news">The Ridges Nature Sanctuary offers wild
orchid   hikes   during   the   summer   months.   For   more   info,   visit<a
href="http://ridgessanctuary.org">The Ridges</a>.</p>
<h3>Newport State Park</h3>
       <p class="news">The
       <a      href="http://newportwildernesssociety.org">Newport      Wilderness
Society</a> sponsors free meadow hikes at 9am every Saturday. Stop by the
park office to register.</p>
</aside>
<main role="main" id="content">
       <h2>Door County</h2>
       <p>Wisconsin&rsquo;s Door County Peninsula is ecologically diverse
&mdash;  upland  and  boreal  forest,  bogs,  swamps,  sand  and  rock
beaches,limestone escarpments, and farmlands.</p>
       <p>The variety of ecosystems supports a large number of wildflower
species.</p>
       <img  src="trillium.jpg"  width="200"  height="150"  alt="Trillium"
id="floatright">
          <h3>Explore the beauty <br>of Door County Wildflowers....</h3>
       <p>With five state parks, tons of county parks, and private nature
sanctuaries, Door County is teeming with natural areas for you to stalk
your favorite wildflowers.</p>
       <footer role="contentinfo"> Copyright &copy; 2014 Door County Wild
Flowers<br>
       </footer>
</main>
</div>
</body>
</html>
```

在页面头部还要配置 HTML5 shim(详见第 6 章)，为版本较老的 Internet Explorer
提供支持。将文件命名为 index.html，保存在 wildflowers3 文件夹中。打开浏览器测试
页面。现在页面看上去与图 7.10 不太一样，因为你还没有配置 CSS。当前页面的顶部
应当与图 7.11 类似。

第二部分：编写基本的 CSS 代码

为了便于编辑，在本练习中，你仅需把 CSS 代码作为嵌入样式写在页面的 head 部
分。当然如果你打算创建一个完整的网站，最好还是使用外部样式表。启动文本编辑
器，打开 index.html 文件。先让我们花点时间来考虑一下如图 7.10 所示的页面上究竟
需要设置哪些区域：页眉、左边栏的导航区、右边栏、中间栏以及页脚。左边栏包括
导航区与一张小图片。中间栏包含段落、标题以及一张悬浮在右侧的图片。右边栏包
括一级标题与新闻项。在图 7.9 中找到这些部分。此外请注意整个页面使用了相同的字

体，并且页面是直接从浏览器边界就开始显示的。

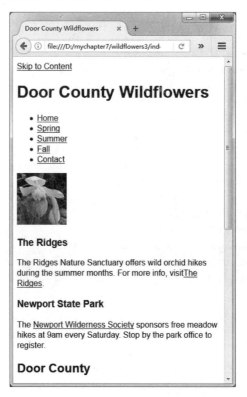

图 7.11　未应用 CSS 设置时的三栏式页面

在当前打开的文件中，修改 head 部分，添加一个<style>标签。现在着手设置 CSS 吧。根据下列要求输入相应的 CSS 代码：

1. 让老版浏览器也能支持 HTML5：

```
header, nav, main, footer, aside { display: block; }
```

2. Body 元素选择器。将页外边距设为 0，背景色设为#ffffff。

```
body { margin:0;
       background-color: #ffffff; }
```

3. 容器。将这一区域的背景色设为#eeeeee，文本色设为#006600，最小宽度为 960 像素，字体为 Verdana, Arial, 或 sans-serif：

```
#container { background-color: #eeeeee;
             color: #006600;
             min-width: 960px;
             font-family: Verdana, Arial, sans-serif; }
```

4. 页眉。背景色设置为#636631；背景图像为 showybg.jpg，从元素底部开始显示，水平重复；页眉高度为 120 像素，文本色为#cc66cc，文本右对齐，离顶部与底部的内边距均为 0，内左边距为 20 像素，内右边距为 20 像素；该区域下边框为 2 像素高的黑色实线：

```
header { background-color: #636631;
        background-image: url(showybg.jpg);
        background-position: bottom;
        background-repeat: repeat-x;
        height: 120px;
        color: #cc66cc;
        text-align: right;
        padding: 0 20px;
        border-bottom: 2px solid #000000; }
```

5. 左栏。这个三栏式页面布局的一个关键点在于把左侧分栏设置成以悬浮方式居于浏览器窗口的左侧。将其宽度设置为 150 像素：

```
nav { float: left;
      width: 150px; }
```

6. 右栏。这个三栏式页面布局的另一个关键点在于把右侧分栏设置成以悬浮方式居于浏览器窗口的右侧。将其宽度设置为 200 像素。：

```
aside { float: right;
        width: 200px; }
```

7. 中栏。左栏和右栏以悬浮方式占据它们的位置后，剩下的浏览器窗口位置就全归主要内容部分了。因为左右两栏各占一边，所以内容需要设置一定的内边距值。我们将左外边距设置为 160 像素，右外边距设置为 210 像素，其余的外边距设为 0。此外还要设置该区域的内边距。背景色设置为#ffffff，文本色为#006600：

```
main { margin: 0 210px 0 160px;
       padding: 1px 10px 20px 10px;
       background-color: #ffffff;
       color: #006600; }
```

8. 页脚。将页脚设置为使用超小号字体，并且居中显示。背景色设置为#ffffff，文本色为#006600。上外边距为 10 像素。清除中间内容区的悬浮图像。

```
footer { font-size: .70em;
         text-align: center;
         color: #006600;
         background-color: #ffffff;
         padding-top: 10px;
         clear: both; }
```

至此，你已经将三栏式页面布局中的主要元素配置好了。键入代表样式标签结束的</style>。将 index.html 保存在 wildflowers3 文件夹中。最好马上启动浏览器来检查一下这些设置是否正确。它看起来应当与图 7.12 类似。请注意仍然还有一些细节需要我们去完善，但距离目标已经很接近了！

图 7.12 已经用 CSS 完成了三栏式布局中基本元素的配置

第三部分：继续写 CSS 代码

现在可以继续修改样式了。启动文本编辑器打开 index.html，将光标定位到样式结束标记上方的一个空行中。

1. 页眉区域。

a. h1 元素选择器。我们注意到"Door County Wildflowers"这个标题的上方有多余的空行，它包含在页眉元素的<h1>标签内。你可以在 h1 元素选择器中将顶部外边距设置为 0，从而消除额外的空间。另外再配置左对齐、文本阴影、3em 字号：

```
h1 { margin-top: 0;
    font-size: 3em;
    text-align: left;
    text-shadow: 2px 2px 2px #000000; }
```

b. 跳转到内容。将页眉中的"跳转到内容"(Skip to Content)超链接字号设置为 0.80em。另外再设置一下:link、:visited、:hover、:active 和:focus 等伪类的文本颜色：

```
header a {font-size: 0.80em; }
header a:link, header a:visited { color: #ffffff; }
header a:focus, header a:hover { color: #eeeeee; }
```

2. 左侧导航栏。

a. 导航菜单。将 nav 元素选择器中的无序列表设置为：顶部外边距 20 像素，不显示任何项目符号。

```
nav ul { margin-top: 20px;
         list-style-type: none; }
```

导航链接不显示下划线(text-decoration: none)，字号为 1.2em。另外再设置一下:link、:visited、:hover、:active 和 :focus 等伪类的文本颜色：

```
nav a { text-decoration: none;
        font-size: 1.2em; }
nav a:link { color:#006600;}
nav a:visited { color: #003300; }
nav a:focus, #nav a:hover { color: #cc66cc; }
nav a:active { color: #000000;}
```

b. 左栏图片。将 nav 元素中的图像外边距设置为 30 像素：

```
nav img { margin: 30px;}
```

3. 主要内容。

a. 段落。设置主要内容中的段落元素选择器，外边距为 20 像素：

```
main p { margin: 20px; }
```

b. 标题。设置主要内容区中的 h2 和 h3 元素选择器，本文颜色与页眉的标识区文本一致，背景色与页面主体一致：

```
main h2, main h3 { color: #cc66cc;
                   background-color: #ffffff; }
```

c. 右侧浮动照片。创建一个名为 floatright 的 id，外边距设置为 10 像素，浮动到右侧：

```
#floatright { margin: 10px;
              float: right; }
```

4. 右边栏。该列包含在 aside(侧栏)元素中。

a. 标题。设置该区域中的 h2 元素选择器：1 像素高、黑色实线的底部边框，底部内边距 2 像素，外边距 10 像素，字号 0.90em，文本色与标识区相同。

```
aside h3 { padding-bottom: 2px;
           border-bottom: 1px solid #000000;
           margin: 10px;
           font-size: 0.90em;
           color: #cc66cc; }
```

b. 新闻项。设置一个名为 news 的类，使用小号字体，外边距为 10 像素：

```
.news { font-size: 0.80em;
        margin: 10px; }
```

保存文件。

第四部分：测试网页

现在你已经完成了样式编码，可以再次测试 index.html 页面了。你的作品看起来应当和图 7.10 所示的截屏差不多。回想一下，我们曾说过 IE 9 及其以下版本的浏览器不支持文本阴影属性(text-shadow)。如果发现有什么不同，请检查 HTML 代码中的 id 和类值。同时请认真检查 CSS 语法。W3C 的 CSS 验证服务很管用，网址是 http://jigsaw.w3.org/css-validator，可以用来验证 CSS 语法。学生文件中有该页面的副本，位于 hapter7/wildflowers 文件夹中。

7.4 CSS 打印样式

虽然"无纸化办公"这个概念已经被谈论了数十年，但事实上还是有很多人喜欢纸质材料，因此你的网页也可能会被打印。CSS 让我们能够控制哪些内容要被打印以及怎样打印。这些用外部样式表就很容易实现。首先为浏览器显示创建一张外部样式表，然后再为特殊的打印需求创建另一张外部样式表。再使用两个 link 元素将两张外部样式表与网页关联起来。在 link 元素中将用到 media 属性，该属性指明了所使用的样式针对的是哪种媒介，即屏幕输出还是打印显示。表 7.1 介绍了 media 属性的各种取值。

表 7.1 media 属性

属性值	用途
screen	默认值；指出样式表所配置的是典型浏览器窗口样式，用于在彩色计算机显示器上显示
print	指出样式表所配置的是供打印输出的样式
handheld	虽然 W3C 的目的是用这个值表示样式表所配置的是在手持移动设备上的显示样式，但在实际使用中，该值并未得到可靠利用(参见 http://www.alistapart.com/articles/return-of-themobile-stylesheet)。在下一节中，我们将介绍另外几种配置移动页面的方法

根据在屏幕上显示还是打印到纸上，新型浏览器会选择正确的样式表。用 media="screen"配置 link 元素，则呈现的是浏览器模式；用 media=" print "则呈现的是供打印输出的模式。下面为 HTML 代码示例：

```
<link rel="stylesheet" href="wildflower.css" media="screen">
<link rel="stylesheet" href="wildflowerprint.css" media="print">
```

打印样式最佳实践

你可能会觉得好奇："怎么实现打印输出与浏览器显示分别使用不同的 CSS？"下面列出常用的打印样式设置技术。

隐藏非必要的内容

这是常见的做法，以防止打印输出横幅广告、导航或其他无关的领域。使用 display: none; 这一样式声明来隐藏不需要打印输出的页面内容。

配置用于打印输出的字体大小和颜色

另一个常见的做法是在打印样式表中使用 pt 单位来设置字体大小。这将更好地控制打印输出的文本。如果预计将有很多人经常打印你的页面，你也可以考虑将文本颜色配置为黑色 (#000000)、背景颜色配置为白色 (#FFFFFF)。大多数浏览器会将背景颜色和背景图像默认设置为防止打印，不过你也可以在打印样式表中将 background-image 属性设置为 none，这样也能实现背景图像不被打印输出的效果。

控制分页符

使用 CSS 中 page-break-before 或 page-break-after 属性来控制打印分页。这些属性值中得到良好支持的包括 always(根据设定的是之前还是之后，分页符总是会起效)、avoid(如果可能，设定分页符将发生在元素之前或之后)以及 auto(默认值)。例如，要页面指定点处插入一个分页符(在本例中，就在类名为 newpage 的元素之前)，配置的 CSS 代码如下所示：

```
.newpage { page-break-before: always; }
```

打印超链接的 URL 地址

考虑一下，如果我们发现打印出来的页面上超链接处展示的是资源的实际地址，会不会很有用？你可以利用 CSS 技术让 href 属性的值被打印出来，有两种 CSS 编码方法：CSS 伪元素和 CSS 内容属性。CSS 伪元素的目的是将某种类型应用于其选择器。表 7.2 列出了伪元素和它们的作用。

表 7.2　CSS2.1 伪元素

伪元素	作用
:after	在指定元素后插入生成的内容。用 content 属性来配置所生成的内容
:before	在指定元素前插入生成的内容。用 content 属性来配置所生成的内容
:first-letter	用来指定元素第一个字母的样式
:first-line	用来指定选择器第一行的样式

结合 CSS content 属性和:after、:before 这两个伪元素来生成内容。content 属性的 attr(X)函数功能很有用，它可以返回给定的 HTML 属性值。该功能即可实现超链接 URL(也即 href 属性的值)的打印输出。使用引号将附加文本或括号等字符包含起来。下面的 CSS 代码作用在于把侧栏中的超链接 URL 显示在文本超链接后的括号内：

```
aside a:after { content: " (" attr(href) ") "; }
```

图 7.13 展示的是我们在动手实践 7.5 中所创建页面(见图 7.10)的打印预览图。请注

意，该预览图中包含导航区域。

图 7.13　图 7.10 所示页面的打印预览

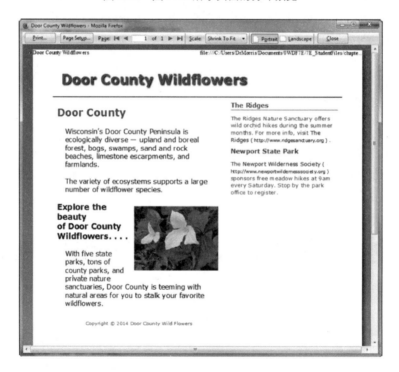

图 7.14　用 CSS 配置打印样式后的页面预览

图 7.14 展示了同一个网页的另一个打印预览版本，它用 CSS 禁止了打印输出导航栏，字号以 pt 为单位，并同时打印出了超链接(侧栏中)的 URL。在接下来的实践环节，你将体验这些技巧。

动手实践 7.6

在本环节中，要写用于网页打印的特殊样式。我们将以动手实践 7.5 中所创建的 Door County Wildflowers 的 index.html 为起点。图 7.10 展示了 index.html 页面在浏览器中的显示效果。你要创建另一个版本的 index.html 页面，并将它与两张外部样式表相关联，其一用于显示器显示，其二用于打印输出。完成练习后，打印出的页面将与图 7.14 类似。

准备开始

新建一个文件夹，名为 wildflowersPrint。将学生文件中 chapter7/wildflowers 文件夹下的 index.html、plsthumb.jpg、showybg.jpg 和 trillium.jpg 文件复制到新建文件夹中。

第一部分：创建用于显示器显示的样式表。

启动文本编辑器，打开 index.html 文件。复制 style 标签对之间的全部样式规则。在文本编辑器中新建一个文件，命名为 wildflower.css，保存在 wildflowersPrint 文件夹中。将复制的样式粘贴到 wildflower.css 中，保存文件。

第二部分：编辑 HTML 代码

编辑 index.html 文件，删除嵌入式 CSS 代码与 style 标签对。键入 link 元素代码，从而将该页面与你刚才创建的外部样式表文件(wildflower.css)关联起来。在 link 元素中添加 media 属性，值设置为 screen。创建另一个 link 元素，将页面与名为 wildflowerprint.css 的外部样式表关联起来，用于打印输出(media="print")。HTML 代码如下：

```
<link rel="stylesheet" href="wildflower.css" media="screen">
<link rel="stylesheet" href="wildflowerprint.css" media="print">
```

再次保存 index.html。

第三部分：编写新的样式表，用于打印输出

启动文本编辑器，打开 wildflower.css。由于打印时需要保留大多数样式，所以只需要修改用于显示器显示的样式表副本即可。将 wildflower.css 另存为 wildflowerprint.css，仍然位于 wildflowersPrint 文件夹之中。接下来你将修改这一样式表中的若干地方，包括容器 id、h1 元素选择器、页眉元素选择器、nav 元素选择器、主体元素选择器以及位于页眉和侧栏元素中的超链接。

删除容器 id 中关于最小宽度(min-width)的样式声明。

1. 修改 h1 元素选择器，将打印字号设置为 24pt。删除文本 text-align 属性：

```
h1 { margin-top: 0;
     font-size: 24pt;
     text-shadow: 2px 2px 2px #000000; }
```

2. 修改页眉元素选择器样式规则。将背景色设为白色(#ffffff)。删除背景图像样式声明，并添加 height 属性。同时删除文本 text-align 属性。

```
header { color: #cc66cc;
         background-color: #ffffff;
         border-bottom: 2px solid #000000;
         padding: 0 20px; }
```

3. 将页眉中"Skip to Content"链接设置为不显示。把所有关于页眉的样式规则替换为：

```
header a { display: none; }
```

4. 将导航区设置为不显示。把所有关于 nav 元素的样式规则替换为：

```
nav { display: none; }
```

5. 删除 header a:link、header a:visited、header a:focus 以及 header a:hover 选择器中的样式。

6. 配置主要内容区域。修改 main 元素选择器的样式规则。将左外边距设置为 0，右外边距设计为 40%，文本颜色为黑色(#000000)，字号为 12pt。

```
main { margin: 0 40% 0 0;
       padding: 1px 10px 20px 10px;
       font-size: 12pt;
       background-color: #ffffff;
       color: #000000; }
```

7. 将侧栏区的宽度设置为 40%：

```
aside { float: right;
        width: 40%; }
```

8. 配置 news 类。修改样式规则，字号设置为 10pt。

```
.news { font-size: 10pt;
        margin: 10px; }
```

9. 配置侧栏区中的超链接(位于 aside 元素中)，文本不带下划线，打印出 URL(8pt 大小的黑色字体)。添加下列 CSS 代码：

```
aside a { text-decoration: none; }
aside a:after { content: " (" attr(href) ") ";
                font-size: 8pt;
                color: #000000; }
```

10. 仔细检查样式规则，并将每个 h2 和 h3 元素选择器中的 background-color 值设置为白色 (#ffffff)。

11. 定位于#container 选择器，删除 min-width 样式声明。
保存文件。

第四部分：测试作品

启动浏览器测试 index.html 页面。选择"文件"|"打印"|"预览"，你将看到类似于图 7.14 所示的显示效果。字号发生了变化，导航栏没有出现，侧栏中的超链接文本后面显示了资源的 URL。学生文件有参考答案，位于 chapter7/print 文件夹中。

请注意，CSS3 的语法格式发生了变化，在每个伪元素前需要两个冒号。例如在 CSS3 中使用::after，而不是 :after。当然，我们仍将使用 CSS2 的伪元素及其语法，因为毕竟目前后者得到更多浏览器支持。

7.5　设计显示于移动设备上的网页

在第 5 章中，我们介绍了三种使网页能被移动设备使用者访问的方法。其中之一便是设计并发布另一个网站，其顶级域名为.mobi。请访问 http://jcp.com 和 http://jcp.mobi 体验现实中这两种版本之间的差异。第二种方法是在相同的域名中设计并发布独立的网站，但对其进行优化，使之适合于移动设备上的使用。白宫网站(http://www.whitehouse.gov)就采用了此项技术，参见图 7.15。白宫网站的移动版本网址为 http://m.whitehouse.gov，如图 7.16 所示。第三种方法是网站仍然是同一个，但分别为移动端与桌面浏览器端的显示配置不同的样式。在关注代码前，让我们先来了解一下用于移动网页的设计技术。

图 7.15　显示在桌面浏览器中的常规白宫网站

图 7.16　白宫网站的移动端版本

移动网页设计最佳实践

移动网页的用户通常处在"活动式"(on-the-go)状态，对于信息的需求来得快，很可能也去的快。针对移动端访问进行优化的网页应当考虑到这些特点。让我们再来回顾一下图 7.15 和图 7.16，观察并考虑它们是如何解决我们曾在第五章中讨论过的移动网站设计注意事项的。

- 屏幕尺寸小。减少页眉区域的尺寸以适应小屏幕显示。
- 低带宽(连接速度低)。注意，图 7.15 所示的大图片在网页移动版上不显示。
- 字体、颜色和媒体问题。使用通用字体，文本和背景颜色对比良好。
- 控制不便，有限的处理器和内存。移动网站使用单栏式页面布局，方便用 Tab 键控制标签切换，触摸控制也更容易。页面主要内容是文本，使移动浏览器能快速呈现。
- 功能。直接在页眉下方显示指向常用站点功能的超链接。提供搜索功能。

让我们基于这些考虑出发，不断深入拓展相关技巧。

优化移动网页布局

具有小标题、关键导航链接、内容和页脚的单栏式页面布局(图 7.17)适用于移动端的显示。手机屏幕分辨率相差很大(例如，320×240[黑莓 Pearl]，360×640[诺基亚]，480×800[安卓 HTC Desire，Windows HTC Pro]，和 640×690[苹果 iPhone4]，640×1136[苹果 iPhone5]，720×1280[三星 GALAXY SIII])。W3C 的建议如下。

- 只限一个方向的滚动。
- 使用标题元素。
- 使用列表来组织信息(如无序列表、有序列表、定义列表)。
- 避免使用表格(参见第 8 章)，因为表格在移动设备上显示时通常会引起水平与垂直方向的滚动。
- 为表单控件设置标签(参见第 9 章)。
- 在样式表中不用像素单位。
- 在样式表中避免使用绝对定位。
- 隐藏对于移动用户来说不必要的内容。

为移动用户优化导航

具有方便易用的导航对于移动网页而言至关重要。W3C 给出了如下建议。

- 在页面顶部提供尽可能小的导航。
- 提供一致的导航。
- 避免使用打开新窗口或弹出窗口式的超链接。
- 平衡页面上的超链接数量和访问信息所需链接的级别数量。

图 7.17　典型的单栏式移动网页布局线框图

为移动用户优化图像

图像可以帮助吸引访客，但在设计移动网页时要注意以下 W3C 建议。

- 避免显示比屏幕宽的图像(假设智能手机显示屏上的屏幕宽度为 320 像素)。
- 配置可替换的、尺寸较小的、经优化的背景图像。
- 一些手机浏览器会缩小图像，所以图像的文本可能会变得难以阅读。
- 避免使用大型图像。
- 指定图像的大小。
- 提供图形和其他非文本元素的备用文本。

为移动用户优化文本

在小型移动设备上读取文本很困难。下面的 W3C 建议将有助于提高移动端用户的访问体验。

- 配置较好的文本与背景颜色对比度。
- 使用通用字体。
- 以 em 为单位或百分比来配置字体大小。
- 使用简短的描述性页面标题。

W3C 发布了移动网页最佳实践 1.0，该清单中列出了 60 项移动网页设计方面的指南，网址为 http://www.w3.org/tr/mobile-bp。另外请访问 http://www.w3.org/2007/02/mwbp_flip_cards.html，该页面上以目录卡片(Flipcards)的形式阐释了对移动网页最佳实践 1.0 文档的总结。

"一网同仁"的设计理念

W3C 建立"一网同仁"的任务指的是通过优化配置，使各种类型的设备能显示相同的资源。这种做法要比创建单个网页文档的多个版本高效得多。请记住这一理念，接下来我们将学习如何使用视窗的 meta 标签和 CSS 多媒体查询来定位并分发样式表，该样式表经过优化，适用于移动设备上的页面展示。

7.6 视窗的 meta 标签

Meta 标签的用途很多。从第 2 章开始，我们一直在用这个标签来配置页面上的字符编码。现在，我们将学习新的视窗 meta 标签，这是一种 Apple 设备的扩展，用于帮助在 iPhone 和 Android 智能手机上显示网页，它设置了视窗的宽度与尺度。图 7.18 所示是没有使用视窗 meta 标签的网页显示在 Android 智能手机上时的截屏。查看该图，你将发现移动设备把整个网页显示在很小的屏幕上，其中的文本变得难以阅读。

图 7.19 所示的仍然是相同的页面，但在文档的 head 部分增加了视窗 meta 标签。代码如下：

```
<meta name="viewport"
content="width=device-width, initial-scale=1.0">
```

编写视窗 meta 标签的 HTML 代码，只需设置 name="viewport"以及 content 属性即可。HTML 的 content 属性值可以是一个或多个指令(在 Apple 设备中，也称为属性)，例如 device-width 指令、控制缩放与尺度的指令等。表 7.3 列出了视窗 met 标签指令和它们的取值。

图 7.18　某网页在移动设备上的显示效果

图 7.19　视窗 meta 标签的使用，优化了网页在移动设备上的显示效果

表 7.3　视窗 met 标签指令

指令	取值	用途
width	数字值或 device-width，指出了设备屏幕的实际宽度	以像素为单位的宽度值
height	数字值或 device- height，指出了设备屏幕的实际高度	以像素为单位的高度值
initial-scale	缩放比例数值，设置为 1 初始大小为 100%	视窗的初始大小
minimum-scale	缩放比例数值; Mobile Safari 的默认值为 0.25	允许用户缩放到的最小比例
maximum-scale	缩放比例数值; Mobile Safari 的默认值为 1.6	允许用户缩放到的最大比例
user-scalable	Yes 表示可以缩放， no 表示禁止缩放	用户是否可以手动缩放

现在你已经将页面缩放到了适合阅读的尺寸，那么怎样设置适合于移动用户的最优样式呢？这就是 CSS 的用武之地了。接下来我们将学习 CSS 多媒体查询技术。

7.7　CSS3 多媒体查询

我们曾在第 5 章谈到过，“响应式网页设计”指的是通过使用包括流式布局、灵活的图像和多媒体查询在内的编码技术，逐步增强网页在不同查看环境(如智能手机和平板电脑)下的展示效果。

让我们回顾一下图 5.40、图 5.41、图 5.42 和图 5.43 等网页示例，从中可以体会到响应式网页技术的强大。这几个页面实际上是相同的 HTML 文件，只不过配置了不同的 CSS 样式，该网页根据多媒体查询检测到的视窗大小得以不同的呈现。我们还曾访问 http://mediaqueri.eh 上的"多媒体查询"网站，看到了以图片库形式演示的响应式网页设计效果。在图库中，屏幕捕获网页的显示环境，根据不同的浏览器视窗宽度来展示网页，包括 320px(智能手机显示)、768px(平板电脑竖屏模式显示)、1024px(笔记本和平板电脑横屏模式显示)以及 1600px(大桌面显示)。

什么是多媒体查询？

根据 W3C 的定义(http://www.w3.org/TR/css3-mediaqueries)，多媒体查询是由多媒体类型(如屏幕)和逻辑表达式组成的，它决定了浏览器所在的设备的性能，包括屏幕分辨率、显示方向(竖屏或横屏)等。当多媒体查询的结果为"真"时，就会让浏览器找到相应的 CSS 代码，根据特定的性能呈现网页。多媒体查询得到了当前主流浏览器的支持，包括 Internet Explorer(IE9 以及更高版本)。

使用 link 元素的多媒体查询示例

图 7.20 展示了与图 7.8 相同的页面，但两者看起来很不一样，因为前者中使用了包括多媒体查询在内的 link 元素，它与特殊的样式表关联起来了，该样式表专门针对常见智能手机上的网页显示做了优化。相应的 HTML 代码如下：

```
<link href="lighthousemobile.css" rel="stylesheet" media="only screen and
(max-width: 480px)">
```

图 7.20　CSS 多媒体查询帮助网页更好地展示在移动设备上

上述示例代码告诉浏览器有一张特殊的外部样式表，专门用于在大多数流行智能手机上的优化显示。多媒体类型值 only screen 是一个关键词，表示当网页在过时的浏览器中显示时，它是不可见的。多媒体类型值 screen 将设备标识为屏幕。常见的多媒体类型与关键词见表 7.4。

表 7.4　多媒体类型

多媒体类型	取值含义
all	用于所有多媒体类型设备
screen	网页屏幕显示
only	让过时的、不支持多媒体查询的浏览器忽略相关设置
print	打印出网页

在上述代码示例的 link 元素中，max-width 被设置为 480px。虽然现在有许多不同屏幕尺寸的智能手机，不过最大宽度 480px 无疑能适配绝大多数流行的型号。如果该值设置为 768px，则能适配许多新款大屏幕智能手机和小型平板电脑。多媒体查询可以检测最小值与最大值。例如：

```
<link href="lighthousetablet.css" rel="stylesheet" media="only screen and
(min-width: 768px) and (max-width: 1024px)">
```

使用@media 规则的多媒体查询示例

第二种多媒体查询技术的使用方法为用@media 规则将它们的代码直接写在 CSS 中。相关代码以@media 开头，再加上多媒体类型与逻辑表达式。然后用一对括号将所希望运用的 CSS 选择器和声明包围起来。下面的示例代码为小屏幕的移动设备专门配置了不同的背景图片。表 7.5 列出了常用的多媒体查询属性。

```
@media only screen and (max-width: 480px) {
    header { background-image: url(mobile.gif);
    }
}
```

表 7.5　常用的多媒体查询属性

属性名称	取值	准则
max-device-height	数值	输出设备屏幕高度的最大值，以像素为单位
max-device-width	数值	输出设备屏幕宽度的最大值，以像素为单位
min-device-height	数值	输出设备屏幕高度的最小值，以像素为单位
min-device-width	数值	输出设备屏幕宽度的最小值，以像素为单位
max-height	数值	视窗高度最大值(屏幕大小发生变化时会重新评估)，以像素为单位
min-height	数值	视窗高度最小值(屏幕大小发生变化时会重新评估)，以像素为单位
max-width	数值	视窗宽度最大值(屏幕大小发生变化时会重新评估)，以像素为单位

续表

属性名称	取值	准则
min-width	数值	视窗宽度最小值(屏幕大小发生变化时会重新评估)，以像素为单位
orientation	Portrait(竖屏) 或 landscape(横屏)	页面展示方向

FAQ　在多媒体查询中应该使用什么值？

网页开发人员经常检查 max-width 属性来决定适用于浏览页面的设备类型：智能手机、平板，或桌面电脑。在选择值时，请注意留心随着视窗宽窄的变化，导航以及内容显示的方式是否也发生变化。选择多媒体查询的值要以网页的显示为核心。

许多指向智能手机的多媒体查询将最大宽度设置 480 像素，但是新兴的智能手机屏幕分辨率已经越来越高了。下面是一个典型的多媒体查询，它指向的智能手机显示检测到的 max-width 值为 768 像素：

```
@media only all and (max-width: 768px) {
}
```

为常见平板电脑显示所配置的宽度一般介于 769 像素与 1024 像素之间。例如：

```
@media only all and (min-width: 769px) and (max-width: 1024px) {
}
```

另一种方法关注于内容的响应式显示，而不是像素单位，该方法将多媒体查询配置为根据内容所需，以 em 为单位"回流" (reflow)至各种尺寸的屏幕上。迈克尔·巴瑞特(Michael Barrett)如此建议(http://abouthalf.com/development/ems-in-cssmedia-queries/)："指向智能手机时 max-width 值为 37.5em，平板的 min-width 为 37.5em、max-width 为 64em，桌面电脑的 min-width 为 64em。使用这种方法时，指向典型智能手机的多媒体查询会认为 max-width 属性值为 37.5em。"

例如：

```
@media only all and (max-width: 37.5em) {
}
```

在配置多媒体查询时，用多种不同设备来检测无疑很有用。要灵活地调整多媒体查询的像素和 em 值，从而使网站能以最佳方式呈现在智能手机、平板和桌面电脑上。

下列资源为我们提供了定位于多种设备的多媒体查询的示例：

- http://css-tricks.com/snippets/css/media-queries-for-standard-devices
- http://webdesignerwall.com/tutorials/css3-media-queries

动手实践 7.7

在本环节中，你将与 Lighthouse Island Bistro 主页"再续前缘"，令其在视窗最大宽度为 1024 像素(常见的平板电脑)上显示为单栏式页面，并针对智能手机显示进行优化，使之适合 768 像素宽度甚至更小的视窗尺寸。创建一个名为 query7 的新文件夹。把 chapter7 文件夹中的 starter3.html 文件复制到新建文件夹中，重命名为 index.html。把学生文件中 chapter7/starters 文件夹下的 lighthouseisland.jpg 也复制到 query7 文件夹中。启动浏览器查看到的 index.html 将如图 7.21 所示。在文本编辑器中打开 index.html。检查嵌入式 CSS，请留意两栏式页面为流式布局，宽度为 80%，并且 nav 元素被配置为浮动到左侧。

图 7.21　在桌面电脑上显示的两栏式布局

1. 编辑嵌入式 CSS。在样式结束标签前增加下列 @media 规则。该规则将把样式配置为在视窗为 1024 像素或更小时生效，去除了 main 元素中的左外边距，修改了 nav 元素选择器中的 float 和 width 属性。

```
@media only screen and (max-width: 1024px) {
main { margin-left: 0; }
nav { float: none; width: auto; }
}
```

2. 保存 index.html 文件，并在桌面浏览器中进行测试。当浏览器最大化时，页面看上去应该与图 7.21 差不多。改变浏览器大小，当它的宽度小于等于 1024 像素时，页面看起来就变成和图 7.22 一样的单栏式布局了。正如你所想的那样，我们还有许多工作要完成。

图 7.22　多媒体查询生效后的页面

3. 编辑嵌入式 CSS，在多媒体查询中增加样式规则，消除 body 元素选择器中的外边距，并拓宽 wrapper id。同时将 nav 区域中的 li 元素配置为内联块显示、有内边距，nav 区域的 ul 元素文本居中，nav 区域的锚元素无边框，h1 和 h2 元素字号为 120%，p 元素的字号为 90%。

```
@media only screen and (max-width: 1024px) {
body { margin: 0; }
#wrapper { width: auto; }
main { margin-left: 0; }
nav { float: none; width: auto; }
nav li { display: inline-block; padding: 0.5em; }
nav ul { text-align: center; }
nav a { border-style: none; }
h1, h2 { font-size: 120%; }
p { font-size: 90%; }
}
```

4. 保存文件，并在桌面浏览器中进行测试。当浏览器最大化时，页面看上去应该与图 7.21 差不多。改变浏览器大小，当它的宽度小于等于 1024 像素时，页面看起来就变得与图 7.23 类似了。继续改变页面大小，你将会发现超链接移位了，并没有很好地对齐。因此我们还将进一步优化网页配置，让它能更好地显示在小型移动设备上。

图 7.23　针对常见平板电脑宽度进行配置的网页

5. 修改嵌入式 CSS。在样式结束标签前增加下列 @media 规则。该规则将配置如下规则：h1、h2、p 元素的字号，不显示图片元素及其子图像元素，nav 元素及其下的 ul 和 li 元素无内边距，nav li 选择器为块显示，且导航区域中的锚元素有边框和内边距。代码如下：

```
@media only screen and (max-width: 768px) {
h1, h2 { font-size: 100%; }
p { font-size: 90%; }
figure { display: none;}
nav, nav ul, nav li { padding: 0; }
nav li { display: block; }
nav a { display: block; padding: 0.5em 0;
border-bottom: 2px ridge #00005D; }
}
```

6. 保存文件，并在桌面浏览器中进行测试。当浏览器最大化时，页面看上去应该与图 7.21 差不多。改变浏览器大小，当它的宽度小于等于 1024 像素且大于 768 像素时，页面看起来和图 7.23 类似。继续改变页面大小，当它的宽度小于等于 768 像素时，将成为如图 7.24 所示的样式。这一练习中的网页就是一个应用响应式网页设计技术的示例。学生文件中有参考答案，位于 chapter7/query 文件夹中。

图 7.24　针对常见智能手机尺寸进行配置的网页

7.8　弹　性　图　像

在本书中的响应式网页设计一节中提到，伊森·马科特(Ethan Marcotte)把弹性图像描述为流动的图像，也就是当浏览器视窗大小发生变化时，图像不会打破页面格局。弹性图像，加上流式布局与多媒体查询，是响应式网页设计的有机组成部分。

实现弹性图像的效果，需要修改 HTML 代码，并增加 CSS 来为特定图像设置相关样式。

1. 编辑 img 元素的 HTML 代码：去除 height 和 width 属性。

2. 配置 CSS 中的样式声明 max-width: 100%;。如果图像的宽度比包含它的容器的宽度小，它将显示为实际尺寸。反之，图像会被浏览器改变大小，使之适应包含它的容器(而不是溢出边界)。

3. 布鲁斯·罗森(Bruce Lawson)建议通过 height: auto;这一 CSS 中的样式声明，使图像宽高比保持不变，并维持其细节的比例。详见 http://brucelawson.co.uk/2012/responsive-web-design-preservingimages-aspect-ratio。

背景图像也可配置为根据不同的视窗尺寸实现弹性显示。虽然常见的做法是在CSS 中指定背景时写明 height 属性，但这样做的结果是背景图像无法实现自适应。进一步配置更多其他有关容器的 CSS 属性，例如以百分比来表示的 font-size、line-height以及 padding 等。background-size: cover;属性也很有用。一般这样设置后，不论在哪种尺寸的视窗中，背景图像都能以让人更舒服的方式呈现出来。另一种实现方法是准备多个不同尺寸的背景图像文件，并通过多媒体查询来确定显示哪张图像。这么做的缺点是虽然最终只显示了一张图片，但实际上有多个文件被下载了。在接下来的动手实践环节中，你将学习缩放图像技术。

动手实践 7.8

在本环节中，你将对一张网页进行设置，以此体会响应式网页技术的作用。图 7.25展现的是页面以三栏式布局显示在桌面电脑浏览器中、通过多媒体查询以两栏式页面显示在 1024 像素及以下视窗宽度的平板电脑中、以单栏式布局显示在视窗尺寸小于等于 768 像素的智能手机中的效果。接下来，通过 CSS 代码实现弹性图像的配置。

图 7.25　该页面演示了响应式设计技术的运用效果

创建一个名为 flexible7 的文件夹。将 chapter7 文件夹中的 starter4.html 文件复制到新文件夹中并重命名为 index.html。把学生文件的 chapter7/starters 文件夹下的header.jpg 和 pools.jpg 也复制到 flexible7 中。启动浏览器，打开 index.html，此时它看上去应该如图 7.26 所示。用文本编辑器来查看源代码，你将发现 height 和 width 两个属性已经被去除了。查看 CSS，你还会发现网页使用了流式布局，宽度被设置成百分比值。按如下要求编辑嵌入式 CSS。

图 7.26　配置弹性图像之前的页面

1. 定位到 h1 元素选择器。删除高度样式声明。添加新的声明将字号设置为 300%、顶底内边距均为 5%、左右内边距均为 0。相应的 CSS 代码如下：

```
h1 { text-align: center;
     font-size: 300%;
     padding: 5% 0;
     text-shadow: 3px 3px 3px #F4E8BC; }
```

2. 定位到 header 元素选择器。添加新的声明 background-size: cover;，使浏览器自适应缩放背景图像以填充其容器。相应的 CSS 代码如下：

```
header { background-image: url(header.jpg);
         background-repeat: no-repeat;
         background-size: cover; }
```

3. 在 img 元素选择器中添加样式规则，将最大宽度设置为 100%，高度设置为 auto。相应的 CSS 代码如下：

```
img { max-width: 100%;
      height: auto; }
```

4. 保存文件。用桌面电脑浏览器打开该文件。当你改变浏览器窗口大小时，你将发现页面会自动适应这种变化，看上去类似于图 7.25 所示的截屏。该例子从以下几个方面说明了响应式网页设计技术的应用效果：流式布局、多媒体查询以及弹性图像。学生文件的 chapter7/flexible 文件夹中有这一练习环节的参考答案。

通过本节的学习，你了解了用于配置弹性、可流动图像的基本技术。当然还有许多响应式图像技术尚在讨论并有待经受网上的验证，包括新的 HTML5 属性 srcset(http://www.w3.org/html/wg/drafts/srcset/w3c-srcset)。响应式图像技术意在消除冗余下载，并根据访问者所使用的设备提供最合适的图像，例如在 iPhone 和 iPad 等高像素密度设备上对响应式图像的渲染显示。访问下列资源以探索有关响应式图像的主题：

- http://alistapart.com/articles/responsive-images-and-web-standards-at-the-turning-point
- http://css-tricks.com/which-responsive-images-solution-should-you-use
- http://www.netmagazine.com/features/problem-adaptive-images
- http://responsiveimages.org

7.9　测试在移动设备上的显示效果

如要测试在移动设备上的显示效果，最好的办法是将网页发布到网上，然后用移动设备来访问。(有关用 FTP 发布网站的内容，请参见附录的介绍。)当然，并不是所有人都能使用智能手机。我们列出了一些用来评估移动端显示效果的方法：

- Opera Mobile Emulator(如图 7.27 所示)
  只能在 Windows 中下载；支持多媒体查询
  网址为 http://www.opera.com/developer/tools/mobile
- Mobilizer
  可以在 Windows 或 Mac 中下载；支持多媒体查询
  网址为 http://www.springbox.com/mobilizer
- Opera Mini Simulator
  在浏览器窗口中运行；支持多媒体查询
  网址为 http://www.opera.com/mobile/demo
- iPhone Emulator
  在浏览器窗口中运行；支持多媒体查询
  网址为 http://www.testiphone.com
- iPadPeek
  在浏览器窗口中运行；支持多媒体查询
  网址为 http://ipadpeek.com

图 7.27　用 Opera Mobile Emulator 测试网页

用桌面电脑的浏览器进行测试

如果你没有智能手机，并且(或者)没能将网页发布到网上，也不用着急，通过本章学习，你已经了解了如何用桌面电脑的浏览器来模拟移动端的显示效果(参见图 7.28)。接下来要练习验证多媒体查询的效果。

- 如果是在 CSS 中写多媒体查询，请将网页显示在桌面浏览器中，然后减小视窗的宽度与高度，直到到它与移动设备屏幕的尺寸(例如 320×480)差不多大小。
- 如果你将多媒体查询写在 link 标签中，请编辑页面，并暂时将 link 标签修改为指向桌面浏览器，再减小视窗的宽度与高度，直到它与移动设备屏幕的尺寸(例如 320×480)差不多大小。

图 7.28　用桌面电脑浏览器来近似模拟移动端的显示效果

虽然你大致能猜出浏览器视窗的大小，不过下列工具还是很有用的：

- Chris Pederick 的网页开发人员扩展

  Firefox 和 Chrome 可用

  http://chrispederick.com/work/web-developer

  选择 缩放 > 显示窗口大小

- Internet Explorer Developer Tools

  选择 工具 >F12 开发人员工具 > 工具 > 重新调整大小

另外还可以用下列联机工具来测试响应式网页的效果，即时模拟并查看页面在各种尺寸屏幕和设备上的显示情况：

- Am I Responsive http://ami.responsivedesign.is
- DevicePonsive http://deviceponsive.com
- Responsive Test http://responsivetest.net
- Screenfly http://quirktools.com/screenfly

用这些浏览器工具来查看响应式网站很有意思。当然最真实的测试还是用实际的移动设备进行访问：

http://developer.android.com/sdk/index.html

仅限于特别专业的开发者

如果你是软件开发人员或从事的专业是信息系统，那么你或许希望能在针对 iOS 或 Android 平台的集成开发环境(SDK，Software Developer Kits)中完成上述操作。每个 SDK 都有移动设备模拟器。图 7.29 即为一个示例截屏。

图 7.29　用智能手机来测试网页

多媒体查询与 Internet Explorer 浏览器

请记住，IE 9 之前的版本并不支持多媒体查询。Google 代码库提供了解决这个问题的 JavaScript 脚本。在网页的 head 部分添加以下代码，使脚本可用于 IE8 以及更低的版本。

```
<!--[if lt IE 9]>
<script src=
"http://css3-mediaqueries-js.googlecode.com/svn/trunk/css3-
mediaqueries.js">
</script>
<![endif]-->
```

移动设备优先

本节介绍了移动网页的设计开发。我们学习了用于桌面浏览器显示的网页样式编码，学习了利用多媒体查询构建适应移动设备的布局。当需要对现有网站进行改造使其适应移动设备显示时，这就是典型的工作流程。

然而，如果你需要设计一个新网站，则方法有所不同，需要先设计移动样式表，然后开发平板和/或桌面浏览器的代替样式，逐步增强对多列和更大图像的设计。这一流程理念最初是由卢克·罗布勒威斯基(Luke Wroblewski)提出的。你可以在下面的资源中找到更多关于实现"移动端优先"的方法：

- http://www.lukew.com/ff/entry.asp?933
- http://www.lukew.com/ff/entry.asp?1137
- http://www.techradar.com/news/internet/
  mobile-web-design-tips-mobile-should-come-first-719677

7.10　CSS3 弹性盒布局

我们曾经利用 CSS 中的 float 属性创建了两栏式与三栏式的页面。虽然这种浮动布局的技术仍然很常用，但已经有新型的弹性盒技术问世，主要是利用 CSS3 的弹性盒布局模块(Flexible Box Layout Module, http://www.w3.org/TR/css3-flexbox/)来实现的，该模块目前处于 W3C 候选推荐状态。使用弹性盒的目的在于提供一种灵活可变的布局——弹性容器里的元素既可以水平、也可以纵向显示，并且其大小也是可变的。除了改变元素的朝向以外，弹性盒也可用于改变元素显示的顺序。因其灵活可变性，令弹性盒将成为开发响应式网页的理想选择！

虽然我们可以期待随着浏览器版本的推陈出新，对 CSS3 的支持度也不断提升，但仍有一些浏览器不支持弹性盒技术。请访问 http://caniuse.com/flexbox，了解当前的浏览器支持情况。在我写下这些内容的时候，Opera 和 Chrome(带-webKit 前缀的)已经支持弹性盒布局了。

配置一个弹性容器

要配置使用弹性盒布局的网页上的某个区域时，你得指明哪个是弹性容器，也即容纳弹性区域的元素。我们使用 CSS 的 display 属性进行相关配置。值 flex 表示该容器为弹性块元素。值 inline-flex 表示该容器为弹性的内联显示元素。包含在弹性容器内的元素被称为弹性项目。

flex-direction 属性

我们用 flex-direction 属性来设置弹性项目的伸缩方向。值 row 表示水平方向，值 column 表示垂直方向。例如，如需将一个名为 demo 的 id 配置为弹性块容器，且按水平方向伸缩的话，相应的 CSS 代码为：

```
#demo { display: -webkit-flex;
        display: flex;
        -webkit-flex-direction: row;
        flex-direction: row; }
```

flex-wrap 属性

flex-wrap 属性用于指定弹性项目换行方式。默认值为 nowrap，表示单行显示。值 wrap 表示弹性容器为多行模式，很适合设置图片库的导航。

justify-content 属性

justify-content 属性用来设置浏览器如何显示弹性容器内可能存在的多余空间。请访问 http://www.w3.org/TR/css3-flexbox/#justify-content-property，该页面上列出了可用的 justify-content 属性值。值 center 表示弹性项目居中显示，前后的间隔是相等的。值 space-between 让弹性项目平均分布在空白区域内，相邻元素的间隔相等。

配置弹性项目

默认状态下，弹性容器内的所有元素大小都是可变的，占据了弹性容器内相同面积的显示空间，并且按编码的顺序依次显示。你可以用 CSS 来修改默认值，包括 flex 和 order 等新属性。

flex 属性

我们用 flex 属性来定制每个弹性元素的大小。该属性的值并不对应于某个度量单位，而是用相对于全局的比例来标示，具体包括若干关键词与正数值。详见 http://www.w3.org/TR/css3-flexbox/#flex-common，该页面上有 flex 属性常用值的列表。在本节中，我们将关注它的数字值。默认为 1。如果你将某个元素设置为 flex: 2，那么它所占有的面积将是同一容器内其他元素的两倍。由于该值按整体比例表示，为相关弹性元素设置的 flex 值相加不能超过 10。请检查图 7.30 中的三栏式布局，观察 nav、main 和 aside 元素，它们都包含在另一个元素中，该元素就是一个弹性容器。配置弹性区域的 CSS 分配了每一栏的比例，相关代码如下：

```
nav { -webkit-flex: 1; flex: 1; }
main { -webkit-flex: 7; flex:7; }
aside { -webkit-flex: 2; flex: 2 }
```

order 属性

使用 order 属性，可以让弹性项目的显示顺序与其在代码中的顺序不同。该属性接受数字值。默认为 0。如果希望弹性容器内某个元素先于其他元素显示，请将它的 order 值设为-1。相应的，如果希望弹性容器内某个元素后于其他元素显示，则请将它的 order 值设为 1。在接下来的动手实践中，你将练习这一属性的设置。

本节介绍了几个新的 CSS 属性，它们被用来配置弹性盒布局，但要掌握这一强有力的技术，还有许多有待我们去探索。建议访问下列资源，对弹性盒的相关内容作深入学习：

- http://css-tricks.com/snippets/css/a-guide-to-flexbox
- http://demo.agektmr.com/flexbox

● https://developer.mozilla.org/en-US/docs/Web/Guide/CSS/Flexible_boxes

动手实践 7.9

在本环节中，你将练习使用弹性盒布局来配置一个三栏式页面(如图 7.30 所示)，并且用多媒体查询来改善页面在移动设备上的显示效果。图 7.31 展示了该三栏页面在桌面电脑浏览器中的显示截屏。先配置成桌面浏览器模式，然后修改多媒体查询，使该页面在平板电脑上以单栏、水平导航方式显示(图 7.32)，而在智能手机上显示时，导航重新排列了顺序显示在页脚之上。

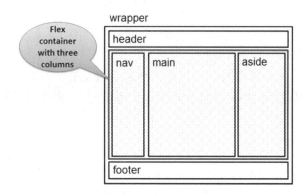

图 7.30　用弹性盒布局来配置三栏式页面

图 7.31　使用弹性盒技术的三栏式页面布局

创建一个名为 flexbox7 的新文件夹。将 chapter7 文件夹中的 starter5.html 文件复制过来并重命名为 index.html。将学生文件 chapter7/starters 文件夹中的 header.jpg 和 pools.jpg 也复制到 flexible7 中。启动浏览器查看 idnex.html 文件，它看上去应当类似于图 7.34 的效果，页面为单栏式布局。

图 7.32　在平板电脑上显示为单栏式

图 7.33　在智能手机上的显示效果

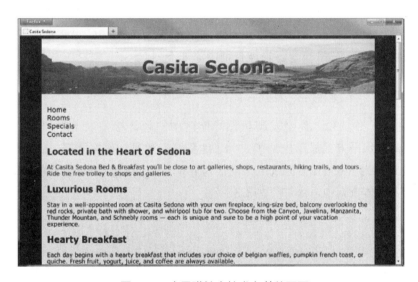

图 7.34　应用弹性盒技术之前的页面

1. 用文本编辑器打开文件查看代码，并定位到 nav 元素上的 div 起始标签，这是弹性盒开始的地方。编辑 HTML 代码并把该 div 分配给名为 demo 的 id。注意，#demo div 中有三个元素：nav、main、aside。它们都是弹性项目。

2. 编辑多媒体查询之上的嵌入式 CSS，添加样式以配置弹性布局。

a. 对名为 demo 的 id 选择器进行设置：display 为 flex，flex-direction 为 row，从而创建了一个弹性容器，包含于其中的弹性项目显示在一行上：

```
#demo { display: -webkit-flex;
        display: flex;
        -webkit-flex-direction: row;
        flex-direction: row; }
```

b. 默认状态下，浏览器会把弹性项目显示为相同的尺寸。但查看图 7.30 所示的线框图则表明这些项目的宽度是不同的。因此我们需要配置 nav、main 和 aside 这三个元素的 CSS flex 属性，代码如下所示：

```
nav { -webkit-flex: 1;
      flex: 1; }
main { -webkit-flex: 7;
       flex: 7; }
aside { -webkit-flex: 2;
        flex: 2; }
```

3. 保存 index.html 文件，并将它在支持弹性盒技术的浏览器中打开，如 Chrome 或 Opera。你所看到的页面应当与图 7.31 类似。原来配置三栏式页面布局是这么容易的一件事！当然，如果缩小浏览器的尺寸，你会发现我们还需要做一些额外的调整才能让页面更好地显示在平板电脑与智能手机上。

4. 在文本编辑器中打开 index.html，并定位到第一个多媒体查询处，该查询是为常见的平板电脑显示而设置的。

a. 将名为 demo 的 id 的 flex-direction 属性设置为 column，从而配置出如图 7.32 所示的单栏式页面 。在第一个多媒体查询中添加下列 CSS：

```
#demo { -webkit-flex-direction: column;
        flex-direction: column; }
```

b. 回顾一下图 7.32，你会发现虽然导航区中的超链接是以无序列表的形式组织的，但它们却以水平方式显示出来了。为了达到这一效果，你需要把 nav ul 选择器的 display 属性设置为 flex，flex-direction 设置为 row，而 justify-content 设置为 center。还是在第一个多媒体查询中，添加下列 CSS：

```
nav ul { display: -webkit-flex;
         display: flex;
         -webkit-flex-direction: row;
         flex-direction: row;
         webkit-justify-content: center;
         justify-content: center; }
```

5. 定位于第二个多媒体查询，这是为在智能手机上的显示而进行的特定设置。你需要在该查询中添加一些样式规则，使页面进一步适应在小型移动设备上的显示。

a. 回顾一下图 7.33，你会发现导航区现在位于页脚上方。我们曾介绍默认的 flex 值为 0。将 nav 元素选择器的 order 属性值设为 1，从而使容器内的导航超链接显示在其他的弹性项目之后。在第二个多媒体查询中添加下列 CSS：

```
nav { -webkit-order: 1;
      order: 1; }
```

b. 另外我们从图 7.33 中还发现导航链接占据了多行。通过将 flex-wrap 属性值设置为 wrap，就能让弹性容器的 nav ul 以多行方式显示。在第二个多媒体查询中添加下列 CSS：

```
nav ul { -webkit-flex-wrap: wrap;
         flex-wrap: wrap; }
```

6. 保存文件，并将它在支持弹性盒技术的浏览器中打开，如 Chrome 或 Opera。在桌面电脑上，页面显示如图 7.31 所示。当你缩小浏览器窗口时，页面显示将发生变化，与图 7.32 或图 7.33 类似。学生文件中 chapter7/flexbox 文件夹下有参考答案。

FAQ　如果浏览器不支持弹性盒技术，它将如何显示这张网页呢？

　　不支持弹性盒技术的浏览器会忽略这些新的属性和它们的值。弹性盒是一种很有趣的布局技术，它宣称能够帮助网页开发人员简化页面布局的相关工作。当然，虽然支持该技术的浏览器逐渐在增加，但目前最好先用于实验性的网页。请访问 http://caniuse.com/flexbox，了解当前各种浏览器对此项技术的支撑情况。

自测题 7.2

1. 请陈述一下使用 CSS 设置打印样式的优点。
2. 请描述针对移动设备上显示的网页配置样式时需要考虑的要点。
3. 请描述将图像配置为弹性显示模式时所用到的编码技术。

本 章 小 结

在本章中，我们探索了许多网页开发的主题，包括相对超链接、指向区段标识符的链接、CSS 精灵、三栏式页面布局、设置打印输出样式以及专为移动设备上页面显示而进行的样式设置等。请访问本书配套网站，网址为 http://www.webdevfoundations.net，上面有许多示例、本章中所提到的一些材料链接以及更新信息。

关键术语

:after	justify-content 属性
:before	标志
:first-letter	media 属性
:first-line	多媒体功能
@media 规则	多媒体查询
无障碍富互联网访问应用(ARIA)	多媒体类型
content 属性	命名区段
CSS 精灵	"一网"理念(One Web)
指令	order 属性
弹性容器	page-break-after 属性
弹性项	page-break-before 属性
flex 属性	伪元素
flex-direction 属性	响应式网页设计
flex-wrap 属性	role 属性
弹性盒	sprite(精灵，一种图像拼接技术)
弹性图像	target 属性
区段标识符	视窗 meta 标签

复习题

选择题

1. 下列哪个属性定义了页面上的一个区段标识符？
   a. id   b. href   c. fragment   d. bookmark
2. 我们怎样从网站主页链接到 employ.html 页面上一个名为#jobs 的命名区段？

   a. <a href="employ.html#jobs">Jobs</a>

   b. <a name="employ.html#jobs">Jobs</a>

   c. <a link="employ.html#jobs">Jobs</a>

   d. <a href="#jobs">Jobs</a>

3. 下面哪种设置能够禁止某个元素显示？

　　a. display: block;　　　b. display: 0px;　　　c. display: none;　　　d. display: 0;

4. 下列哪个特性可运用于锚标签中，实现了在新的浏览器中打开链接的效果？

　　a. window　　　　　　b. target　　　　　　c. rel　　　　　　d. media

5. 下列哪个属性可指定样式表用于打印输出还是屏幕显示？

　　a. rel　　　　　　　　b. type　　　　　　c. media　　　　　　d. content

6. 哪个 meta 标签用于配置在移动设备上的显示效果？

　　a. viewport　　　　　　b. handheld　　　　　c. mobile　　　　　d. screen

7. 下列哪个伪元素用于生成显示于某个元素之前的内容？

　　a. :after　　　　　　　b. :before　　　　　c. :content　　　　d. :first-line

8. 下列哪一项属于移动网页最佳实践？

　　a. 配置生成一个多栏式布局的页面。

　　b. 避免使用列表来组织信息

　　c. 配置生成一个单栏式布局的页面。

　　d. 只要可能，就在里面嵌入文本。

9. 下列哪种字体单位被推荐用于移动设备显示设置？

　　a. pt（磅）　　　　　　b. px（像素）　　　　c. em　　　　　d. cm

10. 下列哪一项是一种图像文件，该文件包含了多个小图像？

　　a. 视窗　　　　　　　b. sprite 精灵　　　　c. 背景图像　　　　d. 多媒体

填空题

11. ＿＿＿＿＿＿是一种新兴的布局技术，用于配置多栏式页面。

12. ＿＿＿＿＿＿决定了移动设备中视窗大小、分辨率等度量。

13. ＿＿＿＿＿＿代表单一的资源可经过优化实现在不同类型设备上的显示这一理念。

14. 在优化移动端显示时，要让显示在靠近页面顶部位置的导航区＿＿＿＿＿＿。

15. 使用 CSS 多媒体查询时，键入＿＿＿＿＿＿这个关键词的代码，可以将多媒体查询隐藏起来，不为版本旧且不支持该技术的浏览器所见。

学以致用

1. 指出代码的运行结果。画出下列 HTML 代码所生成的页面，并做简要描述。

```
<!DOCTYPE html>
<html lang="en">
<head>
<title>Predict the Result</title>
<meta charset="utf-8">
<style>
body { background-color: #eaeaea;
      color: #000;
      font-family: Verdana, Arial, sans-serif; }
#wrapper { width: 80%;
        margin: auto;
        overflow: auto;
```

```
                min-width: 960px;
                background-color: #d5edb3;}
        nav { float: left;
              width: 150px; }
        main { margin-left: 160px;
               margin-right: 160px;
               background-color: #ffffff;
               padding: 10px; }
        aside { float: right;
                width: 150px;
                color: #000000; }
        </style>
        </head>
        <body>
        <div id="wrapper">
        <header role="banner">
            <h1>Trillium Media Design</h1>
        </header>
        <nav role="navigation">
        <ul>
            <li><a href="index.html">Home</a></li>
            <li><a href="products.html">Products</a></li>
            <li><a href="services.html">Services</a></li>
            <li><a href="clients.html">Clients</a></li>
            <li><a href="contact.html">Contact</a></li>
        </ul>
        </nav>
        <aside role="complementary">
        <h2>Newsletter</h2>
        <p>Get monthly updates and free offers. Contact <a
        href="mailto:me@domainname.com">Trillium</a> to sign up for our
        newsletter.</p>
        </aside>
        <main role="main">
        <p>Our professional staff takes pride in its working relationship
        with our clients by offering personalized services that listen
        to their needs, develop their target areas, and incorporate these
        items into a website that works. </p>
        </main>
        </div>
        </body>
        </html>
```

2. 补全代码。该网页的左侧导航栏应有一个浅绿色的背景，并浮动在浏览器窗口的左侧。但是目前导航栏显示了白色背景。"__"（下划线）代表缺失的 CSS 属性与取值。请补全代码以纠正错误。

```
<!DOCTYPE html>
<html lang="en">
<head>
<title>Fill in the Missing Code</title>
```

```
<meta charset="utf-8">
<style>
    body { background-color: #d5edb3;
           color: #000066;
           font-family: Verdana, Arial, sans-serif; }
    nav { float: left;
           width: 120px; }
    main { "_": "_";
           background-color: #ffffff;
           color: #000000;
           padding: 20px; }
</style>
</head>
<body>
<header role="banner">
    <h1>Trillium Media Design</h1>
</header>
<nav role="navigation">
<ul>
    <li><a href="index.html">Home</a></li>
    <li><a href="products.html">Products</a></li>
    <li><a href="services.html">Services</a></li>
    <li><a href="clients.html">Clients</a></li>
    <li><a href="contact.html">Contact</a></li>
</ul>
</nav>
<main role="main">
<p>Our professional staff takes pride in its working relationship
with our clients by offering personalized services that listen
to their needs, develop their target areas, and incorporate these
items into a website that works. </p>
</main>
</body>
</html>
```

3. 查找错误。导航区域本应显示在浏览器窗口右侧，需要进行哪些改动才能达到这个
目的？

```
<!DOCTYPE html>
<html lang="en">
<head>
<title>Find the Error</title>
<meta charset="utf-8">
<style>
    body { background-color: #d5edb3;
           color: #000066;
           font-family: Verdana, Arial, sans-serif; }
    nav { float: left;
           width: 120px; }
    main { padding: 20px 150px 20px 20px;
           background-color: #ffffff;
```

```
                    color: #000000; }
        </style>
        </head>
        <body>
        <header role="banner">
            <h1>Trillium Media Design</h1>
        </header>
        <nav role="navigation">
        <ul>
            <li><a href="index.html">Home</a></li>
            <li><a href="services.html">Services</a></li>
            <li><a href="contact.html">Contact</a></li>
            </ul>
        </nav>
        <main role="main">
            <p>Our professional staff takes pride in its working
        relationship with our clients by offering personalized services
        that listen to their needs, develop their target areas, and
        incorporate these items into a website that works.</p>
            </main>
        </body>
        </html>
```

动手练习

1. 创建一个位于页面开始处、名为“top”的区段标识符，写出相关的 HTML 代码。

2. 创建一个超链接，指向练习 1 中所创建的“top”区段，写出相关的 HTML 代码。

3. 为 header 分配一个合适的 ARIA 标志性角色，请写出相关的 HTML 代码。

4. 将网页与名为 myprint.css 的外部样式表关联起来，以设置打印输出样式，请写出相关的 HTML 代码。

5. 使显示样式适用于常见的智能手机设备，并将 nav 元素选择器中的 width 属性设置为 auto，请写出相关的@media 规则。

6. 将名为 mysprite.gif 的文件设置为背景图像，位于某个超链接的左侧，请写出相关 CSS 代码。请注意 mysprite.gif 包含两张不同的图片。作相应设置，从而让位于 sprites.gif 图片顶部以下 72 像素处的图像显示出来。

7. 配置动手实践 7.4 中所生成页面的打印样式。为动手实践 7.4 环节中所创建的 Lighthouse Island Bistro 网站 index.html 文件设置特殊的打印样式。该文件位于学生文件的 chapter7/sprites 文件夹下。修改网页，使之与名为 lighthouse.css 的外部样式表关联起来，而不再使用嵌入式 CSS。保存并测试页面。创建一张新的样式表，命名为 myprint.css，实现打印页面时导航区域不被打印的效果。修改 index.html，使之与新生成的外部样式表相关联。检查 link 元素中所使用的 media 属性。保存所有的文件并测试页面。选择“文件”|“打印”|“打印预览”，以查看打印样式。

8. 扩展动手实践 7.5。你已经在动手实践 7.5 这一练习中创建了 Door County Wildflowers 网站的主页。同样在学生文件的 chapter7/wildflowers 文件夹中也有此文件。在这一练习中，你将再创建两张该网站中的页面，分别为 spring.html 和 summer.html。请将所有的样式设置全部写入名为 mywildflower.css 的外部样式表中。修改 index.html，使其与新建的外部样式表关联。下面列出两张新页面中需要包含的内容。

- Spring 页(spring.html)
  - 使用 trillium.jpg 图片(位于学生文件中的 chapter7/starters 文件夹内)
  - Trillium facts: 8–18 inches tall; perennial; native plant; grows in rich, moist deciduous woodlands; white flowers turn pink with age; fruit is a single red berry; protected flower species(关于延龄草的知识：8～18 英寸高；多年生本土植物；生长在土壤肥沃、潮湿的落叶林地带；开白花，逐渐会变为粉红色；结红色浆果；属于受保护花卉品种)

- Summer 页(summer.html)
  - 使用 yls.jpg 图片(位于学生文件中的 chapter7/starters 文件夹内)
  - Yellow Lady's Slipper facts: 4–24 inches tall; perennial; native plant; grows in wet, shaded deciduous woods, swamps, and bogs; an orchid; official flower of Door County(关于黄花杓兰的知识：4～24 英寸高；多年生本土植物；生长在潮湿、阴暗的落叶森林、沼泽和泥塘地带；是一种兰花；多尔县市花)

9. 修改动手实践 7.5 中的设计内容。定位到当时所创建的 index.html 文件，也可用位于学生文件的 chapter7/wildflowers 文件夹下的相同文件。回忆一下我们曾在第五章时讨论过使用流式布局的页面 可以让网页内容居中，两边留出相同的空白边距，现在我们就按这种方式来设置 index.html 文件的样式。为空白边距挑选合适的背景颜色。

10. 针对动手实践 7.5 所创建的页面进行移动端显示的设置。定位到当时所创建的 index.html 文件，也可用位于学生文件的 chapter7/wildflowers 文件夹下的相同文件。修改网页，使其链接到名为 flowers.css 的外部样式表，而不再使用嵌入式 CSS。配置视窗的 meta 标签，编写 CSS 多媒体查询，使页面成为适用于在常见智能手机设备上显示的单栏式布局。保存文件，并用桌面电脑浏览器以及移动设备或仿真器打开页面进行测试。

11. 练习弹性盒技术的使用。定位到当时所创建的 index.html 文件，也可用位于学生文件的 chapter7/wildflowers 文件夹下的相同文件。修改网页的 HTML 和 CSS 代码，使之利用弹性盒布局(flexbox)技术生成三栏式页面。保存文件，并用支持弹性盒技术的浏览器(如 Chrome 或 Opera)来测试网页。

万维网探秘

在本章中，我们讨论了关于移动网页设计的最佳实践。你可能已经发现了，这些实践中有一些与提升无障碍访问性能等技术有一定的交叉重叠，比如使用替换文本与使用标题等。请访问 http://www.w3.org/WAI/mobile，对网页内容无障碍访问和移动网页设计的相关内容作进一步探索。挑选一些自己感兴趣的主题深入学习。根据你的收获写出不大于一页篇幅、双倍行距的总结，介绍一下两者间交叠的部分以及网页开发人员如何兼顾两者。

关注网页设计

请访问 http://www.csszengarden.com，花几分钟浏览一下这个名为 CSS Zen Garden 的网

站，上面罗列了范围非常广泛的各种设计。如果需要对这种网站进行全新设计，你会怎么想，怎么做？浏览 Sheriar Designs(http://manisheriar.com/blog/anatomy-of-a-design-process)和 Behind the Scenes of Garden Party(http://www.bobbyvandersluis.com/articles/garden_party/index.html)，了解一下网页开发人员在完成相关任务时的幕后故事。思考他们所讲述的经历与建议。写出篇幅不大于一页、双倍行距的总结，描述如果你要设计一个个人或专业用途的网站时，开始时的创意与设计理念。请在材料中列出你所使用资源的 URL。

网站实例研究

为显示于移动设备上的网页设计样式

以下所有案例将贯穿全书。接下来要请你配置适合显示在移动设备上的网站。

JavaJam 咖啡屋

回顾一下第 2 章中关于 JavaJam 咖啡屋的案例研究内容。图 2.28 为该网站的站点地图。在本节中，请你将该网站配置为适合在移动设备上显示的样式，如图 7.17 所示的单栏式布局；编写用于移动端显示样式的多媒体查询；修改当前适用于桌面电脑浏览的显示样式；更新主页、菜单页和音乐页面。请以第 6 章中所完成的 JavaJam 网站作为本环节的起点。当你完成任务后，网站在桌面电脑浏览器中的显示效果应与图 6.41 所示类似。而它在移动设备上的显示则应当与图 7.35 或图 7.36 差不多。你需要完成以下七项任务。

1. 为本实例研究创建一个新的文件夹。
2. 修改主页，添加一个视窗 meta 标签，并更新页眉区域。
3. 修改菜单页，使它的风格与主页保持一致。
4. 修改音乐页，使它的风格与主页保持一致。
5. 修改 javajam.css 文件中的桌面电脑显示样式。
6. 修改 javajam.css 文件，并编写用于平板电脑显示的多媒体查询。
7. 修改 javajam.css 文件，并编写用于智能手机显示的多媒体查询。

图 7.35　智能手机上的显示效果

图 7.36　用桌面电脑浏览器模拟平板电脑(或高分辨率的智能手机)测试的新样式效果

实例研究之动手练习

任务 1：创建文件夹。创建名为 javajam7 的新文件夹。将在第 6 章的练习中所建的 javajam6 中的全部文件以及学生文件的 chapter7/starters 文件夹中的 javalogomobile.gif 文件复制到 javajam7 中。

任务 2：修改主页。用文本编辑器打开 index.html 文件。根据下列要求编辑代码。

1. 配置视窗 meta 标签，设置 device-width 的宽度，并将 initial-scale 设为 0。

2. 主页的联系人信息区域中要显示电话号码。如果使用智能手机访问该页面的人点击该号码就能直接拨打电话，是不是让人觉得很方便？这事好办，你只要在超链接中加入 tel: 的设置即可。将分配到 id 名为 mobile 的超链接作如下设置，该链接包含电话号码：

```
<a id="mobile" href="tel:888-555-5555">1-888-555-5555</a>
```

但是请先等等，如此一来会给使用桌面电脑浏览器访问的用户造成困扰。因此，请在超链接之后马上写上另一个电话号码，编写一个 span 元素，并将其容纳到一个 id 名为 desktop 的 span 元素中，代码如下：

```
<span id="desktop">1-888-555-5555</span>
```

不要担心页面上会同时显示两个号码。在任务 5 和 7 中，我们将完成设置，使同一时刻只显示一个合适的号码(有或没有电话号码链接)。

保存文件。当页面显示在桌面电脑浏览器上时，它应当如图 7.37 所示。请记得验证你的 HTML 代码，帮助找出语法错误。在继续下一步工作之前测试页面，有错误及时纠正。

任务 3：修改菜单页。在文本编辑器中打开 menu.html 文件。以与任务 1、2 一样的方式添加视窗 meta 标签，从而使两个页面风格保持一致。保存并在浏览器中测试新的菜单页面。使用 HTML 校验器来帮助发现语法错误。

任务 4：修改音乐页。在文本编辑器中打开 music.html 文件。以与任务 1、2 一样的方式添加视窗 meta 标签，从而使两个页面风格保持一致。保存并在浏览器中测试新的音乐页面。使用 HTML 校验器来帮助发现语法错误。

图 7.37　新样式配置之前阶段性的显示效果(桌面浏览器中)

任务 5：修改用于桌面显示的 CSS。用文本编辑器打开 javajam.css 文件。还记得我们在任务 2 中所创建的电话号码链接吗？对它进行如下设置：

```
#mobile { display: none; }
#desktop { display: inline; }
```

保存文件。进行 CSS 验证以发现并纠正语法错误。

任务 6：配置用于平板电脑显示的 CSS。用文本编辑器打开 javajam.css 文件。进行如下修改。

1. 编写多媒体查询，使网页在常见的平板设备中显示时，能根据视窗尺寸选择合适的样式，例如：

```
@media only screen and (max-width: 1024px) {
}
```

2. 在多媒体查询中编写下列新的样式规则：

a. 配置 body 元素选择器样式规则：将 margin 设置为 0，background-image 设置为 none。

b. 配置 wrapper id 选择器。将 width 设置为 auto，min-width 设置为 0，margin 设置为 0，box-shadow 设置为 none。

c. 配置 header 元素选择器样式规则：JavaJam 咖啡屋的网站标识图因过宽而不适合在移动设备上显示。而如果移动设备浏览器缩小图片，又将使文本变得难以看清。解决之道是为移动端的显示配置一个较小的图片(javalogomobile.gif)来充当页眉区背景。编写相应的样式声明，将小的标识图片(javalogomobile.gif)设置为背景图，居中显示且不重复，高度设为 80 像素，该值对应于新的背景图像的高度。

d. 配置 nav 元素选择器样式规则：移动设备上的布局模式为单栏式。将浮动方式设置为 none，width 设置为 auto，顶部的内外边距均为 0。

e. 配置 nav li 选择器。将 display 设置为 inline-block。

f. 配置 nav a 选择器。将内边距设置为 1em，字号设置为 1.3em，宽度设置为 8em，字重设置为 bold，border-style 设置为 none。

g. 配置 nav ui 选择器。内外边距均设置为 0。

h. 配置 main 元素选择器样式规则：将内边距设置为 2em，外边距设置为 0，字号设置为 90%。

保存文件。进行 CSS 验证以发现并纠正语法错误。

任务 7：配置用于智能手机显示的 CSS。用文本编辑器打开 javajam.css 文件。请注意所有屏幕最大宽度为 1024 像素或以下的设备在应用任务 6 中所设置的样式。在当前任务中，我们要添加额外的样式，使之适合于更小的设备。进行如下修改。

1. 编写多媒体查询，使网页在常见的智能手机中显示时，能根据视窗尺寸选择合适的样式，例如：

```
@media only screen and (max-width: 768px) {
}
```

2. 在多媒体查询中编写下列新的样式规则。

a. 配置导航区域中的锚标签。为 nav a 选择器编写一条样式规则：块显示模式，内边距设置为 0.2em，width 设置为 auto。同时配置 1 像素的底边框(颜色为#330000)。

b. 配置 nav li 选择器，设置为块显示。

c. 配置 h2 元素选择器样式规则：顶内边距设置为 0.5em，右内边距设置为 0，底内边距设置为 0，左内边距设置为 0.5em，右外边距设置为 0.5 em。

d. 配置 detail 选择器。将左右内边距设置为 0。

e. 配置 floatright 选择器。该选择器专门为主页中有蜿蜒曲折道路的那张图所设，因为它在移动设备上会占据过多屏幕空间。添加一条新规则，使它不显示。

f. 配置 floatleft 选择器。将左右内边距设置为 0.5em。

g. 还记得我们在任务 2 中所创建的电话号码链接吗？对它进行如下设置：

```
#mobile { display: inline; }
#desktop { display: none; }
```

保存文件。进行 CSS 验证以发现并纠正语法错误。

用桌面电脑浏览器来显示网页，它看上去应当与图 6.41 类似，也就是在开始本实例研究练习之前的样子。接下来测试它的移动端显示模式。缩小浏览器。页面的移动设备显示效果会如图 7.35 或图 7.36 所示。点击超链接跳转到菜单与音乐页面。它们的显示效果应当与主页差不多。现在 JavaJam 也是可以"移动"的啦！

Fish Creek 宠物医院

回顾一下第 2 章中关于 Fish Creek 宠物医院的案例研究内容。图 2.32 为该网站的站点地图。在本节中，请你将该网站配置为适合在移动设备上显示的样式，如图 7.17 所示的单栏式布局；编写用于移动端显示样式的多媒体查询；修改当前适用于桌面电脑浏览的显示样式；更新主页、"服务"页和咨询兽医页。请以第 6 章中所完成的 Fish Creek 宠物医院网站作为本环节的起点。当你完成任务后，网站在桌面电脑浏览器中的显示效果应与图 6.44 所示类似。而它在移动设备上的显示则应当与图 7.38 或图 7.39 差不多。你需要完成以下七项任务。

1. 为本实例研究创建一个新的文件夹。

2. 修改主页，添加一个视窗 meta 标签，并更新页眉区域。

3. 修改"服务"页，使它的风格与主页保持一致。

4. 修改咨询兽医页，使它的风格与主页保持一致。

5. 修改 fishcreek.css 文件中的桌面电脑显示样式。

6. 修改 fishcreek.css 文件，并编写用于平板电脑显示的多媒体查询。

7. 修改 fishcreek.css 文件，并编写用于智能手机显示的多媒体查询。

图 7.38　智能手机上的显示效果

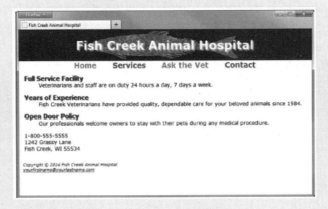

图 7.39　用桌面电脑浏览器模拟平板电脑(或高分辨率的智能手机)测试的新样式效果

实例研究之动手练习

任务 1：创建文件夹。创建名为 fishcreek7 的新文件夹。将在第六章的练习中所建的 fishcreek6 中的全部文件以及学生文件的 chapter7/starters 文件夹中的 lilfish.gif 文件复制到 javajam7 中。

任务 2：修改主页。用文本编辑器打开 index.html 文件。根据下列要求编辑代码。

1. 配置视窗 meta 标签，设置 device-width 的宽度，并将 initial-scale 设为 0。

2. 主页的联系人信息区域中要显示电话号码。如果使用智能手机访问该页面的人点击该号码就能直接拨打电话，是不是让人觉得很方便？这事好办，你只要在超链接中加入 tel: 的设置即可。将分配到 id 名为 mobile 的超链接作如下设置，该链接包含电话号码：

```
<a id="mobile" href="tel:800-555-5555">1-800-555-5555</a>
```

但是请先等等，如此一来会给使用桌面电脑浏览器访问的用户造成困扰。因此，请在超链接之后马上写上另一个电话号码，并将其容纳到一个 id 名为 desktop 的 span 元素中，代码为：

```
<span id="desktop">1-800-555-5555</span>
```

不要担心页面上会同时显示两个号码。在任务 5 和 7 中，我们将完成设置，使同一时刻只显示一个合适的号码(有或没有电话号码链接)。

保存文件。当页面显示在桌面电脑浏览器上时，它应当如图 7.40 所示。请记得验证你的 HTML 代码，帮助找出语法错误。在继续下一步工作之前测试页面，如有错误及时纠正。

图 7.40　新样式配置之前阶段性的显示效果(桌面浏览器中)

任务 3：修改菜单页。 在文本编辑器中打开 menu.html 文件。以与任务 1、2 一样的方式添加视窗 meta 标签，从而使两个页面风格保持一致。保存并在浏览器中测试新的菜单页面。使用 HTML 校验器来帮助发现语法错误。

任务 4：修改咨询兽医页面。 在文本编辑器中打开 askvet.html 文件。以与任务 1、2 一样的方式添加视窗 meta 标签，从而使两个页面风格保持一致。保存并在浏览器中测试新的咨询兽医页面。使用 HTML 校验器来帮助发现语法错误。

任务 5：修改用于桌面显示的 CSS。 用文本编辑器打开 fishcreek.css 文件。还记得我们在任务 2 中所创建的电话号码链接吗？对它进行如下设置：

```
#mobile { display: none; }
#desktop { display: inline; }
```

保存文件。进行 CSS 验证以发现并纠正语法错误。

任务 6：配置用于平板电脑显示的 CSS。 用文本编辑器打开 fishcreek.css 文件。进行如下修改。

1. 编写多媒体查询，使网页在常见的平板设备中显示时，能根据视窗尺寸选择合适的样式，例如：

```
@media only screen and (max-width: 1024px) {
}
```

2. 在多媒体查询中编写下列新的样式规则。

a. 配置 body 元素选择器样式规则：将内外边距设置为 0，背景色设置为白色，背景图像设置为无。

b. 配置 wrapper id 选择器。将宽度 设置为 自动， 最小宽度(min-width)设置为 0，外边距 设置为 0，盒阴影(box-shadow)效果 设置为 无。

c. 配置 h1 元素选择器样式规则：将外边距设置为 0，文本对齐方式为居中，字号为 2em，行高为 100%。

d. 配置 nav 元素选择器样式规则：移动设备上的布局模式为单栏式。将浮动方式设置为无， 宽度设置为自动。

e. 配置 nav li 选择器。将显示设置为内联块(inline-block)模式。

f. 配置 nav a 选择器。将内边距设置为 1em，边框样式(border-style) 设置为 无，字号为 12em。

g. 配置 nav ui 选择器。内外边距均设置为 0。

h. 配置 main 元素选择器样式规则：将外边距、顶内边距、底内边距设置为 0，左内边距与右内边距为 1em，字号为 90%。

i. 配置 dd 元素选择器样式规则：底外边距设置为 1em。

j. 配置 footer 元素选择器样式规则：外边距设置为 0.

保存文件。进行 CSS 验证以发现并纠正语法错误。

任务 7：配置用于智能手机显示的 CSS。用文本编辑器打开 fishcreek.css 文件。请注意所有屏幕最大宽度为 1024 像素或以下的设备在应用任务 6 中所设置的样式。在当前任务中，我们要添加额外的样式，使之适合于更小的设备。进行如下修改。

1. 编写多媒体查询，使网页在常见的智能手机中显示时，能根据视窗尺寸选择合适的样式，例如：

```
@media only screen and (max-width: 768px) {
}
```

2. 在多媒体查询中编写下列新的样式规则。

a. 配置 header 元素选择器样式规则：bigfish.gif 图太宽而不适合在移动设备上显示。解决之道是为移动端的显示配置一个较小的图片(lilfish.gif)来充当页眉区背景。编写相应的样式声明，将小的标识图片(lilfish.gif)设置为背景图，居中显示且不重复。

b. 配置 h1 元素选择器样式规则：字号设置为 1.5em，行高为 120%。

c. 配置导航区域中的锚标签。为 nav a 选择器编写一条样式规则：块显示模式，内边距设置为 0.2em，字号为 1.3em。同时配置 1 像素的底边框(颜色为#330000)。配置 h2 元素选择器样式规则：顶内边距设置为 0.5em，右内边距设置为 0，底内边距设置为 0，左内边距设置为 0.5em，右外边距设置为 0.5 em。

d. 配置 nav li 选择器。设置为块显示。

e. 配置 nav ui 选择器。文本左对齐。

f. 配置 main 元素选择器样式规则：左内边距设置为 0.4em。

g. 配置 category 类选择器。虽然设置文本阴影(text-shadow)属性能够在页眉区域有较好的效果，但当显示在移动设备上时，可能会造成文本阅读困难。因此将该属性设置为无。

h. 配置 footer 元素选择器样式规则：将内边距设置为 0。

i. 还记得我们在任务 2 中所创建的电话号码链接吗？对它进行如下设置：

```
#mobile { display: inline; }
#desktop { display: none; }
```

保存文件。进行 CSS 验证以发现并纠正语法错误。

用桌面电脑浏览器来显示网页，它看上去应当与图 6.44 类似，也就是在开始本实例研究练习之前的样子。接下来测试它的移动端显示模式。缩小浏览器。页面的移动设备显示效果会如图 7.38 或图 7.39 所示。点击超链接跳转到"服务"与咨询兽医页面。它们的显示效果应当与主页差不多。现在 Fish Creek 也是可"移动"的啦！

Pacific Trails 度假村

回顾一下第 2 章中关于 Pacific Trails 度假村的案例研究内容。图 2.36 为该网站的站点地图。在本节中，请你将该网站配置为适合在移动设备上显示的样式，如图 7.17 所示的单栏式布局；编写用于移动端显示样式的多媒体查询；修改当前适用于桌面电脑浏览的显示样式；更新主页、庭院帐篷页和活动页。请以第六章中所完成的 Pacific Trails 度假村网站作为本环节的起点。当你完成任务后，网站在桌面电脑浏览器中的显示效果应与图 6.44 所示类似。而它在移动设备上的显示则应当与图 7.38 或图 7.39 差不多。你需要完成以下七项任务。

1. 为本实例研究创建一个新的文件夹。
2. 修改主页，添加一个视窗 meta 标签，并更新页眉区域。
3. 修改庭院帐篷页，使它的风格与主页保持一致。
4. 修改活动页，使它的风格与主页保持一致。
5. 修改 pacific.css 文件中的桌面电脑显示样式。
6. 修改 pacific.css 文件，并编写用于平板电脑显示的多媒体查询。
7. 修改 pacific.css 文件，并编写用于智能手机显示的多媒体查询。

图 7.41　智能手机上的显示效果

图 7.42 用桌面电脑浏览器模拟平板电脑(或高分辨率的智能手机)测试的新样式效果

实例研究之动手练习

任务 1：创建文件夹。创建名为 pacific7 的新文件夹。将在第六章的练习中所建的 pacific6 中的全部文件复制到 pacific7 中。

任务 2：修改主页。用文本编辑器打开 index.html 文件。根据下列要求编辑代码。

1. 配置视窗 meta 标签，设置 device-width 的宽度，并将 initial-scale 设为 0。

2. 主页的联系人信息区域中要显示电话号码。如果使用智能手机访问该页面的人点击该号码就能直接拨打电话，是不是让人觉得很方便？这事好办，你只要在超链接中加入 tel: 的设置即可。将分配到 id 名为 mobile 的超链接作如下设置，该链接包含电话号码：

```
<a id="mobile" href="tel:800-555-5555">1-800-555-5555</a>
```

但是请先等等，如此一来会给使用桌面电脑浏览器访问的用户造成困扰。因此，请在超链接之后马上写上另一个电话号码，并将其容纳到一个 id 名为 desktop 的 span 元素中，代码为：

```
<span id="desktop">1-800-555-5555</span>
```

不要担心页面上会同时显示两个号码。在任务 5 和 7 中，我们将完成设置，使同一时刻只显示一个合适的号码(有或没有电话号码链接)。

保存文件。当页面显示在桌面电脑浏览器上时，它应当如图 7.46 所示(除非暂时显示两个号码)。请记得验证你的 HTML 代码，帮助找出语法错误。在继续下一步工作之前测试页面，如有错误及时纠正。

任务 3：修改庭院帐篷页。在文本编辑器中打开 yurts.html 文件。以与任务 1、2 一样的方式添加视窗 meta 标签，从而使两个页面风格保持一致。保存并在浏览器中测试新页面。使用 HTML 校验器来帮助发现语法错误。

任务 4：修改活动页。在文本编辑器中打开 activities.html 文件。以与任务 1、2 一样的方式添加视窗 meta 标签，从而使两个页面风格保持一致。保存并在浏览器中测试新的活动页面。使用 HTML 校验器来帮助发现语法错误。

任务 5：修改用于桌面显示的 CSS。用文本编辑器打开 pacific.css 文件。还记得我们在任务 2 中所创建的电话号码链接吗？对它进行如下设置：

```
#mobile { display: none; }
#desktop { display: inline; }
```

保存文件。进行 CSS 验证以发现并纠正语法错误。

任务 6：配置用于平板电脑显示的 CSS。用文本编辑器打开 pacific.css 文件。进行如下修改。

1. 编写多媒体查询，使网页在常见的平板设备中显示时，能根据视窗尺寸选择合适的样式，例如：

```
@media only screen and (max-width: 1024px) {
}
```

2. 在多媒体查询中编写下列新的样式规则。

a. 配置 body 元素选择器样式规则：将内外边距设置为 0，背景图像无。

b. 配置 wrapper id 选择器。将宽度 设置为 自动， 最小宽度为 0，外边距为 0，盒阴影(box-shadow)效果为 无。

c. 配置 h1 元素选择器样式规则：将外边距设置为 0。

d. 配置 nav 元素选择器样式规则：移动设备上的布局模式为单栏式。将浮动方式设置为无， 宽度为自动，内边距为 0.5em。

e. 配置 nav li 选择器。将显示设置为内联块(inline-block)模式。

f. 配置 nav a 选择器。将内边距设置为 1em。

g. 配置 main 元素选择器样式规则：将内边距和左外边距设置为 0，字号为 90%。

h. 配置 footer 元素选择器样式规则：内边距设置为 0.

保存文件。进行 CSS 验证以发现并纠正语法错误。

任务 7：配置用于智能手机显示的 CSS。用文本编辑器打开 pacific.css 文件。请注意所有屏幕最大宽度为 1024 像素或以下的设备在应用任务 6 中所设置的样式。在当前任务中，我们要添加额外的样式，使之适合于更小的设备。进行如下修改。

1. 编写多媒体查询，使网页在常见的智能手机中显示时，能根据视窗尺寸选择合适的样式，例如：

```
@media only screen and (max-width: 768px) {
}
```

2. 在多媒体查询中编写下列新的样式规则。

a. 配置 h1 元素选择器样式规则：字号设置为 1.5em，行高为 100%，左内边距为 0.3em。

b. 配置 nav 元素选择器样式规则：内边距设置为 0。

c. 配置导航区中的锚标签。为 nav a 选择器编写一条样式规则：块显示模式，内边距设置为 0.2em，字号为 1.3em。同时配置 1 像素的底边框(颜色为#330000)。

d. 配置 nav li 选择器。内外边距设置为 0。

e. 配置 nav ui 选择器。块显示模式，内外边距设置为 0。

f. 配置 main 元素选择器样式规则：顶内边距设置为 0.1em，右内边距为 0，底内边距为 0.1em，左内边距为 0.4em。

g. 将 main img 选择器配置为不显示。设置为不显示，右内边距为 0。

h. 配置 main ul 选择器。增加规则：list-style-position: outside;。

i. 配置 footer 元素选择器样式规则：将内边距设置为 0。

j. 还记得我们在任务 2 中所创建的电话号码链接吗？对它进行如下设置：

```
#mobile { display: inline; }
#desktop { display: none; }
```

保存文件。进行 CSS 验证以发现并纠正语法错误。

用桌面电脑浏览器来显示网页，它看上去应当与图 6.46 类似，也就是在开始本实例研究练习之前的样子。接下来测试它的移动端显示模式。缩小浏览器。页面的移动设备显示效果会如图 7.41 或图 7.42 所示。点击超链接跳转到庭院帐篷和活动页面。它们的显示效果应当与主页差不多。现在 Pacific Trails 也是可作"移动"的啦！

Prime 房产

回顾一下第 2 章中关于 Prime 房产公司的案例研究内容。图 2.40 为该网站的站点地图。在本节中，请你将该网站配置为适合在移动设备上显示的样式，如图 7.17 所示的单栏式布局；编写用于移动端显示样式的多媒体查询；修改当前适用于桌面电脑浏览的显示样式；更新主页、理财页和房产信息页。请以第六章中所完成的 Prime 房产公司站作为本环节的起点。当你完成任务后，网站在桌面电脑浏览器中的显示效果应与图 6.48 所示类似。而它在移动设备上的显示则应当与图 7.43 或图 7.44 差不多。你需要完成以下七项任务。

1. 为本实例研究创建一个新的文件夹。

2. 修改主页，添加一个视窗 meta 标签，并更新页眉区域。

3. 修改理财页，使它的风格与主页保持一致。

4. 修改房产信息页，使它的风格与主页保持一致。

5. 修改 prime.css 文件中的桌面电脑显示样式。

6. 修改 prime.css 文件，并编写用于平板电脑显示的多媒体查询。

7. 修改 prime.css 文件，并编写用于智能手机显示的多媒体查询。

图 7.43　智能手机上的显示效果

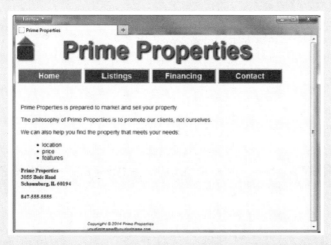

图 7.44 用桌面电脑浏览器模拟平板电脑(或高分辨率的智能手机)测试的新样式效果

实例研究之动手练习

任务 1：创建文件夹。 创建名为 prime7 的新文件夹。将在第六章的练习中所建的 pacific6 中的全部文件以及学生文件的 chapter7/starters 文件夹中的 primemobile.gif 文件复制到 prime7 中。

任务 2：修改主页。 用文本编辑器打开 index.html 文件。根据下列要求编辑代码。

1. 配置视窗 meta 标签，设置 device-width 的宽度，并将 initial-scale 设为 0。

2. 主页的联系人信息区域中要显示电话号码。如果使用智能手机访问该页面的人点击该号码就能直接拨打电话，是不是让人觉得很方便？这事好办，你只要在超链接中加入 tel: 的设置即可。将分配到 id 名为 mobile 的超链接作如下设置，该链接包含电话号码：

```
<a id="mobile" href="tel:800-555-5555">1-800-555-5555</a>
```

但是请先等等，如此一来会给使用桌面电脑浏览器访问的用户造成困扰。因此，请在超链接之后马上写上另一个电话号码，并将其容纳到一个 id 名为 desktop 的 span 元素中，代码为：

```
<span id="desktop">1-800-555-5555</span>
```

不要担心页面上会同时显示两个号码。在任务 5 和 7 中，我们将完成设置，使同一时刻只显示一个合适的号码(有或没有电话号码链接)。

保存文件。当页面显示在桌面电脑浏览器上时，它应当如图 7.46 所示(除非暂时显示两个号码)。请记得验证你的 HTML 代码，帮助找出语法错误。在继续下一步工作之前测试页面，如有错误及时纠正。

任务 3：修改理财页。 在文本编辑器中打开 financing.html 文件。以与任务 1、2 一样的方式添加视窗 meta 标签，从而使两个页面风格保持一致。保存并在浏览器中测试新页面。使用 HTML 校验器来帮助发现语法错误。

任务 4：修改房产信息页。 在文本编辑器中打开 listings.html 文件。以与任务 1、2 一样的方式添加视窗 meta 标签，从而使两个页面风格保持一致。保存并在浏览器中测试新的活动页面。使用 HTML 校验器来帮助发现语法错误。

任务 5：修改用于桌面显示的 CSS。用文本编辑器打开 prime.css 文件。还记得我们在任务 2 中所创建的电话号码链接吗？对它进行如下设置：

```
#mobile { display: none; }
#desktop { display: inline; }
```

保存文件。进行 CSS 验证以发现并纠正语法错误。

任务 6：配置用于平板电脑显示的 CSS。用文本编辑器打开 prime.css 文件。进行如下修改。

1. 编写多媒体查询，使网页在常见的平板设备中显示时，能根据视窗尺寸选择合适的样式，例如：

```
@media only screen and (max-width: 1024px) {

}
```

2. 在多媒体查询中编写下列新的样式规则。

a. 配置 body 元素选择器样式规则：将内外边距设置为 0，背景色为#FFFFCC，背景图像无。

b. 配置 wrapper id 选择器。将宽度设置为 100%，最小宽度为 0，内外边距均为 0，盒阴影(box-shadow)效果为无，边框圆角(border-radius)为 0，边框样式无。

c. 配置 header 元素选择器样式规则：编写样式声明，把小图片(primemobile.gif)设为背景且不重复显示。文本阴影为深蓝色(#000033)，高度为 100%。

d. 配置 h1 元素选择器样式规则：将外边距和文本缩进设置为 0，字号为 3.7em，左内边距为 2em，元素内的空白(white-space)为默认值 normal。

e. 配置 nav 元素选择器样式规则：移动设备上的布局模式为单栏式。将浮动方式设置为无，宽度为自动，顶内边距为 0.5em。

f. 配置 nav a 选择器样式规则：将内边距设置为 0.2em，左外边距为 0.3em，向左浮动，宽度为 20%。

g. 配置 main 元素选择器样式规则：将顶和底的内边距均设置为 2.5em，左和右内边距为 1em，外边距为 0，字号为 90%，清除所有关于浮动的设置。

保存文件。进行 CSS 验证以发现并纠正语法错误。

任务 7：配置用于智能手机显示的 CSS。用文本编辑器打开 prime.css 文件。请注意所有屏幕最大宽度为 1024 像素或以下的设备在应用任务 6 时所设置的样式。在当前任务中，我们要添加额外的样式，使之适合于更小的设备。进行如下修改。

1. 编写多媒体查询，使网页在常见的智能手机中显示时，能根据视窗尺寸选择合适的样式，例如：

```
@media only screen and (max-width: 768px) {

}
```

2. 在多媒体查询中编写下列新的样式规则。

a. 配置 h1 元素选择器样式规则：字号设置为 2.4em，顶内边距为 0.25em，左内边距为 1.5em。

b. 配置 nav 元素选择器样式规则：宽度设置为 98%。

c. 配置导航区中的锚标签。为 nav a 选择器编写一条样式规则：内边距设置为 0.5em，宽度为 40%，向左浮动，最小宽度为 5em，左外边距为 0.5 em。

 d. 配置 main 元素选择器样式规则：内边距设置为 0.6em。

 e. 配置 floatleft 类选择器。将 float 属性设置为 none，右与底内边距设置为 0。

 f. 配置 h3 元素选择器样式规则：将项内边距设置为 0，外边距为 0。

 g. 配置 dd 元素选择器样式规则：将行高设置为 100%。

 h. 配置 footer 元素选择器样式规则：将内边距设置为 0.5em，外边距为 0。

 i. 还记得我们在任务 2 中所创建的电话号码链接吗？对它作如下设置：

```
#mobile { display: inline; }
#desktop { display: none; }
```

保存文件。进行 CSS 验证以发现并纠正语法错误。

用桌面电脑浏览器来显示网页，它看上去应当与图 6.48 类似，也就是在开始本实例研究练习之前的样子。接下来测试它的移动端显示模式。缩小浏览器。页面的移动设备显示效果会如图 7.43 或图 7.44 所示。点击超链接跳转到房产信息与理财页面。它们的显示效果应当与主页差不多。现在 Prime 房产也是可以“移动”的啦！

Web 项目

参见第 5 章与第 6 章中对于 Web 项目这一案例研究的介绍。在本环节中，你要把网站配置为单栏式布局，以适应在移动设备上的显示，参考图 7.17。你将配置一个多媒体查询以实现移动设备显示，并根据需要修改网页。

实训案例

1. 修改外部样式表，配置多媒体查询，样式用于移动设备上的显示。

2. 修改每一张页面，并配置一个视窗 meta 标签。

3. 在桌面电脑的浏览器中打开网页，它们看上去应当与开始本练习之前的网页一样。接下来，用移动设备或仿真器打开页面，它们应当针对移动端的显示进行了优化。

第 8 章

表　格

本章学习目标

- 网页表格的推荐用途
- 创建基本表格，包含表格、表格行、表格表头、单元格等元素
- 应用 thead、tbody、tfoot 等元素组成表格
- 增强表格的无障碍访问性能
- 用 CSS 设置 HTML 表格样式
- CSS 结构化伪类的用途

　　表格一度是格式化网页布局的常用工具，但它的这一功能如今已让位于 CSS，后者成为了网页开发者的首选。在本章中，你将了解如何编写表格的 HTML 代码，用它来组织网页上的信息。

8.1 表格概览

我们使用表格的目的在于组织信息。过去，在 CSS 尚未得到浏览器很好支持时，表格还被用于格式化网页布局。一张 HTML 表格由行与列组成，就像电子表格那样。每个单元格位于特定行与列的交汇处。

- 表格定义从<table>标签处开始，到</table>标签处结束。
- 表格中的每一行从<tr>标签处开始，到</ tr> >标签处结束。
- 表格中的每个单元格(表格数据)从<td>标签处开始，到</ td> >标签处结束。
- 表格单元格可以包含文本、图片以及其他 HTML 元素。

图 8.1 所示为一张三行、三列，带边框的表格。其 HTML 代码如下：

```
<table border="1">
    <tr>
        <td>Name</td>
        <td>Birthday</td>
        <td>Phone</td>
    </tr>
    <tr>
        <td>Jack</td>
        <td>5/13</td>
        <td>857-555-5555</td>
    </tr>
    <tr>
        <td>Sparky</td>
        <td>11/28</td>
        <td>303-555-5555</td>
    </tr>
</table>
```

请注意，表格代码是按一行一行的顺序来编写的。同样，每一行是按各单元格的顺序依次编写的。牢记这一细节是成功使用表格的关键。

Name	Birthday	Phone
Jack	5/13	857-555-5555
Sparky	11/28	303-555-5555

图 8.1　一个 3 行 3 列带边框的表格

表格元素

表格是块显示元素，它包含了表格形式的信息。表格定义从<table>标签处开始，到</table>标签处结束。表 8.1 中列出了表格元素的常见属性。请注意该表中的绝大多数属性在 HTML5 中已经不受支持了，因此应当避免使用。不过即便如此，在你与

Web 打交道的过程中仍将遇到许多用早期版本的 HTML 编写的网页，因此虽然这些属性已经过时了，但仍然有必要了解一下。现代的网页开发人员更青睐于用 CSS 属性来配置表格样式，而非 HTML 属性。仍在用的重要属性是 border(边框)属性。

表 8.1　表格元素的属性

属性名称	取值	用途
align	left(左对齐，默认)，right(右对齐)，center(居中)	表格的水平对齐方式(HTML5 不支持)
bgcolor	有效的颜色值	表格背景色(HTML5 不支持)
border	0 1～100	0 为默认值，表示没有可见边框；1～100 内的数为像素值，表示表格可见边框的宽度
cellpadding	数值	像素值，规定单元格边沿与其内容之间的空白宽度(HTML5 不支持)
cellspacing	数值	像素值，规定在表格中的单元格之间的空白量(HTML5 不支持)
summary	文本描述	关于表格内容摘要的文本描述，用于提供无障碍访问(HTML5 不支持)
title	文本描述	关于表格简介的文本描述；鼠标移过表格区域时，某些浏览器会显示该值
width	数值或百分比	指定表格宽度(HTML5 不支持)

border 属性

在早期版本的 HTML 中(如 HTML4 或 XHTML)，border 属性被用来指定表格是否显示以及显示多宽的可见边框。而在 HTML5 中，该属性的用途发生了变化。在下列 HTML5 语法中，代码 border="1"会让浏览器呈现默认的表格以及单元格周围的边框，如图 8.1 所示。而表格边框的样式则由 CSS 来设置。稍后的环节中你将练习如何用 CSS 指定表格样式。

表格标题

表格的 caption(标题)元素常用于描述其内容。它从<caption>标签处开始，到</caption>标签处结束，其间的文本会显示在网页中表格的上方，不过在本章后续内容中你将发现这一位置也可以由 CSS 来指定。图 8.2 所示的表格使用了 caption 元素，将表格标题设置为 "Bird Sightings"。请注意，caption 元素代码就写在紧挨着起始<table>标签的下一行。学生文件中有示例网页(chapter8/table2.html)。该表格的 HTML 代码如下：

```
<table border="1">
<caption>Bird Sightings</caption>
```

```
<tr>
    <td>Name</td>
    <td>Date</td>
</tr>
<tr>
    <td>Bobolink</td>
    <td>5/25/10</td>
</tr>
<tr>
    <td>Upland Sandpiper</td>
    <td>6/03/10</td>
</tr>
</table>
```

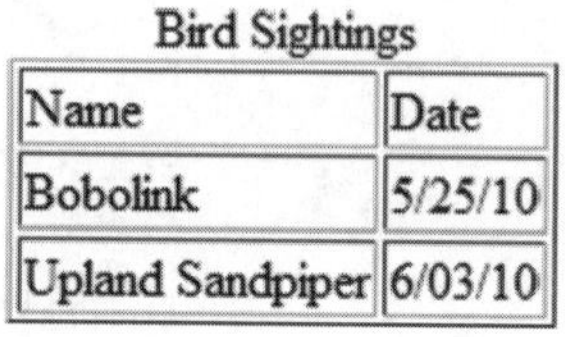 Bird Sightings	
Name	Date
Bobolink	5/25/10
Upland Sandpiper	6/03/10

图 8.2　表格的标题为 "Bird Sightings"

8.2　表格行、单元格与表头

表格行元素

表格行元素用于在网页上配置表格内的行，它从\<tr\>标签处开始，到\</tr\>标签处结束。表 8.2 中列出了已经过时的表格行元素属性。用较早版本的 HTML 代码编写的网页可能会用到这些属性。现在网页开发人员会用 CSS 而不是在 HTML 中配置行元素的对齐和背景颜色等样式。

表 8.2　HTML5 不再支持的表格行元素属性

属性名称	取值	用途
align	left (左对齐，默认)，right(右对齐)，center(居中)	表格的水平对齐方式(HTML5 不支持)
bgcolor	有效的颜色值	表格背景色(HTML5 不支持)

表格数据元素

表格数据元素用于在网页上配置表格行内的单元格。单元格从\<td\>标签处开始，到\</td\>标签处结束。表 8.3 中列出了表格数据单元格元素的属性。某些属性已经不再受 HTML5 支持，应当避免使用。稍后我们将介绍如何用 CSS 来配置表格样式。

表 8.3　表格中数据和表头单元格元素的属性

属性名称	取值	用途
align	left（左对齐，默认），right(右对齐)，center(居中)	表格的水平对齐方式(HTML5 不支持)
bgcolor	有效的颜色值	表格背景色(HTML5 不支持)
colspan	数值	单元格跨越的列数
headers	某列或某行的表头单元格的 id 值	将表的数据单元格与表头单元格关联；可通过屏幕阅读器访问
height	数值或百分比	单元格高度(HTML5 不支持)
rowspan	数值	单元格跨越的行数
scope	row(行)，col(列)	表头单元格内容的范围(行或列)；可通过屏幕阅读器访问
valign	top(顶对齐)，middle（垂直居中，默认），bottom(底对齐)	单元格内容的垂直对齐方式(HTML5 不支持)
width	数值或百分比	单元格宽度(HTML5 不支持)

表格表头元素

表格表头元素类似于单元格元素(td)，也用于在页面上配置表格行内单元格的内容，区别在于 header 指定的是行标与列标。表头元素中显示的文本是居中并加粗的。该元素从<th>标签处开始，到</th>标签处结束。表 8.3 列出了表头元素的常用属性。图 8.3 展示的表格，其列标即通过<th>标签来指定的，它的 HTML 代码如下所示(也可参见学生文件中的 chapter8/table3.html)。请注意，表格中的第一行用的是<th> 而非<td>标签。

Name	Birthday	Phone
Jack	5/13	857-555-5555
Sparky	11/28	303-555-5555

图 8.3　用<th>标签设置了表格的列标

```
<table border="1">
    <tr>
        <th>Name</th>
        <th>Birthday</th>
        <th>Phone</th>
    </tr>
    <tr>
        <td>Jack</td>
        <td>5/13</td>
        <td>857-555-5555</td>
    </tr>
```

```
    <tr>
        <td>Sparky</td>
        <td>11/28</td>
        <td>303-555-5555</td>
    </tr>
</table>
```

动手实践 8.1

在本环节中，你将创建类似于图 8.4 所示的网页，用于描述两所你曾就读的学校。表格标题为"School History Table"。表格由三行三列组成。第一行为表头元素，列出 School Attended(学校名称)、Years(就学年份)以及 Degree Awarded(获得的学位)。第二行与第三行中的信息请根据自己的情况填写完整，用表格数据元素来指定。

图 8.4　School History Table 表格

先启动文本编辑器，打开学生文件中的 chapter2/template.html，并另存为 mytable.html。修改 title 元素，再利用 table、table row、table header、table data 以及 caption 元素创建图 8.4 所示的表格。

提示：

- 表格有三行、三列
- 在<table>标签中用 border="1"来设置边框
- 第一行用 table header 元素设置单元格

保存文件，并在浏览器中打开进行测试。学生文件中有参考答案(chapter8/table4.html)。

8.3　跨行和跨列

在表格数据或表头元素中运用 cospan 和 rowspan 属性，我们可以改变表格的风格外观。设置此类较复杂的表格时，最好先在纸上画好蓝图，再输入 HTML 代码。

colspan 属性

colspan 属性指定某个单元格所占用的列数。图 8.5 显示了一个跨越两列的单元格。

该表的 HTML 代码如下：

```
<table border="1">
    <tr>
        <td colspan="2">This spans two columns</td>
    </tr>
    <tr>
        <td>Column 1</td>
        <td>Column 2</td>
    </tr>
</table>
```

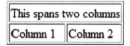

图 8.5　表格中有一个单元格跨越了两列

rowspan 属性

rowspan 属性指定某个单元格所占用的行数。图 8.6 显示了一个跨越两行的单元格。
该表的 HTML 代码如下：

```
<table border="1">
    <tr>
        <td rowspan="2">This spans two rows</td>
        <td>Row 1 Column 2</td>
    </tr>
    <tr>
        <td>Row 2 Column 2</td>
    </tr>
</table>
```

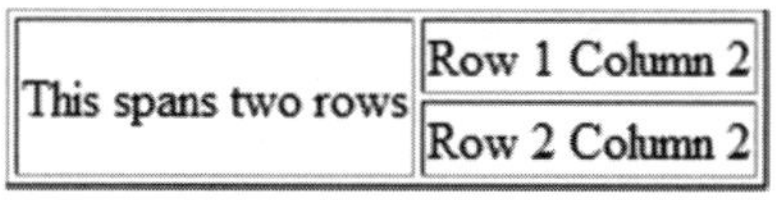

图 8.6　表格中有一个单元格跨越了两行

图 8.5 与图 8.6 所示的表格可在学生文件中找到源文件(chapter8/table5.html)。

动手实践 8.2

在本环节中，你将练习 rowspan 属性的应用。要创建一张如图 8.7 所示的网页。请先启动文本编辑器，打开学生文件中的 chapter2/template.html，另存为 myrowspan.html。修改 title 元素，再利用表格、表格行、表头以及表格数据元素创建表格。

图 8.7　练习 rowspan 属性的使用

1. 编写表格起始标签代码<table>。配置边框：border="1".

2. 编写第一行起始标签代码<tr>。

3. 内容为"Cana Island Lighthouse"的单元格要跨越三行，因此请在编写表格数据元素起始标签后，设置 rowspan="3"这一属性。

4. 编写包含文本"Built: 1869"的表格数据元素。

5. 编写第一行结束标签代码</tr>。

6. 编写第二行起始标签代码<tr>。该行仅包含一个表格数据元素，因为第一列的单元格已经预留以输入文本"Cana Island Lighthouse"。

7. 编写包含文本"Automated: 1944"的表格数据元素。

8. 编写第二行结束标签代码</tr>。

9. 编写第三行起始标签代码<tr>。该行仅包含一个表格数据元素，因为第一列的单元格已经预留用于输入文本"Cana Island Lighthouse"。

10. 编写包含文本"Tower Height: 65 feet"的表格数据元素。

11. 编写第三行结束标签代码</tr>。

12. 编写表格结束标签代码</table>。

保存文件并在浏览器中打开进行测试。学生文件中有参考答案(chapter8/table6.html)。请注意，"Cana Island Lighthouse"文本垂直居中于所在单元格，这是默认的垂直对齐方式。你可以利用 CSS 修改这一设置，详见本章 8.5 节。

8.4　配置一张可无障碍访问的表格

表格在组织网页信息这一方面无疑是很有用的，但是我们还能做哪些事才能帮助看不见表格或是依赖于屏幕阅读器等辅助设备"读"出表格的访客呢？他们只能靠"听"，依照代码编写的顺序一行接一行、一个单元格接一个单元格的"听"表格的内容。也许这有些难以理解。本节我们将讨论提升表格无障碍访问性的一些编码技术。

对于简单的数据表，如图 8.8 所示，W3C 的网页无障碍倡议(WAI)网页内容无障碍指南 2.0(WCAG2.0)建议：

- 使用表头元素(table header，<th>标签)来指定列标或行标
- 使用标题元素(caption)为表格设置文本标题或简要说明

学生文件中有示例网页(chapter8/table7.html)，HTML 代码如下：

```
<table border="1">
<caption>Bird Sightings</caption>
    <tr>
        <th>Name</th>
        <th>Date</th>
    </tr>
    <tr>
        <td>Bobolink</td>
        <td>5/25/10</td>
    </tr>
    <tr>
        <td>Upland Sandpiper</td>
        <td>6/03/10</td>
    </tr>
</table>
```

Bird Sightings

Name	Date
Bobolink	5/25/10
Upland Sandpiper	6/03/10

图 8.8 这张简单的表格利用<th>标签与 caption 元素提供无障碍访问

但是，对于更复杂的表格，W3C 建议要将表格单元格的值与表头相关联。这就要用到 id 属性(通常在<th>标签中指定)以标识特定的表头单元格，同时在<td>标签中使用 headers 属性。使用 headers 和 id 属性配置如图 8.8 所示的表格，其相应的 HTML 代码如下(学生文件中的 chapter8/table8.html)：

```
<table border="1">
<caption>Bird Sightings</caption>
    <tr>
        <th id="name">Name</th>
        <th id="date">Date</th>
    </tr>
    <tr>
        <td headers="name">Bobolink</td>
        <td headers="date">5/25/10</td>
    </tr>
    <tr>
        <td headers="name">Upland Sandpiper</td>
        <td headers="date">6/03/10</td>
    </tr>
</table>
```

FAQ　为什么不用 scope 属性？

　　scope 属性用于关联单元格和行标或列标。它指定一个单元格是列标题 (scope="col")或是行标题(scope="row")。如果要在编写图 8.8 所示表格的过程中使用 scope 属性，应当这样设置(学生文件中的 chapter8/table9.html)：

```
<table border="1">
<caption>Bird Sightings</caption>
  <tr>
      <th scope="col">Name</th>
      <th scope="col">Date</th>
  </tr>
  <tr>
      <td>Bobolink</td>
      <td>5/25/10</td>
  </tr>
  <tr>
      <td>Upland Sandpiper</td>
      <td>6/03/10</td>
  </tr>
</table>
```

　　在检查上述代码时，我们发现如果使用 scope 属性来提供无障碍访问的话，所需的编码量要少于使用 headers 和 id 属性时。但是由于屏幕阅读器对 scope 属性的支持情况并不统一，WCAG2.0 还是建议使用 headers 和 id 属性，而不是 scope。

自测题 8.1

1. 在网页上使用表格的目的是什么？
2. 浏览器如何显示 th 元素中的文本？
3. 请阐述有助于增强 HTML 表格无障碍访问性能的编码技术。

8.5　用 CSS 设置表格样式

　　在浏览器广泛支持 CSS 之前，用 HTML 属性来配置网页表格的视觉效果是很常见的做法。现在的流行方法则是使用 CSS 指定表格样式。在本节中，你将探索如何用 CSS 设置表格元素的边框、内边距、水平对齐方式、宽度、高度、垂直对齐方式、背景等样式。表 8.4 列出了在设置表格样式方面，HTML 属性与 CSS 属性的对应关系。

表 8.4 定义表格样式的 CSS 属性

HTML 属性	CSS 属性

align	为了对齐表格，需要配置 table 选择器的 width 和 margin 属性。下列代码可使表格居中：
	
	`table { width: 75%;`
	`        margin: auto; }`
	
	使用 text-align 属性来对齐单元格中的内容

width	width
height	height
cellpadding	padding
cellspacing	border-spacing; 数字值 (px 或 em) 或百分比值。如果将其设为 0，可省略单位。一个带单位(px 或 em)的数字值， 同时指定了水平和纵向的间距。两个带单位 (px 或 em)的数字值：第一个值指定水平间距，第二个指定纵向间距。border-collapse 配置边框区域。值为 separate(默认)和 collapse。border-collapse: collapse; 表示去除表格和单元格间的多余间距。
bgcolor	background-color
valign	vertical-align 指定内容的纵向位置安排。值可以是像素数值或百分比、baseline (默认)、sub(下标)、super(上标)、top、text-top、middle、bottom 以及 text-bottom
border	border, border-style, border-spacing
无	background-image
无	caption-side 指定 caption 的位置。值可以是 top (默认)或 bottom。

动手实践 8.3

在本环节中，你将编写 CSS 代码来设置网页上某信息表的样式。创建一个名为 ch8table 的文件夹，将 chapter8 文件夹下的 starter.html 复制过来。我们将使用嵌入式 CSS 以简化编辑与测试工作。在浏览器中打开 starter.html。它看起来与图 8.9 差不多。

图 8.9 用 HTML 配置的表格

启动文本编辑器，打开 ch8table 文件夹中的 starter.html。定位到 head 部分的样式标签处。在这一练习中，你需要编写嵌入式 CSS。把光标置于样式标签对之间。

1. 在 table 元素选择器中设置规则：居中，深蓝色 5 像素边框，宽度 600 像素。

```
table { margin: auto;
        border: 5px solid #000066;
        width: 600px; }
```

将文件另存为 menu.html。在浏览器中打开该页面。请注意，现在整个表格周围有了新边框，但各单元格周围没有变化。

2. 在 td 和 th 元素选择器中设置边框、内间距？的样式，并将字体设置为 Arial 或默认的 sans-serif。

```
td, th { border: 1px solid #000066; padding: 0.5em;
         font-family: Arial, sans-serif; }
```

保存文件并用浏览器打开网页。现在每个单元格外都有了边框，并且字体变成了 sans-serif。

3. 请注意单元格边框间的空白区域。我们可以用 border-spacing 属性来消除这些多余空间。在 table 元素选择器中添加 border-spacing: 0;这一声明。保存文件并再次用浏览器打开网页。

4. 设置网页标题的字体为 Verdana 或默认的 sans-serif，加粗，字号为 1.2em，底内边距为 0.5em。设置的样式规则如下：

```
caption { font-family: Verdana, sans-serif; font-weight: bold;
          font-size: 1.2em; padding-bottom: 0.5; }
```

5. 让我们试着配置行的背景色，用来代替单元格边框。修改 td 和 th 元素选择器中的样式，去除边框声明，将 border-style 设为 none。单元格的新样式为：

```
td, th { padding: 0.5em;
         border-style: none;
         font-family: Arial, sans-serif; }
```

6. 创建一个名为 altrow 的新类，设置背景色。

```
.altrow { background-color: #eaeaea; }
```

7. 修改 HTML 中的<tr>标签。将第二与第四个<tr>标签指定为 altrow 类。保存文件并在浏览器中打开。现在页面应当如图 8.10 所示。

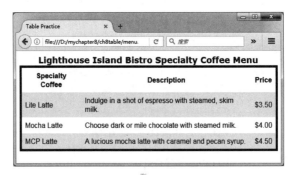

图 8.10　背景色交替的行

请注意，各行交替显示的背景色让页面生动了起来。在本练习中，你利用 CSS 设置了 HTML 表格的显示外观。请将自己的作业与参考答案进行比较(chapter8/menu.html)

FAQ 有没有办法用 CSS 创建类似于表格的页面布局？

现在还不行，但未来 CSS 将为页面布局设计提供更多选择！W3C 正致力于推出一些新的 CSS 页面布局模块，让网页开发人员能够创建类似于表格的网格化布局。这些模块包括：

- 弹性盒布局(Flexible Box Layout，简称 Flexbox)，是一种增强型的盒模型，使容器的大小更加灵活可变。参见 http://www.w3.org/TR/css3-flexbox/。
- 多列布局(Multi-column)，让内容能更流畅地适配到多列之中。参见 http://www.w3.org/TR/css3-multicol/。
- 网格化布局结构(Grid Layout)，将页面组织成网格内的多行与多列。

请注意，这些新技术用于商用网页还需假以时日。请访问 http://caniuse.com/，了解当前主流浏览器对这些以及其他 CSS 技术的支持情况。

8.6 CSS3 结构化伪类

之前我们已经配置了 CSS，并利用类为表格中各行设置了交替的背景色，也就是常说的"斑马纹"效果。可能你已经发现这么做不是很方便。是否有更高效的方法呢？

有求必应！CSS3 中的结构化伪类(pseudo-classes)就可以胜任：根据元素在文档结构中的位置就可选择并应用不同的类，比如说隔行显示的效果。CSS3 伪类已经得到当前各主流浏览器的支持，包括 Firefox、Opera、Chrome、Safari 以及 Internet Explorer 9。更早版本的 Internet Explorer 不支持 CSS3 伪类，所以得考虑渐进式提升的原则。表 8.5 列出了常用的 CSS3 结构化伪类选择器以及它们的用途。

表 8.5 常用的 CSS3 结构化伪类选择器以及它们的用途

伪类	用途
:first-of-type	匹配特定类型中的第一个元素
:first-child	匹配某元素的第一个子元素(CSS2 选择器)
:last-of-type	匹配特定类型中的最后一个元素
:last-child	匹配某元素的最后一个子元素
:nth-of-type(n)	匹配指定类型中的第 n 个元素。值为：某个数字、odd(奇数)或 even(偶数)

只需要在选择器之后写上伪类就可以应用它了。下列代码示例即将某无序列表中的第一个项目设置为显示红色文本。

```
li:first-of-type { color: #FF0000; }
```

 动手实践 8.4

在本环节中，你将再次修改上一个练习(动手实践 8.3)中所创建的表格：利用 CSS3 结构化伪类来指定颜色。

1. 启动文本编辑器打开 ch8table 文件夹中的 menu.html(或者学生文件中的 chapter8/menu.html)。

2. 查看源代码可知，第二与第四个 tr 元素被分配了 altrow 类。使用 CSS3 结构化伪类选择器后就用不到这个类了。删除 tr 元素中的 class="altrow"。

3. 检查嵌入式 CSS 并定位到 altrow 类。更改选择器，利用结构化伪类将样式应用到表格的偶数行中。用 tr:nth-of-type (even)来替换.altrow，如下列 CSS 声明所示：

```
tr:nth-of-type(even) { background-color: #eaeaea; }
```

4. 保存文件并在浏览器中打开。只要你使用的是支持 CSS3 结构化伪类的主流浏览器，表格区域看上去应当如图 8.10 所示。

5. 接下来利用 first-of-type 这个伪类把第一行的背景色设置为深灰色(#666)，文本为浅灰色(#eaeaea)。相应的嵌入式 CSS 为：

```
tr:first-of-type { background-color: #006;
                   color: #eaeaea; }
```

6. 保存文件并在浏览器中打开。只要你使用的是支持 CSS3 结构化伪类的主流浏览器，表格区域看上去应当如图 8.11 所示。学生文件中有参考答案(chapter8/menucss.html)。

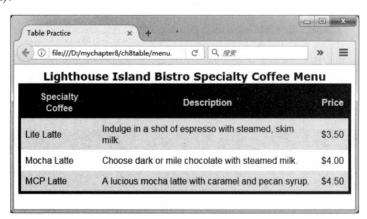

图 8.11　利用 CSS3 结构化伪类来设置表格行样式

CSS3 结构化伪类易于使用，但请注意，Internet Explorer 8 以及之前的版本并不支持它。虽然未来浏览器的支持度会不断上升，但对于今天的我们来说在使用这一技术时最好记住渐进式提升这一原则。

8.7 配置表格中的各个部分

在编写表格代码时，我们面临许多配置选项。可以将表格的行放在一起形成三种类型的组合：用<thead>标签的表头；用<tbody>标签的表格主体；用<tfoot>标签的表格脚注。

需要用多种方法配置表格中的区域时，这些分组十分有用。在配置<thead> 或<tfoot>时用到<tbody>标签，虽然表头和脚注都可以省略，只要你喜欢。在使用行组时，<thead> 和 <tfoot>节的代码必须置于<tbody>之前，这样才能通过 W3C 的XHTML 验证。这一节的示例代码使用了 HTML5 语法规则，因而<tfoot>是写在<tbody>之后的，这样更直观。

下面的代码示例(参见学生文件的 chapter8/tfoot.html)配置了如图 8.12 所示的表格，对于利用 CSS 配置表头、表格主体以及表格脚注的不同样式进行了展示。

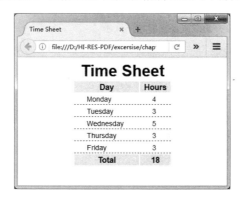

图 8.12 用 CSS 配置 thead、tbody、tfoot 元素选择器的样式

CSS 把宽度为 200 像素表格进行了居中，其标题为大号的粗体。表头部分的背景为浅灰色(#eaeaea)。表格主体的文本字号较小(0.90 em)，字体为 Arial 或 sans-serif。表格的 td 元素选择器中设置了左内边距与虚线样式的底部边框。表格脚注部分的样式为居中、粗体、浅灰色(#eaeaea)背景。CSS 代码如下：

```
table { width: 200px;
        margin: auto; }
caption { font-size: 2em;
          font-weight: bold; }
thead { background-color: #eaeaea; }
tbody { font-family: Arial, sans-serif;
        font-size: .90em; }
tbody td { border-bottom: 1px #000033 dashed;
           padding-left: 25px; }
tfoot { background-color: #eaeaea;
        font-weight: bold;
        text-align: center; }
```

该表格的 HTML 代码如下：

```
<table>
<caption>Time Sheet</caption>
    <thead>
        <tr>
            <th id="day">Day</th>
            <th id="hours">Hours</th>
        </tr>
    </thead>
    <tbody>
        <tr>
            <td headers="day">Monday</td>
            <td headers="hours">4</td>
        </tr>
        <tr>
            <td headers="day">Tuesday</td>
            <td headers="hours">3</td>
        </tr>
        <tr>
            <td headers="day">Wednesday</td>
            <td headers="hours">5</td>
        </tr>
        <tr>
            <td headers="day">Thursday</td>
            <td headers="hours">3</td>
        </tr>
        <tr>
            <td headers="day">Friday</td>
            <td headers="hours">3</td>
        </tr>
    </tbody>
    <tfoot>
        <tr>
            <td headers="day">Total</td>
            <td headers="hours">18</td>
        </tr>
    </tfoot>
</table>
```

该示例充分说明了 CSS 在设置网页样式方面的强大功能。各行组元素选择器
(thead、tbody、tfoot)中的<td>标签继承了其父级组元素选择器的样式配置。请注意，
只有当<tbody>元素包含了<td>标签(实际上是<tbody>的子元素)时，<td>元素才会继承
内边距与边框的样式。示例代码位于学生文件中(chapter8/tfoot.html)。

 自测题 8.2

1. 请说出用 CSS 属性代替 HTML 属性来配置表格样式的原因。
2. 请说出三种用于组织表格行的元素。

本 章 小 结

本章介绍了如何用 HTML 技术编写表格来组织信息以及如何利用 CSS 属性配置表格在网页上的显示样式。请访问本书配套网站，网址为 http://www.webdevfoundations.net，上面有许多示例、本章中所提到的一些材料链接以及更新信息。

关键术语

<caption>	border 属性
<table>	border-collapse 属性
<tbody>	border-spacing 属性
<td>	caption-side 属性单元格
<tfoot>	cellpadding 属性
<th>	cellspacing 属性
<thead>	colspan 属性
<tr>	headers 属性
:first-child	rowspan 属性
:first-of-type	scope 属性
:last-child	summary 属性
:last-of-type	title 属性
:nth of type	vertical-align 属性
align 属性	valign 属性

复习题

选择题

1. 下列哪个 CSS 属性可用来消除表格中单元格边框间的空白？

   a. border-style　　　　b. padding　　　　c. border-spacing　　　d. cellspacing

2. 下列哪个 CSS 属性可用来指定单元格中的文本与单元格边框间的距离？

   a. border-style　　　　b. padding　　　　c. border-spacing　　　d. cellpadding

3. 下列哪对 HTML 标签可用于指定表格脚注区域的行组？

   a. <footer> </footer>　　　　　　b. <tr> </tr>

   c. <tfoot> </tfoot>　　　　　　　d. <td> </td>

4. 下列哪个 HTML 元素可使用 border 属性来显示带边框的表格？

   a. <td>　　　　b. <tr>　　　　c. <table>　　　　d. <tableborder>

5. 下列哪对 HTML 标签可用来指定表头？

    a. <td> </td>　　　　　　b. <th> </th>　　　　　c. <head> </head>　　　　d. <tr> </tr>

6. 下列哪个 HTML 属性可将表格数据单元格与表头单元格相关联？

    a. head　　　　　　　　b. headers　　　　　　c. align　　　　　　　　d. th

7. 下列哪对 HTML 标签可用来标记表行的开始和结束？

    a. <td> </td>　　　　　　　　　　　　　b. <tbody> </tbody>

    c. <table> </table>　　　　　　　　　　d. <tr> </tr>

8. 表格在网页上的常见用途是什么？

    a. 配置整个网页的布局　　　　　　　b. 组织信息

    c. 构建超链接　　　　　　　　　　　d. 配置一份摘要

9. 下列哪个 CSS 属性可用来指定表格的背景色？

    a. background　　　　b. bgcolor　　　　　c. background-color　　d. table-color

10. 下列哪个 CSS 伪类可指代某个特定类型的第一个元素？

    a. :first-of-type　　　　　　　　　　b. :first-type

    c. :first-child　　　　　　　　　　　d. :first

填空题

11. CSS 中的_____属性可用来配置表格边框的颜色和宽度。

12. CSS 中的_____属性指定了表格中单元格内容的垂直对齐方式。

13. 使用_____属性可配置表中跨越多行的单元格。

14. _____是 td 元素中的一个属性，用来关联表格数据单元格与表头单元格。

15. 使用_____元素可在网页上显示关于表格的简要描述。

学以致用

1. 指出代码的运行结果。画出下列 HTML 代码所生成的页面，并做简要描述。

```
<!DOCTYPE html>
<html lang="en">
<head>
<title>Predict the Result</title>
<meta charset="utf-8">
</head>
<body>
<table>
    <tr>
        <th>Year</th>
        <th>School</th>
        <th>Major</th>
    </tr>
    <tr>
        <td>2006-2010</td>
        <td>Schaumburg High School</td>
        <td>College Prep</td>
    </tr>
```

```
        <tr>
            <td>2010-2012</td>
            <td>Harper College</td>
            <td>Web Development Associates Degree</td>
        </tr>
    </table>
    </body>
    </html>
```

2. 补全代码。该网页上应当显示一张背景色为#cccccc、带边框的表格。"__"(下划线)代表缺失的 CSS 属性与取值。请填入缺失的代码以纠正错误。

```
<!DOCTYPE html>
<html lang="en">
<head>
<title>CircleSoft Web Design</title>
<meta charset="utf-8">
<style>
table { "_":"_";
        "_":"_"; }
</style>
</head>
<body>
<h1>CircleSoft Web Design</h1>
<table>
<caption>Contact Information</caption>
    <tr>
        <th>Name</th>
        <th>Phone</th>
    </tr>
    <tr>
        <td>Mike Circle</td>
        <td>920-555-5555</td>
    </tr>
</table>
</body>
</html>
```

3. 查找错误。为什么表格中的信息没有按它们在代码中的顺序显示?

```
<!DOCTYPE html>
<html lang="en">
<head>
<title>CircleSoft Web Design</title>
<meta charset="utf-8">
</head>
<body>
<h1>CircleSoft Web Design</h1>
<table>
<caption>Contact Information</caption>
<tr>
    <th>Name</th>
```

```
        <th>Phone</th>
     </tr>
     <tr>
        <tr>Mike Circle</td>
        <td>920-555-5555</td>
     </tr>
     </table>
     </body>
     </html>
```

动手练习

1. 写一段 HTML 代码生成一张两列的表格，表格中列出你朋友的姓名和生日。第一行应当跨越两列，行标为：Birthday List。表格中至少提供两个人的信息。

2. 写一段 HTML 代码生成一张三列的表格，列出本学期你学习的课程内容。三列分别为课程序号、课程名称以及指导老师的姓名。第一行要使用 th 标签，行标是针对列内容的简要描述。使用表格行组标签<thead> 和 <tbody>。

3. 写一段 HTML 代码生成一张三行两列的表格，无边框。第一列中每一行的单元格内容为你所喜欢的电影名字。在对应的第二列中每一行的单元格对电影进行简要描述。各行交替显示背景色(#CCCCCC)。

4. 使用 CSS 配置一张表格，整张表格以及其中的各单元格均有边框。写一段 HTML 代码以生成一张三行两列的表格。第一列中每行的单元格内容为你所喜欢的电影名字。对应的第二列中每一行的单元格对电影进行简要描述。

5. 修改你在动手实践 8.1 中所创建的表格，使其居中显示在网页上，背景色为 #CCCC99，文本字体为 Arial 或浏览器默认的 sans-serif 字体。用 CSS 代替已经过时的 HTML 标签对表格进行配置。在网页上添加你自己的电子邮件地址链接。将文件另存为 mytable.html。

6. 创建包含一张两列表格的网页，内容是你所喜欢的一支球队的相关信息，包括位置和首任球员。使用嵌入式 CSS 来设置表格边框、背景颜色的样式，并将表格在网页上居中。在网页上添加你自己的电子邮件地址链接。将文件存为 sport8.html。

7. 创建包含一张两列表格的网页，内容是你所喜欢的一部电影的一些细节。使用 CSS 来设置表格边框和背景色的样式。表格中要列出以下内容：

- 电影的名字
- 导演或制片人
- 男主角
- 女主角
- 分级 (G, PG, PG-13, R, NC-17, NR)
- 电影简介
- 指向一篇该片影评的绝对链接

在网页上添加你自己的电子邮件地址链接。将文件存为 movie8.html。

8. 为你所喜欢的一张音乐 CD 创建一张网页，主体为一张四列的表格。表头如下：

- 组合：将组合和主要成员的名字放在这一栏。

- 曲目：列出每首音乐或歌曲的名称。
- 年份：列出该 CD 的录制年份。
- 链接：在这一栏中至少放置两个绝对链接，指向与该组合有关的网站。

在网页上添加你自己的电子邮件地址链接。将文件存为 band8.html。

9. 为你所喜欢的菜谱创建一张网页。将食材和做法说明放在一个表格中。食材占用两列。用跨越两列的一行来显示这道菜的做法说明。在网页上添加你自己的电子邮件地址链接。将文件存为 recipe8.html。

万维网探秘

在网上查找包含一张或多张 HTML 表格的网页。打印该网页的浏览器视图，并打印网页的源代码。在打印文稿中，将与表格相关的标记划出来或圈出来。将页面中找到的与表格相关的标记和属性罗列在另外一张纸上，并对它们的功能做简要描述。将该网页的浏览器打印稿、源代码打印稿和你的 HTML 注释交给指导老师。

关注网页设计

优秀的画家会赏析许多画作。优秀的作家会品读许多书籍。同样的，优秀的网页设计师会仔细查看认真研究许多网页。请在网上找出两个页面，一张能吸引你，另一张则是没有吸引力的。打印这两张页面，针对每张网页分别创建一张网页来回答下列问题。

a. 网站的 URL 是什么？

b. 该网页使用表格了吗？如果有，它的作用是什么——页面布局、组织信息还是其他用途？

c. 该网页使用 CSS 了吗？如果有，它们的作用是什么——页面布局、文本与颜色配置还是其他用途？

d. 该页面是否吸引人？给出三个理由。

e. 如果网页不够吸引人，你会怎样改进？

网站实例研究

表格的使用

以下所有案例将贯穿全书。接下来要请你在实例研究的网站中应用表格。

JavaJam 咖啡屋

回顾一下第 2 章中关于 JavaJam 咖啡屋的案例研究内容。图 2.28 为该网站的站点地图。在本节中，你可以选择第 7 章或第 6 章中所完成的 JavaJam 网站做为起点进行更新。需要修改菜单页(menu.html)，用 HTML 表格展现信息。你还将利用 CSS 配置表格样式。共有以下三项任务。

1. 为本实例研究创建一个新的文件夹。

2. 修改样式表(javajam.css)，为新建表格设置样式。

3. 修改 menu.html，用表格来展示信息，效果如图 8.13 所示。

实例研究之动手练习

任务 1：创建文件夹。创建名为 javajam8 的新文件夹。如果你跳过了第 7 章，就请将在第 6 章的练习中所建的 javajam6 文件夹下的全部文件复制到 javajam8 中。如果已完成了第 7 章学习，就请将在该章的练习中所建的 javajam7 文件夹下的全部文件复制到 javajam8 中。

任务 2：配置 CSS。修改外部样式表 javajam.css。用文本编辑器打开 javajam.css 文件。参考图 8.13，菜单说明已经展示在了一张 HTML 表格中。请在样式表中添加规则将表格配置成居中显示，占据其容器的 90%宽度，border-spacing 设置为 0，背景色为#ffffcc，td 和 th 选择器的内边距为 10 像素，交替显示#ccaa66 背景色(用类或:nth-of-type 伪类来配置奇数行)。保存 javajam.css 文件。

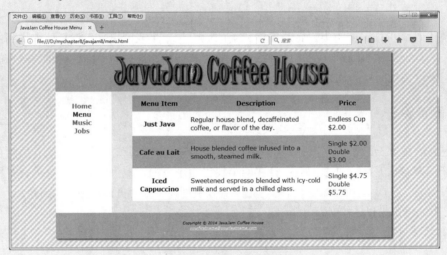

图 8.13　带表格的菜单页

任务 3：修改菜单页。在文本编辑器中打开 menu.html 文件。当前菜单说明是用描述列表来展示的，将其替换成四行三列的表格。在适当的地方使用 th 和 td 元素。在价格信息中按需设置换行符。保存文件并在浏览器中进行测试。如果网页未获得预期的显示效果，请仔细检查，验证 CSS 和 HTML，根据需要进行修改后再重新测试。

Fish Creek 宠物医院

回顾一下第 2 章中关于 Fish Creek 宠物医院的案例研究内容。图 2.32 为该网站的站点地图。在本节中，你可以选择第七章或第六章中所完成的 Fish Creek 网站做为起点进行更新。需要修改服务页(services.html)，用 HTML 表格展现信息。你还将利用 CSS 配置表格样式。共有以下三项任务。

1. 为本实例研究创建一个新的文件夹。
2. 修改样式表(fishcreek.css)，为新建表格设置样式。
3. 修改 services.html，用表格来展示信息，效果如图 8.14 所示。

实例研究之动手练习

任务 1：创建文件夹。创建名为 fishcreek8 的新文件夹。如果你跳过了第 7 章，就请将在第 6 章的练习中所建的 fishcreek6 文件夹下的全部文件复制到 fishcreek8 中。如果已完成了第 7 章学习，就请将在该章的练习中所建的 fishcreek7 文件夹下的全部文件复制到 fishcreek8 中。

任务 2：配置 CSS。修改外部样式表 fishcreek.css。用文本编辑器打开 fishcreek.css 文件。参考图 8.14，服务说明已经展示在了一张 HTML 表格中。在样式表中添加下列规则：

1. 将表格边框设置为实线、深蓝色、2 像素。

2. 表格内的边框为折叠效果(border-collapse: collapse;)。

3. td 和 th 元素选择器中的规则为：内边距 0.5em，实线、深蓝色、1 像素的边框。

任务 3：修改"服务"页。在文本编辑器中打开 services.html 文件。当前服务说明是用无序列表来展示的，将其替换成五行二列的表格。在适当的地方使用 th 和 td 元素。提示：为 th 元素分配 category 类。保存文件并在浏览器中进行测试。如果网页未获得预期的显示效果，请仔细检查，验证 CSS 和 HTML，根据需要进行修改后再重新测试。

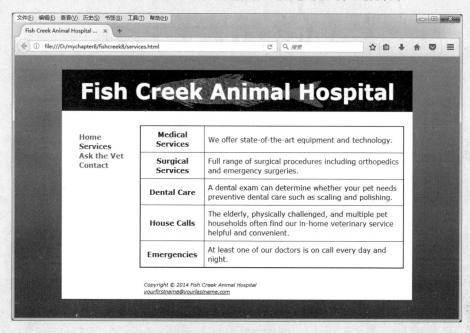

图 8.14　带表格的服务页

Pacific Trails 度假村

回顾一下第 2 章中关于 Pacific Trails 度假村的案例研究内容。图 2.36 为该网站的站点地图。在本节中，你可以选择第 7 章或第 6 章中所完成的 Pacific Trails 网站做为起点进行更新。需要修改庭院帐篷页(yurts.html)，用 HTML 表格展现信息。你还将利用 CSS 配置表格样式。共有以下三项任务。

1. 为本实例研究创建一个新的文件夹。

2. 修改样式表(pacific.css)，为新建表格设置样式。

3. 修改 yurts.html，用表格来展示信息，效果如图 8.15 所示。

实例研究之动手练习

任务 1：创建文件夹。创建名为 pacific8 的新文件夹。如果你跳过了第 7 章，就请将在

第 6 章的练习中所建的 pacific6 文件夹下的全部文件复制到 pacific8 中。如果已完成了第 7 章学习，就请将在该章的练习中所建的 pacific7 文件夹下的全部文件复制到 pacific8 中。

任务 2：配置 CSS。修改外部样式表 pacific.css。用文本编辑器打开 pacific.css 文件。参考图 8.15，请在样式表中添加下列规则以配置页面上的表格：

1. 配置表格。为 table 元素选择器添加新的样式规则，使表格居中显示，具有 1 像素、蓝色(#3399cc)的实线边框，宽度为 90%。表格内的边框为折叠效果(border-collapse: collapse;)。

2. 配置表格单元格。为 td 和 th 元素选择器添加新的样式规则，内边距为 5 像素，具有 1 像素、蓝色(#3399cc)的实线边框。

3. 居中 td 内容。为 td 元素选择器添加新的样式规则，使文本居中(text-align: center;)。

4. 配置.text 类。注意图 8.15 所示，表格数据单元格中的文本描述并未居中。因此我们要为 text 类创建新的样式规则，使其覆盖 td 的样式规则，并让文本左对齐(text-align: left;)

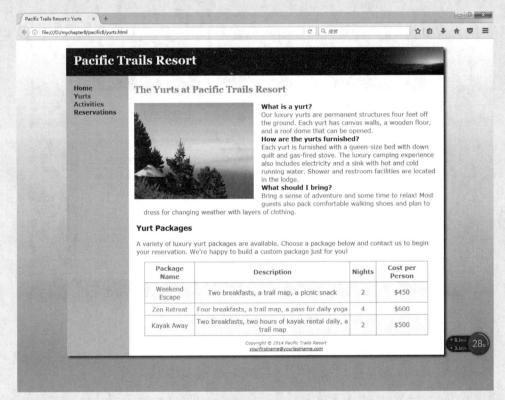

图 8.15　带表格的庭院帐篷页

5. 配置交替显示的行背景色。如果表格中的行能交替显示不同的背景色，页面会更吸引人。但即使没有该效果，表格内容仍然可读。应用:nth-of-type 这个 CSS3 伪类，使表格中的偶数行显示浅蓝色(#F5FAFC)背景。

6. 保存 pacific.css 文件。

任务 3：修改庭院帐篷页。在文本编辑器中打开 yurts.html 文件。

1. 添加一个 h3 元素，其内容为文本"Yurt Packages"，位于 main 元素中的描述列表之后。

2. 在新建的 h3 元素下，添加一个段落，内容为："A variety of luxury yurt packages are available. Choose a package below and contact us to begin your reservation. We're happy to build a custom package just for you!"

3. 现在开始创建表格。在段落下添加一张四行四列的表格。合理使用 table、th 和 td 元素。为包含详细描述的 td 元素分配名为 text 的类。表格内容如下。

Package Name	Description	Nights	Cost per Person
Weekend Escape	Two breakfasts, a trail map, a picnic snack	2	$450
Zen Retreat	Four breakfasts, a trail map, a pass for daily yoga	4	$600
Kayak Away	Two breakfasts, two hours of kayak rental daily, a trail map	2	$500

保存文件并在浏览器中进行测试。如果网页未获得预期的显示效果，请仔细检查，验证 CSS 和 HTML，根据需要进行修改后再重新测试。

Prime 房产

回顾一下第 2 章中关于 Prime 房产公司的案例研究内容。图 2.40 为该网站的站点地图。在本节中，你可以选择第七章或第六章中所完成的 Prime Properties 网站做为起点进行更新。需要修改房产信息页(listings.html)，用 HTML 表格展现信息。你还将利用 CSS 配置表格样式。共有以下三项任务。

1. 为本实例研究创建一个新的文件夹。

2. 修改样式表(prime.css)，为新建表格设置样式。

3. 修改 listings.html，用表格来展示信息，效果如图 8.16 所示。

实例研究之动手练习

任务 1：创建文件夹。创建名为 prime8 的新文件夹。如果你跳过了第 7 章，就请将在第 6 章的练习中所建的 prime6 文件夹下的全部文件复制到 prime8 中。如果已完成了第 7 章学习，就请将在该章的练习中所建的 prime7 文件夹下的全部文件复制到 prime8 中。

任务 2：配置 CSS。修改外部样式表 prime.css。用文本编辑器打开 prime.css 文件。参考图 8.16，请在样式表中添加下列规则以配置页面上的表格。

1. 表格宽度为 80%，1 像素深蓝色(#000033)边框，内部边框有折叠效果(border-collapse: collapse;)。

2. 为 td 和 th 元素选择器添加新的样式规则，具有 1 像素、深蓝色(#000033)的边框。

3. 居中 td 内容。

保存 prime.css 文件。

任务 3：修改房产信息页。在文本编辑器中打开 listings.html 文件。当前房产信息使用了<h3>、图片、段落和无序列表等元素。将无序列表替换成两行四列(原文有误)的表格。你还需要修改段落中有关 Libertyville condo 的文本。参考图 8.16.

保存文件并在浏览器中进行测试。如果网页未获得预期的显示效果，请仔细检查，验证 CSS 和 HTML，根据需要进行修改后再重新测试。

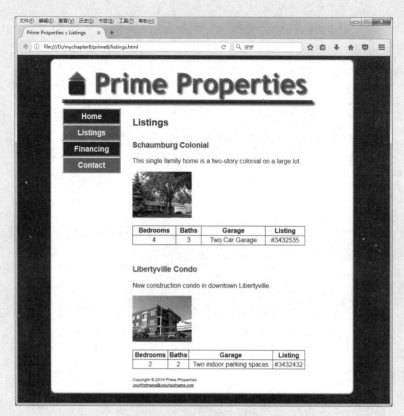

图 8.16　带表格的房产信息页

Web 项目

参见第 5 章与第 6 章中对于 Web 项目这一案例研究的介绍。在本环节中，你要选择一张网页进行修改，利用 HTML 表格来展示信息。并用 CSS 设置表格样式。

实训案例

1. 选择一张要修改的网页，在纸上画出计划创建的表格的蓝图。确定边框、背景色、内边距、对齐等要素。

2. 修改项目的外部样式表(project.css)来配置表格(和单元格)。

3. 更新所选择的网页，添加表格的 HTML 代码。

保存并测试网页。根据需要修改并完善网页和 project.css 文件。不断测试并修改直到自己满意为止。

第 **9** 章

表 单

本章学习目标

- 了解网页表单的常见用途
- 在网页中用 form、input、textarea 和 select 元素创建表单
- 在创建表单时使用 accesskey 和 tabindex 属性，以提供无障碍访问特性
- 使用 label、fieldset 和 legend 元素关联表单控件和组
- 创建自定义图像按钮并使用 button 元素
- 用 CSS 配置表单样式
- 配置新的 HTML5 表单控件，包括电子邮件地址、URL、数据列表、滑块、微调器、日历以及拾色器
- 了解服务器端处理的功能和常见用途
- 在服务器端处理表单数据
- 在 Web 上寻找免费的服务器端处理资源

Web 上的表单无处不在，用途广泛。搜索引擎利用它们接受关键字，在线商店用它们来处理网购购物车。网站也在用表单实现大量功能，包括接收访问者的反馈、鼓励访客将新闻故事发送给朋友或同事、为通信应用收集电子邮件地址、接收订单信息等。本章就将向网页开发人员介绍这一强大的工具，用于从网页访客处接收信息的表单。

9.1　表　单　概　述

在使用搜索引擎、下订单或加入在线邮件列表时，你都在与表单"亲密接触"。表单是一种 HTML 元素，它包含并组织了一些称为表单控件的对象，包括文本框、复选框、按钮等，它们都可以从网站访问者处接收信息。

例如，图 9.1 所示为 Baidu 的搜索引擎。可能你已经无数次到访过这个网站，但却从来没有想过它是如何工作的。这个表单非常简单；它只包含了两种表单控件：一个用于接收搜索关键字的文本框以及一个按钮。"百度一下"这个按钮提交了表单并发起了检索百度数据库并呈现结果页面的过程。

图 9.1　百度首页的搜索表单

图 9.2 展示了一张更详细的表单，IRS 网站(http://www.irs.gov)用它来接收送货信息。该表单包含了用于填写姓名和地址等信息的文本框。选择列表(有时称为下拉框)中那些限制在少数正确值中的信息，例如州县名称等，可供用户选择。当访客点击 continue 按钮时，表单信息就被提交了，订购过程继续。无论用于搜索网页还是订购出版物，仅凭表单自身是无法完成全部过程的，还需要调用服务器上运行的程序或脚本，才能检索数据库或记录订单信息。一张表单通常由以下两部分组成。

图 9.2　该表单用于接收订单信息

1. HTML 表单自身，它是与网页用户交互的界面。

2. 服务器端的处理，它可以操作表单数据、发送电子邮件、向文本文件写入、更新数据库、或在服务器上执行其他任务等。

表单元素

现在你对表单的用途已经有了大致了解，下面让我们集中精力用 HTML 代码创建一张表单。表单(form)元素包含页面上的一张表单。<form>和</form>标签分别标示了表单区域开始和结束的位置。一张网页上可以有多个表单，但不能互相嵌套。该元素可以通过设置相应的属性来指定服务器端由哪个程序(或文件)处理表单、表单信息如何提交给服务器以及表单的名称等。表 9.1 中列出了这些属性。

表 9.1 表单元素的属性

属性名称	取值	用途
action	URL 或服务器端处理脚本的文件名/路径	必需；指出当表单被提交时，其中的信息发送到何处；mailto:电子邮件地址，将启动访问者的默认电子邮件程序来发送表单信息
autocomplete	on	HTML5 属性；默认值；表明浏览器将启用自动完成功能来填充表单字段
	off	HTML5 属性；浏览器不会启用自动完成功能来填充表单字段
id	字母或数字，不能有空格；该值必须唯一，不能跟同一网页文档中的其他 id 重名	可选；指定表单的唯一标识符
method	get	默认值；使表单数据被附加到 URL 上并发送给 web 服务器
	post	post 方法相对较为隐蔽，它将表单数据封装在 HTTP 应答主体中进行发送，这种方法为 W3C 首选
name	字母或数字，不能有空格，以字母开头。请选择一个具有描述性且简短的表单名称(如 OrderForm 就胜过 Form1 或 WidgetsRUsOrderForm)	可选；为表单命名可以使客户端脚本语言(如 JavaScript)访问表单更容易，在服务器端程序运行前进行编辑或校验表单信息等工作

例如要将一个表单的 name 属性设置为"order"，使用 post 方式发送数据，并且执行服务器上名为 demo.php 的脚本，相应的代码如下：

```
<form name="order" method="post" id="order" action="demo.php">
. . . form controls go here . . .
</form>
```

表单控件

表单的作用是从网页访问者那里收集信息。表单控件是接收信息的对象。表单控件的类型包括文本框、滚动文本框、选择列表、单选按钮、多选框和按钮等。HTML5 中增加了若干新的表单控件，如为电子邮件地址、URL、日期、时间、数字、甚至是日期选择等定制的控件。稍后将介绍用于配置表单控件的元素。

9.2　输入元素表单控件

输入(input)元素使用一种独立存在的，或所谓"空"的标签，它可用于配置多类表单控件。输入元素不需要成对使用开始与关闭标签。用 type 属性来指定浏览器中将要显示的表单控件类型。

文本框

指定了 type="text"的<input>标签配置了一个文本框表单控件。它用于接收文本或数值信息，例如姓名、电子邮件地址、电话号码以及其他文本信息。常用的文本框属性见表 9.2。图 9.3 即为一个文本框示例，它的代码如下所示：

```
E-mail: <input type="text" name="email" id="email">
```

表 9.2　常用的文本框属性

属性名称	取值	用途
type	文本	配置成文本框
name	字母或数字，不能有空格，以字母开头	为表单命名可以使客户端脚本语言(如 JavaScript)能够更容易地访问表单，在运行服务器端程序前进行编辑或校验表单信息等工作；该值必须唯一。
id	字母或数字，不能有空格，以字母开头	为表单元素设置唯一标识符
size	数字值	指定文本框在浏览器中显示时的宽度；如果省略，浏览器将按默认大小显示文本框
maxlength	数字值	设置文本框所接收文本的最大长度
value	文本或数字字符	设置文本框在浏览器中显示时的初始值；接收在文本框中输入的信息；该值可被客户端脚本语言和服务器端程序访问
disabled	disabled	表单控件被禁用
readonly	readonly	控件只能查看不能修改

续表

属性名称	取值	用途
autocomplete	on	HTML5 属性；默认值；浏览器开启自动完成功能来填充表单控件
	off	HTML5 属性；浏览器不开启自动完成功能来填充表单控件
autofocus	autofocus	HTML5 属性；浏览器将光标放置在表单内，使其自动获得焦点
list	Datalist 元素的 id 值	HTML5 属性；规定绑定到<input>元素的 datalist 的 id
placeholder	文本或数字字符	HTML5 属性；给用户的简短提示信息
required	required	HTML5 属性；浏览器会在提交表单前校验信息条目
accesskey	键盘字符	为表单控件设置热键
tabindex	数字值	指定表单控件的 tab 键顺序

HTML 中新增加了一些属性，作用简直令人激动，因为有了它们，浏览器就能完成表单验证。支持这些属性的浏览器会自动校验被输入文本框中的信息，如果不满足条件就显示报错消息。示例代码如下：

```
E-mail: <input type="text" name="email" id="email"
required="required">
```

图 9.4 显示了 Firefox 浏览器自动给出的提示信息，当时用户单击了表单的提交按钮，但没有在文本框中输入所需的信息。不支持 HTML5 或有关属性的浏览器会自动忽略。虽然网页设计师们热衷于 HTML5 提供的这些新属性与新的表单处理功能，但离所有浏览器都能支持尚需假以时日。因此还得注意，以旧的方法，用客户端或服务器端脚本确认与验证表单信息这一操作仍然不可或缺。

图 9.3　该文本框由指定 type="text"的
<input>标签配置

图 9.4　Firefox 浏览器显示了报错信息

FAQ　为什么表单控件要同时设置 name 和 id？

　　name 属性为表单命名，这样客户端的脚本语言(如 JavaScript)或服务器端面的处理语言(如 PHP)就能够比较容易地访问到表单。为 name 属性赋的值在同一表单里必须是唯一的。id 属性在 CSS 和脚本中都会使用到，它的值应当在表单所在的页面文档里唯一。通常，分配给特定表单元素的 name 和 id 属性的值是相同的。

提交按钮

　　提交(submit)按钮表单控件用于提交表单。访客单击它时，就会触发表单元素中的 action 方法，引发浏览器将表单数据(每个表单控件的“名称/值”对)发送到 web 服务器的动作。web 服务器调用 action 属性所指定的服务器端的处理程序或脚本。

　　设置了 type="submit" 的输入元素即为提交按钮，例如：

```
<input type="submit">
```

重置按钮

　　重置(reset)按钮表单控件用于将表单的各个字段重置为初始值，它不会引发表单的提交动作：

```
The input element with type="reset" configures a reset button. For
example,
```

　　设置了 type="reset " 的输入元素即为重置按钮，例如：

```
<input type="reset">
```

　　带有一个文本框、一个提交按钮和一个重置按钮的表单如图 9.5 所示。

图 9.5　该表单包含了一个文本框、一个提交按钮和一个重置按钮

　　提交按钮和重置按钮的常用属性如表 9.3 所录。

表 9.3　提交按钮和重置按钮的常用属性

常用属性	取值	用途
type	submit	配置成提交按钮
	reset	配置成重置按钮
name	字母或数字，不能有空格，以字母开头	为表单命名可以使客户端脚本语言（如 JavaScript）能够更容易地访问表单，在运行服务器端程序前进行编辑或校验表单信息等工作；该值必须唯一
id	字母或数字，不能有空格，以字母开头	为表单元素设置唯一标识符
value	文本或数字值	指定按钮上显示的文本；提交按钮默认显示"Submit Query"；重置按钮默认显示"Reset"
accesskey	键盘字符	为表单控件设置热键
tabindex	数字值	指定表单控件的 tab 键顺序

动手实践 9.1

在本环节中，你将要动手编写一个表单。先启动文本编辑器，打开学生文件中的 chapter2/template.html。将文件另存为 form1.html。你要完成的作业将如图 9.6 所示。

1. 修改 title 元素，使页面标题显示为"Form Example"。

2. 配置一个 h1 元素，文本为"Join Our Newsletter"。

图 9.6　提交按钮上的文本显示为"Sign Me Up!"

接下去开始配置表单区域。表单由<form>标签开始。在你刚才添加的标题下另起一行，输入<form>标签：

```
<form method="get">
```

我们将用最少的 HTML 代码来完成第一张表单的创建，稍后再详细介绍 action 属性。

3. 要创建供访问者填写电子邮件地址的区域，请在表单元素起始标签下一行输入代码：

```
E-mail: <input type="text" name="email" id="email"><br><br>
```

文本"E-mail:"将显示在输入地址信息的文本框前。输入元素有一个 type 属性，设置为 text 时浏览器就会将其显示为文本框。name 属性设置为 e-mail，为输入文本框中的信息(值)命名，便于服务器端的处理。id 属性在网页上唯一标识了该元素。
元素实现了换行。

4. 现在可以开始添加提交按钮了，代码写在表单的下一行。将 value 属性设为"Sign Me Up!"。这一操作将使浏览器中的按钮显示"Sign Me Up!"字样，而非默认的"Submit Query"。

5. 在提交按钮后添加一个空格，并写上重置按钮的代码：

```
<input type="reset">
```

6. 接下来，输入表单关闭标签：

```
</form>
```

保存文件并在浏览器中测试。它看上去应当类似于图 9.5。

请将你的作业与学生文件中的参考答案(chapter9/form1.html)进行比较。试着往表单里输入些信息，再单击提交按钮。如果表单只是重新显示，好像什么事也没有发生，请不用担心。这是因为你还没有将表单与服务器端的处理程序关联起来。在后续章节中我们将详细介绍这一内容。

多选框

多选框(check box)表单控件允许用户从一组预先确定的选项中选择一至多项。设置了 type="checkbox" 的输入元素即为多选框。常见的多选框属性见表 9.4 所列。

表9.4　常见的多选框属性

常用属性	取值	用途
type	checkbox	配置成多选框
name	字母或数字，不能有空格，以字母开头	为表单命名可以使客户端脚本语言(如 JavaScript)能够更容易地访问表单，在运行服务器端程序前进行编辑或校验表单信息等工作；该值必须唯一
id	字母或数字，不能有空格，以字母开头	为表单元素设置唯一标识符
value	文本或数字值	多选框被选中时赋予它的值。该值可被客户端脚本和服务器端程序所访问
disabled	disabled	表单控件被禁用
readonly	readonly	控件只能查看不能修改

续表

常用属性	取值	用途
autofocus	autofocus	HTML5 属性；浏览器将光标置在表单内，使其自动获得焦点
required	required	HTML5 属性；浏览器会在提交表单前校验信息条目
accesskey	键盘字符	为表单控件设置热键
tabindex	数字值	指定表单控件的 tab 键顺序

图 9.7 即为多选框示例。请注意，用户可以从中任选数个选项。HTML 代码如下：

```
Choose the browsers you use: <br>
<input type="checkbox" name="IE" id="IE" value="yes">
Internet Explorer<br>
<input type="checkbox" name="Firefox" id="Firefox" value="yes">
Firefox<br>
<input type="checkbox" name="Opera" id="Opera" value="yes"> Opera<br>
```

Sample Check Box

Choose the browsers you use:
- [ ] Internet Explorer
- [ ] Firefox
- [ ] Opera

图 9.7　多选框示例

单选按钮

单选按钮(radio button)表单控件允许用户从一组预先确定的选项中选择唯一选项。
同一组中的每个单选按钮都要有相同的名称(name)和唯一的值(value)属性。因为名称相同，所以这些元素被浏览器认定为同一组，它们中只能有一项被选中。

Sample Radio Buttons

Select your favorite browser:
- ○ Internet Explorer
- ○ Firefox
- ○ Opera

设置了 type="radio " 的输入元素即为单选按钮。图 9.8
所示即为一组单选按钮。请注意用户同时只能选中一项。常
见的单选按钮属性见表 9.5 所列。HTML 代码如下：　　图 9.8　多选一时使用单选按钮

```
Select your favorite browser:<br>
<input type="radio" name="favbrowser" id="favIE" value="IE"> Internet
Explorer<br>
<input type="radio" name="favbrowser" id="favFirefox" value="Firefox">
Firefox<br>
<input type="radio" name="favbrowser" id="favOpera" value="Opera">
Opera<br>
```

请注意，三个输入控件的 name 属性值都相同：favbrowser。具有相同名称的单选
按钮被浏览器视为一组。同一组中的每个单选按钮能够根据它们的 value 属性来唯一标
识。常见的单选按钮属性见表 9.5 所列。

表 9.5　常见的单选按钮属性

常用属性	取值	用途
type	checkbox	配置成多选框
name	字母或数字，不能有空格，以字母开头	为表单命名可以使客户端脚本语言(如 JavaScript)能够更容易地访问表单，在运行服务器端程序前进行编辑或校验表单信息等工作；该值必须唯一
id	字母或数字，不能有空格，以字母开头	为表单元素设置唯一标识符
checked	checked	浏览器将该单选按钮显示为默认选中状态
value	文本或数字值	当单选按钮被选中时触发赋予它的值。同一组中的每个单选按钮都应该有唯一的值。该值可被客户端脚本或服务器端处理程序访问
disabled	disabled	表单控件被禁用
readonly	readonly	控件只能查看不能修改
autofocus	autofocus	HTML5 属性；浏览器将光标放置在表单内，使其自动获得焦点
required	required	HTML5 属性；浏览器会在提交表单前校验信息条目
accesskey	键盘字符	为表单控件设置热键
tabindex	数字值	指定表单控件的 tab 键顺序

隐藏输入控件

隐藏(hidden)输入控件可存储文本或数值信息，在浏览器视窗中并不可见，但能够被客户端脚本和服务器端处理程序访问。

设置了 type="hidden "的输入元素即为多选框。常见的隐藏输入控件属性见表 9.6 所列。要创建一个 name 属性为"sendto"、value 属性为一个电子邮件地址的隐藏输入控件，HTML 代码为：

```
<input type="hidden" name="sendto" id="sendto" value="order@site.com">
```

表 9.6　常见的隐藏输入控件属性

常用属性	取值	用途
type	checkbox	配置成多选框
name	字母或数字，不能有空格，以字母开头	为表单命名可以使客户端脚本语言(如 JavaScript)能够更容易地访问表单，在运行服务器端程序前进行编辑或校验表单信息等工作；该值必须唯一

续表

常用属性	取值	用途
id	字母或数字，不能有空格，以字母开头	为表单元素设置唯一标识符
value	文本或数字值	为隐藏输入控件赋值；该值可被客户端脚本语言或服务器端处理程序访问
disabled	disabled	表单控件被禁用

密码框

密码框表单控件类似于文本框，但它用于接收需要在输入过程中隐藏的数据，比如密码。

设置了 type="password " 的输入元素即为密码框。用户在密码框中输入信息时，浏览器中显示的是星号(有时候是其他符号，取决于浏览器)而不是实际输入的字符，如图 9.9 所示。这可以防止别人从背后偷看输入的信息。输入的真实信息会发送到服务器，但它们并未真正加密或隐藏。参见第 12 章有关加密技术与安全性的讨论。

密码框是特殊的文本框，参见表 9.2 中所列的常见属性。

图 9.9　虽然输入了"secret9"，但浏览器中显示的是*******
(请注意，可能在你的浏览器中显示为不同的符号，比如特殊格式的圆点等)

HTML 代码如下：

```
Password: <input type="password" name="pword" id="pword">
```

9.3　滚动文本框

滚动(scrolling)文本框表单控件可接收形式自由的留言、提问或描述性文本。textarea 元素用于配置一个滚动文本框，从起始标签<textarea>处起，至关闭标签</textarea>处止。标签对之间的文本将显示在滚动文本框区域内。图 9.10 所示即为一个滚动文本框示例。

滚动文本框的常用属性见表9.7所示。HTML 代码如下：

```
Comments:<br>
<textarea name="comments" id="comments" cols="40" rows="2"> Enter your
comments here</textarea>
```

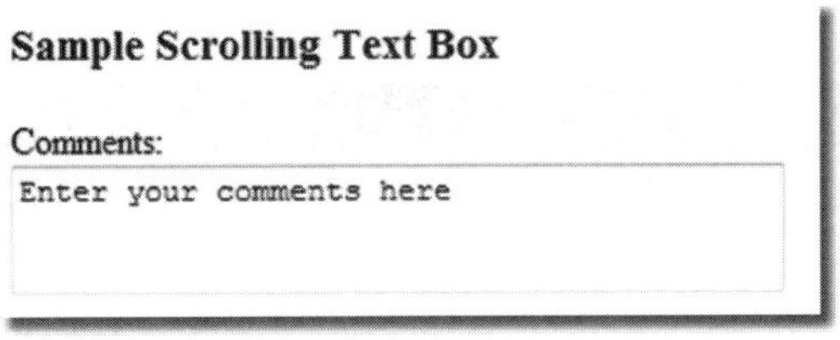

Sample Scrolling Text Box

Comments:

Enter your comments here

图 9.10   滚动文本框

表 9.7   常用滚动文本框属性

属性名称	取值	用途
name	字母或数字，不能有空格，以字母开头	为表单命名可以使客户端脚本语言(如 JavaScript)能够更容易地访问表单，在运行服务器端程序前进行编辑或校验表单信息等工作；该值必须唯一
id	字母或数字，不能有空格，以字母开头	为表单元素设置唯一标识符
cols	数字值	需要；指定滚动文本框的宽度，以字符列为单位；如果该值省略，浏览器将使用默认宽度来显示滚动文本框
rows	数字值	需要；指定滚动文本框的高度，以行为单位；如果该值省略，浏览器将使用默认高度来显示滚动文本框
maxlength	数字值	设置文本框所接收文本的最大长度
disabled	disabled	表单控件被禁用
readonly	readonly	控件只能查看不能修改
autofocus	autofocus	HTML5 属性；浏览器将光标放置在表单内，使其自动获得焦点
list	Datalist 元素的 id 值	HTML5 属性；规定绑定到<input>元素的 datalist 的 id
placeholder	文本或数字字符	HTML5 属性；协助用户的简短提示信息
required	required	HTML5 属性；浏览器会在提交表单前校验信息条目
wrap	hard 或 soft	HTML5 属性；指定输入信息内的换行样式
accesskey	键盘字符	为表单控件设置热键
tabindex	数字值	指定表单控件的 tab 键顺序

动手实践 9.2

在本环节中，要请你创建一个有关联系方式的表单(参见图 9.11)，包含下列控件：名字文本框、姓氏文本框、电子邮件文本框以及一个发表留言的滚动文本框。请以上一个练习中创建的网页为起点(参见图 9.6)。启动文本编辑器，打开学生文件中的 chapter9/form1.html，另存为 form2.html。

图 9.11　一个典型的联系信息表单

1. 将 title 元素的内容修改为"Contact Form"。

2. 将 h1 元素的内容修改为"Contact Form"。

3. 用于接收电子邮件地址的文本框已经存在。参考图 9.11，你需要在该控件之上添加接收姓名信息的两个文本框。在表单起始标签下另起新行，输入下列代码以生成名字与姓氏文本框：

```
First Name: <input type="text" name="fname" id="fname"><br><br>
Last Name: <input type="text" name="lname" id="lname"><br><br>
```

4. 接下来要在电子邮件地址控件下方另起一行输入滚动文本框，使用<textarea>标签。代码为：

```
Comments:<br>
<textarea name="comments" id="comments"></textarea><br><br>
```

保存文件，并在浏览器中进行测试，现在的滚动文本框为默认的显示样式，请注意该效果将视浏览器的不同可能有所不同。在我写作这部分时，Internet Explorer 中的默认状态总是会呈现垂直滚动条，但 Firefox 浏览器仅在输入的文本足够多时才会出现滚动条。浏览器渲染引擎的作者们让网站设计师的设计生涯更加丰富多彩！

5. 让我们为滚动文本框表单控件设置 rows 和 cols 属性。修改<textarea>标签，添加 rows="4" 与 cols="40"这两个设定，代码为：

```
Comments:<br>
<textarea name="comments" id="comments" rows="4"
cols="40"></textarea><br><br>
```

6. 接下来，要修改显示在提交按钮上的文本。将 value 值设置为"Contact"。保存文件并在浏览器中进行测试。现在它看上去应当类似于图 9.11。

你可以将自己的作业与学生文件中的参考答案进行比较(chapter9/form2.html)。试着往表单里输入些信息，然后单击提交按钮。如果表单只是重新显示，好像什么事也没有发生，请不用担心。这是因为你还没有将表单与服务器端的处理程序关联起来。在后续章节中我们将详细介绍这一内容。

FAQ 怎样通过电子邮件来传递表单信息？

表单通常需要调用某些类型的服务器端处理程序来执行诸如发送电子邮件、写入文本文件、更新数据库等操作。另一种选择就是设置表单，让它调用访客浏览器所配置的电子邮件程序来发送信息。这就要求使用所谓的"mailto:URL"操作了，要在<form>标签中 action 属性处指定电子邮件地址：

```
<form method="post" action="mailto:lsnblf@yahoo.com">
```

以这种方式使用表单时，网页访问者将看到一条警告信息，会给留下不专业的印象。要让别人信任你的网站或公司，这种做法显然不是很合适。

请注意，通过电子邮件来发送信息是不安全的。信用卡号等敏感信息不应该通过电子邮件传输。使用加密方法安全发送数据的相关内容请参见第十二章。

不使用 mailto:URL 方法还有其他原因。例如人们在共享一台计算机的时候，他们可能并未使用默认的电子邮件软件。这样的话，填写表单就是浪费他们的时间。即使这台计算机的用户确实使用了默认的电子邮件软件，可也许他们不想用这个地址。可能他们有另外一个专门用于表单和邮件列表的地址，也不想白花时间填写你的表单。不管在哪种情况下使用 mailto:URL 方法，就算简单，对用户来说体验也不会太好。那么网页开发者该怎么做呢？答案是摒弃mailto:URL 方法，改由服务器端程序(参见动手实践 9.5)来处理表单数据。

9.4 选 择 列 表

列表表单控件如图 9.12 和 9.13 所示，亦称为选择框、下拉列表、下拉框、选择框等。它是由一个选择(select)元素和多个选项(option)元素组成。

选择元素

选择(select)元素中包含并配置了选择列表表单控件。列表从<select>标签处开始，至</select>标签处结束，用属性配置选项的数量，并指定是否可以有多个选项被选中。常用的选择元素属性如表 9.8 所列。

表 9.8　常用的选择元素属性

常用属性	取值	用途
name	字母或数字，不能有空格，以字母开头	为表单命名可以使客户端脚本语言(如 JavaScript)能够更容易地访问表单，在运行服务器端程序前进行编辑或校验表单信息等工作；该值必须唯一
id	字母或数字，不能有空格，以字母开头	为表单元素设置唯一标识符
size	数字值	指定浏览器显示的选项个数。如果为 1，则该元素变成下拉列表(参见图 9.10 所示)；如果选项的个数超过了允许的空间，浏览器会自动显示滚动条
multiple	multiple	指定选择列表接收多个选项。默认只能选中一个选项
disabled	disabled	表单控件被禁用
tabindex	数字值	指定表单控件的 tab 键顺序

选项元素

选项(option)元素包含并配置了显示在选择列表表单控件中的可选项目。项目从 <option >标签处开始，至</option >标签处结束，用属性配置选项的值，并指定它们是否事先被选中。常用的选项元素属性如表 9.9 所列。

表 9.9　常用的选项元素属性

常用属性	取值	用途
value	字母或数字字符	为选项赋值，该值可以被客户端脚本语言和服务器端处理程序读取
selected	selected	指定在浏览器显示时该选项为默认选中状态
disabled	disabled	表单控件被禁用

图 9.12 所示的选择列表 HTML 代码如下：

```
<select size="1" name="favbrowser" id="favbrowser">
    <option>Select your favorite browser</option>
    <option value="Internet Explorer">Internet Explorer</option>
    <option value="Firefox">Firefox</option>
    <option value="Opera">Opera</option>
</select>
```

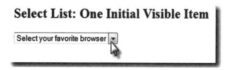

Select List: One Initial Visible Item

Select your favorite browser

图 9.12　size 属性被设置为 1 的选择列表，用户单击箭头图标时，会出现下拉框

如图 9.13 所示的选择列表，其 HTML 代码如下：

```
<select size="4" name="jumpmenu" id="jumpmenu">
    <option value="index.html">Home</option>
    <option value="products.html">Products</option>
    <option value="services.html">Services</option>
    <option value="about.html">About</option>
    <option value="contact.html">Contact</option>
</select>
```

图 9.13　由于列表中的选项超过四个，浏览器自动显示滚动条

FAQ　图 9.13 中所示的菜单如何显示被选择的页面？

嗯，现在还不行。需要有 JavaScript(参见第 14 章)来检查被选项、并向浏览器发出指令以显示新的文档。因为要有 JavaScript 才能起作用，用这种类型的菜单作为主导航并不是值得推荐的做法，但它可以在辅助导航区发挥作用。

自测题 9.1

1. 假设你正在为经营零售商场的一位客户设计网站。他们想要创建一张顾客列表以便于发送电子邮件广告。你的客户将商品出售给顾客，希望能有一张表单来收集他们的姓名和电子邮件地址。你的建议是使用两个输入框(一个用于填写姓名、另一个用于填写电子邮件)还是使用三个输入框(分别用于姓氏、名字和电子邮件地址)？为什么？

2. 假设你正在设计一个调查问卷，请参与者选择他们喜欢的浏览器。绝大多数人将选择多个答案。你会使用哪种类型的表单控件来设置这一问题？为什么？

3. 判断对错。在一组单选按钮中，浏览器要使用 value 属性，从而将分散的元素组合起来进行处理。

9.5　图像按钮和按钮元素

在本章的学习过程中，你可能已经觉得在表单中使用标准的提交按钮(参见图 9.11)未免有些单调。那就让我们将用于提交表单的控件做得更吸引人，视觉效果更好。有

两种方法可供选择。

　　1. 用输入元素配置一张图像。

　　2. 创建一个自定义图像并将它配置为按钮元素。

图像按钮

　　图 9.14 中的表单使用一张图片来代替标准的提交按钮。这就是所谓的图像按钮。点击或轻触后，就引发了表单的提交。图像按钮的代码包括<input>标签以及 type="image" 和 src 属性的设置。例如，将图片 login.gif 指定为图像按钮的 HTML 代码如下所示：

```
<input type="image" src="login.gif" alt="Login Button">
```

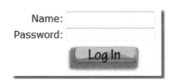

图 9.14　网页访问者通过点击图像按钮来提交表单

按钮元素

　　为表单增添趣味的另一种方法是使用按钮元素，它不仅可以设置图像，还可以将文本块设置成可点击区域，以提交或重置表单。任何介于<button>和</button>标签对之间的网页内容都成为了按钮的一部分。常用的按钮元素属性见表 9.10。

表 9.10　常用的按钮元素属性

常用属性	取值	用途
type	submit	配置成提交按钮
	reset	配置成重置按钮
	button	配置成普通按钮
name	字母或数字，不能有空格，以字母开头	为表单命名可以使客户端脚本语言(如 JavaScript)能够更容易地访问表单，在运行服务器端程序前进行编辑或校验表单信息等工作；该值必须唯一
id	字母或数字，不能有空格，以字母开头	为表单元素设置唯一标识符
alt	关于图像的简要说明	为无法看到图像者提供无障碍访问
value	字母或数字字符	为选项赋值，该值可以传送给表单处理程序

　　图 9.15 展示了一张将图片 signup.gif 设置为提交按钮的表单，该功能就是利用按钮元素来实现的。

图 9.15　用按钮元素配置了提交按钮

下列 HTML 代码创建了如图 9.15 所示的按钮：

```
<button type="submit">
<img src="signup.gif" width="80" height="28" alt="Sign up for free
newsletter"><br>Sign up for free newsletter
</button>
```

平时浏览网页时可以查看一下源代码，你会发现按钮元素并不是很常用，标准提交按钮或图像按钮更多见。

9.6　无障碍访问与表单

无障碍访问

在本节中，你将了解一些增加表单控件无障碍访问性的技术，包括标签元素、fieldset 元素、legend 元素、tabindex 属性和 accesskey 属性等，它们都能帮助有视觉和运动障碍的人士更方便地使用表单页面。并且对于所有访问者来说，这些元素的使用也能增加网页表单的易读性和可用性。

标签元素

无障碍访问

标签(label)元素是将文本描述和表单控件关联起来的容器标签。它对于有视觉障碍的人很有用，他们在使用屏幕阅读器等辅助设备时，就能捕捉到对于表单控件的文本描述。同时，该元素还能帮助无法精确控制肌肉运动的人。点击表单控件或对应的文本，都能把光标焦点定位到该表单控件。

有两种方法可以将标签与表单控件关联起来。

1. 第一种方法是将标签元素作为容器把文本描述和 HTML 表单控件封装起来。请注意此时文本标签和表单控件必须是相邻元素。代码如下：

```
<label>E-mail: <input type="text" name="email" id="email"></label>
```

2. 第二种方法是利用属性将标签与特定的 HTML 表单元素关联起来。这种方法更加灵活，不强求文本标签与表单控件的相邻性。代码如下：

```
<label for="email">E-mail: </label>
<input type="text" name="email" id="email">
```

请注意，标签元素中的属性值与输入元素的 id 属性值必须一致，这才能使文本标签与表单控件相关联。输入元素同时使用了 name 和 id 属性，但目的不同。name 属性可为客户端和服务器端的程序所用。而 id 属性则创建了标识符，可为标签元素、锚元素、CSS 选择器等所用。标签元素并不显示在网页上，它在幕后工作，旨在提升无障碍访问性能。

动手实践 9.3

在本环节中，你将在上一个练习的基础上(见图 9.11)，为网页文本框和滚动文本框这两个表单控件添加标签元素。启动文本编辑器，打开学生文件中的 chapter9/form2.html。将文件另存为 form3.html。

1. 定位到输入名字(first name)的文本框。添加标签元素，将输入标签包围起来，代码如下：

```
<label>First Name: <input type="text" name="fname"
id="fname"></label>
```

2. 使用同样的方法，为输入姓氏(last name)和电子邮件(e-mail)的表单控件添加标签元素。

3. 配置一个标签元素，包含文本"Comments"。将该标签与滚动文本框相关联。示例代码如下：

```
<label for="comments">Comments:</label><br>
<textarea name="comments" id="comments" rows="4"
cols="40"></textarea>
```

保存文件，并在浏览器中进行测试。页面应当类似于图 9.11 所示——添加标签元素并不会改变网页的外观，但能帮助身有不便的访客。

你可以将自己的作业与学生文件中的参考答案相比较(chapter9/form3.html)。试着往表单里输入些信息，然后单击提交按钮。如果表单只是重新显示，好像什么事也没有发生，请不用担心。这是因为你还没有将表单与服务器端的处理程序关联起来。在后续章节中我们将详细介绍这一相关内容。

Fieldset 和 Legend 元素

通过将目的相近的元素组织在一起，能够创建更为赏心悦目的表单，这种技术利用了一种叫 fieldset 的元素，它能让浏览器用轮廓或边框等视觉线索把成组的元素包围起来。分组自<fieldset>标签处开始，至</fieldset>标签处为止。

legend 元素为 fieldset 分组提供文本描述，自<legend>标签处开始，至</legend>标签处为止。创建如图 9.16 所示分组的 HTML 代码如下：

```
<fieldset>
<legend>Billing Address</legend>
<label>Street: <input type="text" name="street" id="street"
        size="54"></label><br><br>
```

```
<label>City: <input type="text" name="city" id="city"></label>
<label>State: <input type="text" name="state" id="state" maxlength="2"
        size="5"></label>
<label>Zip: <input type="text" name="zip" id="zip" maxlength="5"
        size="5"></label>
</fieldset>
```

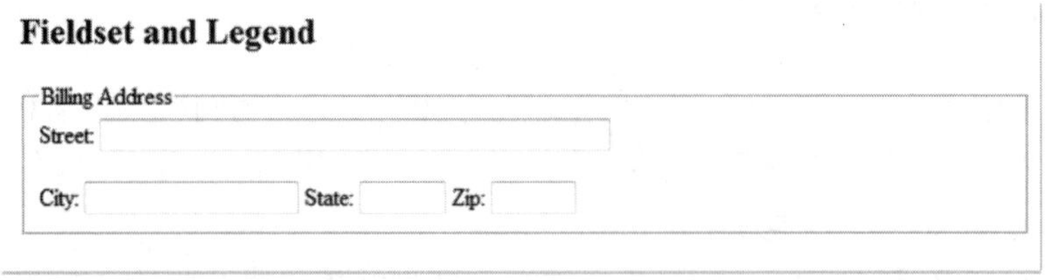

Fieldset and Legend

Billing Address

Street:

City: State: Zip:

图 9.16　用 fieldset 和 legend 元素来组织所有与邮件地址相关的表单控件

　　fieldset 元素的分组和视觉效果使包含表单的网页显得更加有序、更具吸引力。使用 fieldset 和 legend 元素来组织表单控件，将控件的视效与语义结合起来，从而增强了无障碍访问性能。它们都能被屏幕阅读器访问，是在网页上对单选按钮和多选框进行分组的有效工具。

动手实践 9.4

　　在本环节中，你将修改在上个练习中所完成的作业页面(form3.html)，添加 fieldset 和 legend 元素，效果如图 9.17 所示。

Contact Form

file:///D:/mychapter9/fo

Contact Us

Customer Information

First Name:

Last Name:

E-mail:

Comments:

Contact 重置

图 9.17　fieldset、legend 和标签元素

　　启动文本编辑器，打开 form3.html 页面。按下列要求完成修改。

1. 在起始的<form>标签后添加起始<fieldset>标签。

2. 紧接着添加 legend 元素，包含文本"Customer Information"。

3. 在 Comments 滚动文本框之前写上关闭标签</fieldset>。

4. 将文件另存为 form4.html，并在浏览器中进行测试，它应当如图 9.17 所示。你可以将自己的作业与学生文件中的参考答案(chapter9/form4.html)进行比较。你可能已经注意到，一旦单击提交按钮，表单会重新显示。这是由于表单没有定义 action 属性。我们将在 9.8 节中学习如何设置这一属性。

5. 用上 CSS 后效果如何？让我们先睹为快！图 9.17 与图 9.18 显示的是同一个表单元素，但后者用 CSS 设置了样式，功能虽然相同，但视觉效果增强了。

在文本编辑器中打开 form4.html，在 head 节中添加下列嵌入样式：

```
fieldset { width: 320px;
           border: 2px ridge #ff0000;
           padding: 10px;
           margin-bottom: 10px; }
legend { font-family: Georgia, "Times New Roman", serif;
         font-weight: bold; }
label { font-family: Arial, sans-serif; }
```

将文件另存为 form5.html，并在浏览器中进行测试，它应当如图 9.18 所示。你可以将自己的作业与学生文件中的参考答案(chapter9/form5.html)进行比较。

图 9.18　配置了 CSS 的 fieldset、legend 和标签元素

tabindex 属性

有的网页访问者可能难以控件鼠标，要用键盘来访问表单。利用 Tab 键可在表单控件间移动。在表单内 Tab 键的默认动作顺序是按网页中 HTML 代码的先后从一个控件移动到下一个控件。这通常没有问题。但是如果需要改变某个表单的 tab 顺序，就要在各表单控件中使用 tabindex 属性了。

我们可以在每个表单控件(<input>、<select>和<textarea>)中添加 tabindex 属性代码，并为之赋以数字值，按 1、2、3 的顺序逐渐增大。例如，要将用于输入客户电子邮件地址的文本框指定为光标最先定位之处，相应的 HTML 代码如下：

```
<input type="text" name="Email" id="Email" tabindex="1">
```

如果某一表单控件赋值 tabindex="0"，浏览器将在访问完其他所有指定了 tabindex 属性的表单控件后再去访问它。如果恰好为两个元素赋予了相同的 tabindex 值，则按在 HTML 代码中出现的先后顺序进行访问。

你可以按相同的方式为锚元素配置 tabindex 属性。Tab 键的默认动作顺序是按超链接在 HTML 代码中出现的先后逐个访问它们的。如果要改变这种方式，就需要用到 tabindex 属性。

accesskey 属性

无障碍访问

让表单变得对键盘更友好的另一项技术是在表单控件中使用 accesskey 属性。同样的，accesskey 属性也能用在锚标签上。为 accesskey 属性分配一个键盘上的字符值(字母或数字)，就可以创建一个热键，访客按下该键就能立刻把光标定位到相应的表单控件或超链接上。

不同的操作系统使用热键访问的方法也不尽相同。Windows 用户需要同时按住 Alt 键和字符键，Mac 用户需要同时按住 Ctrl 键和字符键。例如，假设我们要为图 9.11 所示表单中的电子邮件文本框设置 accesskey="E"这一热键，系统为 Windows 的用户需要按 Alt+E 键才能实现立刻将光标定位到电子邮件文本框的效果。实现这一功能的 HTML 代码为：

```
<input type="text" name="email" id="email" accesskey="E">
```

请注意，我们不能依赖浏览器来指出哪个字符是访问键(或者说热键)。你必须手动添加关于热键的信息。使用视觉提示很有帮助，例如加粗显示热键或在设置热键的表单控件(或超链接)后面加上一条提示，如(Alt+E)。在指定 accesskey 属性值时，请避免使用已经被操作系统占用的热键(如 Alt+F，这是用来显示文件菜单的系统热键)。测试热键至关重要。

自测题 9.2

1. 请描述 fieldset 和 legend 元素的作用。

2. 请描述 accesskey 属性的作用，并说明它是如何支持无障碍访问的。

3. 在设计表单时，如何在标准提交按钮、图像按钮以及按钮标记之中进行选择？从提供无障碍访问的角度来看，它们之间是否有区别？为什么？

9.7 用 CSS 定义表单样式

图 9.11 中的表单(动手实践 9.2 中完成的作业)看上去有些凌乱，也许你已经在考虑怎样才能有所改进。在 CSS 尚未得到大多数浏览器支持的年代，网页设计人员经常用表格来"摆放"表单控件，典型的做法是将文本标签和表单字段元素放在不同的数据单元格中。当然，现在这种方法已经过时了，因为无法较好地支持无障碍访问，并且随着时间的推移维护也变得困难。更时兴的做法是用 CSS 来定义表单样式。

在设置表单 CSS 时，要用盒模型创建一系列矩形框，如图 9.19 所示。最外层的矩形框定义了表单区域，其他的矩形框指定了标签元素与别的表单控件的位置。CSS 被用来设置这些框的样式。

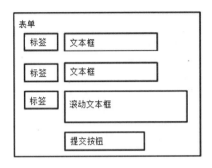

图 9.19 表单线框图

图 9.20 展示的页面(参见学生文件中的 chapter9/formcss.html)，其表单就是用这种方法来配置的。查看它的 CSS 和 HTML 代码时，请注意标签元素选择器中设置了 100 像素宽、浮动到表单左侧、清除之前所有的左浮动等样式。输出和文本域元素带有顶外边距，并被指定为块显示元素。为提交按钮分配了 id，设置了左外边距。这些样式的应用让表单看上去显得井井有条。

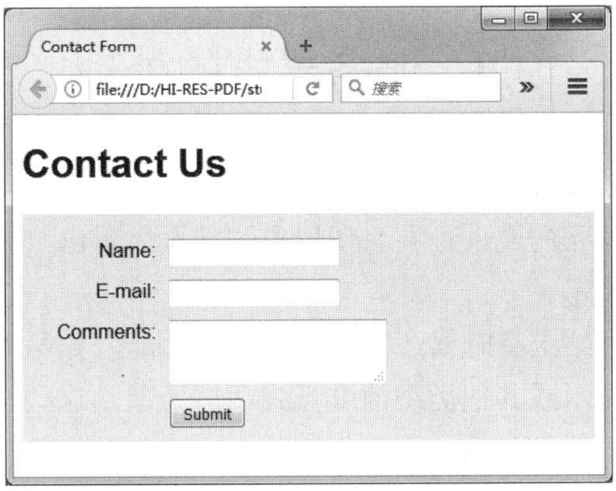

图 9.20 用 CSS 定义了该表单的样式

CSS 代码如下：

```
form { background-color:#eaeaea;
font-family: Arial, sans-serif;
padding: 10px; }
label { float: left;
width: 100px;
clear: left;
text-align: right;
padding-right: 10px;
margin-top: 10px; }
input, textarea { margin-top: 10px;
display: block; }
#mySubmit { margin-left: 110px; }
```

HTML 代码如下：

```
<form>
<label for="myName">Name:</label>
<input type="text" name="myName" id="myName">
<label for="myEmail">E-mail:</label>
<input type="text" name="myEmail" id="myEmail">
<label for="myComments">Comments:</label>
<textarea name="myComments" id="myComments" rows="2"
cols="20"></textarea>
<input id="mySubmit" type="submit" value="Submit">
</form>
```

本节介绍了用 CSS 设置表单样式的方法。测试在不同浏览器中表单的显示效果是非常重要的。

到目前为止，你已经编写了数个表单并在浏览器中进行展示，也许你已经发现，当点击提交按钮时，表单只是重新显示，其实它并没有做任何事情。这是因为我们尚未设置<form>标签中的 action 属性。接下来我们将着重讨论网页表单的第二个组成部分服务器端的处理。

9.8　服务器端的处理

浏览器要向服务器请求网页和相关文件，服务器找到文件后将它们发送给浏览器。然后浏览器渲染返回的文件，并将所请求的网页显示出来。浏览器和服务器之间的通信过程如图 9.21 所示。

除了静态网页，网站上有时候还需要提供更多功能，如站内检索、订购表单、电子邮件列表、数据库显示或其他类型的交互式动态处理。这些正是服务器端的处理程序可以一展身手之处。早期的 Web 服务器使用一种名为"通用网关接口"(Common Gateway Interface，CGI)的协议来提供这种功能。CGI 是一种协议，或者称为标准方法，web 服务器用它将网页用户的请求(通常使用表单来触发)传递给应用程序，并用它接收发送给用户的信息。web 服务器一般将表单信息传送给某个小应用程序(由操作系统来运行)，然后程序处理完数据后返回一个确认页面或者一条确认信息。Perl 和 C 是常用的 CGI 编程语言。

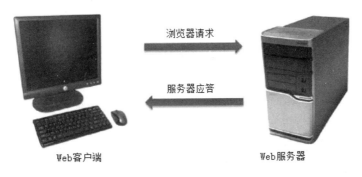

图 9.21　浏览器(客户端)和服务器之间的通信

服务器端脚本(Server-side scripting)技术是指利用运行于 web 服务器之上的服务器端脚本来动态地生成网页。这些技术包括 PHP、Ruby on Rails、Microsoft Active Server Pages、Adobe ColdFusion、Oracle JavaServerPages 以及 Microsoft .NET 等。服务器端脚本技术与 CGI 的不同之处在于它采用的是直接执行方式：脚本要么由服务器自身运行，要么由服务器上的扩展模块来运行。

网页通过表单的某个属性或通过超链接(脚本文件的 URL)来调用服务器端的处理程序。任何已有的表单数据都将传递给脚本。脚本完成处理后可生成一个确认或响应页面，其中包含了被请求的信息。调用服务器端脚本时，网页开发人员和服务器端的编程人员必须就表单方法属性(get 或 post)、action 属性(服务器端脚本的 URL)以及任何特殊的表单元素控件等进行沟通确认，因为这些都是服务器端脚本需要知晓的。

表单标签中的 method 属性用于指定名字和值这些成对的信息以何种方式来传递给服务器。该属性如果设为 get，表示表单数据将附后加在 URL 之后进行发送，这种方式数据明显可见因而并不安全。如果该属性设置为 post，则不会通过 URL 来传递表单信息，而是通过 HTTP 请求的实体完成传送，这使它的隐蔽性较好。W3C 建议采用 method="post"方法。

表单标签中的 action 属性用于调用服务器端脚本。每个表单控件的 name 属性和 value 属性组合成对后被传递给服务器端脚本。在服务器端的处理中，name 属性可用作变量名。在接下来的动手实践环节，你将通过表单来调用一个服务器端脚本。

动手实践 9.5

在本环节中，将配置一张表单来调用服务器端的脚本。请注意，在测试完成的作业时，计算机必须连上互联网。如需使用服务器端脚本，得事先从提供脚本的人或机构那里获取一些信息或文档，包括脚本的位置、它是否要求表单控件使用特定名称以及它是否要求任何隐藏的表单控件等。

为方便大家练习，我们创建了一个服务器端脚本，上传到了作者的网站 (http://webdevbasics.net)。该脚本文档的信息如下：

脚本的 URL：http://webdevbasics.net/scripts/demo.php

表单方法：post

脚本用途：接收表单的输入并在网页上显示表单控件名称和对应的取值。这是一个供学生练习用的示例脚本，它说明了服务器端处理程序是如何被调用的。实际的网站所使用的脚本能够执行诸如发送电子邮件信息、更新数据库等功能。

现在请添加表单调用 demo.php 这一服务器端处理脚本所需的配置。启动文本编辑器，打开 formcss.html(学生文件中的 chapter9/formcss.html)。

修改<form>标签内容：添加 method 属性，值为"post"；添加 action 属性，值为 "http://webdevbasics.net/scripts/demo.php"。修改后的<form>标签代码如下：

```
<form method="post" action="http://webdevbasics.net/scripts/demo.php">
```

将文件另存为 contact.html，在浏览器中进行测试。网页看上去应当类似于图 9.20。请将自己的作业与学生文件中的参考答案(chapter9/contact.html)进行比较。

现在可以对表单进行测试了。请先连接互联网，以确保测试成功。在表单的各个文本框中输入相关信息，然后单击提交按钮。你将看到一个类似于图 9.22 所示的确认页面。

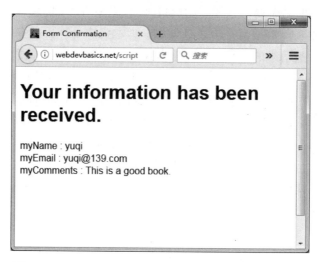

图 9.22　服务器端脚本创建了该页面，以响应表单的请求

demo.php 脚本创建了一张网页，用于显示一条确认消息以及你输入表单的信息。这个确认页面是从哪里来的？它是由我们的网页中表单元素的 action 属性所指定的服务器端脚本创建的。有时候学生可能想了解 demo.php 文件中的源代码。但编写服务器端脚本程序的知识超出了本书的范围。当然，如果你有兴趣，请访问 http://webdevfoundations.net/7e/chapter9.html，上面给出了该脚本的源代码。

FAQ 测试表单时如果什么事都没发生,我该从何入手查找原因?

试试下面这些诊断要点。

- 确认计算机已经连上互联网。
- 确认 action 属性中脚本位置拼写正确。
- 细节决定成败!

隐私和表单

我们已经学习了如何从网站访问者那里收集信息。你是否考虑过:访问者或许想知道你用他们的信息来干什么?旨在保护访问者信息隐私的指导原则称为"隐私条款"。网站可以将这些条款显示在表单页面上,或者创建一个单独的页面来描述它们(以及公司的其他条款)。

在浏览 Amazon.com 或 eBay.com 等流行网站时,你会发现页脚区域有跳转到他们的隐私条款(有时候称为隐私通知)的链接。请访问 http://www.bbb.org/us/privacy-policy,看看 Better Business Bureau(商业改进局)的隐私条款。创建自己的网站时,也请记得添加隐私条款,以告知你的用户你打算如何使用他们分享给你的信息。Better Business Bureau 建议 (http://www.bbb.org/us/article/bbb-small-business-advice-writing-a-privacy-policy-20503)隐私条款应描述所收集信息的类型、为保护信息所采取的方法、有关客户或访客如何控制个人信息的规定。

服务器端处理的资源

免费远程寄存表单处理

如果你的主机提供商不支持服务器端处理,你可以选择使用免费的远程寄存脚本。脚本并不存放在你的服务器上,所以不用担心它的安装问题或主机提供商是否支持的问题。缺点是往往会显示广告。下面是一些提供这类服务的网站:

- FormBuddy.com,网址为 http://formbuddy.com
- ExpressDB,网址为 http://www.expressdb.com
- FormMail,网址为 http://www.formmail.com
- Master.com,网址为 http://www.master.com

免费服务器端脚本资源

你需要接入支持脚本语言的服务器才能免费使用脚本。请与你的主机提供商联系以确定是否支持你所用的语言。请注意许多免费的主机提供商并不支持服务器端处理,一分钱一分货!下面是一些提供免费脚本以及其他资源的网站:

- The PHP Resource Index,网址为 http://php.resourceindex.com

- HotScripts，网址为 http://www.hotscripts.com
- Matt's Script Archive，网址为 http://www.scriptarchive.com

探索服务器端处理技术

还有下面这些技术可用于服务器端脚本、表单处理与信息共享：

- PHP，网址为 http://www.php.net
- Oracle JavaServer Pages Technology，网址为 http://www.oracle.com/technetwork/java/javaee/jsp
- Active Server Pages，网址为 http://msdn.microsoft.com/en-us/library/ms972337.aspx
- Adobe ColdFusion and Web Applications，网址为 http://www.adobe.com/products/coldfusion
- Ruby on Rails，网址为 http://www.rubyonrails.org
- Microsoft .NET，网址为 http://www.microsoft.com/net

上述任何一项都值得深入学习。网页开发人员通常先学习客户端编程语言 (HTML、CSS 和 JavaScript)，然后再学习服务器端脚本或编程语言。

 自测题 9.3

1. 请描述服务器端处理过程。
2. 为什么服务器端脚本的开发人员和网页设计人员需要进行沟通？

9.9 HTML5 表单控件

在 HTML5 中为网页开发人员提供了许多新型表单控件，只要访客使用流行的浏览器就能体会到易用性的极大提升。例如一些新的表单控件提供内置式的浏览器编辑和验证。未来的网页设计者可能认为使用这些功能是顺理成章的，但身处于网页编码技术大提升时代中的你还是要先熟悉这些新型表单控件，就从现在开始吧！各种浏览器对 HTML5 新控件的支持度和显示效果不一而同，但对你来说并没问题，马上就可以使用！不支持新输入控件的浏览器会将它们当作文本框来处理，并忽略那些不支持的属性或元素。在本节中，你将探索 HTML5 中的新成员，比如电子邮件地址、URL、电话号码、搜索字段、数据列表、滑块(slider)、微调器(spinner)、日历、颜色等表单控件。

电子邮件地址输入

电子邮件地址输入表单控件类似于文本框。它接收的信息必须是电子邮件地址格式的，例如"DrMorris2010@gmail.com"。指定了 type="email"的输入控件就是电子邮件地址输入表单控件。

只有当浏览器支持该属性设置时，它才会校验信息的格式。其他浏览器会将该控件视作文本框。电子邮件地址输入表单控件支持的属性见表 9.2。

图 9.23(学生文件中的 chapter9/email.html)所示为 Firefox 浏览器中的页面，当用户输入的信息不是电子邮件地址格式时就会显示报错消息。请注意浏览器并不会验证该电子邮件地址是否真实存在，它只是验证输入的文本是否为正确的格式。HTML 代码如下：

```
<label for="email">E-mail:</label>
<input type="email" name="myEmail" id="myEmail">
```

图 9.23 浏览器显示了一则报错消息

URL 输入控件

URL 输入表单控件类似于文本框。它只接收格式正确的任意 URL 或 URI，例如"http://webdevfoundations.net"。指定了 type="url"的输入控件就是 URL 输入表单控件。只有当浏览器支持该属性设置时，它才会校验信息的格式。其他浏览器会将该控件视作文本框。URL 输入表单控件支持的属性见表 9.2。

图 9.24(学生文件中的 chapter9/url.html)所示为 Firefox 浏览器中的页面，当用户输入的信息不是 URL 格式时就会显示报错消息。请注意，浏览器并不会验证该 URL 是否真实存在，它只是验证输入的文本是否为正确的格式。HTML 代码如下：

```
<label for="myWebsite">Suggest a Website:</label>
<input type="url" name="myWebsite" id="myWebsite">
```

图 9.24　浏览器显示了一则报错消息

电话号码输入控件

电话号码输入表单控件类似于文本框。它只接收格式正确的电话号码。指定了 type="tel"的输入控件就是电话号码输入表单控件。学生文件中有该控件的示例页面 (chapter9/tel.html)。电话号码输入表单控件支持的属性见表 9.2。不支持 type="tel"属性设置的浏览器会将其视作文本框。HTML 代码如下：

```
<label for="mobile">Mobile Number:</label>
<input type="tel" name="mobile" id="mobile">
```

搜索字段输入控件

搜索字段输入表单控件类似于文本，用于接收检索关键词。指定了 type="search " 的输入控件就是搜索字段输入表单控件。学生文件中有该控件的示例页面 (chapter9/search.html)。电话号码输入表单控件支持的属性见表 9.2。不支持 type="search "属性设置的浏览器会将其视作文本框。HTML 代码如下：

```
<label for="keyword">Search:</label>
<input type="search" name="keyword" id="keyword">
```

FAQ　怎样才能知道哪些浏览器支持这些新的 HTML5 表单元素呢？

没有别的办法能代替测试。记住这一点后，再来看看下列资源，上面提供了关于浏览器对新型 HTML5 元素的支持情况：

- When can I use ...，网址为 http://caniuse.com
- HTML5 and CSS3 Support，网址为 http://findmebyip.com/litmus
- HTML5 and CSS3 Readiness，网址为 http://html5readiness.com
- The HTML5 Test，网址为 http://html5test.com
- HTML5 Web Forms and Browser Support，网址为 http://www.standardista.com/html5

数据列表表单控件

图 9.25 展示了一个实际的数据列表(datalist)控件。请注意该控件的形式，它为用户提供了一个选项集以及一个条目文本框。数据列表表单控件为我们带来了便捷的选择方式，同时又确保了表单的灵活性。数据列表的配置中用到了三个元素，分别是：一个输入元素、一个数据列表元素以及一个或多个选项元素。只有支持 HTML5 数据列表元素的浏览器才会显示和处理这些项目。其他浏览器会忽略它并将它呈现为文本框。

图 9.25 Firefox 浏览器中展现的数据列表表单控件

图示数据列表(参见学生文件中的 chapter9/list.html)的 HTML 源代码如下：

```
<label for="color">Favorite Color:</label>
<input type="text" name="color" id="color" list="colors">
    <datalist id="colors">
        <option value="red">
        <option value="green">
        <option value="blue">
        <option value="yellow">
        <option value="pink">
        <option value="black">
</datalist>
```

请注意，输入元素中的 list 属性值与数据列表元素中的 id 属性值是相同的。这就在文本框和数据列表表单控件间建立起了关联。一个或多个选项元素可以针对网页访客设置为预先定义的选项。选项元素的 value 属性指定了每个列表条目中显示的文本。浏览网页的人可以在列表中作出选择(见图 9.25)，也可以直接在文本框中输入(见图 9.26)。

图 9.26　用户开始在文本框中输入信息时列表就消失了

FAQ　这些新的 HTML5 表单控件还不受所有浏览器的支持，为什么我现在就要学呢？

　　使用了这些新的表单控件后，只要访客用流行的浏览器来访问就能体会到易用性的极大提升。并且它们也支持对旧浏览器的向下兼容。不支持这些新的输入类型的浏览器会显示成文本框，并忽略那些不受支持的属性或元素。

滑块表单控件

　　滑块(slider)表单控件为我们提供了一个可视化的、交互的用户界面，用于输入数值信息。指定了 type="range "的输入控件就是滑块表单控件，它需要配置一个指定范围内的数字值。默认范围从 1 到 100。只有支持该属性的浏览器才会显示这一交互式滑块控件，如图 9.27 所示(学生文件中的 chapter9/range.html)。请注意图中滑块的位置，表示选择了数字 80。对于用户来说，值不显示可能是滑块控件的一个缺点。不支持这种控件的浏览器会将其视作文本框，如图 9.28 所示。

图 9.27　Google Chrome 浏览器中显示的滑块控件

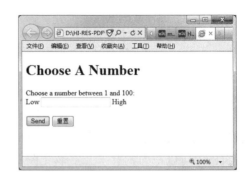

图 9.28　Internet Explorer 8 中把滑块控件显示为文本框

可用于设置滑块控件的属性见表 9.2 与表 9.11。其中 min、max 和 step 是新属性。min 用于规定允许的最小值，max 用于规定允许的最大值。滑块控件设置数字值时是递增的，步长(step)为 1。step 属性用于指定默认的 1 以外的递增步长。

图 9.27 与图 9.28 中所示滑块控件的 HTML 代码如下：

```
<label for="myChoice">Choose a number between 1 and 100:</label><br>
Low <input type="range" name="myChoice" id="myChoice" min="1"
max="100"> High
```

表 9.11　滑块、微调器以及日期/时间等表单控件中的附加属性

常用属性	取值	用途
max	最大数值	HTML5 中滑块、微调器、日期/时间等输入控件的属性；指定最大值
min	最小数值	HTML5 中滑块、微调器、日期/时间等输入控件的属性；指定最小值
step	递增步长数值	HTML5 中滑块、微调器、日期/时间等输入控件的属性；指定递增步长值

微调器表单控件

微调器(spinner)表单控件显示了一个界面，可接收数值信息，并向用户提供反馈。指定了 type="number "的输入控件就是微调器控件，用户可在文本框中输入数字，也可在指定范围内选择一个数据。只有支持该属性的浏览器才会显示这一交互式控件，如图 9.29 所示(学生文件中的 chapter9/spinner.html)。不支持它的浏览器会将其视作文本框。未来会有更多浏览器提供对该控件的支持。

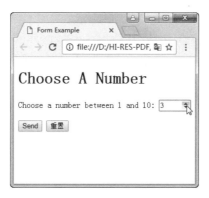

图 9.29　Google Chrome 浏览器中显示的微调器控件

可用于设置微调器控件的属性见表 9.2 与表 9.11。其中 min、max 和 step 是新属性。min 用于规定允许的最小值，max 用于规定允许的最大值。滑块控件设置数字值时是递增的，步长(step)为 1。step 属性用于指定默认的 1 以外的递增步长。图 9.29 所示的微调器控件的 HTML 代码如下：

```
<label for="myChoice">Choose a number between 1 and 10:</label>
<input type="number" name="myChoice" id="myChoice" min="1" max="10">
```

日历表单控件

HTML5 中包含了多种日历表单控件，可用于接收与日期和时间相关的信息。在输入元素中指定 type 属性就可以配置一个日期或时间控件。表 9.12 列出了各种 HTML5 日期与时间控件。

表 9.12　日期与时间控件

type 属性值	用途	格式
date	定义日期	YYYY-MM-DD 例如"2014-01-02"表示 2014 年 1 月 2 日
datetime	定义包含时区信息的日期与时间值；请注意，时区信息表示为与 UTC 时间之间的差值	YYYY-MM-DDTHH:MM:SS-##:##Z 例如"2014-01-02T09:58:00-06:00Z"表示芝加哥时间 2014 年 1 月 2 日
datetime-local	定义日期与时间值，不带时区信息	YYYY-MM-DDTHH:MM:SS 例如"2014-01-02T09:58:00"表示 2014 年 1 月 2 日上午 9：58
time	定义时间值，不带时区信息	HH:MM:SS 例如"13:34:00"表示下午 1：34
month	定义年和月	YYYY-MM 例如"2014-01"表示 2014 年 1 月
week	定义年和星期	YYYY-W##，此处的 ## 表示一年中的第几个星期 例如"2014-W03"表示 2014 年的第三个星期

图 9.30 中所示的表单(学生文件中的 chapter9/date.html)使用了 type="date"的输入元素，它配置了一个日历控件，用户可以从中选择日期。HTML 代码如下：

```
<label for="myDate">Choose a Date</label>
<input type="date" name="myDate" id="myDate">
```

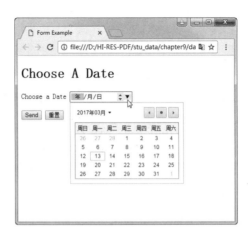

图 9.30　Google Chrome 浏览器中显示的日期表单控件

可用于设置日期和时间控件的属性见表 9.2 与表 9.11。在我写作这部分内容时，只有 Google Chrome 和 Opera 浏览器能正确显示日期和时间控件的日历界面。当前其他浏览器还只能将它显示为文本框，但支持度的不断提高指日可待。

拾色器表单控件

Color-well 表单控件显示了一个拾色器界面。指定了 type="color " 的输入控件就是拾色器控件，用户可在其中选择颜色。只有支持该属性的浏览器才会显示拾色器界面，如图 9.31 所示(学生文件中的 chapter9/color.html)。不支持这种控件的浏览器会将其视作文本框。

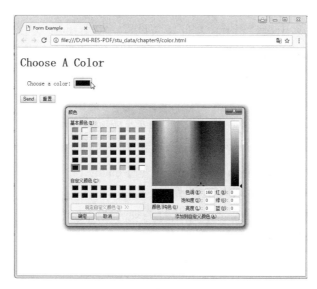

图 9.31　Google Chrome 浏览器中显示的拾色器表单控件

如图 9.31 所示的拾色器表单控件的 HTML 代码如下：

```
<label for="myColor">Choose a color:</label>
<input type="color" name="myColor" id="myColor">
```

在接下来的动手实践练习中，你将体验这些 HTML5 新表单控件。

动手实践 9.6

在本环节中，要请你编写一张表单，在其中配置若干 HTML5 表单控件，用于接收用户输入的姓名、电子邮件地址、评分、留言等信息。图 9.32 即展示了该网页在 Google Chrome 浏览器中的渲染效果。Google Chrome 浏览器支持练习中所用到的 HTML5 功能。图 9.33 显示了相同表单在 Internet Explorer 9 中的显示情况，该浏览器不支持这些新特性。请注意虽然这张表单在 Google Chrome 中的效果更好，但这不妨碍它在两种浏览器中都可用，这也诠释了渐进式提升的理念。

先启动文本编辑器，打开学生文件中的 chapter9/formcss.html，该页面如图 9.20 所示。将文件另存为 form6.html。你将要修改它并创建类似于图 9.32 和 9.33 所示的新页面。

1. 修改 title 元素，使其显示文本"Comment Form"。将文本"Send Us Your Comments"写在 h1 标签对之内。添加一个段落，内容为"Required fields are marked with an asterisk *."。

2. 修改嵌入样式。

a. 配置表单元素选择器的样式，最小宽度为 400 像素。

b. 将标签元素选择器中的宽度设置改为 150 像素。

c. 将#mySubmit 的左外边距修改为 160 像素。

3. 修改表单元素中提交表单信息的相关设置，使用 post 方法，表单处理程序为 http://webdevbasics.net/scripts/demo.php：

```
<form method="post" action="http://webdevbasics.net/scripts/demo.php">
```

4. 修改表单控件。

a. 根据需要分别设置姓名、电子邮件和留言信息的输入区域。用星号标出需要访客必填的字段。

b. 将电子邮件地址控件的 type 从"input"改为"email"。

c. 在姓名和电子邮件表单控件中设置 placeholder 属性(参考表 9.2)，给用户以提示。

5. 添加滑块控件(type="range")，给出打分项的范围 1-10。

该表单的 HTML 代码如下：

```
<form method="post"
action="http://webdevbasics.net/scripts/demo.php">
    <label for="myName">*Name:</label>
    <input type="text" name="myName" id="myName"
          required="required" placeholder="your first and last name">
    <label for="myEmail">*E-mail:</label>
    <input type="email" name="myEmail" id="myEmail"
          required="required" placeholder="you@yourdomain.com">
    <label for="myRating">Rating (1 - 10):</label>
    <input type="range" name="myRating" id="myRating" min="1" max="10">
    <label for="myComments">*Comments:</label>
    <textarea name="myComments" id="myComments" rows="2" cols="20"
             required="required"></textarea>
    <input id="mySubmit" type="submit" value="Submit">
</form>
```

6. 保存文件并在浏览器中进行测试。如果你的浏览器(如 Google Chrome)支持表单中的这些 HTML5 新特性，显示出来的页面应当类似于图 9.32 所示。假如不支持(如 Internet Explorer 8)，页面展示效果将类似于图 9.33 所示。请访问 http://www.standardista.com/html5/html5-web-forms，以了解不同浏览器对 HTML5 表单元素的支持情况。

7. 试着在不输入任何信息的情况下提交表单。图 9.34 显示了 Firefox 中的效果。请注意，弹出的错误消息提示我们姓名字段是必填项。请将自己的作业与学生文件中的参考答案(chapter9/form6.html)进行比较。

正如通过这个练习所展示的那样，各种浏览器对新的 HTML5 表单控件属性和取值的支持情况并不相同。这些新特性得到所有浏览器的支持需假以时日。在设计表单时不要忘记渐进式提升的原则，并且综合考虑使用这些 HTML5 新特性时的利与弊。

HTML5 与渐进式提升

在使用 HTML5 中的表单元素时，请牢记渐进式提升的概念。未支持这些元素的浏览器因为无法识别而将它们显示为文本框。提供支持的浏览器则能够正常显示并处理它们。渐进式提升的正确解读是：表单人人可用，使用新型浏览器者有额外福利。

本 章 小 结

　　本章介绍了网页中表单使用，讨论了如何配置表单控件以及如何提供无障碍访问，还介绍了如何配置表单以访问服务器端的处理程序。此外，我们还对 HTML5 中的新型表单元素进行了简介。请访问本书配套网站，网址为 http://www.webdevfoundations.net，上面有许多示例、本章中所提到的一些材料链接以及更新信息。

关键术语

<button>	表单控件
<fieldset>	隐藏输入控件
<form>	list 属性
<input>	method 属性
<label>	name 属性密码框
<legend>	隐私条款
<option>	单选按钮
<select>	重置按钮
<textarea>	滚动文本框
accesskey 属性	搜索字段输入
action 属性	选择列表
按钮	服务器端脚本
多选框	滑块表单控件
拾色器表单控件	微调器表单控件
通用网关接口(Common Gateway Interface，CGI)	提交按钮
数据列表表单控件	tabindex 属性
日期和时间表单控件	电话号码输入
电子邮件输入	文本框
for 属性	URL 输入
表单	value 属性

复习题

选择题

1. 要请访客输入留言，选用以下哪种表单控件合适？
　　a. 文本框　　　　b. 选择列表　　　c. 单选按键　　　d. 滚动文本框

2. 下列哪个表单元素属性可用来指定处理表单字段值的脚本名称和位置?

　　　a. action　　　　　　　　b. process　　　　　　　c. method　　　　　　　d. id

3. 表单中包含了各种类型的＿＿＿＿＿＿＿，如文本框和按钮，可用于接收来自于网页访问者输入的信息。

　　　a. 隐藏元素　　　　　　b. 标签　　　　　　　　c. 表单控件　　　　　d. legend 元素

4. 下列哪个 HTML 标签配置了一个文本框，名称为 city，宽度为 40 个字符?

　　　a. <input type="text" id="city"　　　　b. <input type="text" name="city"
　　　　　width="40">　　　　　　　　　　　　size="40">

　　　c. <input type="text" name="city"　　　　d. <input type="text" width="40">
　　　　　space="40">

5. 要请访客输入电子邮件地址，选用以下哪种表单控件合适?

　　　a. 选择列表　　　　　　b. 文本框　　　　　　c. 滚动文本框　　　d. 标签

6. 你要发起一次调查，请你的网页访客投票选出他们最喜欢的搜索引擎。选用下列哪种表单控件最适合?

　　　a. 多选框　　　　　　　b. 单选按钮　　　　　c. 文本框　　　　　d. 滚动文本框

7. 你要发起一次调查，请你的网页访客指出自己所使用的浏览器。选用下列哪种表单控件最适合?

　　　a. 多选框　　　　　　　b. 单选按钮　　　　　c. 文本框　　　　　d. 滚动文本框

8. 下列哪对 HTML 标签配置了一个滚动文本框，名称为 comments，高为 2 行，宽为 30 个字符?

　　　a. <textarea name="comments" width="30"
　　　　　rows="2"></textarea>

　　　b. <input type="textarea"
　　　　　name="comments"size="30" rows="2">

　　　c. <textarea name="comments" rows="2"
　　　　　cols="30"></textarea>

　　　d. <input type="comments"
　　　　　name="comments"rows="2" cols="30">

9. 你需要请用户输入一个介于 1 到 50 之间的数值。而用户想对自己所选的结果有可视化的确认。选用下列哪种表单控件最适合?

　　　a. 微调器　　　　　　　b. 多选框　　　　　c. 单选按钮　　　　d. 滑块

10. 请选出将标签文本"E-mail:"与电子邮件文本框关联起来的 HTML 语句。

　　　a. E-mail <input type="textbox"
　　　　　name="email" id="email">

　　　b. <label>E-mail: </label><input
　　　　　type="text" name="email" id="email">

　　　c. <label for="email">E-mail: </label>
　　　　　<input type="text" name="email"
　　　　　id="emailaddress">

　　　d. <label for="email">E-mail: </label>

```
<input type="text" name="email"
    id="email">
```

11. 如果浏览器不支持新的 HTML5 表单控件，那么用它来显示包含这些元素的网页时会发生什么？

a. 计算机关机。

b. 浏览器崩溃。

c. 浏览器显示报错信息。

d. 浏览器将显示一个输入文本框。

填空题

12. 我们用＿＿＿＿＿属性来限制文本框中可输入的字符数。

13. 要将网页上的多个表单控件组合在一起，成为视觉上的一个整体，可以使用＿＿＿＿＿元素。

14. 要将多个单选按钮作为一个组来处理，＿＿＿＿＿属性的值必须一致。

简答题

15. 如果需要让访客从网页上选择一种颜色，可以选用哪些表单控件？请至少说出三种。

学以致用

1. 指出代码的运行结果。画出下列 HTML 代码所生成的页面，并做简要描述。

```html
<!DOCTYPE html>
<html lang="en">
<head>
<title>Predict the Result</title>
<meta charset="utf-8">
</head>
<body>
<h1>Contact Us</h1>
<form action="myscript.php">
<fieldset><legend>Complete the form and a consultant will contact
you.</legend>
E-mail: <input type="text" name="email" id="email" size="40">
<br>Please indicate which services you are interested in:<br>
<select name="inquiry" id="inquiry" size="1">
    <option value="development">Web Development</option>
    <option value="redesign">Web Redesign</option>
    <option value="maintain">Web Maintenance</option>
    <option value="info">General Information</option>
</select>
<br>
<input type="submit">
</fieldset>
</form>
<nav><a href="index.html">Home</a>
<a href="services.html">Services</a>
<a href="contact.html">Contact</a></nav>
</body>
</html>
```

2. 补全代码。该网页上配置了一张调查问卷表单，要请网页访客选出所喜欢的搜索引擎并提供相关信息。表单动作(action)是将表单提交给服务器端的一个名为 survey.php 的脚本。<_>代表缺失的某些 HTML 标签和它们的属性，"_"代表缺失的 HTML 属性值。请填入缺失的代码以纠正错误。

```
<!DOCTYPE html>
<html lang="en">
<head>
<title>Fill in the Missing Code</title>
<meta charset="utf-8">
</head>
<body>
<h1>Vote for your favorite Search Engine</h1>
<form method="_" action="_">
    <input type="radio" name="_" id="Ysurvey" value="Yahoo"> Yahoo!<br>
    <input type="radio" name="survey" id="Gsurvey" value="Google">
    Google<br>
    <input type="radio" name="_" id="Bsurvey" value="Bing"> Bing<br>
    <_>
</form>
</body>
</html>
```

3. 查找错误。请找出订购表单中的代码错误：

```
<!DOCTYPE html>
<html lang="en">
<head>
<title>Find the Error</title>
<meta charset="utf-8">
</head>
<body>
<p>Subscribe to our monthly newsletter and receive free coupons!</p>
<form action="get" method="newsletter.php">
    <lable>E-mail: <input type="textbox" name="email" id="email"
    char="40"></lable>
    <br>
    <input button="submit"><input type="rest">
</form>
</body>
</html>
```

动手练习

1. 根据下列要求写出 HTML 代码。

a. 创建名为 username 的文本框，用于接收网页访问者输入的用户名，最多允许输入30 个字符。

b. 创建一组单选按钮，网站访客可以从中选出一周内自己最喜欢的一天。

c. 创建一张选择列表，让网站访客选出他们最喜欢的社交网站。

d. 创建一个 fieldset，将 legend 文本设置为 "Shipping Address"，将下列表单控件组合在这个 fieldset 中：AddressLine1、AddressLine2、City、State、ZIP。

e. 将图片 signup.gif 设置为表单中的图像按钮。

f. 创建一个名为 userid 的隐藏输入控件。

g. 创建一个名为 pword 的密码框。

h. 设置一张表单，令其调用服务器端的处理程序 http://webdevfoundations.net/scripts/mydemo.asp，并使用 post 方法。

2. 创建一个表单，用于接收邮寄产品宣传册的请求，请写出 HTML 代码。开始之前，先在纸上画出表单的草图。

3. 创建一个表单，用于接收网站访问者的反馈信息，请写出 HTML 代码。开始之前，先在纸上画出表单的草图。

4. 创建包含一个表单的网页，用于接收网站访客的反馈。使用 HTML5 中的新控件 (type="email") 及相应属性使浏览器能验证所输入的数据。同时作出设置使浏览器最多只允许用户输入 1600 个字符的留言。将你的名字和电子邮件地址放在页面底部。提示：开始之前先在纸上画出表单的草图。

5. 创建包含一个表单的网页，用于接收网站访客的姓名、电子邮件和生日等信息。使用 HTML5 中的新控件 (type="date ") 来配置一个日历控件(当浏览器支持该属性时)。将你的名字和电子邮件地址放在页面底部。提示：开始之前先在纸上画出表单的草图。

6. 创建一个包含音乐调查表单的网页，要求类似于图 9.35 所示的效果。

图 9.35　音乐调查表单示例

表单中要包含下列控件：

● 用于输入姓名的文本框

- 用于输入电子邮件地址的电子邮件输入控件
- 滚动文本框，宽为 60 个字符，高为 3 行
- 至少包含三个选项的一组单选按钮
- 至少包含三个选项的一组多选框
- 一个初始显示三个选项、总选项数为四个的多选框
- 一个提交按钮
- 一个重置按钮
- 按照图 9.35 所示配置 fieldset 和 legend 元素，将单选按钮和多选框组合起来。

用 CSS 设置表单样式。将你的名字和电子邮件地址放在页面底部。提示：开始之前先在纸上画出表单的草图。

万维网探秘

本章提及一些免费的远程寄存脚本资源，包括 FormBuddy.com (http://formbuddy.com)、FormMail(http://www.formmail.com)、Response-o-Matic (http://response-o-matic.com) 以 及 Master.com (http://master.com)。

请访问其中的两个网站，或用搜索引擎查找其他提供免费远程寄存脚本的资源。在网站上注册(如果需要)并仔细研究网站所提供的内容。绝大多数提供远程寄存脚本的网站上都有可供观看或试验的演示。如果有时间的话(或者你的指导老师要求这么做)，按照说明从你所编写的某个网页上访问一个远程寄存脚本。在至少已经看过一个产品演示或者试用过(这样更好！)之后，趁热打铁写出你的总结。

1. 创建一个网页，列举你所选择的两个资源网站，并比较它们提供的内容。分别列出每个网站的以下信息：
- 注册的简便程度
- 所提供的脚本或服务数据
- 所提供的脚本或服务类型
- 是否有横幅广告或其他广告
- 易用性如何
- 是否推荐使用

请提供你所评论的资源网站的链接，并将你的名字和电子邮件地址放在页面底部。

2. 在网上检索一个使用了 HTML 表单的网页。将浏览器视图和源代码打印出来。在打印稿中，将与表单相关的标记高亮标示或者圈示出来。在另一张纸上做一些 HTML 标记，列出你从示例网页中找到的与表单相关的标签与属性，并简述它们的作用。

3. 选择一种本章中讨论的服务器端技术：PHP、ASP、JSP、Ruby on Rails 或者 ASP.NET。以本章所列举的资源为起点，在网络上搜索与你选择的技术相关的其他资源。创建一张网页，至少列出五种有用的资源以及每一种资源的相关信息：网站名称、URL、所提供资源的简介以及一个推荐页面(例如教程、免费脚本等)。将你的名字放在页面的电子邮件链接中。

关注网页设计

表单的设计，如标签的对齐、背景色的选择、甚至是表单控件的排列顺序，都可能对表单可用性造成影响。请访问下列资源来进一步探索表单设计的相关知识：

- Web Application Form Design，网址为 http://www.uie.com/articles/web_forms
- 10 Tips to a Better Form，网址为 http://particletree.com/features/10-tips-to-a-better-form
- Sensible Forms，网址为 http://www.alistapart.com/articles/sensibleforms
- Best Practices for Form Design，网址为 http://static.lukew.com/webforms_lukew.pdf

创建一个网页，至少列出两个有用资源的 URL，并简要描述你从中发现的最有意思或最有价值的知识。在网页上设计一个表单，运用你从这些资源中学习到的知识。将你的名字放在页面的电子邮件链接中。

网站实例研究

添加表单

以下所有案例将贯穿全书。接下来要请你在之前所创建的网站中添加包含表单的新网页，以调用服务器端的处理程序。

JavaJam 咖啡屋

回顾一下第 2 章中关于 JavaJam 咖啡屋的案例研究内容。图 2.28 为该网站的站点地图。请使用第 8 章中所完成的 JavaJam 网站做为起点进行本节的练习。你将要创建一张新的招聘页面，其中包含了表单。请完成以下四项任务。

1. 为本实例研究创建一个新的文件夹。
2. 修改外部样式表文件(javajam.css)，为新表单设置样式。
3. 创建如图 9.36 所示的招聘页面。
4. 配置 HTML5 表单控件。

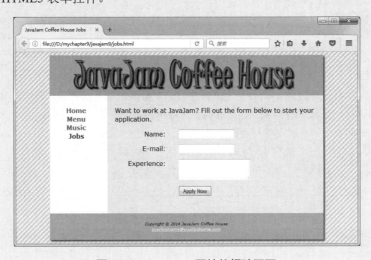

图 9.36　JavaJam 网站的招聘页面

实例研究之动手练习

任务 1：创建文件夹。创建名为 javajam9 的新文件夹。将在第八章的练习中所建的 javajam8 中的全部文件复制到 javajam9 中。

任务 2：修改 CSS。修改外部样式表文件(javajam.css)。用文本编辑器打开 javajam.css 文件。回顾图 9.36 以及图 9.37 所示的线框图。注意表单控件的文本标签均位于内容区域的左侧，但包含的文本是右对齐的，并且每个表单间留有纵向的空白。根据下列要求设置相应的 CSS。

1. 创建标签元素选择器，设置相关样式：块显示方式浮动到左边，文本右对齐，宽度为 8em，并设置合适的右内边距值。

2. 设置输入元素与文本域元素选择器中的样式：块显示，底外边距为 1em。

3. 配置名为 mySubmit 的 id 的样式：左外边距为 12em。

保存 javajam.css。

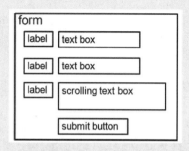

图 9.37　表单线框图

任务 3：创建招聘页面。将菜单页作为创建新页的起点。启动文本编辑器，打开 menu.html。将文件另存为 jobs.html。根据下列要求修改文件，使页面如图 9.36 所示。

1. 将页面标题修改为合适的内容。

2. 招聘页的 main 元素中要包含一个段落和一个表单。删除 main 元素中的表格。

3. 添加一个段落，包含文本"Wantto work at JavaJam? Fill out the form below to start yourapplication."。

4. 准备编写表单区域的 HTML 代码。写一个表单元素，使用 post 方法，action 属性是调用一个服务器端的处理程序。除非指导老师另有要求，否则请将 action 属性设置 http://webdevbasics.net/scripts/javajam.php。

5. 配置用于输入姓名信息的表单控件。创建标签元素，包含文本"Name:"。创建名为 myName 的文本框。使用 for 属性将标签元素与表单控件关联起来。

6. 配置用于输入电子邮件地址的表单控件。创建标签元素，包含文本"E-mail:"。创建名为 myEmail 的文本框。使用 for 属性将标签元素与表单控件关联起来。

7. 配置用于输入工作经历的表单控件。创建标签元素，包含文本"Experience:"。创建名为 myExperience 的文本域，rows 设为 2，cols 设为 20。使用 for 属性将标签元素与表单控件关联起来。

8. 配置提交按钮。编写该输入元素的代码，其中 type="submit"、value="Apply Now"。为该元素分配名为 mySubmit 的 id。

9. 在提交按钮后另起一行，写上表单元素的关闭标签</form>。

保存文件并在浏览器中测试网页。它看上去应当类似于图 9.36 所示。如果你连接了互联网，请提交该表单。浏览器将根据你在表单元素中的设置把你的表单信息发送给相应的服务器端脚本。随即出现一张确认页面，上面列出了表单信息以及对应的名称。

任务 4：配置 HTML5 表单控件。让我们再练习一下 HTML5 新元素的使用，在招聘页面上添加一些 HTML5 属性并设置相关的值。用文本编辑器修改 jobs.html 文件。

1. 在表单上方的段落中添加一句话："Required fields aremarked with an asterisk (*)."。

2. 使用 required 属性来指定必填项：名称、电子邮件、工作经历。在每个必填项的标签文本前添加一个星号。

3. 将用于输入电子邮件地址的输入元素设置为 type="email"。

保存文件并在浏览器中测试网页。不要输全信息或者故意输入部分的电子邮件地址，然后提交表单。根据浏览器对 HTML5 的支持度情况，浏览器可能会执行信息验证并显示报错消息。图 9.38 所示为 Firefox 浏览器中呈现的招聘页面，并给出了电子邮件地址不正确时的提示。

通过这一任务，我们练习了 HTML5 新属性与赋值的使用。浏览器显示情况以及功能生效与否取决于它对 HTML5 的支持程度。请访问 http://www.standardista.com/html5/html5-web-forms，了解各浏览器对 HTML5 网页表单的支持情况。

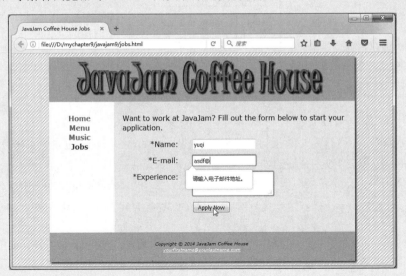

图 9.38　包含 HTML5 表单控件的招聘页面

Fish Creek 宠物医院

回顾一下第 2 章中关于 Fish Creek 宠物医院的案例研究内容。图 2.32 为该网站的站点地图。请使用第 8 章中所完成的 Fish Creek 宠物医院网站做为起点进行本节的练习。你将要创建一张新的"联系我们"页面，其中包含了表单。请完成以下四项任务。

1. 为本实例研究创建一个新的文件夹。

2. 修改外部样式表文件(fishcreek.css)，为新表单设置样式。

3. 创建如图 9.39 所示的"联系我们"页面。

4. 配置 HTML5 表单控件。

图 9.39 Fish Creek 网站"联系我们"页面

实例研究之动手练习

任务 1：创建文件夹。创建名为 fishcreek9 的新文件夹。将在第八章的练习中所建的 fishcreek8 中的全部文件复制到 fishcreek9 中。

任务 2：修改 CSS。修改外部样式表文件(fischcreek.css)。用文本编辑器打开 fischcreek.css 文件。回顾图 9.39 以及图 9.40 所示的线框图。注意表单控件的文本标签均位于内容区域的左侧，但包含的文本是右对齐的，并且每个表单间留有纵向的空白。根据下列要求设置相应的 CSS。

1. 创建标签元素选择器，设置相关样式：块显示方式浮动到左边，文本右对齐，宽度为 8em，并设置合适的右内边距值。

2. 设置输入元素与文本域元素选择器中的样式：块显示，底外边距为 1em。

3. 配置名为 mySubmit 的 id 的样式：左外边距为 10em。

保存 fishcreek.css。

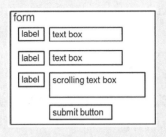

图 9.40 表单线框图

任务 3：创建"联系我们"页面。将咨询兽医页面作为创建新页的起点。启动文本编辑器，打开 askvet.html。将文件另存为 contact.html。根据下列要求修改文件，使页面如图 9.39 所示。

1. 将页面标题修改为合适的内容。

2. "联系我们"页的 main 元素中要包含一个表单。删除 main 元素中的段落和描述列表。

3. 添加一个 h2 元素，包含下列文本："Contact Fish Creek"。

4. 准备编写表单区域的 HTML 代码。写一个表单元素，使用 post 方法，action 属性是调用一个服务器端的处理程序。除非指导老师另有要求，否则请将 action 属性设置为 http://webdevbasics.net/scripts/fishcreek.php。

5. 配置用于输入姓名信息的表单控件。创建标签元素，包含文本"Name:"。创建名为 myName 的文本框。使用 for 属性将标签元素与表单控件关联起来。

6. 配置用于输入电子邮件地址的表单控件。创建标签元素，包含文本"E-mail:"。创建名为 myEmail 的文本框。使用 for 属性将标签元素与表单控件关联起来。

7. 配置用于输入留言的表单控件。创建标签元素，包含文本"Comments:"。创建名为 myComments 的文本域，rows 设为 2，cols 设为 20。使用 for 属性将标签元素与表单控件关联起来。

8. 配置提交按钮。编写该输入元素的代码，使按钮显示文本"Send Now "。为该元素分配名为 mySubmit 的 id。

9. 在提交按钮后另起一行，写上表单元素的关闭标签</form>。

保存文件并在浏览器中测试网页。它看上去应当类似于图 9.39 所示。如果你连接了互联网，请提交该表单。浏览器将根据你在表单元素中的设置把你的表单信息发送给相应的服务器端脚本。随即出现一张确认页面，上面列出了表单信息以及对应的名称。

任务 4：配置 HTML5 表单控件。让我们再练习一下 HTML5 新元素的使用，在招聘页面上添加一些 HTML5 属性并设置相关的值。用文本编辑器修改 contact.html 文件。

1. 在表单上方添加一个段落，显示文本"Required fields aremarked with an asterisk (*)."。

2. 使用 required 属性来指定必填项：名称、电子邮件、留言。在每个必填项的标签文本前添加一个星号。

3. 将用于输入电子邮件地址的输入元素设置为 type="email"。

保存文件并在浏览器中测试网页。不要输全信息或者故意输入部分的电子邮件地址，然后提交表单。根据浏览器对 HTML5 的支持度情况，浏览器可能会执行信息验证并显示报错消息。图 9.41 所示为 Firefox 浏览器中呈现的"联系我们"页面，并给出了缺少必填信息的提示。

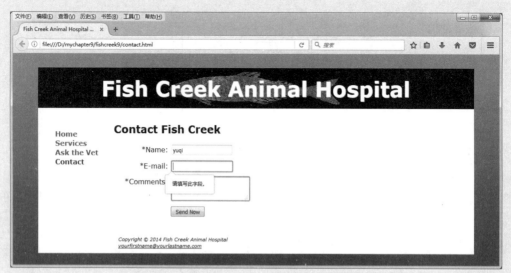

图 9.41　包含 HTML5 表单控件的"联系我们"页面

通过这一任务，我们练习了 HTML5 新属性与赋值的使用。浏览器显示情况以及功能生效与否取决于它对 HTML5 的支持程度。请访问 http://www.standardista.com/html5/html5-web-forms，以了解各浏览器对 HTML5 网页表单的支持情况。

Pacific Trails 度假村

回顾一下第 2 章中关于 Pacific Trails 度假村的案例研究内容。图 2.36 为该网站的站点地图。请使用第 8 章中所完成的 Pacific Trails 网站做为起点进行本节的练习。你将要创建一张新的预订页面(原文有误)，其中包含了表单。请完成以下四项任务。

1. 为本实例研究创建一个新的文件夹。
2. 修改外部样式表文件(pacific.css)，为新表单设置样式。
3. 创建如图 9.42 所示的预订页面。
4. 配置 HTML5 表单控件。

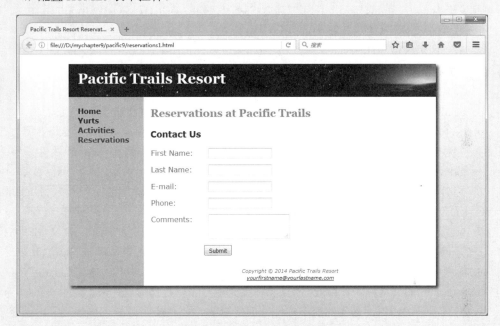

图 9.42　Pacific Trails 网站预订页面

实例研究之动手练习

任务 1：创建文件夹。创建名为 pacific9 的新文件夹。将在第八章的练习中所建的 pacific8 中的全部文件复制到 pacific9 中。

任务 2：修改 CSS。修改外部样式表文件(pacific.css)。用文本编辑器打开 pacific.css 文件。回顾图 9.42 以及图 9.43 所示的线框图。注意，表单控件的文本标签均位于内容区域的左侧，但包含的文本是右对齐的，并且每个表单间留有纵向的空白。根据下列要求设置相应的 CSS。

1. 创建标签元素选择器，设置相关样式：块显示方式浮动到左边，宽度为 8em，并设置合适左内边距值，如 1em。
2. 设置输入元素与文本域元素选择器中的样式：块显示，底外边距为 1em。

3. 配置名为 mySubmit 的 id 的样式：左外边距为 10em。

保存 pacific.css。

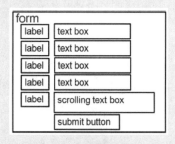

图 9.43   表单线框图

任务 3：创建预订页面。将主页作为创建新页的起点。启动文本编辑器，打开 index.html。将文件另存为 reservations.html。根据下列要求修改文件，使页面如图 9.42 所示。

1. 将页面标题修改为合适的内容。

2. 删除内容区域中的图片、段落、无序列表以及地址/电话信息。不要删除标识页眉、导航以及页脚区域。

3. 将 h2 元素中的文本修改为 "Reservations at Pacific Trails"。

4. 在 h2 元素下另起一行，添加 h3 元素，内容为文本 "Contact Us"。

5. 准备编写表单区域的 HTML 代码。写一个表单元素，使用 post 方法，action 属性是调用一个服务器端的处理程序。除非指导老师另有要求，否则请将 action 属性设置为 http://webdevbasics.net/scripts/pacific.php。

6. 配置用于输入名字(First Name)的表单控件。创建标签元素，包含文本 "First Name:"。创建名为 myFName 的文本框。使用 for 属性将标签元素与表单控件关联起来。

7. 配置用于输入姓氏(Last Name)的表单控件。创建标签元素，包含文本 "Last Name:"。创建名为 myLName 的文本框。使用 for 属性将标签元素与表单控件关联起来。

8. 配置用于输入电子邮件地址的表单控件。创建标签元素，包含文本 "E-mail:"。创建名为 myEmail 的文本框。使用 for 属性将标签元素与表单控件关联起来。

9. 配置用于输入电话号码的表单控件。创建标签元素，包含文本 "Phone :"。创建名为 myPhone 的文本框。使用 for 属性将标签元素与表单控件关联起来。

10. 配置用于输入留言的表单控件。创建标签元素，包含文本 "Comments:"。创建名为 myComments 的文本域，rows 设为 2，cols 设为 20。使用 for 属性将标签元素与表单控件关联起来。

11. 配置提交按钮。编写该输入元素的代码，使按钮显示文本"Submit "。为该元素分配名为 mySubmit 的 id。

12. 在提交按钮后另起一行，写上表单元素的关闭标签</form>。

保存文件并在浏览器中测试网页。它看上去应当类似于图 9.42 所示。如果你连接了互联网，请提交该表单。浏览器将根据你在表单元素中的设置把你的表单信息发送给相应的服务器端脚本。随即出现一张确认页面，上面列出了表单信息以及对应的名称。

任务 4：配置 HTML5 表单控件。让我们再练习一下 HTML5 新元素的使用，在预订页面上添加一些 HTML5 属性并设置相关的值。用文本编辑器修改 reservations.html 文件。

1. 在表单上方添加一个段落，显示文本 "Required fields aremarked with an asterisk (*)."。

2. 使用 required 属性来指定必填项：名字、姓氏、电子邮件、留言。在每个必填项的标签文本前添加一个星号。

3. 将用于输入电子邮件地址的输入元素设置为 type="email"。

4. 将用于输入电话号码的输入元素设置为 type="tel"。

5. 添加一个日历控件用于接收预订发起的日期(使用 type="date")。

6. 添加一个微调器控件用于接收介于 1 到 14 之间的一个数字，表示顾客预计逗留的天数(使用 type="number")。用 min 和 max 属性来指定取值范围。

保存文件并在浏览器中测试网页。不要输全信息或者故意输入部分的电子邮件地址，然后提交表单。根据浏览器对 HTML5 的支持度情况，浏览器可能会执行信息验证并显示报错消息。图 9.44 为 Google Chrome 浏览器中呈现的预订页面，并给出了电子邮件地址格式不正确的提示。

图 9.44　包含 HTML5 表单控件的预订页面

通过这一任务，我们练习了 HTML5 新属性与赋值的使用。浏览器显示情况以及功能生效与否取决于它对 HTML5 的支持程度。请访问 http://www.standardista.com/html5/html5-web-forms，以了解各浏览器对 HTML5 网页表单的支持情况。

Prime 房产

回顾一下第 2 章中关于 Prime 房产公司的案例研究内容。图 2.40 为该网站的站点地图。请使用第 8 章中所完成的 Prime 房产公司网站做为起点进行本节的练习。你将要创建一张新的"联系我们"页面，其中包含了表单。请完成以下四项任务。

1. 为本实例研究创建一个新的文件夹。

2. 修改外部样式表文件(prime.css)，为新表单设置样式。

3. 创建如图 9.45 所示的"联系我们"页面。

4. 配置 HTML5 表单控件。

图 9.45 Prime 房产公司的"联系我们"页面

实例研究之动手练习

任务 1：创建文件夹。 创建名为 prime9 的新文件夹。将在第 8 章的练习中所建的 prime8 中的全部文件复制到 prime9 中。

任务 2：修改 CSS。 修改外部样式表文件(prime.css)。用文本编辑器打开 prime.css 文件。回顾图 9.45 以及图 9.46 所示的线框图。注意表单控件的文本标签均位于内容区域的左侧，但包含的文本是右对齐的，并且每个表单间留有纵向的空白。根据下列要求设置相应的 CSS。

1. 创建标签元素选择器，设置相关样式：块显示方式浮动到左边，文本右对齐，字体加粗，宽度为 8em，并设置合适的右内边距值。

2. 设置输入元素与文本域元素选择器中的样式：块显示，底外边距为 1em。

3. 配置名为 mySubmit 的 id 的样式：左外边距为 10em。

保存 prime.css。

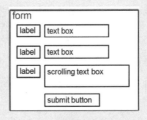

图 9.46 表单线框图

任务 3：创建"联系我们"页面。 将理财页面作为创建新页的起点。启动文本编辑器，打开 financing.html。将文件另存为 contact.html。根据下列要求修改文件，使页面如图 9.45 所示。

1. 将页面标题修改为合适的内容。

2. "联系我们"页的 main 元素中要包含一个表单。删除 main 元素中的段落、h3 元素和描述列表。

3. 将 h2 元素中的文本修改为"Contact Prime Properties"。

4. 准备编写表单区域的 HTML 代码。写一个表单元素，使用 post 方法，action 属性是调用一个服务器端的处理程序。除非指导老师另有要求，否则请将 action 属性设置为 http://webdevbasics.net/scripts/prime.php。

5. 配置用于输入姓名信息的表单控件。创建标签元素，包含文本"Name:"。创建名为 myName 的文本框。使用 for 属性将标签元素与表单控件关联起来。

6. 配置用于输入电子邮件地址的表单控件。创建标签元素，包含文本"E-mail:"。创建名为 myEmail 的文本框。使用 for 属性将标签元素与表单控件关联起来。

7. 配置用于输入留言的表单控件。创建标签元素，包含文本"Comments:"。创建名为 myComments 的文本域，rows 设为 2，cols 设为 20。使用 for 属性将标签元素与表单控件关联起来。

8. 配置提交按钮。编写该输入元素的代码，使按钮显示文本"Send Now "。为该元素分配名为 mySubmit 的 id。

9. 在提交按钮后另起一行，写上表单元素的关闭标签</form>。

保存文件并在浏览器中测试网页。它看上去应当类似于图 9.45 所示。如果你连接了互联网，请提交该表单。浏览器将根据你在表单元素中的设置把你的表单信息发送给相应的服务器端脚本。随即出现一张确认页面，上面列出了表单信息以及对应的名称。

任务 4：配置 HTML5 表单控件。 让我们再练习一下 HTML5 新元素的使用，在招聘页面上添加一些 HTML5 属性并设置相关的值。用文本编辑器修改 contact.html 文件。

1. 在表单上方添加一个段落，显示文本"Required fields aremarked with an asterisk (*)."。

2. 使用 required 属性来指定必填项：名称、电子邮件、留言。在每个必填项的标签文本前添加一个星号。

3. 将用于输入电子邮件地址的输入元素设置为 type="email"。

保存文件并在浏览器中测试网页。不要输全信息或者故意输入部分的电子邮件地址，然后提交表单。根据浏览器对 HTML5 的支持度情况，浏览器可能会执行信息验证并显示报错消息。图 9.47 所示为 Firefox 浏览器中呈现的"联系我们"页面，并给出了缺少必填信息的提示。

图 9.47　包含 HTML5 表单控件的"联系我们"页面

通过这一任务，我们练习了 HTML5 新属性与赋值的使用。浏览器显示情况以及功能生效与否取决于它对 HTML5 的支持程度。请访问 http://www.standardista.com/html5/html5-web-forms，以了解各浏览器对 HTML5 网页表单的支持情况。

Web 项目

参见第 5 章与第 6 章中对于 Web 项目这一案例研究的介绍。在本环节中，你要在已有的网页上添加表单，或者创建包含表单的新页面，然后用 CSS 设置表单样式。

实训案例

1. 从 Web 项目中挑选一个网页用于添加表单。画出计划创建的表单蓝图。

2. 修改项目的外部 CSS 文件(project.css)，根据需要配置表单中的区域。

3. 所选择的网页，添加表单的 HTML 代码。

4. 表单标签应当使用 post 方法，action 要调用服务器端处理程序。除非指导老师有其他要求，否则请将 action 属性设置为 http://webdevbasics.net/scripts/demo.php。

保存网页，并在浏览器中测试。如果你已连接互联网，请提交表单。这将会把表单信息发送给表单元素中所配置的服务器端脚本。接下来将显示确认页面，上面列出了各项表单信息及其对应的名称。

第10章

网站开发

本章学习目标

- 描述开发一个成功的网站所需的技能、要完成的功能和工作角色
- 介绍标准"系统开发生命周期"中的各个阶段
- 了解其他常用的系统开发方法
- 将"系统开发生命周期"应用于网站开发项目
- 在概念形成阶段识别机会、确定目标
- 在分析阶段确定信息主题和网站需求
- 在设计阶段创建站点地图、页面布局、原型和文档
- 在开发阶段完成网页和相关文件的制作
- 在测试阶段检验网站功能并应用测试计划
- 获得客户认可并启用网站
- 在维护阶段修改并提升网站
- 在评估阶段比较网站的预期目标和实现结果
- 为网站寻找合适的主机提供商
- 为网站选择域名

本章讨论开发成功的大规模项目所需的各种技能，还将介绍一些常用的网站开发方法、域名和主机选择等内容。

10.1　大型项目的成功开发

大型项目不是一两个人就能够完成的，它需要一群人形成团队合作开发。大型项目开发通常需要的人员角色包括项目经理、信息架构师、市场代表、文书、编辑、图形设计师、数据库管理员、网络管理员以及网站开发人员等。在小型公司或组织中，可能出现一人身兼数职的情况。开发小规模项目时，可以让一个网站开发人员同时担任项目经理、图形设计师、数据库管理员和/或信息架构师等角色。很重要的一点是，每一个项目都具有独特性，有着各自不同的需求。能否选择合适的人员组成团队事关项目成败。

项目工作角色

项目经理

项目经理的工作是指导整个网站开发过程并协调团队活动。项目经理还要创建项目计划和时间进度表。该角色要负责掌控里程碑节点、按期交付成果，因而卓越的组织、管理和沟通技能必不可少。

信息架构师

信息架构师的工作是明确网站的任务和目标，协助确定网站的功能，并且要在定义网站结构、导航和标签方面发挥作用。网站开发人员和/或项目经理有时候会兼任这一角色。

用户体验设计师

用户体验(UX)是指用户对于产品、应用或网站的反响。用户体验设计师也称为 UX 设计师，主要关注于用户与网站的互动。UX 设计师可能参与原型设计、可用性测试等工作，有时候还会与信息架构师合作。在小型项目中，项目经理、网页开发人员或网页设计师也可兼任用户体验设计师的角色。

市场代表

市场代表负责处理企业的市场计划和目标。他(或她)与网页设计人员互相配合，共同创建与该企业的市场目标相一致的网络形象(web presence)，或者说企业在网上的"观感"。市场代表还要帮助协调网站和其他媒体的关系，例如出版社、广播媒体和电视媒体等。

文书和编辑

文书的工作是负责准备和评估文字材料。有时要把现有宣传册、新闻报道和白皮书等材料发布到网站上，必须事先要重新编辑和整理这些材料，才能让它们适用于网络媒体。内容经理或编辑可以协助文书检查文字材料，纠正语法错误并保持前后一致。

内容经理

内容经理参与网站的战略性和创新性开发以及网站提升等工作。他(或她)监督内容的变更。要想成为一名成功的内容经理，必须具备的关键技能包括编辑、文书写作、市场营销、专业技术以及沟通能力等。担任这一动态性工作的角色必须能够推动变革。

图形设计师

图形设计师为网站选择合适的颜色和图片，设计页面线框和布局，创建标识和图形，并针对图片在网页上的显示进行优化。

数据库管理员

如果网站需要访问存在数据库中的信息，数据库管理员就必不可少。该角色的任务是创建数据库、创建维护数据库(包括备份和恢复)的程序并控制对数据库的访问权限。

网络管理员

网络管理员的工作是设置和维护服务器，安装和维护软硬件系统以及控制访问的安全性。

网页开发人员/网页设计师

网页开发人员和网页设计师的角色头衔通常可以互换使用，但一般来说，网页开发人员更侧重于编写代码和创建脚本，而网页设计者则更多地关注于设计和美工。网页设计师写的 HTML 和 CSS 代码，可以承担一部分图形设计师的工作职责，如选择合适的色彩、设计框架和页面布局、创建标志和图形，并针对在网页中的显示目的来优化图像等。网页开发人员有时被称为前端开发人员，他们负责编写 HTML、CSS 和客户端脚本(如 JavaScript)。一些网页开发人员专门从事编写实现数据库访问的服务器端脚本。通常，大型项目中有多位网页设计师和网页开发人员，每个人都在其专长领域中发挥作用。

确定项目人选的标准

不管项目规模的大小，为它招募合适的人员都是至关重要的。在选择项目参与人员时，要仔细考虑每个人的工作经历、代表作品、正规教育背景和行业认证等。

另一个组建项目(或开发整个网站)团队的方案是将项目外包，也就是说雇佣另一家公司来为你工作。有时我们会把项目的一部分外包，例如图像制作、多媒体动画制作或者服务器端脚本的编写等。如果选择了这种方式，项目经理和外部组织之间的沟通联系就显得更加重要。外包团队需要清楚地了解项目的目标和交付日期。

无论大小，也无论是自行完成或外包，开发网站项目的成功关键在于计划的制定和沟通。在正规项目的开发流程中适当进行协调、改善计划制定和沟通交流等工作，这是项目成功不可或缺的要素。

10.2　开　发　流　程

大型公司和商业网站的成功不可能是一蹴而就的。它们都经过了精心的构建，通常要遵循项目开发方法论(流程)。流程是一种全面覆盖项目生命周期、自始至终按部就班的建设计划。它由一系列的阶段构成，每个阶段都有特定的活动和可交付物。大部分现代项目开发流程都是建立在系统开发生命周期(System Development Life Cycle，SDLC)之上的，它是一种已经被应用了几十年的开发流程，用于构建大规模信息系统。SDLC 由若干阶段组成，有时称为步骤或过程。每个阶段的活动通常都要在下一阶段的活动开始之前完成。标准 SDLC 的基本阶段(如图 10.1 所示)包括系统调查、系统分析、系统设计、系统实现以及系统维护等。

网站开发中经常使用的流程是针对项目而修订的一种 SDLC 变化体。大型公司和设计公司通常会创建适合于自己项目使用的特殊流程。"网站开发生命周期"是成功管理项目的指导原则。根据特定项目的规模和复杂程序，某些步骤通过一次会议就可完成，有些步骤则可能要花上几个星期甚至几个月。

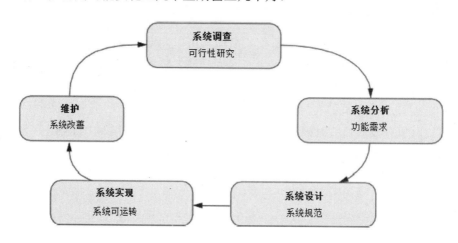

图 10.1　系统开发生命周期(SDLC)

如图 10.2 所示，网站开发生命周期通常包括以下步骤：概念形成、分析、设计、开发、测试、启用、维护以及评估。

网站开发中很重要的一点是工作永远不会结束，网站需要保持更新，要赶得上时代潮流，总有错误和漏洞需要纠正，并且需要新的组件和页面。第一步就要确定为什么需要这样一个网站。

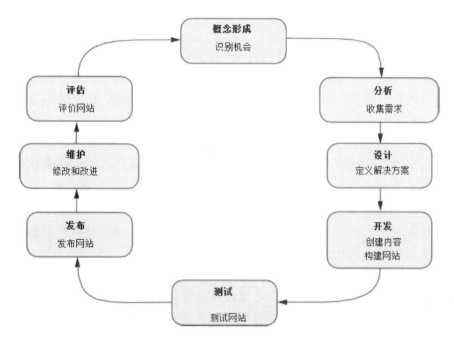

图 10.2　网站开发生命周期

FAQ　其他网站的开发流程是怎样的？

　　本章讲述的开发流程是传统 SDLC 流程的网站开发修订版。我们列出了其他一些开发方法。

- 原型法(Prototyping)。开发人员先创建一个小型工作模型并向客户展示。然后开发人员不断对其进行修改直至达到预期目标。该方法可在网站开发生命周期的设计阶段使用。

- 螺旋系统开发(Spiral System Development)。这一方法十分适用于超大规模或分阶段实施的项目，很重要的原因在于它可以降低风险。在螺旋系统开发流程中，项目的每一个小部分是一个接着一个完成的。

- 联合应用开发(Joint Application Development，JAD)。这种类型的开发非常注重网站或系统用户和开发者之间的小组会议和相互合作。它通常只用于内部开发(非外包)的场合。

- 敏捷软件开发(Agile Software Development)。被视作一种创新流程，它强调了在开发团队内部产生知识以及与客户分享知识的重要性。这一开发哲学更注重代码而非文档，并且把项目分成了许多小型的、迭代的步骤进行开发。

- 特定开发流程(Organization-Specific Development Methodologies)。大型公司和开发公司通常会创建自己特有的用于网站开发的流程版本或注解。

概念形成

网站意在把握什么机会、或是致力于解决什么问题？建设网站的动机是什么？也许你的客户拥有一家零售商店，希望能够在互联网上销售产品。也许是因为他的竞争对手刚刚发布了一个网站，所以他不甘落后才打算也创建网站。也许你有一个了不起的金点子，成功了的话说不定就是下一个 eBay！

由于工作的关注点在于让网站可用并且能够吸引目标受众，因此必须事先确定好网站的预期客户群体。明确受众是谁、他们的偏好是什么，这是相当重要的。

概念形成阶段的另一项重要工作是确定网站的长期和短期目标或任务。也许短期目标只是发布一个主页，也许长期目标是使公司 20%的产品销售要在网站上完成，或许你只是希望网站每月的访问量保持在一定数量。无论目标是什么，最好将它们量化。要确定如何来衡量网站的成功与否。

网站的用途和目标通常是由客户、项目经理和信息架构师合作确定的。在正规的项目环境下，这一步的结果通常都会详细记录到文档中，由客户确认后才能进入开发工作的下一个阶段。

分析

分析阶段通常涉及与客户方重要干系人的会谈。分析通常由项目经理、信息架构师或其他分析人员以及客户的市场代表和相关人员共同完成。根据项目规模的大小，还可能需要与网络管理员和数据库管理员进行讨论。在分析阶段要完成以下常见任务。

- 确定信息主题(Information Topics)。要把在网站上所呈现的信息进行组织分类，并形成层次结构。这些信息主题是后续开发站点导航功能的起点。
- 决定功能需求。陈述网站要做什么，而不是如何去做。例如，要说明"网站将支持顾客用信用卡购物"，而不是"网站将利用 PHP 来执行订单处理、在 MySQL 中查询商品价格和销售税额等信息，并使用 somewebsite.com 网站提供的信息卡实时验证服务"。注意，功能需求在细节等级上是有区别的。
- 确定环境要求。网站访问者将使用什么硬件？操作系统是什么？内存有多大？屏幕分辨率和带宽又是多少？web 服务器需要什么样的软件和硬件？
- 确定内容需求。内容是否已经存在其他格式(例如宣传册、产品目录、白皮书)？要确定由谁负责为网站创建和重要处理这些资料。客户公司或市场部门是否还有其他内容需求要满足？例如，是否要在网站上展现某种特定的视觉效果？是否一定要显示该公司的品牌标志？
- 比较新旧两种方式。也许可以不用创建新网站，而只是对现有网站进行升级就可以满足需求？新版本的网站有什么优势、能够提供什么附加价值？
- 观察竞争对手的网站。仔细观察竞争对手的网站，将有助于你设计出与众不同的作品，并且能够吸引更多的客户。注意这些网站的优势与不足之处。

- 成本预估。要估算一下创建网站所需的费用和时间，一般在这时就需要创建或修改一个正式的项目计划。人们常常使用 Microsoft Project 等软件来完成这项工作并制定项目计划。
- 进行成本/效益分析。写一个文档，对网站的成本和效益进行比较。可度量的效益对于客户来说是最有用且最具吸引力的。在正规的项目环境中，客户必须认可了详细记录分析结果的文档后，项目团队才能进入下一阶段的工作。

设计

一旦大家都知道需要的是什么，就可以开始决定怎样来实现了。设计阶段涉及与客户方干系人的会面与讨论。设计的任务通常由项目经理、信息架构师或其他分析师、图形设计师、高级网页开发人员和客户方面的市场代表以及相关人员共同完成。该阶段的常见任务如下。

- 选择网站组织结构。正如我们在第 5 章中讨论的那样，常见的网站组织结构有分层式、线性式和随机式。要确定哪一种结构最适合当前项目网站，并为它创建站点地图。
- 设计原型。作为起点，要先在纸上画出设计蓝图。有时候可以在纸上打印一个空白的浏览器框架，再在其中画出草图(参见学生文件的 chapter10/sketch.doc)。在创建示例网页模型或线框图时往往要用到图像处理软件。可以把它们作为系统的设计原型或工作模型向客户展示，供他们决策。也可以交由相关小组进行可用性测试(usability testing)。
- 设计页面布局。用线框图或示例页面模型来确定网站的视效和布局。网站的本色方案、标识图片的大小、按钮图片和文本等项目都需要确定。利用页面布局设计和站点地图来创建主页和内容页面的布局模板。运用图像处理软件来创建这些页面的模型，以便充分了解网站的工作原理。如果在早期阶段就使用这个网页开发工具，就有可能让经理或客户误认为你已经完成了一半工作，甚至让你提早交付。
- 设计各网页的文档。虽然这看起来好象并非必要工作，但内容的缺失往往是网站延迟交付的原因。为每张页面准备一个内容表，比如可以采用如图 10.3 (参见学生文件中的 chapter10/contentsheet.doc)所示的形式，以描述网页的功能、文本和图像等内容需求、内容来源以及内容审批人等要素。

一般来说，开发团队应当在客户认可站点地图和页面设计原型后，才进入开发阶段。

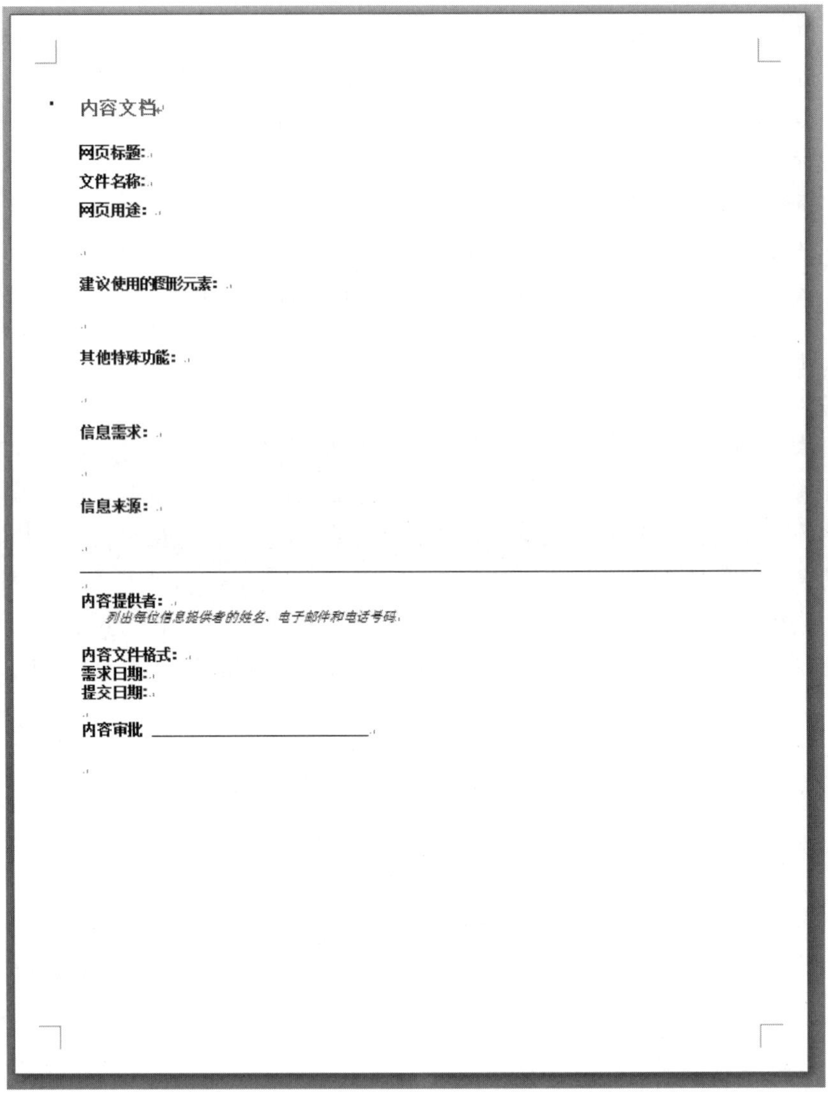

内容文档

网页标题:
文件名称:
网页用途:

建议使用的图形元素:

其他特殊功能:

信息需求:

信息来源:

内容提供者:
列出每位信息提供者的姓名、电子邮件和电话号码。

内容文件格式:
需求日期:
提交日期:

内容审批 ____________________

图 10.3　内容表模板

开发

在产品(production)阶段，所有之前完成的作品都会集中到一起(理想状态)，从而形成一个可用的、且有效的网站。在这一阶段，网页设计人员和开发人员的工作处在关键路径上，他们必须按时间表交付工作，否则将造成整个项目的拖延。在有必要的时候，他们会咨询其他项目成员以澄清或证明某些事项。开发阶段的常见任务如下。

- 选择网页开发工具。使用 Adobe Dreamweaver 等网页开发工具可以极大地提高工作效率。具体的开发辅助工具包括设计提示、网页模板、任务管理以及避免交叉更新的网页登入登出机制等。使用开发工具还可以对项目页面中的 HTML 代码进行标准化。任何与缩进、注释等相关的标准都必须在这个时候确定。

- 组织网站文件。要考虑将图片和多媒体文件放到它们自己的文件夹中。并且要为服务器端的脚本单独建立文件夹。要确定网页、图片和多媒体文件的命名规则。
- 开发并单独测试组件。在这个任务期间，图形设计师和网页开发人员要创建并独立完成相应成果的测试。随着图片、页面、服务器端脚本的不断开发，持续对它们进行独立测试必不可少。这就是所谓的单元测试(unit testing)。在某些项目中，会让有经验的网页开发人员或项目经理检查所完成组件的质量和标准遵守情况。

一旦创建并测试所有的单元组件，就应该将它们组合到一起，进入测试阶段。

测试

各个组件应当发布到一台测试服务器上，该服务器应当与生产(实际)环境中的服务器具备相同的操作系统和服务器软件。下面是一些常见的网站测试注意事项。

- 用不同浏览器(以及相同浏览器的不同版本)进行测试。要在常用浏览器和它们各种不同的版本中对网页进行测试，这一点极其重要。
- 在不同的屏幕分辨率下测试。虽然作为网页开发人员，你所使用的屏幕具有很高的分辨率，但并不是所有人都拥有 1920×1200 的显示器。在我写作这一部分时，最常用的屏幕分辨率是 1024×768、1280×800 以及 1366×768。请务必在不同的分辨率下测试你的网页，结果可能让人难以置信。
- 用不同的带宽进行测试。如果在大城市工作生活，你所认识的人可能都用宽带上网。但是仍然有许多人在使用拨号连接来访问互联网。在较慢和较快的连接速度下测试网站，这一点非常重要。试想用学校的 T3 线路瞬间就能下载的东西，用移动热点来下可能会非常缓慢。
- 在其他地方进行测试。不要用开发网站的那台计算机来测试你的网站，请更换一台再测，这样能更真实地模拟网站访客的体验。
- 用移动设备进行测试。使用移动设备上网的人越来越多，因此有必要用一台或者多台流行的智能手机来测试你的网站。有关移动网页测试工具的相关内容请参见第 7 章。
- 测试，测试，再测试。测试永远不嫌多。是人都会犯错误，因此你和你的团队要去发现错误，总好过客户在检查网站时指出错误。

听起来是不是有太多东西要兼顾？确实如此。所以我们说创建一个测试计划(test plan)是高明的点子。测试计划是用于描述网站中的各页面需要测试哪些内容的文档。如图 10.4(参见学生用文件的 chapter10/testplan.pdf)所示就是一份网页测试计划示例，它能帮助你在不同浏览器和不同屏幕分辨率下检查网页并组织测试。文档校验部分涵盖了网页中要求的内容、链接以及任何表单或脚本。搜索引擎优化的 meta 标签将在第十三章中进行讨论。当然目前你应该能验证页面标题是否具有描述性，并且是否包含了公司或组织的名称。在不同的带宽下对页面进行测试是很重要的，因为如果网页让用户等待的下载时间太长，往往就被放弃了。

网页文档测试计划												
文件名：										日期：		
网页标题：										测试人：		

Browser Compatibility

	1024x768	1366x768	1280x800	Other	PC	Mac	Linux	不可用	图像	不可用 CSS	其他	备注
Internet Explorer (版本号)												
Internet Explorer (版本号)												
Firefox (版本号)												
Safari (版本号)												
Opera (版本号)												
Chrome (版本号)												
JAWS屏幕阅读器												
平板电脑 (设备名称)												
智能手机 (设备名称)												
其他												

文档校验					搜索引擎优化		
	通过	未通过	备注				备注
HTML 校验					Meta 标签 (描述)		
CSS 校验					网页标题（title）中的关键字		
检查拼写					标题（heading）中的关键字		
检查所需内容					Keywords in content		
检查所需图像					Other		
检查 Alt 属性					下载时间检查		
测试超链接						时间	备注
无障碍访问测试					56.6Kbps		
表单处理					128Kbps		
脚本/动态效果					512Kbps		
可用性测试					T1/DS1 (1.544Mbps)		
其他					其他		
备注							

图 10.4　测试计划示例

自动测试工具和校验器

你在项目中用到的网页开发工具一般都会提供内置的网站报告和测试功能。Adobe Dreamweaver 等软件中相应的功能包括拼写检查、链接检查和下载时间计算等等。每种软件都有其特色功能。我们收集了一些自动测试工具与校验器。W3C 标记校验服务 (Markup Validation Service，http://validator.w3.org)可校验 HTML 和 XHTML 代码。W3C 的 CSS 校验服务(Validation Service，http://jigsaw.w3.org/css-validator)可检查 CSS 的语法是否正确。网页分析器(Web Page Analyzer，http://www.websiteoptimization.com/services/analyze)可用来分析网页下载速度。

无障碍访问测试

每个人都能使用可无障碍访问的网页，包括那些视觉、听觉、行动、认知方面有所不便的人士。正如你在本书中所学到的，无障碍访问已经成为网页设计与编码过程中的有机组成部分，而不是事后才加以考虑的补救措施。你已经学习了如何设置标题与子标题、用无序列表来组织导航、为图像添加说明文字以及用文字标题与表单控件关联等技术，它们都能用于提升网页的无障碍访问性能。

无障碍访问

网页无障碍访问标准

联邦修正法案 Section 508。Section 508(http://www.access-board.gov/sec508/guide/1194.22.htm)规定美国联邦机构所使用的电子与信息技术必需要为残疾人士提供无障碍访问。在我写这一部分内容时，Section 508 正在进行修订。

网页内容无障碍访问指南(WCAG2.0)。WCAG 2.0(http://www.w3.org/TR/WCAG20)提出，一个可访问的网页必须对各种行为能力的人都是可感知、可操作、可理解的。网页应当足够稳定，不管用户使用的是哪种浏览器或是代理，如辅助技术(屏幕阅读器等)和移动设备。WCAG2.0 的指导原则可简写为 POUR。

1. 内容必须可感知。

2. 内容中的界面组件必须可操作。

3. 内容和控件必须可理解。

4. 内容必须最大化地兼容当前和未来的用户代理，包括辅助技术。

要对网站进行无障碍访问测试，以证明其遵循了相关标准。有许多无障碍访问检查器可供使用。WebAIM Wave(http://wave.webaim.org) 和 ATRC AChecker (http://www.achecker.ca/checker)是两款常用的免费在线无障碍访问评估工具。一些浏览器还提供了工具栏扩展(插件)进行可无障碍访问评估，包括 Web Developer Extension (http://chrispederick.com/work/web-developer)、WAT-C Web Accessibility Toolbar (http://www.wat-c.org/tools) 以及 IE 的 Web Accessibility Toolbar (http://www.paciellogroup.com/resources/wat/ie)。

很重要的一点是不能完全依赖自动测试，必须亲自检查网页。例如，虽然自动化测试工具检查出已设置了 alt 属性，但还是需要人工去判断该属性的文本对于无法看到图片的人来说是否描述得当。WebAIM 提供了一张详细的清单 (http://www.webaim.org/standards/wcag/checklist)，可用来提示我们需要检查哪些项目以验证对 WCAG 2.0 需求的遵从性。

可用性测试

可用性指标用于衡量用户与网站的交互体验。它事关网站是否易用、高效、是否能使访客愉悦。Usability.gov (http://usability.gov)描述了影响用户体验的五个要素。

- **学习是否容易**。能否很容易就学会网站使用方法？导航是否直观？新手觉得很快就能掌握网站基本功能还是会屡屡受挫？

- **使用是否高效**。有经验的用户对网站有何感受？在舒适度要求得到满足后，他们能够高效快速地完成任务还是遭受打击？

- **是否容易记住**。当访问者返回到该网站时，他或她是否能回忆起足够多的内容从而完成任务？还是得重新返回到学习曲线的起点而倍感沮丧？

- **错误频率和严重程度**。网站访问者在浏览或填写表单时会出错吗？如果有，错误严重吗？错误很容易纠正还是会让访客倍感困扰？

- **主观满意度**。用户喜欢使用这个网站吗？他们是否满意？理由是什么？

可用性测试(usability testing)指的是针对网站访问者使用网站的实际情况而进行的测试。它可以在网站开发的任何一个阶段进行，并且通常需要多次进行。可用性测试要求用户在网站上完成一些任务，诸如下个订单、查找某公司的电话号码或查找某个产品等。网站不同，具体的任务也不同。用户尝试完成这些任务的过程会被监测。他们会被要求说出心里的疑虑和犹豫，结果会被记录(一般录制在视频中)，网页设计团队会就此进行讨论。根据测试结果常常要对导航和页面布局等做出修改。请完成本章结尾处的动手实践 5，执行一次小规模的可用性测试，就能够熟练掌握这一方法的应用了。

如果在网站开发的早期阶段就进行可用性测试，可能需要用到画在纸上的页面布局和站点地图。如果开发团队正在因某个设计事项难以抉择，有时可用性测试可以帮助确定哪个创意是较好的选择。如果在网站开发后期，比如测试阶段进行可用性测试，测试的就是实际的网站。根据测试结果，可以确认网站的易用性和设计是否成功。如果发现问题，还能够对网站进行最后一分钟的修改，或者计划在不远的将来对网站加以改善。

启用

你的客户，无论是另一家公司还是本单位的另一个部门，需要在文件发布到实际网站之前对交付物进行检查以正式认可测试网站。有时需要在面对面的会议上进行这种确认。有时则是将 URL 发送到客户那里，他们通过电子邮件进行确认或提出修改要求。

一旦测试网站得到认可，就可以将它发布到生产环境的网站上去了(称为启用)。如果你认为工作至此为止，请再三思！发布之后，还要测试所有网站组件，确保网站在新环境中也能正常工作。通常会同步进行网站的市场推广工作(参见第 13 章)。

维护

网站永远不会有完成那一天。开发过程中总有一些未曾注意到的错误或遗漏。一旦客户拥有了网站，他们就经常会发现还有新需求，因而修改、补充或添加新组件等任务无法避免(这称为网站维护)。

此时项目团队会发现新的机会或改良办法，然后启动开发流程的又一轮循环。

其他需要更新的东西相对较小，也许是某个链接失效了，某个词语拼写错了，或是某个图片需要更换等等。这些小型变更通常可以在发现后立即完成。至于谁来做这些修改、谁来审批这些修改，这就视公司制度而定了。如果你是一名从事网页开发的自由职业者，情况会更直接，修改网页的人是你，而审批修改的则是客户。

评估

你是否还记得概念形成阶段所设定的目标？评估阶段就是复核它们并确定网站是否达到预期目标的时候。如果目标没有达到，就要考虑该怎样改进网站，并启动开发流程的另一轮循环。

自测题 10.1

1. 请描述项目经理所担任的角色。
2. 请解释为何大规模的 web 项目需要这么多不同的角色。
3. 列举进行网站测试的三种不同的方法，分别用一两句话来描述。

10.3 域 名 概 述

为了建立起真正发挥作用的网络形象，至关重要的一点是要选好域名。域名的作用是在互联网上定位自己的网站。如果公司和组织刚成立，那就可以在为公司取名时就选好域名了，这很方便。相反，如果你的公司已经很成熟，就应该选择和现有的品牌形象相符的域名。虽然许多域名已经被购买占用，但仍然有大量选择可供考虑。

挑选域名

- 描述你的企业。虽然使用一些比较"有趣"的字词作为域名是一直以来的潮流(如 yahoo.com、google.com、bing.com、woofoo.com 等)，但务必三思而行。传统行业所用的域名是企业网络形像的基础，应当体现企业的名称或目标。

- 尽量简洁。虽然大多数人都通过搜索引擎来找新网站，但还是有一些访问者会在浏览器中输入你的域名。短域名比长域名好，更容易为访问者记住。

- 避免使用连字符号("-")。域名中的连字符号(通常称为破折号)使域名很难发音，并且输入时也容易漏，说不定就输入了竞争对手的网址！如果可能，尽量避免在域名中使用连字符。

- 并非只有.com。虽然.com 是目前商业和个人网站最流行的顶级域名(TLD)，但还可以考虑用其他 TLD 来注册自己的域名，例如.biz、.net、.us、.mobi 等等。商业网站应当避免使用.org，这是非营利性公司的首选。没必要为自己注册的每个域名都创建一个独立的网站。可借助域名注册公司 (例如 Register.com，网址为 http://www.register.com)提供的功能把对多个域名的访问都引导到你的网站实际所在地址。这就是所谓的域名重定向。

- 为潜在关键字来一个头脑风暴。从用户的角度考虑一下，当他们想要通过搜索引擎查找与你公司同类的企业或组织时，会使用什么样的搜索关键字。这些就是你的关键字列表的起点。如果可能，把其中的一个或多个关键字纳入域名中(但仍然要尽可能简短)。

- 避免使用注册商标中的单词或短语。美国专利商标局(U.S. Patent and Trademark Office，USPTO)对商标的定义是：生产者、经营者为使自己的商品与他人的商品相区别而使用或打算使用的文字、名称、符号、图形以及这些要素的组合，商标还要标示商品来源。研究商标的一个起点是 USPTO 的商标电子搜索系统 (Trademark Electronic Search System，TESS)。请访问 http://tess2.uspto.gov。要了解商标的更多信息，请访问 http://www.uspto.gov。

- 了解行业现状。了解你打算使用的域名和关键字在网络上的使用情况。一个比较好的做法是在搜索引擎中输入你希望使用的域名(以及相关的词汇)，看看是否已经存在。

- 检查可用性。利用域名注册公司的网站检查域名是否可用。以下是一些域名注册公司的网址：

  o Register.com，网址为 http://www.register.com

  o Network Solutions，网址为 http://www.networksolutions.com

  o GoDaddy.com，网址为 http://www.godaddy.com

所有这些网站都提供了搜索功能，能找出一个潜在的域名是否可用，如果已经被占用又是谁占用了。对于被占用的域名，网站会列出一些推荐的备选名称。不要轻言放弃；好域名正在那里等待有缘之人。

注册域名

确定了中意的域名后，不要浪费时间，马上注册。各个公司的域名注册费用各不相同，但都不会很高。.com 域名当前一年的注册费为 35 美元(如果多注册几年，或者同时购买主机寄存服务，还会有一定的优惠)。域名注册越早越好，即使并不是马上发布网站。有许多公司都在提供域名注册服务，上一节中已经列出了一些。注册域名时，你的联系信息(比如姓名、电话号码、邮件地址、电子邮件地址)会输入 WHOIS 数据库，每个人都可以看见，除非选择了保密注册(private registration)。虽然保密注册的年费要稍微贵一些，但为了个人信息被泄露，还是值得的。

获得域名只是建立网络形象的一部分，还需要在某个服务器上实际寄存你的网站。下一节我们将介绍在选择主机时需要考虑的因素。

10.4 主 机 寄 存

哪里是适合网站项目"生存"的场所？为公司或客户选择最合适的主机供应商可能是你要做的最重要的决定之一。好的主机服务将为网站提供坚实可靠的家，而差的主机服务将成为问题和投诉等麻烦之源。你会选择哪一种呢？

主机供应商

主机供应商能够为你的网站文件提供存储空间，也提供了一些服务让网站在互联网上可用。你的域名(比如 webdevfoundations.net)与一个 IP 地址绑定在一起，该地址指向位于主机供应商的服务器上的网站。主机供应商的收费包括开户费用以及按月收取的寄存费。

寄存费用差别很大。但我们不一定要选择最便宜的。对于商业网站来说，永远不要考虑使用免费的主机供应商。它们适合于孩子、大学生、业余爱好者，但并不专业。我想你或你的客户最不愿意看到的就是被人认为业务不专业或形象不严肃吧？在考虑多家不同的供应商时，可以拨打客服电话，或者发送电子邮件，看看他们的实际响应速度。口碑、网页搜索、当地电话黄页以及在线分类目录(http://www.hosting-review.com)都是查找最佳主机供应商的资源。

寄存的类型

- 虚拟主机或共享主机是小型网站的常见选择(图 10.5)。主机供应商的物理服务器被划分为一系列虚拟域，多个网站可以建立在相同的服务器上。在你自己的网站空间内，你有权更新文件，而服务器和互联网的连通性则是由主机供应商来维护的。
- 专用主机是指租用安装于主机公司机房的一台专用计算机和相应的互联网连接。流量特别大的网站(比如每天有几百万次点击的网站)通常需要使用专用服务器。这种服务器通常可以从客户公司进行远程设置或操作，也可以支付费用让主机供应商来帮助管理。

托管主机使用的计算机是由公司自行购买并配置的。企业在主机提供商的机房中租一块空间，用于放置你的服务器，并且从那里连上互联网。企业负责管理这台计算机。

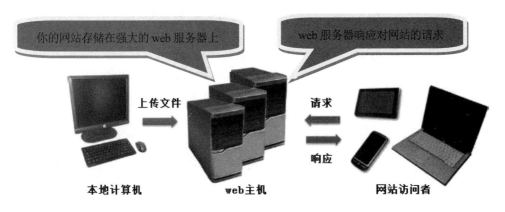

图 10.5 虚拟 web 主机

10.5　选择虚拟主机

我们已经讨论了在选择主机时需要考虑的一些因素，包括带宽、磁盘存储空间、技术支持以及电子商务软件包的可用性等。我们总结了以上这些以及其他需要考虑的因素，如表 10.1 所示，这份检查清单可作为你选择合适虚拟主机时的参考。

FAQ　为什么我需要知道 web 主机供应商使用的是什么操作系统？

了解供应商使用的是什么操作系统很重要，因为它可以帮助你处理网站故障。经常会发生这样的情况：学生的网站在他们自己的个人电脑(通常是基于 Windows 的操作系统)上能够正常工作，一旦发布到使用不同操作系统的免费 web 服务器之后就崩溃了(链接断开，图片无法加载)。

有些操作系统，比如 Windows，并不区分大小写，而其他如 UNIX 和 Linux 之类操作系统则认为大小写是不同的字母。这就是所谓的对大小写敏感 (case-sensitive)。例如当一台服务器运行于 Windows 操作系统之上时，收到了一个锚标签生成的请求，它的代码为<a href="MyPage.html">My Page</a>，那么服务器将会返回一个不区分文件名的大小写、只要字母相同即可的文件。也就是说 MyPage.html、mypage.html 以及 myPage.html 都可以使用。然而同样的锚标签生成的请求如果发送给了一台运行于 UNIX 系统之上的服务器，由于该系统是对大小写敏感的，那么只有当文件确实保存为 MyPage.html 时才能够被找到。即使文件名为 mypage.htm，也会造成 404 文件未找到的错误。这就是为什么文件命名要统一的原因；我们建议文件名一律使用小写字母。

表 10.1　主机检查清单

操作系统	❑ UNIX ❑ Linux ❑ Windows	有些主机提供了可供选择的操作系统。如果需要将网站与商业系统结合起来，那么请为两者选择相同的操作系统
服务器	❑ Apache ❑ IIS	这是两种最流行的服务器软件。Apache 通常运行于 UNIX 或 Linux 操作系统之上。IIS(Internet Information System，互联网信息服务)则捆绑在 Microsoft Windows 的一些版本中
带宽	❑_____ GB 每月 ❑超过部分收费_____	有些主机会全面监控你的数据传输带宽，对超出部分要额外收费。不限带宽是好，但并非所有主机都能够提供这项服务。一个典型的低流量网站每个月的信息传输量在 100 MB 至 200 MB 之间，中等流量的网站每月有 20 GB 的数据传输带宽也应该够了

续表

技术支持	❑ 电子邮件 ❑ 在线对话 ❑ 论坛 ❑ 电话	可以在主机服务供应商的网站上查看他们的技术支持说明。是否提供一周 7 天、一天 24 小时的服务？发封邮件或打个电话向他们提些问题试试。如果你并未被当作潜在客户，他们以后的技术支持是否可靠就值得怀疑了
服务协议	❑ 正常运行时间保证 ❑ 自动监测	主机如果能提供一份 SLA(Service Level Agreement，服务等级协议)和正常运行时间保证，那么就说明他们非常重视服务和可靠性。使用自动监测则可以在服务器运转不正常的时候自动通知主机技术支持人员
磁盘空间	❑ ＿＿＿ GB	许多虚拟主机通常都能提供几 GB 的磁盘存储空间。如果你只是有一个小网站而且图片不是很多，可能永远也用不了 100 MB 的磁盘空间
电子邮件	❑ ＿＿＿ 个邮箱	大部分虚拟主机会给每个网站提供多个电子邮件邮箱。可用来对信息进行分类过滤(如客服服务、技术支持、一般咨询等)
上传文件	❑ FTP 访问 ❑ 基于网页的文件管理器	支持用 FTP 访问的主机能够提供最大的灵活性。另外有些主机只支持基于网页的文件管理程序。还有部分主机同时提供两种方式
配套脚本	❑ 表单处理	许多主机提供配套的、事先写好的脚本，可帮助处理表单信息
脚本支持	❑ PHP ❑ .NET ❑ 其他＿＿＿＿	如果计划在网站上使用服务器端脚本，那么就要先确定你的主机是否支持以及支持什么脚本语言
数据库支持	❑ MySQL ❑ MS Access ❑ MS SQL	如果计划在脚本程序中访问数据库，先要确定 web 主机是否支持以及支持什么数据库
电子商务软件包	❑ ＿＿＿＿＿＿＿＿	如果打算进行电子商务交易(详见第 12 章)，web 主机能提供购物车软件包就会方便很多。看看供应商有否提供这项服务
可扩展性	❑ 脚本 ❑ 数据库 ❑ 电子商务	在网站发布第一个版本时，你可能制定的是基本(简陋)的方案。请注意主机的可扩展性：随着网站规模的增长，它是否还有其他方案，比如脚本语言、数据库、电子商务软件包和额外带宽或磁盘空间可供扩展
备份	❑ 每日 ❑ 定期 ❑ 无备份	大部分主机会定期备份你的文件。请确认备份的频率，还有你是否可以拿到备份文件。自己也一定要经常进行备份

续表

网站数据统计	❏ 原始日志文件 ❏ 日志报告 ❏ 无日志访问	服务器日志包含了许多有用信息，如访问者信息、他们是如何找到网站的以及他们都浏览了哪些页面等。请确认一下你是否可以访问这些日志。关于服务器日志的更多信息请参见第 13 章
域名	❏要求与主机一起注册 ❏ 可以自行注册	有些主机提供的服务捆绑了域名注册服务。最好能够自己注册域名以保留域名账户的控件权
收费	❏ 开户费_____ ❏ 月租费_____	把收费因素列在本清单的结尾处是有原因的。不要只是根据价格来选择主机，"一分价钱一分货"是颠扑不破的真理。另外一种常见的收费方式是先支付一次性的开户费，然后再按每月、每季或每年的使用定期收费

 自测题 10.2

1. 请描述能够满足小公司建立初始网络形象所需的主机类型。
2. 专用服务器与托管服务器间的区别是什么？
3. 请解释为什么在选择主机时要考虑的因素中，最重要的不是价格？

本章小结

本章介绍了系统开发生命周期的概念以及它在网页开发项目中的应用。我们讨论了与网站开发相关的一些工作角色。本章还介绍了如何选择域名与网站主机供应商。请访问本书配套网站，网址为 http://www.webdevfoundations.net，上面有许多示例、本章中所提到的一些材料链接以及更新信息。

关键术语

无障碍访问测试	关键字
分析	启用
自动测试	维护
托管 web 服务器	市场代表
概念形成	网络管理员
内容经理	阶段
内容需求	开发
文书	项目经理
成本/效益分析	服务等级协议(SLA)
数据库管理员	系统开发生命周期(SDLC)
专用 web 服务器	测试计划
设计	测试
域名	商标
域名重定向	单元测试
域名注册公司	用户体验设计
编辑	可用性测试
环境要求	校验器
评估	虚拟主机
功能需求	网页开发人员
图形设计师	web 主机供应商
信息架构师	网络形象
信息主题	web 服务器

复习题

选择题

1. 以下哪一项应当包含在网站测试中？
   a. 检查网站中的所有链接　　　　　　b. 在各种浏览器中查看网站

c. 在不同的屏幕分辨率下查看网站　　d. 以上都是

2. 信息架构师的工作角色包括哪些？

　　a. 帮助定义网络结构、导航和标签　　b. 参加所有会议并收集所有信息

　　c. 管理项目　　d. 以上都不是

3. 域名保密注册的目的是什么？

　　a. 保护网站隐私　　b. 是最便宜的域名注册方式

　　c. 保护联系信息不被泄露　　d. 以上都不对

4. 以下哪种流程是项目团队经常使用的？

　　a. SDLC

　　b. 传统 SDLC 网站开发流程的修订版，例如本章所讨论的那种

　　c. 在构建项目的过程中才决定的

　　d. 并不需要使用什么流程

5. 在分析阶段，团队成员应该完成哪些工作？

　　a. 确定网站将要实现什么——而不是如何实现

　　b. 确定网站的信息主题

　　c. 确定网站的内容需求

　　d. 以上都是

6. 网站原型通常在哪个阶段创建？

　　a. 设计阶段　　　　b. 概念形成阶段　　c. 开发阶段　　　　d. 分析阶段

7. 以下哪些发生于开发阶段？

　　a. 通常会使用制作工具　　b. 创建图像、网页和其他组件

　　c. 单独测试网页　　d. 以上都是

8. 以下哪些发生于评估阶段？

　　a. 复核网站目标有否实现　　b. 评估网页设计人员的工作

　　c. 评估竞争　　d. 以上都不是

9. 以下哪种有关域名的说法是正确的？

　　a. 建议注册多个域名，将所有域名都重定向到同一个网站

　　b. 建议使用长的、具有描述性的域名

　　c. 建议在域名中使用连字符号

　　d. 在选择域名时不必检查商标使用情况

10. 企业在建立自己的初始网络形象时，应当选择哪种主机？

　　a. 专用主机　　b. 免费的主机寄存

　　c. 虚拟主机　　d. 托管主机

填空题

11. 测试现实的网页访问者是如何使用一个网站的过程称为_____。

12. _____负责在网站上应用合适的图片，并且也要创建和编辑图片。

13. _____操作系统是区分大小写的。

简答题

14. 为什么在设计网站时要研究竞争对手的网站？

15. 在选择某家主机供应商之前，为什么要先试着联系它的技术支持？

动手练习

1. 如果你已经完成了第 2 章中动手实践 2.14 的练习，请跳过此题。在本环节中，要校验一个网页。选择一张你所创建的页面。打开浏览器访问 W3C 的 HTML 校验器页面(http://validator.w3.org)。单击 Validate by File Upload 标签，点击"浏览"按钮，从本地电脑中选择一个文件，然后点击 Check 按钮将文件上传到 W3C 网站上。你的页面将得到分析并生成结果页面，显示一份在你的网页中用到的 doctype 报告。错误信息中包含问题代码和行号、列号以及错误描述。如果你的网页第一次没有通过校验请不要担心。许多知名的网站同样通不过，甚至包括雅虎(http://www.yahoo.com，我写作这部分内容时)！请修改你的网页文档，并再次提交校验，最终你将看到通过的信息"This document was successfully checked as HTML5！"。

你还可以直接从网上校验网页。请试着校验一下 W3C 的主页(http://www.w3.org)、雅虎的主页(http://www.yahoo.com)以及你学校的主页。访问 W3C 的标记校验服务页面(http://validator.w3.org)，留在 Validate by URI 标签页上。在地址文本输入框中输入想校验的网页 URL。单击 Check 按钮并查看结果。试验一下字符编码和 doctype 选项。W3C 的页面应该可以通过校验。如果其他页面没有通过校验也别担心，因为通过校验并不是必须的。但是通过校验的网页将能够在大部分浏览器中有较好的显示效果。(提示：如果你已经将网页发布到了网上，请试着校验其中的一张页面，而不要再去校验学校主页了。)

2. 在学校网站的主页上运行自动化的无障碍访问测试工具。可以使用 WebAIM Wave(http://wave.webaim.org)，或 ATRC AChecker(http://www.achecker.ca/checker)。请比较一下两种工具检测的结果。它们发现的错误相同吗？写一页篇幅的报告来描述测试结果，包括你对如何改进网站的建议。

3. 网页分析器(Web Page Analyzer，http://www.websiteoptimization.com/services/analyze)可用于计算网页与相关资源的下载时间，并给出改进的建议。请访问该网站并用它来测试学校网站的主页(或由指导老师指定网页)。测试完成后，你将看到一份有关网页速度的报告，上面显示了文件的大小以及一些改进建议。请将结果页面的浏览器视图打印出来，写一份报告描述该测试结果，并提出一些改进建议。

4. Dr. Watson 网站(http://watson.addy.com)提供了免费的网页校验服务。请访问该网站并测试学校主页(或由指导老师指定网页)。测试完成后它将会显示一份分析报告，内容包括服务器响应时间、估计的下载时间、语法和样式分析、拼写检查、链接确认、图像、搜索引擎兼容性(参见第 13 章)、网站链接流行度(参见第 13 章)和源代码。请将结果页面的浏览器视图打印出来，写一份报告描述该测试结果，并提出一些改进建议。

5. 与同学组成团队执行一次小规模的可用性测试。确定担任典型用户、测试者和观测者角色的人员。你们将对学校网站的可用性进行测试。

● 典型用户即是测试主体。

● 测试者对整个可用性测试进行管理，并且要不断强调测试的不是用户而是网站。

● 观测者记录用户的反应和意见。

步骤 1：测试者欢迎用户的到来，并向他们介绍即将要测试的网站。

步骤 2：针对以下场景，在用户完成任务的过程中，测试者要向他们介绍情况并提出问题。测试者要让用户在感到疑虑、混淆或失望时及时报告相关情况，以便观测者进行记录。

场景一：找出学校的网页开发课程联系人的电话号码。

场景二：找出下学期注册的时间。

场景三：找出开发及相关领域学位或学历证明的要求。

步骤 3：测试者和观测者对结果进行组织并写出一份简单的报告。如果测试针对的是自己开发的网站的可用性，那么开发团队应当开会研究测试结果并讨论如何对网站进行必要的改进。

步骤 4：将小组的可用性测试结果报告提交给指导老师。用字处理软件完成报告的编写。每一种情景的描述不要超过一页。最后写一页关于学校网站的改进建议。

提示：更多有关可用性测试的信息请浏览 http://blog.kera.io/post/47536089889/how-to-run-a-web-usability-test-step-by-step-guide，或参考基思·英斯通(Keith Instone)经典的演示文稿(网址是 http://instone.org/files/KEI-Howtotest-19990721.pdf)。另外，史蒂文·史努格(Steven Krug)所著的 *Don't Make Me Think* 也是不错的参考资料。

6. 参考上一个练习的可用性测试描述。组成小型团队，对两个相似的网站进行可用性测试，下列网站可供选择：

- Barnes and Noble (http://www.bn.com) 和 Powell's Books (http://powells.com)
- AccuWeather.com (http://accuweather.com) 和 Weather Underground
- http://www.wunderground.com
- Running.com (http://running.com) 和 Cool Running (http://www.coolrunning.com)

挑选并列出三种场景。确定担任用户、测试者、观测者角色的人选。根据练习题 5 中所列步骤进行测试。

7. 假设你要参加一次求职面试。在一个项目团队中选择你所感兴趣的角色。请用三四句话来说明为何你可以胜任这一角色。

万维网探秘

1. 本章讨论了如何选择网站主机。在这一练习中，要请你找几家主机供应商，并从中挑选满足以下条件的三家供应商。

- 支持 PHP 和 MySQL。
- 提供电子商务软件包。
- 至少提供 1 GB 的磁盘空间。

用你最喜欢的搜索引擎来查找主机供应商，或者访问主机分类目录，如 Hosting Review(http://www.hosting-review.com)、HostIndex.com(http://www.hostindex.com)。Netcraft 上提供了一份服务器调查结果(http://uptime.netcraft.com/perf/reports/Hosters)也很有用。创建一个页面来展示你的收获。内容包括指向这三家主机供应商网站的链接，并用表格列出开户费、月租费、域名注册费用、硬盘空间大小、电子商务软件包的类型和费用等信息。选择合适的配色与图片。将姓名和电子邮件地址放在网页的底部。

2. 本章讨论了开发大型网站所需的各种角色。请从中挑选自己感兴趣的角色。搜索当地此类岗位的招聘信息。用喜欢的搜索引擎查找技术职位或访问一些求职网站，如 Monster.com(http://www.monster.com)、Dice(http://www.dice.com)、Indeed(http://www.indeed.com)

或 CareerBuilder.com(http://www.careerbuilder.com)，看看是否有你中意的地区和工作。找出三个你可能感兴趣的职位记录下来。创建一个网页，对你所选择的角色、三个空缺职位、要求什么类型的工作经验和/或教育背景以及薪酬范围(如果有的话)等内容进行简要描述。选择合适的配色与图片。将姓名和电子邮件地址放在网页的底部。

关注网页设计

美国卫生及公共服务部(U.S. Department of Health and Human Services)发布了一本免费的电子版 PDF 书籍，名为"Research-Based Web Design & Usability Guidelines"(http://www.usability.gov/guidelines/guidelines_book.pdf)。书中针对许多主题给出了指导原则，包括导航、文本外观、滚动与分页、内容撰写、可用性测试和无障碍访问等。从中挑选自己感兴趣的一章进行阅读。记下四条你认为有意思的或者有用的原则。写一页纸的报告，说明你选择上述主题与原则的原因。

网站实例研究

测试阶段

以下所有案例将贯穿全书。接下来要请你测试之前所创建的 Web 项目。

Web 项目

参见第 5 章中对于 Web 项目这一案例研究的介绍。在本环节中，你将要制定一个针对已完成项目的测试计划。先回顾在之前各章 Web 项目环节所创建的文档，然后创建测试计划。

实训案例

第 1 部分：回顾已完成的设计文档和网页。回顾在第 5 章的 Web 项目环节中所创建的主题审批、站点地图和页面布局设计文档。再回顾一下从第 6 章到第 9 章，此环节中创建和/或修改的网页。

第 2 部分：准备测试计划。参考图 10.4 的测试计划文档模板(学生文件中的 chapter10/testplan.pdf)。为你的网站创建测试计划，包括 CSS 校验、HTML 校验和无障碍访问测试。

第 3 部分：测试网站。执行测试谋划，并测试你在各章的 Web 项目环节中所创建的每一个网页。记录结果，并列出建议改进措施的清单。

第 4 部分：执行可用性测试。描述网站常见访客可能会遇到的三种场景。以动手练习环节中第 5 题为指导，针对每一种场景进行一次可用性测试。写一页纸篇幅的报告来阐述你的结论。在可用性方面，你会建议网站做哪些改进？

第 11 章

多媒体与交互性

本章学习目标

- 了解插件、辅助程序、媒体窗口和编解码器的作用
- 了解在网上应用的多媒体文件类型
- 配置指向多媒体文件的超链接
- 用 HTML5 元素在网页上添加音频和视频文件
- 在网页上添加 Flash 动画
- 在网页上添加 Java 小程序
- 用 CSS 创建交互式的图片库
- 配置 CSS3 的 transform 和 transition 属性
- 了解 JavaScript 的功能与常见用途
- 了解 geolocation(地理位置)、网络硬盘、离线应用、画布(canvas)等 HTML5 API 的用途
- 了解 Ajax 的功能与常见用途
- 了解 jQuery 的功能与常见用途
- 在网络上查找 Flash、Java 小程序、JavaScript、Ajax 和 jQuery 资源

　　视频和音频元素的加入让网页变得更加生动有趣、丰富多彩。在本章中，你要与网页上的多媒体和交互性元素打打交道，学习如何添加音频、视频和 Flash。各种类型的媒体文件来源、在网页上写这些媒体元素的代码以及不同媒体的推荐用法等都将是本章要讨论的内容。

在第 6 章的学习中，你曾利用 CSS 伪类来响应鼠标移过超链接这个动作，这可能是你与交互性元素的"初次见面"。在本章中，你将不断拓展交互性 CSS 技能，学习如何配置交互的图片库，探索 CSS3 中的 transition 和 transform 属性。在网页上适当添加交互性元素能使它更加引人入胜。

常见的网页交互性技术包括 Flash、Java 小程序、JavaScript、Ajax 以及 jQuery 等，这些本章均有涉及。如需更深入了解，可参考其他专门的书籍，因为每一种技术都要写上一整本书或是一门大学课程才能讲透彻。阅读本章内容并试验各个例子的时候，请将重点放在它们的特点和功能上，暂时不要追究细节。

11.1 插件、容器和编解码器

浏览器的设计使它能够显示网页和 GIF、JPG 和 PNG 等图片类型。如果某种多媒体文件不属于上述类型，浏览器就会搜索用于显示该类型的插件(plug-in)或辅助应用程序(helper application)。假如在访问者的计算机上找不到合适的插件或辅助应用程序(会在浏览器之外的另一个窗口中运行)，浏览器也能为访客提供另一种选择，即将文件保存到本地计算机上。几种常用的插件如下。

- Adobe Flash Player (http://www.adobe.com/products/flashplayer)。Flash Player 可播放 SWF 文件。这些文件可以包含音频、视频和动画，也提供交互功能。

- Adobe Shockwave Player (http://www.adobe.com/products/shockwaveplayer)。Shockwave Player 用于显示 AdobeDirector 软件制作的高性能多媒体文件。

- Adobe Reader(http://www.adobe.com/products/acrobat/readstep2.html)。AdobeReader 常用于显示保存在 PDF 文件中的信息，如可打印的宣传手册、文档和白皮书等。

- Java Runtime Environment (http://www.java.com/en/download/manual.jsp)。JavaRuntime Environment (JRE) 用于运行 Java 应用与小程序。

- Windows Media Player(http://www.microsoft.com/windows/windowsmedia/download)。Windows Media Player 插件可播放流式音频、视频、动画和网上的各种多媒体演示文稿。

- Apple QuickTime(http://www.apple.com/quicktime/download)。Apple QuickTime 插件可以直接在网页上显示 QuickTime 动画、音乐、音频和视频等元素。

上述插件和辅助应用程序已经在网上应用多年。HTML5 中带来了新变化，音频与视频成为了浏览器原生的元素，不再需要插件。在操作 HTML5 本地音频与视频时，要关注的是容器(由文件扩展名指定)和编解码器(用于压缩多媒体的算法)。并不存在所有当下流行浏览器都支持的编解码器。例如，H.264 编解码器需要收取使用许可费用，并且未能得到 Firefox 和 Opera 浏览器的支持，它们支持的是买断式授权(royalty-free)的 Vorbis 和 Thora 编解码器。请访问 http://www.longtailvideo.com/html5/，以了解更多有关浏览器对 HTML5 视频元素支持情况的信息。表 11.1 和表 11.2 列出了一些常见的多媒体文件扩展、容器文件类型以及编解码器信息的描述(如果适用于 HTML5)。

表 11.1　常见的音频文件类型

扩展名	容器	描述
.wav(波形文件)	Wave	由 Microsoft 创建，是 PC 平台的标准，也受 Mac 平台支持
.aiff 和.aif(音频交换格式文件)	Audio Interchange	Mac 平台上流行的音频文件格式，PC 平台也支持
.mid(乐器数字接口，MIDI)	Musical Instrument Digital Interface	包含了重建乐器声音的指令，并不是对声音本身的数字录音；可以重现的声音类型数量有限
.au(Sun UNIX 声音文件)	Sun UNIX Sound File	较早的声音文件类型，通常效果比新的音频文件格式差
.mp3	MPEG-1 Audio Layer-3	流行的音乐文件格式，因为 MP3 编解码器支持双声道与先进的压缩算法
.ogg	OGG	开源的音频文件格式(参见 http://www.vorbis.com)，使用 Vorbis 编解码器
.m4a	MPEG-4 Audio	纯音频的 MPEG-4 格式使用了先进的音频编码技术(Advanced AudioCoding，AAC)的编解码器，得到了 QuickTime、iTunes 等软件和 iPod、iPad 等移动设备的支持

表 11.2　常见的视频文件类型

扩展名	容器	描述
.mov	QuickTime	由 Apple 创建，最初在 Mac 平台上使用，也得到了 Windows 平台的支持
.avi	Audio Video Interleaved	Microsoft 创建，是 PC 平台上最早的标准视频文件格式
.flv	Flash Video	兼容 Flash-的视频文件容器；支持 H.264 编解码器
.wmv	Windows Media Video	Microsoft 开发的一种视频流技术。Windows Media Player 支持该格式
.mpg	MPEG	受活动图像专家组 (Moving PictureExperts Group，MPEG(http://www.chiariglione.org/mpeg) 资助开发，Windows 和 Mac 平台均支持该格式
.m4v 和 .mp4	MPEG-4	MPEG-4 (MP4)编解码器和 H.264 编解码器。可在 QuickTime、iTunes 等软件以及 iPod 和 iPad 等移动设备上播放
.3gp	3GPP Multimedia	H.264 编解码器，是在 3G 高速无线网络中传输多媒体文件的标准格式
.ogv 或 .ogg	OGG	开源的视频文件格式(参见 http://www.theora.org)，使用 Theora 编解码器
.webm	WebM	开放的媒体文件格式(参见 http://www.webmproject.org)，由 Google 资助开发。使用 VP8 视频编解码器和 Vorbis 音频编解码器

11.2　开启音频与视频之旅

在本章的学习中，你将了解几种不同的用于在网站上添加音频与视频的方法，包括超链接、XHTML 解决方案(使用对象与 param 元素)、新的 HTML5 音频与视频元素。让我们先从最简单的方法开始，就是写一个超链接。

提供超链接

让网站访客访问音频或视频文件的最简单的方法就是写一个超链接。例如，写下列代码，就设置了一个指向 WDFpodcast.mp3 音频的超链接：

```
<a href="WDFpodcast.mp3">Podcast Episode 1</a> (MP3)
```

当网站访客点击超链接，安装在本地计算机上的 MP3 文件插件(如 QuickTime)就被打开，通常内嵌显示在新的浏览器窗口或标签页中。网页访客可以利用该插件来播放声音。如果他(她)右键点击超链接，就可能下载并保存该媒体文件。

动手实践 11.1

在本环节中，你将创建一张图 11.1 所示的网页，其中包含一个 h1 标签和一个指向 MP3 文件的超链接。为实现无障碍访问，网页上还有另一个指向文字副本的超链接。为网页访客提供媒体文件类型(如 MP3)以及文件大小(可选)等信息也很有用。

从学生文件的 chapter11/starters 文件夹中，将 podcast.mp3 和 podcast.txt 文件复制到名为 podcast 的练习文件夹中。用 chapter2/template.html 作为模板开始创建网页，添加标题"Web Design Podcast"(h1)、指向 MP3 文件的超链接以及指向文字副本的超链接：将文件另存为 podcast2.html，并在浏览器中显示。用不同的浏览器及不同的版本进行测试。当点击 MP3 链接时，音频播放器(浏览器所配置的任一个播放器或插件)就会启动以播放该文件。当你点击文字副本超链接时，浏览器中会显示其中的文本。将你的作业与学生文件中的参考答案(chapter11/podcast/podcast.html)进行比较。

图 11.1　当访客点击 Podcast Episode 1 链接时，浏览器将启动默认的 MP3 播放器

FAQ　怎样制作播客节目？

　　播客是网上的音频文件，形式可以是音频博客、电台节目、或是访谈类节目。发布播客需要三个步骤。

　　1. 录制播客节目。Windows 和 Mac 操作系统中都自带了录音机程序。Apple 的 Quicktime Pro(http://apple.com/quicktime/pro 上下载，支持 Windows 和 Mac)是一款低成本的应用程序，可用于录制音频。如果你的计算机安装了 Mac，还可以选择 Apple 的 GarageBand，这是一个预安装的应用程序，提供了一系列音频录制和编辑的操作选项。Audacity 是一款免费的跨平台的数字音频编辑器(http://audacity.sourceforge.net 上可下载，支持 Windows 和 Mac)。你可以使用 Audacity 将场景录作播客，并在其中混合音乐，让节目变得更加有趣。创建了 WAV 文件之后，便可以用 LAME 编码器(http://lame.sourceforge.net)或类似的应用程序将它转换为 MP3 格式。

　　2. 上传播客节目。将 MP3 发布到网站上。如果主机不支持 MP3 文件，变通的办法是先将文件上传到能接收音频文件的网站，如 InternetArchive (http://www.archive.org)或 OurMedia (http://ourmedia.org)。

　　3. 使播客可用。最直接的办法是编写一个指向音频文件的超链接。虽然网站访客能够通过超链接来访问 MP3 文件，但无法订阅播客。如果你打算为访客提供订阅播客的途径，就需要创建一个 RSS 源。RSS 源是一个 XML 文件，上面列出了有关播客的信息。只要有一点点耐心，光凭文本编辑器就能够写出自己的 RSS 源，参见史蒂芬·道恩斯(Stephen Downes)的网站，网址为 http://www.downes.ca/cgi-bin/page.cgi?post=56；或者参见罗宾·古德(Robin Good) 的 网 站， 网 址 为 http://www.masternewmedia.org/news/2006/03/09/ how_to_create_a_rss.htm)。 当 然， 现 在 有 许 多 网 站， 如 FeedBurner (http://feedburner.google.com)、IceRocket(http://rss.icerocket.com)，都提供了帮助生成并且托管 RSS 源的服务。RSS 源上传到网站之后(你自己的网站或是 RSS 源生成器网站)，就可以编写代码生成指向该 RSS 文件的链接了。Apple 发布了关 于 如 何 将 个 人 播 客 发 布 到 iTunes 上 的 指 南， 网 址 是 http://apple.com/itunes/podcasts/specs.html。 网页访问者可以通过 Apple 的 iTunes 或其他免费的 RSS 源阅读器网站(如 FeedReader3，http://feedreader.com) 找到并自动下载你的播客。

与网上的多媒体打交道

更多有关音频文件的内容

　　我们可以通过多种途径来获取音频文件，包括自己录制、从免费网上下载声音或音乐、复制 CD 上的音乐，或是购买音频 DVD 等。在使用别人制作的音频或音乐时，有一些需要注意的道德规范问题。只能发布自己创作的或已经获得使用权(有时称为许可)的音频或音乐。在购买 CD 或 DVD 时，你并没有购买将其内容发布到网上的权力。因此请先与版权所有者联系，征得同意后才能使用。

互联网道德

网络上有许多音频文件源，有的可免费下载，如 Loopasonic (http://www.loopasonic.com) 和 FreeAudioClips.com(http://www.freeaudioclips.com)。其他如 SoundRangers (http://www.soundrangers.com)等网站可能会提供一两个免费文件，但他们的最终目标还是销售音轨制品和 CD。Flash Kit(http://www.flashkit.com)是一个很有趣的网站，它提供了免费的音频资源，请点击上面的"SoundLoops"链接。虽然该网站是面向 Adobe Flash 开发人员的，但这些声音文件可以独立于 Flash 使用。

音频文件可能会很大，因此我们要考虑的一个重要因素即是下载时间。打算在网页上应用音频文件时要记住一个原则，越简短越好。如果要自己录制音频文件，请注意，采样频率(sampling rate)和比特深度(bit depth)会影响文件大小。采样频率是一个数值，与录音时每秒采集的数字声音样本数相关，它的单位是千赫(kHz)。常见的采样频率从 8 kHz(AM 收音机音质)到 44.1 kHz(音乐 CD 音质)。正如你所预期的那样，后者采样的声音所生成的文件要大得多。比特深度或分辨率是另一个影响文件大小的因子。8 位分辨率(用于人声或其他简单声音)下录制的声音文件比 16 位时(音乐 CD 音质)小得多。

Windows 和 Mac 操作系统中自带录音机程序。Audacity 是一款免费的跨平台的数字音频编辑器(http://audacity.sourceforge.net 上可下载，支持 Windows 和 Mac)。Apple 的 Quicktime Pro(http://apple.com/quicktime/pro 上可下载，支持 Windows 和 Mac)是一款低成本的应用程序，可用于录制音频。如果你的计算机安装了 Mac，还可以选择 Apple 的 GarageBand，这是一个预安装的应用程序，提供了一系列音频录制和编辑的选项。Apple 为 GarageBand 提供了教程和文档说明(参见 http://support.apple.com/kb/PH2012，上面有如何应用 GarageBand 制作播客的教程)。

更多有关视频文件的内容

和音频文件一样，我们可以通过许多方法来获取视频文件，包括自己录制，下载，购买视频 DVD，或是在网上检索等。请注意，使用非本人创作的视频时，同样会涉及到道德规范问题。在自己的网站上发布他人创建的视频时，必须事先获得使用权或征得创作者的许可。

互联网道德

许多数码相机与智能手机都有拍摄静态照片的功能，也可以拍摄简短的 MP4 电影。这是创建小视频剪辑的简单办法。数码机和摄像头可以录制数字视频。完成视频创建后，就可以使用 Adobe Premiere (http://www.adobe.com/products/premiere)、Apple QuickTime Pro(http://www.apple.com/ quicktime/pro)、Apple iMovie(http://www.apple.com/ ilife/imovie)、或 Microsoft Movie Maker(http://windows.microsoft.com/en-US/windows7/products/features/movie-maker/)等软件进行编辑处理，视频大作就此诞生！许多数码相机和智能手机上都有录制视频的功能，并且可以马上发布到 YouTube 等社交网站上与世

界分享！在第 13 章中，我们将介绍有关 YouTube 视频的知识。

多媒体与无障碍访问

要为所使用的多媒体元素配置替换内容，如文本描述、字幕或可打印的 PDF 文件等。播客等音频文件也需配备文字副本。通常可以使用播客脚本作为文字副本的基础，要生成 PDF 格式并上传到网站上。为视频文件提供字幕。可以用 Media Access Generator (MAGpie)等软件为视频添加字幕。详见 National Centerfor Accessible Media 网站，网址为 http://ncam.wgbh.org/webaccess/magpie，上面提供了有关应用程序的最新信息。Apple QuickTime Pro 中也有字幕功能。学生文件中有带字幕视频的示例 (chapter11/starters/sparkycaptioned.mov)。当你将视频上传到 YouTube (http://www.youtube.com)之后，字幕会自动生成(当然你有时想要修改一下)。还可以为已有的 YouTube 视频创建副本或字幕 (参见 http://www.google.com/support/youtube/bin/answer.py?answer=100077)。请访问 WebAIM 网站 (http://webaim.org/techniques/captions)，了解更多有关字幕的信息。

浏览器兼容性问题

完成动手实践练习后，你可能已经遇到各种浏览器中的回放问题了。在网络上播放音频和视频文件依赖于访问者浏览器中所安装的插件。在家用计算机上表现完美的页面可能给某些访问者制造了麻烦，这取决于计算机的配置。有些访问者没有正确安装插件；有些访问者可能将文件类型关联到了错误的插件上，或是关联到了没有正确安装的插件上；还有些访问者可能使用的带宽太低，下载多媒体文件让他们等得很苦恼。难道我们还需要去检测这种种模式吗？有时网络上多媒体确实会出现问题。为了解决这些浏览器插件兼容性问题，并努力减少对 Adobe Flash 等专有技术的依赖，HTML5 中引入了新的浏览器本地音频和视频元素。然而，由于 HTML5 还没有得到各种浏览器(如 Internet Explorer 的旧版本)的广泛支持，网页设计人员还需要提供后备选项，比如提供指向媒体文件的超链接，或播放 Flash 版本的多媒体等。本章稍后将介绍 HTML5 的音频和视频，但现在先让我们来探讨 Adobe Flash。

11.3　Adobe Flash

Adobe Flash 是一种用于增强网页视觉趣味性与交互性的应用，它能展示幻灯片放映、动画和多媒体等效果。Flash 动画可以是交互式的，通过脚本来控件，所使用的脚本语言为 ActionScript，用于响应鼠标的点击、接收文本框中的信息、调用服务器端的脚本等；也可用来播放音频和视频文件。Flash 多媒体文件的扩展名为.swf，需要安装 Flash Player 浏览器插件才能播放。

HTML5 内嵌元素

内嵌元素是一种自包含的、或者说空的元素，它意在为需要插件或播放器的外部内容(如 Flash)提供容器。虽然在网页上使用 Flash 已经很多年了，但内嵌元素一直未能成为 W3C 的官方元素，直到 HTML5 的问世。HTML5 的设计理念之一是"存在即合理"(pave the cowpath，把一群牛放在地里，然后根据牛群踩过的痕迹来铺一条给牛走的路)，它采取了折衷的办法，尽管尚未成为 W3C 的官方标准，但能够有效地利用浏览器已经支持的技术。图 11.2(学生文件中的 chapter11/flashembed.html)展示了一张使用内嵌元素来播放 Flash .swf 文件的网页。用于播放 Flash 文件的常见内嵌元素属性如表 11.3 所示。

图 11.2　用于配置 Flash 文件的内嵌元素

表 11.3　内嵌元素属性

属性	描述与取值
src	Flash 文件名 (SWF 文件)
height	指定对象区域的高度，像素值
type	对象的 MIME 类型；使用 type="application/x-shockwave-flash"
width	指定对象区域的宽度，像素值
bgcolor	可选; Flash 背景色，十六进制值
quality	可选；描述媒体文件的质量，通常设置为"high"
title	可选；指定简要的文本描述，可在浏览器中显示，或者通过辅助技术获取
wmode	可选；设置为"transparent"，可在支持该属性的浏览器中生成透明背景效果

下列代码配置了如图 11.2 中所示的 Flash SWF 动画：

```
<embed type="application/x-shockwave-flash"
    src="fall5.swf"
    width="640"
    height="100"
    quality="high"
    title="Fall Nature Hikes">
```

无障碍访问

请注意代码中的 title 属性。屏幕阅读器等辅助技术能够识别这一描述性文本。

动手实践 11.2

在本环节中，你将用文本编辑器来写网页，展示一个 Flash 图片秀。效果如图 11.3 所示。

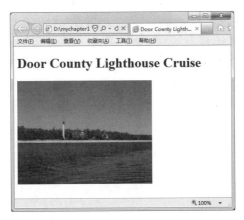

图 11.3 用 embed 元素配置了 Flash 图片秀

创建名为 embed 的文件夹。将学生文件中 chapter11/starters 文件夹下的 lighthouse.swf 复制到新文件夹中。用 chapter2/template.html 作为此次练习的模板进行修改，添加标题"Door County Lighthouse Cruise"与一个显示 lighthouse.swf 动画的内嵌(embed)元素。动画元素宽 320 像素，高 240 像素。代码如下：

```
<embed type="application/x-shockwave-flash"
       src="lighthouse.swf" quality="high"
       width="320" height="240"
       title="Door County Lighthouse Cruise">
```

将文件以 index.html 为名另存到 embed 文件夹下，并在浏览器中进行测试。请将自己的作业与学生文件中的参考答案进行比较(chapter11/lighthouse/embed.html)。

Flash 资源

网上有许多免费的 Flash 动画和 Flash 教程。除了 Adobe 网站(http://adobe.com)之外，下列网站上也提供了 Flash 教程和有关新闻：

- Flash Kit: http://flashkit.com
- ScriptOcean: http://www.scriptocean.com/flashn.html
- Kirupa: http://www.kirupa.com/developer/flash/index.htm

在访问这些资源以及其他类似网站时，请记住有些 Flash 媒体文件是受版权保护的。在将它们应用到自己的网站上之前，一定要事先征得文件创作者的允许并按照他们的要求注明出处。有些网站的 Flash 资源可供个人免费使用，但商用则要获得许可。

网道德

FAQ　Microsoft Silverlight 是什么？

　　Silverlight (http://www.silverlight.net)是一种工具，用于在网络上传播多媒体体验和丰富的交互式应用程序，通过插件显示在网页上。

FAQ　如果访问者的浏览器不支持 Flash 会发生什么？

　　如果你在网页上使用了本节中的代码来显示 Flash 媒体，而访客的浏览器却不支持 Flash，浏览器通常会显示消息，以提醒访客缺少所需插件。本节中的代码可通过 W3C HTML5 校验，是用于在网页上显示 Flash 媒体所需的最基本代码。如果你想要更多功能，比如为访客提供最新 Flash 播放器的快速安装等，请研究一下 SWFObject(http://code.google.com/p/swfobject/wiki/documentation)，这是一个利用 JavaScript 将 Flash 内容嵌入到网页上的对象，遵循了 W3C 的 XHTML 标准。

　　虽然在大多数桌面计算机的浏览器中都安装了 Flash 播放器，但不可忽视的一点是许多移动设备的用户还是看不到你的 Flash 多媒体。iPhone 或 iPad 都没有提供对 Flash 的支持。目前仅有 Android 设备版的移动 Flash 播放器，但 Adobe 也已经不再对其提供支持。移动设备和现代的桌面浏览器支持新的 HTML5 视频和音频元素，接下来我们将要介绍相关内容。稍后还将探索 HTML5 画布(canvas)元素、CSS3 transform 属性、CSS3 transition 属性等知识。

自测题 11.1

1. 列出三种常见的网页浏览器插件，并简述其功能。
2. 描述在网页上添加音频或视频媒体时可能出现的问题。
3. 描述在网页上使用 Flash 的缺点。

11.4　HTML5 音频和视频元素

　　新的 HTML5 音视频元素能够让浏览器在本地播放媒体文件，而不用再依赖于相关的插件。在操作本地 HTML5 音频和视频时，你应当注意容器(根据文件扩展名而定)和编解码器(用于压缩媒体文件的算法)问题。参考表 11.1 和表 11.2，其中列出了常见的媒体文件扩展名、容器文件类型以及编解码器的相关信息(如果在 HTML5 中可用)。理想世界里，所有的浏览器对任何一种媒体编解码器都能提供支持。然而，现实还是不够完美，并不存在一种强大的编解码器能够得到所有主流浏览器的青睐。例如，

H.264 编解码器需要收取使用许可费用，并且不受 Firefox 和 Opera 浏览器的支持，它们支持的是 OGG 和 WebM。Internet Explorer 和 Safari 倒是支持 H.264 视频，但却不支持 OGG 或 WebM。在我写作这部分内容时，Google Chrome 已经可以支持 H.264、OGG 和 WebM，可是它却打算在未来将 H.264 从清单中删除。请访问 http://www.ibm.com/developerworks/web/library/wa-html5video/index.html?ca=drs-#table2，了解最新的浏览器兼容性信息。在使用 HTML5 音视频元素时，需要在不同的容器/编解码器中提供各种版本的媒体文件。让我们先从 HTML5 音频元素入手。

音频元素

新的 HTML5 音频(audio)元素支持音频文件在浏览器中的本地播放，从而摆脱了对插件或播放器的依赖。音频元素从<audio>标签处开始，至</audio>标签处结束。表 11.4 中列出了音频元素的属性。

由于浏览器对不同编解码器的支持不一，所以你需要提供多个版本的音频文件。一般至少要提供两种不同类型容器中的音频文件，包括 OGG 和 MP3。通常的做法是省略 audio 标签中的 src 和 type 属性，转而用 source 元素来配置多个版本的音频文件。

表 11.4　音频元素属性

属性名称	取值	用途
src	文件名	可选；音频文件名
type	MIME 类型	可选；音频文件的 MIME 类型，如 audio/mpeg 或 audio/ogg
autoplay	autoplay	可选；指定音频是否自动开始播放；慎用
controls	controls	可选；指定控件是否显示；推荐
loop	loop	可选；指定音频是否循环播放
preload	none, metadata,auto	可选；值为 none (不事先加载)，metadata (仅下载媒体文件元数据)以及 auto(下载媒体文件)
title	文本描述	可选；指定简短的文本描述，显示在浏览器中，辅助设备可以获取

源元素

源(source)元素是一个自包含标签(或称为空标签)，用于指定一个媒体文件及其 MIME 类型。src 属性指定了该文件的名称，type 属性指定了该文件的 MIME 类型。配置 MP3 文件的代码为 type="audio/mpeg"，配置使用 Vorbis 编解码器的音频文件的代码为 type="audio/ogg"。要为每个版本的音频文件指定源元素。要将该元素写在 audio 的结束标签之前。

网页上的 HTML5 音频

下面的示例代码配置了如图 11.4 所示的网页(参见学生文件中的

chapter11/audio.html)，用于显示一个音频文件的播放控件：

```
<audio controls="controls">
    <source src="soundloop.mp3" type="audio/mpeg">
    <source src="soundloop.ogg" type="audio/ogg">
    <a href="soundloop.mp3">Download the Audio File</a> (MP3)
</audio>
```

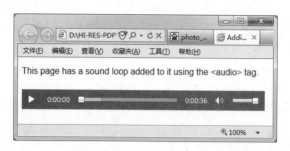

图 11.4　Internet Explorer 9 支持 HTML5 音频元素

当前版本的 Safari、Chrome、Firefox 和 Opera 也都提供了对 HTML5 音频元素的支持。虽然在 Internet Explorer 9 中可正常显示音频元素，但更早的版本并不支持。每种浏览器显示出来的控件各不相同。

回顾一下刚才的代码，请注意第二个源元素和 audio 结束标签之间的超链接。该区域中的任意 HTML 元素或文本将在不支持 HTML5 音频元素的浏览器中显示出来。这可以认为是回退内容；如果不支持音频元素，那就提供文件的 MP3 版本下载。图 11.5显示了在 Internet Explorer 8 中显示该页面时的截屏。

图 11.5　Internet Explorer 8 不能识别音频元素

动手实践 11.3

在本环节中，你将用文本编辑器编写一张网页(参见图 11.6)，上面显示一个播放播客节目的控件。

将学生文件中 chapter11/starters 文件夹下的 podcast.mp3、podcast.ogg 和 podcast.txt 文件复制到一个名为 audio5 的新文件夹中。以 chapter2/template.html 文件作为模板开始创建新网页，添加标题"Web Design Podcast"、一个音频控件(使用音频元素和两个源元素)以及一个指向 podcast.txt 文字副本的超链接。

将指向 MP3 文件的超链接用作回退内容。音频文件的代码如下：

```
<audio controls="controls">
    <source src="podcast.mp3" type="audio/mpeg">
    <source src="podcast.ogg" type="audio/ogg">
    <a href="podcast.mp3">Download the Podcast</a> (MP3)
</audio>
```

将文件以 index.html 为名另存在 audio5 文件夹下，并在浏览器中进行显示。用不同的浏览器以及不同的浏览器版本来测试你的网页。之前我们曾提到 IE9 之前的 Internet Explorer 版本不支持音频元素，但是它们能够显示回退内容。当你点击文字副本超链接时，浏览器中将显示文本内容。请将你的作业与学生文件中的参考答案进行比较(chapter11/podcast/podcast5.html)。

图 11.6　用音频元素来提供对播客节目的访问

FAQ　怎样将一个音频文件转化为 Ogg Vorbis 编解码格式？

开源的 Audacity 应用程序支持 Ogg Vorbis。请访问 http://audacity.sourceforge.net 了解下载信息。如果打算找一个基于 Web 的免费在线转换器，可以将音频文件上传并共享在 Internet Archive (http://www.archive.org)中，自动生成 OGG 格式文件。

视频元素

新的 HTML5 视频(video)元素支持视频文件在浏览器中的本地播放，从而摆脱了对插件或播放器的依赖。视频元素从<video >标签处开始，至</video >标签处结束。表 11.5 中列出了视频元素的属性。

由于浏览器对不同编解码器的支持不一，所以你需要提供多个版本的视频文件。一般至少要提供两种不同类型的容器中的视频文件，包括 MP4 和 OGG (或 OGV)。通常的做法是省略 video 标签中的 src 和 type 属性，转而用 source 元素来配置多个版本的视频文件。

表 11.5　视频元素属性

属性名称	取值	用途
src	文件名	可选；音频文件名
type	MIME 类型	可选；音频文件的 MIME 类型，如 video/mp4 或 video/ogg
autoplay	autoplay	可选；指定视频是否自动开始播放；慎用
controls	controls	可选；指定控件是否显示；推荐
height	数值	可选；视频高度像素值
loop	loop	可选；指定视频是否循环播放
poster	文件名	可选；指定一张图片，当浏览器无法播放视频时显示该图片
preload	none、metadata、auto	可选；值为：none(不事先加载)，metadata(仅下载媒体文件元数据)以及 auto(下载媒体文件)
title	文本描述	可选；指定简短的文本描述，显示在浏览器中，辅助设备可以获取
width	数值	可选；视频宽度像素值

源元素

之前我们介绍了源(source)元素是一个自包含标签(或称为空标签)，用于指定一个媒体文件及其 MIME 类型。src 属性指定了该文件的名称，type 属性指定了该文件的 MIME 类型。配置 MP4 文件的代码为 type="video/mp4"，配置使用 Theora 编解码器的音频文件的代码为 type="video/ogg"。要为每个版本的视频文件指定源元素，并且将该元素写在 video 的结束标签之前。

网页上的 HTML5 视频

下列示例代码配置了如图 11.7 所示的网页(参见学生文件中的 chapter11/sparky2.html)，用 HTML5 浏览器的本地控件显示并播放了一段视频：

```
<video controls="controls" poster="sparky.jpg" width="160"
height="150">
    <source src="sparky.m4v" type="video/mp4">
    <source src="sparky.ogv" type="video/ogg">
    <a href="sparky.mov">Sparky the Dog</a> (.mov)
</video>
```

当前版本的 Safari、Chrome、Firefox 和 Opera 都提供了对 HTML5 视频元素的支持。虽然在 Internet Explorer 9 中可正常显示播放视频元素，但更早的版本并不支持。每种浏览器显示出来的控件各不相同。回顾一下刚才的代码，注意第二个源元素和 video 结束标签之间的锚标签。该区域中的任意 HTML 元素或文本将在不支持 HTML5 视频元素的浏览器中显示出来。这可以认为是回退内容。在本例中，指向

QuickTime(.mov)版本文件的超链接提供了视频的下载。另一个回退办法是配置内嵌元素来显示一段 Flash SWF 动画版本的视频。图 11.8 显示了在 Internet Explorer 8 中显示该页面时的截屏。

图 11.7　Firefox 浏览器中的视频网页

图 11.8　Internet Explorer 8 显示了回退内容

动手实践 11.4

在本环节中，将用文本编辑器写网页(参见图 11.9)，上面用视频控件播放了电影。

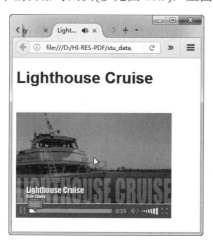

图 11.9　HTML5 视频元素

将学生文件中 chapter11/starters 文件夹下的 lighthouse.m4v、lighthouse.ogv、lighthouse.swf 和 lighthouse.jpg 文件复制到一个名为 video 的新文件夹中。以 chapter2/template.html 文件作为模板开始创建新网页，添加标题"LighthouseCruise"、一个视频控件(使用视频元素和两个源元素)。虽然我们可以配置一个指向视频文件的超链接来作为回退内容，但在本练习中，我们将添加一个内嵌元素来显示 Flash 媒体文件(lighthouse.swf)。将 lighthouse.jpg 指定为海报(poster)图片，如果浏览器不支持视频文件时就显示该图片，当然此时并不会播放任何视频文件。视频文件的代码如下：

```
<video controls="controls" poster="lighthouse.jpg" width="320"
height="240">
    <source src="lighthouse.m4v" type="video/mp4">
    <source src="lighthouse.ogv" type="video/ogg">
    <embed type="application/x-shockwave-flash"
        src="lighthouse.swf" quality="high" width="320" height="240"
        title="Door County Lighthouse Cruise">
</video>
```

将文件以 index.html 为名另存在 video 文件夹下，并在浏览器中进行显示。用不同的浏览器以及不同的浏览器版本来测试你的网页。请将自己的作业与图 11.9 以及学生文件中的参考答案进行比较(chapter11/video /video.html)。

FAQ　怎样将视频文件转换为新的编解码格式？

　可以用 Firefogg (http://firefogg.org)将视频文件转换为 Ogg Theora 格式。网络上有在线免费转换器(http://video.online-convert.com/convert-to-webm)，可将文件转换为 WebM。免费且开源的 MiroVideoConverter(网址为 http://www.mirovideoconverter.com)能够将绝大多数视频文件转换为 MP4、WebM 或 OGG 格式。

11.5　多媒体文件与版权法律

互联网道德

　　从网站上复制和下载图片、音频或视频文件确实很容易。将别人的文件用在自己的项目中也许是非常有诱惑力的，但这可能是不道德甚至是违法的。你只能发布自己创作或已取得使用权或许可的网页、图片和其他媒体文件。如果你觉得他人创作的图片、声音、视频或其他文档用在自己的网页上很不错，请先征得该材料的使用许可，而不是简单地奉行"拿来主义"。所有的作品(网页、图片、声音、视频等)都是受版权法律保护的，即使材料上没有标示版权符号和版权日期。

　　请注意，学生和教育工作者在有的时候可以有限地使用他人的作品而不触犯版权法。这称为正当使用(fair use)。正当使用指的是以评论、报告、教学、学术或研究为目的来使用受版权保护的作品。判断是否属于正当使用的标准如下。

- 使用必须以教育为目的，而非商业。
- 被复制的作品本身是"基于事实的描述"而非创新。
- 作品被复制的部分尽可能小。
- 复制品不能影响原作品的市场销售。

请访问 U.S. Copright Office(http://copyright.gov) 和 Copyright Website (http://www.copyrightwebsite.com)，了解更多有关版权问题的信息。

　　有些人可能想在保留其作品所有权的同时方便其他人使用或修改。"知识共享" (Creative Commons，http://creativecommons.org，一家非营利性组织)提供了免费的服务，作者和艺术家可在上面注册一种称为"知识共享"的版权许可(Creative Commonslicense)。这种许可有若干类型，选择取决于作者想授予他人的权利。知识共享许可说明了允许以及禁止的针对作品的行为。

11.6　CSS3 和交互性

CSS 图片库

我们曾在第 6 章中介绍了 CSS :hover 伪类，指定特殊显示样式来响应网页访客鼠标移动到元素上时的行为。在接下来的学习中，你将运用这一基本的交互式操作以及 CSS 的定位和显示属性，借助 CSS 和 HTML 来完成交互式图片库的配置。图 11.10 展示了一张实际的图片库网页(参见学生文件中的 chapter11/gallery/gallery.html)。当你将鼠标移动到缩略图上时，放大版的图片与文字说明将被显示。如果单击缩略图，则在新的浏览器窗口中打开大图片。

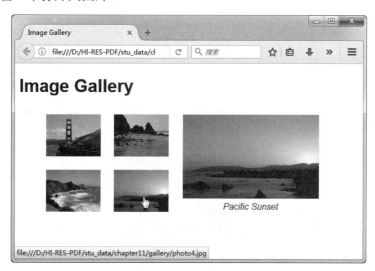

图 11.10　利用 CSS 实现交互式图片库

动手实践 11.5

在本环节中，你将创建一张图片库页面，如图 11.10 所示。将学生文件中 chapter11/starters/gallery 文件夹下的这些图片复制到名为 gallery 的新文件夹中：photo1.jpg、photo2.jpg、photo3.jpg、photo4.jpg、photo1thumb.jpg、photo2thumb.jpg、photo3thumb.jpg 以及 photo4thumb.jpg。

启动文本编辑器，以 chapter2/template.html 为模板开始创建满足下列条件的页面。

1. 添加 h1 元素，内容为文本"Image Gallery"。

2. 添加一下 id 名为 gallery 的 div 元素，用于组织缩略图。

3. 在 div 中添加一张无序列表。编写四个 li 元素的代码，每一个对应一张缩略图。缩略图发挥超链接的作用，并对其设置 a :hover pseudo-class 伪类，效果为鼠标移动到缩略图上时显示大图。要实现这一目的，我们需要添加一个超链接元素，包含每张缩略图图片、一个 span 元素用来容纳大图以及描述性文本。以第一个 li 元素的代码为例：

```
<li><a href="photo1.jpg"><img src="photo1thumb.jpg"
width="100" height="75" alt="Golden Gate Bridge">
    <span><img src="photo1.jpg" width="250" height="150"
    alt="Golden Gate Bridge"><br>Golden Gate Bridge</span></a>
</li>
```

4. 用类似的方法完成对其余三个 li 元素的配置。在 href 和 src 属性里引用每张图片的实际文件名，自行写出每张图片的描述文字。在第二个 li 元素中使用 photo2.jpg 和 photo2thumb.jpg。在第三个 li 元素中使用 photo3.jpg 和 photo3thumb.jpg，以此类推。以 index.html 为名将页面另存在 gallery 文件夹中，并在浏览器中打开。你将看到包含缩略图、大的图片以及描述文本的无序列表。图 11.11 是该页面的部分截屏。

图 11.11　添加 CSS 样式之前的网页

5. 现在让我们来添加嵌入式 CSS。用文本编辑器打开文件，在 head 节中添加样式元素。gallery id 用于相对定位。它不会改变库的实际位置，但它设置了用 span 元素进行绝对定位的阶段：在此阶段中，库的位置相对于它的容器(#gallery)而不相对于整个页面。这对于最基础的例子来说并不重要，但如果库是一个很复杂的网页的一部分，这种设置非常有用。编写嵌入式 CSS 代码以配置相对定位的库；无序列表的宽度为 250 像素，不显示列表标记；列表项目显示为内联块，内边距为 10 像素；图片不带边框；锚标签没有下划线，深灰色(#333)，斜体；span 默认不显示。CSS 代码如下：

```
#gallery { position: relative; }
#gallery ul { width: 250px;
              list-style-type: none; }
#gallery li { display: inline-block;
              padding: 10px; }
#gallery img { border-style: none; }
#gallery a { text-decoration: none;
             color: #333;
             font-style: italic; }
#gallery span {display: none; }
```

接下来将 span 设置为仅当网页浏览者将鼠标移动到缩略图链接上时才显示。指定 span 为绝对定位，距离顶部 10 像素，距离左边 300 像素。span 中的文本居中。CSS 代码如下：

```
#gallery a:hover span { display: block;
                        position: absolute;
                        top: 10px;
                        left: 300px;
                        text-align: center; }
```

保存页面并在浏览器中显示。在新型浏览器中图片库能正常显示。请注意，过时的 IE6 并不支持大图的动态显示，但会显示无序列表及缩略图链接。请将自己的作业与学生文件中的参考答案进行比较(chapter11/gallery/gallery.html)。

CSS3Transform 属性

我们可以用 CSS3 transform(变换)属性来改变元素的显示，并设置旋转、缩放、偏移和重定位元素等效果。二维(2D)和三维(3D)的变换都可实现。

浏览器渲染引擎的开发商，如 WebKit(Safari 和 Google Chrome 浏览器所用)、Gecko(Firefox 和其他基于 Mozilla 的浏览器所用)，均已创建了各自的专属特性以实现 transform 属性的功能。所以在设置 transform 属性时要编写多个样式声明：

- -webkit-transform (针对于 Webkit 浏览器)
- -moz-transform (针对于 Gecko 浏览器)
- -o-transform (针对于 the Opera 浏览器)
- -ms-transform (针对于 Internet Explorer 9 浏览器)
- transform (W3C 草案语法)

最终所有的浏览器都会支持 CSS3 以及 transform，所以将该属性写在列表的最后。表 11.6 列出了常用的 2D transform 属性函数值以及它们各自的用途。完整列表请访问 http://www.w3.org/TR/css3-transforms/#transform-property。在本节中，我们将重点关注旋转变换(rotate transform)。

表 11.6　transform 属性值

取值	用途
rotate(度)	旋转元素的角度数
scale(数值，数值)	沿 X 和 Y 轴缩放或改变元素大小(X，Y)
scaleX(数值)	沿 X 轴缩放或改变元素大小(X)
scaleY(数值)	沿 Y 轴缩放或改变元素大小(Y)
skewX(数值)	沿 X 轴扭曲元素显示
skewY(数值)	沿 Y 轴扭曲元素显示
translate(数值，数值)	沿 X 和 Y 轴复位元素(X，Y)
translateX(数值)	沿 X 轴复位元素(X)
translateY(数值)	沿 Y 轴复位元素(Y)

CSS3 Rotate 变换

rotate()变换函数需要指定以度为单位的数值参数(如几何角度)。取正值表示向右旋转，负值表示向左旋转。旋转围绕原点，默认情况下原点位于元素的中间。图 11.12 中的网页展示了 CSS3 变换属性的应用，图片被旋转了少许角度。

图 11.12　CSS3 transform 属性的实际效果

动手实践 11.6

在本环节中，你将设置元素的旋转变换属性，实现如图 11.12 所示的效果。创建一个名为 transform 的文件夹。将学生文件中 chapter11/starters 文件夹下的 lighthouseisland.jpg 和 lighthouselogo.jpg 复制到 transform 文件夹中。启动文本编辑器，打开 chapter11 文件夹中的 starter.html 文件，并以 index.html 为名另存到 transform 文件夹中。在浏览器中打开该网页，效果如图 11.13 所示。

图 11.13　transform 属性应用之前的网页

用文本编辑器打开 index.html，查看嵌入式 CSS。定位到图片元素选择器，我们要添加一些新的样式声明，将图片旋转 3 度。新加的 CSS 代码为蓝色：

```
figure { float: right; margin: 10px; background-color: #FFF;
padding: 5px; border: 1px solid #CCC;
box-shadow: 5px 5px 5px #828282;
-webkit-transform: rotate(3deg);
-moz-transform: rotate(3deg);
-o-transform: rotate(3deg);
-ms-transform: rotate(3deg);
transform: rotate(3deg); }
```

保存文件并在浏览器中显示。你将发现图片稍稍倾斜了一些。请将自己的作业与图 11.12 以及学生文件中的参考答案进行比较(chapter11/transform/index.html)。

深入了解各种变换

本节概要性地介绍了一种变换：元素的旋转。请访问 http://www.westciv.com/tools/transforms/index.html，该网页上提供了生成旋转(rotate)、缩放(scale)、沿坐标轴移动(translate)以及沿坐标轴旋转(skew)等多种变换效果的 CSS 代码。

CSS Transition 属性

CSS3 过渡(transition)通过改变属性值来指定某一时间段内显示效果的平滑过渡。绝大多数当前主流的浏览器都提供了对该属性的支持，包括 Internet Explorer(IE10 及以上)。当然为了得到浏览器更好的支持，还是要写上浏览器厂商的前缀。你可以在多种 CSS 属性上应用过渡效果，包括颜色、背景色、边框、字号、字粗、外边距、内边距、不透明度和文本阴影等。请访问 http://www.w3.org/TR/css3-transitions，获取完整的可用属性清单。在设置属性的过渡效果时，需要指定 transition-property、transition-duration、transition-timing-function 以及 transition-delay 这四个属性值，它们可以结合起来写在一个 transition 属性中。表 11.7 列出了各种 transition 属性和它们的用途。表 11.8 列出了常用的 transition-timing-function 属性值及它们的用途。

表 11.7　CSS Transition 属性

属性名称	描述
transition-property	规定应用过渡效果的 CSS 属性的名称
transition-duration	规定完成过渡效果需要花费的时间；默认为 0，表示立即过渡；用数值指定时间(通常以秒计)
transition-timing-function	通过描述 intermediate 属性值是如何计算的，来指定切换效果的速度；常见值包括 ease (默认)、linear、ease-in、ease-out、ease-in-out
transition-delay	规定过渡效果何时开始；默认为 0，表示不延迟；用数值指定时间(通常以秒计)
transition	是一个速记属性，列出四个属性的值：transition-property、transition-duration、transition-timing-function 以及 transition-delay，各值之间以空格分隔；默认可以省略，但第一个时间单位会应用到 transition-duration 属性上

表 11.8　常用的 transition-timing-function 属性值

取值	用途
ease	默认值；指定开始变化较慢，中途变快，最终又以慢速结束的过渡效果
linear	规定以相同速度开始至结束的过渡效果
ease-in	规定以慢速开始，逐渐加速到某个速度的过渡效果
ease-out	规定以某个速度开始，逐渐减速为慢速结束的过渡效果
ease-in-out	规定以慢速开始和结束的过渡效果

动手实践 11.7

我们曾介绍过 CSS: hover 伪类可用来配置特殊的显示效果以响应访客鼠标移过元素的动作。不过这种显示变化有点突然。网页设计师可以利用 CSS 过渡来实现更平滑的渐变悬停效果。接下来的练习中，将请你在网页上配置导航超链接的转换时尝试使用 CSS 过渡。创建一个名为 transition 的新文件夹。将学生文件中 chapter11/starter 文件夹下的 lighthouseisland.jpg 和 lighthouselogo.jpg 以及 chapter11/transform/index.html 复制到 transition 文件夹。在浏览器中打开 index.html，它将如图 11.12 所示。将鼠标放置在导航超链接中，注意，背景颜色和文本颜色会立即更改。在文本编辑器中打开 index.html，查看嵌入式 CSS。定位到 nav a:hover 选择器，看看其中颜色和背景颜色属性的配置。我们将要在 nav a 选择器中添加新的样式声明，使浏览者将鼠标放置在超链接上时背景颜色的变化更平滑。新增的 CSS 代码为蓝色：

```
nav a { text-decoration: none; display: block; padding: 15px;
        -webkit-transition: background-color 2s linear;
        -moz-transition: background-color 2s linear;
        -o-transition: background-color 2s linear;
        transition: background-color 2s linear; }
```

保存文件并在浏览器中显示。将鼠标放置在导航超链接上方，将观察到文本颜色是即刻变化的，而背景色的变化则更平滑，过渡已生效！请将你的作业与图 11.14 以及学生文件中的参考答案进行比较(chapter11/transition/index.html)。

图 11.14 transition 属性使超链接背景色的变化更加平滑

深入了解各种过渡

如果你不仅仅满足于表 11.8 中所列的各种设置，打算进一步控制过渡效果，可以尝试使用 transition-timing-function 的 cubic-bezier 值。贝塞尔曲线(Beziercurve)是一条数学曲线，通常用在图形应用中以描述运动。请访问以下资源以深入了解相关知识：

- http://www.the-art-of-web.com/css/timing-function
- http://roblaplaca.com/blog/2011/03/11/understanding-css-cubic-bezier
- http://cubic-bezier.com

练习应用过渡效果

动手实践 11.8

在本环节中，你将应用 CSS 中的定位、不透明度和过渡等属性，来设置一个由
HTML 和 CSS 定义的交互式图片库。我们在动手实践 11.5 也配置了一个交互式的图
片库，这次略有不同。图 11.15 展示了库的初始显示状态(参见学生文件中的
chapter11/gallery2/index.html)，其中用作占位符的放大图片呈半透明效果。当我们把鼠
标移动到缩略图上时，大图片逐渐变清晰，并且显示了说明文本(参见图 11.16)。如果
单击缩略图，大图会显示在新的浏览器窗口中。

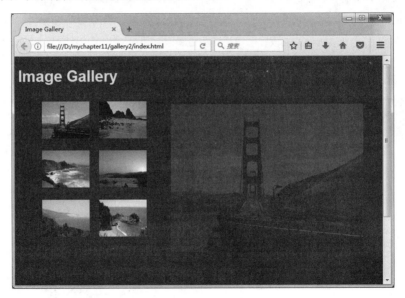

图 11.15　库最初的显示效果

创建一个名为 gallery2 的文件夹。将学生文件中 chapter11/starters/gallery 文件夹下
的所有文件全部复制到新建的 gallery2 中。

启动文本编辑器，根据下列要求修改模板 chapter2/template.html，生成新页面。

1. 添加 h1 元素，包含文本"Image Gallery"。

2. 添加 id 名为 gallery 的 div 元素。该 div 中包含起占位符作用的图片元素和无序
列表(用于组织缩略图)。

3. 在 div 中添加图片元素，用于显示占位符图片 photo1.jpg。

4. 再在 div 中添加一张无序列表。写六个 li 元素，每个对应一张缩略图。缩略图
用作图片链接，且设置了 a :hover 伪类以显示大图。只需要添加一下锚标签，并在其

中加入缩略图、容纳大图片的 span 元素以及描述性文字，即可实现上述功能。第一个 li 元素的示例代码如下：

```
<li><a href="photo1.jpg"><img src="photo1thumb.jpg" width="100"
height="75"
    alt="Golden Gate Bridge">
    <span><img src="photo1.jpg" width="400" height="300"
    alt="Golden Gate Bridge"><br>Golden Gate Bridge</span></a>
</li>
```

5. 以类似的方式添加其余五个 li 元素。将 href 和 src 属性的值设为图片的文件名。自行写出每张图片的描述文字。在第二个 li 元素中使用 photo2.jpg 和 photo2thumb.jpg。在第三个 li 元素中使用 photo3.jpg 和 photo3thumb.jpg，以此类推完成所有 li 元素的添加。以 index.html 为名将页面另存在 gallery2 文件夹中，并在浏览器中打开。你将看到包含缩略图、大的图片以及描述文本的无序列表。

6. 现在让我们来添加 CSS 代码。用文本编辑器打开文件，在 head 节中添加样式元素，并按下列要求完成样式设置：

a. 添加 body 元素选择器，样式为深色背景(#333333)，浅灰色文本(#eaeaea)。

b. 配置 gallery id 选择器样式：相对定位。不会改变库的位置，但设置了用 span 元素进行绝对定位的阶段：在此阶段中，库的位置相对于它的容器(#gallery)而不相对于整个页面。

c. 配置图片元素选择器样式：绝对定位，距离左侧 280 像素，文本居中对齐，不透明度为 0.25。这样图片在最初时呈半透明状。

d. 配置无序列表(id 为#gallery)元素选择器样式：宽度为 300 像素，不显示列表标记。

e. 配置#gallery 之中的列表项目元素选择器样式：内联显示，浮动到左侧，内边距为 10 像素。

f. 配置#gallery 之中的图片元素选择器样式：不显示边框。

g. 配置#gallery 之中的锚元素选择器样式：无下划线，文本色为#eaeaea，斜体。

h. 配置#gallery 之中的 span 元素选择器样式：绝对定位，距离左侧为-1000 像素(这样元素一开始不会显示在浏览器视窗中)，不透明度为 0。将 ease-in-out 设为 3 秒。

```
#gallery span { position: absolute; left: -1000px; opacity: 0;
            -webkit-transition: opacity 3s ease-in-out;
            -moz-transition: opacity 3s ease-in-out;
            -o-transition: opacity 3s ease-in-out;
            transition: opacity 3s ease-in-out; }
```

i. 配置#gallery 之中的 span 元素选择器样式：当访客的鼠标移过缩略图像链接上方时，该元素显示；绝对定位，距离顶部 16 像素、左侧 320 像素，文本居中，不透明度为 1。

```
#gallery a:hover span { position: absolute; top: 16px; left: 320px;
                    text-align: center; opacity: 1; }
```

保存文件并在浏览器中打开。请将你的作业与图 11.16 以及学生文件中的参考答案 (chapter11/gallery2/index.html)进行比较。

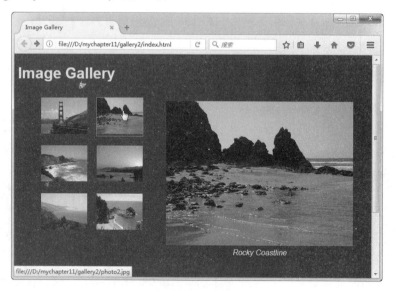

图 11.16　新照片逐渐显示出来

下列网站上有许多有关 CSS 变换和过渡效果的示例：

- CSS Transitions 101
  http://www.webdesignerdepot.com/2010/01/css-transitions-101
- Using CSS Transforms and Transitions
  http://return-true.com/2010/06/using-css-transforms-and-transitions
- CSS Fundamentals: CSS3 Transitions
  http://net.tutsplus.com/tutorials/html-css-techniques/css-fundametals-css-3-transitions

11.7　Java

Java 是一种面向对象(object-oriented programming，OOP)的编程语言。面向对象的程序由一组对象构成，这些对象互相协作并交换信息以达成共同目标。Java 和 JavaScript 并不是同一种语言，它比 JavaScript 功能更强大、使用更灵活。Java 既可用以开发独立的可执行程序，也可用于制作供网页调用的小程序。

Java 小程序(Java applet)与平台无关，这就意味着它们可以在任何平台上编写和运行：Mac、UNIX、Linux 和 Windows 均支持。Java 小程序被编译(从类似于英语的 Java 语言转换成编码形式)并保存为.class 文件，其中包含字节码(bytecode)。字节码是由浏览器中的 Java 虚拟机(Java Virtual Machine，JVM)来解析的。如图 11.17 所示，JVM 将字节码翻译成与当前操作系统对应的机器语言，然后执行小程序，结果显示在网页上。Java 小程序在加载过程中，网页上为它预留的区域显示为灰色矩形框，直到程序开始执行。

在线游戏是 Java 小程序最流行的应用场景。Java on the Brain (http://www.javaonthebrain.com/brain.html)上有许多经典的 Java 小程序游戏，去一试身手吧。Java 小程序也可用于生成图片和文字的效果，如图 11.18 所示。虽然文本特效和游戏很有趣，但 Java 小程序在商业领域更是大有可为，比如进行财务计算、实现数据可视化展示等。作为网页开发人员，你的日常工作或许并不是写 Java 软件，也就是说，你并不用自己去写 Java 小程序。但是可能需要与 Java 程序员合作，把他们写的程序放到网站上。无论是从同事那里获取还是从免费网站上下载，都需要写 HMTL 代码才能显示这些小程序。

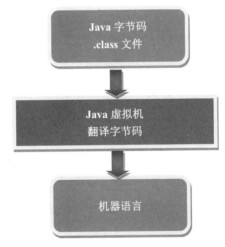

图 11.17 Java 虚拟机将字节码解析为机器语言

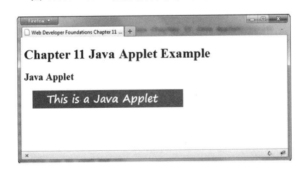

图 11.18 显示文本消息的 Java 小程序

在网页上添加 Java 小程序

就在不久前，我们在网页上添加 Java 小程序时还常用 param 和一个现在已被废弃的 applet 元素。现在 W3C 建议使用多用途的对象元素来配置网页上的 Java 小程序。对象(object)元素是一个多用途的容器标签，用于在网页上各种类型的对象。<object>标签位于网页的 body 部分，指定了小程序区域的开始位置。对应的关闭标签</object>也位于网页的 body 部分，指定了小程序区域的结束位置。对象元素有若干属性可用于 Java 小程序，如表 11.9 所示。

表 11.9　Java 小程序中使用的对象元素属性

属性名称	取值
type	指定 Java 小程序的 MIME 类型: application/x-java-applet
height	指定小程序区域的高度，以像素为单位
width	指定小程序区域的宽度，以像素为单位
title	可选；简短的文本描述，显示在浏览器中或供辅助技术访问

由创建小程序的软件开发人员指定参数值以及所使用的小程序的名字。因此要为每个小程序设置不同的参数。小程序文档中将提供其余参数的名称和期望的取值。参数可以不同，视小程序的功能而定。一个参数可能用于设置背景色；另一个可用于存储某个人名。我们用 param 元素来配置参数，这是一个空元素，带有两个属性：name 和 value。所有对象的<param>标签要位于对象的关闭标签</object>之前。用代码参数指定 Java 小程序的名称。

不管你的小程序是从免费网站上下载的还是从同事那里获取的，每个小程序都要有一些配套文档，用于说明它们所需的参数。示例小程序的文档见表 11.10。

表 11.10　示例小程序的配套文档

参数名称	参数值
code	example.class
message	Java 小程序显示的文本
textColor	Java 小程序所显示文本的颜色，十六进制颜色值
backColor	Java 小程序区域的背景色，十六进制颜色值

下面的代码配置了一个对象和参数元素，用于显示名为 example.class 的小程序，该区域宽 610 像素，高 30 像素，红色背景(backColor 参数)，红色文本(textColor)，显示一条文本消息：

```
<object type="application/x-java-applet" width="610" height="30"
title="This Java Applet displays a message">
    <param name="code" value="example.class">
    <param name="textColor" value="#FF0000">
    <param name="message" value="This is a Java Applet">
    <param name="backColor" value="#FFFFFF">
    Java Applets can be used to display text, manipulate graphics, play
games, and more.
    Visit <a href="http://download.oracle.com/javase/tutorial/">Oracle</a>
for more information.
</object>
```

Java 小程序资源

网上有许多免费的或可商用的 Java 小程序资源。请访问以下两个网站:

- Java on the Brain: http://www.javaonthebrain.com
- Java Applet Archive: http://www.echoecho.com/freeapplets.htm

在访问这些网站以及其他资源时, 请记住 Java 小程序同样是受版权保护的。在将它们应用于你的网站上之前, 要事先征得创作者的同意。有些人可能要求注明原作品的出处, 要给出作者名字或链接到他们的网站。请遵循作者的要求。某些小程序可以免费用于个人网站, 但用于商业用途前必须获得许可。

FAQ 请分享一些仍在使用但已废弃的 applet 元素的例子。

当然可以! 虽然这个元素已经被废弃的, 但你很有可能会遇到仍在使用它的网页。下面是用 applet 元素来显示 Java 小程序的例子:

```
<applet code="example.class" width="610" height="30"
  alt="Displays a message that describes uses of Java applets.">
  <param name="textColor" value="#FF0000">
  <param name="message" value="This is a Java Applet">
  <param name="backColor" value="#FFFFFF">
  Java Applets can be used to display text, manipulate graphics,
play games, and more.
  <a href="http://download.oracle.com/javase/tutorial/">Oracle</a>
</applet>
```

自测题 11.1

1. 请描述使用新的 HTML5 音频和视频元素的优点。
2. 变换(transform)属性的用途是什么?
3. 请描述在网页上使用 Java 小程序的一个缺点。

11.8 JavaScript

JavaScript 是基于对象的脚本语言。在 JavaScript 中处理的是与网页文档有关的一些对象: 窗口、文档以及各种元素(如表单、图片、超链接等)。JavaScript 是由 Netscape 公司开发的, 最初被称为 LiveScript。后来 Netscape 与 Sun Microsystems 公司合作, 共同对该语言进行了修改, 并将其更名为 JavaScript。JavaScript 与 Java 编程语言是不同的, 不能用它来编写可以在网页浏览器外独立运行的程序。JavaScript 语句可以存放在一个后缀名为.js 的文件中，由网页浏览器读取。但是 JavaScript 语句更多的是与 HTML 语句一起直接写在网页上。在这两种情况中，浏览器都能解析 JavaScript 语句。它被认为是一种客户端的脚本语言，因为它就是在客户端(浏览器)而不是在服务器端上运行的。请注意，虽然某些服务器(例如 Sun Java System Web Server)可以处理服务器端的 JavaScript，但这种语言最常见的用途还是写客户端脚本。

是否所有的浏览器都能支持 JavaScript？

当前绝大多数主流的浏览器都支持 JavaScript。但是它们也自带禁用 JavaScript 的选项。某些辅助技术(如屏幕阅读器)可能不支持 JavaScript。我们不能假设所有访问自己网站的人都可用 JavaScript。最好为依赖于 JavaScript 脚本的网站功能提供备用方式(如纯文本的超链接、可拨打的电话号码等)。

JavaScript 常用于响应如移动鼠标、点击按钮、加载页面之类的事件。该技术还常常用来编辑和校验 HTML 表单控件里的信息，如文本框、多选框、单选按钮。JavaScript 能完成创建弹出窗口、显示当前日期、执行计算等任务。图 11.19 显示了一个使用 JavaScript 获取并显示当前日期的网页。

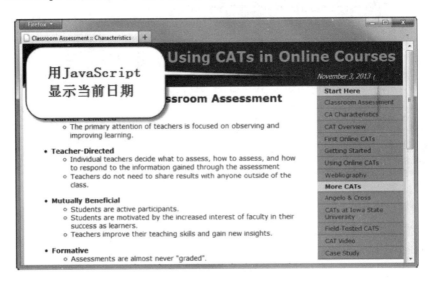

图 11.19　网页上利用 JavaScript 显示当前日期

在第 14 章中，我们将介绍如何写 JavaScript 脚本。在使用 JavaScript 时很重要的内容是处理文档对象模型(Document Object Model，DOM)。DOM 定义了网页上的所有对象和元素。它的层次结构可用于对网页元素的访问与样式应用。图 11.20 列出了一部分大多数浏览器中常用的基本 DOM。

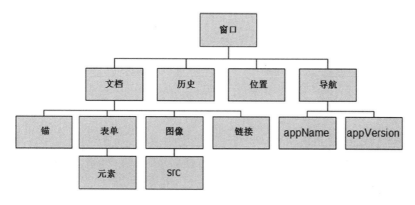

图 11.20 文档对象模型(DOM)

JavaScript 资源

关于 JavaScript，我们要学的内容还很多，但网上也有大量免费的 JavaScript 代码资源与教程。下面我们列出了一些提供免费教程和免费脚本的网站：

- JavaScript Tutorial，网址为 http://echoecho.com/javascript.htm
- JavaScript for the Total Non-Programmer，网址为 http://www.webteacher.com/javascript
- JavaScript Tutorial，网址为 http://www.w3schools.com/JS

在熟练掌握 HTML 和 CSS 之后，可将 JavaScript 语言作为继续学习的对象。试用一下之前我们所列举的部分资源并体验它们的功能。我们将在第 14 章中详细讲述 JavaScript。接下来将介绍 Ajax，一种使用 JavaScript 的技术。

11.9 Ajax

Ajax 并不是一项单独的技术，它是多项技术的组合。Ajax 是"异步 JavaScript 和 XML"(Asynchronous JavaScript and XML)的缩写。这些技术并不是新生事物，但最近才被组合起来使用，为浏览网页的人提供更优质的用户体验，并可实现交互式的网页应用。Adaptive Path(主页为 http://adaptivepath.com/ideas/ajax-new-approach-web-applications)的杰西·詹姆斯·贾瑞特(Jesse James Garrett)被认为是 Ajax 这个术语的发明人。下面列举了 Ajax 所采用的技术：

- 基于标准的 HTML 和 CSS
- 文档对象模型
- XML (以及相关的 XSLT 技术)
- 使用 XMLHttpRequest 的异步数据获取技术
- JavaScript

可能你不熟悉其中的部分技术，但在网页开发生涯的这个阶段这并不是什么大问题。当前重要的是打下坚实的 HTML 和 CSS 基础，将来决定继续深入研究时再学习其他 web 技术。现在只需要知道存在这些技术及其用途即可。

Ajax 是 Web 2.0 运动的一部分，该运动指的是万维网从孤立静态的网站向综合运用各种技术、为人们提供丰富多彩的交互界面与网上社交功能的大平台的转化。参见蒂姆·奥莱利(Tim O'Reilly)的文章"What Is Web 2.0?"(http://www.oreillynet.com/pub/a/oreilly/tim/ news/2005/09/30/what-is-Web-20.html)，他被认为是 Web 2.0 运动的重要发起人。

Ajax 是创建交互式网页应用的开发技术。我们曾在第一章和第九章中讲过客户端/服务器模型。浏览器向服务器发送请求(通常由点击链接或提交按钮来触发)，然后服务器返回一个全新的网页在浏览器中显示。Ajax 使用 JavaScript 和 XML 为客户端(浏览器)分配更多的处理任务，并通常以异步方式向服务器发送后台请求以刷新浏览器窗口的某些部分，而不是每次都刷新整张网页。使用 Ajax 技术的关键在于 JavaScript 代码(它们在客户计算机上运行，受浏览器限制)可以直接与服务器通信、交换数据并修改部分的网页显示，不需要每次都重新加载整张页面。例如网页访者刚在表单中输入邮政编码，系统就可以利用 Ajax 获取这个值，自动在邮政编码数据库里查找对应的城市/州名，所有这些发生在访问者点击提交按钮之前、尚在输入表单信息的过程中发生的。效果就是访问者会觉得这个网页响应快、交互式体验好。请访问 CSS Property Review 网站(http://webdevfoundations.net/css)，查看一个实际的 Ajax 用例。如图 11.21 所示，输入 CSS 属性名时就会显示提示消息，而实际上此时未并刷新网页。

图 11.21　利用 Ajax 技术实现边输入边更新网页的功能

如今开发人员常用 Ajax 来支持实现一些网页功能，这些功能是 Web 2.0 的组成部分，包括 Flickr 照片分享网站(http://www.flickr.com)和 Google 邮件(http://gmail.google.com)在内的大型网站都使用了这一技术。

Ajax 资源

你可能想在应用 Ajax 之前先熟悉脚本语言，网络上有很多关于它的资源和文章。下面列举了一些有用的网站：

- Getting Started with Ajax，网址为 http://www.alistapart.com/articles/gettingstartedwithajax
- Ajax Tutorial，网址为 http://www.tizag.com/ajaxTutorial

11.10　jQuery

我们已经了解到 JavaScript 是一种客户端的脚本语言，可增加网页的交互性与功能性。网页开发人员有时需要在网页上配置一些相同类型的常用交互式功能(如图片自动播放、表单验证、动画等)。一种办法是每个人写出自己的 JavaScript 代码，然后用各种浏览器和操作系统进行测试。你应该已经猜到了，这将是一项"旷日持久"的大工程。好消息是约翰·瑞斯格(John Resig)发布了一个免费开源的 jQuery JavaScript 库，可以帮助我们简化客户端脚本的编写。

应用程序编程接口(Application Programming Interface，API)是一种实现软件组件间通信(即交互与分享信息)的协议。我们可以用 jQuery API 配置许多交互功能，包括：

- 图片自动播放
- 动画(移动、隐藏、消失)
- 事件处理(鼠标移动、鼠标点击)
- 文档操作
- Ajax

许多网页开发人员和设计师已经发现 jQuery 比 JavaScript 简单易用，虽然在学习 jQuery 之前需要储备一定的 JavaScript 基础。使用 jQuery 库的好处在于它对所有当前的浏览器都是兼容的。

图 11.22　利用 jQuery 实现了图片自动播放功能

许多流行网站上都可见到 jQuery 的身影，如 Amazon、Google 和 Twitter。因为 jQuery 是一个开源库，任何人都可以编写新的插件来扩展它，正是这些插件为我们提供了许许多多新的或增强的交互特性。例如 jQueryCycle 插件 (http://jquery.malsup.com/cycle) 可支持各种过渡效果。图 11.22(参见 http://webdevfoundations.net/jQuery)即是一个利用 jQuery 和 Cycle 插件创建的图片轮播网页。在第 14 章中，我们将简要介绍 jQuery 的使用。

jQuery 资源

网上有许多免费的资源和教程，可用于 jQuery。如果想要了解更多有关 jQuery 的内容，请访问下列网站：

- jQuery，网址为 http://jquery.com/
- jQuery Documentation，网址为 http://docs.jquery.com/
- How jQuery，网址为 Works http://learn.jquery.com/about-jquery/how-jquery-works/

11.11　HTML5 API

我们已经介绍了 API 这个术语，它是应用程序编程接口的缩写，是实现软件组成间通信(交互与共享数据)的协议。将 HTML5、CSS 和 JavaScript 结合起来的多种 API 目前正在开发中，处于 W3C 的审批过程中。接下来我们将探索一些新的 API，包括地理位置、网络存储、离线应用、二维绘图等。

地理位置

地理位置(geolocation)API(http://www.w3.org/TR/geolocation-API/)可实现网页访客共享其位置信息的功能。浏览器会先确认访客想要共享位置，然后通过 IP 地址、无线网络连接、本地手机信息塔(蜂窝小区)、不同类型设备和浏览器上的 GPS 硬件等找到其位置。JavaScript 用于处理浏览器所提供的经纬度坐标。实际使用地理位置 API 的例子有 http://webdevfoundations.net/geo 和 http://html5demos.com/geo 等。

网络存储

网页开发人员过去常使用 JavaScript 的 cookie 对象来存储客户端(网站访问者的计算机)上的键值对信息。网络存储(web storage)API(http://www.w3.org/TR/webstorage)提供了两种新途径可实现在客户端的信息存储：本地存储与会话存储。使用网络存储的优点在于增大了可存储的数据量(每个域 5MB)。localStorage 对象存储的数据不会过期，而 sessionStorage 对象只能在当前浏览器会话期间保存数据。我们用 JavaScript 来处理存储在这两种对象中的值。请访问 http://webdevfoundations.net/storage 和 http://html5demos.com/storage,这两个网站上均使用了网络存储 API。

离线应用

使用离线应用(offline web application,http://www.w3.org/TR/2012/CR-html5-20121217/browsers.html#offline),网站访客就能够在未接入互联网时查看文档和访问 web 应用。我们都听说过移动手机的本地应用(app)。本地 app 的建立与分发必须根据其所使用的平台而定。如果你的客户既需要 iPhone 版、又需要 Android 版,你就得创建两个不同的本地移动 app!与此相反,用 HTML,CSS 和 JavaScript 编写的 Web 应用程序(app)就可以运行在任何浏览器上,只要保持在线。离线应用程序走得更远一些:即使设备没有连接到互联网,由于在访问者的设备上已经存储了 HTML、CSS 和 JavaScript 文件,就能够让用户脱机使用。

离线应用程序的关键是清单文件,这是一个纯文本文件,扩展名为.appcache。该清单包含三部分,列出了有关应用程序的信息。

- 缓存,列出与 Web 应用程序相关的所有资源(网页、CSS、JavaScript、图像等)。
- 回退,列出了当访问者试图访问未被缓存的文件时将显示的后备文件。
- 网络,列出了只有在访问者接入互联网时才可用的文件。

网页浏览器从清单文件里读取 URL 列表,下载资源并将它们存在本地,然后当资源发生变化时自动更新。如果访客试图在没有互联网连接时访问该 app,浏览器就会呈现本地文件,并根据回退和网络策略做出相应动作。请访问 http://html5demos.com/offlineapp 和 http://www.w3schools.com/html/html5_app_cache.asp,上面提供了有关离线应用的演示说明。

用 Canvas 元素绘图

HTML5 中的画布(canvas)元素是一个动态图片的容器。该元素从<canvas>标签处开始,到</canvas>标签处为止。canvas 元素是用 Canvas 2DContext API(http://www.w3.org/TR/2dcontext2)来配置的,这个 API 提供了一种动态的绘制和变换线条、形状、图像以及网页文字的功能。如果这还不够,画布 API 也提供了与用户互动的功能,可根据用户移动鼠标等动作作出响应。

画布提供了二维(2D)位图绘制的方法,包括线条、笔划、弧线、填充、渐变、图像和文本等。不过该 API 并不是用图形应用程序直观地进行绘制,而是通过 JavaScript 语句实现编程绘制。如图 11.23 所示(参见学生文件中的 chapter11/canvas.html),即是一个使用 JavaScript 实现在画布元素内绘制图像的基本例子,其代码如下:

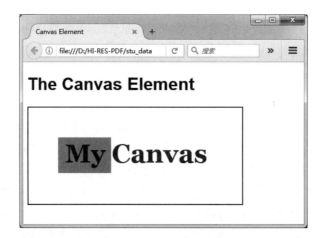

图 11.23　canvas 元素

```html
<!DOCTYPE html>
<html lang="en">
<head>
<title>Canvas Element</title>
<meta charset="utf-8">
<style>
canvas { border: 2px solid red; }
</style>
<script type="text/javascript">
function drawMe() {
    var canvas = document.getElementById("myCanvas");
    if (canvas.getContext) {
        var ctx = canvas.getContext("2d");
        ctx.fillStyle = "rgb(255, 0, 0)";
        ctx.font = "bold 3em Georgia";
        ctx.fillText("My Canvas", 70, 100);
        ctx.fillStyle = "rgba(0, 0, 200, 0.50)";
        ctx.fillRect(57, 54, 100, 65);
    }
}
</script>
</head>
<body onload="drawMe()">
<h1>The Canvas Element</h1>
<canvas id="myCanvas" width="400" height="175"></canvas>
</body>
</html>
```

也许你会觉得有些代码就像天书一样，请别担心：JavaScript 毕竟与 CSS 和 HTML 不同，它有着自己特有的语法和规则。让我们快速浏览一下上面的代码。

- 画布的红色轮廓是由 CSS 配置的。
- JavaScript 函数 drawMe()是浏览器加载页面时调用的。JavaScript 查找 id 名为"myCanvas"的 canvas 元素，测试浏览器的支持度，如果可以，就执行下列动作：

- ○ 将画布的 context 设为 2D
- ○ "画"出"My Canvas"文本
- ○ 使用 fillStyle 属性将画笔颜色设置为红色
- ○ 用 font 属性设置字重、字号和字体
- ○ 使用 fillText 方法指定显示的文本，并指定 x 值(距离左侧的像素值)和 y 值(距离顶部的像素值)
- ○ 画一个矩形
- ○ 使用 fillStyle 属性将画笔颜色设置为蓝色，不透明度为 50%
- ○ 使用 fillRect 方法指定矩形的 x 值(距离左侧的像素值)、y 值(距离顶部的像素值)、宽度以及高度

对于 canvas 元素，官方给出的承诺是：可实现与利用 Adobe Flash 进行开发类似的复杂交互功能。在我写这部分内容时，所有主流浏览器(Internet Explorer 9 版及以后的版本)都支持该元素。请访问 http://www.canvasdemos.com，体验大师的 Canvas 巨作。

HTML5 API 资源

本节简要介绍了几种 HTML5 中的新 API。请访问下列资源，了解更多相关信息、教程与示例：

- ● http://html5demos.com
- ● http://www.netmagazine.com/features/developer-s-guide-html5-apis
- ● http://www.ibm.com/developerworks/library/wa-html5fundamentals3
- ● http://platform.html5.org

 自测题 11.3

1. 请说出 JavaScript 的两种用途。
2. 请说出 Ajax 中所使用的两种技术。
3. HTML5 画布(canvas)元素的用途是什么？

11.12　无障碍与多媒体/交互性

多媒体和交互性有助于制造引人入胜的效果，提升用户体验，从而吸引更多人来访问网站。但我们要知道并非所有人都能体验到这些特性，所以要在网站中添加下列功能：提供播放多媒体所需插件的免费下载。

为音频和视频内容提供文本描述与可替换内容(如字幕)，以支持那些有听觉障碍的

人获取信息，同样对使用移动设备或网速很慢的人会有所帮助。

如果与多媒体内容的开发人员和程序员合作创建 Flash 动画或写 Java 小程序，必须要让他们提供无障碍访问方式，如键盘访问、文本描述等。网站导航中使用了 Flash 或 Java 小程序的话，也一定要保证它们能够通过键盘访问，并且/或者在页脚部分提供纯文本导航链接。Adobe 官网上有无障碍访问专栏，为网页开发人员提供了很多有用资源，网址是 http://www.adobe.com/resources/accessibility。

WCAG 2.0 指南的 2.3.1 款中建议网页里不要包含任何闪烁频率高于每秒三次的项目。这是为了防止因光学刺激诱发癫痫。应当与多媒体制作人员一起确保网站上的动态效果处于安全范围之内。

如果使用 JavaScript，请务必牢记某些访客可能关闭了 JavaScript 功能或无法操作鼠标。康复法案(Rehabilitation Act)的 Section 508 中要求即使在访问者的浏览器不支持 JavaScript 的情况下也要确保网站的基本功能。利用 Ajax 技术来刷新浏览器窗口中的部分内容时，用户如果使用辅助技术或文本浏览器，可能会遇到问题。测试的重要性怎么强调都不为过。W3C 已发布了 ARIA(无障碍的富互联网应用程序，Accessible Rich Internet Applications)协议，它支持对脚本化和动态化的内容(如利用 Ajax 创建的 web 应用)的无障碍访问。请访问 http://www.w3.org/WAI/intro/aria.php，了解更多有关 ARIA 的信息。

如果能在设计中牢记多媒体/交互性内容的无障碍设计理念，你帮助的不仅是身有不便的人士，还有那些使用低带宽或未安装插件浏览器的访问者。最后，如果页面中使用的多媒体和/或交互性内容实在无法遵循无障碍访问性准则时，请考虑创建一张单独的、只包含文本的网页。

本 章 小 结

在本章中，我们介绍了在网页上添加多媒体、增强交互性的若干技术，讨论了用于配置音频和视频内容的 HTML 元素，还对 Adobe Flash、Java applets、JavaScript、Ajax 以及 HTML5 画布元素作了简介。你练习了如何利用 CSS 实现交互式图片库效果，并探索了新的 CSS3 变换和过渡属性。我们还格外关注了与这些技术相关的无障碍访问和版权等问题。请访问本书配套网站，网址为 http://www.webdevfoundations.net，上面有许多示例、本章中所提到的一些材料链接以及更新信息。

关键术语

.aiff	容器
.au	版权
.avi	知识共享许可协议(Creative Commons license)
.class	文档对象模型(Document Object Model，DOM)
.flv	正当使用(fair use)
.m4a	Flash
.m4v	地理位置
.mid	辅助应用程序
.mov	交互性
.mp3	Java
.mp4	Java 小程序
.mpg	Java 虚拟机(Java Virtual Machine，JVM)
.ogg	JavaScript
.ogv	jQuery
.swf	jQuery 插件
.wav	localStorage
.wmv	清单文件
<applet>	媒体
<audio>	离线 web 应用
<canvas>	回放
<embed>	插件
<object>	播放
<param>	RSS 订阅
<script>	抽样频率
<source>	sessionStorage
<video>	transform 属性
应用程序编程接口(application programming interface，API)	transition 属性
	过渡
Ajax	Web 2.0
编解码器	网络存储

复习题

选择题

1. 浏览器不支持音视频元素时，会发生什么情况？

    a. 电脑崩溃。   b. 网页无法显示。

    c. 如果存在回退内容，将会显示。   d. 浏览器关闭。

2. 下列哪段代码提供了一个指向音频文件 hello.mp3 的超链接？

    a. \<object data="hello.mp3">\</object>

    b. \<a href="hello.mp3">Hello

       (Audio File)\</a>

    c. \<object data="hello.mp3">\</object>

    d. \<link src="hello.mp3">

3. .wav、.aiff、.mid 和.au 是什么类型的文件？

    a. 音频文件   b. 视频文件   c. 音视频文件   d. 图像文件

4. 下列哪种做法可以提升可用性与无障碍访问性能？

    a. 只要可行就尽量使用音视频元素。

    b. 为音视频文件提供显示在网页上的文本描述。

    c. 不用音视频元素。

    d. 以上都不对。

5. 下列哪个属性可用于实现元素的倾斜、缩放、旋转或移动？

    a. display   b. transition   c. transform   d. relative

6. 下列哪种对于 JavaScript 的描述是正确的？

    a. JavaScript 是一种基于对象的脚本语言。

    b. JavaScript 是一种简易版的 Java。

    c. JavaScript 是由 Microsoft 研发的。

    d. JavaScript 是一种已经过时的技术。

7. 下列哪种对于 Java 小程序的描述是正确的？

    a. Java 小程序包含在扩展名为.class 的文件中。

    b. Java 小程序不受版权保护。

    c. Java 小程序必须与网页文档分开保存。

    d. Java 是高级版的 JavaScript。

8. 以下哪一项是开源的视频编解码器？

    a. Theora   b. Vorbis   c. MP3   d. Flash

9. 包含 Flash 动画的文件使用的文件扩展名是什么？

    a. .class   b. .swf   c. .mp3   d. .flash

10. 下列哪种对于 Ajax 的描述是正确的？

    a. 它是一种基于对象的脚本语言。

    b. 它就是 Web 2.0。

    c. 它是一种网页开发技术，用于创建交互式的网页应用。

　　　　d. 它是一种已经过时的技术。

填空题

11. ＿＿＿＿＿＿＿＿是一种协议，可实现软件组件之间的通信，即交互与数据共享。

12. 以评论、报告、教学、学术或研究为目的来使用受版权保护的作品被称为＿＿＿＿＿＿＿＿。

13. 扩展名为.webm、.ogv 以及.m4v 的是＿＿＿＿＿＿＿＿文件。

14. 在显示 Java 小程序时，浏览器调用了＿＿＿＿＿＿＿＿来解释字节码，把它们转化为相应的机器语言。

15. ＿＿＿＿＿＿＿＿定义了网页上的每个对象和元素。

简答题

16. 请列出两种以上在网页上不使用音频或视频元素的理由。

17. 有些作者可能想在保留其作品的所有权的同时又要为其他人使用或修改提供便利，此时他们可以选择哪种版权许可？

学以致用

1. 指出代码的运行结果。画出下列 HTML 代码所生成的页面，并做简要描述。

```
<!DOCTYPE html>
<html lang="en">
<head><title>CircleSoft Designs</title>
<meta charset="utf-8">
<style>
body { background-color: #FFFFCC;
       color: #330000;
       font-family: Arial,Helvetica,sans-serif; }
.wrapper { width: 750px; }
</style>
</head>
<body>
<div class="wrapper">
<h1>CircleSoft Design</h1>
<div><strong>CircleSoft Designs will </strong>
<ul>
    <li>work with you to create a Web presence that fits your
company</li>
    <li>listen to you and answer your questions</li>
    <li>utilize the most appropriate technology for your website</li>
</ul>
<p><a href="podcast.mp3" title="CircleSoft Client
Testimonial">Listen to what our clients say</a>
</p>
</div>
</div>
</body></html>
```

2. 补全代码。该网页上应当显示一个名为 slideshow.swf 的 Flash 媒体文件，它的宽度为 200 像素，高度为 175 像素。下列代码中缺少了部分 HTML 属性，用"_"(下划线)标示。请补全。

```
<!DOCTYPE html>
<html lang="en">
<head>
<title>Fill in the Missing Code</title>
<meta charset="utf-8">
</head>
<body>
<h1>Trillium Media Design</h1>
<p>Visual Tour of Our Services</p><br>
<embed type="application/x-shockwave-flash"
    "_"="slideshow.swf" quality="high"
    "_"="200" "_"="175"
    title="slideshow">
</body>
</html>
```

3. 查找错误。下列代码所创建的网页要显示一段视频。但视频在 Safari 浏览器中无法显示。为什么会发生这样的情况？

```
<!DOCTYPE html>
<html lang="en">
<head>
<title>Find the Error</title>
<meta charset="utf-8">
</head>
<body>
<video controls="controls" width="160" height="150">
    <source src="products.webm" type="video/webm">
    <p>You are missing a great video.</p>
</video>
</body>
</html>
```

动手练习

1. 在网页上添加 demo1.mov 视频文件的超链接，请写出相关的 HTML 代码。

2. 要让浏览网页的人能够回放名为 lesson1.mp3 的音频文件，请写出相关的 HTML 代码。

3. 网页上要播放视频，源文件为 myvideo.mp4、myvideo.ogg 和 myvideo.webm。播放视频的区域宽 600 像素、高 400 像素，请写出相关的 HTML 代码。

4. 在网页上添加一个名为 intro.swf 的 Flash 文件，播放区域宽 500 像素、高 200 像素，请写出相关的 HTML 代码。

5. 为你最喜欢的电影或音乐 CD 创建一个网页，网页上要播放一个视频文件(用 Windows 录音机或类似软件来录下你自己的声音)，内容为你对该电影或音乐 CD 的介绍与评论。要考虑无障碍访问原则，为音频文件提供配套的文字副本。副本可以直接显示在页面上，也可用超链接访问。在网页上添加你的电子邮件地址链接。将页面保存为 audio11.html。

6. 为你最喜欢的电影或音乐 CD 创建一个网页，网页上要播放一个音频文件(用数码照相机、智能手机或本章中所列的应用来录制)，内容为你对该电影或音乐 CD 的介绍与评论。要考虑无障碍访问原则，为视频文件提供配套的文字副本或添加字幕。在网页上添加你的电子邮件地址链接。将页面保存为 video11.html。

7. 访问本书配套网站 http://webdevfoundations.net/flashcs5，根据上面的说明创建一个 Flash 标识横幅。在网页上显示该横幅并添加你的电子邮件地址链接。将页面保存为 flash11.html。

万维网探秘

1. 本章提到了一些可用于创建和编辑多媒体文件的软件，以此为起点，在网上检索更多的应用程序资源。制作一张网页，至少列出五种多媒体创作软件。用列表组织信息，包括软件的名称、URL、简介与价格等。将你的姓名放到网页上的一个电子邮件链接中。网页应当包含指向音乐文件的链接，文件可以用本章的 soundloop.mp3、自己录制或从网上找一个合适的。

2. 本章讨论了有关版权法律的一些问题。请以书中所提供的信息为起点，在网上搜索更多与版权法律和网络相关的内容。制作一张网页，列举五条有用的信息。要提供信息来源网站的 URL，并在网页上嵌入一个媒体控制界面，让来访者可以在打开网页的时候播放音频，文件可以用本章的 soundloop.mp3、自己录制，也可以从网上找一个合适的。将你的姓名放到网页上的一个电子邮件链接中。

3. 从本章所讨论的网页交互性技术中选择一种：JavaScript、Java 小程序、Flash、Ajax 或 jQuery。以本章列举的资源作为起点，在网上检索与你所选技术相关的资源。制作一张页面，列出至少五种有用的资源，分别进行简要介绍。用列表组织相关信息，包括站点的名称、URL、简要介绍该网站所提供的内容以及推荐的页面(如教程、免费脚本等)。将你的姓名放到网页上的一个电子邮件链接中。

4. 从本章所讨论的网页交互性技术中选择一种：JavaScript、Java 小程序、Flash、Ajax 或 jQuery。以本章列举的资源作为起点，在网上检索与你所选技术相关的资源。找到有关这种技术的教程或免费下载资源。利用你所找到的代码或下载的内容来制作一张网页。描述效果并列出资源的 URL。将你的姓名放到网页上的一个电子邮件链接中。

关注网页设计

1. 在网页开发中应用 Ajax 技术时，可能会遇到与可用性与无障碍访问相关的问题。请访问下列网站作深入了解：
- Ajax Usability Mistakes，网址为 http://ajaxian.com/archives/ajax-usability-mistakes
- Ajax and Accessibility，网址为 http://www.standards-schmandards.com/2005/ajax-and-accessibility
- Flash, Ajax, Usability, and SEO，网址为 http://www.clickz.com/clickz/column/1702189/flash-ajax-usability-seo

写一页书面报告，描述网页设计人员应当关注的 Ajax 问题，并列出所用资源的 URL。

2. 在 2007 年的一次访谈(http://www.guardian.co.uk/technology/2007/apr/05/adobe.newmedia)中，Adobe 高级首席科学家马克·安德斯(Mark Anders)建议将 Flash 作为"构建下一代富互联网应用的伟大平台"。虽然 Flash 在标准的桌面浏览器中得到了很好的支持，但移动设备并不支持它。2011 年 Adobe 取消了针对移动浏览器开发 Flash 播放器的项目 (http://blogs.adobe.com/conversations/2011/11/flash-focus.html)。在你回顾了本章所列资源后，谈一谈自己对 Flash 的看法；作为设计师，你会建议在什么时候使用 Flash。写一页书面报告，表达的意见要有说服力。列出所引用资源的 URL。

网站实例研究

添加多媒体元素

以下所有案例将贯穿全书。接下来请你在网站上添加多媒体元素与交互性功能。

JavaJam 咖啡屋

回顾一下第 2 章中关于 JavaJam 咖啡屋的案例研究内容。图 2.28 为该网站的站点地图。请用第 9 章中所完成的 JavaJam 网站做为起点进行本节练习。你要完成以下三项任务。

1. 为本实例研究创建一个新的文件夹。
2. 修改外部样式表文件(javajam.css)，设置音频元素的样式。
3. 配置音乐页面(music.html)，在网页上播放音频文件。效果如图 11.24 所示。

图 11.24　音乐页面上的音频元素

实例研究之动手练习

任务 1：创建文件夹。创建名为 javajam11 的新文件夹。将在第 9 章的练习中所建的

javajam9 中的全部文件以及学生文件中 chapter11/casestudystarters 文件夹下的有关文件 (melanie.mp3、melanie.ogg、greg.mp3 和 greg.ogg)复制到 javajam11 中。

任务 2：修改 CSS。修改外部样式表文件(javajam.css)。用文本编辑器打开 javajam.css 文件。创建音频元素选择器，样式为块显示、上外边距为 1em。

保存 javajam.css。

任务 3：修改音乐页面。用文本编辑器打开 music.html 文件。修改文件，使页面上显示两个 HTML5 音频播放器控件(如图 11.24 所示)。参考动手实践 11.3 中的做法。在有关 Melanie 的段落中添加一个音频控件，以播放 melanie.mp3 或 melanie.ogg 文件，并提供指向 melanie.mp3 文件的超链接，作为音频元素不受支持时的回退内容。在有关 Greg 的段落中添加一个音频控件，以播放 greg.mp3 或 greg.ogg 文件，并提供指向 greg.mp3 文件的超链接，作为音频元素不受支持时的回退内容。保存文件。用 W3C 校验服务 (http://validator.w3.org)来校验文件的 HTML 语法。用不同的浏览器显示网页，播放音频文件。

Fish Creek 宠物医院

回顾一下第 2 章中关于 Fish Creek 宠物医院的案例研究内容。图 2.32 为该网站的站点地图。请使用第九章中所完成的 Fish Creek 宠物医院网站做为起点进行本节的练习。你将要完成以下三项任务。

1. 为本实例研究创建一个新的文件夹。
2. 修改外部样式表文件(fishcreek.css)，放置一个视频元素。
3. 在咨询兽医页面(askvet.html)上添加一个视频元素。效果如图 11.25 所示。

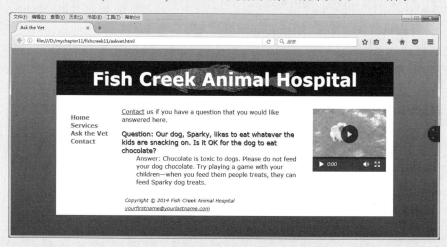

图 11.25 Fish Creek 网站的咨询兽医页面上添加了 HTML5 视频元素

实例研究之动手练习

任务 1：创建文件夹。创建名为 fishcreek11 的新文件夹。将在第 9 章的练习中所建的 fishcreek9 中的全部文件以及学生文件中 chapter11/casestudystarters 文件夹下的有关文件 (sparky.webm、sparky.mov、sparky.m4v、sparky.ogv 和 sparky.jpg)复制到 fishcreek11 中。

任务 2：修改 CSS。修改外部样式表文件(fishcreek.css)。用文本编辑器打开 fishcreek.css 文件。创建视频元素选择器，样式为浮动到右边、左右外边距为 20 像素。保存 fishcreek.css。

　　任务 3：修改咨询兽医页面。用文本编辑器打开 askvet.html 文件。修改文件，在页面上添加 Sparky 视频(sparky.mov、sparky.m4v、sparky.ogv、sparky.webm 和 sparky.jpg 等文件)，显示在段落和描述列表的右边。使用 HTML5 中的视频和源元素(video 和 source)。播放区域宽 200 像素、高 200 像素，并提供指向 sparky.mov 文件的超链接，作为视频元素不受支持时的回退内容。保存文件。用不同的浏览器测试网页。

Pacific Trails 度假村

　　回顾一下第 2 章中关于 Pacific Trails 度假村的案例研究内容。图 2.36 为该网站的站点地图。用第 9 章中所完成的 Pacific Trails 网站做为起点进行本节的练习。完成以下三项任务。

　　1. 为本实例研究创建一个新的文件夹。

　　2. 在主页(index.html)上添加视频元素，并更新外部样式表。效果如图 11.26 所示。

　　3. 在活动页面(activities.html)上添加一个图片库，并更新外部样式表。效果如图 11.27 所示。

实例研究之动手练习

　　任务 1：创建文件夹。创建名为 pacific11 的新文件夹。将在第九章的练习中所建的 pacific9 中的全部文件、学生文件中 chapter11/casestudystarters 文件夹下的有关文件(pacifictrailsresort.mp4、pacifictrailsresort.ogv、pacifictrailsresort.jpg 和 pacifictrailsresort.swf)以及 chapter11/starters/gallery1 文件夹下的有关文件(photo2.jpg、photo3.jpg、photo4.jpg、photo6.jpg、photo2thumb.jpg、photo3thumb.jpg、photo4thumb.jpg 和 photo6thumb.jpg)复制到 pacific11 中。

　　任务 2：添加视频。用文本编辑器打开主页(index.html)文件。将图片替换成 HTML5 视频控件。设置 video、source 和 embed 三个元素，相关文件为：pacifictrailsresort.mp4、pacifictrailsresort.ogv、pacifictrailsresort.swf 和 pacifictrailsresort.jpg。视频区域的宽度为 320 像素、高度为 240 像素。保存文件。用 W3C 校验服务(http://validator.w3.org)来校验文件的 HTML 语法。根据需要进行修改。

　　接下来修改外部样式表文件(pacific.css)。用文本编辑器打开 pacific.css 文件。定位于 main img 选择器，目前它的样式为浮动到左边，并设置了右内边距。添加 main video 和 main embed 选择器，并设置下列样式规则：

```
main img, main video, main embed { float: left;
                        padding-right: 20px; padding-bottom: 20px;}
```

　　保存 pacific.css。启动浏览器测试新的 index.html 页面，它应当类似于图 11.26 所示效果。

　　任务 3：添加图片库。用文本编辑器打开 activities.html 文件。修改文件，在页脚区域上方添加一个图片库。需要 activities.html 和 pacific.css file 这两个文件。利用动手实践 11.5 中的练习作为参考，添加一个 id 为 gallery 的 div。该库中要显示四张缩略图。在 div 中编写一张无序列表，包含四个 li 元素，一一对应缩略图。缩略图要发挥图片链接的作用，并设置 a :hover 伪类，使大图片在适当时候显示在页面上。每个 li 元素中要添加一个锚元素，一个其中既包含缩略图、又包含一个内容为大图片与描述性文字的 span 元素。将大图片的尺寸设置为宽 200 像素、高 150 像素。保存 activities.html。

图 11.26 Pacific Trails 度假村主页

用文本编辑器打开 pacific.css 文件。参考动手实践 11.5 中的练习来设置库的 CSS，不同的是 span 距离左边更远一些(left: 340px;)。galley id 的高度为 250 像素。默认状态下，库中的图片会继承 main img 选择器浮动到左边的样式。为了打破这种继承性，在#gallery img 选择器中添加 float: none;样式规则。另外在 footer 元素选择器中添加清除所有浮动的声明。保存 pacific.css。删除名为 clear 的 id 中的样式设置。启动浏览器测试新的 activities.html 页面，它应当类似于图 11.27 所示效果。

图 11.27 新的 Pacific Trails 度假村活动页面

Prime 房产

回顾一下第 2 章中关于 Prime 房产公司的案例研究内容。图 2.40 为该网站的站点地图。用第 9 章中所完成的 Prime 房产公司网站做为起点进行本节的练习。完成以下四项任务。

1. 为本实例研究创建一个新的文件夹。
2. 在主页(index.html)上添加音频控件用于播放播客节目。
3. 修改外部样式表文件(prime.css)，放置一个视频元素。
4. 修改主页，显示图 11.28 所示的视频控件。

图 11.28　Prime 房产公司的主页上添加了 HTML5 音频控件和图片轮播 Flash

实例研究之动手练习

任务 1：创建文件夹。创建名为 prime11 的新文件夹。将在第九章的练习中所建的 prime9 中的全部文件、学生文件中 chapter11/casestudystarters 文件夹下的有关文件 (prime.m4v, prime.ogv、prime.swf、primeposter.jpg、primepodcast.mp3、primepodcast.ogg 和 primepodcast.txt)复制到 pacific11 中。

任务 2：添加音频。用文本编辑器打开 index.html 文件。参考图 11.28 对文件进行修改，在姓名与地址区域上方添加一个标题和一个 HTML5 音频控件。用 h2 元素显示文本 "Podcast Episode #1,247"。在创建音频控件时可以参考动手实践 11.3 中的做法。设置 audio 和 source 元素，相关文件为 primepodcast.mp3 和 primepodcast.ogg。创建指向播客文字副本(primepodcast.txt)的超链接，作为音频元素不受支持时的回退内容。保存文件。用 W3C 校验服务(http://validator.w3.org)来校验文件的 HTML 语法。如有必要进行修改后再次校验。

任务 3：修改 CSS。修改外部样式表文件(prime.css)。用文本编辑器打开 prime.css 文件进行编辑。添加一个名为 floatright 的新类，样式规则为浮动到右边，左右内边距为 2em。同时为 contact 类增加一条样式规则：顶内边距为 1em。保存文件。

任务 4：添加视频。用文本编辑器打开主页(index.html)文件。修改文件，设置 video、source 和 embed 三个元素，相关文件为：prime.m4v、prime.ogv、prime.swf 和 primeposter.jpg。视频区域的宽度为 213 像素、高度为 163 像素。保存文件。用 W3C 校验服务(http://validator.w3.org)来校验文件的 HTML 语法。根据需要进行修改后再次校验。将 video 元素分配给名为 floatright 的类。保存文件并在浏览器中测试网页。

Web 项目

参见第 5 章中对于 Web 项目这一案例研究的介绍。回顾网站设定的目标，考虑一下使用多媒体或交互性元素是否有助于提升网站价值。如果可行，就为项目网站添加这些内容。咨询你的指导老师，是否需要应用指定的多媒体或交互性技术。

从以下内容中选择一项或多项。

1. 媒体：从本章的例子中选择一个示例文件、或自行录制音频或媒体文件，也可以在网上检索下载免费的资源。

2. Flash：从本章的例子中选择一个示例文件、或自行创建 SWF 文件，也可以在网上检索下载其他资源。

3. CSS 图片库：创建或找一些与网站项目相关的图片。参考动手实践 11.5 中的例子，用 CSS 配置一个图片库。

4. 确定在网站上的哪些地方应用媒体和/或交互性技术。修改并保存网页，用各种浏览器进行测试。

第12章

电子商务概述

本章学习目标

- 电子商务的定义
- 电子商务的风险与机遇
- 电子商务的商业模型
- 电子商务的安全性与加密
- 电子数据交换(Electronic Data Interchange，EDI)的定义
- 电子商务的趋势与规划
- 与电子商务相关的话题
- 订单与支付处理

电子商务是在互联网上进行的商品和服务交易。无论是企业与企业之间的电子商务(business-to-business，B2B)、企业与消费者之间的电子商务(business-to-consumer，B2C)，还是消费者与消费者之间的电子商务(consumer-toconsumer，C2C)，支持电子商务的网站已随处可见。本章将就此主题进行一个概述性的介绍。

12.1　什么是电子商务？

电子商务的正式定义是通信、数据管理和安全技术的集成，为个人和组织提供与商品、服务交易相关的信息交互功能。它的主要领域在于购买商品、销售商品以及在互联网上进行金融交易等。

电子商务的优势

参与电子商务的商家与消费者都能从中获益。对于商家而言，采用电子商务有如下优势。

- 降低成本。在线商家可以全天 24 小时营业，没有经营场所上的开销。许多公司在尝试电子商务之前就创建了自己的网站，当网站上增加了电子商务功能以后，就成为了他们新的收入来源，大多数能很快收回成本。
- 提高了消费者满意度。商家可以通过网站增进与消费者之间的沟通，从而提升消费者的满意度。电子商务网站中通常都有 FAQ 页面，客服代表可以通过电子邮件、论坛甚至是在线聊天(参见 http://www.liveperson.com)等形式来增强与顾客间的关系。
- 数据管理更加高效。根据自动化程度的不同，电子商务网站可以执行信息卡确认和授权、更新库存水平、并协调订单执行系统，从而更高效地进行企业数据管理。
- 潜在的销量提升。电子商务网店可以一周七天、一天 24 小时地营业，并且对全世界的人们都是开放的，因此它比实体店具有更高的销售潜力。

商家并不是电子商务的唯一受益者，消费者也能从中获益良多。

- 便捷性。消费者可以在一天的任何时候进行购物，不需要花时间赶去商店。比起传统的购物方式，有些消费者更喜欢网购，因为他们可以看到更多图片，并参与与商品相关的论坛讨论。
- 货比三家更容易。以前消费者要一家家地挑选、比较价格，但现在只需要在网上逛逛就能比较商品的价格与性能了。
- 更多的选择。因为购物和比价都很容易，消费者在购买时就有了更大的选择空间。

可以看出，采用电子商务后商家和消费者双方都能享受到诸多好处。

电子商务的风险

任何商业交易都存在风险，电子商务也不例外。对于商家来说，风险可能来自于以下几方面。

- 技术故障引起的销售流失。如果网站不可用，或者电子商务表单无法正常处理，消费者可能再也不会到你的网站来了。用户界面友好、安全可靠对于网站来说至关重要，但如果参与到电子商务中，可靠性和易用性则将成为决定业务成败的关键因素。

- 虚假交易。使用虚假的信用卡购物或来自骚扰者(或者有大量空闲时间的青少年)的无效订单也是商家不得不面对的风险。

- 客户不愿意。虽然越来越多的消费者都愿意在网上购物，但是公司的目标市场可能并非如此。当然，通过一些激励机制，比如免费送货或"无条件"退货等政策，也可以吸引部分此类消费者。

- 与日俱增的竞争。因为电子商务网站的成本比传统的有固定经营场所的商店要低得多，所以有可能出现一家在地下室运作的公司与一家老牌传统商店一样声名远扬的情景，只要前者的网站看起来足够专业。正因为进入电子商务这个市场的门槛较低，所以公司面临的竞争会更大。

在应对电子商务带来的挑战中，商家并不孤独，消费者也同样面临着下列风险。

- 安全问题。稍后本章将介绍怎样判断一家网站是否使用了安全套接字层(Secure Sockets Layer，SSL)协议来加密信息和保证信息安全。一般大众可能都不知道如何来确定一家网站有否使用这种加密技术，因此在使用信用卡下订单时都会比较担心。另一个更重要的问题是，信息通过互联网发送到网站之后会被如何使用？数据库安全吗？备份是否可靠？这些问题都很难回答。最好只在信得过的网站上购物。

- 隐私问题。许多网站都发布了隐私条款声明。它们描述了网站将对接收到的信息做什么(以及不做什么)。有些网站的数据仅供内部营销分析所用。但还有一些网站会把这些数据卖给其他公司。随着时间推移，网站也许真的会修改它们的隐私条款。消费者就可能因为缺乏隐私保护，从而对网购持谨慎态度。

- 基于照片和描述购物。购买一件商品之前并不能碰到或找到它。由于消费者的购买决定基于照片和书面描述，所以要承担买到不称心商品的风险。如果电子商务网站有大方的退货条款，消费者在决定购买时会更有底气。

- 退货。将商品退回给电子商务网店，通常比退给实体店的商家更麻烦。消费者可能心生畏惧而就此退却。

12.2　电子商务商业模式

商家和消费者都赶上了电子商务的浪潮。目前电子商务有四种模型：企业与消费者之间的电子商务(Business-to-Consumer)、企业与企业之间的电子商务(Business-to-Business)、消费者与消费者之间的电子商务(Consumer-to-Consumer)、企业与政府之间的电子商务(Business-to-Government)。

- 企业与消费者之间的电子商务(Business-to-Consumer，B2C)。大部分 B2C 交易都是在线上商店完成的。甚至有一些公司只提供网络服务，如 Amazon.com(http://www.amazon.com)。还有一些则是实体店与网店同时存在，如 Sears (http://www.sears.com)。
- 企业与企业之间的电子商务(Business-to-Business，B2B)。企业之间的电子商务通常是在供货商、合作伙伴和公司客户之间以交换供应链接信息的形式进行的。电子数据交换(Electronic Data Interchange，EDI)也属于这一类。
- 消费者与消费者之间的电子商务(Consumer-to-Consumer，C2C)。个人也可以在互联网上进行交易。最常见的形式是拍卖。最著名的拍卖网站是 eBay (http://www.ebay.com)，它创建于 1995 年。
- 企业与政府之间的电子商务(business-to-government，B2G)。企业还可以在互联网上向政府出售产品或提供服务。以政府机构为商业对象的公司必须遵循非常严格的可用性标准。Section508 中要求供联邦政府机构使用的电子和信息技术(包括网页)必须为残障人士提供无障碍访问方式，更多信息请访问 http://www.section508.gov。

早在万维网出现以前，企业之间利用 EDI 进行电子信息交换就已经持续了好多年。

12.3　电子数据交换(EDI)

电子数据交换(Electronic Data Interchange，EDI)是公司之间通过网络进行结构数据的传输。这种形式使得标准业务文档(如订单和发货单)的交换更为便利。EDI 并不是新生事物，早在 20 世纪 60 年代就已经存在了。交换 EDI 传输的组织被称为贸易伙伴。

美国国家标准协会(American National Standards Institute，ANSI)特许信用标准委员会 X12(Accredited Standards Committee X12，ASC X12)对 EDI 标准进行开发和维护。这些标准包括常见商业表单的交易集合，如申请单和发票。这就使得企业能够以电子方式进行沟通，从而减少纸质文件工作量。

EDI 信息放在交易集合中，一个交易集合由标题(header)、一至多个数据段(data segment)和终端(trailer)组成，其中数据段是一些以分隔符分隔的数据元素。XML 和 web 服务等较新的技术为贸易伙伴们在互联网上定制交换信息提供了无限机会。

现在你已经对电子商务的可行性和各类商业模式有了一定了解，可能想知道赢利点究竟在哪里。接下来我们就将讨论一些与电子商务相关的统计数据。

12.4　电子商务统计数据

虽然在最近一次的经济不景气期间，电子商务曾一度停滞，但目前又已呈稳定增长态势。据 eMarketer(http://www.emarketer.com/Article/Retail-Ecommerce-Set-Keep-Strong-

Pace-Through-2017/1009836)估计，2013 年美国电子商务零售总额达到了 2590 亿美元。该研究公司当年曾经预测电子商务在 2014 年的增长幅度将达到 14%，报告将移动电子商务(使用智能手机和平板电脑进行网购)引入为一个贡献因子。

你可能想知道究竟是哪些人在网购。由美国人口普查局提供的统计数据(U.S. Census Bureau, http://www.census.gov/econ/estats/2011/table5.xls)表明，2011 年(最近一年的报道)排名靠前的 10 大类商品的在线交易类目分别如下：

1. 服装、配饰和鞋类(270 亿美元)
2. 电子电器(220 亿美元)
3. 计算机硬件(137 亿美元)
4. 家具和家居用品(129 亿美元)
5. 药物、保健品和美容用品(109 亿美元)
6. 书籍和杂志(85 亿美元)
7. 音乐和视频(69 亿美元)
8. 办公设备和办公用品(54 亿美元)
9. 玩具、收藏品和游戏(49 亿美元)
10. 体育用品(44 亿美元)

在知道什么东西在网上卖得最好之后，接下来该了解一下谁会是你的潜在网购客户。

PEW Internet and American Life Project(http://www.pewinternet.org/Static-Pages/Trend-Data-(Adults)/Whos-Online.aspx)的一份调查表明，虽然男女网民的比例大致持平，但大家对互联网的使用方式却因年龄、收入以及教育因素的不同而各异。表 12.1 是该研究的一份摘录。

表 12.1　在线人口

人群	使用互联网的比例
男性	78%
女性	76%
年龄：18～29 岁	93%
年龄：30～49 岁	83%
年龄：50～64 岁	77%
年龄：65 岁以上	43%
家庭年收入：小于 30 000 美元	63%
家庭年收入：30 000 美元至 49 999 美元	84%
家庭年收入：50 000 美元至 74 999 美元	93%
家庭年收入：75 000 美元或更高	95%
教育程度：高中以下	37%
教育程度：高中毕业	72%
教育程度：大学以下	87%
教育程度：大学毕业	94%

12.5　电子商务相关问题

在互联网上做生意并非总是一帆风顺，多多少少会面临下列常见问题。

- 知识产权。最近有一些关于知识产权和域名的争论。域名抢注是指将其他公司的商标注册成域名，企图通过将该域名卖给该公司并从中获利的行为。互联网名称与数字地址分配机构(Internet Corporation for Assigned Names and Numbers，ICANN)发起了一项所谓的"域名争端解决策略"(Uniform Domain Name Dispute Policy，http://www.icann.org/udrp/udrp.htm)，用来防止域名抢注。

- 安全性。安全是互联网上的永恒话题。分布式拒绝服务攻击(Distributed Denial of Service，DDoS)曾使很多流行电子商务网站陷入瘫痪。其中有些攻击是由掌握了脚本语言的小孩子(有些懂点技术的青少年有时会不怀好意)制造的，除了在网上捣乱，他们几乎没有什么更好的事情可做。

- 欺诈。一些欺诈网站要求用户输入信用卡资料，却压根不会发货，或者干脆以欺骗为意图。消费者因此倍感焦虑也在情理之中了。

- 税收。州政府和当地市政府都需要收取销售税以资助教育、公共安全、健康和其他许多必要的服务。当你在零售商店购买东西时，你需要缴纳的销售税是由卖方在交易时代收的，再由卖方将它们定期交到销售发生地的州政府。

- 当你在互联网上购买东西时，销售方通常并不代收并转交销售锐。在这种情况下，美国的许多州要求消费者自行记录应付税款并上交应当缴纳的额度。但事实上，很少有消费者会这么做，也很少有哪个州曾尝试强制执行这项规定。这导致当地政府可用于资助有价值项目的资金渐渐流失。

- 市场公平法案(Marketplace Fairness Act，MFA)已经被提议。在我写作此书的时候，美国国会正在对此法案进行讨论。如果获得批准，MFA 将要求在线零售商和邮购零售商们为州政府代收销售税，从而可以简化销售税法律，更多信息请访问 http://www.marketplacefairness.org。

目标客户群体瞄准全球网民的公司还需要考虑其他问题。如果某个网站想提供多语言服务，它可以选择 SYSTRANLinks (http://www.systranlinks.com)等自动翻译软件或 WorldLingo (http://www.worldlingo.com)等专门提供定制网站翻译服务的公司。请注意，在英语环境下能够正常工作的图形工作界面(graphical user interface，GUI)可能在其他语言环境下无法工作。例如，德语单词和短语往往比意思相近的英语单词和短语多好几个字母。如果你的 GUI 在英语版本中只留起码的空白，那么它在德语版中看起来会怎样呢？

国际客户如何进行支付？如果接受信用卡，那么信用卡公司还要执行汇率转换。你的目标国际客户的文化又是怎样的？和国际商务相关的另一个问题是运费和偏远地区的可送性。

现在你已经了解了电子商务的概念，接下来让我们仔细研究一下加密方式和安全问题。下一节将介绍加密方式、SSL 和数字证书。

12.6 电子商务安全

加密

加密用于确保在企业内部或者互联网上的隐私权。加密是将数据转移成不可读形式的过程，这种形式称为密文(ciphertext)。未经授权的个人无法轻易破解密文。解密是将密文转换为可理解原始形式的过程，原始形式称为纯文本或明文(clear text)。加密和解密过程需要一种算法和一个密钥。算法包括一项数学计算。密钥是一串数字代码，它的长度要足以保证其值不能轻易被人猜出。

加密在互联网上非常重要，因为数据包中的信息在通信媒介中传送的过程中可能遭到拦截。如果黑客或竞争对手拦截到的是加密包，他/她将无法使用这些信息(例如卡号码或商业策略)，因为它们是不可读的。

互联网上常用的加密有多种类型，包括对称密钥加密(symmetric-key)和不对称密码加密(asymmetric-key encryption)。

对称密钥

如图 12.1 所示，对称密钥加密也称为单密钥加密，因为加密和解密使用的是同一个密钥。由于密钥必须保存在不为他人所知的地方，信息发送者和接收者必须在通信前就知晓密钥。对称密钥的优点之一在于速度较快。

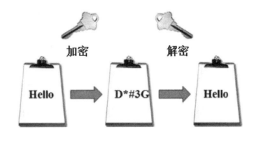

图 12.1 对称密钥加密时使用单一密钥

非对称密钥

非对称密钥加密也称为公钥加密，因为没有共享的秘密。与单密钥加密不同的是会同时创建两个密钥，其中一个是公钥，另一个是私钥。公钥和私钥是以一种数学方式关联起来的，这种方式使得任何人即使在知道其中一个密钥的情况下也无法猜出另一个密钥。只有公钥可以解密用私钥加密的信息，也只有私钥才能解密用公钥加密的信息(见图 12.2)。公钥通过数字证书(稍后我们将详细介绍)来提供。而私钥应该妥善保管并进行保密，它被保存在密钥所有者的服务器(或其他计算机上)。非对称密钥加密比对称密钥加密要慢得多。

图 12.2　非对称密钥使用成对的密钥进行加密

完整性

加密方法可以保证消息内容的私密性。但是电子商务的安全性还要求保证消息在传递过程不不被篡改或破坏。如果一条信息能够证明没有被篡改，它就具有完整性。哈希函数(Hash function)提供了确保信息完整性的方法。哈希函数，又称哈希算法，能够将一串字符转换成定长的值或密钥，通常较短，这也就是所谓的摘要(digist)，它能代表原始字符串。

这些安全方法(尤其是对称密钥和非对称密钥)都属于 SSL 技术的一部分。SSL 是一种能够使互联网商务活动更安全的技术，接下来我们将对此进行介绍。

安全套接字层(SSL)

安全套接字层(Secure Sockets Layer，SSL)是一种允许数据在公用网络上进行私密交换的协议。它最初是由 Netscape 公司开发的，用于加密在客户端(通常是浏览器)和服务器之间传输的数据。SSL 同时使用了对称和非对称密钥。

SSL 利用以下技术为客户和服务器之间的通信提供安全保障：
- 服务器和(可选)客户端数字授权证书
- 对称密钥加密技术，用于成批加密的“会话密钥”
- 公钥加密技术，用于传输会话密钥
- 消息摘要(哈希函数)，用于确保传输完整性

我们可以从浏览器地址栏的协议看出一个网站是否正在使用 SSL，此时它显示的是 https 而不是 http。此外，如果使用了 SSL，浏览器上通常会显示一把小锁的图标或其他指示符，如图 12.3 所示。

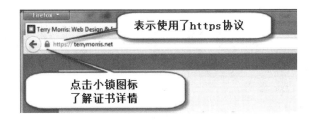

图 12.3　浏览器指出当前正在使用 SSL

FAQ　有些网站显示在浏览器中时，地址栏会变成某种颜色。这是怎么回事？

　　如果我们打开某个网站，不仅仅浏览器状态栏中出现小锁图样，地址栏处还变了颜色，这就表明该网站在使用增强验证 SSL(Extended Validation SSL, EV SSL)。EV SSL 表明商家是经过更严格的背景检查才获得相应的数字证书的，需验证以下内容：

- 申请者拥有这个域；
- 申请者为该组织工作；
- 申请者拥有更新网站的权限；
- 组织有合法的、公认的商业地位。

数字证书

　　SSL 通过发布数字证书进行身份验证来确保两台计算机间的安全通信。数字证书是非对称密钥的一种形式，它还包含有关证书、证书持有者和证书颁发者的信息。

　　数字证书包括以下内容：

- 公钥；
- 证书的生效日期；
- 证书的到期日期；
- 证书颁发机构(证书颁发者)的详细信息；
- 证书持有人的详细信息；
- 证书内容的摘要。

　　VeriSign(http://www.verisign.com)和 Entrust(http://www.entrust.net)是两家著名的证书颁发机构。

　　如需获取证书，必须向证书颁发机构提出申请并支付使用费。证书颁发机构审查确认你的身份后，会提供一对公钥和私钥。你可以将证书保存在软件中，比如服务器、浏览器或电子邮件程序。证书授权机构将向公众发布你的证书。

FAQ 我需要申请证书吗？

只要你打算在网站上接收任何个人信息(如信用卡号码)，就应该使用 SSL。一种选择就是访问证书颁发机构(如 VeriSign 或 Thawte，http://www.thawte.com)的网站并申请自己的证书。可能要等上一段时间，并且需要支付年费。

另外一种变通的方法是使用主机提供商的证书。通常情况下，这项服务需要缴纳开户费和/或月租费。一般主机会在它安全服务器上给你分配一个文件夹。把需要以安全方式进行处理的网页以及图片等相关文件放到该文件夹中。当需要跳转到这些网页时，如果写的是绝对链接，就要用"https"而不是"http"。欲知详情，请联系你的主机提供商。

SSL 和数字证书

SSL 认证过程包含许多步骤。浏览器和服务器要完成初始握手、交换有关服务器证书和密钥的信息。一旦建立了信任关系，浏览器就会生成用于其余通信过程的单一密钥(对称密钥)。从这个时候开始，所有信息都将通过该密钥进行加密。表 12.2 列出了这一过程。

表 12.2　SSL 加密过程概述

浏览器	→	"hello"	→	服务器
浏览器	←	"hello" +服务器证书	←	服务器
浏览器	←	服务器私钥被用来加密信息，只有公钥才能解密该信息	←	服务器

浏览器现在开始验证服务器的身份，它获得"证书颁发机构"(CA)的证书(服务器证书也是由该机构颁发的)。然后浏览器使用 CA 的公钥(保存在一个 CA 根证书中)来解密证书摘要。接着，它获取服务器证书的摘要。浏览器对这两个摘要进行比较，并检查证书的到期时间。如果全部有效，就进行下一个步骤

浏览器	→	浏览器生成一个会话密钥并使用服务器公钥进行加密	→	服务器
浏览器	←	服务器使用会话密钥发送加密信息	←	服务器

从现在开始，浏览器和服务器之间的所有数据传输都将采用会话密钥进行加密

现在你已经对 SSL 怎样保护互联网信息完整性的原理有了大致了解，包括电子商务交易中的信息交换等。接下来我们将深入研究电子商务中的订购和支付过程。

 自测题 12.1

1. 对于一位处于业务起步阶段的企业家来说，电子商务有哪三种优点？

2. 请阐述企业应用电子商务要面临的三种风险。

3. 请对 SSL 下个定义。阐述网购者该如何分辨某个电子商务网站是否正在使用 SSL。

12.7　订单和支付处理

在 B2C 电子商务中，待售商品信息组织会组成线上的目录。大型网站上的这些目录是由服务器端脚本在访问数据库之后动态创建的。每种商品通常都有按钮或图片，来邀请访问者"立刻购买"或"添加到购物车"。被选中的商品将放到虚拟的购物车中，当访问者完成购物后，就可以点击一个按钮或图片链接，表明他们打算"付款"或"下单"。此时，购物车中的商品以及订购表单会显示在网页上。

安全订购是通过 SSL 的使用来实现的。一旦下了订单，就有很多种方式可供消费者进行购买商品与服务的支付；常见的支付方式或者叫支付模型，有现金、信用卡、智能卡以及移动支付等。

现金模型

现金模型是最难实现的：通过计算机怎么能发送现金呢？这是无法实现的。我们使用电子货币。你先从银行购买数字货币并将它存在一个数字钱包中。资金的转账是即时发生的。提供这一服务的公司有 InternetCash (http://www.internetcash.com) 和 ECash Direct 等(http://www.ecashdirect.net)。

信用卡模型

信用卡支付模型是电子商务网站一个非常重要的组成部分。消费者的资金需要转移到商家的银行帐户中。为了能够接受信用卡，网站所有人必须申请一个商家帐户并通过批准。商家帐户是一种企业银行帐户，用于接受付给企业的信用卡款项。你可能还需要通过商户网关或 Authorize.Net(http://www.authorizenet.com)等第三方机构来进行实时信用卡校验。申请商户帐户的费用比较高，PayPal(http://www.paypal.com)提供了一种价格低廉的解决方案。一开始 PayPal 只打算做消费者与消费者之间的信用卡交易，现在它已为公司网站提供了信用卡与购物车服务。你可以在自己的网站上添加 PayPal 购物车(https://www.paypal.com/us/webapps/mpp/shopping-cart)，体验一把在线购物的滋味。

智能卡模型

智能卡模型在欧洲、澳大利亚和日本得到了广泛应用。智能卡与信用卡有点类似，但是它的卡片上有一个集成电路，用于取代嵌入式磁条。智能卡要插入到相应的读卡器上里面的信息才能被读出。请访问 Smart Card Alliance(http://www.smartcardalliance.org/pages/smart-cards-intro-primer)，了解更多相关信息。

移动支付模型

移动支付(mobile payment)，也称为 m 支付(m-payment)，是使用智能手机等移动设备进行商品或服务购买时的电子支付模式。据英国市场研究公司 Juniper Research 预测，到 2015 年，在移动支付领域将有大幅增长，销售额将超过 1.3 万亿美元规模(http://www.ecommercetimes.com/story/72807.html)。如 TechSpot(http://www.techspot.com/guides/385-everything-about-nfc/)所述，目前的新趋势是使用近场通信(NFC)，这是一种使用无线电频率的短距离无线通讯技术，可实现在距离较近的两台 NFC 设备之间共享信息，这种设备包括配备了 NFC 装置的智能手机、NFC 可用信用卡读卡器以及 NFC 可用检票门等。

据《华尔街日报》(http://on.wsj.com/hzmzZt)的报道，Google 已经与几家信用卡公司合作，要在 Android 移动设备上应用 NFC 技术，持有这种设备的顾客在柜台结账时只需要摇晃一下设备就可以完成支付。Google 钱包应用程序(Google Wallet)可在配备 NFC 技术的 Android 设备上运行，口号是要"让你的手机成为你的钱包"(Make your phone your wallet，http://www.google.com/wallet/)。Google 在移动支付领域的竞争对手有 ISIS 手机钱包(http://www.paywithisis.com)等。

数字钱包是一种可用于移动或在线支付的虚拟钱包。数字钱包可以存储一张或多张信用卡的信息以及个人的身份信息和联系方式等。这一新兴技术的应用范例有 Visa 的 V.me 数字钱包(http://www.v.me/)、Open Square Wallet 手机应用(https://squareup.com/walle)以及 Google Wallet(http://www.google.com/wallet)等。

12.8　开设电子商务店铺的解决方案

网购过程中，你是否发现一些电商网站操作便捷而另有一些则很不方便呢？电商网站遇到的一个大问题是被放弃的购物车，网购者把商品放到了购物车里，却一直没有提交订单。接下来我们将探讨开设网店的解决方案以及购物车的相关问题，可为企业主和开发人员提供若干不同类型的电子商务网店选项，既有简单的、由其他网站提供的速成网店模板，也有自行创建的购物车系统等。本节将主要关注这些选项。

速成网店

你只提供产品，其他的就交给速成网店的提供商就可以了。不需要安装软件，你所要做只是在浏览器中点击几下，就可以创建自己的虚拟商店了。出售速成在线店铺的商家会提供一个模板，你利用该模板挑选一些功能、进行设置，再添加产品，上传照片，对商品进行描述，列出价格、标题等信息。

用这种方式建网店有一些缺点。你只能使用在线店铺供应商所提供的可用模板，出售的产品数也受限制。你的网店与放在同一家店铺供应商主机上的其他网店给人的观感可能大同小异。不过这种方式确实为技术水平有限的小网店店主提供了一种低成本、低风险的解决方案。店铺供应商通常也会给网店提供账户与自动支付等功能。

有的速成网店解决方案是免费的，但能享受的服务以及可出售产品的数量有限。还 有 一 些 需 要 支 付 托 管 费、 处 理 费 和 月 租 费 的 解 决 方 案。 Shopify (http://www.shopify.com)和 BigCommerce(http://www.bigcommerce.com)是两家著名的速成线上店铺供应网站。艺术家和工匠则发现可以在 Etsy(http://www.etsy.com)上安家，在该网站上快速创建电子商铺，在此展示并出售他们的作品。

现成的购物车软件

如果选择这种方法，就需要购买一套包含标准电子商务功能的软件并将它安装到服务器上，然后再根据自己的需求进行定制。许多主机供应商都提供了这种店铺软件，它通常包括购物车、订单处理以及可选的信用卡支付处理等功能。购物车软件中有可供访问者浏览的在线商品目录，他们可以将商品添加到购物车中，最后决定购买时通过订货表单来付款。当前由主机供应商们提供的流行购物车软件程序包括 AgoraCart (http://agoracart.com)、 osCommerce(http://oscommerce.com)、 ZenCart(http://www.zen-cart.com)以及 Mercantec SoftCart(http://www.mercantec.com)等。

定制解决方案

从最初画出草图开始完全定制一个大型电子商务网站需要专门知识，所需的时间和预算也相当可观！这种方案的优点在于可以精准地获得自己想要的东西。用于定制网站的开发工具软件包括 Adobe Dreamweaver、Microsoft Visual Studio .NET、IBM 的 WebSphere Commerce、数据库管理系统(DBMS)以及服务器端脚本等。定制的解决方案也许还要用到商用服务器，这些服务器专为支持某些商业活动而进行了优化。IBM 的 WebSphere Commerce Suite 和 Microsoft 的 Commerce Server 都是不错的选择。

根据预算决定的半定制解决方案

如果电子商务规模较小，但又不希望有千篇一律的速成网店外观，或许还可以考虑其他选择。包括获取事先写好的购物车和订单处理脚本、租用 PayPal 等公司的服务以及购买网页创作工具的电子商务扩展套件等。

网 上 有 许 多 免 费 的 购 物 车 脚 本 可 用。 可 以 在 JustAddCommerce (http://www.richmediatech.com)、the PHP Resource Index(http://php.resourceindex.com)或 Mal's e-commerce (http://www.mals-e.com)等网站上搜索替代解决方案。使用这些解决方案的难易程度以及具体处理过程有所不同，每个网站上都有产品说明与相关文档。有一些可能要求你先注册才能提供特定的 HTML 代码。还有的需要下载脚本并安装到你自己的 web 服务器上。

　　PayPal(http://www.paypal.com)提供价格低廉的购物车和支付验证服务。PayPal 会自动生成与它的服务进行交互的代码，你只需在自己的网站上复制和粘贴这些代码即可。

　　对于需要标准业务模型又无需进行特殊处理的公司来说，诸如 PayPal、Mal 的电子商务或 JustAddCommerce 等都是节省预算的最佳选择。

 自测题 12.2

　　1. 请列举三种网上常用的支付模型。哪一种最流行？为什么？哪一种有望在将来得到很大的发展？

　　2. 你网购过吗？如果是，想一想最近一次你买了什么东西。为什么你在网上买而不到实体店里去买？你有否检查交易的安全性？为什么？你觉得自己将来的购物习惯会发生什么样的变化？

　　3. 请说出三种可用的电子商务解决方案。哪种方案最容易上手？为什么？

本 章 小 结

本章介绍了基本的电子商务概念及其实现方法。可以考虑选修一门电子商务课程，以继续学习网页开发中这一日新月异的领域。请访问本书配套网站，网址为 http://www.webdevfoundations.net，上面有许多示例、本章中所提到的一些材料链接以及更新信息。

关键术语

算法	电子商务
不对称密钥加密	电子数据交换 Electronic Data Interchange (EDI)
企业与企业之间的电子商务 business-to-business (B2B)	加密
	增强验证 SSLExtended Validation SSL (EV SSL)
企业与消费者之间的电子商务 business-to-consumer (B2C)	欺诈
	哈希函数
企业与政府之间的电子商务 business-to-government (B2G)	速成网店
	完整性
现金模型	知识产权
支票模型	国际商务
密文	密钥
明文	商家帐户
商用服务器	移动支付
消费者与消费者之间的电子商务 consumer-to-consumer (C2C)	m 支付 m-payment
	近场通信 near field communication (NFC)
信用卡模型	安全套接字层 Secure Sockets Layer (SSL)
域名抢注	安全性
解密	购物车软件
摘要	智能卡
数字证书	对称密钥加密
数字钱包	税收

复习题

选择题

1. 下列哪一项是电子商务的主要功能？
   - a. 使用 SSL 来加密订单
   - b. 把商品添加到购物车里
   - c. 买卖货物
   - d. 以上都不对

2. 以下哪一项技术使用某个无线电频率进行了近距离通信，实现了两台电子设备间的信息共享？

    a. NFC　　　　　　　b. SSL　　　　　　　c. EDI　　　　　　　d. FTP

3. 对企业来说，以下哪一项是在使用电子商务时可能要面临的潜在风险？

    a. 提升了消费者满意度　　　　　　　b. 存在欺诈交易的可能性

    c. 降低了成本开销　　　　　　　　　d. 以上都不对

4. 对企业来说，以下哪一项是使用电子商务所带来的好处？

    a. 存在欺诈交易的可能性　　　　　　b. 成本降低

    c. 使用购物车　　　　　　　　　　　d. 成本上升

5. 以下哪一项是关于网站所有者获取数字证书途径的最佳描述？

    a. 在注册域名时数字证书会自动创建。

    b. 访问证书颁发机构并申请数字证书。

    c. 网站被搜索引擎收录时就会自动创建数字证书。

    d. 以上都不对

6. 以下哪个问题是国际电子商务所独有的？

    a. 语言与货币兑换　　　　　　　　　b. 浏览器版本与屏幕分辨率

    c. 带宽与互联网服务供应商　　　　　d. 以上都不对

7. 以下哪个缩写词代表了企业与消费者之间的电子商务模式？

    a. B2B　　　　　　b. BTC　　　　　　c. B2C　　　　　　d. C2B

8. 以下哪一项是速成网店方案的缺点？

    a. 店铺由于是基于模板创建的因而可能看起来与其他网店很类似。

    b. 可以在很短时间内完成店铺创建。

    c. 网店无法接受信用卡支付。

    d. 以上都不对

9. 以下哪一项中包含了在线产品目录、购物车和安全的订单表单？

    a. web 主机供应商　　　　　　　　　b. 购物车软件

    c. web 服务器软件　　　　　　　　　d. 电子商务主机软件包

10. 以下哪一项是正确的？

    a. 开通商家帐户就能让你在自己的网站上使用 SSL。

    b. Adobe Dreamweaver 等流行的 web 制作工具中都有购物车加载项或扩展软件。

    c. 大型电子商务网站大多采用速成网店解决方案。

    d. 以上都不对

填空题

11. 使用单一共享密钥的加密方式是_____。

12. _____是不同公司通过网络进行的数据传输。

13. 数字证书是_____的一种形式，它还包含和持有证书的实体相关的其他信息。

14. _____是一种允许数据通过公用网络进行私密交换的协议。

简答题

15. 某个网站打算吸引不同语言的目标群体，请说出它可以选择的一种做法。

动手练习

1. 在本环节中，你将创建一个速成店铺。从下列提供免费试用速成店铺的网站中挑选一个：InstanteStore(http://www.instantestore.com)、Shopify(http://www.shopify.com)或 BigCommerce (http://www.bigcommerce.com)。网站经常会更改它们的条款，因此在做这个练习的时候，它们可能已经不再提供免费的试用版本了。如果发生了这种情况，请查看本书配套网站上的更新信息，或者向指导老师请求帮助，也可在网上搜索免费的在线店铺或试用店铺。确定已经找到提供免费试用店铺的网站后，请继续下面的练习并创建符合下列要求的网店。

- 名称：Door County Images
- 目的：出售高质量 Door County 风景画
- 目标受众：到过 Door County 的年龄大于 40 岁的成年人；中产阶级及以上群体；喜欢自然风光、划船、徒步旅行、骑车和钓鱼的人
- 第一件商品：Print of Ellison Bay at Sunset，尺寸 11"×14"，价格 19.95 美元
- 第二件商品：Print of Ellison Bay in Summer，尺寸 11"×14"，价格 19.95 美元

创建一个名为 doorcounty 的文件夹。把学生文件中 chapter 12 文件夹下的这些图片复制到 doorcounty 文件夹中：summer.jpg、summer_small.jpg、sunset.jpg 和 sunset_small.jpg。准备好之后，访问之前选择的那个免费网站进行店铺的创建。根据要求进行登录、选择设置和上传图片等操作。大部在线店铺网站都有一个 FAQ 部分或技术支持可为你提供帮助。图 12.4 展示了一家速成的网店。完成店铺创建之后，将主页和产品目录页面打印出来。

图 12.4　一家速成网店

万维网探秘

1. 电子商务的流行程度如何？你有多少亲朋好友、同事同学在网上买过东西？至少调查 20 个人。然后回答下列问题。

a. 有多少人曾经网购过？

b. 有多少人虽然在网上逛过但没有买过东西？

c. 有多少人一年才网购一次？每个月都网购的人有多少？每周都网购的呢？

d. 他们分属哪个年龄段(18–25, 26–39, 40–50, 或者 50 岁以上)？

e. 他们的性别是什么？

f. 他们的受教育程度如何(高中、上过大学、大学毕业或者更高学历)？

g. 他们最喜欢的电商网站是什么？

创建一张网页来展示你的调查结果。同时对结果进行评论与总结。在网上查找一些数据来支持你的结论。可以从 Pew Internet and American Life Project(http://pewinternet.org)、eMarketer(http://www.emarketer.com/Articles)、ClickZ(http://www.clickz.com)及 E-Commerce Times(http://www.ecommercetimes.com)这些网站出发开始你的研究。将你的名字放在页面的电子邮件链接中。

2. 本章提供了许多电子商务购物车和订单系统的资源，以它们为起点，在网上查找其他资源，至少找出三个你觉得用起来很简单的购物车系统。创建一张网页来说明你的发现。对页面内容进行组织，并列出这些网站的 URL 等信息。再添加下列内容：产品名称、简短介绍、费用和服务器要求(如果有的话)。将你的名字放在页面的电子邮件链接中。

关注网页设计

请从下列网站出发来探索一下购物车可用性这一设计主题：

- 10 Tips to Design Usable Shopping Carts，网址为 http://www.webdesignerdepot.com/2009/04/10-tips-to-design-usable-shopping-carts

- Fundamental Guidelines of E-Commerce Checkout Design，网址为 http://uxdesign.smashingmagazine.com/2011/04/06/fundamental-guidelines-of-e-commerce-checkout-design

- Shopping Cart Usability，网址为 http://uxmag.com/articles/shopping-cart-usability

- 107 Add to Cart Buttons of the Top Online Retailers，网址为 http://www.getelastic.com/add-to-cart-buttons

写一页书面报告，阐述网页设计人员应当注意的购物车可用性问题。要列出你所使用资源的 URL。

网站实例研究

在网店中添加目录页面

以下所有案例将贯穿全书。在本章中将请你为这些网站添加网店产品目录页面。目录页面链接到本书配套网站(http://www.webdevfoundations.net)上的示例购物车和订单页面。

JavaJam 咖啡屋

回顾一下第 2 章中关于 JavaJam 咖啡屋的案例研究内容。请使用第 9 章中所完成的 JavaJam 网站做为起点进行本节练习。正如大部分网站上经常发生的情况那样，客户 Julio Perez 对我们所建设的网站总体是满意的，但他又提出了网站的新用途，出售一些 JavaJam 咖啡周边产品，如 T 恤衫或咖啡杯等。新页面(gear.html)要添加到网站主导航中。所有的网页都要链接到该网页。修改过的站点地图如图 12.5 所示。

图 12.5　修改过的 JavaJam 网站站点地图

　　周边产品页面中要有对每件商品的描述，并给出图片和价格等信息。它应当链接到购物车系统以便访客进行购买。你可以访问本书配套网站上提供的演示版购物车/订单系统。如果你还有别的购物车系统可用，请与指导老师联系以确认是否可以用它来代替。

　　你将要完成以下四项任务。

1. 为本实例研究创建一个新的文件夹。
2. 修改每张页面上的主导航区域，在其中添加指向新页面的链接。
3. 修改外部样式表文件(javajam.css)。
4. 创建一张新的出售周边产品的页面(gear.html)，效果如图 12.6 所示。

实例研究之动手练习

　　任务 1：创建文件夹。 创建名为 javajam12 的新文件夹。将在第 9 章的练习中所建的 javajam9 中的全部文件以及学生文件中 chapter12 文件夹下的 javamug.jpg 和 javashirt.jpg 复制到 javajam12 中。

　　任务 2：更新每张页面上的主导航区域。 用文本编辑器打开主页(index.html)。在主导航区域中添加一个新的列表项与超链接，文本为"Gear"，使之指向文件 gear.html。参考图 12.6 中的导航区域效果。保存文件。以同样的方法分别修改并保存菜单(menu.html)、音乐(music.html)和招聘(jobs.html)页面。

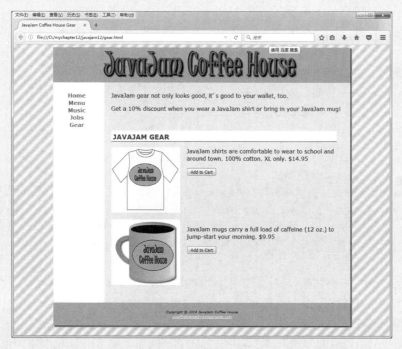

图 12.6　新建的 JavaJam 网站周边产品页面

任务 3：修改 CSS。用文本编辑器打开 javajam.css 文件。在创建新页面之前，先在 javajam.css 中添加一条新的样式规则，用于配置一个名为 clearleft 的类，它将用于清除向左浮动的效果。代码如下：

```
.clearleft { clear: left; margin: 1em;}
```

任务 4：创建新页面。一种提高效率的方法是在已有作品的基础上创建新页面。用文本编辑器打开 music.html 文件，并另存为 gear.html。这将使你能开个好头，并可保证网站中各页面的一致性。进行以下修改：

a. 将页面标题改成合适的短语。

b. 删除 main 元素中的内容。

c. 为下列每个句子分配一个段落：

```
JavaJam gear not only looks good, it's good to your wallet, too.
Get a 10% discount when you wear a JavaJam shirt or bring in your JavaJam mug!
```

d. 添加一个 h2 元素，内容为 "JavaJam Gear"。

e. 配置一个图片元素，用于显示 javashirt.jpg。将它分配给 floatleft 类。

f. 添加一个段落，内容为文本 "JavaJam shirts are comfortable to wear to school and around town. 100% cotton. XL only. $14.95"。

g. 在段落下添加一个换行符，并将它分配给 clearleft 类。

h. 配置一个图片元素，用于显示 javamug.jpg。将它分配给 floatleft 类。

i. 添加一个段落，内容为文本 "JavaJam mugs carry a full load of caffeine (12 oz.) to jump-start your morning. $9.95"。

j. 在段落下添加一个换行符，并将它分配给 clearleft 类。

k. 每一种待售商品下都要有一个 "Add to Cart" (添加到购物车)按钮，它是表单的一部分，该表单的 action 属性要调用一个服务器端的 asp 脚本，地址为 http://www.webdevfoundations.net/scripts/cart.asp。请记住，不管什么时候使用服务器端脚本，都要遵循一定的文档或规范。本例中的脚本所实现的购物车容量有限，只能处理两件商品。gear.html 页面将通过表单中的隐藏元素向脚本发送信息，表单中还包含了一个用于调用脚本的按钮。务必认真完成这个操作。

将以下代码添加到对 T 恤进行描述的段落与换行符之间的位置，这就是 T 恤的购物车按钮。

```
<form method="post"
    action="http://www.webdevfoundations.net/scripts/cart.asp">
    <input type="hidden" name="desc1" id="desc1" value="JavaJam Shirt">
    <input type="hidden" name="cost1" id="cost1" value="14.95">
    <input type="submit" value="Add to Cart">
</form>
```

这段 HTML 代码调用了一个服务器端的脚本，用于处理演示购物车功能。点击 "Submit" (提交)按钮时，名为 desc1 和 cost1 的隐藏字段就会被发送给脚本，它们表示商品的名称和价格。

接下来我们用类似的方法来添加马克杯的购物车按钮，要用于名为 desc2 和 cost2 的隐藏字段。在描述马克杯的段落和其下的换行符之间添加下列代码：

```
<form method="post"
    action="http://www.webdevfoundations.net/scripts/cart.asp">
    <input type="hidden" name="desc2" id="desc2" value="JavaJam Mug">
    <input type="hidden" name="cost2" id="cost2" value="9.95">
    <input type="submit" value="Add to Cart">
</form>
```

保存页面并在浏览器中进行测试。它看起来应当如图 12.6 所示。点击 JavaJam T 恤衫的"Add to Cart"按钮，屏幕上将出现演示用的购物车，类似图 12.7 所示。

图 12.7 服务器端脚本创建的购物车页面，该脚本用于处理购物车和订单

试试购物车的功能，并尝试同时购买两件商品。模拟着提交订单，如图 12.8 所示。购物车的订单页面仅供演示。

图 12.8 服务器端脚本创建的订单页面，该脚本用于处理购物车订单

FAQ cart.asp 这个服务器端脚本是如何工作的？

cart.asp 是一个 ASP 脚本，它可以用来接收多个表单字段并对它们进行处理。它根据传给它的表单字段和值来创建网页。表 12.3 展示了 cart.asp 文件所使用的表单字段和值。

表 12.3　cart.asp 说明

脚本 URL	http://www.webdevfoundations.net/scripts/cart.asp	
处理	该脚本用于接收商品和价格信息，显示购物车，最终显示一张订单页面	
限制	该脚本只能处理两件商品	
输入元素	desc1	包含对第一件商品的说明，将被显示在购物车页面上
	cost1	包含第一件商品的价格信息，将被显示在购物车页面上
	desc2	包含对第二件商品的说明，将被显示在购物车页面上
	cost2	包含第二件商品的价格信息，将被显示在购物车页面上
	view	值为"yes"时显示购物车
输出	购物车页面	显示购物车，网页访客可以选择继续购物或者打开订单页面以提交订单
	订单页面	显示订单页面。网页访客可以选择下单或继续购物
	订单确认页面	显示订单的确认信息。在实际网站中，订单将同时被保存到服务器的文件或数据库中

Fish Creek 宠物医院

回顾一下第 2 章中关于 Fish Creek 宠物医院的案例研究内容。请使用第 9 章中所完成的 Fish Creek 宠物医院网站做为起点进行本节的练习。

网站建立之后，经常有客户会想出它的新用途。Fish Creek 宠物医院的主人 Magda Pate 对网站的反响十分满意，但又提出了一个新需求，销售印有 Fish Creek 标志的运动衫和手提包。她已经开始在宠物医院的前台出售这些商品了，顾客们似乎也很喜欢。新的网店页面 shop.html 要添加到网站主导航中。所有的网页都要链接到该网页。修改过的站点地图如图 12.9 所示。

图 12.9　修改过的 Fish Creek 宠物医院网站站点地图

网店页面中要有对每件商品的描述，并给出图片和价格等信息。它应当链接到购物车系统以便访客进行购买。你可以访问本书配套网站上提供的演示版购物车/订单系统。如果你还有别的购物车系统可用，请与指导老师联系以确认是否可以用它来代替。

你将要完成以下四项任务。

1. 为本实例研究创建一个新的文件夹。
2. 修改每张页面上的主导航区域，在其中添加指向新页面的链接。
3. 修改外部样式表文件(fishcreek.css)。
4. 创建一张新的网店页面(shop.html)，效果如图 12.10 所示。

图 12.10 新建的 Fish Creek 网站网店页面

实例研究之动手练习

任务 1：创建文件夹。创建名为 fishcreek12 的新文件夹。将在第 9 章的练习中所建的 fishcreek9 中的全部文件以及学生文件中 chapter12 文件夹下的 fishtote.gif 和 fishsweat.gif 复制到 fishcreek12 中。

任务 2：更新每张页面上的主导航区域。用文本编辑器打开主页(index.html)。在主导航区域中添加一个新的列表项与超链接，文本为"Shop"，使之指向文件 shop.html。参考图 12.10 中的导航区域效果。保存文件。以同样的方法分别修改并保存服务 (services.html)、咨询兽医(askvet.html)和联系(contact.html)页面。

任务 3：修改 CSS。用文本编辑器打开 fishcreek.css 文件。

a. 配置一个名为 shop 的类，该类用于包含网店里每种在售商品的信息。将该类的样式设置为：45%的宽度，向左浮动，内间距为 1em，代码如下：

```
.shop { width: 45%;
    float: left;
    padding: 1em; }
```

b. 在页脚元素选择器中添加一条样式声明，用于清除所有的浮动。

任务 4：创建新页面。一种提高效率的方法是在已有作品的基础上创建新页面。用文本编辑器打开主页 index.html 文件，并另存为 shop.html。这将使你能开个好头，并可保证网站中各页面的一致性。进行以下修改。

a. 将页面标题改成合适的短语。

b. 删除页面上的描述列表与地址/电话信息。

c. 添加一个 h2 元素，内容为"Shop at Fish Creek"。

d. 创建一个 div，将它分配为 shop 类。该 div 中要包含一张图片、一段描述以及用于处理"Add to Cart"(添加到购物车)按钮的表单。在 div 起始标签后插入 fishtote.gif 图片。之后添加段落，内容为描述性文本"Carry your pet supplies and accessories in a special tote from Fish Creek. 100% cotton. $14.95"。

e. 创建另一个 div，将它分配为 shop 类。该 div 中要包含一张图片、一段描述以及用于处理"Add to Cart"(添加到购物车)按钮的表单。在 div 起始标签后插入 fishsweat.gif 图片。之后添加段落，内容为描述性文本"A Fish Creek sweatshirt will warm you up on cool morning walks with your pet. 100% cotton. Size XL. $29.95"。

f. 接下来，我们要在每一种商品下添加购物车按钮。该按钮要放入表单中，表单位于各 shop div 中的段落之后。表单的 action 属性要调用一个服务器端的 asp 脚本，地址为 http://www.webdevfoundations.net/scripts/cart.asp。请记住，不管什么时候使用服务器端脚本，都要遵循一定的文档或规范。本例中的脚本所实现的购物车容量有限，只能处理两件商品。shop.html 页面将通过表单中的隐藏元素向脚本发送信息，表单中还包含一个用于调用脚本的按钮。请务必仔细完成这步操作。

将以下代码添加到对手提包进行描述的段落之后，仍然位于 shop div 中，这就是手提包的购物车按钮。

```
<form method="post"
action="http://www.webdevfoundations.net/scripts/cart.asp">
    <input type="hidden" name="desc1" id="desc1" value="Fish
    Creek Tote">
    <input type="hidden" name="cost1" id="cost1" value="14.95">
    <input type="submit" value="Add to Cart">
</form>
```

这段 HTML 代码调用了一个服务器端的脚本，用于处理演示购物车功能。点击"Submit"(提交)按钮时，名为 desc1 和 cost1 的隐藏字段就会被发送给脚本，它们表示商品的名称和价格。

添加运动衫的购物车按钮的做法类似，用到的隐藏字段为 desc2 和 cost2。相关 HTML 代码如下：

```
<form method="post"
action="http://www.webdevfoundations.net/scripts/cart.asp">
    <input type="hidden" name="desc2" id="desc2" value="Fish
    Creek Shirt">
    <input type="hidden" name="cost2" id="cost2" value="29.95">
    <input type="submit" value="Add to Cart">
</form>
```

保存页面并在浏览器中进行测试。它看起来应当如图 12.10 所示。点击手提包的"Add to Cart"按钮，屏幕上将出现演示用的购物车，类似于图 12.7。

试试购物车的功能，并尝试同时购买两件商品。模拟着提交订单，如图 12.8 所示。购物车的订单页面仅供演示。

Pacific Trails 度假村

回顾一下第 2 章中关于 Pacific Trails 度假村的案例研究内容。请使用第 9 章中所完成的 Pacific Trails 度假村网站作为起点进行本节的练习。

网站建立之后，经常有客户会想出它的新用途。如同度假村的主人 Melanie Bowie，她对网站的反响十分满意，又提出了一个需求，出售她写的有关瑜珈与远足的书籍。她已经开始在度假村的前台卖这些书了，而顾客们似乎也很喜欢。新的网店页面 shop.html 要添加到网站主导航中。所有的网页都要链接到该网页。修改过的站点地图如图 12.11 所示。

图 12.11　修改过的 Pacific Trails 度假村网站站点地图

网店页面中要有对每件商品的描述，并给出图片和价格等信息。它应当链接到购物车系统以便访客进行购买。你可以访问本书配套网站上提供的演示版购物车/订单系统。如果你还有别的购物车系统可用，请与指导老师联系以确认是否可以用它来代替。

你将要完成以下四项任务。

1. 为本实例研究创建一个新的文件夹。
2. 修改每张页面上的主导航区域，在其中添加指向新页面的链接。
3. 修改外部样式表文件(pacific.css)。
4. 创建一张新的网店页面(shop.html)，效果如图 12.12 所示。

图 12.12　新建的 pacific 度假村网站网店页面

实例研究之动手练习

任务 1：创建文件夹。创建名为 pacific12 的新文件夹。将在第 9 章的练习中所建的

pacific9 中的全部文件以及学生文件中 chapter12 文件夹下的 trailguide.jpg 和 yurtyoga.jpg 复制到 pacific12 中。

　　任务 2：更新每张页面上的主导航区域。用文本编辑器打开主页(index.html)。在主导航区域中添加一个新的列表项与超链接，文本为"Shop"，使之指向文件 shop.html。参考图 12.12 中的导航区域效果。保存文件。以同样的方法分别修改并保存庭院帐篷(yurts.html)、活动(activities.html)和预订(reservations.html)页面。

　　任务 3：修改 CSS。用文本编辑器打开 pacific.css 文件。添加一条新的样式规则，为每张表单增加 2em 的底内边距：

```
form { padding-bottom: 2em; }
```

　　任务 4：创建新页面。一种提高效率的方法是在已有作品的基础上创建新页面。用文本编辑器打开主页 index.html 文件，并另存为 shop.html。这将使你能开个好头，并可保证网站中各页面的一致性。进行以下修改。

　　a. 将页面标题改成合适的短语。

　　b. 将 h2 元素中的文本内容修改为"Shop at Pacific Trails"。

　　c. 删除 coast.jpg 图片以及其他主页元素，包括段落、无序列表和联系信息。

　　d. 添加图片 trailguide.jpg。

　　e. 添加 h3 元素，内容为文本"Pacific Trails Hiking Guide"。

　　f. 添加段落，内容为描述性文本"Guided hikes to the best trails around Pacific Trails Resort. Each hike includes a detailed route, distance, elevation change, and estimated time. 187 pages. Softcover. $19.95"。

　　g. 每件在售商品下都要添加购物车按钮。该按钮要放入表单中，表单的 action 属性要调用一个服务器端的 asp 脚本，地址为 http://www.webdevfoundations.net/scripts/cart.asp。请记住，不管什么时候使用服务器端脚本，都要遵循一定的文档或规范。本例中的脚本所实现的购物车容量有限，只能处理两件商品。shop.html 页面将通过表单中的隐藏元素向脚本发送信息，表单中还包含了一个用于调用脚本的按钮。请务必仔细完成这步操作。在对《远足指南》(*Hiking Guide*)这本书进行描述的段落之下添加下列代码，这就是该书的购物车按钮。

```
<form method="post"
    action="http://www.webdevfoundations.net/scripts/cart.asp">
    <input type="hidden" name="desc1" id="desc1" value="Hiking Guide">
    <input type="hidden" name="cost1" id="cost1" value="19.95">
    <input type="submit" value="Add to Cart">
</form>
```

　　这段 HTML 代码调用了一个服务器端的脚本，用于处理演示购物车功能。点击"Submit"(提交)按钮时，名为 desc1 和 cost1 的隐藏字段就会被发送给脚本，它们表示商品的名称和价格。

　　h. 添加一个换行符，并将它分配给 clear 类。

　　i. 添加图片 yurtyoga.jpg。

　　j. 添加 h3 元素，内容为文本"Yurt Yoga"。

　　k. 添加段落，内容为描述性文本"Enjoy the restorative poses of yurt yoga in the comfort of your own home. Each pose is illustrated with several photographs, an explanation, and a description of the restorative benefits. 206 pages. Softcover. $24.95"。

l. 添加该书的购物车按钮，代码如下：

```
<form method="post"
    action="http://www.webdevfoundations.net/scripts/cart.asp">
    <input type="hidden" name="desc2" id="desc2" value="Yurt Yoga">
    <input type="hidden" name="cost2" id="cost2" value="24.95">
    <input type="submit" value="Add to Cart">
</form>
```

这段 HTML 代码调用了一个服务器端的脚本，用于处理演示购物车功能。点击"Submit"(提交)按钮时，名为 desc2 和 cost2 的隐藏字段就会被发送给脚本，它们表示商品的名称和价格。

m. 添加一个换行符，并将它分配给 clear 类。

保存页面并在浏览器中进行测试。它看起来应当如图 12.12 所示。点击其中一本书下的 Add to Cart 按钮，屏幕上将出现演示用的购物车，类似于图 12.7。

试试购物车的功能，并尝试同时购买两件商品。模拟着提交订单，如图 12.8 所示。购物车的订单页面仅供演示。

Prime 房产

回顾一下第 2 章中关于 Prime 房产公司的案例研究内容。请使用第 9 章中所完成的 prime 房产网站作为起点进行本节的练习。

房产公司所有人 Maria Valdez 又提出了一个需求，要展示公司的服务并且提供一种简单的方法让顾客自行选择赠品。她想要在服务页面上简要介绍一下公司所提供的服务，并提供一张让顾客挑选礼品的表单。这个新的服务页面 services.html 要添加到网站主导航中。所有的网页都要链接到该网页。修改过的站点地图如图 12.13 所示。

图 12.13　修改过的 Prime 房产公司网站站点地图

如图 12.14 所示的服务页面中要包含小标题"Services"、两小段关于服务内容的介绍文本以及每件礼品的说明和图片等。你可以访问本书配套网站上提供的演示版购物车/订单系统。如果还有别的购物车系统可用，请与指导老师联系，确认是否可以用它来代替。

你将要完成以下三项任务。

1. 为本实例研究创建一个新的文件夹。

2. 修改每张页面上的主导航区域，在其中添加指向新页面的链接。

3. 创建一张新的服务页面(services.html)，效果如图 12.14 所示。

图 12.14　新建的 Prime 房产公司服务页面

实例研究之动手练习

任务 1：创建文件夹。 创建名为 prime12 的新文件夹。将在第 9 章的练习中所建的 prime9 中的全部文件以及学生文件中 chapter12 文件夹下的 jeweltone.jpg 和 sunnydays.jpg 复制到 pacific12 中。

任务 2：更新每张页面上的主导航区域。 用文本编辑器打开主页(index.html)。在主导航区域中添加一个新的列表项与超链接，文本为"Services"，使之指向文件 services.html。参考图 12.14 中的导航区域效果。保存文件。以同样的方法分别修改并保存房产信息(listings.html)、理财(financing.html)和联系我们(contact.html)页面。

任务 3：创建新页面。 一种提高效率的方法是在已有作品的基础上创建新页面。用文本编辑器打开理财页面，即 financing.html 文件，并另存为 services.html。这将使你能开个好头，并可保证网站中各页面的一致性。进行以下修改。

a. 将页面标题改成合适的短语。

b. 将标题"Financing"改为"Services"。

c. 删除与理财信息有关的内容，包括段落、无序列表和联系信息。

d. 将光标定位于"Services"标题下的空行处，添加段落，内容为文本"When your purchase or sale closes, please select a thank you gift from the choices below"。

e. 添加 h3 元素，内容为文本"Sunny Days Basket"。

f. 添加图片 sunnydays.jpg。

g. 添加 h3 元素，内容为文本"Jewel-tone Basket"。

h. 添加图片 jeweltone.jpg。

i. 接下来我们要为每一件礼品添加购物车按钮。表单的 action 属性要调用一个服务器端的 asp 脚本，地址为 http://webdevfoundations.net/scripts/cart1.asp。请记住，不管什么时候使用服务器端脚本，都要遵循一定的文档或规范。本例中的脚本所实现的购物车容量有限，只能处理两件商品。由于它是用来实现礼品选择功能的，因此不用显示价格。services.html 将通过表单中的一个隐藏元素向脚本发送信息，表单中还包含了一个用于调用脚本的按钮。请务必仔细完成这步操作。

在 sunnydays.jpg 图片之下添加下列代码，这就是 Sunny Days Basket 这件礼品的购物车按钮：

```
<form method="post"
action="http://www.webdevfoundations.net/scripts/cart1.asp">
    <input type="hidden" name="desc1" id="desc1"
    value="Sunny Days Basket">
    <input type="submit" value="Place in Cart">
</form>
```

这段 HTML 代码调用了一个服务器端的脚本，用于处理演示购物车功能。点击"Submit"(提交)按钮时，名为 desc1 的隐藏字段就会被发送给脚本，它传递的是礼品的名称信息。

j. 为 Jewel-tone Basket 这件礼品添加购物车按钮的过程类似，用了名为 des2 的隐藏按钮。相关的 HTML 代码如下：

```
<form method="post"
action="http://www.webdevfoundations.net/scripts/cart1.asp">
    <input type="hidden" name="desc2" id="desc2"
    value="Jewel-tone Basket">
    <input type="submit" value="Place in Cart">
</form>
```

保存页面并在浏览器中进行测试。它看起来应当如图 12.14 所示。点击 Sunny Days Basket 这件礼品下的的"Place in Cart"按钮，屏幕上将出现演示用的购物车，类似图 12.7 所示，当然此例中并没有价格信息。试试购物车的功能，并尝试同时挑选两件礼品。购物车的订单页面仅供演示。

Web 项目

参见第 5 章中对于 Web 项目这一案例研究的介绍。回顾网站设定的目标，考虑一下是否需要增加电子商务功能。如果答案是肯定的，请在本项目中添加相关组件。

实训案例

根据需要修改站点地图，在其中添加电子商务组件。你将在网站中加入一张产品页面；也可能之前已有类似页面，现在只要在上面增加功能即可。无论哪种情况，一定要确保站点地图和内容表格能反映新的处理流程。

网上有许多免费的或便宜的购物车程序，下面列举了部分网站。你的指导老师可能还会提供其他资源或建议。从这些备选程序中挑选一个，将购物车功能添加到网站上。在订购或注册这些服务时，一定要记下任何可能需要支付的成本。

- Mal's e-commerce(免费的，即使收费价格也很低廉)，网址为 http://www.mals-e.com
- PayPal(这项服务的每笔交易都要收费)，网址为 http://www.paypal.com
- JustAddCommerce(免费试用)，网址为 http://www.richmediatech.com

保存并测试网页。试试购物车的功能。欢迎来到电子商务的世界！

第**13**章

网 站 推 广

本章学习目标

- 了解常用的搜索引擎和搜索索引
- 了解搜索引擎的组件
- 设计对搜索引擎友好的网页
- 将网站提交给搜索引擎或分类目录
- 监视搜索引擎列表
- 了解其他网站的推广活动
- 用 iframe 元素创建内联框架

　　网站已经建好，下来得考虑怎样吸引大家来访问网站了。有了访客，还得想办法鼓励他们成为回头客。争取被搜索引擎收录、加入网站联盟以及使用横幅广告等都是本章要讨论的主题。

13.1　搜索引擎概述

你是怎样检索网站的？绝大多数人都会利用他们喜欢的搜索引擎。Nielsen/NetRatings 的一项调查发现，有 9 成用户每个月都会访问搜索引擎、门户网站或社区网站。这些用户还会时不时回访，几乎达到每个月五次的频率。

使用搜索引擎是在万维网上导航查找网站的常见方式。PEW Internet and American Life Project (http://www.pewinternet.org/Reports/2011/Search-and-email/Report.aspx)的一份报告指出，使用搜索引擎的用户占比正在持续上升。超过 90%的美国成年互联网用户利用搜索引擎，在平常的日子里有 59%的用户会访问搜索引擎。

被搜索引擎收录能帮助客户找到你的网站，在上面购物的可能性也更高。对企业而言，这是一种非常好的营销手段。为了更充分地用好搜索引擎和搜索索引(有时候称为分类目录)工具，我们有必要了解一下它们的工作原理。

13.2　流行的搜索引擎

根据 NetMarketShare 的一项调查 (http://www.netmarketshare.com/search-enginemarket-share.aspx?qprid=4&qpcustomd=0)，最近一个月最流行的搜索引擎是 Google (http://www.google.co)和 Yahoo!(http://www.yahoo.com)。截至 2017 年 5 月，Google 所占领的市场呈压倒性的优势，高达 77.98%，接下来占比最接近的竞争对手分别是 Bing(7.81%)、Baidu(7.71%)、Yahoo(5.05%)、Ask(0.51%)。请访问 http://marketshare.hitslink.com，了解最新的调查结果。

Google 的市场份额自 20 世纪 90 年代末开始便持续增长。简洁的界面，再加上快速的加载、精准有用的结果，使它成为了网民最喜爱的搜索引擎。排名第二的搜索引擎是 Yahoo!。虽然它现在是搜索引擎，但它最初是一个搜索索引(也称为分类目录)。每一个提交到分类目录的站点要经过人工审查才能得到收录。目前仍然存在的搜索索引的一个例子是 Open Directory Project (http://www.dmoz.org)。它包含一系列不同层次的主题以及与每个主题相关的网站。在这个项目中，任何人都可以自愿地成为编辑和站点审查员。向该项目提交自己的网站无需交费。被 Open Directory Project 收录的另一个好处是许多搜索引擎(包括 Google 和 Ask.com)都会使用它的已核准站点数据库。

13.3　搜索引擎组件

搜索引擎包括下列组件：

● 搜索机器人

- 数据库(可被分类目录使用)
- 搜索表单(亦可被分类目录使用)

机器人

机器人(有时被称为蜘蛛或爬虫)是一种能通过检索网页文档,并沿着页面中的超链接自动遍历万维网超文本结构的程序。它就像一只机器蜘蛛在网上爬着,访问并记录网页内容。机器人对网页内容进行分类,然后将关于网站和网页的信息记录到数据库中。各种机器人的工作原理也许不尽相同,但总的来说它们都会访问并记录网页中的这些内容:标题、元标签描述、页面上的某些文本(通常要么是前面几个句子,要么是标题标签中包含的文本)。请访问 Web Robots Pages(http://www.robotstxt.org),了解更多有关网络机器人的详细信息。

数据库

数据库是一个信息集合,通过一定的组织方式使其内容更易于被访问、管理和更新。Oracle、Microsoft SQL Server 以及 IBM DB2 等数据库管理系统(DBMS)用于配置和管理数据库。显示搜索结果的网页中所包含的信息就来自于搜索引擎数据库。根据 Bruce Clay 的报告(http://www.bruceclay.com/searchenginerelationshipchart.htm),有的搜索引擎会部分地吸收其他引擎的内容。例如 AOL Search 的主要内容就来自于 Google。

搜索表单

在搜索引擎的各种组件中,搜索表单是最为人熟知的。你也许已经无数次地使用搜索引擎,但也许从来没有想过其幕后的机制。搜索表单是一个图形化的用户界面,用户在此输入要搜索的单词或短语。它通常只是一个简单的文本框和一个提交按钮。访问搜索引擎的人在文本框中输入与他/她要搜索的内容相关的词语(称为关键字)。表单被提交后,输入在文本框中的数据被发送给了服务器端的脚本,然后脚本开始在数据库中搜索用户所输入的关键字。搜索结果(也称为结果集)是一个信息列表,如满足条件的网页的 URL 等。结果集的格式一般包括指向每张页面的链接和一些额外信息,如页面标题、简要介绍、文本的前几行或网页文件的大小等。搜索引擎不同,这些附加信息的类型也会有所不同。接下来,搜索引擎网站的服务器就将搜索结果页面(SERP)发送给浏览器进行显示了。

在结果页面中各个条目的显示顺序可能取决于付费广告、字母排序和链接受欢迎程度(稍后将详细介绍有关知识)等。每个搜索引擎都有它自己的排序规则。请注意,这些规则也会随着时间的推移而发生变化。

搜索引擎的组件(机器人、数据库和搜索表单)共同工作,以获取并存储有关网页的信息,向用户提供图形化界面,以方便搜索和显示与给定关键字相关的网页列表。现在你已经了解了搜索引擎的组成，接下来就要进入最重要的部分：如何设计有利于网站推广的网页。

13.4　搜索引擎优化

如果按照推荐的网页设计规划来操作，你应该已经设计出了自己的网站，其中的网页能牢牢吸引目标受众的。但是怎样才能使网站被搜索引擎收录呢？本节将介绍一些专门针对搜索引擎进行网页设计的建议和提示，也就是所谓的搜索引擎优化(earch engine optimization，SEO)过程。

关键字

花点时间来一场头脑风暴，想想别人可能用哪些术语或短语来查找你的网站。列出一份清单。这些描述网站的术语或短语就是你的关键字。

网页标题

描述性的页面标题(<title>标签对之间的文本)应当包含你公司和/或网站的名称，这将有助于利用网站自身进行推广。搜索引擎的常见做法之一是在结果页中显示网页标题文本。访问者收藏网站时，会默认保存网页标题。并且在打印网页时，网页标题一般也会被打印出来。要避免在每张页面上都使用一成不变的标题；好的做法是在标题中添加适合于当前页的关键字。例如，不要总是用"Trillium Media Design"，而应该在标题中同时添加公司名称和当前页的主题，如"Trillium Media Design: Custom E-Commerce Solutions"。

标题标签

用<h1>、<h2>等结构化的标签来组织页面内容。合适的话，可以在标题中加入一些关键字。如果关键字出现在页面标题或内容标题中，有的搜索引擎就会把网站列在比较靠前的位置。同样也可以在适当的地方把关键字加到页面文本内容中。当然不要写些垃圾词，也就是说，不要一遍一遍又一遍地重复列举。搜索引擎背后的程序已经越来越聪明了，如果发现你并不诚实或试图欺骗系统，它完全有可能拒录你的网站。

描述

你的网站对他人来说有什么独特的吸引力？请记住这一点，然后写几句话来介绍网站或公司业务。这种网站描述应该要能打动人并足够有趣，这样别人在搜索时，才会从搜索引擎或分类目录所提供的列表中选中你的网站。有的搜索引擎会将网站描述显示在搜索结果中。你可能想知道这些内容是怎样与实际的网页相关联的——答案是：网页头部(head section)的 HTML meta 标签中加入了描述信息。

Description　元标签

元标签(meta)是一种自包含的标签，它放在网页的头部。你曾经用它来指定网页的字符集信息，但其实它的作用还有很多。现在我们将主要关注于如何用它来提供可供搜索引擎使用的网页描述信息。有些搜索引擎会把 Meta 标签中描述网页的内容显示在 SERP 中，如 Google。name 属性指定了 meta 标签的用途。content 属性值指定了特定用途。name 属性值如 description，就表明此处的 meta 标签是用来提供网页描述的。例如，一个名为 Acme Design 的网站开发咨询公司的网站关键字和描述 meta 标记可以设置为：

```
<meta name="description" content="Acme Design, a premier web consulting
group that specializes in e-commerce, web design, web development, and
website redesign.">
```

FAQ　假如我不想让搜索引擎索引我的网页呢？

有的时候，可能你不想让搜索引擎索引某些页面，比如测试页面或只给一小部分人(如家庭成员或同事)使用的网页。meta 标签可实现这一目的。如果想向搜索机器人表明："不要索引本页面，也不要跟踪本页面的链接"，就不要在页面中添加任何关键字或用 meta 标签描述，而应当按如下方式给页面添加一个 "robots" meta 标签：

```
<meta name="robots" content="noindex, nofollow">
```

链接

如果要确保所有链接都能正常工作、能通过文本超链接抵达网站里的每一张网页，文本需要具有描述性(避免使用诸如"更多信息"和"点击此处"之类的词组)、需要包含合适的关键字。来自外部网站的入站链接(inbound links，有时也称为引入链接，incoming links)也是决定网站排名的重要因素。本章还将就此主题进行介绍。

图像和多媒体

请记住，搜索引擎机器人"看不见"图像和多媒体中嵌入的文本。要为图像配置有意义的可替换文本，并在其中包含有联系的关键字。虽然近来有些搜索引擎机器人，如 Google 的 Googlebot，已经能够检索到 Flash 中所包含的文本和超链接，但还是要注意，那些依赖于 Flash 和 Silverlight 等技术的网站对于搜索引擎来说"可见性"较差，可能会影响到排名。

有效的代码

搜索引擎不要求网页的 HTML 和 CSS 代码必需通过校验测试。但有效而且结构良好的代码可以让搜索引擎的机器人处理起来更容易。这也有助于网站排名的提升。

有价值的内容

虽然进行搜索引擎优化时最基本的要求是能够遵循网页设计的最佳实践(参见第 5章)，为用户提供有价值的内容，但这一点经常被忽视。网站的内容质量要高、组织合理，对访问者而言具有价值。

13.5　被搜索引擎收录

虽然搜索引擎会为你带来流量，但要被搜索引擎或分类目录收录也并不总是那么容易。在考虑把你的网站提交给搜索引擎之前，一定要确保已经完工，并且已经实施了基本的搜索引擎优化(如前一节所述)。确信网站已经准备好之后，就可以按照下面列出的步骤来提交你的网站，以供搜索引擎审核。

第一步：访问搜索引擎网站(如 http://www.google.com，或 http://www.yahoo.com)，并找到"添加站点"(Add site)或"收录 URL"(List URL)链接，它通常就在主页上，或是"关于我们"(About US)页面上。要有耐心，因为有时候这些链接并不是很明显。将网站提交给 Google 时，要先打开 http://www.google.com/submityourcontent/website-owner/，然后点击 Add your URL 链接。

第二步：用你的 Google 账号登录，按照页面上列示的要求完成相关操作，然后提交表单以发出将你的网站添加到搜索引擎中的请求。其他搜索引擎的自动收录可能需要收费，称为付费收录。目前向 Google 提交网站是免费的。

第三步：搜索引擎的搜索蜘蛛将对你的网站进行索引，这可能要花上几星期的时间。

第四步：提交网站几星期后，请检查搜索引擎或分类目录，看看他们有没有收录你的网站。如果没有的话，请检查页面，看看它们是否对搜索引擎而言足够"优化"(参见下一节)以及是否能够在常见浏览器中显示。

在做商业网站时，你可以考虑一下付费收录(通常被称为快速提交或快速收录)，通过支付一定的费用要求搜索引擎优先显示你的网站(称为赞助或广告)。不仅如此，用户每一次通过点击搜索引擎的链接到达你的网站你都要付费。许多公司将这种类型的支出看作一种市场营销成本，就像把钱花在报纸广告或企业黄页上一样。

如果要深入探究搜索引擎上的付费广告方案, 可能会遇到一些与营销相关的缩写词。最常见的如下。

- CPC: 单次点击成本(Cost per click)

  CPC 也称为 PPC, 指每次点击所需花费。如果你注册了付费赞助商或广告程序之后, 访问者每次点击指向你的网站的链接时, 你就要支付一笔费用, 这就是 CPC。

- CPM: 每千次印象费用(Cost per thousand impressions)

  CPM 是指你的广告在网页上每显示 1000 次, 你需要为此支付的费用(不管访问者是否点击了这个广告)。

- CTR: 点击到达率(Click-through rate)

  CTR 是广告的点击次数与广告的显示次数的比值。例如, 如果你的广告显示了 100 次, 有 20 个人点击了它, 此时的 CTR 就是 20/1000, 或者说 20%。

合适的站点地图

Google 的网管指南(Webmaster Guidelines)推荐了以下两种有利于 SEO 的站点地图。

- HTML 站点地图。它是一张包含"站点地图"的网页, 列出了不同层级的超链接, 可以到达网站里的各主要页面。该页面中的信息不仅对网站访客有用, 同时还能帮助搜索引擎机器人追踪站点上的超链接。

- XML 站点地图。这是搜索引擎可用的 XML 文件, 但网页访客不能访问。站点地图向 Google 等搜索引擎提供和你的网站有关的信息。它本质上就是一个网页列表再加上下列要素: 每张页面的最后一次修改日期、代表各页面更新频率的指示符以及各页面的优先级别。下面摘录了一个站点地图文件(sitemap.xml)的部分内容:

```
<url>
    <loc>http://webdevfoundations.net/</loc>
    <lastmod>2011-07-03T08:10:09+00:00</lastmod>
    <changefreq>monthly</changefreq>
    <priority>1.00</priority>
</url>
```

```
<url>
    <loc>http://webdevfoundations.net/index.html</loc>
    <lastmod>2011-07-03T08:10:09+00:00</lastmod>
    <changefreq>monthly</changefreq>
    <priority>1.00</priority>
</url>
<url>
    <loc>http://webdevfoundations.net/6e/chapter1.html</loc>
    <lastmod>2011-08-22T15:09:07+00:00</lastmod>
    <changefreq>monthly</changefreq>
    <priority>0.800</priority>
</url>
```

有一些在线站点地图生成器(如 http://www.xml-sitemaps.com)能够自动创建名为 sitemap.xml 的站点地图文件。你只需要将站点地图传到网站上，并将它的 URL 通知 Google 即可。访问 http://www.google.com/support/webmasters，了解更多相关信息。

加盟

在特定的搜索引擎和分类目录之间，还存在着大量的加盟网站。Open Directory Project (http://www.dmoz.org)为许多搜索引擎提供了目录服务，其中就包括 Google。注意，这些加盟网站随时都有可能发生变化。了解搜索引擎联盟能让你的网站出现在搜索结果中的机率更大一些。

 自测题 13.1

1. 请说出三种搜索引擎的组件。
2. 请说明 Description 元标签的用途。
3. 对于企业来说，为了优先被搜索引擎收录而付费是否值得？为什么？

13.6　监控搜索列表

虽然你可能希望自己的网站能马上列入搜索引擎和分类目录中，但有时候还得花些时间它才能最终被展现在 SERP 中。并且还得留心，提交网站并不意味着它必然会被收录；不过如果网站质量足够高，提供的内容又很有价值的话，几乎肯定会被搜索引擎和分类目录收录。

一旦网站被收录，就要确定哪些关键字在起作用，这很重要。通常需要根据不同时期的不同需要仔细调整和修改。下面列出了几种方法，能够找出这些重要关键字。

● 　人工检查。访问搜索引擎并输入关键字，查看搜索结果。可以考虑列一份清单，记录搜索引擎、关键字和网页排名。

- 网站分析。网站分析协会(Web Analytics Association，现在称为数字分析协会，Digital Analytics Association，网址为 http://www.digitalanalyticsassociation.org)将网站分析定义为"为了深入了解网站使用情况并对其进行优化，而对互联网数据进行测量、收集、分析和报告的过程"。每一位网站的访客，包括那些从搜索引擎引入的访问者，都会被记录在你的网站日志文件中。一个网站日志由一个或多个文本文件组成，记录了每一次对网站的访问，捕捉有关访问者和网站的信息。通过对日志的分析，可知关键字是否设置成功、哪些搜索引擎正在被使用。从中还可以确定网站被访问的天数和次数，访客所使用的操作系统和浏览器、到达你的网站所经由的路径等等，内容繁多。日志是一个相当隐蔽的文本文件。图 13.1 显示的是某个日志文件的部分内容。

网站分析软件可以分析你的日志文件，并生成便于使用的图表和报告。如果你已经拥有自己的网站和域名，许多主机供应商都允许免费访问日志文件，甚至能为你生成网站分析报告，这是支付月租费后所获服务的一部分。

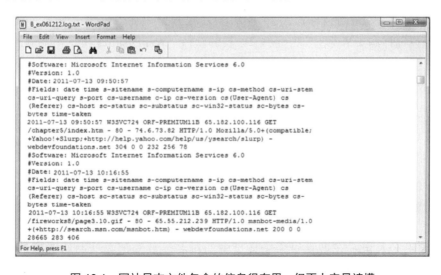

图 13.1　网站日志文件包含的信息很有用，但不太容易读懂

通过认真查看日志中的信息，你不仅能掌握哪些关键字在起作用，还能发现访客用的是哪些搜索引擎。Webtrends(http://webtrends.com)是一个常用的网站日志分析工具。图 13.2 所示为一份日志分析报告中的部分信息，其中列出了通过 Google 查找某个特定网站时实际使用的前 10 个关键字。

网站日志分析是一种功能非常强大的市场营销工具，可以精准地找出访问者是如何发现你的网站的，有哪些关键字在起作用，哪些没用。也许可以考虑考虑，再加些新的有效关键字到列表中。如果仔细查看图 13.2，你将发现这个特定网站最受欢迎的内容是教程(tutorial)。网站开发人员应该再加些另外的教程，或许能提升网站流量。

Keyword	Visits	Pages Per Visit	Average Time on Site
flash slideshow tutorial	27,097	1.75	00:01:17
adobe flash cs3 tutorial	21,773	6.08	00:07:32
flash cs3 tutorials	15,751	5.71	00:04:56
flash cs3 tutorial	14,346	5.96	00:05:43
flash banner tutorial	6,859	5.32	00:04:05
adobe flash cs3 tutorials	4,943	5.98	00:06:24
fireworks 8 tutorial	4,023	8.20	00:05:23
web development and design foundations with xhtml	3,198	4.17	00:05:02
tutorial flash cs3	3,141	5.06	00:04:46
flash cs5 tutorial	3,120	4.94	00:04:27

图 13.2　部分日志分析报告

Google 为我们提供了免费的网志分析服务，网址是 http://www.google.com/analytics。它能提供以下各类报告：

- 访问者(包括地图和浏览器信息)
- 流量来源(如引用网站、关键字和 AdWords)
- 内容(包括登录页面、在站点中的访问路径和退出页)
- 转化(跟踪业务目标)

还可以选择购买帮助监控搜索引擎位置的软件。WebPosition (http://webposition.com)等应用程序能够帮你生成搜索引擎排名报告，分析并跟踪关键字，甚至能将网站自动提交给搜索引擎。

13.7　链接流行度

链接流行度是由搜索引擎决定的排名，基于指向特定网站的站点数和这些站点的质量。例如，一个链接来自于你朋友的主页，它存放在免费主机上，另一个链接来自知名网站 Oprah Winfrey(http://www.oprah.com)，无疑后者的质量更高。网站链接的流行度可以用来确定它在搜索引擎结果页中的排名。要知道哪些网站链接到了你的网站，有一种方法是分析日志文件。另外你也可以登录提供链接流行度检测服务的网站，如 LinkPopularity.com(http://linkpopularity.com)，它们能检测多个搜索引擎上的链接流行度并生成一份报告。第三种方法是登录某些搜索引擎，然后自己检测。在 Google 的搜索文本框中输入"link:yourdomainname.com"，就可以拿出所有链接到 yourdomainname.com 的网站。搜索引擎和分类目录并不是吸引流量的唯一工具，下一节将介绍其他的一些选项。

13.8　社交媒体优化

我们可以通过社交媒体优化(Social Media Optimization，SMO)，将自己的网站推荐给当前和潜在的用户。罗希特·巴尔加瓦(Rohit Bhargava，《隐秘的商机》作者)将

SMO 描述为一种对网站的优化，使其"更容易被链接到，更容易被使用定制搜索引擎(如 Technorati)的社交媒体搜索发现，而且能更频繁地被博客、播客和视频博客更新所引用"。SMO 所能带来的好处包括品牌和站点知名度的提升，来自外网站的链接数量的增多(结合 SEO)等。请从访问下列资源开始，学习三种 SMO 小策略：

- http://social-media-optimization.com
- 5 Rules of Social Media Optimization (SMO)，网址为 http://rohitbhargava.typepad.com/weblog/2006/08/5_rules_of_soci.html
- http://www.toprankblog.com/2009/03/sxswi-interview-rohit-bhargava/

SMO 的一个基本原则是要让人们能更方便地添加标签和书签。Digg (http://digg.com)和 Reddit (http://reddit.com)等社交书签网站提供了让人们存储、分享以及对网站进行归类的方法。访客可以很方便地把网站添加到社交书签服务和社交网络服务中，如 Twitter 和 Facebook。可以自行编写代码添加指向这些服务的超链接，也可以利用 AddThis (http://www.addthis.com)等提供的内容分享服务。

博客和 RSS 源

我们在第 1 章中曾介绍过博客，这是万维网上的一种日志，更新和访问都很方便。由于博客在分享信息与引导评论方面的强大功能，许多不同的企业(从 Nike 到 Adobe)都利用它来建立和拓展客户关系。绝大多数博客网站，如 Google 的 Blogger (http://blogger.com)和 WordPress(http://wordpress.com)，都为博客内容提供了免费的RSS(简易信息聚合，Really Simple Syndication；或富站点摘要，Rich Site Summary)源服务。博客的 RSS 源是一种 XML 文件(扩展名为.rss)，其中包含文章的内容摘要和指向博客或其他网站的链接。客户或商业伙伴只要订阅了你的 RSS 源，就能够自动接收更新。RSS 源通常以橘红色按钮来标识，上面显示"XML"或"RSS"。Firefox 浏览器有一种称为 Live Bookmark 的功能，它会显示你所订阅的 RSS 新闻或博客的内容。还有许多免费或便宜的 RSS 阅读器软件，例如 Headline Viewer (http://www.headlineviewer.com)、NetNewsWire (http://netnewswireapp.com)等。本书博客就是一个真实的例子，网址为 http://webdevfoundations.blogspot.com。

社交网络

Facebook(http://www.facebook.com)、Google+(http://plus.google.com) 和 LinkedIn (http://www.linkedin.com)等都是著名的社交网络。可以加入上面的各种讨论组，与当前和潜在的访问者建立联系。或者创建一些有趣的内容，发布在 YouTube(http://www.youtube.com)、SlideShare(http://www.slideshare.net)或其他类似的网站上，对自己的公司进行宣传。

要在 Twitter(http://twitter.com)等微博网站上保持活跃度。据 Bloomberg 报道(http://www.bloomberg.com/apps/news?pid=newsarchive&sid=akXzD_6YNHCk)，戴尔公

司利用 Twitter 在两年时间里争取到了 650 万美元的订单。因此要精心写博客和推文内容，要利用这种病毒式的营销方式帮助自己争取当前的以及潜在的访客，让他们找到并不断分享你的内容，这样即能提升网站的关注度，又能不断地为网站带来新客户和回头客。

13.9　其他的网站推广活动

还有许多推广网站的方式，如快速反应(Quick Response，QR)码、分销联盟计划、横幅广告、横幅广告互换、互惠链接协议、时事通讯、个人推荐、传统媒体广告以及在所有的推广材料中加入 URL 等。

快速反应(QR)码

QR 码是一种方形的二维码，可以通过智能手机上的扫描应用程序或 QR 条码阅读器读取。它所编码的数据可以是文本、电话号码甚至是网站的 URL。网上有很多免费的 QR 码生成器，如 http://qrcode.kaywa.com、http://www.labeljoy.com/en/generate-qr-code.html 以及 http://www.qrstuff.com 等。Apple、Android 和黑莓智能手机上的 ScanLife 和 QR Code Scanner 等免费 APP，都有利用相机扫描 QR 码的功能，这些二维码通常是某网站的 URL，扫描之后就能在智能手机的 web 浏览器中打开了。QR 码对于网站的推广十分有用，可以将它印在名片甚至 T 恤上！图 13.3 中的 QR 码即可显示本书配套网站的主页(http://webdevfoundations.net)。

图 13.3　http://webdevfoundations.net 网站的 QR 码

分销联盟计划

分销联盟计划的本质是由一个网站(分销网站)来推荐另外一个网站(商家)的产品或服务以换取佣金。两家网站都可以从中获益。据说 amazon.com 是最早发起这种合作营销计划的网站，并且它的 Amazon.com Associates 计划现在依旧很吃香。加入这一计划后，你就可以推荐一些链接到 amazon 网站的书籍和产品。如果有哪位访客通过你的推荐成功购买，你就能得到佣金。amazon 得到了好处，因为你把感兴趣的访问者带到它那里，这些人现在或将来就有可能在它家购买商品。你的网站也能够从中受益，因为链接到 amazon 这样的知名网站无疑推广了白己网站，并且还有增加收入的可能。

请访问 Commission Junction 网站((http://www.cj.com)，上面推荐了一些适合不同网站的分销联盟计划项目。该服务能够让内容发布者(网站所有人或开发人员)从各种各样的广告客户或分销联盟计划中进行挑选。而网页开发人员获得的利益则包括与重要广告客户合作的机会、从网站访问者或广告商处赚取额外收入以及能够实时查看跟踪报告等。请访问 AssociatePrograms.com(http://www.associateprograms.com)，该网站提供了分销联盟、合作和推荐计划的详细清单。

横幅广告

横幅广告通常是一张图片，用来宣布网站的名称和特征，并进行广告。横幅广告是图片链接，点击它的时候就会显示所宣传的网站。你在万维网上"遨游"时肯定已经无数次见到过横幅广告了，因为它们已经存在了相当长的时间。HotWired(第一本商业网上杂志)，在 1994 年首次使用横幅广告来推广 AT&T。

横幅广告的大小没有统一规定。但 Interactive Advertising Bureau (IAB)给出了常见广告的建议尺寸，如广告牌为 970×250 像素，轮播广告为 970×90 像素。请访问 IAB 网站，了解各种类型广告及其常用尺寸(http://www.iab.net/guidelines/508676/508767)。播放横幅广告的费用各不相同，有些网站根据浏览量(通常指每千次印象或每千人成本，即 CPM)收费，还有的网站则只计算点击量(即只有当横幅广告被点击时才计数)。有些搜索引擎会出售横幅广告位，如果某个搜索关键字与你的网站相关，那么它就会在搜索结果页面上显示你的广告，当然，这是要收费的！

横幅广告的效用一直是研究的课题。绝大多数访客都不会点击它们，估计你也一样。这就意味着横幅广告并不能立即引来流量。Interactive Advertising Bureau 研究过横幅广告和品牌知名度之间的关系。ClickZ(http://www.clickz.com/stats/sectors/advertising/article.php/804761)报导过这一经典研究，它表明虽然标准横幅广告能够提高品牌的知名度，但摩天大楼(沿着页面侧边往下的细长型广告)以及较大的矩形广告等其他形式，在提升品牌知名度和信息联想度方面的效果是它的三到六倍。音频、视频和 Flash 等多媒体技术也能给访客造成更强大的冲击力，品牌推广的效果也更好。当然，我们认为品牌知名度的提升能提高未来网站的实际访问量。如果横幅广告的成本可能超过收益的话，可以考虑一些免费的，如横幅广告互换之类的选择。

横幅广告互换

虽然横幅广告互换的具体细节可能各不相同，但基本原理都是你同意展示其他网站的横幅，而他们的网站上也会展示你的广告。关于横幅广告互换的信息请参见 ExchangeAd (http://www.exchangead.com 和 LinkBuddies(http://www.linkbuddies.com/)。由于免费，所以横幅广告互换这种形式对所有参与者都是有益的。

互惠链接协议

互惠链接协议通常在两个内容相关或互补的网站之间达成。大家都同意互相链接到对方，使双方都有更多的流量。如果你找到某个网站并想和它建立交换链接，可以联系它的网站管理员(一般通过电子邮件)。有些搜索引擎确定排名的依据之一就是指向某个网站的链接数，因此互惠链接协议做得好的话，对双方网站都是有利的。

时事通讯

时事通讯能把访客再次带回你的网站。首先收集电子邮件地址。网站的访客可以选择是否接收你的时事通讯，请他们填写表单，留下姓名和电子邮件地址等信息。

要向访问者提供一定的认知价值——也就是一些时效性的信息，如某个话题、优惠活动等等。要定期发送新鲜诱人的内容。这将有助于以前的访客回忆起你的网站，他们也许还会将这些信息发送给其他同事，从而为你的网站带来新的流量。

有"粘性"的网站功能

要经常更新网站，保持内容新鲜，这将吸引访客重返你的网站。可是怎样才能留住他们呢？要使你的网站具有"粘性"。粘度(stickiness)指的是网站留住访客的能力。要发布一些有意思的、引人入胜的内容，再加上一些能够增加网站粘度的特色项目，如新闻、民意调查、聊天室或留言板等。

个人推荐

转发时事通讯就是个人推荐的一种形式。有的网站已经把向朋友推荐某些内容做得极为方便。他们在页面中提供了一个链接，标题是"发送这篇文章"、"把当前页发送给朋友"、"把本网站推荐给同事"等等。这种个人推荐可以为你带来新的访客，他们可能对你的网站内容很感兴趣。

新闻组和邮件列表服务

订阅与自己网站内容相关的 Usenet 新闻组、邮件列表服务或论坛。不要用网站广告来回复讨论内容，而应当只在你的回复能给别人提供帮助或建议的时候才作出响应。在签名行中附上自己网站的 URL。要巧妙一些！如果有些邮件服务器管理员觉得你只是在做广告，很有可能会将你屏蔽掉。当然，我们可以在新闻组或邮件列表中提供友好的、有用的建议来为自己的网站打广告，并且要以一种隐蔽的、积极的态度进行，这么做既推广了网站、并且除了上网费外无需支付任何其他费用。

互联网服务提供商也许会向你提供 Usenet 新闻组的接入方式。Google 也推出了相关服务，网址是 http://groups.google.com。邮件列表服务可以由个人或组织来运营。

传统媒体广告与现有的营销材料

不要把网站在公司的印刷品、电视节目或广播广告中露脸的机会浪费掉，所有宣传册、文具和名片上都要有公司网站的 URL。这将帮助当前以及未来的客户方便地找到你的网站。

 自测题 13.2

1. 各种搜索引擎返回的搜索结果是否真的有所不同？试着搜索某个地方、某个演唱组合或某部电影。在 Google、Yahoo! 和 Bing(http://www.bing.com)输入相同的关键字，如 "Door County"。列出每种引擎所返回的前三个网站。总结一下自己的发现。

2. 怎样确定自己的网站有否被搜索引擎收录？怎样才能知道别人是通过哪个搜索引擎找到自己的网站的？

3. 列举除搜索引擎外的四种网站推广方法。你的第一选择是什么？为什么？

13.10　通过内联框架提供动态内容

Edmunds.com (http://www.edmunds.com)是一个汽车报价和评测网站，它的主页横幅广告却是由另一家公司托管和控制的，这是怎么实现的呢？Chicago Bears (http://www.chicagobears.com)和 ABC(http://abc.com)的主页为什么能显示大量多媒体剪辑呢？Amazon.com 的 Associates 计划是如何制定特定内容推荐给潜在客户的？又是如何进行跟踪的？Google 用什么办法在第三方网站上显示 Ad Sense 广告？在我写作这部分内容时，所有这些问题的答案都是内联框架(inline frames)。在万维网上，内联框架被广泛应用于市场营销领域，如显示横幅广告、播放托管于专门服务器上的多媒体以及为加盟网站和合作伙伴提供内容支撑等。它的优点在于控制的分离。横幅广告或多媒体剪辑等动态内容可以由一个项目团队独立修改，无需访问网站的其余内容。以 Edmunds.com 网站上显示的横幅广告为例，第三方公司(如 DoubleClick)可以控制广告内容，但不能更新 Edmunds 主页上的其余内容。为此，需要在一个内联框架中配置动态内容(以横幅广告的形式)。让我们来看看内联框架是如何配置的。

iframe 元素

内联框架也称为浮动框架，可以放置在任何网页的主体中，类似于在页面上插入图片。iframe 元素用于配置内联框架，可在自己的网页文档内显示其他网页的内容，这被称为嵌套的浏览。iframe 元素从<iframe>标签处开始，到</iframe>标签处结束。如果浏览器不支持内联框架，就会显示回退内容(如描述性文本或指向实际页面的超链接)，这部分内容要放置在 iframe 标签对之间。图 13.4 展示了内联框架的应用(学生文件中的 chapter13/dcwildflowers/index.html)。白色背景区域就是一个内联框架，它显示了包含鲜花图片和文本描述的另一张网页的内容。

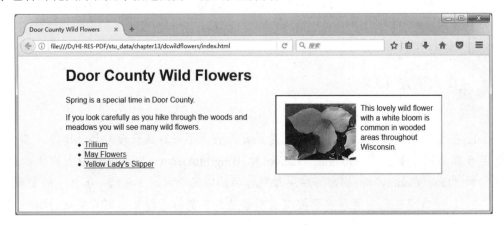

图 13.4　白色滚动区域是显示另一张网页内容的内联框架

图 13.5 所示的截屏是同一个页面，但其内联框架显示了不同的网页。

图 13.5　在内联框架中显示不同页面

可生成这种效果的内联框架的代码如下：

```
<iframe src="trillium.html" title="Trillium Wild Flower"
height="160" width="350" name="flower">
Description of the lovely Spring wild flower, the
```

```
<a href="trillium.html" target="_blank">Trillium</a>
</iframe>
```

表 13.1 列出了 iframe 元素的属性。

表 13.1　iframe 元素的属性

属性名称	描述
src	指定要在内联框架中显示的网页的 URL
height	内联框架的高度，像素值
width	内联框架的宽度，像素值
id	可选；文本名称，字母或数字组成，以字母开头，不能包含空格；该值必须唯一，不能用于同一 HTML 文档内的其他 id 值
name	可选；文本名称，字母或数字组成，以字母开头，不能包含空格；该属性用于设置内联框架的名称
sandbox	可选；不允许/禁用插件、脚本、表单等功能(是 HTML5 中的新属性)
seamless	可选；seamless="seamless"表示浏览器在以更"无缝"的方式显示内联框架内容(看起来像是包含的文档的一部分，没有边框和滚动条，是 HTML5 中的新属性)
title	可选；设置对内联框架的简要描述，可显示在浏览器中或被屏幕阅读器读取

内联框架中的 YouTube 视频

YouTube (http://www.youtube.com)是一个流行的视频分享网站，有数不清的个人和企业用户。视频上传到 YouTube 之后，创建者可以分享他们的视频。在自己的主页上显示 YouTube 视频很容易，只需要选择 Share > Embed，然后进行复制并粘贴到自己的网页代码中就可以了。使用 iframe 元素的代码用于在网页上显示其他的网页文档。YouTube 会检测你的访客所使用的浏览器和操作系统，然后推送相应格式的内容，Flash 或 HTML5 视频。

动手实践 13.1

在本环节中，用文本编辑器创建一张网页，用 iframe 元素显示一段 YouTube 视频。

练习中所用到的内嵌视频来自于 http://www.youtube.com/watch?v=1QkisJHztHI。你可以就使用这段视频，也可以另行选择。先访问 YouTube 上的相应网页找到这段视频，然后复制它的标识符，也就是 URL 中等于号(=)之后的那段文本。在本例中指的是1QkisJHztHI。

利用 chapter2/template.html 作为模板开始创建新网页。添加标题"Inline Frame"以及用于显示视频的内联框架。iframe 元素中的 src 值为 http://www.youtube.com/embed/，再加上视频的标识符，本例中为 http://www.youtube.com/embed/1QkisJHztHI。配置一个指向 YouTube 视频页面的超链接作为回退内容。相关的代码为：

```
<iframe src="http://www.youtube.com/embed/1QkisJHztHI" width="640"
height="385">
View the <a href="http://www.youtube.com/watch?v=1QkisJHztHI">YouTube
Video</a>
</iframe>
```

　　将网页另存为 video.html，并在浏览器中显示。用不同的浏览器进行测试，将你的作业与学生文件中的参考答案 chapter13/iframe.html 进行比较。

本 章 小 结

　　本章介绍了与网站推广相关的一些概念，其中包括如何将网站提交给搜索引擎和分类目录、如何针对搜索引擎对网站进行优化等。我们还讨论了其他的网站推广活动，如社交媒体优化、QR 码、横幅广告、时事通讯等。现在你应该已经对营销和推广有了一定的认识，这是网站开发的另一面。只要按照本章中提到的那些建议来作，就能够创建出与搜索引擎和分类目录"合作融洽"的网站，从而助公司的营销人员一臂之力。请访问本书配套网站，网址为 http://www.webdevfoundations.net，上面有许多示例、本章中所提到的一些材料链接以及更新信息。

关键术语

<iframe>	单次点击成本，即 CPC，pay per click (PPC)
分销联盟计划	个人推荐
自动化工具	快速反应码 Quick Response (QR) Code
横幅广告	互惠链接协议
横幅广告互换	机器人
博客	robots 元标签
点击到达率　click through rate (CTR)	RSS 源
单次点击成本 CPC cost per click (CPC)	分类目录
每千次印象费用 cost per thousand impressions	搜索引擎
(CPM)	搜索引擎优化 search engine optimization (SEO)
数据库	搜索结果页 search engine results page (SERP)
description　元标签	搜索表单 search form
被索引	搜索索引 search index
内联框架	搜索结果 search results
关键字	站点地图
链接流行度	社交书签 social bookmarking
邮件列表服务	社交媒体优化 social media optimization (SMO)
手动检查	粘度 stickiness
元标签	网站分析 web analytics
新闻组	网站日志 website log
时事通讯	

复习题

选择题

1. 机器人、数据库、搜索表单是下列哪一项的组件？
   - a. 分类目录
   - b. 搜索引擎
   - c. 分类目录和搜索引擎
   - d. 搜索引擎优化

2. 元标签(meta)应当放在页面的哪个位置？
   - a. head
   - b. body
   - c. 注释
   - d. CSS

3. 进行搜索引擎优化时，首先要做的是什么？
   - a. 加入分销联盟计划。
   - b. 开通一个博客。
   - c. 在每个页面上添加描述元标签。
   - d. 创建一个 QR 码。

4. 提交网站后，通常需要等待多久它才能被搜索引擎收录？
   - a. 几小时
   - b. 几星期
   - c. 几个月
   - d. 一年

5. 从下列哪一项中所包含的信息可知，访客是通过什么关键字找到我们的网站的？
   - a. web 定位日志
   - b. 网站日志
   - c. 搜索引擎文件
   - d. 以上都不对

6. 搜索引擎根据指向某个网站的链接数及这些链接的质量所确定的排名叫什么？
   - a. 链接检查
   - b. 互惠链接
   - c. 链接流行度
   - d. 以上都不对

7. 在以下查找网站的方法中，最常用的是哪一种？
   - a. 横幅广告
   - b. 从电视上看到的网站广告
   - c. 搜索引擎
   - d. 个人推荐

8. 主要目的在于为网站带来回头客的推广方式是哪一种？
   - a. 时事通讯
   - b. 横幅广告互换
   - c. 电视广告
   - d. 以上都不对

9. 横幅广告的主要好处是什么？
   - a. 能够给网站带了许多新访客
   - b. 提升网站知名度
   - c. 既能给网站带来新访客，又能提升网站知名度
   - d. 以上都不对

10. 通过推广另一个网站的产品或服务来换取佣金的网站推广方式是以下哪一种？
    - a. 时事通讯
    - b. 分销联盟计划
    - c. 搜索引擎优化
    - d. 粘度

填空题

11. 留住网站访客的能力称为_____。

12. 我们用_____这一设置以表明该网页不希望被索引。

13. 常用的研究信息来源是_____。

14. 除了被搜索引擎收录外，我们还可以通过_____来推广网站。

15. 能被智能手机扫描并实现网站访问的二维码称为_____。

动手练习

1. 练习编写描述(description)元标签。针对下列场景配置合适的元标签，其中要包含访客用于检索公司的关键字。请写出 HTML 代码。

a. Lanwell Publishing 是一家小型的独立出版商，出版针对非英语母语国家的中学和成人教育英语教材。网站上出售教材和教辅材料。

b. RevGear 是伊利诺斯州 Schaumburg 市的一家专业修理卡车和汽车的小型公司。该公司赞助了一个当地的拉力车队。

c. Morris Accounting 是一家小型的会计公司，专门从事退税准备和小公司的财会服务。它的所有者 Greg Morris 是注册会计师和注册理财规划师。

2. 从练习 1 中挑选一个公司的场景(Lanwell Publishing、RevGear 或 Morris Accounting)。创建网站主页，使用描述元标签、合适的页面标题，并在标题中添加恰当的关键字。网页上要有你自己的邮件链接。将文件保存为 scenario.html。

3. 从练习 1 中挑选一个公司的场景(Lanwell Publishing、RevGear 或 Morris Accounting)。创建一张网页，除了向搜索引擎提交网站外，至少再列出三种可以用来推广网站的方法。分别解释这些方法有助于网站推广的理由。网页上要有你自己的邮件链接。将文件保存为 promotion.html。

4. 用 HTML 和 CSS 创建一张名为 inline.html 的网页，包含标题"Web Promotion Techniques"、一个 400 像素宽×200 像素高的内联框架以及一个显示你本人姓名的电子邮件链接。再编写一张名为 marketing.html 的网页，列出你所喜欢的三种网页推广技巧。要在 inline.html 页面的内联框架内显示 marketing.html 的内容。

万维网探秘

1. 本章讨论了一些网站的推广技巧，从中挑选一种进行深入研究。至少在三个不同的网站上查找该方法的相关资料。创建一张网页，列出你所学习到的提示或注意事项，至少五条，每一条均要给出有用的链接以提供更多信息，展示资料来源网站的 URL，并将你的名字放在页面的电子邮件链接中。

2. 向搜索引擎和分类目录提交网站的规则经常会发生变化。请深入研究一个搜索引擎各分类目录，然后回答下列问题。

a. 是否接受免费提交？如果可以，是否仅用于非商业网站？

b. 它们接受哪些付费提交方式？具体怎样收费？是否有收录保证？其他还有哪些详细信息？

c. 有哪些可选的付费广告方式？详情如何，比如具体怎样收费等？

d. 能否知道在正常情况下从提交到收录所需的时间？

e. 请创建一张网页来展示自己的研究结果。列出资料来源网站的 URL，并将你的名字放在页面的电子邮件链接中。

关注网页设计

怎样设计网站才能达到搜索引擎优化(SEO)的目的？请对此进行深入研究。可利用以下网站作为起点，至少要找出三条 SEO 小贴士或小建议：

- Old Skool Search Engine Success, Step-by-Step:
  http://www.sitepoint.com/article/skool-search-engine-success
- 10 Basic SEO Tips To Get You Started:
  http://www.businessinsider.com/10-basic-seo-tips-everyone-should-know-2010-1
- Forbes 10 SEO Tips for 2013:
  http://www.forbes.com/sites/dansimon/2013/05/09/10-seo-tips-for-2013/
- Search Engine Optimization—Tips for Beginners:
  http://www.youtube.com/watch?v=65PQpHcAonw

写一页书面报告来总结发现的三种技巧。要列出资料来源网站的 URL。

网站实例研究

利用元标签来推广网站

以下所有案例将贯穿全书。在本章中我们将主要关注于描述(description)元标签。

JavaJam 咖啡屋

回顾一下第 2 章中关于 JavaJam 咖啡屋的案例研究内容。图 2.28 为该网站的站点地图。之前已经创建了部分网页。请使用第 9 章中所完成的 JavaJam 网站作为起点进行本节练习。你将要完成以下三项任务。

1. 为本实例研究新建一个文件夹。
2. 描述 JavaJam 咖啡屋的主要业务。
3. 用任务 2 的结果在网站的每张页面上添加 description 元标签。

实例研究之动手练习

任务 1：创建文件夹。创建名为 javajam13 的新文件夹。将在第 9 章的练习中所建的 javajam9 中的全部文件复制到 javajam13 中。

任务 2：写一段描述。回顾之前所创建的各个页面，然后简要描述该网站，认真修改，尽量精简，要少于 25 个单词。

任务 3：修改每张网页。用文本编辑器打开每一张页面，在各自的 head 部分中添加描述元标签。保存文件并在浏览器中进行测试。这些网页的外观不会发生任何变化，但对搜索引擎更加"友好"了。

Fish Creek 宠物医院

回顾一下第 2 章中关于 Fish Creek 宠物医院的案例研究内容。图 2.32 为该网站的站点地图。之前已经创建了部分网页。请使用第 9 章中所完成的 Fish Creek 宠物医院网站作为起点进行本节的练习。你将要完成以下三项任务。

1. 为本实例研究创建一个新的文件夹。
2. 描述 Fish Creek 宠物医院的主要业务。
3. 用任务 2 的结果在网站的每张页面上添加 description 元标签。

实例研究之动手练习

任务 1：创建文件夹。创建名为 fishcreek13 的新文件夹。将在第 9 章的练习中所建的 fishcreek9 中的全部文件复制到 fishcreek13 中。

任务 2：写一段描述。回顾之前所创建的各个页面，然后简要描述该网站，认真修改，尽量精简，要少于 25 个单词。

任务 3：修改每张网页。用文本编辑器打开每一张页面，在各自的 head 部分中添加描述元标签。保存文件并在浏览器中进行测试。这些网页的外观不会发生任何变化，但对搜索引擎更加"友好"了。

Pacific Trails 度假村

回顾一下第 2 章中关于 Pacific Trails 度假村的案例研究内容。图 2.36 为该网站的站点地图。之前已经创建了部分网页。请使用第 9 章中所完成的 Pacific Trails 度假村网站作为起点进行本节的练习。你将要完成以下三项任务。

1. 为本实例研究创建一个新的文件夹。
2. 描述 Pacific Trails 度假村的主要业务。
3. 用任务 2 的结果在网站的每张页面上添加 description 元标签。

实例研究之动手练习

任务 1：创建文件夹。创建名为 pacific13 的新文件夹。将在第 9 章的练习中所建的 pacific9 中的全部文件复制到 pacific13 中。

任务 2：写一段描述。回顾之前所创建的各个页面，然后简要描述该网站，认真修改，尽量精简，要少于 25 个单词。

任务 3：修改每张网页。用文本编辑器打开每一张页面，在各自的 head 部分中添加描述元标签。保存文件并在浏览器中进行测试。这些网页的外观不会发生任何变化，但对搜索引擎更加"友好"了。

Prime 房产

回顾一下第 2 章中关于 Prime 房产公司的案例研究内容。图 2.40 为该网站的站点地图。之前已经创建了部分网页。请使用第 9 章中所完成的 prime 房产网站作为起点进行本节的练习。你将要完成以下三项任务。

1. 为本实例研究创建一个新的文件夹。
2. 描述 Prime 房产公司的主要业务。
3. 用任务 2 的结果在网站的每张页面上添加 description 元标签。

实例研究之动手练习

任务 1：创建文件夹。创建名为 prime13 的新文件夹。将在第 9 章的练习中所建的 prime9 中的全部文件复制到 prime13 中。

任务 2：写一段描述。回顾之前所创建的各个页面，然后简要描述该网站，认真修改，尽量精简，要少于 25 个单词。

任务 3：修改每张网页。用文本编辑器打开每一张页面，在各自的 head 部分中添加描述元标签。保存文件并在浏览器中进行测试。这些网页的外观不会发生任何变化，但对搜索引擎更加"友好"了。

Web 项目

参见第 5 章中对于 Web 项目这一案例研究的介绍。在本环节中，要请你为网站中的每张页面添加适当的描述元标签。

实训案例

1. 回顾一下在第 9 章中所创建的项目主题审批文档以及之前所创建的各个页面，然后简要描述 Web 项目网站。

2. 用文本编辑器编辑项目文件夹中的各个页面，在各自的 head 部分中添加描述元标签。保存文件并在浏览器中进行测试。这些网页的外观不会发生任何变化，但对搜索引擎更加"友好"了。

第14章

JavaScript

本章学习目标

- JavaScript 在网页上的常见用途
- 文档对象模型(Document ObjectModel，DOM)的作用以及一些常用的事件
- 用 script 元素和 alert()方法创建简单的 JavaScript 程序
- 变量、操作符和 if 控制结构的使用
- 创建基本的表单数据验证脚本
- jQuery 的常见用途
- jQuery 选择器和方法的使用
- 用 jQuery 创建一个图片库
- jQuery 插件的用途

　　如果在上网时遇到弹窗，这十有八九就是"拜 JavaScript 所赐"。JavaScript 是一种脚本语言，它的命令可以添加到 HTML 文件中。综合利用 JavaScript 的技术与特效，能让你的网页更加生动。比如弹出警告框向用户提示某些重要信息；用户将鼠标指针移动到链接上时显示某张图片等。jQuery 是一个 JavaScript 库，它为我们提供了编写 JavaScript 交互式特效的简易方法。本章将介绍 JavaScript 与 jQuery，并给出一些应用实例，帮助你创建独有的精彩网页！

14.1　JavaScript 概述

在网页上添加交互式效果的方法很多。我们在第六章中曾介绍了利用 CSS 实现鼠标指针移过超链接时的悬停特效。CSS 也能用于创建交互式效果，如图片库、新的 CSS3 变换与过渡效果等。在第 11 章中，我们已经展示了一些运用 JavaScript 实现交互式功能的实例。

那么，究竟什么是 JavaScript 呢？它是一种基于对象的客户端脚本语言，由 web 浏览器来解释执行。JavaScript 之所以被认为是一种基于对象的语言，是因为它就是用来与网页文档相关的对象打交道的。这些对象包括浏览器窗口、文档自身、表单图像链接之类的元素等等。JavaScript 是由窗口来解释执行的，因此它是一种客户端脚本语言。脚本语言是一种编程语言，但不要被这定义吓倒！即使不是程序员，你也一样能理解这些内容。

让我们再来回顾一下客户端和服务器的概念。在第 10 章中曾经讨论了将网站寄存在服务器上的相关知识。正如你所了解的那样，主机提供商允许你将文件上传到他们的服务器上，网站就是保存在那里的。网站的访客(也称为用户)利用浏览器打开 URL，这是由主机提供商提供的。你一定还记得，用户的浏览器就是一种客户端。

JavaScript 由客户端进行解释。这就意味着是浏览器呈现了嵌入在 HTML 文档中的 JavaScript 代码。浏览器的任务是解释 HTML 文件中的代码并显示相应的网页内容。因为所有的处理过程都是由客户端(在本例中就是浏览器)完成的，因此它被称为客户端程序。有很多程序语言是在服务器上执行，相应的就被称为服务器端程序语言。服务器端程序包括电子邮件的发送、将商品信息保存到数据库中、跟踪购物车中的商品等等。在第 9 章中，你已经学习了如何来设置表单的 action 参数，使之指向服务器端脚本。

总之，JavaScript 是一种基于对象的、由浏览器解释执行的客户端脚本语言。JavaScript 代码嵌在 HTML 文件中，浏览器对它进行解释并根据要求将结果显示出来。

14.2　JavaScript 的发展历程

有一种普遍存在的误解，认为 JavaScript 与 Java 是同一种东西。实际上这两者是完全不同的语言，几乎没有共同点。正如我们在第 11 章中讲过的那样，Java 是一种面向对象的程序语言，它的功能非常强大，但对技术要求较高，可用来为企业创建大型的应用程序，如库存控制系统或工资系统等。Sun Microsystems 于 20 世纪 90 年代开发了 Java 语言，能够运行于 Windows 或 Unix 等操作系统之上。而 JavaScript 则是由 Netscape 的布兰登·艾奇(Brendan Eich)开发的，最初叫 LiveScript。后来 Netscape 开始与 Sun Microsystems 合作对 LiveScript 进行修改，并最终命名为 JavaScript。总而言之，JavaScript 并不等同于 Java，它比 Java 简单得多。两者间的差异远多于它们的共同之处。

14.3　JavaScript 的常见用途

JavaScript 的用途广泛，从简单的动画和漂亮的菜单之类的"花哨"玩意儿，到弹出包含商品信息的新窗口和检测表单中的错误之类的实用功能，都能用 JavaScript 来实现。让我们来看一些实例。

警告消息

警告消息是一种用于吸引用户注意，提醒他们正在发生某些事情的常用技巧。例如，零售网站可以用警告框列出订单中出现的错误，或者提醒用户即将有优惠活动。图 14.1 展示了一则警告消息，用于感谢用户到访该网页。当用户离开当前页面前往新网站时，就会显示该提示框。

图 14.1　用户离开网站时会显示警告消息

请注意，用户必须点击 OK 才能打开下一个页面。这可以有效地吸引用户的注意，但是用过了头很快就会让人觉得厌烦。

弹窗

说到令人厌烦，估计弹窗也会榜上有名。这是一种会神秘出现的浏览器窗口，有时候你点击了某张图片，或是鼠标悬停在网页上的某个区域，不知怎么的，它就出现了。这一技巧有许多正当用法，比如用户在主窗口中点击某个产品时，可以弹出包含大幅产品图片与产品介绍的信息窗口。可惜的是，弹窗的滥用已经非常严重，以至于大部分浏览器都允许用户阻止弹窗。也就意味着许多有用的弹窗也被殃及而无法显示。图 14.2 展示的弹出窗口就是在用户点击主页面的链接后出现的。

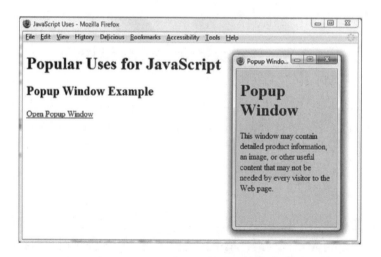

图 14.2 用户点击大窗口中的链接后显示的小弹窗

跳转菜单

JavaScript 也可创建基于选择列表(详见第 9 章)的跳转菜单。用户从列表中选择某个网页，然后点击按钮打开所选网页。图 14.3 即为该技巧的应用示例。

图 14.3 选择了 ContactInformation 菜单项的跳转菜单

在本例中，用户从选择列表里选取了 ContactInformation 项，相应的页面将在浏览器窗口中打开。

鼠标移动技术

JavaScript 可以根据鼠标在浏览器窗口中的移动来执行某些任务。一种常用的技巧是子菜单的显示，即用户鼠标悬停在某个菜单项上时会显示相应的子菜单。图 14.4 所示即是该技巧的应用。

左侧的窗口中显示的是主菜单，而在右侧窗口中，当用户将鼠标指针移动到 Products 菜单项上时，相应的子菜单会被显示出来。而鼠标指针移开后，子菜单便消失了。这种技巧还可以用来实现图片交替，通常称为"翻转图片"。页面初始载入时显示的是一张图片，当用户把鼠标指针移动图片上时，原来的图片就被替换成另一张图片；鼠标指针移开后，之前的图片又回来了。图 14.5 即是该技巧的应用。早在许多年前，图片交替就已经被频繁地用在导航按钮栏上了。当然，现在时尚的网页开发人员会用 CSS 来实现类似的效果，利用的是之前我们介绍过的:hover 伪类，以达到诸如元素背景色或背景图像的替换等目的。

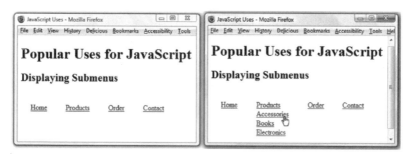

图 14.4　用户的鼠标指针悬停在 Products 菜单项上时相应的子菜单就出现了

图 14.5　左侧显示的是原始图片，右侧显示的是鼠标指针移过时的替换图片

在本章中我们将介绍一些与 JavaScript 有关的要点和概念，还要创建一些脚本来实现警告消息弹出、鼠标经过特效等功能，了解和表单输入信息错误检测有关的技巧等。这些内容只是对 JavaScript 的简单尝试，但仍然可以让我们管中窥豹，概要性地了解某些技术的发展历程。

14.4　在网页中添加 JavaScript

JavaScript 代码是嵌在 HTML 文件中的，由浏览器来解释执行。这就意味着浏览器能够理解并运行这些代码。我们在演示本章例子时将使用 Mozilla Firefox 浏览器，但相同的代码可在大多数浏览器中正常运行。当然，我们使用 Firefox 的原因是它能在创建和测试页面时提供有用的错误提示信息。如果你还没有安装 Mozilla Firefox，请访问 http://www.mozilla.com/firefox，免费下载。

Script 元素

在 HTML 文档中添加 JavaScript 代码时，要用到 script 元素。代码要包含(或者叫"封装")在 script 标签对之中，从<script>开始，到</script>为止。浏览器是按从上往下的顺序来显示网页的，但脚本无论放在网页文档的什么位置都可以执行。

传统 JavaScript 语句块模板

在 JavaScript 发展阶段的早期，开发人员要在 script 元素中写入一段 HTML 注释，从而让不支持的浏览器"看不见"JavaScript。HTML 注释放在<!-- 和 -->标记符号之间。注释从<!-- 标记处开始，到-->处结束。

而 JavaScript 的注释行以//.开始，浏览器会忽略注释中的文本。将 JavaScript 代码块封装在 HTML 注释标签中就会在特定时候"隐藏"起来，对旧版浏览器而言不可见，不支持它的浏览器自然也就忽略它了。在使用这一技巧时，每个 JavaScript 代码块要遵循如下结构：

```
<script>
<!--
... JavaScript statements goes here ...
//-->
</script>
```

虽然我们仍将在万维网中看到此类 HTML 封装技术的身影，但当前主流的浏览器已经支持 script 标签了，因此这种方法也将逐渐淡出我们的视野。我们要将 JavaScript 语句写在 script 标签对之间。下面将通过写警告消息的练习来了解其工作原理。

警告消息框

用 alert()方法可以显示警告消息框。结构如下：

```
alert("message to be displayed");
```

每一行 JavaScript 命令都要以分号(;)结尾，并且 JavaScript 对大小写敏感，就是说大写字母和小写字母是不同的，因此在输入 JavaScript 代码时务必要认真仔细。

动手实践 14.1

在本环节中，你将创建一个简单的警告消息框脚本。启动文本编辑器，输入下列 HTML 和 JavaScript 代码。请注意 alert()的写法，中间并没有空格。

```
<!DOCTYPE html>
<html lang="en">
<head>
    <title>JavaScript Practice</title>
    <meta charset="utf-8">
</head>
<body>
<h1>Using JavaScript</h1>
<script>
alert("Welcome to my web page!");
</script>
```

```
<h2>When does this display?</h2>
</body>
</html>
```

将文件保存为 alert.html。启动 Firefox 浏览器并打开刚才创建的页面。注意观察，首先出现的是第一个标题，然后警告消息框才会弹出，如图 14.6 所示。点击 OK 按钮之后，第二个标题出现了。这就说明了网页和嵌入的 JavaScript 都是从上往下来处理的。JavaScript 程序块位于两个标题之间，也就是消息框出现的位置。

图 14.6　用 JavaScript 实现的警告消息框(alert.html)

调试练习

有时候我们写的 JavaScript 代码并不能一次就测试成功。这时就需要对代码进行调试，找出错误并纠正它们。

让我们看看调试技术。编辑 JavaScript 警告消息框代码，故意引入一个错误：

```
aalert("Welcome to my web page!");
```

保存文件并在浏览器中找开。这次消息框不再弹出。Firefox 将指出 JavaScript 代码中存在一些错误，但我们必须打开错误控制台才能看个究竟。

在 Firefox 中，选择菜单项"工具" > "Web 开发者" > "Web 控制台"。这就打开了控制台面板，上面显示了错误消息，如图 14.7 所示。

留意面板中显示的错误信息以及检测到的文件名和错误的行号。在能够显示行号的文本编辑器中创建文档会比较方便，虽然这并不是必须的。如果你使用的是记事本程序，就可以利用编辑菜单中的"转到"功能，它允许指定行号从而将插入点移动到该行的开始处。

编辑 alert.html 文件以更正错误，然后重新在浏览器中进行测试。这次警告框将正常显示在第一个标题之后了。

图 14.7　Web 控制台指出了错误

FAQ　Web 控制台能显示 JavaScript 代码中的所有错误吗？

　　Web 控制台显示的是语法错误，比如缺少括号、无法识别的项目等。有时候错误其实出现在报错的那一行的前一行中，尤其是在丢失括号或引号的情况下。显示的错误信息指出某个地方有问题，它们只能作为错误位置的提示。从指出的那一行开始查找，如果该行看起来没有问题，再看看它前面的那行。

自测题 14.1

1. 至少说出三种 JavaScript 的常见用途。
2. 一个 HTML 文档中可以嵌入多少个 JavaScript 代码块？
3. 怎样查找 JavaScript 代码块中的错误？请说出一种方法。

14.5　文档对象模型概述

　　JavaScript 可以操作 HTML 文档中的元素，如段落、span、div 等容器标签。这些元素还可以是图片、表单或单独的表单控件，如文本框、选择列表等。为了访问这些元素，我们需要了解文档对象模型(Document Object Model，DOM)。

　　一般来说，对象就是一种实体，或者说某样“东西”。浏览器载入网页时，该网页就被认为是一个文档。文档本身是一个对象。它可以包含图片、标题、段落、文本框等独立的表单元素之类的对象。对象可以有属性，这些属性能够被检测到或进行一定的处理。例如，标题是文档的一个属性，背景色又是它的另一个属性。

　　可以对某些对象执行一些动作。例如窗口对象可以显示警告消息框或提示框。这种动作就叫作方法。

显示警告消息的命令叫做窗口对象的一种方法。DOM 是对象、属性和方法的集合。JavaScript 使用 DOM 来检测和操作 HTML 文档中的元素。

让我们换个角度来看待这个对象、属性和方法的系统。假设汽车是一个对象，它就有颜色、制造商和年份等属性。汽车也有一些元素，比如引擎盖、后备箱等。引擎盖和后备箱都可以被打开和关闭。如果用某种程序设计语言来打开和关闭它们，相应的命令形式可能是这样的：

```
car.hood.open()
car.hood.close()
car.trunk.open()
car.trunk.close()
```

如果我们想知道汽车的颜色、年份和制造商，相应的命令形式就应当是这样的：

```
car.color
car.year
car.model
car.manufacturer
```

在使用这些值时，car.color 可能等于"silver"，car.manufacturer 或许等于"Nissan"，而 car.model 又可能等于"370Z"。也许能够改变这些值，也有可能我们只能读出不能修改。在这个例子中，汽车是一个对象，它的属性是引擎盖、后备箱、颜色、年份、型号和制造商。引擎盖和后备箱也可以当成是属性，打开和关闭是它们的方法。

至于 DOM，我们可以用文档对象的 write()方法来写文档。相应的结构如下：

```
document.write("text to be written to the document");
```

我们可以把它写在 JavaScript 中，用于向文档写入文本和 HTML 标签，浏览器能呈现它们。上一个练习中用到的 alert()方法是一种窗口对象的方法，它可以写作：

```
window.alert("message");
```

窗口对象是假定存在的，所以 window.可以省略不写。如果窗口不存在，脚本也就不存在。

lastModified 也是文档的一个属性，它包含了文件最后一次被保存或修改的日期，我们可以通过 document.lastModified 来访问它。这是一个只读属性，可以在浏览器窗口中显示或用作其他目的。

动手实践 14.2

在本环节中，你将练习使用文档对象的 write()方法和 lastModified 属性。要利用 document.write()在 HTML 文档中添加文本和一些 HTML 标签，并用该方法记录文件最后一次保存的时间。

打开 alert.html，按下列方式编辑代码：

```
<!DOCTYPE html>
<html lang="en">
<head>
    <title>JavaScript Practice</title>
    <meta charset="utf-8">
</head>
<body>
<h1>Using JavaScript</h1>
<script>
document.write("<p>Using document.write to add text</p>");
document.write("<h2>Notice that we can add HTML tags too!</h2>");
</script>
<h3>This document was last modified on:
<script>
document.write(document.lastModified);
</script>
</h3>
</body>
</html>
```

　　将文件另存为 documentwrite.html，并在浏览器中打开，效果如图 14.8 所示，将会显示一些文本。如果文本没有显示，请打开 Web 控制台查找并更正出现的错误。

图 14.8　Firefox 浏览器显示了 documentwrite.html 页面

　　源代码中看得到 JavaScript 语句。如果想确认，可以选择菜单中的"工具"＞"Web 开发者"＞"页面源代码"进行查看。看完请记得关闭源代码窗口。

FAQ　既然可以直接输入 HTML 代码来显示文本，为什么还要使用 document.write？

　　在实际工作中，如果能直接输入 HTML 代码来显示文本，就不要使用 document.write 方法。一般这么做是为了结合其他技术。例如，你可能想用 JavaScript 来检测系统时间，如果现在是上午，就使用 document.write 在文档中写入 "Good morning"；如果是下午，就写入 "Good afternoon"；要是已经到了晚上六点以后，就写入 "Goodevening"。

14.6　事件与事件处理程序

用户在浏览网页时，浏览器会检测鼠标的移动和发生的事件。事件是指网页浏览者做出的动作，如点击鼠标、加载页面，或是提交表单等。以鼠标移动到超链接上为例，此时浏览器就检测到 mouseover 事件。表 14.1 中列出了几种事件以及相应的描述。

表 14.1　事件及其说明

事件	说明
click	用户点击图片、超链接、按钮之类的某个对象
load	浏览器显示网页
mouseover	鼠标指针经过某个对象，它不需要停在该对象上。此处的对象可以是超链接、图片、段落等
mouseout	鼠标指针离开某个之前悬停的对象
submit	用户点击表单中的提交按钮
unload	在浏览器中卸载网页，该事件就发生在新页面加载之前

事件发生时会触发一些 JavaScript 代码的运行。检测 mouseover 和 mouseout 事件来更换图片或显示菜单这种技巧被广泛运用。

我们得明确指出要对哪些事件采取操作以及事件发生时要做什么。可用事件处理程序指明所要响应的事件。事件处理程序以属性的形式嵌入在 HTML 标签中，指定事件发生时所要执行的 JavaScript 代码。事件处理程序使用事件名称，并加上前缀"on"。表 14.2 列出了与表 14.1 中的事件相对应的事件处理程序。例如，浏览器渲染(加载)一个网页时，onload 事件就会被触发。用户将鼠标指针移到某个超链接上时，mouseover 事件就会发生并被浏览器检测到。如果该超链接中设有一个 onmouseover 的事件处理程序属性，由该属性指定的 JavaScript 代码就会执行，比如弹出一条警告消息、展现一张图片、显示一个菜单等。其他诸如 onclick、onmouseout 之类的事件处理程序也会引发 JavaScript 代码的执行，只要有相应的事件发生。

表 14.2　事件和事件处理程序

事件	事件处理程序
click	onclick
load	onload
mouseover	onmouseover
mouseout	onmouseout
submit	onsubmit
unload	onunload

动手实践 14.3

让我们来练习一下 onmouseover 和 onmouseout 这两个事件处理程序以及警示消息的应用，以了解事件处理程序究竟是在什么时候触发的。我们要使用简单的文本超链接，并在锚标签中加入事件处理程序。此处并不需要写<script>块，因为事件处理程序是作为 HTML 标签中的属性出现的。文本超链接要组织成无序列表的形式，从而在浏览器窗口中留出足够的空间来演示鼠标指针的移动并测试脚本。

打开文本编辑器，并输入下列代码。请注意 onmouseover 和 onmouseout 事件处理程序中双引号与单引号的应用。alert()方法中的消息以及事件处理程序中封装的 JavaScript 都要用引号括起来。HTML 和 JavaScript 既允许使用双引号，也允许使用单引号，但前提是它们必须配对使用。所以在同时需要两组引号时，可以两者兼用。本练习中，我们将在外层使用双引号，内层使用单引号。锚标签中的 href 值设置为"#"，因为本例中不需要加载新网页，只要让超链接感应 mouseover 和 mouseout 事件就可以了。

```
<!DOCTYPE html>
<html lang="en">
<head>
    <title>JavaScript Practice</title>
    <meta charset="utf-8">
</head>
<body>
<h1>Using JavaScript</h1>
<ul>
    <li><a href="#" onmouseover="alert('You moused over');">Mouseover
    test</a></li>
    <li><a href="#" onmouseout="alert('You moused out');">Mouseout
    test</a></li>
</ul>
</body>
</html>
```

将文件保存为 mouseovertest.html 并在浏览器中打开。将鼠标移动到 Mouseover test 链接上方，一旦鼠标碰到链接，mouseover 事件就发生了，onmouseover 事件处理程序立即被触发，此时就会显示警告消息框，如图 14.9 所示。

单击"确定"按钮，并将鼠标指针移动到 Mouseout test 链接上，这时什么动静也没有，因为 mouseout 事件尚未发生。

继续移动鼠标指针，一旦移出链接，mouseout 就发生了，onmouseout 事件处理程序立即被触发，另一个警告消息框出现了，如图 4.10 所示。学生文件中有参考答案 chapter14/mouseovertest.html。

图 14.9　onmouseover 事件处理程序的演示

图 14.10　onmouseout 事件处理程序的演示

自测题 14.2

1. 对象的属性和方法有什么不同？可以使用"东西""动作""描述""特征"之类的字眼来加以说明。

2. 事件和事件处理程序之间的区别是什么？

3. 事件处理程序应该放在 HTML 文档中的什么位置？

14.7　变　　量

有时候我们需要从用户那里获取一些数据。举个简单的例子：先请用户输入姓名，然后将该信息写到文档里。此处我们可以将姓名存在一个变量中。在数学课上，老师曾教我们用 x 和 y 作为变量，在等式里充当值的占位符。在 JavaScript 里使用变量时，原理是相同的(放心，我们不会进行复杂的数学计算！)。JavaScript 中的变量也是数据的占位符，并且它的值是可以改变的。一些功能强大的编程语言，如 C++ 和 Java，对变量和取值类型有各种各样的规定。JavaScript 在这方面就宽松得多，并不需要担心变量中所保存值的类型是否合适。

FAQ   创建变量名称时需要注意什么？

这确实是一门艺术。首先你所取的变量名要能体现它所包含数据的特点。如果变量名超过一个单词，可使用下划线或大写字母来对它们进行区分，从而提高可读性。但是不要使用其他特殊字符，变量名中只能包含字母和数字。请注意，不能使用 JavaScript 中的保留字或关键字，如 var、return、function 等。请访问 http://www.webreference.com/javascript/reference/core_ref，该页面上列出了 JavaScript 中的全部关键字。下面我们列举了一些可用于产品代码的变量名：

- productCode
- prodCode
- product_code

在网页中使用变量

可以先用 JavaScript 的关键字 var 来声明一个变量，然后再使用它。虽然这一步骤并不是必须的，但这是一种很好的编程实践。我们可以用赋值运算符等号(=)来为变量赋值。变量中既能包含数字，也可包含字符串。字符串要括在引号内，其中可以有字母、空格、数字和特殊字符等。例如某人的姓氏、电子邮件地址、街道地址、产品代码、一段信息等都能够用字符串来表示。接下来我们将练习为变量赋值，并将它写到文档中。

 动手实践 14.4

在本环节中，要请你声明一个变量，为它赋一个字符串值，再将它写到文档中。
打开文本编辑器，输入下列代码：

```
<!DOCTYPE html>
<html lang="en">
<head>
    <title>JavaScript Practice</title>
    <meta charset="utf-8">
</head>
<body>
<h1>Using JavaScript</h1>
<h2>Hello
```

```
<script>
var userName;
userName = "Karen";
document.write(userName);
</script>
</h2>
</body>
</html>
```

请注意，我们将<h2>标签放在了脚本代码块之前，</h2>标签则放在了代码块之后。这样 userName 的值就显示为<h2>标题了。在"Hello"的"o"字母之后还有一个空格，如果省略了它，userName 的值就会紧接着"o"字母显示出来。

我们注意到变量是大小写混合的。这是很多编程语言约定俗成的做法，目的是使变更具有更高的可读性。有些开发人员喜欢用下划线，比如 user_name。虽然为变量取名简直可以说是一门艺术，但我们还是能够做到尽量选择可反映其内容的名称。

另外还有，document.write()方法中并不包含引号。变量的内容将直接写入文档。如果在变量名两侧使用了引号，写入文档的就是变量名自身，而不是它的内容。

将文件保存为 variablewrite.html 并在浏览器中进行测试。图 14.11 就是该文件在浏览器中的显示效果。

图 14.11　浏览器中所显示的 variablewrite.html 页面

将<h2>标题截断后分别放在脚本代码块的前后，这种做法有点麻烦。可以使用加号(+)来连接字符串。稍后本章中还将介绍加号在算术加法中的使用。这种用加号组合字符串的做法被称为连接(concatenation)。我们要将<h2>标签作为一个字符串与变量 userName 的值以及</h2>标签连接起来。

按如下方式修改 variablewrite.html 文档：

```
<!DOCTYPE html>
<html lang="en">
<head>
    <title>JavaScript Practice</title>
    <meta charset="utf-8">
</head>
<body>
<h1>Using JavaScript</h1>
```

```
<script>
var userName;
userName = "Karen";
document.write("<h2>Hello " + userName + "</h2>");
</script>
</body>
</html>
```

请记得删除脚本代码块前后的<h2>和</h2>标签。将文件另存为 variablewrite2.html 并在浏览器中进行测试，我们看到的网页与修改之前的并无二致。

使用输入提示框获取变量值

为了说明 JavaScript 与变量之间交互的细节，我们可以用 prompt()方法请用户输入信息，然后再将获取的信息写到网页中。例如我们可以在动手实践 14.4 环节作品的基础上提示用户输入姓名，而不是直接将值写死在 userName 变量中。

prompt()方法是窗口对象的一个方法。我们可以写成 window.prompt()，不过默认就是窗口对象，所以可以简写为 prompt()。prompt()方法也可以向用户提供信息。该方法通常与变量结合使用，将输入的值保存到变量中。它的结构如下：

```
someVariable = prompt("prompt message");
```

在执行这条命令时，会弹出提示框，上面有说明的信息以及用于接收数据的文本输入框。用户在输入提示框中输入数据后点击“确定”按钮，该数据就被赋给相应的变量了。

动手实践 14.5

在本环节中，你将利用 prompt()方法来收集用户数据，并把它写到文档中。

按照以下方式修改 variablewrite2.html 文件：

```
<script>
var userName;
userName = prompt("Please enter your name");
document.write("<h2>Hello " + userName + "</h2>");
</script>
```

我们只修改了 userName 变量的赋值语句。用户输入的数据分配给 userName 变量。

将文件另存为 variablewrite3.html 并在浏览器中进行测试。网页打开时将出现一个输入提示框，我们可以在其中的输入框中输入姓名并单击“确定”按钮(参见图 14.12)。你所输入的姓名将会显示在浏览器窗口中。

让我们再做一些改动，让用户能够输入喜欢的颜色，页面的背景色将根据这一输入而发生变化。我们要用到文档对象的 bgColor 属性，并将它设置为用户输入的值。请注意在输入 bgColor 这个属性名称时，其中的 C 字母是大写的。

图 14.12　页面载入时浏览器中会显示输入提示框

按如下方式修改 variablewrite3.html 文档，并将它另存为 changebackground.html：

```
<script>
var userColor;
userColor = prompt("Please type the color name blue or red");
document.bgColor = userColor;
</script>
```

我们提示用户输入颜色的名称"blue"或"red"。不过根据已掌握的 HTML 知识，还有许多其他的颜色名可用，尽管试试吧！

保存文件并在浏览器中进行测试。提示框马上出现，你可以在其中输入一种颜色的名称，再单击"确定"按钮。你将发现背景颜色立刻发生了变化。

14.8　编程概念介绍

到目前为止，我们已经使用过 DOM 来访问窗口和文档对象的属性和方法，并且还创建了一些简单的事件处理程序。JavaScript 的另一面更接近于编程。接下来我们将介绍一些基本的编程知识，让你体验一下它的强大功能，然后再编写一个检测表单输入的小程序。

算术运算符

在处理变量的时候，经常要进行数学运算。例如要创建一个能计算商品消费税的网页。用户选择了某种商品，就可以用 JavaScript 来算出它的税额，并将结果写入文档。表 14.3 列出了常用的数学运算符及其说明，并举了一些示例。

编程语言的功能各异，但总有一些相同之处。它们都允许使用变量，都有判断语句、循环语句和可重用的代码块。如果存在不同的输出可能，需要根据用户的输入或动作来决定不同的输出结果时，就可以使用判断语句。在接下来的动手实践练习中，我们将提示用户输入一个数字，再根据所输入的数值向文档中写入不同的文本。需要多次执行相同的任务时，循环语句就可一显身手来彰显其简便之处了。例如要创建一个包含一个月中的每一天(从 1～31)的选择列表，这工作的确有点乏味。而如果用JavaScript，几行代码就可以搞定。如果想在事件处理程序中引用一段代码，而不是在HTML 标签的事件处理程序属性中输入许多命令，使用可重用的代码块就会非常方便。由于本章只是讲解一些基本概念，如果要对这些内容详加论述就超出了本书的范围。我们将在动手实践环节中简单了解一下判断结构和可重用代码。

表 14.3　常用的数学运算符

运算符	说明	举例	quantity 的值
=	赋值	quantity=10	10
+	加法	quantity=10+6	16
-	减法	quantity=10-6	4
*	乘法	quantity=10*2	20
/	除法	quantity=10/2	5

判断结构

前面我们已经了解了变量在 JavaScript 的应用。有时候我们需要检查某个变量的值，并根据它来执行不同的任务。例如，在一个订货表单中，用户输入的数量值都应该大于 0。为此我们要检查输入框里的值以确保用户输入的数字大于 0。如果该值不满足这个条件，就可以弹出一个警告消息框，要求用户重新输入合理数值。相应的 if 控制结构为：

```
if (条件) {
...如果条件为真，就执行这部分命令
} else {
... 如果条件为假，就执行这部分命令
}
```

请注意，这里用到了两种类型的括号：小括号和大括号。小括号用在条件的两侧，而大括号则用来封装命令块。if 语句中包含了一组条件为真时要执行的代码块，和一组条件为假时要执行的代码块。大括号对齐显示，这样就能方便地看清开始的括号和结束的括号。在输入代码时很容易忘掉一些括号，再来查找哪些地方缺少括号相当麻烦。将它们对齐能够从视觉上给人以提示。在输入 JavaScript 代码时，要注意小括号、大括号和引号都是成对使用的。如果一段代码不能产生预期的运行效果，应该检查一下这些符号是否都有相应的"伙伴"。

如果条件的计算结果为真(true)，第一个代码块将被执行，而 else 后面的代码块会被跳过。如果为假(false)，第一个代码块会被跳过，而 else 后面的代码块将被执行。

这种概要性的介绍能让你对条件和 if 控制结构的使用有一个感性的认识。条件必须是一些可算出真假的东西。我们可以把它看成是数学上的条件。条件通常要用比较运算符来计算，表 14.4 就列出了常用的比较运算符，其中还举了用于 if 控制结构条件的一些例子。

表 14.4　常用的比较运算符

运算符	说明	举例	结果为 true 的示例 quantity 值
==	等于	quantity == 10	10
>	大于	quantity > 10	11、12(但不能是 10)
>=	大于等于	quantity >= 10	10、11、12
<	小于	quantity < 10	8、9(但不能是 10)
<=	小于等于	quantity <= 10	8、9、10
!=	不等于	quantity != 10	8、9、11(但不能是 10)

FAQ　如果 JavaScript 代码不起作用，我该从何入手？

可以试试下面的调试技巧。

- 打开 Firefox 浏览器中的 web 控制台("工具" > "Web 开发者" > "Web 控制台")看看有没有错误。常见错误包括丢失行末分号和命令拼写错误等。

- 使用 alert()方法来显示变量，以确认它的值。例如有一个名为 quantity 的变量，用 alert(quantity);命令来看看它究竟包含了什么内容。

- 请一位同学来检查你的代码。修改自己的代码很困难，因为当局者迷，旁观者清，找出别人的错误要容易得多。

- 试着向同学解释一下自己的代码。通常讨论代码的过程中能够找出错误。

- 确保没有将 JavaScript 保留字用作了变量名或函数名。请访问 Core JavaScript 1.5 Reference Manual((http://www.webreference.com/ javascript/reference/core_ref)，获取完整的保留字列表。

　动手实践 14.6

在本环节中，你将编写之前描述过的例子：获取购物数量(quantity)。先提示用户输入一个数量，值必须大于 0。假定用户输入了一个值，如果它为 0 或负数，就显示报错信息；如果用户输入的值大于 0，就显示感谢用户订购的消息。我们要使用提示输入框，并将得到的信息写入文档。

打开文本编辑器，输入如下代码：

```
<!DOCTYPE html>
<html lang="en">
<head>
    <title>JavaScript Practice</title>
```

```
    <meta charset="utf-8">
</head>
<body>
<h1>Using JavaScript</h1>
<script>
var quantity;
quantity = prompt("Type a quantity greater than 0");
if (quantity <= 0) {
    document.write("<p>Quantity is not greater than 0.</p>");
    document.write("<p>Please refresh the web page.</p>");
} else {
    document.write("<p>Thank you for your order!</p>");
}
</script>
</body>
</html>
```

将文件保存为 quantityif.html，并在浏览器中进行测试。如果提示框未出现，请利用错误控制台进行检查。提示框出现后，输入数字 0 并单击"确定"按钮。浏览器窗口会显示你所编写的错误信息，如图 14.13 所示。

图 14.13　左侧浏览器窗口显示在提示输入框中输入 0 时，右侧浏览器窗口显示运行结果

现在刷新页面，再次输入，这回数值大于 0，如图 14.14 所示。

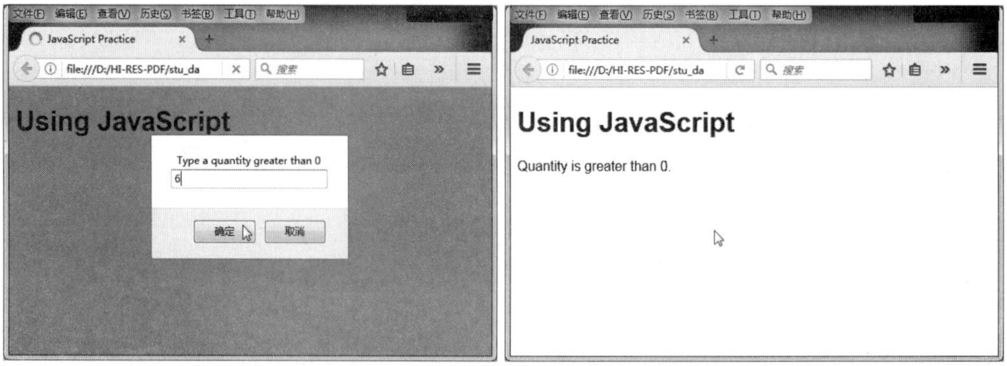

图 14.14　左侧浏览器窗口显示在提示输入框中输入大于 0 时的情形，右侧浏览器窗口显示运行结果

函数

在动手实践 14.6 中，你所写的提示输入框在页面加载的同时就弹出了。如果想让用户决定某一段代码何时由浏览器解释或运行，可以怎么操作呢？比如我们可以使用 onmouseover 事件处理程序，当用户将鼠标移动到某个链接或某张图片上方时才运行脚本。还有一种方法，可能对用户来说更为直观，就是设置一个按钮，引导用户点击后即可运行脚本。网页访客并不需要知晓脚本的存在，他们只要知道点击按钮就能实现某种功能即可。

我们在第 9 章中曾介绍了三种类型的按钮。

- 提交按钮(<input type="submit">)，用于提交表单。
- 重置按钮(<input type="reset">)，用于清除表单中已输入的值。
- 第三种按钮(<input type="button">)没有任何与表单相关的默认动作。

在本节中，我们将利用第三种按钮(<input type="button">)与 onclick 事件处理程序来运行一个脚本。onclick 事件处理程序可以运行单条命令，也可运行多条命令。示例 HTML 代码如下：

```
<input type="button" value="Click to see a message"
    onclick="alert('Welcome!');">
```

在这一例子中，按钮中显示的文本为"Click to see a message"。用户单击按钮时就发生了 click 事件，而 onclick 事件处理程序就会执行 alert('Welcome!');语句。此时便会弹出消息框。这种方式在只需要执行一行 JavaScript 语句时效率很高。但如果有更多的程序语句要执行，它就有些力不从心了。此时，我们可以把所有 JavaScript 命令先放在一个代码块中，之后再通过某种方式指向它并使之运行。除了可提供快捷名称，这段代码还能够被重用。创建一个函数即可为该段代码命名。

函数(function)是用于实现某种功能的 JavaScript 语句块，有需要时才运行。函数中可以包含一条或多条语句，它的定义方式如下：

```
function function_name() {
... JavaScript statements
}
```

函数定义从关键字"function"开始，紧接着是函数名。小括号是必须的，更高级的函数还会在括号中作一些设置。为函数选择名称，这与为变量命名类似。所取的名称要能够表达出函数的功能。程序语句则放在大括号中。当我们调用函数时，这些语句就会被执行。

下面是一个函数定义的示例：

```
function showAlerts() {
    alert("Please click OK to continue.");
    alert("Please click OK again.");
    alert("Click OK for the last time to continue.");
}
```

函数的调用可以使用如下命令：

```
showAlerts();
```

现在我们可以在一个按钮中添加 showAlerts()函数，代码如下：

```
<input type="button" value="Click to see alerts."
onclick="showAlerts();">
```

用户点击按钮时，showAlerts()就会被调用，然后逐条显示三则警告消息。通常将函数定义放在 HTML 文档的 head 节。这就可以先载入函数定义但不马上运行，直到该函数被调用时才运行。如此能够确保函数能随时被调用，因为之前已经准备好了。函数的另一特点是在其中被声明的变量仅在函数内部有效，这些变量的作用范围有限，在函数之外就不可用了。与之相反的是，在函数外声明的变量则是全局有效的，能够被页面上所有相关的 JavaScript 命令所用。限定变量的作用域能防止变量名的混淆，特别是在使用 jQuery 等 JavaScript 库时。

动手实践 14.7

在本环节中，要请你修改 quantityif.html 文档，将提示输入的脚本放到一个函数里，并用 onclick 事件处理程序来调用该函数。有几点需要注意。脚本要移到文档的 head 节处，包含在函数定义中。document.write()方法要改为 alert()，其中的消息也要稍作改变。document.write()方法在页面被写入后将不再工作，正如本练习中的情况那样。另外，在 if 语句的结束括号和函数定义之后都添加了一些注释，它们可以帮助理解脚本中的代码块结构。代码块中的缩进也有助于区分不同的语句各自包含在哪些大括号里。打开文本编辑器，按照下列代码修改 quantityif.html：

```
<!DOCTYPE html>
<html lang="en">
<head>
    <title>JavaScript Practice</title>
    <meta charset="utf-8">
<script>
function promptQuantity() {
    var quantity;
    quantity = prompt("Please type a quantity greater than 0");
    if (quantity <= 0) {
        alert("Quantity is not greater than 0.");
    } else {
        alert("Thank you for entering a quantity greater than 0.");
    } // end if
} // end function promptQuantity
</script>
</head>
<body>
<h1>Using JavaScript</h1>
<input type="button" value="Click to enter quantity"
```

```
onclick="promptQuantity();">
</body>
</html>
```

将文件另存为 quantityif2.html，并在浏览器中进行测试。在运行脚本时如果出现什么问题，可以打开错误控制台来找出输入错误。

点击按钮测试脚本。如果提示框没有出现，请查看错误控制台中的信息，按需修改以更正错误。图 14.15 显示的是单击按钮之后的浏览器和提示框，还有运行结果的警告消息框。一定要分别用大于 0 和小于 0 的数字进行测试。

图 14.15　左侧浏览器显示提示框和用户输入的值；右侧浏览器显示输入值之后弹出的警告消息框

 自测题 14.3

1. 请阐述一种可以用于获取用户数据(例如用户年龄)的方法。

2. 请写一段 JavaScript 代码，可以根据用户年龄显示消息，小于 18 岁与大于 18 岁的情况要分别显示不同的消息。

3. 什么是函数定义？

14.9　表单处理

正如我们在第 9 章中介绍的那样，表单中的数据可以提交给 CGI 或服务器端脚本。这些数据被添加到了数据库中，或者用作了其他目的。因此很重要的一点是用户提交的数据必须尽可能准确。在输入表单信息时，用户很有可能因种种情况导致数据不正确或不精确。在文本框中输入时尤其容易出现这种问题，因为用户一不小心就可能输错数据。通常，表单在提交之前都要先校验一下数据是否有效。这一步既可以由服务器端脚本完成，也可以在客户端使用 JavaScript 来实现。再次强调，此处我们简化了主题，但是仍然可以大致了解一下这种方法的工作原理。

用户单击表单中的提交按钮时，submit 事件就发生了。我们可以利用 onsubmit 事

件处理程序来调用某个函数，对表单数据进行检测。这一技巧也就是所谓的表单处理
(form handling)。网页开发人员可以检验所有表单的输入控件，也可以只校验一部分、
甚至是一个输入控件。下表中列出了部分可能需要检验的内容：

- 必须填写的输入项，如姓名和电子邮件地址
- 已勾选了一个多选框，表示接受许可协议
- 已选定了一个单选按钮，指定了付款方式或送货方式
- 用户输入的是数值，并且是在有效范围之内

用户单击提交按钮时，onsubmit 事件处理程序就会调用一个函数来检查所有指定
的表单控件，看看它们的值是否有效。然后检验函数登场亮相，它对值的有效与否
(true 或 false)进行确认。数值有效的话，表单被提交到它的 action 参数所指定的 URL
处；如果无效，则表单不会被提交，并且还要显示报错信息来提醒用户。与函数声明
和处理 onsubmit 事件有关的网页总体结构如下：

```
... HTML begins the web page
function validateForm() {
    ... JavaScript commands to test form data go here
    if form data is valid
        return true
    else
        return false
}
... HTML continues
<form method="post" action="URL" onsubmit="return validateForm();">
... form elements go here
<input type="submit" value="submit form">
</form>
... HTML continues
```

这里使用的函数中引入了一个新概念。函数可以封装一组语句，也可以向调用它
的地方传回一个值。这就是所谓的"返回值"，JavaScript 中的关键字 return 就用于表
明将返回某个值。刚才的例子中，如果数据有效就返回 true；反之如果数据没有通过
检验，函数将返回 false。请注意 onsubmit 事件处理程序中也包含关键字 return 的工作
原理，它是这样的：如果函数 validateForm()返回了 true，则 onsubmit 事件处理程序就
变成 return true，于是表单就被提交；如果 validateForm()返回了 false，则 onsubmit 事
件处理程序就变成 return false，表单就不会被提交。一旦函数返回了值，它的运行也就
结束了，不管函数里是否还有语句尚未执行。

动手实践 14.8

在本环节中，将请你创建一张表单，其中包括请用户输入姓名和年龄的控件，并
用 JavaScript 来检验数据，以确保姓名字段中有值，并且年龄大于等于 18 岁。如果姓
名字段为空，就要弹出提示信息，向用户指出错误。如果输入的年龄小于 18 岁，则显
示另一条消息，提示用户输入正确的值。假如所有的数据都有效，则显示第三种警告
消息，告诉用户数据有效，然后表单就被提交了。

让我们从创建表单入手。启动文本编辑器，输入如下所示的 HTML 代码。请注意，onsubmit 表单处理程序是嵌入在<form>标签中的，我们稍后再来添加 JavaScript 代码。本例中的 CSS 用于对齐表单控件，并在它们的周围留出空间。

```
<!DOCTYPE html>
<html lang="en">
<head>
    <title>JavaScript Practice</title>
    <meta charset="utf-8">
<style>
input { display: block;
        margin-bottom: 1em;
}
label { float: left;
        width: 5em;
        padding-right: 1em;
        text-align: right;
}
#submit { margin-left: 7em; }
</style>
</head>
<body>
<h1>JavaScript Form Handling</h1>
<form method="post"
      action="http://webdevfoundations.net/scripts/formdemo.asp"
      onsubmit="return validateForm();">
<label for="userName">Name: </label>
<input type="text" name="userName" id="userName">
<label for="userAge">Age: </label>
<input type="text" name="userAge" id="userAge">
<input type="submit" value="Send information" id="submit">
</form>
</body>
</html>
```

将文件保存为 formvalidation.html，并在浏览器中进行测试。图 14.16 即是在浏览器中显示的表单。

图 14.16　显示在浏览器中的 formvalidation.html 页面

访问表单中的输入控件有点复杂。表单是文档对象的一个属性，每个表单控件又是表单对象的一个属性，而表单元素的一个属性可以是一个值。因此访问输入框内容的 HTML 代码应当类似于：

```
document.forms[0].inputbox_name.value
```

我们用 forms[0]来指代要使用的表单。一个 HTML 文档可以包含多个表单。请注意不要漏写 forms[0]中的那个 s。我们用 document.forms[0].userAge.value 来访问 userAge 输入框中的值。的确，光念起来就很绕口了。

另外要注意，true 和 false 这两个值并不需要用引号括起来。这点很重要，因为 true 和 false 并不是字符串，它们是 JavaScript 的保留字或关键字，代表特殊值。如果给它们加上了引号，就变成了字符串，函数也就无法正常工作了。

让我们从添加校验年龄的代码开始吧。修改 formvalidation.html，在页面的 head 节中位于</head>标签之上，加入下列代码：

```
<script>
function validateForm() {
if (document.forms[0].userAge.value < 18) {
    alert ("Age is less than 18. You are not an adult.");
    return false;
} // end if
alert ("Age is valid.");
return true;
} // end function validateForm
</script>
```

validateForm()函数将检查 userAge 输入框里的年龄值。如果它小于 18，就会弹出一则警告消息，并且函数返回 false 值后结束执行。onsubmit 事件处理程序变为 return false，表单不被提交。

如果值为 18 或更大，if 结构中的语句就被跳过转而执行 alert("Age is valid.");。用户单击消息框中的"确定"按钮后，语句 return true;将被执行，而 onsubmit 事件处理程序将变为 return true;，于是表单便会被提交。让我们来试试吧！

在 userAge 输入框里输入一个小于 18 的数值，并单击提交按钮，如果表单马上被提交了，就说明 JavaScript 代码中有错误，此时就需要打开错误控制台来查找错误。图 14.17 显示了我们单击提交按钮后弹出的警告消息。

单击"确定"按钮，然后在 userAge 框中输入大于等于 18 的数值。单击提交按钮。图 14.18 显示了不同的警告消息以及表单提交之后的结果页面。

现在，让我们再加上另一条 if 语句来验证输入的姓名。为了确保 userName 输入框中输入了文本，我们需要看看输入框的值是否为空。空字符串(无字符，null)用两个引号("")或两个单引号(")来表示，其间没有空格或任何其他字符。我们可以把 userName 文本框中的值与 null 串相比较。如果 userName 输入框中的值等于 null，就可以知道用户没有输入任何信息。在我们的例子里，每次只发送一条错误信息，如果用户既没有

在 userName 框里输入，也没有在 userAge 框里输入合适的值，也只能看到关于
userName 的报错信息。填写姓名并重新提交之后，他才可以看到关于 userAge 的报错
信息。虽然这是非常基础的表单处理程序，但它还是可以说明表单处理的原理。更复
杂的表单处理可以校验每个表单字段，并且每次提交表单的时候可以一次性指出全部
错误。

图 14.17　浏览器显示 formvalidation.html 页面，输入的年龄值小于 18 时将弹出警告消息

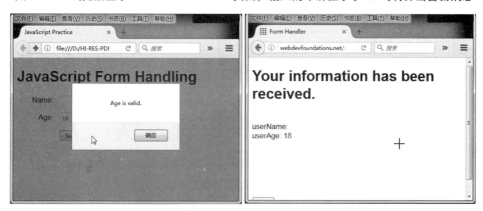

图 14.18　浏览器显示 formvalidation.html 页面，输入年龄值大于等于 18 时将弹出警告消息；右图
中的浏览器展示了表单提交之后的结果页面

让我们加上验证 userName 数据的代码。编辑 formvalidation.html 文件，修改下列
代码块。请注意，if 语句里的两个等号代表完全相等。有些同学觉得把两个等号(==)念
成"完全相等"会比较好记。

```
<script>
function validateForm() {
if (document.forms[0].userName.value == "") {
    alert("Name field cannot be empty.");
    return false;
} // end if
if (document.forms[0].userAge.value < 18) {
    alert("Age is less than 18. You are not an adult.");
```

```
      return false;
   } // end if
   alert("Name and age are valid.");
   return true;
   } // end function validateForm
   </script>
```

保存文件，并刷新浏览器中的页面。不要输入任何信息直接单击提交按钮。图 14.19
显示了此时弹出的警告消息。

图 14.19　浏览器显示 formvalidation.html 页面，两个输入框中未输入数据就提交表单，会弹出警告消息

单击"确定"按钮，然后在 Name 框中输入一些文本，并重新提交表单。图 14.20
显示了 Name 框中所输入的数据以及由于年龄校验未通过而弹出的警告消息。age 框中
没有输入年龄，这被解读为 0。

图 14.20　浏览器显示 formvalidation.html 页面，Name 输入框中有数据，而 age 框中没有输入，
提交表单会弹出警告消息

单击"确定"按钮，然后输入一个大于等于 18 的年龄值。单击提交按钮。图 14.21
显示了在 Name 和 Age 输入框中输入的数据以及单击提交按钮后显示的警告消息。右
侧图中还显示了成功提交、数据通过验证之后的结果页面。

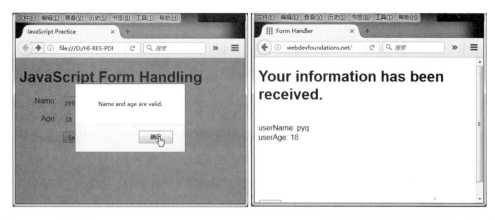

图 14.21　浏览器显示 formvalidation.html 页面，Name 和 Age 输入框中的值均有效时弹出警告消息；右侧图中的浏览器所显示的是提交有效输入后的结果页面

 自测题 14.4

1. "表单数据校验"是什么意思？
2. 请举出三个可能需要检验表单数据的例子。
3. 某个 HTML 文档中包含了<form>标签，代码如下：

```
<form method="post"
action="http://webdevfoundations.net/scripts/formdemo.asp"
onsubmit="return validateForm();">
```

当用户单击提交按钮后会发生什么？

14.10　无障碍访问与 JavaScript

　　JavaScript 增强了页面的交互性和功能性，这确实令人激动。但是请记住，有些访客可能禁用了 JavaScript，有些人无法看到这些视觉效果，还有些人无法操纵鼠标。WCAG2.0 和 Section 508 要求即使访客的浏览器不支持 JavaScript，网站仍然要维持基本功能。如果使用了 JavaScript 来处理导航栏的鼠标动作，还应当提供不要求鼠标支持的纯文本导航栏，从而使屏幕阅读器也能方便地访问导航信息。如果使用了 JavaScript 来进行表单校验，也要为行动不便的访客留下电子邮件地址，让他们能够及时联系相关机构以获取帮助。

14.11　JavaScript 资源

　　本章仅仅介绍了一些 JavaScript 在网页开发中的入门应用。如果你打算对这一技术展开深入研究，可以参考下面列出的一些在线资源：

- JavaScript Tutorial，网址为 http://www.w3schools.com/JS
- JavaScript Tutorial，网址为 http://echoecho.com/javascript.htm
- Core JavaScript 1.5 Reference Manual，网址为 http://www.webreference.com/javascript/reference/core_ref
- Creating Accessible JavaScript，网址为 http://webaim.org/techniques/javascript
- Mozilla Developer Network JavaScript Reference，网址为 https://developer.mozilla.org/en-US/docs/Web/JavaScript/Reference
- Mozilla Developer Network JavaScript Guide，网址为 https://developer.mozilla.org/en-US/docs/Web/JavaScript/Guide

14.12　jQuery 概述

Amazon 和 Google 等许多网站都使用了 jQuery 技术，用于增强互动与动态效果。jQuery 是一个免费、开源的 JavaScript 库，是由 John Resig 在 2006 年的时候推出的，初衷是简化客户端的脚本编写。jQuery 基金会(jQuery Foundation)是一家志愿者组织，旨在推动 jQuery 的持续发展，并提供了 jQuery 文档，网址为 http://api.jquery.com。

那么，我们究竟能用 jQuery 来做什么呢？jQuery API(应用程序编程接口)与 JavaScript 协同工作，从而让动态处理元素的 CSS 属性、检测和响应事件(如鼠标移动)以及动画元素(如图像幻灯片)等工作变得更为轻松。不仅如此，jQuery 的 JavaScript 库已经过彻底测试，能与所有当前主流的浏览器(Internet Explorer、Google Chrome、Firefox、Safari 以及 Opera 等)兼容。许多网页开发人员和设计人员发现，比起自己尝试编写并测试复杂的 JavaScript 交互程序，学习并使用 jQuery 要容易得多。当然使用 jQuery 时，还是需要有一定的 JavaScript 基础。

14.13　在网页中添加 jQuery

jQuery 库被存为扩展名为.js 的 JavaScript 文件。访问 jQuery 库的方法有两种。既可以下载 jQuery JavaScript 库文件并将它保存到本地硬盘上，也可以通过内容分发网络 (Content Delivery Network，CDN)在线访问某个版本的 jQuery JavaScript 库。

下载 jQuery

请访问 http://jquery.com/download，下载其中一个 jQuery 库.js 文件。上面提供了多个版本的 jQuery，最好选择 jQuery 1.x，因为它向下兼容旧版本的 Internet Explorer。在访问下载页面时，右键单击"Download the compressed, production jQuery 1.10.1"(意为压缩的、用于生产环境的版本)，并将名称为 jquery-1.10.1.min.js 的文件保存在自己

的网站文件夹中。请在网页文档的 head 节中添加如下脚本标签，这样 jQuery 就能用在网页上了：

```
<script src="jquery-1.10.1.min.js"></script>
```

通过内容分发网络访问 jQuery

Google、Microsoft、Amazon 和 Media Temple 均已创建了免费的内容分发网络 (CDN)存储库，用于保存需要经常使用的代码和脚本(例如 jQuery)。无论是网页开发人员还是访客，都不需要支付使用 CDN 的费用。这样做的一个优点是可以让你的网页加载速度更快，因为大多数访问者的浏览器曾经访问过 CDN，已将文件保存在其缓存中。但使用 CDN 也有缺点，其中之一就是在对网页进行编码和测试时，始终需要有实时的互联网连接。本章将介绍 Google 的 CDN。如需访问存储在 Google 内容分发网络 (CDN)中的 jQuery 库，请在网页文档的 head 节中添加以下脚本标签：

```
<script
src="http://ajax.googleapis.com/ajax/libs/jquery/1.10.1/jquery.min.js">
</script>
```

Ready 事件

当网页的文档对象模型(DOM)已被浏览器完全加载时，需要通知 jQuery 库。称为 ready 事件的 jQuery 语句即用于此目的。 jQuery 语句由 jQuery 别名、选择器和方法组成，格式如下：

```
$(selector).method()
```

jQuery 别名指代你所选择的文本 "jQuery" 或$符号。大多数人都使用$符，因为它更简短。选择器指代 jQuery 将要使用的 DOM 元素。方法是 jQuery 可以执行的操作。ready()方法指定了浏览器在 DOM 被完全加载后要执行的代码。

在本例中，选择器是文档本身，所以 ready 事件的语法如下：

```
$(document).ready(function() {
    此处为你的 JavaScript 或其他 jQuery 语句
});
```

将 JavaScript 或其他 jQuery 语句放在 ready 事件中的起始行之后。例如 DOM 准备好执行 jQuery 之后要显示一个警告消息框，代码为：

```
$(document).ready(function() {
    alert("Ready for jQuery");
});
```

FAQ ready 事件中的 function()部分是什么？

function()创建了一个未命名的匿名函数，该函数定义了一个代码块以及另外一些内容，如限制了在代码块中声明的范围变量。这可以防止在使用多个代码库时发生重复变量名之类的冲突。

动手实践 14.9

让我们练习一下 jQuery ready 事件的使用。打开文本编辑器输入下列代码：

```html
<!DOCTYPE html>
<html lang="en">
<head>
<title>JavaScript Practice</title>
<meta charset="utf-8">
<script
src="http://ajax.googleapis.com/ajax/libs/jquery/1.10.1/jquery.min.js">
</script>
<script>
$(document).ready(function() {
    alert("Ready for jQuery");
});
</script>
</head>
<body>
<h1>Using jQuery
</body>
</html>
```

将文件保存为 myready.html，并在浏览器中进行测试。如果已经连接了互联网，CDN 中的 jQuery 库就能被访问，因此当浏览器加载完网页 DOM 时就能够显示警告消息(参见图 14.22)。请将自己的作业与学生文件中的参考答案(chapter14/ready.html)进行比较。

图 14.22　Ready for jQuery

14.14　jQuery 选择器

配置一个 jQuery 选择器以指定 jQuery 会影响哪些 DOM 元素。有各种各样的选择器，跟我们在 CSS 中配置选择器差不多。通配符选择器将使 jQuery 对所有元素执行操作。也可以指定一个类、id 或 html 元素选择器。另外还可以添加筛选，如:first 和:odd。jQuery 选择器的完整列表，请访问 http://api.jquery.com/category/selectors。表 14.5 列举了一些常用的 jQuery 选择器及其用途。

表 14.5　常用的 jQuery 选择器

选择器	用途
$('*')	通配符——选择所有元素
$('li')	HTML 元素选择器——选择所有的 li 元素
$('.myclass')	类选择器——选择了所有被分配了 myclass 类的元素
$('#myid')	id 选择器——选择了所有被分配了名为 myid 的 id 的元素
$('nav a')	HTML 元素选择器——选择所有包含在 nav 元素中的锚元素
$('#resources a')	id 选择器和 HTML 元素选择器——选择了所有包含在 resources id 中的锚元素
$('li:first')	位置选择器——选择了页面上某种类型的第一个元素
$('li:odd')	位置选择器——选择了页面上所有处于奇数位置的 li 元素

14.15　jQuery 方法

配置一个 jQuery 方法来对所选择的 DOM 元素进行操作。方法的种类较多，分别可以用来处理 CSS、事件、表单、遍历、数据、Ajax 以及操作。http://api.jquery.com 上的 jQuery 文档"浩如烟海"，搞清楚 jQuery 库中所有可用的方法得大费一番功夫。表 14.6 列出了几种常用的 jQuery 方法。

表 14.6　常用的 jQuery 方法

方法	用途
attr()	获取或设置所选元素的属性
click()	为 JavaScript click 事件绑定一个 jQuery 事件处理程序
css()	获取或设置所选元素的 CSS 属性
fadeToggle()	设置透明度的动画效果，以显示或隐藏所选择的元素
hover()	为 JavaScriptonmouseover 事件绑定一个 jQuery 事件处理程序
html()	获取或设置所选元素的 HTML 内容
slideToggle()	设置滑动的动画效果，以显示或隐藏所选择的元素
toggle()	显示或隐藏所选择的元素

我们先来看一下 css()和 click()方法。使用 css()方法为选择器设置 CSS 属性，表示接受一对表示 CSS 属性和值的字符串表达式。以下面的脚本为例(学生文件的 chapter14/color.html)，通过使用 $('li')选择器以及 css()方法将 color 属性设置为 #FF0000，实现了选择页面上的所有 li 元素并把它们设置为红色文本的效果。

```
$(document).ready(function(){
    $('li').css('color','#FF0000');
});
```

使用 click()方法将所选元素的 JavaScriptclick 事件与 jQuery 中的事件处理程序操作绑定或关联起来。jQuery 将在事件发生时执行事件处理程序。图 14.23 所示的网页(学生文件中的 chapter14/changeme.html)演示了 click 事件。click 事件已被绑定到锚元素，在 click 事件触发时，其他每个 li 元素的文本颜色都会更改。脚本如下：

```
$(document).ready(function() {
$('a').click(function(){
    $('li:even').css('color','#006600');
    });
});
```

图 14.23　浏览器中显示的 changeme.html 网页；右侧浏览器展示用户单击 Click Me 后的结果页面

动手实践 14.10

学习使用 jQuery 的最好办法是编码实践。在本环节中，你将练习 click()和 toggle()方法的使用。通过配置 CSS 将 display 属性设置为 none，实现文本块在初始状态下隐藏的效果。然后再使用 jQuery 将 click 事件绑定到事件处理程序，该事件处理程序将在显示和隐藏文本块之间来回切换。打开文本编辑器，输入如下所示的代码。

```
<!DOCTYPE html>
<html lang="en">
<head>
<title>jQuery Toggle Practice</title>
<meta charset="utf-8">
<style>
```

```
#details { display: none; }
</style>
<script
src="http://ajax.googleapis.com/ajax/libs/jquery/1.10.1/jquery.min.js">
</script>
<script>
$(document).ready(function() {
    $('#more').click(function(){
        $('#details').toggle();
    });
});
</script>
</head>
<body>
<h1>jQuery</h1>
<p>Many websites, including Amazon and Google, use jQuery, to provide
interaction and dynamic effects on web pages. <a href="#"
id="more">More</a></p>
<div id="details"><p>The jQuery API (application programming
interface) works along with JavaScript and provides easy ways to
dynamically manipulate the CSS properties of elements, detect and
react to events (such as mouse movements), and animate elements on a
web page, such as image slideshows.</p>
</div>
</body>
</html>
```

将此文件另存为 mytoggle.html 并在浏览器中打开。如图 14.24 所示，第二段文本一开始并未显示。点击"More"超链接就能显示第二段。再次点击"More"第二段又被隐藏了。"More"超链接用来切换 id 为 details 的 div 的隐藏和显示状态。将你的作业与学生文件中的参考答案 chapter14/toggle.html 进行比较。

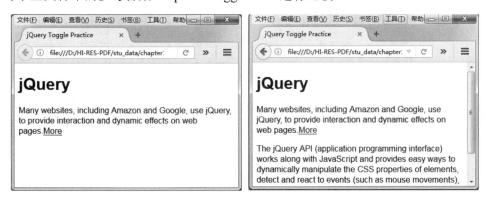

图 14.24　浏览器中的 toggle.html 页面；右侧浏览器显示了用户单击 More 后的结果页面

用 fadeToggle()和 slideToggle()方法进行实验。可以通过传递 duration 参数来控制这些方法的动画效果速度，有效值为"slow"、"fast"和以毫秒为单位的数字。将fadeToggle()的持续时间配置为 1000 毫秒。在文本编辑器中打开文件，并将

('#details').toggle();语句替换为以下内容：

```
$('#details').fadeToggle(10000);
```

在浏览器中进行测试。注意到文字淡入淡出的效果了吗？在 duration 参数中任意输入其他值进行测试。

接下来，在文本编辑器中打开你的文件，将 fadeToggle()替换为 slideToggle()方法，duration 参数设置为 fast，代码如下：

```
$('#details').slideToggle('fast');
```

在浏览器中进行测试。你注意到文本滑入的效果了吗？在 duration 参数中任意输入其他值进行测试。在 http://api.jquery.com/fadeToggle 和 http://api.jquery.com/slideToggle 上还能找到这些方法的许多内容。

14.16　jQuery 图片库

我们曾在第 11 章中利用 CSS 创建了一个交互式的图片库。在下一个实践环节中，将要探索使用 jQuery、JavaScript 以及 CSS 这三种方法来创建三个不同交互方式的图片库(如图 14.25 所示)。

图 14.25　带 jQuery 交互功能的图片库

你将使用之前已经用到过的一些 jQuery 方法：click()、css()和 fadeToggle()；并且还将探索 hover()、html()和 attr()方法。

利用 hover()方法将所选择元素的 jQuerymouseenter 和 mouseleave 事件与事件处理程序绑定或关联起来，从而对这些事件作出响应。 jQuery 将在事件发生时执行事件处理程序。

可用 html()方法动态配置 HTML 元素的内容。我们将使用 html()来更改 figcaption

元素中所显示的文本。可用 attr()方法来配置 HTML 属性的值。我们将使用 attr()方法更改大图库中图片的 src 和 alt 属性。

动手实践 14.11

创建一个名为 gallery14 的新文件夹。将学生文件中 chapter11/starters/gallery 文件夹下的所有图片复制到 gallery14 中。启动文本编辑器，打开 chapter2/template.html，并按如下要求进行修改。

1. 将 h1 元素和 title 元素中的文本修改为"Image Gallery"。

2. 添加一个 div 元素，并将其分配给名为 gallery 的 id。该 div 将由一个无序列表和一个图像元素组成。无序列表包含缩略图链接。图像元素包含大的图片库图片以及一个 figcaption 元素。

3. 配置 div 元素中的无序列表。编写六个 li 元素，每一个对应一张缩略图。缩略图的作用为图像链接。每个锚标签中要用描述性文本设置 title 属性。第一个 li 元素的示例代码为：

```
<li>
<a href="photo1.jpg" title="Golden Gate Bridge"><img
src="photo1thumb.jpg" width="100" height="75" alt="Golden
Gate Bridge"></a>
</li>
```

4. 以类似的方式完成其余五个 li 元素的配置。代码中的 href 和 src 值要用实际的图片文件名来代替。为每一张图片配上说明文本。第二个 li 元素中用的是 photo2.jpg 和 photo2thumb.jpg，第三个 li 元素中用的是 photo3.jpg 和 photo3thumb.jpg，以此类推。将文件以 index.html 为名另存到 gallery14 文件夹中。

5. 在无序列表下添加一个图像元素。该 figure 元素中要包含一个 img 标签，用于显示 photo1.jpg 以及一个 figcaption 元素，内容为文本"Golden Gate Bridge"。

6. 在文档的 head 节中添加 style 元素。按下列要求完成内嵌 CSS 的设置：

a. 配置 body 元素选择器：背景色为黑色(#333333)，浅灰色文本(#eaeaea)。

b. 配置 gallery id 选择器：宽度为 800px。

c. 配置#gallery 中的无序列表：宽度为 300 像素，无列表项目符号，向左浮动。

d. 配置#gallery 中的列表项目元素：内联显示，向左浮动，内边距为 16 像素。

e. 配置#gallery 中的 img 元素：无边框。

f. 配置 figure 元素选择器：顶内边距为 30 像素，文本居中。

g. 配置 figcaption 元素选择器：字体加粗，字号为 1.5em。

7. 在文档的 head 节中添加 script 元素，指向 GooglejQuery CDN。

```
<script
src="http://ajax.googleapis.com/ajax/libs/jquery/1.10.1/jquery.min.js">
</script>
```

8. 在文本的 head 节中写 jQuery 和 JavaScript 语句，实现当鼠标移动到缩略图链接上方时显示相应的图库图片以及描述。

a. 键入一对 script 标签，其中包含 jQuery ready 事件：

```
<script>
$(document).ready(function(){

});
</script>
```

b. 在 ready 事件中添加下列代码，检测#gallery div 中锚元素上的 hover 事件。

```
$('#gallery a').hover(function(){

});
```

c. 在 hover 方法的函数体中添加 JavaScript 语句，将来自锚标签中的 href 和 tile 值存入 JavaScript 变量。JavaScript 关键字 this 表示该属性为当前选择器所有。

```
var galleryHref = $(this).attr('href');
var galleryAlt = $(this).attr('title');
```

d. 用 jQuery attr()方法来设置大图的 src 和 alt 属性。在变量赋值下添加下列语句：

```
$('figure img').attr({ src: galleryHref, alt: galleryAlt });
```

e. 用 jQuery html()方法来修改 figcaption 元素中所显示的文本。在 attr()方法语句下添加下列语句：

```
$('figcaption').html(galleryAlt);
```

f. 完整的 jQuery 代码块如下所示：

```
<script>
$(document).ready(function(){
    $('#gallery a').hover(function(){
        var galleryHref = $(this).attr('href');
        var galleryAlt = $(this).attr('title');
    $('figure img').attr({ src: galleryHref, alt: galleryAlt });
        $('figcaption').html(galleryAlt);
    });
});
</script>
```

9. 将文件另存为 jhover.html，并在浏览器中进行测试。当我们将鼠标悬停在某个图片链接上时会显示大图。请将你的作业与学生文件中的参考答案(chapter14/jgallery/hover.html)进行比较。

10. 接下来我们要创建一个新版本的图库，当网页访客单击某个缩略图而不是将鼠标悬停在其上时，会更改相应的大图与描述。启动文本编辑器并打开 jhover.html，另存为 jclick.html。修改 jQuery 代码。将 hover 改为 click。默认状态下，超链接会在新窗口中打开大图。我们不希望这样显示，因此在 html()方法后加上 return false;语句。
现在，完整的 jQuery 代码块如下所示：

```
<script>
$(document).ready(function(){
    $('#gallery a').click(function(){
        var galleryHref = $(this).attr('href');
        var galleryAlt = $(this).attr('title');
        $('figure img').attr({ src: galleryHref, alt: galleryAlt });
        $('figcaption').html(galleryAlt);
        return false;
    });
});
</script>
```

11. 保存文件并在浏览器中显示。在我们每一次单击后将出现不同的大图片。请将
自己的作业与学生文件中的参考答案进行比较(chapter14/jgallery/click.html)。

12. 现在我们要对图库的 jQuery 交互功能稍加修改，利用 fadeToggle()方法实现
所选择元素的显示与隐藏效果。为了强制让 fadeToggle()方法总是淡入淡出，并在点击
缩略图时显示大图，需要在调用 fadeToggle()之前先隐藏 figure 元素。启动文本编辑
器，打开 jclick.html，使之另存为 jtoggle.html，并在 Query 代码块添加两个新语句，如
下所示：

```
<script>
$(document).ready(function(){
    $('#gallery a').click(function(){
        var galleryHref = $(this).attr('href');
        var galleryAlt = $(this).attr('title');
        $('figure').css('display','none');
        $('figure img').attr({ src: galleryHref, alt: galleryAlt });
        $('figcaption').html(galleryAlt);
        $('figure').fadeToggle(1000);
        return false;
    });
});
</script>
```

13. 保存文件并在浏览器中进行显示。当你单击某个缩略图链接时，大图片先会很
快淡出成黑色，然后新的图片淡入。请分别设置不同的 duration 值来试验淡入淡出效
果。将自己的作业与学生文件中的参考答案(chapter14/jgallery/toggle.html)进行比较。

14.17　jQuery 插件

jQuery 是开源的，旨在通过众人拾柴得到不断的增强和扩展。有经验的网页开发
人员可以创建新的 jQuery 方法，并构建一个扩展 jQuery 功能的插件。有很多 jQuery

插件可供选用，它们提供了图片轮播、工具提示、表单验证等交互功能。请访问
jQuery PluginRegistry(网址为 http://plugins.jquery.com/)，上面有插件列表。也可以上网
搜索，查找 jQuery 插件。

　　遇上今后可能要用的插件时，请先检查插件文档，其中包含插件用途的说明、插
件使用方法的介绍，并且它经常会提供插件使用的示例。查看文档还可确认它是否与
自己正在使用的 jQuery 版本兼容。请验证该插件使用许可中的条款，许多插件使用麻
省理工学院许可证(http://opensource.org/licenses/MIT)，可免费使用，并且不管是否商业
用途，均可免费分发。

　　另外还可以上网搜索一下，看看其他人对这个插件写了什么评论，有没有提出什
么问题。如果有很多人觉得使用这个插件很费劲，你可能得另外再选一个不同的！在
以下实践环节中，我们将练习使用两个流行的 jQuery 插件。

动手实践 14.12

　　在本环节中，你将创建一张如图 14.26 所示的网页，用 jQuery 插件
fotorama(http://plugins.jquery.com/fotorama/)来配置一个图片轮播秀，该插件简单易用。

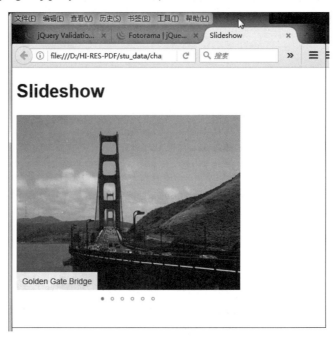

图 14.26　jQuery 插件图片轮播秀

　　创建一个名为 slideshow 的新文件夹。将学生文件中 chapter11/starters/gallery 下的
下列图片复制到 slideshow 中：photo1.jpg、photo2.jpg、photo3.jpg,、photo4.jpg、
photo5.jpg 以及 photo6.jpg。启动文本编辑器，打开 chapter2/template.html，按如下要求
进行修改。

1. 将 h1 元素和 title 元素中的文本修改为"Slideshow"。

2. 在 h1 元素下面添加一个 div 元素，将其分配给名为 fotorama 的类。这些图片在默认状态下并不会自动播放。插件文档规定了要在 fotorama div 元素中添加 data-autoplay="true"属性，这样才能实现自动播放。起始 div 标签的代码为：

```
<div class="fotorama" data-autoplay="true">
```

3. 在 div 元素中为每张照片添加一个 img 标签，要同时设置 alt 和 data-caption 属性，用于提供对图片的描述。插件要求用 data-caption 属性来显示轮播秀中各图片的说明字幕。以第一个 img 元素为例，其代码如下：

```
<img src="photo1.jpg" data-caption="Golden Gate Bridge"
alt="Golden Gate Bridge">
```

按类似的方式配置其余各张图片。

4. 在文档的 head 节中写入如下代码，以访问 fotorama 插件所需的 CSS 文件。

```
<link href="fotorama.css"
rel="stylesheet">
```

5. 在文档的 head 节中写入如下代码，以访问 jQuery 库。

```
<script
src="http://ajax.googleapis.com/ajax/libs/jquery/1.10.1/jquery.min.js">
</script>
```

6. 就这么简单！以 index.html 为名将文件另存在 slideshow 文件夹中，并在浏览器中显示。图片轮播秀将自动开始播放。将鼠标放在图像上就能触发说明字幕和侧面箭头的显示。选择侧向箭头或底部图像指示器可直接移动到特定图片。请将你的作业与学生文件中的参考答案进行比较(chapter14/ jslideshow/ index.html)。

动手实践 14.13

在 本 环 节 中 ， 你 将 练 习 使 用 jQuery 中 的 validation 插 件 (http://plugins.jquery.com/validation/)，该插件能完成基本的表单验证操作。在插件文档中还列出了更多功能。比如在配置表单控件时，以输入标签为例，只需要按文档中的说明为它分配一个特定类名，插件就会自动执行相应的修改。此外，插件会将它所产生的报错信息分配给名为 error 的类。该数据验证插件所支持的部分类名见表 14.7.

表 14.7 jQuery validate 插件所支持的类名与相应的动作

类名	动作
required	确认数据有否输入
email	确认数据是否为电子邮件格式
digits	确认数据是否为一个正数
url	确认数据是否为 url 格式

让我们先来创建一个名为 jform 的文件夹，将要完成的页面如图 14.27 所示。启动文本编辑器，打开 chapter14/jformstarter.html，并按下列要求进行修改。

图 14.27　Newsletter 注册表单

1. 编辑报错信息的样式。修改内嵌 CSS，并配置名为 error 的类样式：左外边距 1em，斜体 italic，字号为 0.90em，Arial or sans-serif 字体

```
.error { font-family: Arial, sans-serif;
        font-style: italic; font-size: .90em;
        color: #FF0000; margin-left: 1em; }
```

2. 在文档的 head 节添加下列脚本元素代码，实现对 jQuery 库的访问：

```
<script src=
"http://ajax.googleapis.com/ajax/libs/jquery/1.10.1/jquery.min.js">
</script>
```

3. 在文档的 head 节添加下列脚本元素代码，实现对 Validate 插件的访问：

```
<script src=
"http://ajax.aspnetcdn.com/ajax/jquery.validate/1.11.0/jquery.validate.js">
</script>
```

4. 编写 script 标签、jQuery ready 事件以及一条 jQuery 语句，实现对文档 head 节中表单验证功能的调用：

```
<script>
$(document).ready(function(){
    $('form').validate();
    });
</script>
```

5. 编辑 HTML 代码，对表单验证功能进行配置。Name 字段是必填项。e-mail address 字段也是必填项且必需为电子邮件格式。

　　a. 在输入标签中，为 Name 文本框添加 class="required"的设置。

　　b. 在输入标签中，为 e-mail 文本框添加 class="requiredemail "的设置。

6. 将文件以 index.html 为名另存在 jform 文件夹中，并在浏览器中显示。试着不输入任何信息就点击 Sign Up 按钮。jQuery Validation 控件将检查输入是否有误，此时将显示两则报错信息，如图 14.28 所示。

图 14.28　jQuery validate 插件显示报错信息

7. 接下来在两个文本框中均输入一些内容，但电子邮件格式不正确。jQuery Validation 插件将显示一则报错信息，如图 14.29 所示。

图 14.29　jQuery validate 插件提示电子邮件格式错误

8. 最后，填写正确的信息后提交表单。所有必填项均通过验证后，浏览器将把表单信息发送到表单 action 属性中所指定的服务器端脚本，你将看到确认的页面。请将自己的作业与学生文件中的参考答案进行比较(chapter14/jform/index.html)。

14.18　jQuery 资源

在本章的学习过程中，我们对 jQuery 的了解只是管窥一豹，它的许多强大功能还有待我们进一步深入探索。下面列出了一些在线资源，能帮助大家更好地学习 jQuery：

- jQuery，网址为 http://jquery.com/
- jQuery Documentation，网址为 http://docs.jquery.com
- How jQuery Works，网址为 http://learn.jquery.com/about-jquery/how-jquery-works/
- jQuery Fundamentals，网址为 http://jqfundamentals.com/chapter/jquery-basics
- jQuery Tutorials for Web Designers，网址为 http://webdesignerwall.com/tutorials/jquery-tutorials-for-designers

 自测题 14.5

1. 请说出两种获取 jQuery JavaScript 库的方法。
2. 请解释 css() 方法的用途。
3. 请描述 ready 事件的用途。

本 章 小 结

　　本章介绍了在网页制作中利用 JavaScript 语言编写客户端脚本的知识，包括如何在页面上嵌入脚本代码块、显示警告消息、使用事件处理程序以及验证表单等。请访问本书配套网站，网址为 http://www.webdevfoundations.net，上面有许多示例、本章中所提到的一些材料链接以及更新信息。

关键术语

alert()	调用
attr()	jQuery
click()	跳转菜单
css()	关键字
HTML()	方法
fadeToggle()	mouseover
prompt()	null
slideToggle()	对象
toggle()	基于对象
<script>	onclick
write()	onload
算术运算符	onmouseout
大小写敏感	onmouseover
客户端程序	onsubmit
注释	插件
比较操作符	弹出窗口
连接	ready 事件
内容分发网络 Content Delivery Network (CDN)	保留字
调试	脚本语言
文档	范围
事件处理程序	选择器
事件	服务器端程序
表单处理	this
函数	var
if	变量
图片交替	窗口对象

复习题

选择题

1. 网页文档是下列哪种文档对象模型？

   a. 对象　　　　　　　b. 特性　　　　　　　c. 方法　　　　　　　d. 属性

2. 用户将鼠标指针移动到链接上方时，浏览器将检测到哪种事件？

   a. mouseon　　　　　b. mousehover　　　　c. mouseover　　　　d. mousedown

3. 用户将鼠标指针从之前悬停的链接处移开时，浏览器将检测到哪种事件？

   a. mouseoff　　　　　b. mouseout　　　　　c. mouseaway　　　　d. mouseup

4. 窗口对象的哪种方法可用来向用户显示消息？

   a. alert()　　　　　　b. message()　　　　　c. status()　　　　　d. display()

5. 以下哪一项实现了将 5 赋给变量 productCost？

   a. productCost = > 5;　　　　　　　　　b. productCost < = 5;

   c. productCost = = 5;　　　　　　　　　d. productCost = 5;

6. 在 if 语句中使用条件 productCost > 5，以下哪个 productCost 值会使其结果为 true？

   a. 4　　　　　　　　　b. 5　　　　　　　　　c. 5.1　　　　　　　　d. 以上都不对

7. 关于 JavaScript 在网页上的用途，以下哪种说法是正确的？

   a. 一种脚本编写语言　　　　　　　　　b.一种标记语言

   c. Java 的简易形式　　　　　　　　　　d. 一种由 Microsoft 开发的语言

8. 访问表单中 userData 输入框内容的代码是以下哪一项？

   a. document.forms[0].userData

   b. document.forms[0].userData.value

   c. document.forms[0].userData.contents

   d. document.forms[0].userData.data

9. 当用户单击提交按钮时调用 isValid() 函数的代码是以下哪一项？

   a. <input type="button"
      onmouseout="isValid();">

   b. <input type="submit"
      onsubmit="isValid();">

   c. <form method="post" action="URL"
      onsubmit="return isValid();">

   d. <form method="post" action="URL"
      onclick="return isValid();">

10. 以下哪一种技巧可实现 JavaScript 代码重用？

    a. 定义一个函数　　　　　　　　　　　b. 创建脚本代码块

    c. 定义 if 语句　　　　　　　　　　　　d. 使用 onclick 事件处理程序

11. Query 代码片段 $('div') 选择了以下哪种对象？

    a. 分配给名为 div 的 id 的元素　　　　b. 所有的 div 元素

    c. 第一个 div 元素　　　　　　　　　　d. 最后一个 div 元素

填空题

12. 用于检查是否完全相等的比较操作符是_____。

13. _____是一种允许用户选择某个选项并打开另一个网页的选择列表。

14. _____对象是默认存在的，因此在引用其方法或属性时不需要将它写在对象名中。

15. 浏览器完全加载网页的 DOM 后，jQuery 中的_____事件被触发。

16. 用户单击表单按钮时，可利用表单控件按钮以及_____事件处理程序来运行一个脚本。

17. jQuery 是一个_____库。

18. 使用 jQuery 的_____方法可配置 CSS 样式。

简答题

19. 至少说出三种 JavaScript 的常见用途。

20. JavaScript 代码不能正常运行时，如何进行调试？

学以致用

1. 指出代码的运行结果。根据下列代码，当用户单击按钮时会发生什么结果？

```html
<!DOCTYPE html>
<html lang="en">
<head>
<title>JavaScript Practice</title>
<meta charset="utf-8">
<script>
function mystery() {
    alert('hello');
}
</script>
</head>
<body>
<h1>Using JavaScript</h1>
<input type="button" value="click me" onclick="mystery();">
</body>
</html>
```

2. 补全代码。该网页将提示用户输入一首歌曲的名字，并在页面上显示出来。"_"代表缺失的代码，请补全。

```html
<!DOCTYPE html>
<html lang="en">
<head>
<title>JavaScript Practice</title>
<meta charset="utf-8">
</head>
<body>
<h1>Using JavaScript</h1>
<script>
var userSong;
```

```
userSong = _("Please enter your favorite song title.");
document._();
</script>
</body>
</html>
```

3. 查找错误。浏览器加载完页面后，如果用户没有在 Name 输入框中输入任何数据的话，将会显示报错信息。但目前该功能并未生效，不管有没有输入信息表单都被提交了。请找出代码错误并加以修正，使表单在未得到 Name 数据时不能被提交。纠正错误并叙述这一过程。

```
<!DOCTYPE html>
<html lang="en">
<head>
<title>JavaScript Practice</title>
<meta charset="utf-8">
<script">
function validateForm() {
if (document.forms[0].userName.value == "" ) {
    aert("Name field cannot be empty.");
    return false;
} // end if
aert("Name and age are valid.");
return true;
} // end function validateForm
</script>
</head>
<body>
<h1>JavaScript Form Handling</h1>
<form method="post"
action="http://webdevbasics.net/scripts/demo.php"
        onsubmit="return validateUser();">
    <label>Name: <input type="text" name="userName"></label>
    <br>
    <input type="submit" value="Send information">
</form>
</body>
</html>
```

动手练习

1. 练习编写事件处理程序。

a. 用户单击按钮时弹出消息"Welcome"，写相应的 HTML 标签和事件处理程序。

b. 用户将鼠标指针移到某个文本超链接上时弹出消息"Welcome"，该超链接的内容为"Hover for a welcome message"，编写相应的 HTML 标签和事件处理程序。

c. 用户将鼠标指针移出某个文本超链接的范围时弹出消息"Welcome"，该超链接的内容为"Move your mouse pointer here for a welcome message"，编写相应的 HTML 标签和事件处理程序。

2. 练习编写 jQuery 选择器。

a. 写一个 jQuery 选择器，用于选择 main 元素中的全部锚元素。

b. 写一个 jQuery 选择器，用于选择页面上的第一个 div 元素。

3. 创建一张网页，弹出消息以欢迎到访人士。在页面的 head 节中写一段脚本来完成这项任务。

4. 创建一张网页，提示用户输入姓名和年龄，并弹出消息来显示用户输入的信息。使用 prompt()方法和变量来完成这项任务。

5. 创建一张网页，提示用户输入一种颜色名称。用该颜色来设置文本"This is your favorite color!"。文档中的 fgColor 属性用于改变该页面上所有文本的颜色。用 fgColor 属性来完成这项任务。

6. 继续动手实践 14.8 中的练习。添加一个文本框用于输入用户所在的城市。在提交表单时要确保该字段不为空。如果为空，要弹出适当的消息，并且表单不提交。如果该字段不为空且别的字段数据均有效，则提交表单。

7. 参考动手实践 14.11，创建一个图片库页面，素材为你所喜欢的照片。记得先针对网页显示优化这些照片。

8. 参考动手实践 14.12，创建一个图片轮播页面，素材为你所喜欢的照片。记得先针对网页显示优化这些照片。如果因某些原因 jQuery 插件不可用，请搜索并使用可替代的 jQuery 轮播插件。

万维网探秘

1. 以本章列举的资源作为起点，同时在网上搜索其他有关 JavaScript 的资源。创建一张网页，至少列出五种有用资源，分别进行简短介绍。用列表来组织网页，内容为各网站的名称、URL、所提供内容的简要描述以及推荐的页面(如教程、免费脚本等)。在网页的电子邮件链接中写上你的名字。

2. 以本章列举的资源作为起点，同时在网上搜索其他有关 JavaScript 的资源。找一个 JavaScript 教程或免费的下载资源。创建一张页面，要使用找到的代码或下载的资源。说明这些资源的效果，并列出它们的 URL。在网页的电子邮件链接中写上你的名字。

3. 以本章列举的资源作为起点，同时在网上搜索其他有关 jQuery 的资源。找一个你觉得很有意思或很有用的 jQuery 插件。创建一张网页，要用到你所找的插件，并且对其用途进行描述，同时列出插件文档的 URL。在网页的电子邮件链接中写上你的名字。

网站实例研究

添加 JavaScript

以下所有案例将贯穿全书。本章将在之前各实例研究环节所创建网站中挑选部分页面来添加 JavaScript。

JavaJam 咖啡屋

回顾一下第 2 章中关于 JavaJam 咖啡屋的案例研究内容。图 2.28 为该网站的站点地图。之前已经创建了部分网页。请使用第 9 章中所完成的 JavaJam 网站做为起点进行本节练习。你将要完成以下三项任务。

1. 为本实例研究创建一个新的文件夹。
2. 在音乐页面(music.html)的底部添加该页面最后一次修改的日期。
3. 在音乐页面上添加一则警告消息。

实例研究之动手练习

任务 1：创建文件夹。创建名为 javajam14 的新文件夹。将在第 9 章的练习中所建的 javajam9 中的全部文件复制到 javajam14 中。

任务 2：在音乐页上添加日期(原文有误)。启动文本编辑器打开 music.html。我们要在该页面的底部添加文档最后一次修改的日期。你既可以用 JavaScript，也可以用 jQuery 来完成这项任务，请自行选择。

选择 1：利用 JavaScript。根据如下要求修改页面。

- 在页脚区域，位于电子邮件链接之后，添加一个 div 元素，内容为一段脚本代码，用于在页面上显示信息："This page was last modified on: date"。
- 利用 document.lastModified 属性来显示日期。

选择 2：利用 JavaScript 和 jQuery。根据如下要求修改页面：

- 在页脚区域，位于电子邮件链接之后，添加一个 div 元素。
- 在 head 节中添加一个 script 标签，用于访问一个 jQuery CDN。
- 编写 jQuery 脚本块，其中包含 ready 事件，并利用 html()方法在一个新的 div 中显示信息"This page was last modified on:"以及 document.lastModified 属性值。

保存文件，并在浏览器中进行测试。现在，音乐页面的底部、电子邮件地址之后将出现一些新的信息。

任务 3：在音乐页面上显示一则警告消息。启动文本编辑器打开 music.html。当用户将鼠标指针移在文本"music you won't want tomiss!"之上时，页面上将弹出一则警告消息，内容为"Concerts sell out quickly so act fast!"。

你既可以用 JavaScript、也可以用 jQuery 来完成这项任务，请自行选择。

选择 1：利用 JavaScript。根据如下要求修改页面。

- 在第一个段落上添加超链接，需要设置 onmouseover 事件处理程序，代码如下：

```
<a  href="#"  onmouseover="alert('Concerts  sell  out  quickly  so  act
fast!');">music youwon&rsquo;t want to miss!</a>
```

保存页面并在浏览器中进行测试。图 14.30 展示了当用户将鼠标指针移到超链接文本上时所弹出的警告消息。

选择 2：利用 jQuery。根据如下要求修改页面。

- 在第一个段落中添加超链接，内容为文本"music you won't want to mis"。
- 在锚标签中，将 href 属性值设置为#。
- 在 head 节中添加一个 script 标签，用于访问一个 jQuery CDN。
- 编写 jQuery 脚本块，其中包含 ready 事件。
- 编写一条 jQuery 语句，用于侦测 main 元素中的锚标签之上的 hover 事件。编写 JavaScript 代码用于在 hover 事件出现时显示警告消息"Concerts sellout quickly so act fast!"

保存文件，并在浏览器中进行测试。图 14.30 展示了当用户将鼠标指针移到超链接文本上时所弹出的警告消息。

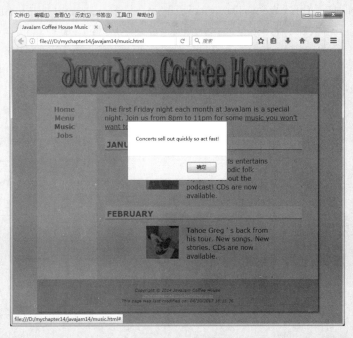

图 14.30　JavaJam 网站的音乐页面显示文档最近一次修改日期，设置了鼠标移过时显示提示信息特效

Fish Creek 宠物医院

回顾一下第 2 章中关于 Fish Creek 宠物医院的案例研究内容。图 2.32 为该网站的站点地图。之前已经创建了部分网页。请使用第 9 章中所完成的 Fish Creek 宠物医院网站作为起点进行本节的练习。你将要完成以下三项任务：

1. 为本实例研究创建一个新的文件夹。
2. 在主页(index.html)上添加该页面最后一次修改的日期。
3. 在联系方式页面(contact.html)上添加表单验证功能。

实例研究之动手练习

任务 1：创建文件夹。创建名为 fishcreek14 的新文件夹。将在第 9 章的练习中所建的 fishcreek9 中的全部文件复制到 fishcreek14 内。

任务 2：在主页上添加日期。启动文本编辑器打开 index.html。我们要在该页面的底部添加文档最后一次修改的日期。你既可以用 JavaScript，也可以用 jQuery 来完成这项任务，请自行选择。

选择 1：利用 JavaScript。根据如下要求修改页面。

- 在页脚区域，位于电子邮件链接之后，添加一个 div 元素，内容为一段脚本代码，用于在页面上显示信息："This page was last modified on: date"。
- 利用 document.lastModified 属性来显示日期。

选择 2：利用 JavaScript 和 jQuery。根据如下要求修改页面：

- 在页脚区域，位于电子邮件链接之后，添加一个 div 元素。

● 在 head 节中添加一个 script 标签，用于访问一个 jQuery CDN。

● 编写 jQuery 脚本块，其中包含 ready 事件，并利用 html()方法在一个新的 div 中显示信息 "This page was last modified on:" 以及 document.lastModified 属性值。

保存文件，并在浏览器中进行测试。现在，主页的底部、电子邮件地址之后将出现一些新的信息。

任务 3：在联系信息页面上显示表单验证功能。启动文本编辑器打开 contact.html，要在该页面上添加表单验证功能：用户必须输入电子邮件地址才能提交表单。

你既可以用 JavaScript、也可以用 jQuery 来完成这项任务，请自行选择。

选择 1：利用 JavaScript。

● 在页面的 head 节部分添加脚本，代码如下：

```
<script>
function validateForm() {
if (document.forms[0].myEmail.value == "" ) {
    alert("Please enter an e-mail address.");
    return false;
} // end if
return true;
} // end function validateForm
</script>
```

● 修改<form>标签，如下所示：

```
<form method="post" action=http://webdevbasics.net/scripts/
fishcreek.phponsubmit="return validateForm();">
```

● 在输入和文本域元素中删除 HTML5 required 属性。删除 name 和 comments 标签处的星号(*)。确认用于填写访客电子邮件地址的输入文本框有一个 name 属性，其值为 myEmail。示例代码如下：

```
<input type="text" name="myEmail" id="myEmail">
```

保存文件并在浏览器中显示。先不输入电子邮件地址就提交表单。此时将会弹出警告消息框，并且表单不会被提交(参见图 14.31)。然后在电子邮件框中输入信息后再提交。此时表单将会顺利提交，并且显示确认页面。

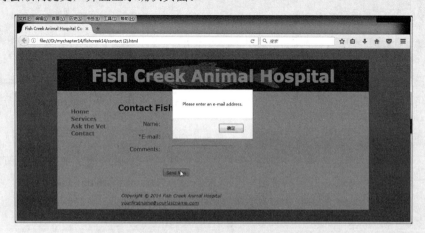

图 14.31　Fish Creek 宠物医院的联系信息页面

选择 2：利用 JavaScript 和 jQuery。根据如下要求修改页面。

- 在 head 节中添加一个 script 标签，用于访问一个 jQuery CDN。

- 在 head 节中添加一个 script 标签，用于访问 jQuery Validate 插件(参考动手实践 14.13)。

- 编写 jQuery 脚本块，其中包含 ready 事件并且要调用 jQuery Validate 插件(参考动手实践 14.13)。

- 编辑 CSS，配置插件所产生的报错信息的样式。设置所有类名为 error 的标签元素的样式。配置一个 label.class 选择器。设置 float 为 none，相对定位，左为 25 em，顶为-2.5em，宽为 25em，文本左对齐，italic 字体，字号为 0.90em，颜色为 red，Arial 字体。

- 编辑 HTML 代码。在电子邮件文本框的 input 标签中添加 class="required email"的设置，并删除输入和文本域元素中的 HTML5 required 属性，删除 name 和 comments 标签处的星号(*)。

- 保存文件并在浏览器中显示。先不输入任何信息就提交表单。此时页面将如图 14.32 所示。请注意 jQuery Validater 插件同时处理了各 HTML5 required 属性，并一起显示了三处表单控件信息的验证错误消息。接下来在电子邮件框中输入正确格式的信息后再提交。此时表单将会顺利提交，并且显示确认页面。

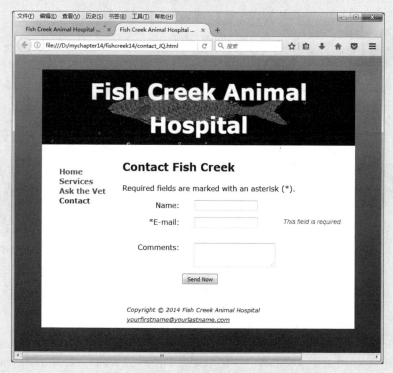

图 14.32　由 jQuery 插件完成的表单验证功能

Pacific Trails 度假村

回顾一下第 2 章中关于 Pacific Trails 度假村的案例研究内容。图 2.36 为该网站的站点地图。之前已经创建了部分网页。请使用第 9 章中所完成的 Pacific Trails 度假村网站作为起点进行本节的练习。你将要完成以下三项任务。

1. 为本实例研究创建一个新的文件夹。
2. 添加一则警告消息，当浏览器呈现庭院帐篷页面(yurts.html)时显示该消息。
3. 在预订页面(reservations.html)上添加表单验证功能，要求输入电子邮件地址。

实例研究之动手练习

任务 1：创建文件夹。创建名为 pacific14 的新文件夹。将在第 9 章的练习中所建的 pacific9 中的全部文件复制到 pacific14 中。

任务 2：在庭院帐篷页面上显示一则警告消息。启动文本编辑器打开 yurts.html 进行修改。当页面在浏览器中加载完毕后弹出一则警告消息。

你既可以用 JavaScript、也可以用 jQuery 来完成这项任务，请自行选择。

选择 1：利用 JavaScript。

- 修改 body 标签，代码如下：

```
<body onload="alert('Today only - 10% off on a weekend - coupon code
ZenTen');">
```

- 网页在浏览器中加载时会发生 load 事件。本例中的 onload 事件处理器将弹出一则警告消息。

  保存文件并在浏览器中进行测试。页面将如图 14.33 所示。

图 14.33　浏览器加载庭院帐篷页面时会显示一则警告消息

选择 2：利用 JavaScript 和 jQuery。根据如下要求修改页面。

- 在 head 节中添加一个 script 标签，用于访问一个 jQuery CDN。
- 编写 jQuery 脚本块，其中包含 ready 事件。在 ready 事件中编写 JavaScript 语句，用于显示警示框消息"Today only—10% off on aweekend—coupon code ZenTen"。

  保存文件并在浏览器中进行测试。页面将如图 14.33 所示。

任务 3：在预订信息页面上显示表单验证功能。启动文本编辑器打开 reservations.html，要在该页面上添加表单验证功能：用户必须输入电子邮件地址才能提交表单。

你既可以用 JavaScript，也可以用 jQuery 来完成这项任务，请自行选择。

选择 1：利用 JavaScript。

- 在页面的 head 节部分添加脚本，代码如下：

```
<script>
function validateForm() {
if (document.forms[0].myEmail.value == "" ) {
    alert("Please enter an e-mail address.");
    return false;
} // end if
return true;
} // end function validateForm
</script>
```

- 修改<form>标签，代码如下：

```
<form method="post" onsubmit="return validateForm();"
action="http://webdevbasics.net/scripts/pacific.php">
```

- 在输入和文本域元素中删除 HTML5 required 属性。删除 first name、last name 和 comments 标签处的星号(*)。确认用于填写访客电子邮件地址的输入文本框有一个 name 属性，其值为 myEmail。示例代码如下：

```
<input type="text" name="myEmail" id="myEmail">
```

保存文件并在浏览器中显示。先不输入电子邮件地址就提交表单。此时将会弹出警告消息框，并且表单不会被提交(参见图 14.34)。然后在电子邮件框中输入信息后再提交。此时表单将会顺利提交，并且显示确认页面。

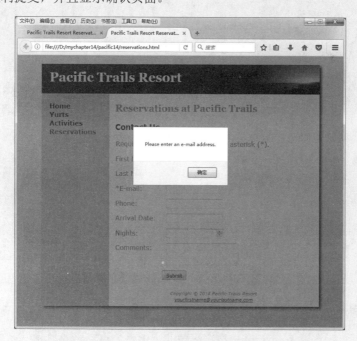

图 14.34　预订页面上提示用户未输入电子邮件信息

选择 2：利用 JavaScript 和 jQuery。根据如下要求修改页面。

- 在 head 节中添加一个 script 标签，用于访问一个 jQuery CDN。
- 在 head 节中添加一个 script 标签，用于访问 jQuery Validate 插件(参考动手实践 14.13)。
- 编写 jQuery 脚本块；其中包含 ready 事件并且要调用 jQuery Validate 插件(参考动手实践 14.13)。
- 编辑 CSS，配置插件所产生的报错信息的样式。设置所有类名为 error 的标签元素的样式。配置一个 label.class 选择器。设置 float 为 none，相对定位，左为 25 em，顶为-2.5em，宽为 25em，文本左对齐，italic 字体，字号为 0.90em，颜色为 red，Arial 字体。
- 编辑 HTML 代码。在电子邮件文本框的 input 标签中添加 class="required email"的设置，并删除输入和文本域元素中的 HTML5 required 属性，删除 first name、last name 和 comments 标签处的星号(*)。
- 保存文件并在浏览器中显示。先不输入任何信息就提交表单。此时页面将如图 14.35 所示。请注意，jQuery Validater 插件同时处理了各 HTML5 required 属性，并一起显示了三处表单控件信息的验证错误消息。接下来在电子邮件框中输入正确格式的信息后再提交。此时表单将会顺利提交，并且显示确认页面。

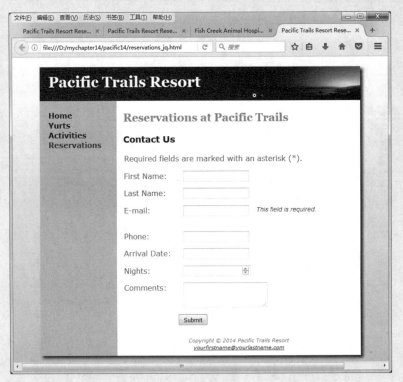

图 14.35   由 jQuery 插件完成的表单验证功能

Prime 房产

回顾一下第 2 章中关于 Prime 房产公司的案例研究内容。图 2.40 为该网站的站点地

图。之前已经创建了部分网页。请使用第 9 章中所完成的 prime 房产网站作为起点进行本节的练习。你将要完成以下三项任务。

1. 为本实例研究创建一个新的文件夹。

2. 在房产信息页面(listings.html)的页脚处添加该页面最后一次修改的日期。

3. 在房产信息页面(listings.html)上添加一个事件处理程序，以实现如下功能：当用户将鼠标指针移过某处房产序号时，将弹出一则警告消息，以提醒用户可单击联系方式链接，与中介取得联系，了解更多信息。

实例研究之动手练习

任务 1：创建文件夹。创建名为 prime14 的新文件夹。将在第 9 章的练习中所建的 prime9 中的全部文件复制到 prime14 中。

任务 2：在房产信息页上添加日期。启动文本编辑器打开 listings.html。我们要在该页面的底部添加文档最后一次修改的日期。你既可以用 JavaScript，也可以用 jQuery 来完成这项任务，请自行选择。

选择 1：利用 JavaScript。根据如下要求修改页面。

- 在页脚区域，位于电子邮件链接之后，添加一段脚本代码，用于在页面上显示信息："This page was last modified on: date"。
- 利用 document.lastModified 属性来显示日期。

保存文件，并在浏览器中进行测试。现在，房产信息页面的底部、电子邮件地址之后将出现一些新的信息。

选择 2：利用 JavaScript 和 jQuery。根据如下要求修改页面。

- 在页脚区域，位于电子邮件链接之后，添加一个 div 元素。
- 在 head 节中添加一个 script 标签，用于访问一个 jQuery CDN。
- 编写 jQuery 脚本块，其中包含 ready 事件，并利用 html()方法在一个新的 div 中显示信息"This page was last modified on:"以及 document.lastModified 属性值。

保存文件，并在浏览器中进行测试。现在，房产信息页面的底部、电子邮件地址之后将出现一些新的信息。

任务 3：在房产信息页面上显示一则警告消息。启动文本编辑器打开 listings.html，要在该页面上的房产编号处添加事件处理程序，这样当用户将鼠标指针移过某处房产序号时，将弹出一则警告消息，以提醒用户可单击联系方式链接，与中介取得联系，了解更多信息。

你既可以用 JavaScript、也可以用 jQuery 来完成这项任务，请自行选择。

选择 1：利用 JavaScript。

- 修改页面中第一处房产编号元素，代码如下：

```
<a href="#" onmouseover="alert('Please contact us for more information.');">#3432535</a>
```

- 以类似的方式处理第二处编号。

保存页面并在浏览器中进行测试。当鼠标指针移到每一个房产编号超链接上时都会弹出消息框。页面将如图 14.36 所示。

选择 2：利用 JavaScript 和 jQuery。根据如下要求修改页面。

- 配置文本"#3432535"处的超链接，将其中锚标签的 href 属性设置为"#"。
- 配置文本"#3432612"处的超链接，将其中锚标签的 href 属性设置为"#"。
- 以类似的方式修改第二处房产信息。
- 在 head 节中添加一个 script 标签，用于访问一个 jQuery CDN。

编写一条 jQuery 语句，用于侦测 main 元素中锚标签处的 hover 事件。编写 JavaScript 语句，用于在 hover 事件显示警示框消息"TConcertssell out quickly so act fast!"。

保存文件并在浏览器中进行测试。页面(下图)将类似于图 14.33。

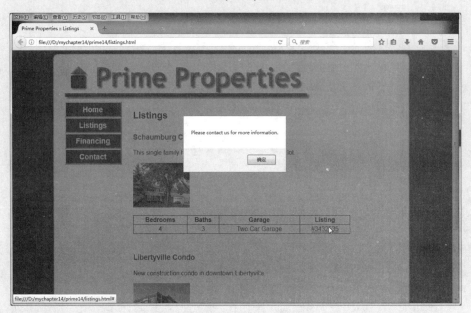

Web 项目

参见第 5 章中对于 Web 项目这一案例研究的介绍。回顾网站设定的目标，考虑一下利用 JavaScript 来增强页面交互性功能是否有助于提升网站价值。如果可行，就为项目网站添加这些内容。咨询你的指导老师，是否需要使用 jQuery 技术。

参考本章中的一个示例，在项目中添加一则警告消息，用于吸引用户的注意力，提醒他们不要错过重要的信息。

参考本章中的一个示例，在项目中添加数据验证功能，可以任选下列验证规则。

- 姓名、地址、电子邮件、电话号码为必填项。
- 一定范围内的数值信息，如必须大于 0 的数量，或必须大于 18 的年龄。
- 确定是否要在你的网站中应用这些交互技术。修改页面并保存，然后在浏览器中进行测试。

附录　网页开发人员手册

我们在附录中提供了许多资源，以期帮助大家成为更高效的网页开发人员。

- 附录 A 列出了 HTML5 中的常用元素和属性。

- 附录 B 列出了 XHTML 中的常用元素和属性。

- 附录 C 给出了用于在网页上显示符号与其他特殊字符的代码清单。

- 附录 D 列出了常用的 CSS 属性和取值。

- 附录 E 列出了 WCAG2.0 无障碍访问准则以及本书中讨论相关代码与设计技术的章节。

- 附录 F 简要介绍了如何使用文件传输协议(File Transfer Protocol，FTP)。

- 附录 G 提供了每种颜色的示例及其十六进制与十进制 RGB 值。

附录 A HTML5 快速参考

元素	用途	常用属性
<!-- -->	代码注释	不适用
<a>	定义超文本链接	accesskey, class, href, id, name, rel, style, tabindex, target, title
<abbr>	定义缩写	class, id, style
<address>	定义文档作者或拥有者的联系信息	class, id, style
<area>	定义图像映射内部的区域	accesskey, alt, class, href, hreflang, id, media, shape, style, tabindex, target
<article>	定义一个文章区域	class, id, style
<aside>	定义页面的侧边栏内容	class, id, style
<audio>	定义音频内容	autoplay, class, controls, id, loop, preload, src, style, title
<b>	定义文本粗体	class, id, style
<blockquote>	定义长引用	class, id, style
<body>	定义文档的主体	class, id, style
 	定义换行	class, id, style
<button>	定义一个点击按钮	accesskey, autofocus, class, disabled, form, formaction, formenctype, formmethod, formtarget, formnovalidate, id, name, type, style, value
<canvas>	定义动态图形	class, height, id, style, title, width
<caption>	定义表格标题	align (已废弃), class, id, style
<cite>	定义所引用内容的标题	class, height, id, style, title, width
<code>	定义计算机代片段	class, id, style
<col>	定义表格中一个或多个列的属性值	class, id, span, style
<colgroup>	定义表格中供格式化的列组	class, id, span, style
<command>	定义展现命令的区域	class, id, style, type
<data>	定义机器可读的文本内容格式	class, id, style, value
<datalist>	定义包含一个或多个选择列表的控件	class, id, style
<dd>	定义定义列表中各项目的描述	class, id, style
<del>	定义被删除文本(加删除线)	cite, class, datetime, id, style
<details>	用于描述文档或文档某个部分的细节	class, id, open, style
<dfn>	定义定义项目	class, id, style
<div>	定义文档中的节	align (已废弃), class, id, style
<dl>	定义列表详情	class, id, style

续表

元素	用途	常用属性
<dt>	定义列表中的项目	class, id, style
<em>	定义强调文本	class, id, style
<fieldset>	定义围绕表单中元素的边框	class, id, style
<figcaption>	定义<figure>元素的标题	class, id, style
<figure>	规定独立的流内容(图像、图表、照片、代码等)	class, id, style
<footer>	定义页脚区域	class, id, style
<form>	定义 HTML 文档的表单	accept-charset, action, autocomplete, class, enctype, id, method, name, novalidate, style, target
<h1> ... <h6>	定义 HTML 标题	align (已废弃), class, id, style
<head>	定义关于文档的信息	不适用
<header>	定义了文档的头部区域	class, id, style
<hr>	定义水平线	class, id, style
<html>	定义 HTML 文档	lang, manifest
<i>	定义斜体字(不是出于强调或标示重要性的目的)	class, id, style
<iframe>	定义内联框架	class, height, id, name, sandbox, seamless, src, style, width
<img>	定义图像	alt, class, height, id, ismap, name, src, style, usemap, width
<input>	定义输入控件：文本框、电子邮件文本框、URL 文本框、搜索文本框、电话号码文本框、多行文本框、提交按钮、重置按钮、密码框、日历控件、滑动条、旋转控件、拾色控件，或隐藏域控件	accesskey, autocomplete, class, checked, disabled, form, id, list, max, maxlength, min, name, pattern, placeholder, readonly, required, size, step, style, tabindex, type, value
<ins>	定义被插入文本	cite, class, datetime, id, style
<kbd>	定义键盘文本	class, id, style
<keygen>	规定用于表单的公私密钥对生成器字段	autofocus, challenge, class, disabled, form, id, keytype, style
<label>	定义表单控件的标注	class, for, form, id, style
<legend>	定义 fieldset 元素的标题	class, id, style
<li>	定义列表的项目	class, id, style, value
<link>	定义文档与外部资源的关系	class, href, hreflang, id, rel, media, sizes, style, type
<main>	定义网页上的主要内容区域	class, id, style

续表

元素	用途	常用属性
<map>	定义图像映射	class, id, name, style
<mark>	定义带有记号(或突出显示)的文本以方便辨认	class, id, style
<menu>	定义菜单列表	class, id, label, style, type
<meta>	定义关于 HTML 文档的元信息	charset, content, http-equiv, name
<meter>	定义度量衡	class, id, high, low, max, min, optimum, style, value
<nav>	定义导航链接的部分	class, id, style
<noscript>	定义针对不支持框架的用户的替代内容	
<object>	定义内嵌对象	classid, codebase, data, form, height, name, id, style, title, tabindex, type, width
<ol>	定义无序列表	class, id, reversed, start, style, type
<optgroup>	定义选择列表中相关选项的组合	class, disabled, id, label, style
<option>	定义选择列表中的选项	class, disabled, id, selected, style, value
<output>	定义不同类型的输出，比如脚本的输出	class, for, form, id, name, style
<p>	定义段落	class, id, style
<param>	定义对象的参数	name, value
<pre>	定义预设格式文本	class, id, style
<progress>	定义运行中的进度(进程)	class, id, max, style, value
<q>	定义短的引用	class, id, style
<rp>	在 ruby 注释中使用，以定义不支持 ruby 元素的浏览器所显示的内容	class, id, style
<rt>	定义 ruby 注释中的 ruby 文本组件	class, id, style
<ruby>	定义 ruby 注释	class, id, style
<s>	定义不再准确或不再相关的内容	class, id, style
<samp>	定义计算机代码样本	class, id, style
<script>	定义客户端脚本(通常为 JavaScript)	async, charset, defer, src, type
<section>	定义文档中的节(section、区段)	class, id, style
<select>	定义选择列表(下拉列表)	class, disabled, form, id, multiple,name, size, style, tabindex
<small>	定义小号文本	class, id, style
<source>	为媒体元素(比如<video>和<audio>)定义媒体资源	class, id, media, src, style, type
<span>	定义文档中内联级别的节	class, id, style
<strong>	定义强调文本(通常为粗体)	class, id, style
<style>	定义网页文档的样式信息	media, scoped, type

元素	用途	常用属性
`<sub>`	定义下标文本	class, id, style
`<summary>`	包含 details 元素的标题，"details" 元素用于描述有关文档或文档片段的详细信息	class, id, style
`<sup>`	定义上标文本	class, id, style
`<table>`	定义表格	class, id, style, summary
`<tbody>`	定义表格中的主体内容	class, id, style
`<td>`	定义表格中的表格数据单元格	class, colspan, id, headers, rowspan
`<textarea>`	定义多行的文本输入控件	accesskey, autofocus, class, cols, disabled, id, maxlength, name, placeholder, readonly, required, rows, style, tabindex, wrap
`<tfoot>`	定义表格中的表注内容(脚注)	class, id, style
`<th>`	定义表格中的表头单元格	class, colspan, id, headers, rowspan, scope, style
`<thead>`	定义表格中的表头内容	class, id, style
`<time>`	定义日期或时间，或者两者	class, datetime, id, style
`<title>`	定义文档的标题	
`<tr>`	定义表格中的行	class, id, style
`<track>`	为诸如 video 元素之类的媒介规定外部文本轨道	class, default, id, kind, label, src, srclang, style
`<u>`	定义带下划线的传统样式	class, id, style
`<ul>`	定义无序列表	class, id, style
`<var>`	定义文本的变量部分或占位符	class, id, style
`<video>`	定义浏览器自带的视频控件	autoplay, class, controls, height, id,loop, poster, preload, src, style, width
`<wbr>`	规定在文本中的何处适合添加换行符	class, id, style

附录 B　XHTML 快速参考

元素	用途	常用属性
<!-- -->	注释	未应用
<a>	锚标签: 用于配置超链接	accesskey, class, href, id, name, style, tabindex, target, title
<abbr>	定义缩写	class, id, style
<acronym>	定义只取首字母的缩写	class, id, style
<address>	定义联系信息	class, id, style
<area />	定义图像映射内部的区域	accesskey, alt, class, coords, href, id, nohref, shape, style, tabindex, target
<b>	定义文本粗体	class, id, style
<big>	定义大号文本	class, id, style
<blockquote>	定义长的引用	class, id, style
<body>	定义文档的主体	alink (已废弃), background (已废弃), bgcolor (已废弃), class, id, link (已废弃), style, text (已废弃), vlink (已废弃)
 	定义换行	class, id, style
<button>	定义一个点击按钮	accesskey, class, disabled, id, name, type, style, value
<caption>	定义表格标题	align (已废弃), class, id, style
<dd>	定义定义列表中项目的描述	class, id, style
<del>	定义被删除文本(加删除线)	cite, class, datetime, id, style
<div>	定义文档中的节或段	align (已废弃), class, id, style
<dl>	定义定义列表	class, id, style
<dt>	定义定义列表中的项目	class, id, style
<em>	定义强调文本(通常显示为斜体)	class, id, style
<fieldset>	定义围绕表单中元素的边框	class, id, style
<form>	定义表单	accept, action, class, enctype, id, method, name, style, target (已废弃)
<h1>...<h6>	定义 HTML 标题	align (已废弃), class, id, style
<head>	定义了文档的头部区域	
<hr />	定义水平线	align (已废弃), class, id, size (已废弃), style, width (已废弃) lang,
<html>	定义 网页 文档	xmlns, xml:lang
<i>	定义斜体字	class, id, style
<i>	定义斜体字	class, id, style

元素	用途	常用属性
<iframe>	定义内联框架	align（已废弃），class, frameborder, height, id, marginheight, marginwidth, name, scrolling, src, style, width
<img />	定义图像	align（已废弃）, alt, border（已废弃）, class, height, hspace（已废弃）, id, name, src, style, width, vspace(已废弃)
<input />	定义文本框、多行文本框、提交按钮、密码框、或隐藏域等表单控件	accesskey, class, checked, disabled, id, maxlength, name, readonly, size, style, tabindex, type, value
<label>	定义 表单控件的标注	class, for, id, style
<legend>	定义 fieldset 元素的标题	align (已废弃), class, id, style
<li>	定义无序列表或有序列表中的项目	class, id, style
<link />	定义文档与外部资源的关系	class, href, id, rel, media, style, type
<map>	定义图像映射	class, id, name, style
<meta />	定义关于 HTML 文档的元信息	content, http-equiv, name
<noscript>	定义针对不支持框架的用户的替代内容	未应用
<object>	定义内嵌对象	align, classid, codebase, data, height, name, id, style, title, tabindex, type, width
<ol>	定义无序列表	class, id, start (已废弃), style, type (已废弃)
<optgroup>	定义选择列表中相关选项的组合	class, disabled, id, label, style
<option>	定义选择列表中的选项	class, disabled, id, selected, style, value
<p>	定义段落	align (已废弃), class, id, style name, value
<pre>	定义预设格式文本	class, id, style
<script>	定义客户端脚本（通常为 JavaScript)	src, type
<select>	定义选择列表控件	class, disabled, id, multiple, name, size, style, tabindex
<small>	定义小号文本	class, id, style
<span>	定义文档中内联级别的节	class, id, style
<strong>	定义强调文本(通常为粗体)	class, id, style
<style>	定义网页文档的样式信息	type, media
<sub>	定义下标文本	class, id, style
<sup>	定义下标文本	class, id, style
<table>	定义表格	align (已废弃), bgcolor (已废弃), border,- cellpadding, cellspacing, class, id, style, summary, title, width

续表

元素	用途	常用属性
\<tbody\>	定义表格中的主体内容	align, class, id, style, valign
\<td\>	定义表格中的表格数据单元格	align, bgcolor（已废弃）, class, -colspan, id, headers, height（已废弃）, rowspan, style, valign, width（已废弃）
\<textarea\>	定义多行的文本输入控件	accesskey, class, cols, disabled, id, name, readonly, rows, style, tabindex
\<tfoot\>	定义表格中的表注内容(脚注)	align, class, id, style, valign
\<th\>	定义表格中的表头单元格	align, bgcolor（已废弃）, class, colspan,- id, height（已废弃）, rowspan, scope, style, valign, width（已废弃）
\<thead\>	定义表格中的表头内容	align, class, id, style, valign
\<tr\>	定义表格中的行	align, bgcolor（已废弃）, class, id, style, valign
\<ul\>	定义无序列表	class, id, style, type（已废弃）

附录 C 特殊实体字符

下表按数字编号的顺序列出了特殊实体字符选集。最常用的特殊字体加粗显示了。W3C 的特殊字符清单参见 http://www.w3.org/MarkUp/html-spec/html-spec_13.html。

实体名称	实体编辑	描述码	字符
Ampersand	&#38;	&amp;	&
postrophe	&#39;		'
Less than sign	&#60;	&lt;	<
Greater than sign	&#62;	&gt;	>
Vertical bar	|		|
Left single quotation mark	&#145;	&lsquo;	'
Right single quotation mark	&#146;	&rsquo;	'
Nonbreaking space			a blank space
Inverted exclamation	&#161;	&iexcl;	¡
Cent sign	&#162;	&cent;	¢
Pound sterling sign	&#163;	&pound;	£
General currency sign	&#164;	&curren;	¤
Yen sign	&#165;	&yen;	¥
Broken vertical bar	&#166;	&brvbar;	¦
Section sign	&#167;	&sect;	§
Umlaut	&#168;	&uml;	¨
Copyright symbol	&#169;	&copy;	©
Feminine ordinal	&#170;	&ordf;	ª
Left angle quote	&#171;	&laquo;	<<
Not sign	&#172;	&not;	¬
Soft hyphen	&#173;	&shy;	-
Registered trademark symbol	&#174;	&reg;	®
Macron	&#175;	&macr;	¯
Degree sign	&#176;	&deg;	°
Plus or minus	&#177;	&plusmn;	±
Superscript two	&#178;	&sup2;	2
Superscript three	&#179;	&sup3;	3
Acute accent	&#180;	&acute;	´
Micro (Mu)	&#181;	&micro;	µ
Paragraph sign	&#182;	&para;	¶
Middle dot	&#183;	&middot;	·
Cedilla	&#184;	&cedil;	¸

续表

实体名称	实体编辑	描述码	字符
Superscript one	&#185;	&sup1;	¹
Masculine ordinal	&#186;	&ordm;	º
Right angle quote	&#187;	&raquo;	>>
Fraction one-fourth	&#188;	&frac14;	¼
Fraction one-half	&#189;	&frac12;	½
Fraction three-fourths	&#190;	&frac34;	¾
Inverted question mark	&#191;	&iquest;	¿
Small e, grave accent	&#232;	&egrave;	è
Small e, acute accent	&#233;	&eacute;	é
En dash	&#8211;	&ndash;	–
Em dash	&#8212;	&mdash;	—

附录 D CSS 属性参考

常用的 CSS 属性

属性	描述
background	在一个声明中设置某元素所有的背景属性 取值：background-color，background-image，background-repeat，background-position
background-attachment	设置背景图像是否固定或者随着页面的其余部分滚动 取值：scroll(默认)或 fixed
background-clip	CSS3 属性，规定背景的绘制区域
background-color	设置元素的背景颜色 取值：有效的颜色值
background-image	为某元素指定背景图像 取值：url(指向图像的文件名或路径)，none(默认) 可选的 CSS3 新函数：linear-gradient()和 radial-gradient()
background-origin	CSS3 属性。指定背景位置区域 取值：padding-box、border-box 或 content-box
background-position	指定背景图像的位置 取值：两个百分比值、像素值或定位值(left、top、center、bottom 和 right)
background-repeat	指定背景图像的重复方式 取值：repeat (默认)、repeat-y、repeat-x 或 no-repeat
background-size	CSS3 属性。指定背景图像的大小 取值：数字值(单位为 px 或 em)，百分比，contain 和 cover
border	指定某元素边距的简化写法 取值：border-width，border-style，border-color
border-bottom	指定某元素的底部边框 取值：border-width，border-style，border-color
border-collapse	指定表格中边框的显示模式 取值：separate(默认)或 collapse
border-color	指定某元素的边框颜色 取值：有效的颜色值
border-image	CSS3 属性。指定某元素边框中的图像 详见 http://www.w3.org/TR/css3-background#the-border-image
border-left	配置某元素的左边框 取值：border-width border-style border-color

属性	描述
border-radius	CSS3 属性：配置圆角 取值：一至四个数字值(单位为 px 或 em)或百分比值，用于指定圆角的半径。如果只提供了一个值，即代表同时适用于四个圆角，顺序为：左上、右上、右下、左下。相关属性：border-top-left-radius、border-top-right-radius、border-bottom-left-radius 以及 border-bottom-right-radius
border-right	设置某元素的右边框 取值：border-width border-style border-color
border-spacing	指定表格中两个单元格之间的距离。 取值：数字值(单位为 px 或 em)
border-style	指定某元素四周边框的样式。 取值：none (默认)、inset、outset、double、groove、ridge、solid、dashed 或 dotted
border-top	配置某元素的顶部边框 取值：border-width border-style border-color
border-width	指定某元素边框的宽度。 取值：数字像素值(如 1px)、thin、medium 或 thick
bottom	指定离窗口元素的底部偏移位置。 取值：数字值(单位为 px 或 em)、百分比值或 auto(默认)
box-shadow	CSS3 属性。配置元素的投射阴影效果 取值：三到四个数字值(单位为 px 或 em)以指定水平偏移、垂直偏移、模糊半径、扩散距离(可选)。用 inset 关键字来配置一个内部阴影
box-sizing	CSS3 属性。改变 CSS 框模型默认计算的元素高度与宽度 取值：content-box (默认)、padding-box 和 border-box
caption-side	指定表格标题的位置 取值：top (默认)或 bottom
clear	指定某元素与另一浮动元素相关的显示方式 取值：none (默认)、left、right 或 both
color	指定某元素内文本的颜色 取值：有效的颜色值
display	指定元素如何显示以及是否显示 取值：inline、none、block、flex、inline-flex、list-item、table、table-row 或 table-cel
flex	CSS3 属性。指定某个弹性项的相对大小与可变性 取值：数字值，以指定弹性项的相对可伸缩大小 其余的关键词与值，请访问 http://www.w3.org/TR/css3-flexbox/#flex-common

属性	描述
flex-direction	CSS3 属性。指定某可伸缩容器的伸缩方向 取值：row (默认)、column、row-reverse、column-reverse
flex-wrap	CSS3 属性。指定可伸缩项在可伸缩容器内显示时是否可拆行 取值：nowrap (默认)、wrap 和 wrap-reverse
float	指定某元素的水平位置(左或右) 取值：none (默认)、left、或 right
font-family	规定文本的字体系列 取值：有效字体名称列表或通常字体系列
font-size	指定文本字体大小 取值：数字值(单位为 px、pt 或 em)、百分比值、xx-small、x-small、small、medium (默认)、large、x-large、xx-large、smaller、或 larger
font-stretch	CSS3 属性。指定字体系列为正常、收缩或拉伸 取值：normal (默认)、wider、narrower、condensed、semi-condensed、expanded 或 ultra-expanded
font-style	指定文本字体样式 取值：normal (默认)、italic 或 oblique
font-variant	指定是否以小型大写字母的字体显示文本 取值：normal (默认)或 small-caps
font-weight	指定文本字体的重量(粗细) 取值：normal (默认)、bold、bolder、lighter、100、200、300、400、500、600、700、800 或 900
height	指定某元素的高度 取值：数字值(单位为 px 或 em)、百分比值或 auto (默认)
justify-content	CSS3 属性。指定浏览器如何显示存在于可伸缩容器内的额外空间 取值：flex-start (默认)、flex-end、center、space-between、space-around
left	设置定位元素左外边距边界与其包含块左边界之间的偏移 取值：数字值(单位为 px 或 em)、百分比值或 auto (默认)
letter-spacing	指定文本字符的间距 取值：数字值(单位为 px 或 em)或 normal (默认)
line-height	指定文本行高 取值：数字值(单位为 px 或 em)、百分比值、乘数数值或 normal (默认)
list-style	指定列表属性的简化写法 取值：list-style-type，list-style-position，list-style-image
list-style-image	将图片设置为列表标记 取值：url(文件名或图片文件路径)或 none (默认)
list-style-position	指定列表标记的位置 取值：inside 或 outside (默认)

续表

属性	描述
list-style-type	指定列表标记的类型 取值：none、circle、disc (默认)、square、decimal、decimal-leading-zero、georgian、lower-alpha、lower-roman、upper-alpha 或 upper-roman
margin	设置元素外边距的简化写法 取值：一到四个数字值(单位为 px 或 em)或百分比值、auto 或 0
margin-bottom	指定某元素的底外边距 取值：数字值(单位为 px 或 em)、百分比值、auto 或 0
margin-left	指定某元素的左外边距 取值：数字值(单位为 px 或 em)、百分比值、auto 或 0
margin-right	指定某元素的右外边距 取值：数字值(单位为 px 或 em)、百分比值、auto 或 0
margin-top	指定某元素的顶外边距 取值：数字值(单位为 px 或 em)、百分比值、auto 或 0
max-height	指定某元素的最大高度 取值：数字值(单位为 px 或 em)、百分比值或 none (默认)
max-width	指定某元素的最大宽度 取值：数字值(单位为 px 或 em)、百分比值或 none (默认)
min-height	指定某元素的最小高度 取值：数字值(单位为 px 或 em)、百分比值或 none (默认)
min-width	指定某元素的最小宽度 取值：数字值(单位为 px 或 em)、百分比值或 none (默认)
opacity	CSS3 属性。指定某元素及其子元素的透明程度 取值：1(完全不透明)到 0(完全透明)之间的一个数字值
order	CSS3 属性。以不同于代码编写的顺序来显示可伸缩项 取值：数字值
outline	设置某元素所有轮廓的简化写法 取值：outline-width、outline-style、outline-color
outline-color	指定某元素轮廓的颜色 取值：有效的颜色值
outline-style	指定某元素轮廓的样式 取值：none (默认)、inset、outset、double、groove、ridge、solid、dashed 或 dotted
outline-width	指定某元素轮廓的宽度 取值：数字像素值(如 1px)、thin、medium 或 thick
overflow	指定如果内容溢出了为它分配的内容区域，该如何显示 取值：visible (默认)、hidden、auto 或 scroll

属性	描述
padding	指定某元素所有内边距的简化写法
	取值：一到四个数字值(单位为 px 或 em)或百分比值或 0
padding-bottom	指定某元素的底内边距
	取值：数字值(单位为 px 或 em)或百分比值或 0
padding-left	指定某元素的左内边距
	取值：数字值(单位为 px 或 em)或百分比值或 0
padding-right	指定某元素的右内边距
	取值：数字值(单位为 px 或 em)或百分比值或 0
padding-top	指定某元素的顶内边距
	取值：数字值(单位为 px 或 em)或百分比值或 0
page-break-after	指定在某元素之后分页
	取值：auto (默认)、always、avoid、left 或 right
page-break-before	指定在某元素之前分页
	取值：auto (默认)、always、avoid、left 或 right
page-break-inside	设置元素内部的分页行为
	取值：auto (默认)或 avoid
position	指定用于某元素显示的定位类型
	取值：static (默认)、absolute、fixed 或 relative
right	指定定位元素右外边距边界与其包含块右边界之间的偏移
	取值：数字值(单位为 px 或 em)、百分比值或 auto(默认)
text-align	指定某元素内文本的水平对齐方式
	取值：left (默认)、right、center 或 justify
text-decoration	指定添加到文本的装饰效果。
	取值：none (默认)、underline、overline、line-through 或 blink
text-indent	指定文本首行的缩进
	取值：数字值(单位为 px 或 em)、百分比值
text-outline	CSS3 属性。设置某元素内文本周围的轮廓
	取值：一到二个数字值(单位为 px 或 em)，用于指定轮廓的粗细以及(可选)模糊半径和有效的数字值
text-shadow	CSS3 属性。设置某元素内文本的阴影效果
	取值：三到四个数字值(单位为 px 或 em)，用于指定水平偏移、垂直偏移、模糊半径或扩散距离(可选)和有效的数字值
text-transform	控制文本的大小写
	取值：none (默认)、capitalize、uppercase 或 lowercase
top	设置定位元素的上外边距边界与其包含块上边界之间的偏移
	取值：数字值(单位为 px 或 em)、百分比值或 auto (默认)

属性	描述
transform	CSS3 属性。该属性允许我们对元素进行旋转、缩放、移动或倾斜 取值：某个转换函数，如 scale()、translate()、matrix()、rotate()、skew()或 perspective()
transition	CSS3 属性。简写属性，用于在一个属性中设置四个过渡属性 取值：列出 transition-property、transition-duration、transition-timing-function 和 transition-delay 的值，以空格分隔；默认值可以省略，但首次使用时要设置 transition-duration 单位
transition-delay	CSS3 属性。规定过渡效果何时开始 取值：0 (默认)表示不延迟，否则设置一个数字值来指定延迟时间(通常以秒为单位)
transition-duration	CSS3 属性。定义过渡效果花费的时间 取值：0 (默认) 表示瞬间过渡；否则设置一个数字值来指定过渡时间(通常以秒为单位)
transition-property	CSS3 属性。指定应用过渡的 CSS 属性的名称 取值：请访问 http://www.w3.org/TR/css3-transitions，获取可用属性清单
Transition-timing-function	CSS3 属性。通过描述中间属性值的计算方法以规定过渡效果的速度变化 取值：ease (默认)、linear、ease-in、ease-out 或 ease-in-out
vertical-align	指定某元素的垂直对齐方式 取值：数字值(单位为 px 或 em)、百分比值、baseline (默认)、sub、super、top、text-top、middle、bottom 或 text-bottom
visibility	指定某元素的可见性 取值：visible (默认)、hidden 或 collapse
white-space	规定如何处理元素中的空白 取值：normal (默认)、nowrap、pre、pre-line 或 pre-wrap
width	指定某元素的宽度 取值：数字值(单位为 px 或 em)、百分比或 auto (默认)
word-spacing	设置文本内单词间距 取值：数字值(单位为 px 或 em)或 auto (默认)
z-index	设置元素的堆叠顺序 取值：数字值(单位为 px 或 em)或 auto (默认)

附录 E　WCAG 2.0 快速参考

可感知性

- 1.1 替代文本：为所有非文本内容提供替代文本，使其可以转化为人们需要的其他形式，如以大字体印刷，提供盲文、语音、号或更简单的语言。要对页面上的图像(第 4 章)和多媒体(第 11 章)进行相应配置，提供替代文本。
- 1.2 时基媒体：为时基媒体提供替代内容。在本书中，我们没有学习有关时基媒体的知识，但是将来你如果要创建动画或客户端侧的脚本以提供诸如交互式幻灯片等功能时，不要忘记这一原则。
- 1.3 适应性：创建可用不同方式呈现的内容(例如简单的布局)，而不会丢失信息或结构。在第 2 章中，我们学习了如何利用块显示元素(如标题、段落、列表等)来创建单栏网页，在第 6 章和第 7 章中学习了如何创建多栏页面，在第 8 章中学习了如何用 HTML 表格来组织页面信息。
- 1.4 可辨别性：使用户更容易看到和听到内容，包括把背景和前景分开等。在本书的学习过程中，我们多次提及文本与背景间要有良好对比的重要性。

可操作性

- 2.1 键盘可访问：使所有功能都能通过键盘来操作。在第 2 章中，我们用命名区段标识符来配置网页上的超链接，在第 9 章中介绍了 label 元素。
- 2.2 充足的时间：为用户提供足够的时间用以阅读和使用内容。将来你如果要创建动画或客户端侧的脚本以提供诸如交互式幻灯片等功能时，不要忘记这一原则。
- 2.3 癫痫：不要设计会导致癫痫发作的内容。在使用他人创建的动画时要格外小心；网页不要包含任何闪光超过 3 次/秒的内容。
- 2.4 可导航性：提供帮助用户导航、查找内容、并确定其位置的方法。在第 2 章中，我们使用块显示元素(如标题和列表)来组织网页内容。在第 6 章中，我们学习了如何用无序列表来构建导航链接。在第 7 章中，我们为网页上的超链接配置了命名区段标识符。

可理解性

- 3.1 可读性：使文本内容可读，可理解。我们在第 5 章中学习了如何针对 Web 进行写作的技巧。
- 3.2 可预测性：让网页以可预见的方式呈现和操作。我们创建的网页应当是可预见的，超链接要有清晰标识与明确功能。

- 3.3 辅助输入：帮助用户避免和纠正错误。在第 9 章中，我们学习了如何使用 HTML 表单控件，使浏览器能支持验证基本的表单信息并显示错误提示。请注意，客户端脚本可以用来编辑网页表单，并提供额外的反馈给用户。
- 鲁棒性
- 4.1 兼容：最大化兼容当前和未来的用户代理(包括辅助技术)。在编写代码时要遵从 W3C 的推荐(标准)，以期为未来的应用提供兼容。

WCAG 2 快速参考列表条目版权©2008 属万维网联盟(麻省理工学院、欧洲信息学与数学研究协会及庆应大学)所有。所有权信息参见 reserved.http://www.w3.org/consortium/legal/2002/copyright-documents-20021231。

资源

有关 WCAG 2.0 的最新信息，可访问下列网站：

- Overview of WCAG 2.0，网址为 http://www.w3.org/TR/WCAG20/Overview
- Understanding WCAG 2.0，网址为 http://www.w3.org/TR/UNDERSTANDING-WCAG20
- How to Meet WCAG 2.0，网址为 http://www.w3.org/WAI/WCAG20/quickref
- Techniques for WCAG 2.0，网址为 http://www.w3.org/TR/WCAG-TECHS

附录 F　FTP教程

用文件传输协议(File Transfer Protocol，FTP)进行发布

一旦拥有了主机空间后，你就可以上传文件了。虽然主机可能会为客户提供基于网络的文件管理应用，但更常见的传输文件的方法是使用文件传输协议(File Transfer Protocol，FTP)。协议是一种约定或标准，从而让计算机之间能够"通话"。FTP 用于复制和管理 Internet 上的文件及文件夹。FTP 用两个端口来进行跨网络通信——一个用于数据(通常为端口 20)，另一个用于控制命令(通常为端口 21)。详见 http://www.iana.org/assignments/port-numbers，该页面上列出了互联网使用的端口号。

FTP 软件

Web 上有许多 FTP 软件可供下载或购买：

- Filezilla
  - Windows, Mac, Linux 平台
  - http://filezilla-project.org
  - 可免费下载
- SmartFTP
  - Windows
  - http://www.smartftp.com
  - 可免费下载
- CuteFTP
  - Windows, Mac
  - http://www.cuteftp.com
  - 可免费下载试用，学术用途需购买

用 FTP 连接

主机供应商要告之用户以下信息以及其他说明，如 FTP 服务器需要使用主动模式还是被动模式：

```
FTP Host: 你的 FTP 主机名
Username: 你的帐户名
Password: 你的帐户密码
```

FTP 软件应用概述

本节我们主要介绍 FileZilla，这是一款免费的 FTP 软件，有支持 Windows、Mac 和 Linux 平台的不同版本。可以到 http://filezilla-project.org/download.php 上免费下载该软件。下载所需版本后，根据说明将软件安装到本地电脑。

启动与登录

启动 Filezilla 或别的 FTP 软件。输入所需的 web 主机信息(如 FTP 主机、用户名、密码等)，然后启动连接。连接后的 Filezilla 截屏如下图所示。

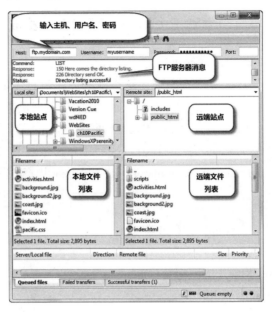

观察上图，你将发现靠近界面顶部的文本框是用来输入主机、用户名和密码等信息的。该区域的下方显示来自 FTP 服务器的消息。查看这一区域的提示以确认连接成功及文件传输的结果。接下来的界面分成左右两个面板。左侧面板是本地站点，显示关于本地计算机的一些信息，并让用户在此浏览本地硬盘、文件夹和文件。右侧面板是远端站点，它显示有关网站的信息，并提供浏览远端文件夹与文件的途径。

上传文件

把本地计算机上的一个文件上传到远端服务器的操作很简单：只需要用鼠标在左侧面板(本地站点列表)中选中文件，然后拖曳到右侧面板(远端站点列表)即可。

下载文件

如果需要将远端网站上的文件下载到本地计算机上，只需要用鼠标将右侧面板(远端站点列表)中的文件拖曳到左侧面板(本地站点列表)即可。

删除文件

右侧单击某个文件名(在右侧面板上)，然后选择弹出菜单中的“删除”就可以删除网站上的文件。

请随意浏览 FileZilla 提供的其他功能(以及大多数 FTP 应用程序)。在远程站点列表中右键单击某个文件名，在弹出的菜单中会显示几个选项，包括重命名一个文件，创建一个新目录(也称文件夹)以及查看文件等。

参考答案

第 1 章

自测题 1.1

1. 互联网(Internet)是公共的、全球互联的计算机网络。万维网(Web)是图形化的用户界面,用户通过该界面访问存储在网络服务器(计算机)上的信息。万维网是互联网的一个子集。

2. 互联网从 20 世纪 90 年代初起出现商业化趋势,之后开始呈指数增长,这在很大程度上是由于技术融合引起的,带图形化操作系统的个人电脑的发展、互联网服务的普及、NSFnet 的商业用途不再受限制、由 CERN 的蒂姆·伯纳斯-李(Tim Berners-Lee)发明的万维网不断发展以及 NCSA 发明了第一个图形浏览器(Mosaic)等等事件不断涌现,它们结合起来,使得商业从中受益颇多,信息共享和访问变得前所未有的简单。

3. 对于网页开发人员来说,通用设计是非常重要的概念,因为他们所创建的网站要让大家都可用。这不仅仅是一件我们应该做的正确的事,并且在开发政府或教育机构网站的过程中,可接入技术(包括网站)是法律的强制要求。

自测题 1.2

1. 一台运行了浏览器软件(如 Internet Explorer)的计算机就是客户机的一个示例。通常计算机只在有需要时才会联接互联网。网页浏览器软件使用 HTTP 协议来请求服务器上的页面与相关资源。服务器是一台一直与互联网保持连接的计算机,运行了某些类型的服务器应用软件。它用 HTTP 协议来接收对于网页和相关资源的请求,响应并发送资源。

2. 在本章中我们讨论了一些协议,它们用于互联网而不是万维网。电子邮件信息是通过互联网来传输的。SMTP(简单邮件传输协议)用来发送电子邮件信息。POP(邮局协议)和 IMAP(互联网信息访问协议)可用来与连接到互联网的计算机交换(发送与接收)文件。

3. URL(统一资源定位符)代表了互联网上所提供的资源地址。一个 URL 由协议、域名以及资源或文件的层次位置组成。http://www.webdevfoundations.net/chapter1/index.htm 即是一个 URL。域名代表互联网上的某个组织或其他实体,并与一个唯一的数字 IP 地址对应。域名是 URL 的一部分。

复习题

1. a	2. b	3. c	4. b	5. a
6. 对	7. 对	8. 错	9. 错	10. SGML
11. XHTML	12. HTML	13. HTML5	14. 微博	15. TCP

第 2 章

自测题 2.1

1. HTML(超文本标签语言)是由 CERN 的蒂姆·伯纳斯-李(Tim Berners-Lee)利用 SGML 开发的。它是一组标记符号或代码，写在某个需要在 Web 浏览器上显示的文件中。HTML 所配置的信息与平台无关。标记代码被称为元素(或标签)。

2. 在创建网页与编写代码时，并不需要什么昂贵的高档软件，利用操作系统(Windows 或 Mac)自带的文本编辑器就可以搞定。网上也有许多免费的文本编辑器和 web 浏览器可供下载。

3. 头部 head 节位于页面文档的<head>和</head>标签对之间。该部分信息用于描述网页，例如显示在浏览器窗口菜单栏中的页面标题等元素。

主体 body 节位于<body >和</body >标签对之间。该区域用来编写文本和标签代码，直接显示在浏览器所展现的网页上。body 节用于描述网页内容。

自测题 2.2

1. heading 元素用于显示文档的标题与子标题。heading 的大小是通过特定的标题层级来指定的——范围从 1～6，其中<h1>最大，<h6>最小。heading 标签对之间的文本将显示为粗体，其上其下均会换行。

2. 有序列表和无序列表都可用来组织网页上的信息。无序列表中的每个列表项之前都有一个小图标或项目符号。我们用<ul>标签来配置无序列表。默认状态下，有序列表中的每个列表项前均有数字来标示顺序。我们用<ol>标签来配置有序列表。

3. 块引用元素的作用在于为页面上的长引用设置特定格式：缩进文本中的一部分。包含在块引用元素中的文本上下均有空格。文本在左右两边均有缩进。

自测题 2.3

1. 特殊字符用于在页面上显示诸如引号、大于号(>)、小于号(<)和版权符号等符号。这些特殊字符有时被称作实体字符，由浏览器在呈现网页时进行解析。

2. 绝对链接用于显示其他网站中的页面文档。href 属性值中要使用 http 协议。例如：<ahref="http://www.google.com">Google</a>。

3. 相对链接用于显示自身网站内部的页面文档。href 属性值中不需要用 http 协议。

复习题

1. a	2. c	3. b	4. c	5. b
6. b	7. d	8. c	9. b	10. b

11. 描述网页的特点，例如字符编码等。　　　　12. 特殊字符

13. strong　　　　　　14. 　　　　　　15. em

16. 电子邮件地址既显示在页面上又包含在锚标签之内是一种好做法，并不是所有人的浏览器都配置了电子邮件程序。在这两个地方均放上电子邮件地址能够提升网页的可用性。

第 3 章

自测题 3.1

1. 在网页上应用 CSS 的理由是：能更好地控制网页排版与布局，将样式与结构分离，让网页文档能够变得更小，让网站更易于维护。

2. 由于来访者可能将他们的浏览器设成了特定的配色方案，因此在改变文本或背景颜色时最好同时指定文本颜色和背景颜色属性，使两者间形成较好的对比。

3. 嵌入样式代码写在网页 head 节中，对整个页面有效。该方法比使用内联相式分别设置 HTML 元素的样式更高效。

自测题 3.2

1. 嵌入样式可用来设置页面上所有文本和颜色的格式。它位于网页文档的 head 节中。将 CSS 选择器和相应的属性写在<style>标签对中，就完成了嵌入样式的配置。

2. 使用外部样式可实现以一个文件完成对网站内所有网页的文本与颜色格式进行设置的功能。我们可以修改这个文件，所有与之相关联的网页下一次在浏览器中打开时就将展现更新后的样式。外部样式放置在一个独立的文件中，这种文件的扩展名为.css 。网页通过<link>标签来指定所使用的外部样式表。

3. <link rel="stylesheet" href="mystyles.css">

复习题

1. b	2. b	3. a	4. c	5. c
6. d	7. c	8. d	9. a	10. b
11. c	12. span	13. text-align	14. text-indent	15. 1996

第 4 章

自测题 4.1

1. 希望所编写的网页在各种浏览器中显示效果类似，这想法是合理的。但希望实现网页在各种浏览器与操作系统中的效果完全一致就不切实际了。如今的网页开发人员在开发网页时会先保障常规浏览器中的显示效果，然后再添加一些已得到最新版本浏览器支持的提升元素。

2. 第一条样式规则缺少了语句结束的分号(;)。

3. CSS 可用来设置颜色、文本以及诸如矩形(通过 background-color 属性)和线条(通过 border 属性)等视觉元素。

自测题 4.2

1. CSS background-image 属性指定了所显示的文件。CSS background-repeat 属性指定了图片在网页上显示的方式。

```
h1 { background-image: url(circle.jpg);
     background-repeat: no-repeat;
}
```

2. CSS background-image 属性指定了所显示的文件。CSS background-repeat 属性指定了图片在网页上的显示方式。

```
body { background-image: url(bg.gif);
       background-repeat: repeat-y;
}
```

3. 浏览器会立即显示背景颜色,然后再呈现背景图片并根据 CSS 的设置方式进行重复。背景图片未覆盖到的地方将显示背景颜色。

自测题 4.3

1. 答案将会因各人所选网站不同而不同。示例答案:本人浏览了一个足球联赛的主页,网址是 http://www.alithsa.org。图像链接用于网站主导航。每个图像链接为一个带文本和足球图案的矩形。黑色文字和黄色或绿色的背景之间对比度良好。黄色背景表明了当前所在页面。由于使用的 alt 属性值不合适,看不到图像的访客无法访问此页面。目前每个图形的 alt 属性值均为 "Picture"。为了提供无障碍访问,要修改图像标签上的 alt 属性值,使用具备描述性的简短短语。好的一面是页脚部分显示了纯文本的链接。在此页面上用作导航链接的图像确实让网站变得生动有趣,也体现了它的运动特质。但需要提升页面的无障碍访问功能。

2. 图像、映射和区域元素搭配使用能创建很有用的图像映射。 <img>标签指定映射的图像,包含一个 usemap 属性,其值对应于与图像相关联的<map>标签上的 id 值。 <map>标签是容器标签,其中有一个或多个<area>标签。图像映射上的每个可点击热点都有一个独立的<area>标签。

3. 错。我们要权衡图像质量和文件大小,要实现使用最尽可能小的文件来获取可接受的显示质量。

复习题

1. b	2. c	3. b	4. b	5. a
6. c	7. b	8. a	9. b	10. d
11. 平铺	12. 文本链接	13. 缩略图	14. box-shadow	15. meter

第 5 章

自测题 5.1

1. 四条基本的设计原则分别是重复、对比、邻近、对齐。对学校主页以及设计原则应用的描述因人而异。

2. 编写网页文本时的最佳实践包括:简短的段落、列出要点、常见字体、留出空白、尽可能多的分栏、加粗或强调重要的文本以及纠正拼写与语法错误。

答案可能因人而异。下面的参考答案中添加了项目符号式要点、列出了重要短语,并对原始文本进行了编辑,使之更加生动有趣:

Acme, Inc 是一家从事实验室仪器维修等服务的新公司。迄今为止,我们的员工已经有了 30 年以上从事标本修复、仪器维修等服务的经验。

- EPA 制冷认证
  Acme, Inc 的技术人员拥有行业培训经历,同时配备最先进的诊断与维修设备。
- 全面投保

所有员工均享有工人补助金。我们可根据您的要求提供保险证明。

- 交通便利

  公司位于伊利诺斯州芝加哥市,维修设施与办公室一应俱全。

- 服务历史

  您的设备对我们很重要,每一台均有独立的文档留存,可供技术人员查询。

- 收费
  - 劳务费和差旅费每小时 100 美元
  - 2 小时里程起
  - 最低每英里 0.4 美元加相关费用
  - 不含零配件价格

3. http://www.walmart.com 是一家电商网站。它的设计目的在于吸引普通大众,请注意其白色背景与高对比度以及标签式的导航、产品分层、站内搜索等功能的运用。这种设计满足了它的目标受众:青少年及成年消费者。

http://www.sesameworkshop.org/sesamestreet 面向孩子和他们的父母。它添加了许多明亮且色彩丰富的互动性元素和动画,所有这一切都是为了吸引目标受众。

http://www.mugglenet.com 是一个粉丝网站,旨在吸引青少年。这是一个暗黑、神秘的网站,互动性极强——论坛非常繁忙。这个网站的目标群体较为小众。

自测题 5.2

1. 答案因人而异。

2. 答案因人而异。

3. 在页面上使用图片的最佳实践包括以下几种:慎重挑选颜色、只使用必要的图片、针对网页显示对图片进行优化、图片失效时网站仍可用以及使用 alt 属性为图片设置文本描述。建议因人而异。

复习题

1. c	2. b	3. b	4. b	5. d
6. d	7. c	8. a	9. c	10. b
11. 分层	12. 不可能	13. Web 无障碍访问倡议 (WAI)		

14. 学生的答案将因人而异。在针对移动网页的设计中要注意的问题包括:屏幕尺寸小、带宽低、控制不便、处理器和内存资源有限以及对字体和颜色的支持度低等。

15. 学生的答案将因人而异。WCAG 2.0 的四项基本原则包括:可感知、可操作、可理解、稳健。

- 1. 内容必须可感知。
- 2. 内容中的界面组件必须可操作。
- 3. 内容和控件必须可理解。
- 4. 对于当前和未来的用户代理(包括辅助技术)来说,内容要足够稳健。

第 6 章

自测题 6.1

1. 按由内到外顺序,盒模型中的组成元素分别是:内容、内边距、边框、外边距。

2. CSS 中 float 属性的用途是将某个元素浮动显示到容器元素的左侧或右侧。

3. clear 和 overflow 属性可用来清除浮动效果。

自测题 6.2

1. div 元素是一个多用途的通用元素，用于配置网页的节或分区。HTML5 中引入了新的元素来配置网页区域，以便有更明确的语义性。根据网站目标受众不同，可以适当地使用 HTML5 新元素来代替 div 元素，如配置页面导航区域(nav 元素)、页眉(header 元素)、主要内容(main 元素)、页脚(footer 元素)、侧边栏(aside 元素)、文章(article 元素)、图片/图表(figure 和 figcaption 元素)以及页面部分(section 元素)。随着时间的推移和浏览器支持度的提升，使用这些 HTML5 新元素在未来将成为常态。

2. 答案因人而异。参考调试部分列出的建议。

3. 如果每次使用某个标签时都要使用相同的样式设置，可以配置一个 HTML 元素选择器；如果某个元素在页面上只显示一次特殊样式时，可设置 id；如果某种样式可能要应用于许多不同的 HTML 元素时，可创建一个类。

复习题

1. a	2. a	3. b	4. b	5. d
6. c	7. b	8. c	9. d	10. b
11. id	12. 左边	13. 外边距(margin)	14. :hover	15. header

第 7 章

自测题 7.1

1. 用文件夹组织站内文件的目的在于提升工作效率，因为将文件按照文件类型(例如图像或多媒体)、文件功能(网页或脚本)以及/或者网站内容(产品、服务等等)进行了整理。项目团队(参见第十章)开发大型网站时，用文件夹和子文件夹将会高效地多。

2. 用 target 属性来配置超链接，可实现在新浏览器窗口或标签页中打开超链接网页的功能。

3. 在网站上使用 CSS 精灵(sprites)技术的优点在于减少带宽占用(集成的 sprite 图片的尺寸通常要比多个独立的图像文件之和小得多)、减少浏览器请求的次数(一个 sprite 图片只需要发起一次请求，而不用因为需要多个单独的图片文件而发起多次请求)以及快速在 sprite 中显示多个独立图片(显示不同的图像以响应鼠标的移动)等。

自测题 7.2

1. 网页上不同的区域可以针对打印需求作特殊处理。例如，可以隐藏导航区域、配置分页、将字体设置为 serif 等。另外有时用户只需要打印出部分对其有用的内容，如联系电话或地图等，用 CSS 设置打印样式即满足他们的需求。

2. 带有小页眉、关键的导航链接、内容以及页脚区域的单栏页面布局比较适合在移动设备上的显示。标题元素和列表也适用于移动网页。删除对于移动应用可有可无的内容。此外还要注意避免使用表格和绝对定位。

3. 使用下列技术可将图像配置为弹性显示模式。

- 1.删除 HTML 代码中的高度和宽度属性。
- 2.将 CSS 中的 max-width 属性设置为 100%。
- 3.将 CSS 中的 height 属性设置为 auto。

复习题

1. a	2. a	3. c	4. b	5. c
6. a	7. b	8. c	9. c	10. b

11. 弹性盒布局或 flexbox　　12. 多媒体查询　　13. 一网同仁

14. 尽可能小　　15. only

第 8 章

自测题 8.1

1. 表格常用于组织网页上的表式信息。

2. 浏览器默认会加粗并居中显示 th 元素中包含的文本。

3. 使用标题元素(caption)为表格设置文本标题以提供必要说明，配置列头与表头，同时利用多种编码技术来增进表格的无障碍访问性能。

自测题 8.2

1. 用 CSS 属性代替 HTML 属性来配置表格样式的原因在于可增加灵活性，且更易于维护。

2. thead、tbody 以及 tfoot 元素都可用来组织表格行。

复习题

1. c	2. b	3. c	4. c	5. b
6. b	7. d	8. b	9. c	10. a

11. border　　12. vertical-align　　13. rowspan　　14. headers　　15. caption

第 9 章

自测题 9.1

1. 虽然每一种答案都合适，但使用三个输入框(名字、姓氏、电子邮件地址)这一方案更加灵活。通过服务器端的处理，这些独立的值将存储在数据库中，可以很方便地将它们取出并添加到个人的电子邮件信息中，有利于未来利用这些数据开发更多更强的功能。

2. 针对这一问题有多种可行方案。如果响应时间很短且等长，也许一组单选按钮比较合适。如果响应时间长或变化很大，选择列表将是最佳答案。单选按钮组每一组只能接收一个选择(一次响应)。默认状况下，选择列表也只能接收一个选择(一次响应)。多选框不合适，因为它允许用户选择多个选项。

3. 错。在单选按钮组中，浏览器根据 name 属性将独立的元素组合起来进行处理。

自测题 9.2

1. fieldset 元素生成边框等视觉线索将其所含的元素包围起来。边框有助于组织表单元素并且增加了表单的可用性。legend 元素为 fieldset 元素所指定的分组提供文本描述，进一步提升了表单元素的可用性，只要访客使用的浏览器支持这些标签即可。

2. 设置 accesskey 属性后，用户能通过键盘快速地选定某个元素，从而摆脱对鼠标的依赖。该方法对于有运动障碍的访客很有帮助，提供了网页的无障碍访问特性。W3C 建议，对于按下热键激活元素这一方法，要用带下划线、字体加粗等方式，或者额外的信息来给出视觉提示。

3. 标准的提交按钮、图像按钮或是按钮标签，究竟用哪个由网页设计人员和客户说了算。当然，用尽可能简单的技术实现所需的功能是常识。在绝大多数情况下，答案是标准的提交按钮。有视觉障碍的访问者要借助于屏幕阅读器，遇到提交按钮时他们能"听到"。提交按钮能自动调用表单标签中设置的服务器端处理程序。

自测题 9.3

1. 网页浏览器向服务器请求网页文档以及相关的文件。Web 服务器定位到相应文件并将它们发送给浏览器。然后浏览器渲染返回的文件，并将它们显示出来。

2. 服务器端脚本的开发人员和网页设计人员必须互相配合，才能让前端的网页与后台的服务器端脚本实现协同工作。他们要交流决定表单所使用的方法(get 还是 post)以及服务器端脚本的位置。由于服务器脚本经常将表单元素的名称用作变量名，因此表单元素的名称往往是在这时候定下来的。

复习题

1. d	2. a	3. c	4. b	5. b
6. b	7. a	8. c	9. a	10. d
11. d	12. maxlength	13. fieldset	14. name	

15. 下列表单控件可以为网页访客提供颜色选择的功能：一个输入文本框，可以在其中输入任意格式的颜色值、一个 HTML5 数据列表控件，每种可选颜色作为一个选项、一个单选按钮组，每个单选按钮是一个颜色选项、一个选择列表，每种颜色选项是一个选项元素或者一个 HTML5 拾色器表单控件。

第 10 章

自测题 10.1

1. 项目经理指导整个网站的开发过程，创建项目计划和进度表。他或她在与团队成员交流时必须保持全局观，以协调团队的活动。项目经理要负责掌控里程碑节点、按期交付成果。

2. 大型网站项目远不仅仅是宣传册那么简单，它往往是复杂的信息应用，公司依赖于此。这样的应用需要各种各样的特殊人才，包括图形设计、组织、写作、营销、编码、数据库管理等方面的专家。一两个人根本无法胜任所有角色，也无法完成建立优质网站的工作。

3. 答案可以不同。不同的测试技术包括：由网页开发人员自己进行的单元测试、由链接检查器等程序执行的自动测试、由代码校验程序执行的代码测试和检验以及通过观察网站访问者使用网站执行任务的情况而进行的可用性测试等。

自测题 10.2

1. 能够提供高可靠、可扩展服务的虚拟主机可以满足小型公司的这种需求。所选择的主机应当可提供高端的软件服务，包括脚本、数据库、电子商务软件包等，以保障公司未来发展。

2. 专用服务器所有权归主机供应商，也是由他们提供支持的。客户公司可以选择自行管理或支付费用请供应商代为管理。托管服务器的所有权归客户公司，但放置在主机供应商的机房里。这种方式兼有主机有可靠的互联网连接、对服务器有完全的掌控这两个优点。

3. 如果你的网站瘫痪时，web 主机供应商却不响应你的技术支持要求，每月省下的 5 美元又有什么用呢？在比较 web 主机选择方案时，确实要看看价格，了解当前市场的平均水平。如果某个 web 主机的收费异乎寻常地低，那么很有可能偷工减料。不要只是依据价格来做决策。

复习题

1. d	2. a	3. c	4. b	5. d
6. a	7. d	8. a	9. a	10. c

11. 可用性测试　　　　　12. 图形设计师　　　　　13. UNIX 和 Linux

14. 认真研究竞争对手的网站，将有助于你设计出与众不同的作品，并且能够吸引更多共同的客户群体。注意，既要观察其出色的一面，也要分析其不足的一面。

15. 试着联系技术支持，这将有助于你大致了解主机供应商在发现与解决问题方面的响应情况。如果技术支持团队对你现在反映的问题拖拖拉拉，那么当你真的使用了他们的服务后，再遇到相同问题需要立即解决时，他们的表现不如人意也就不足为奇了。虽然没有严重到事关安全失败，但如果对一个简单的问题也能快速反应，至少给人留下了技术团队组织合理、技术专业、反应灵敏的印象。

第 11 章

自测题 11.1

1. 答案因人而异。常见的网页浏览器插件有 Windows Media Player、Apple QuickTime、AdobeReader、Adobe Flash Player 以及 Adobe Shockwave Player 等。具体功能请参考 11.1 节。

2. 可能出现的问题包括带宽、因为平台问题导致的媒体不能可靠发布、浏览器、插件以及无障碍访问等。最好准备一份备用的内容媒体文件，不要仅仅依赖于媒体文件本身。

3. 虽然 Flash 在桌面浏览器上得到了很好的支持，但并非所有的网页访问者都能使用 Flash：iPad 和 iPhone 等移动设备并不支持这项技术。Flash 内容的无障碍访问性的确得到了改善，不过"纯"HTML 网页依旧是最容易访问的。Flash .swf 文件会占用带宽并减慢页面的载入速度。如果你网站的大多数目标用户都在使用拨号连接或移动设备，则传输速度慢可能成为一个大问题。

自测题 11.2

1. HTML5 中的音频与视频元素实现了媒体文件在浏览器中的本地播放，摆脱了对插件的依赖。针对不支持这些元素的浏览器，还可配置指向媒体文件的超链接之类的回退内容。

2. 利用 CSS 的变换属性可实现倾斜、缩放、旋转或移动元素等效果。

3. 下载下来的 Java 小程序必须由网页浏览器里的 Java 虚拟机解析后才能运行。这一过程可能导致小程序在网页上显示的延迟。并且如果用移动设备访问网页，浏览器可能并不支持 Java。

自测题 11.3

1. JavaScript 可用于展网页交互性范围，包括表单验证、弹出窗口、跳转菜单、消息框、图片轮播、状态消息改变、计算等等。

2. Ajax 的基础是标准的 HTML 和 CSS。它还用到了 DOM、JavaScript 和 XML 等技术。

3. HTML5 中的画布元素为网页开发人员提供了一个 API，通过该接口实现用 JavaScript 来配置动态图像的功能。

复习题

1. c	2. b	3. a	4. b	5. c
6. a	7. a	8. a	9. b	10. c

11. 应用程序编程接口(application programming interface，API)

12. 正当使用

13. 视频

14. Java 虚拟机(Java Virtual Machine，JVM)

15.文档对象模型(Document ObjectModel，DOM)

16. 答案可能因人而异：文件过大下载不易、浏览器插件的支持情况各异、创建音频或视频内容很占时间、需要一定的天赋，并且所需的软件也较多。

17. "知识共享"(Creative Commons，http://creativecommons.org)提供了免费的服务，使作者和艺术家可注册一种称为"知识共享"的版权许可(Creative Commonslicense)。这种许可说明了被允许以及被禁止的针对作品的行为。

第 12 章

自测题 12.1

1. 采用电子商务这种形式好处多多，尤其对于小型企业而言，因为业主必须认真考虑成本问题。电子商务的优点包括极低的成本开销、可 24 小时不间断的服务以及可在全球进行销售的潜力等。

2. 商业生涯总会面临风险，电子商务也不例外。与电子商务相关的风险包括日益激烈的竞争、虚假交易以及安全性问题等。

3. SSL(安全套接字层)是一种协议，它允许在互联网等公共网络上私密地进行数据交换。网上购物者可以检查以下两点以判断该网商有否使用 SSL。

● 查看浏览器地址栏里的地址，如果网站使用 https 协议而不是 http 就说明它在使用 SSL。

● 浏览器一显示了小锁图标。单击此图标，将显示正在使用的数字证书和加密级别的信息。

自测题 12.2

1. 网上常用的三种支付模型分别是现金支付、信用卡支付和移动支付。信用卡模型最流行。消费者觉得使用信用卡最方便。在实体店接受信用卡支付并处理的流程很容易应用于在线模式。移动支付包括数字钱包的使用，有望在将来得到蓬勃发展。

2. 答案因人而异。人们网购的原因很多，包括方便、低价、可送货上门等。如果你不曾在上一次网购时检查网店有否使用 SSL，下次很可能就会瞧一瞧了。

3. 电子商务解决方案包括速成网店、安装在店主或主机供应商的服务器上的现成的购物车软件以及定制的解决方案等。最容易上手的是速成网店。虽然这个解决方案没有提供最大的灵活性，但你只需要花一下午的功能就能让店铺开张经营。有有一种简单的半定制解决方案是自行创建网站，但使用 PayPal 来处理购物车和信用卡交易。

复习题

1. c	2. a	3. b	4. b	5. b
6. a	7. c	8. a	9. d	10. b

11. 对称加密　　12. EDI　　　13. 非对称密钥　　　　　14. SSL

15. 网站开发人员可以使用自动翻译程序或其他定制的网络翻译服务。

第 13 章

自测题 13.1

1. 搜索引擎的三种组件分别为：机器人、数据库和搜索表单。机器人是一种特殊的程序，它能在万维网上"行走"，跟踪各站点的链接。机器人利用它所发现的信息来更新搜索引擎数据库。搜索表单是一个图形化的用户界面，用户在上面输入查询关键字并将搜索请求提交给搜索引擎网站。

2. 使用 description 元标签的目的在于提供关于网站的简要描述。搜索引擎在索引网站时就可利用其中包含的信息。Google 等搜索引擎会将 description 元标签中的信息展示在搜索结果页面上(SERP)。

3. 值得。对于公司而言，付费让搜索引擎优先收录自己的网站有好处。比起"挖地三尺"地翻到第一百页才看见目标，能列在结果集中的第一个页面是不是更能让访客轻松地找到你的网站？你应当认真考虑，选择 Google 的 AdWords 等付费优先收录程序，也许它能帮助你更好地完成公司营销目标哦。

自测题 13.2

1. 答案因人而异。在绝大多数情况下，不同的搜索引擎所返回的前三个网站并不相同。为了能在当前最流行的搜索引擎中排名靠前，努力优化自己的网站吧！

2. 最简单粗暴的办法是直接访问搜索引擎，键入关键字，并在搜索结果中查找自己的站点。如果你的网站主机供应商提供了网站日志报告服务，你只需要检查一下日志报告就能给出答案。

你会看到机器人/蜘蛛程序的名称，Google 的蜘蛛叫 Googlebot(请访问 http://www.robotstxt.org，以了解有关搜索引擎机器人的更多信息)。网站日志报告还列举了访客在查找你的网站时所使用的搜索引擎以及用了哪些关键字。

3. 答案因人而异。不使用搜索引擎的网站推广方法包括：分销联盟计划、横幅广告、横幅广告互换、互惠链接协议、时事通讯、保持网站粘性的功能(如投票、论坛、民意调查、QR 码等)、个人建议、新闻组或邮件列表服务、社交媒体营销技术、博客、RSS、传统媒体广告与现有的营销材料等。根据公司的需要，其中的任意一种都有可能成为第一选择。时事通信技术是一个有趣的推广方法。在网页上放个表单，让访问者自主选择你的时事通讯。定期发送一些有价值的电子邮件，内容与自己网站相关(也可以是特辑放送)。这种方法能鼓励临时的散客成为"常客"。他们甚至有可能转发你的邮件给自己的朋友。

请注意：一定要提供退订的功能。例如，TechLearning News 发送的通信中就会包含以下信息："UNSUBSCRIBE (退订)。

要退订此类型的电子邮件，请回复此邮件至 unsubtechlearning@news .techlearning .com。

复习题

1. b	2. a	3. c	4. b	5. b
6. c	7. c	8. a	9. b	10. b

11. 粘度

12. <meta name="robots"

description="noindex,

nofollow">

13. 搜索引擎

14. 方法很多，如分销联盟计划、横幅广告、横幅广告互换、互惠链接协议、博客发布、RSS 源、时事通讯、个人推荐、社交书签以及传统媒体广告等，也可以在所有的推广材料中添加 URL 或 QR 码。

15. QR 码

第 14 章

自测题 14.1

1. JavaScript 的应用场景很多，如显示交替的图片、验证表单数据、弹出窗口、实现警告消息和提示等交互式功能以及执行确定税费之类的数学计算等。

2. HTML 文档中可嵌入的 JavaScript 代码块数量并没有限制。

3. 可以利用 Firefox 浏览器的 JavaScript 控制台来查找错误。还应当认真检查代码，特别要留心对象名称、属性、方法和声明等，也不要忘记分号。

自测题 14.2

1. 对象是一种东西，属性是一种特征，而方法是一种动作。

2. 事件指"发生"，如点击鼠标、加载页面、鼠标指针放在页面某个区域上等。而事件处理程序是嵌入在某个 HTML 标签中的属性，如 onclick、onload、onmouseover，它指定了所对应的事件发生时要执行的 JavaScript 代码。

3. 事件处理程序是嵌在 HTML 标签中的，并不用写成单独的脚本块。

自测题 14.3

1. prompt()方法可用来收集数据片段，如用户的年龄。该方法可与变量结合使用，这样收集到的数据就存入了变量。

2. 代码应当类似于：

```
if (userAge < 18) {
    alert("You are under 18");
} else {
    alert("You are 18 or older");
}
```

3. 函数定义开始于关键字 function，然后是函数的名称以及一些 JavaScript 语句。这是对函数的定义，调用该函数时才会执行其中的语句。

自测题 14.4

1. 表单数据校验表示根据校验规则来检查表单中所输入的数据，如果未遵循规则表单就不允许提交。

2. 答案因人而异，但可能会包含对姓名、电子邮件、电话号码等必填项的检查。数值字段可能需要进行验证以确保位于指定的范围之内，例如，订单数量必须大于 0，而年龄通常要在 1 到 120 之间。

3. 用户单击提交按钮时，submit 事件发生，onsubmit 事件处理程序会执行 return validateForm()语句。如果数据有效，validateForm() 函数会返回 true 值，表单得以提交。如果数据无效，则 validateForm()函数返回 false 值，表单无法提交。

自测题 14.5

1. 可以从 http://jquery.com/download 下载.js 文件形式的 jQuery 库，也可以在 script 标签中将 src 值设置为 jQuery CDN 的 URL 来在线访问存储在 CDN 中的 jQuery 库。

2. 利用 css()方法可实现在 jQuery 中动态设置 css 属性。

3. ready 事件是一条 jQuery 语句，用于确认浏览器是否已完全加载了文档对象模型(DOM)。

复习题

1. a	2. c	3. b	4. a	5. d
6. c	7. a	8. b	9. c	10. a
11. b	12. = =	13. 跳转菜单	14.窗口 window	
15. ready 事件	16. onclick	17. JavaScript	18. css()	

19. JavaScript 的常用用途有：图片交替、表单数据验证、弹出窗口、警告消息或提示等交互式功能以及数学运算等。

20. 以下技巧能够用来调试 JavaScript：仔细检查 JavaScript 代码的语法是否正确。确认引号、大小括号均已成对使用。确认分号没有缺少。确认变量、对象、属性中的大小写字母应用正确。可利用控制台来帮助调试，上面提供了一些错误的相关信息。在脚本中适当地插入 alert()方法，以显示变量的值，也能帮助在脚本运行时找出问题。